全国优秀数学教师专著系列

圆锥曲线的奥秘

The Secrets of Conics

陈熙春　刘建国　著

哈尔滨工业大学出版社
HARBIN INSTITUTE OF TECHNOLOGY PRESS

内容简介

本书筛选了近年来的各地高考圆锥曲线试题,内容上注重题型归类和方法总结,以便师生直接利用和进一步研究解题方法,凸显了"知识问题化""题目典型化""方法通俗化"的特点,并且把一些基本的、有价值的题目进行了推广,寻求通性、通法.

本书可供中学教师教学,以及学生学习参考使用.

图书在版编目(CIP)数据

圆锥曲线的奥秘/陈熙春,刘建国著. —哈尔滨:哈尔滨工业大学出版社,2022.6(2024.3 重印)
ISBN 978 - 7 - 5767 - 0007 - 7

Ⅰ.①圆… Ⅱ.①陈… ②刘… Ⅲ.①圆锥曲线-高中-教学参考资料 Ⅳ.①G634.633

中国版本图书馆 CIP 数据核字(2022)第 106691 号

YUANZHUI QUXIAN DE AOMI

策划编辑	刘培杰　张永芹
责任编辑	张永芹　穆方圆
封面设计	孙茵艾
出版发行	哈尔滨工业大学出版社
社　　址	哈尔滨市南岗区复华四道街10号　邮编150006
传　　真	0451 - 86414749
网　　址	http://hitpress.hit.edu.cn
印　　刷	黑龙江艺德印刷有限责任公司
开　　本	787 mm×1 092 mm　1/16　印张33.5　字数577千字
版　　次	2022年6月第1版　2024年3月第3次印刷
书　　号	ISBN 978 - 7 - 5767 - 0007 - 7
定　　价	88.00元

(如因印装质量问题影响阅读,我社负责调换)

问渠那得清如许？为有源头活水来

——陈熙春和刘建国书序

曾子说："君子以文会友，以友辅仁."喜闻熙春和建国数学教育专著《圆锥曲线的奥秘》即将付印，作为挚友的我欣然作序.

熙春和建国是任教高中数学学科的教师.数学到底是一门什么样的学问呢？有人说，数学是工具学科；有人说，数学是思维"体操"；有人说，数学是万物之源；有人说，数学可以描述一切.达·芬奇则说："在科学中，凡是用不上数学的地方，凡是和数学没有联系的地方，都是不可靠的.数学是一切科学的基础."爱因斯坦说："数学之所以比一切其他科学受到尊重，一个理由是因为它的命题是绝对可靠和无可争辩的，而其他的科学经常处于被新发现的事实推翻的危险……数学之所以有高声誉，另一个理由就是数学使得自然科学实现定理化，给予自然科学某种程度的可靠性."我对数学学科在整个学科体系的位置认识有两个词："基础"和"关键".

熙春和建国是数学教育领域的名师.教好数学是一种带有难度和挑战的教育实践.哲学不好教，数学不好教，因为这些学问既关注现象，更探寻现象背后的问题规律、事物源起、逻辑原点，是真学问、深学问、大学问、活学问，对学习者自身的感悟性、原认知、想象力要求很高；对施教者自身的思维能力、转换能力、启发能力要求更高.教好数学的秘诀当然不是机械刷题，而是训练思维，培养数理逻辑，使学生善于推导、推理、推演，这当然就对数学教师提出了更高的专业要求.熙春和建国的数学教学显然是得法的,他们善于让抽象的数学具体、深刻的数学易感、枯燥的数学有趣、散乱的数学成模,让学生不畏数学、体验数学、爱上数学、享受数学.

熙春和建国长于数学教育领域的规律研究.钱理群老师说:"所谓的教育,就是爱读书的老师,带着一群爱读书的孩子去读书".熙春和建国一直徜徉在知识的海洋,边教书,边读书,边写书.持续的专业学习、专业感悟、专业总结是熙春和建国成为数学教育领域能手的"源头活水".朱熹在《观书有感》里的著名诗句"问渠那得清如许?为有源头活水来",或许正是为熙春和建国这样读书明理的优秀书生而写.

熙春和建国都是教育情怀深厚的人师.经师易得,人师难求,诚如许慎的《说文解字》中所说:"师,教人以道者之称也."熙春和建国爱学生如同爱子女,爱学校如同爱家庭,爱事业如同爱生命,既教书更育人,善于学科课程育人,善于班级管理育人,把平凡普通的数学教学工作升华成了富有价值的数学教育事业,为党育人、为国才.习近平总书记曾说:"教师在课堂上展现的情怀最能打动人,甚至会影响学生一生."熙春享誉宁夏六盘山高级中学,建国享誉银川市第二十四中学,做他们的学生既是一种运气,也是一种福气.

习近平总书记曾说:"一个人遇到好老师是人生的幸运,一个学校拥有好老师是学校的光荣,一个民族源源不断涌现出一批又一批好老师则是民族的希望."希望宁夏多有如熙春和建国这样的好老师——干一行、爱一行、通一行、精一行,多有如熙春和建国这样的真贵人——以成就人才为天职.半生相交,一生挚友.因书论人,触感而发.

(序者岳维鹏,宁夏教育厅教研室主任,特级教师,宁夏大学硕士生导师,宁夏师范学院硕士生导师,银川科技学院客座教授,宁夏老年大学客座教师)

岳维鹏

2021 年 11 月

◎ 前言

在高考数学学习中,面对各式各样且数量繁多的习题,理想的状态是挖掘题目内在的逻辑,找到题目背后隐藏的原理,在思想方法上提升解题能力,而不是一味地通过"题海无涯苦作舟"的机械训练以达到一种条件反射式的"解题"目的.圆锥曲线有很多非常有趣的美妙性质,以及很多奥秘等待着大家去发现、去揭示、去欣赏,这也是本书写作的初衷.

数学家 G.波利亚感叹:"好问题如同某种蘑菇,有些类似,它们大都成堆地生长,找到一个以后,你应当在周围再找一找,很可能附近就有好几个."圆锥曲线中的许多问题正像"蘑菇",教师应该带领学生寻觅"蘑菇群",不仅能节约宝贵的教学时间,极大地提高课堂教学效率,而且还能破解一大批试题,将学生从苦不堪言的圆锥曲线综合问题的泥潭中解救出来,更重要的是为了巩固对知识的理解,积累解题经验,强化解题方法,发现解题规律,掌握解题策略,形成解题意识,对培养学生坚忍不拔、锲而不舍的意志品质,优化学生思维品质,激发学生的创造能力,构建"新课改"(全称为新一轮基础教育课程改革)下的魅力课堂大有裨益.

研究高考试题,才能预测高考试题,高考试题就是最好的复习资源,与其大量做题,不如抽出时间认真研究历年的试题.历年的试题反映了命题者对考试内容的深思熟虑,对设问和答案的准确拿捏,对学生水平的客观判断,研究这些试题,就如同和命题者对话.基于此想法,本书筛选了近年来各地高考试卷中有关圆锥曲线的大题,内容上更注重题型归类和方法总结,以便师生直接利用和进一步研究解题方法,凸显了"知识问题化""题目典型化""方法通俗化"的特点,并且把一些基本的、有价值的题目进行了推广,寻求通性、通法,促进其对思维方式的认识,以及对规律的把握.此外,书中有意识地增加了一题多解,能够强化学生从多角度思考,以及"学会学习",落实核心素养.

本书意在为学生在解题思想上提供帮助,因此,在写作本书时,我们有意识地从解析几何的几何视野出发,突出了解析几何的基本思想——数形结合,强调了几何问题代数化是实现解析几何基本思想的基础和出发点.解析几何主要有两大任务:一是根据曲线的几何条件,把它的代数形式表示出来;二是通过曲线的方程来讨论它的几何性质.在学习过程中,学生要领会在解决解析几何问题中必须重视的两个问题:一是所研究的几何对象具有什么样的几何特征(如果几何特征不清楚,那么也就不可能准确地将其"代数化"),这就要在审题上下够功夫;二是如何写出它们的代数形式.常见的典型的"代数化"要非常熟练.要会选择恰当的代数化的形式,切实提高将"代数结论"向"几何结论"转化的意识和能力,这种转化突出的特征是"数""方程"向"形"的转化.要注重几何结构,总结了解决解析几何问题的"四化":条件图形化,条件坐标化,结论代数化,条件、结论融合化.

高考评价体系的提出和实施,标志着高考命题理念从"知识立意""能力立意"向"价值引领、素养导向、能力为重、知识为基"的转变.本书是作者持续深入学习新课标(新课程标准)、高考评价体系和认真研究历年圆锥曲线高考试题教学实践探索的结果,根据核心知识、核心思想方法和核心能力三个维度来选取经典教材习题、历年高考真题、经典模拟题构建题组,开展专题突破,借助经典试题追求高效学习,实现"从教材到高考、从基础到能力、从解题到解决问题"的转变,为高中学生突破圆锥曲线难关,冲刺高考提供了强大的武器.

本书共有八章,包括:第一章圆锥曲线基础知识、第二章圆锥曲线综合问题、第三章圆锥曲线中的"四大弦案"、第四章圆锥曲线中的数形结合、第五章定值与最值、第六章名题恒久远,经典永流传、第七章极坐标与参数方程、第八章高中数学常用公式及常用结论.本书由宁夏六盘山高级中学的陈熙春担任第一作者,负责撰写第三章、第四章、第六章、第八章的内容;由宁夏银川市第二十四中学的刘建国担任第二作者,负责撰写第一章、第二章、第五章、第七章的内容.

本书既是作者们多年来解决圆锥曲线问题的教学心得和研究成果,又是拜读名家大师相关文章、著作的积累.作者们参阅了大量的文献资料,引用了许多教师的研究成果,由于这些成果散见于很多文章之中,虽然内心真诚想把这些作者一一列出,但由于未能及时记录这些作者与文章,在此向这些作者致以深深歉意,同时对他们的辛勤付出表示谢意!作者们虽然在写作过程中反复酝酿、推敲、审核,但百密难免一疏,同时由于水平有限,书中谬误与粗糙之处,在所难免,恳请读者不吝批评指正.

陈熙春　刘建国
2021 年 10 月

目录

第一章　圆锥曲线基础知识　//1
　　第1节　椭圆　//1
　　第2节　双曲线　//23
　　第3节　抛物线　//55

第二章　圆锥曲线综合问题　//71
　　第1节　直线与圆锥曲线　//71
　　第2节　离心率的探究　//122
　　第3节　仿射变换显神威　//149

第三章　圆锥曲线中的"四大弦案"　//167
　　第1节　圆锥曲线中的"中点弦"问题　//167
　　第2节　圆锥曲线中的"焦点弦"问题　//199
　　第3节　圆锥曲线中的"垂心弦"问题　//236
　　第4节　圆锥曲线中的"比例弦"问题　//254

第四章　圆锥曲线中的数形结合　//280
　　第1节　椭圆的几何性质　//280
　　第2节　双曲线的几何性质　//291
　　第3节　抛物线的几何性质　//297
　　第4节　圆锥曲线几何条件的转化策略　//308
　　第5节　圆锥曲线内接图形(三角形、四边形)面积计算　//321

第五章 定值与最值 //348

第1节 定值与定点问题——动中有静,静中有定 //348

第2节 圆锥曲线中的最值与范围 //391

第3节 圆锥曲线中的存在性问题 //413

第六章 名题恒久远,经典永流传 //432

第1节 阿基米德三角形蕴题根 //432

第2节 阿波罗尼圆情结深 //453

第3节 米勒定理显风采——视角最大问题 //461

第七章 极坐标与参数方程 //466

第八章 高中数学常用公式及常用结论 //490

参考文献 //507

圆锥曲线基础知识

第1节 椭　　圆

【命题趋势研究】 椭圆是圆锥曲线的重要内容,高考主要考查椭圆的基本性质、椭圆方程的求法、椭圆定义的运用和椭圆中各个量的计算,尤其是对离心率的求解,更是高考的热点问题,在历年高考试卷中均有题型.

知识点精讲

一、基础知识

1. 椭圆的定义.

平面内与两个定点 F_1,F_2 的距离之和等于常数 $2a$($2a>|F_1F_2|$)的动点 P 的轨迹叫作椭圆,这两个定点 F_1,F_2 叫作椭圆的焦点. 两焦点之间的距离叫作椭圆的焦距,记作 $2c$,定义用集合语言表示为:$\{P\mid |PF_1|+|PF_2|=2a(2a>|F_1F_2|=2c>0)\}$

注 当 $2a=2c$ 时,点的轨迹是线段;当 $2a<2c$ 时,点的轨迹不存在.

2. 椭圆的标准方程.

(1)中心在坐标原点,焦点在 x 轴上的椭圆的标准方程为 $\dfrac{x^2}{a^2}+\dfrac{y^2}{b^2}=1(a>b>0)$.

(2)中心在坐标原点,焦点在 y 轴上的椭圆的标准方程为 $\dfrac{y^2}{a^2}+\dfrac{x^2}{b^2}=1(a>b>0)$.

3. 椭圆的几何性质.

椭圆的方程、图像与性质如表1所示.

表1

焦点的位置	焦点在 x 轴上	焦点在 y 轴上
图像	(图：焦点在x轴上的椭圆，顶点 A_1, F_1, O, F_2, A_2 在x轴，B_1, B_2 在y轴)	(图：焦点在y轴上的椭圆，顶点 A_1, F_1, O, F_2, A_2 在y轴，B_1, B_2 在x轴)
标准方程	$\dfrac{x^2}{a^2}+\dfrac{y^2}{b^2}=1(a>b>0)$	$\dfrac{y^2}{a^2}+\dfrac{x^2}{b^2}=1(a>b>0)$
统一方程	\multicolumn{2}{c}{$mx^2+ny^2=1(m>0,n>0,m\neq n)$}
参数方程	$\begin{cases}x=a\cos\theta\\y=b\sin\theta\end{cases}$,$\theta$为参数($\theta\in[0,2\pi]$)	$\begin{cases}x=a\cos\theta\\y=b\sin\theta\end{cases}$,$\theta$为参数($\theta\in[0,2\pi]$)
第一定义	\multicolumn{2}{c}{到两定点 F_1,F_2 的距离之和等于常数 $2a$，即 $\|MF_1\|+\|MF_2\|=2a(2a>\|F_1F_2\|)$}
范围	$-a\leq x\leq a$ 且 $-b\leq y\leq b$	$-b\leq x\leq b$ 且 $-a\leq y\leq a$
顶点	$A_1(-a,0),A_2(a,0)$ $B_1(0,-b),B_2(0,b)$	$A_1(0,-a),A_2(0,a)$ $B_1(-b,0),B_2(b,0)$
轴长	长轴长 $=2a$　短轴长 $=2b$	长轴长 $=2a$　短轴长 $=2b$
对称性	\multicolumn{2}{c}{关于 x 轴、y 轴对称，关于原点中心对称}
焦点	$F_1(-c,0),F_2(c,0)$	$F_1(0,-c),F_2(0,c)$
焦距	\multicolumn{2}{c}{$\|F_1F_2\|=2c$　$(c^2=a^2-b^2)$}
离心率	\multicolumn{2}{c}{$e=\dfrac{c}{a}=\sqrt{\dfrac{c^2}{a^2}}=\sqrt{\dfrac{a^2-b^2}{a^2}}=\sqrt{1-\dfrac{b^2}{a^2}}$　$(0<e<1)$}
点和椭圆的关系	$\dfrac{x_0^2}{a^2}+\dfrac{y_0^2}{b^2}\begin{cases}>1\\=1\\<1\end{cases}\Leftrightarrow$ 点 (x_0,y_0) 在椭圆 $\begin{cases}外\\上\\内\end{cases}$	$\dfrac{y_0^2}{a^2}+\dfrac{x_0^2}{b^2}\begin{cases}>1\\=1\\<1\end{cases}\Leftrightarrow$ 点 (x_0,y_0) 在椭圆 $\begin{cases}外\\上\\内\end{cases}$

续表1

焦点三角形面积	如图所示,有: ①$\cos\theta = \dfrac{2b^2}{r_1 r_2} - 1$,$\theta_{\max} = \angle F_1 B F_2$($B$ 为短轴的端点); ②$S_{\triangle PF_1F_2} = \dfrac{1}{2}r_1 r_2 \sin\theta = b^2 \tan\dfrac{\theta}{2} = \begin{cases} c\|y_0\|,\text{焦点在 }x\text{ 轴上} \\ c\|x_0\|,\text{焦点在 }y\text{ 轴上} \end{cases}$ ($\theta = \angle F_1 P F_2$); ③$\begin{cases} \text{当点 }P\text{ 在长轴端点时},(r_1 r_2)_{\min} = b^2 \\ \text{当点 }P\text{ 在短轴端点时},(r_1 r_2)_{\max} = a^2 \end{cases}$ 焦点三角形中一般要用到的关系是 $\begin{cases} \|PF_1\| + \|PF_2\| = 2a(2a > 2c) \\ S_{\triangle PF_1F_2} = \dfrac{1}{2}\|PF_1\|\|PF_2\|\sin\angle F_1PF_2 \\ \|F_1F_2\|^2 = \|PF_1\|^2 + \|PF_2\|^2 - 2\|PF_1\|\|PF_2\|\cos\angle F_1PF_2 \end{cases}$
焦半径	左焦半径:$\|PF_1\| = a + ex_0$　　　　上焦半径:$\|PF_1\| = a - ey_0$ 右焦半径:$\|PF_2\| = a - ex_0$　　　　下焦半径:$\|PF_2\| = a + ey_0$ 焦半径最大值 $a + c$,最小值 $a - c$
通径	过焦点且垂直于长轴的弦叫通径:通径长 $= \dfrac{2b^2}{a}$(最短的过焦点的弦)
弦长公式	设直线与椭圆的两个交点分别为 $A(x_1, y_1)$,$B(x_2, y_2)$,$k_{AB} = k$,则弦长 $\|AB\| = \sqrt{1+k^2}\|x_1 - x_2\| = \sqrt{1+k^2}\sqrt{(x_1+x_2)^2 - 4x_1 x_2}$ 　　　$= \sqrt{1 + \dfrac{1}{k^2}}\sqrt{(y_1+y_2)^2 - 4y_1 y_2} = \sqrt{1+k^2}\dfrac{\sqrt{\Delta}}{\|a\|}$ (其中 a 是消 y 后关于 x 的一元二次方程的 x^2 的系数,Δ 是判别式)

二、常用结论

(1)过椭圆焦点垂直于长轴的弦是最短的弦,值为 $\dfrac{2b^2}{a}$,过焦点最长弦为长轴,值为 $2a$.

(2)过原点最长弦为长轴长 $2a$,最短弦为短轴长 $2b$.

(3)与椭圆 $\dfrac{x^2}{a^2} + \dfrac{y^2}{b^2} = 1(a > b > 0)$ 有共焦点的椭圆方程为 $\dfrac{x^2}{a^2 + \lambda} + \dfrac{y^2}{b^2 + \lambda} = 1(\lambda > -b^2)$.

(4)焦点三角形:椭圆上的点 $P(x_0,y_0)$ 与两焦点 F_1,F_2 构成的 $\triangle PF_1F_2$ 叫作焦点三角形. 若 $r_1=|PF_1|$, $r_2=|PF_2|$, $\angle F_1PF_2=\theta$, $\triangle PF_1F_2$ 的面积为 S, 则在椭圆 $\dfrac{x^2}{a^2}+\dfrac{y^2}{b^2}=1(a>b>0)$ 中:

① 当 $r_1=r_2$, 即点 P 为短轴端点时, θ 最大;

② $S=\dfrac{1}{2}|PF_1||PF_2|\sin\theta=c|y_0|$, 当 $|y_0|=b$, 即点 P 为短轴端点时, S 取得最大值, 最大值为 bc;

③ $\triangle PF_1F_2$ 的周长为 $2(a+c)$.

三、题型归纳及思路提示

题型一 椭圆的定义与标准方程

思路提示 (1)定义法:根据椭圆定义,确定 a^2,b^2 的值,再结合焦点位置,直接写出椭圆方程.

(2)待定系数法:根据椭圆焦点是在 x 轴还是 y 轴上,设出相应形式的标准方程,然后根据条件列出 a,b,c 的方程组,解出 a^2,b^2,从而求得标准方程.

注 (1)如果椭圆的焦点位置不能确定,可设方程为 $Ax^2+By^2=1(A>0, B>0, A\neq B)$.

(2)与椭圆 $\dfrac{x^2}{m}+\dfrac{y^2}{n}=1$ 共焦点的椭圆可设为 $\dfrac{x^2}{m+k}+\dfrac{y^2}{n+k}=1(k>-m,k>-n,m\neq n)$.

(3)与椭圆 $\dfrac{x^2}{a^2}+\dfrac{y^2}{b^2}=1(a>b>0)$ 有相同离心率的椭圆,可设为 $\dfrac{x^2}{a^2}+\dfrac{y^2}{b^2}=k_1(k_1>0$, 焦点在 x 轴上) 或 $\dfrac{y^2}{a^2}+\dfrac{x^2}{b^2}=k_2(k_2>0$, 焦点在 y 轴上).

1. 椭圆的定义与标准方程的求解.

【例1】 动点 P 到两定点 $F_1(-4,0)$, $F_2(4,0)$ 的距离之和为 10, 则动点 P 的轨迹方程是 ( )

A. $\dfrac{x^2}{16}+\dfrac{y^2}{9}=1$ B. $\dfrac{x^2}{25}+\dfrac{y^2}{9}=1$ C. $\dfrac{x^2}{25}+\dfrac{y^2}{16}=1$ D. $\dfrac{x^2}{100}+\dfrac{y^2}{36}=1$

【解析】 依题意,动点 P 的轨迹是椭圆,且焦点在 x 轴上,设方程为 $\dfrac{x^2}{a^2}+\dfrac{y^2}{b^2}=1(a>b>0)$, 由题意知 $c=4,2a=10$, 故 $a=5$, 得 $b=\sqrt{a^2-c^2}=3$, 则椭圆方程为 $\dfrac{x^2}{25}+\dfrac{y^2}{9}=1$, 故选 B.

变式1　求焦点的坐标分别为 $F_1(0,-3)$，$F_2(0,3)$，且过点 $P\left(\dfrac{16}{5},3\right)$ 的椭圆方程.

变式2　已知点 P 在以坐标轴为对称轴的椭圆上，点 P 到两焦点的距离分别为 $\dfrac{4\sqrt{5}}{3}$ 和 $\dfrac{2\sqrt{5}}{3}$，过点 P 作长轴的垂线恰好过椭圆的一个焦点，求此椭圆的方程.

【例2】　在 $\triangle ABC$ 中，已知 $A(-2,0)$，$B(2,0)$，动点 C 使得 $\triangle ABC$ 的周长为 10，则动点 C 的轨迹方程为_____.

【解析】　由题意 $|CA|+|CB|=10-|AB|=10-4=6>|AB|$，故动点 C 的轨迹是以 A,B 为焦点、长轴长为 6 的椭圆(除去左、右顶点)，即 $a=3,c=2$，则 $b^2=a^2-c^2=5$，则轨迹方程为 $\dfrac{x^2}{9}+\dfrac{y^2}{5}=1\,(y\neq 0)$.

变式1　已知动圆 P 过定点 $A(-3,0)$，且与圆 $B:(x-3)^2+y^2=64$ 相切，求动圆圆心 P 的轨迹方程.

变式2　已知一动圆与圆 $O_1:(x+3)^2+y^2=1$ 外切，与圆 $O_2:(x-3)^2+y^2=81$ 内切，试求动圆圆心的轨迹方程.

变式3　已知圆 $O_1:(x+2)^2+y^2=16$，圆 $O_2:(x-2)^2+y^2=4$，动圆 P 与圆 O_1 内切，与圆 O_2 外切，求动圆圆心 P 的轨迹方程.

【例3】　已知椭圆的长轴长是 8，离心率是 $\dfrac{3}{4}$，则此椭圆的标准方程是
（　　）

A. $\dfrac{x^2}{16}+\dfrac{y^2}{9}=1$　　　　　　B. $\dfrac{x^2}{16}+\dfrac{y^2}{7}=1$ 或 $\dfrac{x^2}{7}+\dfrac{y^2}{16}=1$

C. $\dfrac{x^2}{16}+\dfrac{y^2}{25}=1$　　　　　　D. $\dfrac{x^2}{16}+\dfrac{y^2}{25}=1$ 或 $\dfrac{x^2}{25}+\dfrac{y^2}{16}=1$

【解析】　因为椭圆的长轴长是 8，即 $2a=8$，所以 $a=4$；离心率为 $\dfrac{3}{4}$，即 $\dfrac{c}{a}=\dfrac{3}{4}$，则 $c=3$，所以 $b^2=a^2-c^2=7$，所以椭圆的标准方程是 $\dfrac{x^2}{16}+\dfrac{y^2}{7}=1$ 或 $\dfrac{x^2}{7}+\dfrac{y^2}{16}=1$. 故选 B.

变式1　在平面直角坐标系 xOy 中，椭圆 C 的中心为原点，焦点 F_1,F_2 在 x 轴上，离心率为 $\dfrac{\sqrt{2}}{2}$. 过点 F_1 的直线 l 交 C 于 A,B 两点，且 $\triangle ABF_2$ 的周长为 16，

那么 C 的方程为_____.

变式 2　已知椭圆的中心在原点,焦点在 x 轴上,离心率为 $\frac{\sqrt{5}}{5}$,且过 $P(-5,4)$,则椭圆的方程为_____.

变式 3　经过 $A\left(1,\frac{2\sqrt{10}}{3}\right)$,$B\left(\frac{3}{2},\frac{\sqrt{15}}{2}\right)$ 两点的椭圆的标准方程是_____.

2. 椭圆方程的充要条件.

【例4】　若方程 $\frac{x^2}{5-k}+\frac{y^2}{k-3}=1$ 表示椭圆,则 k 的取值范围是_____.

【解析】　由题意可知 $\begin{cases} 5-k>0 \\ k-3>0 \\ 5-k\neq k-3 \end{cases}$,解得 $3<k<4$ 或 $4<k<5$.

故 k 的取值范围为 $(3,4)\cup(4,5)$.

评注　易错点:忽略 $5-k\neq k-3$.

$\frac{x^2}{m}+\frac{y^2}{n}=1$ 表示椭圆的充要条件为:$m>0,n>0,m\neq n$;$\frac{x^2}{m}+\frac{y^2}{n}=1$ 表示双曲线方程的充要条件为:$mn<0$;$\frac{x^2}{m}+\frac{y^2}{n}=1$ 表示圆方程的充要条件为:$m=n>0$.

变式 1　如果 $x^2+ky^2=2$ 表示焦点在 y 轴上的椭圆,则 k 的取值范围是_____.

变式 2　"$m>n>0$"是"方程 $mx^2+ny^2=1$ 表示焦点在 y 轴上的椭圆"的（　　）

A. 充分而不必要条件　　　　B. 必要而不充分条件
C. 充要条件　　　　　　　　D. 既不充分也不必要条件

变式 3　若方程 $(5-m)x^2+(m-2)y^2=8$ 表示焦点在 x 轴上的椭圆,则实数 m 的取值范围是_____.

题型二　离心率的值及取值范围

思路提示　求离心率的本质就是探究 a,c 之间的数量关系,知道 a,b,c 中任意两者之间的等式关系或不等关系便可求解出 e 的值或其范围,具体方法为方程法、不等式法和定义法.

【例5】　已知椭圆 $\frac{x^2}{a^2}+\frac{y^2}{b^2}=1(a>b>0)$.

(1)若长轴长、短轴长、焦距成等差数列,则该椭圆的离心率为_____.

(2)若长轴长、短轴长、焦距成等比数列,则该椭圆的离心率为_____.

【解析】 (1)由题设可知 $2b = a+c$,且 $a^2 = b^2+c^2$,故 $b^2 = a^2-c^2 = (\frac{a+c}{2})^2$,即 $a-c = \frac{a+c}{4}$,即 $3a = 5c$,所以 $e = \frac{c}{a} = \frac{3}{5}$.

(2)由题设可知 $b^2 = ac$,且 $a^2 = b^2+c^2$,故 $a^2-c^2 = ac$,即 $c^2+ac-a^2 = 0$,所以由 $e = \frac{c}{a}$,可得 $e^2+e-1 = 0$,解得 $e = \frac{\sqrt{5}-1}{2}$ 或 $e = \frac{-1-\sqrt{5}}{2}$(舍去),所以 $e = \frac{\sqrt{5}-1}{2}$.

评注 离心率为 $\frac{\sqrt{5}-1}{2}$ 的椭圆称为黄金椭圆.

变式1 椭圆 $\frac{x^2}{a^2}+\frac{y^2}{b^2} = 1(a>b>0)$ 的左、右顶点分别是 A,B,左、右焦点分别是 F_1,F_2. 若 $|AF_1|,|F_1F_2|,|BF_1|$ 成等差数列,则此椭圆的离心率为_____.

变式2 已知椭圆 $\frac{x^2}{a^2}+\frac{y^2}{b^2} = 1(a>b>0)$ 的左顶点为 A,左焦点为 F,上顶点为 B,若 $\angle BAO + \angle BFO = 90°$,则该椭圆的离心率是_____.

【例6】 过椭圆 $\frac{x^2}{a^2}+\frac{y^2}{b^2} = 1(a>b>0)$ 的左焦点 F_1 作 x 轴的垂线交椭圆于点 P,F_2 为右焦点,若 $\angle F_1PF_2 = 60°$,则椭圆的离心率为 (   )

A. $\frac{\sqrt{2}}{2}$ B. $\frac{\sqrt{3}}{3}$ C. $\frac{1}{2}$ D. $\frac{1}{3}$

【解析】 解法1:(定义法)令 $|PF_1| = 1$,则在 $Rt\triangle PF_1F_2$ 中,由 $\angle F_1PF_2 = 60°$,可知 $|PF_2| = 2$,$|F_1F_2| = \sqrt{3}$,由椭圆定义得 $2a = |PF_1|+|PF_2| = 3$,$2c = \sqrt{3}$,所以 $e = \frac{c}{a} = \frac{\sqrt{3}}{3}$. 故选 B.

解法2:因为 $P(-c, \pm\frac{b^2}{a})$,再由 $\angle F_1PF_2 = 60°$,所以 $\angle PF_2F_1 = 30°$,得 $|PF_2| = 2|PF_1|$,$3|PF_1| = 2a$,$\frac{3b^2}{a} = 2a$,$2a^2 = 3b^2$,故 $\frac{b^2}{a^2} = \frac{2}{3}$,所以 $e = \sqrt{1-\frac{b^2}{a^2}} = \frac{\sqrt{3}}{3}$. 故选 B.

解法3:同解法2,因为 $P(-c, \pm\frac{b^2}{a})$,在 $Rt\triangle PF_1F_2$ 中,得 $\frac{|F_1F_2|}{|PF_1|} = \tan 60° =$

$\sqrt{3}$,即 $\dfrac{2c}{\dfrac{b^2}{a}} = \dfrac{2ac}{b^2} = \sqrt{3}$,故有 $2ac = \sqrt{3}b^2 = \sqrt{3}(a^2 - c^2)$,$\sqrt{3}c^2 + 2ac - \sqrt{3}a^2 = 0$,

$\sqrt{3}e^2 + 2e - \sqrt{3} = 0$,所以 $e = \dfrac{\sqrt{3}}{3}$ 或 $e = -\sqrt{3}$(舍去).故选 B.

评注 求离心率的过程就是探求基本量 a, b, c 的齐次式之间的等量关系,常见的离心率公式:① $e = \dfrac{c}{a}$;② $e = \sqrt{1 - \dfrac{b^2}{a^2}}$(椭圆);③ $e = \sqrt{1 + \dfrac{b^2}{a^2}}$(双曲线).另外,在求解离心率过程中要有以下意识:①利用定义的意识(定义中有 $2a$,且 $|F_1F_2| = 2c$);②获得了 a, b, c 中的任意的两个参数之间的数量关系都可以求解离心率 e.

变式 1 已知正方形 $ABCD$,以 A, B 为焦点,且过 C, D 两点的椭圆的离心率为 _____.

变式 2 已知椭圆 $\dfrac{x^2}{a^2} + \dfrac{y^2}{b^2} = 1 (a > b > 0)$ 的左、右焦点分别为 F_1, F_2,且 $|F_1F_2| = 2c$,点 A 在椭圆上,且 AF_1 垂直于 x 轴,$\overrightarrow{AF_1} \cdot \overrightarrow{AF_2} = c^2$,则椭圆的离心率 e 等于 ( )

A. $\dfrac{\sqrt{3}}{3}$ B. $\dfrac{\sqrt{3}-1}{2}$ C. $\dfrac{\sqrt{5}-1}{2}$ D. $\dfrac{\sqrt{2}}{2}$

变式 3 已知椭圆 $\dfrac{x^2}{a^2} + \dfrac{y^2}{b^2} = 1 (a > b > 0)$ 的左、右焦点分别为 F_1, F_2,焦距 $|F_1F_2| = 2c$,若直线 $y = \sqrt{3}(x + c)$ 与椭圆的一个交点 M 满足 $\angle MF_1F_2 = 2\angle MF_2F_1$,则椭圆的离心率 e 等于 _____.

变式 4 设 F_1, F_2 是椭圆 $\dfrac{x^2}{a^2} + \dfrac{y^2}{b^2} = 1 (a > b > 0)$ 的两个焦点,以 F_2 为圆心,且过椭圆中心的圆与椭圆的一个交点为 M,若直线 F_1M 与圆 F_2 相切,则椭圆的离心率为 ( )

A. $\sqrt{3} - 1$ B. $2 - \sqrt{3}$ C. $\dfrac{\sqrt{3}}{2}$ D. $\dfrac{\sqrt{2}}{2}$

【例 7】 椭圆 $G: \dfrac{x^2}{a^2} + \dfrac{y^2}{b^2} = 1 (a > b > 0)$ 的左、右焦点分别为 $F_1(-c, 0)$,$F_2(c, 0)$,椭圆上存在点 M 使 $\overrightarrow{F_1M} \cdot \overrightarrow{F_2M} = 0$,则椭圆的离心率 e 的取值范围为 _____.

【解析】 解法 1:由知识点精讲中的结论知,当 P 为椭圆的短轴端点时,

$\angle F_1PF_2$ 取得最大值,而由题意可知,若在椭圆上存在点 M 使得 $\overrightarrow{F_1M} \cdot \overrightarrow{F_2M} = 0$,即 $\angle F_1MF_2 = 90°$,只需要焦点三角形的顶角最大值 $\geq 90°$ 即可,故只需保证当点 M 落在椭圆短轴端点处时 $\angle F_1MF_2 = 90°$ 即可,所以 $\dfrac{c}{a} = \sin\dfrac{\angle F_1MF_2}{2} \geq \sin 45° = \dfrac{\sqrt{2}}{2}$,又因为 $e < 1$,故所求的椭圆离心率的取值范围是 $\left[\dfrac{\sqrt{2}}{2}, 1\right)$.

解法 2:由椭圆的定义知 $|MF_1| + |MF_2| = 2a$,在 $\triangle F_1MF_2$ 中,$\angle F_1MF_2 = 90°$,由勾股定理得,$|F_1M|^2 + |F_2M|^2 = |F_1F_2|^2 = 4c^2$,将上式化简得 $|F_1M| \cdot |F_2M| = 2(a^2 - c^2)$,根据韦达定理,可知 $|F_1M| \cdot |F_2M| = 2(a^2 - c^2)$ 是方程 $x^2 - 2ax + 2(a^2 - c^2) = 0$ 的两个根,则 $\Delta = 4a^2 - 8(a^2 - c^2) \geq 0$,即 $\left(\dfrac{c}{a}\right)^2 \geq \dfrac{1}{2}$,即 $e \geq \dfrac{\sqrt{2}}{2}$,又因为 $e < 1$,故所求的椭圆离心率的取值范围是 $\left[\dfrac{\sqrt{2}}{2}, 1\right)$.

变式 1 已知 F_1, F_2 是椭圆 $\dfrac{x^2}{a^2} + \dfrac{y^2}{b^2} = 1(a > b > 0)$ 的两个焦点,满足 $\overrightarrow{MF_1} \cdot \overrightarrow{MF_2} = 0$ 的点 M 总在椭圆内部,则椭圆的离心率为 ( )

A. $(0, 1)$ B. $\left(0, \dfrac{1}{2}\right]$ C. $\left(0, \dfrac{\sqrt{2}}{2}\right)$ D. $\left[\dfrac{\sqrt{2}}{2}, 1\right)$

【**例 8**】 椭圆 $\dfrac{x^2}{a^2} + \dfrac{y^2}{b^2} = 1(a > b > 0)$ 的两个焦点分别为 F_1, F_2,若 P 为其上一点,且 $|PF_1| = 2|PF_2|$,则此椭圆离心率的取值范围为_____.

【**分析**】 根据椭圆的定义 $|PF_1| + |PF_2| = 2a$ 求解.

【**解析**】由 $|PF_1| + |PF_2| = 2a$,$|PF_1| = 2|PF_2|$ 得 $|PF_1| = \dfrac{4a}{3}$,$|PF_2| = \dfrac{2a}{3}$,又 $|PF_1| - |PF_2| \leq 2c$,即 $2c \geq \dfrac{2a}{3}$,得 $\dfrac{1}{3} \leq e < 1$,故离心率的取值范围为 $\left[\dfrac{1}{3}, 1\right)$.

评注 若椭圆上存在点 P,使得 $|PF_1| = \lambda|PF_2|(\lambda > 0, \lambda \neq 1)$,则 $e \in \left[\left|\dfrac{\lambda - 1}{\lambda + 1}\right|, 1\right)$.

变式 1 椭圆 $\dfrac{x^2}{a^2} + \dfrac{y^2}{b^2} = 1(a > b > 0)$ 的两个焦点分别为 F_1, F_2,椭圆上存在点 P 使得 $|PF_1| = 3|PF_2|$,则椭圆方程可以是 ( )

A. $\dfrac{x^2}{36} + \dfrac{y^2}{35} = 1$ B. $\dfrac{x^2}{16} + \dfrac{y^2}{15} = 1$ C. $\dfrac{x^2}{25} + \dfrac{y^2}{24} = 1$ D. $\dfrac{x^2}{4} + \dfrac{y^2}{3} = 1$

变式2 已知椭圆 $\dfrac{x^2}{a^2}+\dfrac{y^2}{b^2}=1(a>b>0)$ 的左、右焦点分别为 $F_1(-c,0)$，$F_2(c,0)$，若椭圆上存在一点 P 使 $\dfrac{\sin\angle PF_1F_2}{\sin\angle PF_2F_1}=\dfrac{c}{a}$，则椭圆的离心率 e 的取值范围为_____．

题型三 焦点三角形

思路提示 焦点三角形的问题常用定义与解三角形的知识来解决，对于涉及椭圆上的点到椭圆两焦点的距离问题常用定义，即 $|PF_1|+|PF_2|=2a$．

【例9】 已知 F_1,F_2 是椭圆 $C:\dfrac{x^2}{a^2}+\dfrac{y^2}{b^2}=1(a>b>0)$ 的两个焦点，P 为椭圆 C 上一点，且 $\overrightarrow{PF_1}\perp\overrightarrow{PF_2}$，若 $\triangle PF_1F_2$ 的面积为 9，则 $b=$ _____．

【解析】 焦点 $\triangle PF_1F_2$ 中，$\overrightarrow{PF_1}\perp\overrightarrow{PF_2}$，故 $S_{\triangle PF_1F_2}=\dfrac{1}{2}|PF_1||PF_2|$，又 $|PF_1|^2+|PF_2|^2=|F_1F_2|^2$，$|PF_1|+|PF_2|=2a$，则 $(|PF_1|+|PF_2|)^2-2|PF_1|\cdot|PF_2|=|F_1F_2|^2$，即 $4a^2-2|PF_1|\cdot|PF_2|=4c^2$．

所以 $|PF_1|\cdot|PF_2|=2b^2$，则 $S_{\triangle PF_1F_2}=b^2=9$，故 $b=3$．

评注 若 $\triangle PF_1F_2$ 为一般三角形，则 $S_{\triangle PF_1F_2}=\dfrac{1}{2}|PF_1|\cdot|PF_2|\sin\theta$（用 θ 表示 $\angle F_1PF_2$）．

由余弦定理得 $|PF_1|^2+|PF_2|^2-2|PF_1|\cdot|PF_2|\cos\theta=|F_1F_2|^2$，又 $|PF_1|+|PF_2|=2a$，$|F_1F_2|=2c$，所以 $(|PF_1|+|PF_2|)^2-2|PF_1|\cdot|PF_2|\cdot(1+\cos\theta)=4c^2$．

所以 $2|PF_1|\cdot|PF_2|\cdot(1+\cos\theta)=4b^2$，$|PF_1|\cdot|PF_2|=\dfrac{2b^2}{1+\cos\theta}$．

所以 $S_{\triangle PF_1F_2}=\dfrac{1}{2}|PF_1|\cdot|PF_2|\sin\theta=\dfrac{b^2\sin\theta}{1+\cos\theta}=\dfrac{2b^2\sin\dfrac{\theta}{2}\cos\dfrac{\theta}{2}}{2\cos^2\dfrac{\theta}{2}}=b^2\tan\dfrac{\theta}{2}$．

本题中 $\angle F_1PF_2=90°$，则 $S_{\triangle PF_1F_2}=b^2=9$，易得 $b=3$，故熟记椭圆焦点 $\triangle PF_1F_2$ 的面积公式 $S_{\triangle PF_1F_2}=b^2\tan\dfrac{\theta}{2}$，对于求解选择、填空题有着很大的优势．

变式1 已知 F_1,F_2 是椭圆 $\dfrac{x^2}{16}+\dfrac{y^2}{9}=1$ 的两个焦点，P 为该椭圆上一点，且 $\cos\angle F_1PF_2=\dfrac{5}{13}$，求 $\triangle F_1PF_2$ 的面积．

第一章 圆锥曲线基础知识

变式2 已知 F_1, F_2 是椭圆 $E: \dfrac{x^2}{4}+y^2=1$ 的左、右焦点,P 为椭圆 E 上一点,且 $\angle F_1PF_2=60°$,则点 P 到 x 轴的距离为_____.

【例10】 已知椭圆 $\dfrac{x^2}{4}+\dfrac{y^2}{3}=1$ 的左、右焦点分别为 F_1, F_2,P 是椭圆上的一动点.

(1) 求 $|PF_1|\cdot|PF_2|$ 的取值范围;

(2) 求 $\overrightarrow{PF_1}\cdot\overrightarrow{PF_2}$ 的取值范围.

【解析】 (1) $|PF_1|\cdot|PF_2|=|PF_1|\cdot(2a-|PF_1|)=-(|PF_1|-a)^2+a^2$,又 $|PF_1|\in[a-c,a+c]$,故:

当 $|PF_1|=a-c$ 或 $a+c$ 时,$(|PF_1|\cdot|PF_2|)_{\min}=-c^2+a^2=b^2$.

当 $|PF_1|=a$ 时,$(|PF_1|\cdot|PF_2|)_{\max}=a^2$.

所以 $|PF_1|\cdot|PF_2|\in[b^2,a^2]$,即 $|PF_1|\cdot|PF_2|\in[3,4]$.

(2) 解法1: $2\overrightarrow{PF_1}\cdot\overrightarrow{PF_2}=\overrightarrow{PF_1}^2+\overrightarrow{PF_2}^2-(\overrightarrow{PF_1}-\overrightarrow{PF_2})^2=|\overrightarrow{PF_1}|^2+|\overrightarrow{PF_2}|^2-(\overrightarrow{F_1F_2})^2=|\overrightarrow{PF_1}|^2+(2a-|\overrightarrow{PF_1}|)^2-4c^2=2(|\overrightarrow{PF_1}|-a)^2-2a^2+4b^2$,即 $\overrightarrow{PF_1}\cdot\overrightarrow{PF_2}=2(|\overrightarrow{PF_1}|-a)^2-a^2+2b^2$.

又 $|PF_1|\in[a-c,a+c]$,故当 $|PF_1|=a$ 时,$(\overrightarrow{PF_1}\cdot\overrightarrow{PF_2})_{\min}=2b^2-a^2$.

当 $|PF_1|=a-c$ 或 $a+c$ 时,$(\overrightarrow{PF_1}\cdot\overrightarrow{PF_2})_{\max}=c^2-a^2+2b^2=b^2$.

所以 $\overrightarrow{PF_1}\cdot\overrightarrow{PF_2}\in[2b^2-a^2,b^2]$,即 $\overrightarrow{PF_1}\cdot\overrightarrow{PF_2}\in[2,3]$.

解法2: 设 $P(x_0,y_0)$,$x_0\in[-a,a]$,则

$\overrightarrow{PF_1}\cdot\overrightarrow{PF_2}=(-c-x_0,-y_0)\cdot(c-x_0,-y_0)=x_0^2+y_0^2-c^2=|OP|^2-c^2$

又 $|OP|^2=x_0^2+y_0^2=x_0^2+b^2-\dfrac{b^2}{a^2}x_0^2=\dfrac{c^2}{a^2}x_0^2+b^2\in[b^2,a^2]$,故 $\overrightarrow{PF_1}\cdot\overrightarrow{PF_2}=|OP|^2-c^2\in[2b^2-a^2,b^2]$.

评注 (1) 若本题的第(1)问只求 $|PF_1|\cdot|PF_2|$ 的最大值,则使用椭圆的定义求取更为简捷;由椭圆定义知 $|PF_1|+|PF_2|=2a$,又因为 $2a=|PF_1|+|PF_2|\geq 2\sqrt{|PF_1|\cdot|PF_2|}$,故有 $|PF_1|\cdot|PF_2|\leq a^2$,故 $|PF_1|\cdot|PF_2|$ 的最大值为 4.

(2) 通过本题的求解,可得到椭圆 $\dfrac{x^2}{a^2}+\dfrac{y^2}{b^2}=1(a>b>0)$ 有以下重要结论:

① $|PF_1|\in[a-c,a+c]$;

② $|PF_1|\cdot|PF_2|\in[b^2,a^2]$;

③ $\overrightarrow{PF_1} \cdot \overrightarrow{PF_2} = \overrightarrow{OP}^2 - c^2 \in [2b^2 - a^2, b^2]$；

④ $\cos \angle F_1PF_2 = \dfrac{2b^2}{|PF_1| \cdot |PF_2|} - 1 \geqslant \dfrac{2b^2}{a^2} - 1$（当且仅当 $|PF_1| = |PF_2| = a$，即 P 为椭圆的短轴端点时，$\cos \angle F_1PF_2$ 取得最小值，且此时点 P 对两个焦点的张角 $\angle F_1PF_2$ 最大."无限风光在险峰"，最值一定在特殊位置处取得）.

以上结论在求解椭圆的焦点三角形问题时有着重要的应用，值得同学们熟记.

变式1 椭圆 $M: \dfrac{x^2}{a^2} + \dfrac{y^2}{b^2} = 1 (a > b > 0)$ 的左、右焦点分别为 F_1, F_2，P 为椭圆上任一点，且 $\overrightarrow{PF_1} \cdot \overrightarrow{PF_2}$ 的最大值的取值范围是 $[c^2, 3c^2]$，其中 $c = \sqrt{a^2 - b^2}$，则椭圆 M 的离心率 e 的取值范围是 （　　）

A. $\left[\dfrac{1}{4}, \dfrac{1}{2}\right]$ B. $\left[\dfrac{1}{2}, \dfrac{\sqrt{2}}{2}\right]$ C. $\left(\dfrac{\sqrt{2}}{2}, 1\right)$ D. $\left(\dfrac{1}{2}, 1\right)$

变式2 设 P 是椭圆 $\dfrac{x^2}{9} + \dfrac{y^2}{4} = 1$ 上一动点，F_1, F_2 分别是左、右两个焦点，则 $\cos \angle F_1PF_2$ 的最小值是 （　　）

A. $\dfrac{1}{2}$ B. $\dfrac{1}{9}$ C. $-\dfrac{1}{9}$ D. $-\dfrac{5}{9}$

变式3 设椭圆 $\dfrac{x^2}{a^2} + \dfrac{y^2}{b^2} = 1 (a > b > 0)$ 的焦点为 F_1 和 F_2，P 是椭圆上任一点，若 $\angle F_1PF_2$ 的最大值为 $\dfrac{2\pi}{3}$，则此椭圆的离心率为 _____.

达标训练题

1. 已知点 $M(\sqrt{3}, 0)$，椭圆 $\dfrac{x^2}{4} + y^2 = 1$ 与直线 $y = k(x + \sqrt{3})(k \neq 0)$ 交于 A, B 两点，则 $\triangle ABM$ 的周长为 （　　）

A. 4 B. 8 C. 12 D. 16

2. 已知 P 为椭圆 $\dfrac{x^2}{25} + \dfrac{y^2}{16} = 1$ 上的一点，M, N 分别为圆 $(x+3)^2 + y^2 = 1$ 和圆 $(x-3)^2 + y^2 = 4$ 上的点，则 $|PM| + |PN|$ 的最小值为 （　　）

A. 8 B. 7 C. 6 D. 9

3. 椭圆 $\dfrac{x^2}{100} + \dfrac{y^2}{64} = 1$ 的焦点为 F_1, F_2，椭圆上的点 P 满足 $\angle F_1PF_2 = 60°$，则 $\triangle F_1PF_2$ 的面积是 （　　）

A. $\dfrac{64\sqrt{3}}{3}$　　　B. $\dfrac{91\sqrt{3}}{3}$　　　C. $\dfrac{16\sqrt{3}}{3}$　　　D. $\dfrac{64}{3}$

4. 若椭圆 $\dfrac{x^2}{5}+\dfrac{y^2}{m}=1$ 的离心率 $e=\dfrac{\sqrt{10}}{5}$，则 m 的值为　　　　（　　）

A. 3　　　　B. $\sqrt{15}$ 或 $\dfrac{5\sqrt{15}}{3}$　　　C. $\sqrt{15}$　　　D. 3 或 $\dfrac{25}{3}$

5. 若点 O 和点 F 分别为椭圆 $\dfrac{x^2}{4}+\dfrac{y^2}{3}=1$ 的中心和左焦点，点 P 为椭圆上的任意一点，则 $\overrightarrow{OP}\cdot\overrightarrow{FP}$ 的最大值为　　　　（　　）

A. 2　　　　B. 3　　　　C. 6　　　　D. 8

6. 已知 F 是椭圆 C 的一个焦点，B 是短轴的一个端点，若线段 BF 的延长线交 C 于点 D，且 $\overrightarrow{BF}=2\overrightarrow{FD}$，则 C 的离心率为_____．

7. 椭圆 $\dfrac{x^2}{a^2}+\dfrac{y^2}{b^2}=1(a>b>0)$ 的左、右顶点分别是 A,B，左、右焦点分别是 F_1,F_2，若 $|AF_1|,|F_1F_2|,|F_1B|$ 成等比数列，则此椭圆的离心率为_____．

8. 椭圆 $\dfrac{x^2}{9}+\dfrac{y^2}{25}=1$ 上的一点 P 到两焦点的距离的乘积为 m，则当 m 取最大值时，点 P 的坐标是_____．

9. 已知椭圆 $\dfrac{x^2}{a^2}+\dfrac{y^2}{b^2}=1(a>b>0)$ 的离心率为 $\dfrac{1}{2}$，经过点 $P\left(1,\dfrac{3}{2}\right)$．

（1）求椭圆 C 的方程；

（2）设 F 是椭圆 C 的左焦点，判断以 PF 为直径的圆与以椭圆长轴为直径的圆的位置关系，并说明理由．

10. 已知椭圆 $\dfrac{x^2}{a^2}+\dfrac{y^2}{b^2}=1(a>b>0)$ 的长、短轴端点分别为 A,B，从此椭圆上一点 M（在 x 轴上方）向 x 轴作垂线，恰好通过椭圆的左焦点 F_1，$\overrightarrow{AB}\parallel\overrightarrow{OM}$．

（1）求椭圆的离心率 e；

（2）设 Q 是椭圆上任意一点，F_1,F_2 分别是左、右焦点，求 $\angle F_1QF_2$ 的取值范围．

例题变式解析

【例1变式1】

【解析】 由椭圆的定义知 $2a=10$，从而 $a=5, c=3, b^2=16$，又焦点在 y 轴

上,故椭圆的方程为 $\dfrac{y^2}{25}+\dfrac{x^2}{16}=1$.

评注 也可用待定系数法,设椭圆方程为 $\dfrac{x^2}{a^2}+\dfrac{y^2}{b^2}=1(a>b>0)$,由已知可求出 $a^2=25,b^2=16$.

【例1 变式2】

【解析】 解法1:若焦点在 x 轴上,设椭圆的标准方程是 $\dfrac{x^2}{a^2}+\dfrac{y^2}{b^2}=1(a>b>0)$,左、右焦点分别为 $F_1(-c,0),F_2(c,0)$,则 $2a=|PF_1|+|PF_2|=2\sqrt{5}$,所以 $a=\sqrt{5}$.在方程 $\dfrac{x^2}{a^2}+\dfrac{y^2}{b^2}=1(a>b>0)$ 中,令 $x=\pm c$,得 $|y|=\dfrac{b^2}{a}=\dfrac{2\sqrt{5}}{3}$,又 $a=\sqrt{5}$,所以 $b^2=\dfrac{10}{3}$,即椭圆的方程为 $\dfrac{x^2}{5}+\dfrac{3y^2}{10}=1$,同理可得焦点在 y 轴上的形式方程为 $\dfrac{y^2}{5}+\dfrac{x^2}{\frac{10}{3}}=1$.

解法2:设椭圆的两个焦点分别为 F_1,F_2,则 $|PF_1|=\dfrac{4\sqrt{5}}{3}$,$|PF_2|=\dfrac{2\sqrt{5}}{3}$,由椭圆定义知 $2a=|PF_1|+|PF_2|=2\sqrt{5}$,即 $a=\sqrt{5}$,由 $|PF_1|>|PF_2|$ 知,$|PF_2|$ 垂直于长轴.

故在 $Rt\triangle PF_1F_2$ 中,$(2c)^2=|PF_1|^2-|PF_2|^2=\dfrac{20}{3}$,所以 $c^2=\dfrac{5}{3}$,于是 $b^2=\dfrac{10}{3}$,又所求的椭圆的焦点可以在 x 轴上,也可以在 y 轴上,故所求的椭圆方程为 $\dfrac{x^2}{5}+\dfrac{3y^2}{10}=1$ 或 $\dfrac{y^2}{5}+\dfrac{3x^2}{10}=1$.

评注 (1)用待定系数法求椭圆方程时,当题目的条件不能确定椭圆的焦点位置时,应注意分两种情况来设方程,分别计算;有时也可以直接设成 $\dfrac{y^2}{m}+\dfrac{x^2}{n}=1(m>0,n>0,m\neq n)$.

(2)过椭圆焦点与长轴垂直的直线截椭圆的弦叫作通径,其长度为 $\dfrac{2b^2}{a}$.

【例2 变式1】

【解析】 如图1所示,由题设知动圆 P 与圆 B 内切,设动圆 P 和定圆 B 内切于点 M,动点 P 到定点 $A(-3,0)$ 和圆心 $B(3,0)$ 的距离之和等于圆 B 的半

径,即

$$|PA|+|PB|=|PM|+|PB|=|BM|$$
$$=8>6=|AB|$$

所以点 P 的轨迹是以 A,B 为两焦点、长半轴长为 4、短半轴长为 $\sqrt{4^2-3^2}=\sqrt{7}$ 的椭圆,故其标准方程为 $\dfrac{x^2}{16}+\dfrac{y^2}{7}=1$.

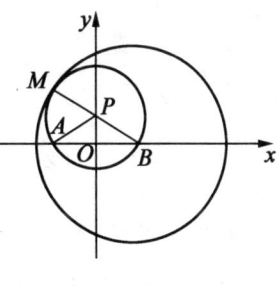

图1

【例2 变式2】

【解析】 依题意,两定圆的圆心和半径分别为 $O_1(-3,0)$, $r_1=1$, $O_2(3,0)$, $r_2=9$,设动圆圆心 $M(x,y)$,半径为 R,则由题意可得 $|MO_1|=1+R$, $|MO_2|=9-R$,故 $|MO_1|+|MO_2|=10>|O_1O_2|$.由椭圆的定义知,$M$ 在以 O_1,O_2 为焦点的椭圆上,且 $a=5,c=3$,所以 $b^2=16$,故动圆圆心的轨迹方程为 $\dfrac{x^2}{25}+\dfrac{y^2}{16}=1$.

【例2 变式3】

【解析】 如图2所示,设动圆 P 的半径为 r,圆 O_1 的半径为 $r_1=4$,圆 O_2 的半径为 $r_2=2$,则 $|PO_1|=r_1-r$, $|PO_2|=r_2+r$, $|PO_1|+|PO_2|=r_1+r_2=4+2=6>|O_1O_2|=4$.

即 $a=3,b=\sqrt{a^2-c^2}=\sqrt{5}$.

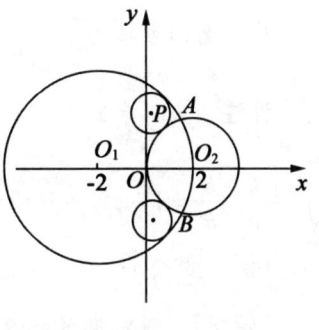

图2

从而轨迹方程为 $\dfrac{x^2}{9}+\dfrac{y^2}{5}=1$,设点 A,B 分别为圆 O_1 与圆 O_2 的交点,又圆 P 在圆 O_1 内,且在圆 O_2 外,点 P 向右可无限靠近圆 O_1 与圆 O_2 的交点 A,B,由 $\begin{cases}(x+2)^2+y^2=16\\(x-2)^2+y^2=4\end{cases}$,解得 $x=\dfrac{3}{2}$,故 $x_P<\dfrac{3}{2}$,所以点 P 的轨迹方程为 $\dfrac{x^2}{9}+\dfrac{y^2}{5}=1\left(-3\leqslant x<\dfrac{3}{2}\right)$.

【例3 变式1】

【解析】 设椭圆方程为 $\dfrac{x^2}{a^2}+\dfrac{y^2}{b^2}=1$ $(a>b>0)$,如图3所示.

因为 $\triangle ABF_2$ 的周长为 $|AB|+|BF_2|+$

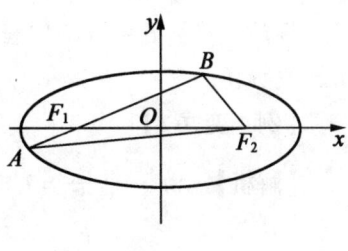

图3

$|AF_2| = |AF_1| + |AF_2| + |BF_1| + |BF_2| = 16$,即 $4a = 16$,$a = 4$,故 $a^2 = 16$. 由 $e = \frac{\sqrt{2}}{2}$ 知,$\frac{c}{a} = \frac{\sqrt{2}}{2}$,即 $c^2 = \frac{a^2}{2} = 8$,故 $b^2 = a^2 - c^2 = 16 - 8 = 8$.

所以椭圆 C 的方程为 $\frac{x^2}{16} + \frac{y^2}{8} = 1$.

【例3 变式2】

【解析】 解法1:由 $e = \frac{\sqrt{5}}{5}$,可得 $\frac{c}{a} = \frac{\sqrt{5}}{5}$,则 $\frac{c^2}{a^2} = \frac{1}{5}$,可得 $a^2 = 5c^2$,$b^2 = a^2 - c^2 = 4c^2$. 设椭圆方程为 $\frac{x^2}{5c^2} + \frac{y^2}{4c^2} = 1$,将 $P(-5, 4)$ 代入,可得 $c^2 = 9$,故椭圆的方程为 $\frac{x^2}{45} + \frac{y^2}{36} = 1$.

解法2:由题意 $e = \frac{\sqrt{5}}{5}$,故有 $\frac{b^2}{a^2} = \frac{a^2 - c^2}{a^2} = 1 - e^2 = \frac{4}{5}$,故设椭圆方程为 $\frac{x^2}{5} + \frac{y^2}{4} = \lambda (\lambda > 0)$. 又因椭圆过点 $P(-5, 4)$,代入椭圆方程,可得 $\lambda = 9$.

故椭圆的方程为 $\frac{x^2}{5} + \frac{y^2}{4} = 9$,即 $\frac{x^2}{45} + \frac{y^2}{36} = 1$.

评注 应牢牢掌握与离心率 e 有关的几个数量关系:在椭圆中,$e = \frac{c}{a} = \sqrt{1 - \frac{b^2}{a^2}}$,$\frac{b^2}{a^2} = 1 - e^2$;在双曲线中,$e = \frac{c}{a} = \sqrt{1 + \frac{b^2}{a^2}}$,$\frac{b^2}{a^2} = e^2 - 1$.

【例3 变式3】

【解析】 设椭圆的标准方程为 $\frac{x^2}{m} + \frac{y^2}{n} = 1 (m > 0, n > 0, m \neq n)$.

由题设得 $\begin{cases} \frac{1}{m} + \frac{40}{9n} = 1 \\ \frac{9}{4m} + \frac{15}{4n} = 1 \end{cases}$,解得 $\begin{cases} m = 9 \\ n = 5 \end{cases}$,故所求的方程为 $\frac{x^2}{9} + \frac{y^2}{5} = 1$.

评注 将椭圆的标准方程设为 $Ax^2 + By^2 = 1 (A > 0, B > 0, 且 A \neq B)$,解方程组更方便.

【例4 变式1】

【解析】 由 $\frac{x^2}{2} + \frac{y^2}{\frac{2}{k}} = 1$ 表示焦点在 y 轴上的椭圆,则 $\frac{2}{k} > 2$,解得 $k \in (0, 1)$.

第一章 圆锥曲线基础知识

【例 4 变式 2】

【解析】 把椭圆方程化为 $\dfrac{x^2}{\frac{1}{m}}+\dfrac{y^2}{\frac{1}{n}}=1$,它表示焦点在 y 轴上的椭圆 $\Leftrightarrow \dfrac{1}{n}>\dfrac{1}{m}>0$,即 $m>n>0$,故选 C.

【例 4 变式 3】

【解析】 原方程标准化为 $\dfrac{x^2}{\frac{8}{5-m}}+\dfrac{y^2}{\frac{8}{m-2}}=1$.

因为焦点在 x 轴上,所以 $\dfrac{8}{5-m}>\dfrac{8}{m-2}>0$,解得 $m\in\left(\dfrac{7}{2},5\right)$.

【例 5 变式 1】

【解析】 由题设可知 $|AF_1|=a-c$,$|F_1F_2|=2c$,$|BF_1|=a+c$,故 $4c=a-c+a+c$,即 $2c=a$,所以 $e=\dfrac{c}{a}=\dfrac{1}{2}$.

【例 5 变式 2】

【解析】 因为 $\angle BAO+\angle BFO=90°$,所以 $\tan\angle BAO\cdot\tan\angle BFO=1$,即 $\dfrac{b}{a}\cdot\dfrac{b}{c}=1$,得 $b^2=ac$,又 $a^2=b^2+c^2$,故 $a^2=ac+c^2$,即 $c^2+ac-a^2=0$,由 $e=\dfrac{c}{a}$ 可得 $e^2+e-1=0$,解得 $e=\dfrac{\sqrt{5}-1}{2}$ 或 $e=\dfrac{-\sqrt{5}-1}{2}$(舍去),所以 $e=\dfrac{\sqrt{5}-1}{2}$.

【例 6 变式 1】

【解析】 如图 4 所示,不妨设正方形 $ABCD$ 的边长为 1,根据椭圆定义知

$$2a=|AC|+|BC|=\sqrt{2}+1$$
$$|AB|=2c=1$$

所以 $e=\dfrac{2c}{2a}=\dfrac{1}{\sqrt{2}+1}=\sqrt{2}-1$.

故椭圆的离心率为 $\sqrt{2}-1$.

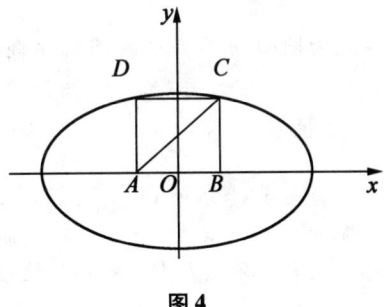

图 4

【例 6 变式 2】

【解析】 因为 AF_1 垂直于 x 轴,所以 $\overrightarrow{AF_1}\cdot\overrightarrow{AF_2}=|\overrightarrow{AF_1}|^2=c^2$,故 $|\overrightarrow{AF_1}|=c$,又 $|\overrightarrow{F_1F_2}|=2c$,所以 $|\overrightarrow{AF_2}|=\sqrt{5}c$,$e=\dfrac{2c}{2a}=\dfrac{|F_1F_2|}{|\overrightarrow{AF_1}|+|\overrightarrow{AF_2}|}=\dfrac{2c}{\sqrt{5}c+c}=\dfrac{2}{\sqrt{5}+1}=$

$\dfrac{\sqrt{5}-1}{2}$,故选 C.

评注 也可由 $|\overrightarrow{AF_1}|=\dfrac{b^2}{a}=c$ 直接去解 e.

【例 6 变式 3】

【分析】 利用椭圆定义寻求 a,b,c 之间的关系,进一步求解离心率.

【解析】 已知 $F_1(-c,0)$, $F_2(c,0)$,直线 $y=\sqrt{3}(x+c)$ 过点 F_1,且斜率为 $\sqrt{3}$,所以倾斜角 $\angle MF_1F_2=60°$.

如图 5 所示,因为 $\angle MF_2F_1=\dfrac{1}{2}\angle MF_1F_2=30°$,所以 $\angle F_1MF_2=90°$,所以 $|MF_1|=c$,$|MF_2|=\sqrt{3}c$,由椭圆定义知 $|MF_1|+|MF_2|=c+\sqrt{3}c=2a$.

所以离心率 $e=\dfrac{c}{a}=\dfrac{2}{1+\sqrt{3}}=\sqrt{3}-1$.

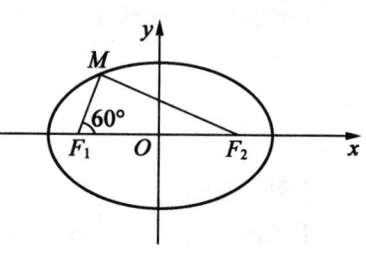

图 5

【例 6 变式 4】

【解析】 由直线 F_1M 与圆 F_2 相切得 $MF_1\perp MF_2$,又 $|MF_2|=c$,$|F_1F_2|=2c$,故 $|MF_1|=\sqrt{3}c$,所以 $e=\dfrac{2c}{2a}=\dfrac{|F_1F_2|}{|MF_1|+|MF_2|}=\dfrac{2c}{\sqrt{3}c+c}=\sqrt{3}-1$,故选 A.

【例 7 变式 1】

【解析】 解法 1:因为满足 $\overrightarrow{MF_1}\cdot\overrightarrow{MF_2}=0$ 的点 M 总在椭圆内部,故以坐标原点为圆心、c 为半径的圆总在椭圆内部,即 $c<b$,$c^2<a^2-c^2$,$e^2<\dfrac{1}{2}$,得 $0<e<\dfrac{\sqrt{2}}{2}$,故选 C.

解法 2:因为满足 $\overrightarrow{MF_1}\cdot\overrightarrow{MF_2}=0$ 的点 M 总在椭圆内部,所以对于椭圆上任意一点 P 都有 $\angle F_1PF_2<90°$,故最大顶角小于 $90°$,从而 $0<e<\sin\dfrac{90°}{2}=\dfrac{\sqrt{2}}{2}$,即 $0<e<\dfrac{\sqrt{2}}{2}$,故选 C.

评注 若椭圆上存在点 P 使得 $\angle F_1PF_2=\alpha$(F_1,F_2 为焦点,$\alpha\in(0,\pi)$),则 $e\in\left[\sin\dfrac{\alpha}{2},1\right)$;反之,$e\in\left(0,\sin\dfrac{\alpha}{2}\right)$.

【例8 变式1】

【解析】 当 $|\overrightarrow{PF_1}| = 3|\overrightarrow{PF_2}|$ 时，$|\overrightarrow{PF_1}| + |\overrightarrow{PF_2}| = 4|\overrightarrow{PF_2}| = 2a$.

故 $|\overrightarrow{PF_2}| = \dfrac{a}{2}$，$|\overrightarrow{PF_1}| = \dfrac{3a}{2}$，$|\overrightarrow{PF_1}| - |\overrightarrow{PF_2}| \leqslant |\overrightarrow{F_1F_2}|$，即 $a \leqslant 2c$，故 $e \in \left[\dfrac{1}{2}, 1\right)$，经验证只有选项 D 符合，故选 D.

【例8 变式2】

【解析】 解法1：在 $\triangle PF_1F_2$ 中，由正弦定理得 $\dfrac{|PF_1|}{\sin\angle PF_2F_1} = \dfrac{|PF_2|}{\sin\angle PF_1F_2}$.

所以 $\dfrac{\sin\angle PF_1F_2}{\sin\angle PF_2F_1} = \dfrac{|PF_2|}{|PF_1|} = \dfrac{c}{a} = e$，则 $\dfrac{|PF_1|}{|PF_2|} = \dfrac{1}{e} > 1$.

由结论知 $\dfrac{\dfrac{1}{e} - 1}{\dfrac{1}{e} + 1} < e < 1$ 得 $\sqrt{2} - 1 < e < 1$，则该椭圆的离心率的取值范围是 $(\sqrt{2} - 1, 1)$.

解法2：依题意，所以 $\dfrac{\sin\angle PF_1F_2}{\sin\angle PF_2F_1} = \dfrac{|PF_2|}{|PF_1|} = \dfrac{c}{a} = e$，故 $|PF_2| = e|PF_1|$.

$\begin{cases} |PF_1| + |PF_2| = 2a \\ |PF_1| - |PF_2| < 2c \end{cases}$，即 $\begin{cases} |PF_1| + e|PF_1| = 2a \\ |PF_1| - e|PF_1| < 2c \end{cases} \Rightarrow \dfrac{1-e}{1+e} < \dfrac{2c}{2a} = e \Rightarrow e^2 + 2e - 1 > 0$，又因为 $e \in (0, 1)$，所以 $\sqrt{2} - 1 < e < 1$，该椭圆的离心率的取值范围是 $(\sqrt{2} - 1, 1)$.

【例9 变式1】

【解析】 解法1：由

$\cos\angle F_1PF_2 = \dfrac{|PF_1|^2 + |PF_2|^2 - |F_1F_2|^2}{2|PF_1||PF_2|}$

$= \dfrac{(|PF_1| + |PF_2|)^2 - 2|PF_1||PF_2| - |F_1F_2|^2}{2|PF_1||PF_2|}$

$= \dfrac{4b^2 - 2|PF_1||PF_2|}{2|PF_1||PF_2|} = \dfrac{2b^2}{|PF_1||PF_2|} - 1 = \dfrac{5}{13}$

得 $|PF_1||PF_2| = \dfrac{13b^2}{9} = 13$.

$S_{\triangle PF_1F_2} = \dfrac{1}{2}|PF_1||PF_2|\sin\angle F_1PF_2 = \dfrac{1}{2} \times 13 \times \dfrac{12}{13} = 6$

解法 2：设 $\angle F_1PF_2 = \theta$，由 $\dfrac{5}{13} = \cos\theta = 2\cos^2\dfrac{\theta}{2} - 1$，得 $\cos^2\dfrac{\theta}{2} = \dfrac{9}{13}$，$1 + \tan^2\dfrac{\theta}{2} = \dfrac{1}{\cos^2\dfrac{\theta}{2}} = \dfrac{13}{9}$，$\tan\dfrac{\theta}{2} = \dfrac{2}{3}$.

故 $S_{\triangle PF_1F_2} = b^2\tan\dfrac{\theta}{2} = 6$.

【例 9 变式 2】

【解析】 如图 6 所示，设 $|PF_1| = m$，$|PF_2| = n$，则有 $m + n = 4$，在 $\triangle PF_1F_2$ 中，由余弦定理可得 $12 = m^2 + n^2 - 2mn\cos 60°$，即 $(m+n)^2 - 2mn - mn = 12$，解得 $mn = \dfrac{4}{3}$.

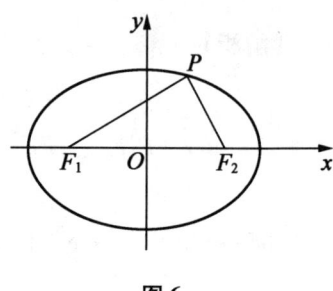

图 6

又 $S_{\triangle PF_1F_2} = \dfrac{1}{2}mn\sin 60° = \dfrac{\sqrt{3}}{4}mn = \dfrac{\sqrt{3}}{3}$，所以 $\dfrac{1}{2}\cdot|F_1F_2||y_P| = \dfrac{1}{2}\cdot 2\sqrt{3}|y_P| = \dfrac{\sqrt{3}}{3}$（利用算两次思想）.

所以 $|y_P| = \dfrac{1}{3}$，即点 P 到 x 轴的距离为 $\dfrac{1}{3}$.

评注 求点 P 到 x 轴的距离等价于求点 P 的纵坐标的绝对值，又 $\angle F_1PF_2 = 60°$，所以 $S_{\triangle PF_1F_2} = b^2\tan\dfrac{\theta}{2} = \tan 30° = \dfrac{\sqrt{3}}{3}$，即 $\dfrac{1}{2}\cdot|F_1F_2|\cdot|y_P| = \dfrac{1}{2}\cdot 2\sqrt{3}|y_P| = \dfrac{\sqrt{3}}{3}$，即 $|y_P| = \dfrac{1}{3}$.

在椭圆 $\dfrac{x^2}{a^2} + \dfrac{y^2}{b^2} = 1(a > b > 0)$ 中，焦点三角形的面积 $S_{\triangle PF_1F_2} = b^2\tan\dfrac{\theta}{2}$，其中 $\theta = \angle F_1PF_2$.

【例 10 变式 1】

【解析】 设 $P(x, y)$，$\overrightarrow{PF_1} = (-c-x, -y)$，$\overrightarrow{PF_2} = (c-x, -y)$，有
$$\overrightarrow{PF_1}\cdot\overrightarrow{PF_2} = x^2 + y^2 - c^2 = \dfrac{c^2}{a^2}x^2 + b^2 - c^2 \leq b^2$$

因此 $(\overrightarrow{PF_1}\cdot\overrightarrow{PF_2})_{\max} = b^2$，则 $c^2 \leq b^2 \leq 3c^2$，得 $2c^2 \leq a^2 \leq 4c^2$，$\dfrac{1}{4} \leq e^2 \leq \dfrac{1}{2}$.

即 $\dfrac{1}{2} \leq e \leq \dfrac{\sqrt{2}}{2}$，故选 B.

第一章 圆锥曲线基础知识

【例10变式2】

【解析】 由例10评注内容中的结论可知,当 P 为椭圆的短轴端点时,$\cos\angle F_1PF_2$ 取得最小值,$\cos\angle F_1PF_2 = \dfrac{2a^2-4c^2}{2a^2} = 1-2e^2 = 1-2\times\dfrac{9-4}{9} = -\dfrac{1}{9}$,故选 C.

【例10变式3】

【解析】 由例10评注内容中的结论可知,当点 P 为椭圆的短轴端点时 $\angle F_1PF_2$ 取得最大值,再由题意 $\angle F_1PF_2 = \dfrac{2\pi}{3}$,故可得 $e = \dfrac{c}{a} = \sin\dfrac{\pi}{3} = \dfrac{\sqrt{3}}{2}$.

达标训练题解析

1. B **【解析】** 如图7所示,直线 $y = k(x+\sqrt{3})$ 过椭圆 $\dfrac{x^2}{4}+y^2=1$ 的左焦点 $(-\sqrt{3},0)$,$M(\sqrt{3},0)$ 为椭圆的右焦点,因此 $\triangle ABM$ 的周长为 $4a = 8$,故选 B.

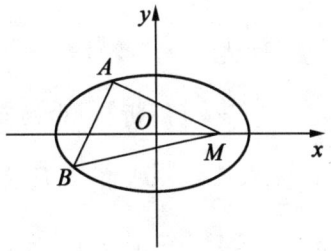

图7

2. B **【解析】** 两圆心 C,D 恰为椭圆的焦点,所以 $|PC|+|PD|=10$,无论 P 位于椭圆上的何处,均有 $|PM|+|PN|$ 的最小值为 $10-1-2=7$,故选 B.

3. A **【解析】** $S_{\triangle F_1PF_2} = b^2\tan\dfrac{\angle F_1PF_2}{2} = 64\tan 30° = \dfrac{64\sqrt{3}}{3}$,故选 A.

4. D **【解析】** 若椭圆 $\dfrac{x^2}{5}+\dfrac{y^2}{m}=1$ 的焦点在 x 轴上,则 $e = \dfrac{\sqrt{5-m}}{\sqrt{5}} = \dfrac{\sqrt{10}}{5}$,解得 $m=3$;若椭圆 $\dfrac{x^2}{5}+\dfrac{y^2}{m}=1$ 的焦点在 y 轴上,则 $e = \dfrac{\sqrt{m-5}}{\sqrt{m}} = \dfrac{\sqrt{10}}{5}$,解得 $m = \dfrac{25}{3}$,所以 m 的值为 3 或 $\dfrac{25}{3}$,故选 D.

5. C **【解析】** 由椭圆方程,得 $F(-1,0)$,设 $P(x_0,y_0)$,则 $\overrightarrow{OP}\cdot\overrightarrow{FP} = (x_0,y_0)\cdot(x_0+1,y_0) = x_0^2+y_0^2+x_0$. 因为 P 为椭圆上一点,所以 $\dfrac{x_0^2}{4}+\dfrac{y_0^2}{3}=1$,所以 $\overrightarrow{OP}\cdot\overrightarrow{FP} = x_0^2+3\left(1-\dfrac{x_0^2}{4}\right)+x_0 = \dfrac{1}{4}(x_0+2)^2+2$,$x_0\in[-2,2]$,所以 $\overrightarrow{OP}\cdot\overrightarrow{FP}$ 的最大值在 $x_0=2$ 时取得,且最大值为6,故选 C.

评注 向量问题坐标化,也可数形结合,当$\overrightarrow{OP}$与$\overrightarrow{FP}$同向共线时最大.

6. $\dfrac{\sqrt{3}}{3}$ 【解析】 设椭圆C的焦点在x轴上,如图8所示,$B(0,b)$,$F(c,0)$,$D(x_D,y_D)$,则$\overrightarrow{BF}=(c,-b)$,$\overrightarrow{FD}=(x_D-c,y_D)$.因为$\overrightarrow{BF}=2\overrightarrow{FD}$,所以$\begin{cases}c=2(x_D-c)\\-b=2y_D\end{cases}$,得$\begin{cases}x_D=\dfrac{3c}{2}\\y_D=-\dfrac{b}{2}\end{cases}$,得$\dfrac{\left(\dfrac{3c}{2}\right)^2}{a^2}+\dfrac{\left(-\dfrac{b}{2}\right)^2}{b^2}=1$,即$e^2=\dfrac{1}{3}$,所以$e=\dfrac{\sqrt{3}}{3}$.

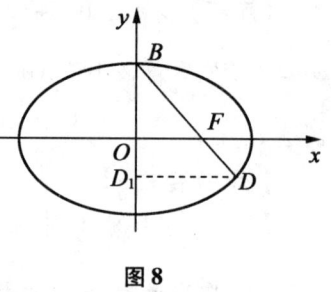

图8

评注 向量问题坐标化.

7. $\dfrac{\sqrt{5}}{5}$ 【解析】 由椭圆的性质可知:$|AF_1|=a-c$,$|F_1F_2|=2c$,$|F_1B|=a+c$,又已知$|AF_1|$,$|F_1F_2|$,$|F_1B|$成等比数列,故$(a-c)(a+c)=(2c)^2$,即$a^2-c^2=4c^2$,则$a^2=5c^2$,故$e=\dfrac{\sqrt{5}}{5}$.

8. $(3,0)$ 和 $(-3,0)$ 【解析】 依题意,$|PF_1|+|PF_2|=2a=10$,$|PF_1|\cdot|PF_2|\leq\left(\dfrac{|PF_1|+|PF_2|}{2}\right)^2=25$(当且仅当$|PF_1|=|PF_2|$时取等号),此时$|PF_1|\cdot|PF_2|$取最大值为25,点$P$的坐标为$(3,0)$和$(-3,0)$.

9. 【解析】 (1)因为椭圆$\dfrac{x^2}{a^2}+\dfrac{y^2}{b^2}=1(a>b>0)$的离心率为$\dfrac{1}{2}$,且经过点$P\left(1,\dfrac{3}{2}\right)$,所以$\begin{cases}a^2=4c^2\\b^2=3c^2\end{cases}$,$\dfrac{1}{4c^2}+\dfrac{\left(\dfrac{3}{2}\right)^2}{3c^2}=1$,解得$c=1$,所以椭圆$C$的方程为$\dfrac{x^2}{4}+\dfrac{y^2}{3}=1$.

(2)由(1)知椭圆C的左焦点F的坐标为$(-1,0)$,以椭圆C的长轴为直径的圆的方程为$x^2+y^2=4$,圆心坐标$(0,0)$,半径为2,以PF为直径的圆的方程为$x^2+\left(y-\dfrac{3}{4}\right)^2=\dfrac{25}{16}$,圆心坐标是$\left(0,\dfrac{3}{4}\right)$,半径为$\dfrac{5}{4}$,因为两圆心之间的距离为$\sqrt{(0-0)^2+\left(\dfrac{3}{4}-0\right)^2}=\dfrac{3}{4}=2-\dfrac{5}{4}$.

故以 PF 为直径的圆与以椭圆 C 的长轴为直径的圆内切.

10.【解析】（1）因为 $F_1(-c,0)$，则 $x_M=-c, y_M=\dfrac{b^2}{a}$，所以 $k_{OM}=-\dfrac{b^2}{ac}$，因为 $k_{AB}=-\dfrac{b}{a}$，$\vec{AB}\parallel\vec{OM}$，所以 $-\dfrac{b^2}{ac}=-\dfrac{b}{a}$，所以 $b=c, a=\sqrt{2}c$，故 $e=\dfrac{c}{a}=\dfrac{\sqrt{2}}{2}$.

（2）设 $|F_1Q|=r_1$，$|F_2Q|=r_2$，$\angle F_1QF_2=\theta$，所以 $r_1+r_2=2a$，$|F_1F_2|=2c$，由余弦定理，得 $\cos\theta=\dfrac{r_1^2+r_2^2-4c^2}{2r_1r_2}=\dfrac{(r_1+r_2)^2-2r_1r_2-4c^2}{2r_1r_2}=\dfrac{2b^2}{r_1r_2}-1=\dfrac{a^2}{r_1r_2}-1\geq\dfrac{a^2}{\left(\dfrac{r_1+r_2}{2}\right)^2}-1=0.$

当且仅当 $r_1=r_2$ 时，$\cos\theta=0$，所以 $\theta\in\left[0,\dfrac{\pi}{2}\right]$.

第2节 双曲线

知识点精讲

一、双曲线的定义及双曲线的标准方程

1. 双曲线定义:到两个定点 F_1 与 F_2 的距离之差的绝对值等于定长（$<|F_1F_2|$）的点的轨迹（$||PF_1|-|PF_2||=2a<|F_1F_2|$（$a$ 为常数））,这两个定点叫双曲线的焦点.

要注意两点:①距离之差的绝对值;②$2a<|F_1F_2|$. 这两点与椭圆的定义有本质上的不同.

当 $|MF_1|-|MF_2|=2a$ 时,曲线仅表示焦点 F_2 所对应的一支;

当 $|MF_1|-|MF_2|=-2a$ 时,曲线仅表示焦点 F_1 所对应的一支;

当 $2a=|F_1F_2|$ 时,轨迹是一直线上以 F_1,F_2 为端点向外的两条射线;

当 $2a>|F_1F_2|$ 时,动点轨迹不存在.

2. 双曲线的标准方程: $\dfrac{x^2}{a^2}-\dfrac{y^2}{b^2}=1$ 和 $\dfrac{y^2}{a^2}-\dfrac{x^2}{b^2}=1$（$a>0, b>0$），这里 $b^2=c^2-a^2$,其中 $|F_1F_2|=2c$. 要注意这里的 a,b,c 及它们之间的关系与椭圆中的异同.

3. 双曲线的标准方程判别方法是:如果 x^2 项的系数是正数,则焦点在 x 轴上;如果 y^2 项的系数是正数,则焦点在 y 轴上. 对于双曲线,a 不一定大于 b,因此不能像椭圆那样,通过比较分母的大小来判断焦点在哪一条坐标轴上.

4.求双曲线的标准方程,应注意两个问题:①正确判断焦点的位置;②设出标准方程后,运用待定系数法求解.

二、双曲线的内外部

(1)点 $P(x_0,y_0)$ 在双曲线 $\dfrac{x^2}{a^2}-\dfrac{y^2}{b^2}=1(a>0,b>0)$ 的内部 $\Leftrightarrow \dfrac{x_0^2}{a^2}-\dfrac{y_0^2}{b^2}>1$.

(2)点 $P(x_0,y_0)$ 在双曲线 $\dfrac{x^2}{a^2}-\dfrac{y^2}{b^2}=1(a>0,b>0)$ 的外部 $\Leftrightarrow \dfrac{x_0^2}{a^2}-\dfrac{y_0^2}{b^2}<1$.

三、双曲线的方程与渐近线方程的关系

(1)若双曲线方程为 $\dfrac{x^2}{a^2}-\dfrac{y^2}{b^2}=1 \Rightarrow$ 渐近线方程: $\dfrac{x^2}{a^2}-\dfrac{y^2}{b^2}=0 \Leftrightarrow y=\pm\dfrac{b}{a}x$.

(2)若渐近线方程为 $y=\pm\dfrac{b}{a}x \Leftrightarrow \dfrac{x}{a}\pm\dfrac{y}{b}=0 \Rightarrow$ 双曲线可设为 $\dfrac{x^2}{a^2}-\dfrac{y^2}{b^2}=\lambda$.

(3)若双曲线与 $\dfrac{x^2}{a^2}-\dfrac{y^2}{b^2}=1$ 有公共渐近线,可设为 $\dfrac{x^2}{a^2}-\dfrac{y^2}{b^2}=\lambda(\lambda>0,$ 焦点在 x 轴上; $\lambda<0,$ 焦点在 y 轴上).

四、双曲线的简单几何性质(图1)

$\dfrac{x^2}{a^2}-\dfrac{y^2}{b^2}=1(a>0,b>0)$

(1)范围: $|x|\geq a, y\in \mathbf{R}$;

(2)对称性:关于 x,y 轴均对称,关于原点中心对称;

(3)顶点:轴端点 $A_1(-a,0),A_2(a,0)$;

(4)渐近线:

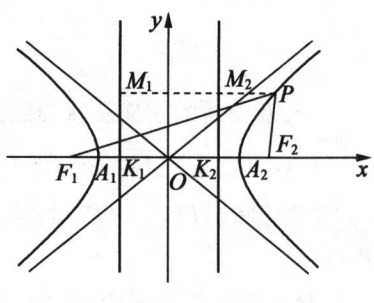

图1

①若双曲线方程为 $\dfrac{x^2}{a^2}-\dfrac{y^2}{b^2}=1 \Rightarrow$ 渐近线方程 $\dfrac{x^2}{a^2}-\dfrac{y^2}{b^2}=0 \Rightarrow y=\pm\dfrac{b}{a}x$;

②若渐近线方程为 $y=\pm\dfrac{b}{a}x \Rightarrow \dfrac{x}{a}\pm\dfrac{y}{b}=0 \Rightarrow$ 双曲线可设为 $\dfrac{x^2}{a^2}-\dfrac{y^2}{b^2}=\lambda$;

③若双曲线与 $\dfrac{x^2}{a^2}-\dfrac{y^2}{b^2}=1$ 有公共渐近线,可设为 $\dfrac{x^2}{a^2}-\dfrac{y^2}{b^2}=\lambda(\lambda>0,$ 焦点在 x 轴上; $\lambda<0,$ 焦点在 y 轴上);

④与双曲线 $\dfrac{x^2}{a^2}-\dfrac{y^2}{b^2}=1$ 共渐近线的双曲线系方程是 $\dfrac{x^2}{a^2}-\dfrac{y^2}{b^2}=\lambda(\lambda\neq 0)$;

⑤与双曲线 $\dfrac{x^2}{a^2} - \dfrac{y^2}{b^2} = 1$ 共焦点的双曲线系方程是 $\dfrac{x^2}{a^2+k} - \dfrac{y^2}{b^2-k} = 1$（$-a^2 < k < b^2$）.

五、弦长公式

若直线 $y = kx + b$ 与圆锥曲线相交于两点 A, B，且 x_1, x_2 分别为 A, B 的横坐标，则 $|AB| = \sqrt{1+k^2}\,|x_1 - x_2|$，若 y_1, y_2 分别为 A, B 的纵坐标，则 $|AB| = \sqrt{1+\dfrac{1}{k^2}}\,|y_1 - y_2|$（$k \neq 0$）.

六、双曲线的方程、图像及性质

双曲线的方程、图像及性质如表 1 所示.

表 1

标准方程	$\dfrac{x^2}{a^2} - \dfrac{y^2}{b^2} = 1\,(a>0, b>0)$	$\dfrac{y^2}{a^2} - \dfrac{x^2}{b^2} = 1\,(a>0, b>0)$
图像		
焦点坐标	$F_1(-c, 0), F_2(c, 0)$	$F_1(0, c), F_2(0, -c)$
对称性	关于 x, y 轴成轴对称，关于原点成中心对称	
顶点坐标	$A_1(-a, 0), A_2(a, 0)$	$A_1(0, a), A_2(0, -a)$
范围	$|x| \geq a$	$|y| \geq a$
实轴、虚轴	实轴长为 $2a$，虚轴长为 $2b$	
离心率	$e = \dfrac{c}{a} = \sqrt{1+\dfrac{b^2}{a^2}}\,(e>1)$	
渐近线方程	令 $\dfrac{x^2}{a^2} - \dfrac{y^2}{b^2} = 0 \Rightarrow y = \pm\dfrac{b}{a}x$，焦点到渐近线的距离为 b	令 $\dfrac{y^2}{a^2} - \dfrac{x^2}{b^2} = 0 \Rightarrow y = \pm\dfrac{a}{b}x$，焦点到渐近线的距离为 b

续表1

点和双曲线的位置关系	$\dfrac{x_0^2}{a^2}-\dfrac{y_0^2}{b^2}\begin{cases}>1,点(x_0,y_0)在双曲线内\\ \quad\quad(含焦点部分)\\ =1,点(x_0,y_0)在双曲线上\\ <1,点(x_0,y_0)在双曲线外\end{cases}$	$\dfrac{y_0^2}{a^2}-\dfrac{x_0^2}{b^2}\begin{cases}>1,点(x_0,y_0)在双曲线内\\ \quad\quad(含焦点部分)\\ =1,点(x_0,y_0)在双曲线上\\ <1,点(x_0,y_0)在双曲线外\end{cases}$
共焦点的双曲线方程	$\dfrac{x^2}{a^2+k}-\dfrac{y^2}{b^2-k}=1\,(-a^2<k<b^2)$	$\dfrac{y^2}{a^2+k}-\dfrac{x^2}{b^2-k}=1\,(-a^2<k<b^2)$
共渐近线的双曲线方程	$\dfrac{x^2}{a^2}-\dfrac{y^2}{b^2}=\lambda\,(\lambda\neq 0)$	$\dfrac{y^2}{a^2}-\dfrac{x^2}{b^2}=\lambda\,(\lambda\neq 0)$
切线方程	$\dfrac{x_0 x}{a^2}-\dfrac{y_0 y}{b^2}=1,(x_0,y_0)$ 为切点	$\dfrac{y_0 y}{a^2}-\dfrac{x_0 x}{b^2}=1,(x_0,y_0)$ 为切点
	对于双曲线上一点 (x_0,y_0) 所在的切线方程,只需将双曲线方程中 x^2 换为 $x_0 x$,y^2 换成 $y_0 y$ 便得	
切点弦所在直线方程	$\dfrac{x_0 x}{a^2}-\dfrac{y_0 y}{b^2}=1,(x_0,y_0)$ 为双曲线外一点	$\dfrac{y_0 y}{a^2}-\dfrac{x_0 x}{b^2}=1,(x_0,y_0)$ 为双曲线外一点
	点 (x_0,y_0) 为双曲线与两渐近线之间的点	
弦长公式	设直线与双曲线两交点为 $A(x_1,y_1),B(x_2,y_2),k_{AB}=k$,则弦长 $\|AB\|=\sqrt{1+k^2}\cdot\|x_1-x_2\|=\sqrt{1+\dfrac{1}{k^2}}\cdot\|y_1-y_2\|\,(k\neq 0)$ $\|x_1-x_2\|=\sqrt{(x_1+x_2)^2-4x_1 x_2}=\dfrac{\sqrt{\Delta}}{\|a\|}$,其中"$a$"是消"$y$"后关于"$x$"的一元二次方程的"$x^2$"系数	
通径	通径(过焦点且垂直于 F_1F_2 的弦)是同支中的最短弦,其长为 $\dfrac{2b^2}{a}$	

续表1

焦点三角形	双曲线上一点 $P(x_0,y_0)$ 与两焦点 F_1,F_2 构成的 $\triangle F_1PF_2$ 称为焦点三角形. 如右图所示,设 $\angle FP_1F_2=\theta$,$PF_1=r_1$,$PF_2=r_2$,则 $\cos\theta=1-\dfrac{2b^2}{r_1r_2}$,$S_{\triangle PF_1F_2}=\dfrac{1}{2}r_1r_2\sin\theta=\dfrac{\sin\theta}{1-\cos\theta}\cdot b^2=\dfrac{b^2}{\tan\dfrac{\theta}{2}}=\begin{cases}c\|y_0\|,\text{焦点在}x\text{轴上}\\c\|x_0\|,\text{焦点在}y\text{轴上}\end{cases}$ 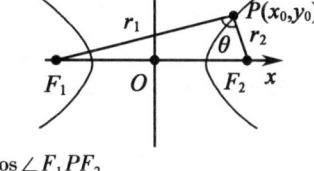 焦点三角形中一般要用到的关系是 $\begin{cases}\|\|PF_1\|-\|PF_2\|\|=2a(2a>2c)\\S_{\triangle PF_1F_2}=\dfrac{1}{2}\|PF_1\|\cdot\|PF_2\|\sin\angle F_1PF_2\\\|F_1F_2\|^2=\|PF_1\|^2+\|PF_2\|^2-2\|PF_1\|\|PF_2\|\cos\angle F_1PF_2\end{cases}$
等轴双曲线	求等轴双曲线可利用条件:双曲线为等轴双曲线 $\Leftrightarrow a=b\Leftrightarrow$ 离心率 $e=\sqrt{2}\Leftrightarrow$ 两渐近线互相垂直 $\Leftrightarrow$ 渐近线方程为 $y=\pm x\Leftrightarrow$ 方程可设为 $x^2-y^2=\lambda(\lambda\neq0)$

七、题型归纳及思路提示

题型一 双曲线的定义与标准方程

思路提示 求双曲线的方程问题,一般有如下两种解决途径:

(1)在已知方程类型的前提下,根据题目中的条件求出方程中的参数 a,b,c,即利用待定系数法求方程.

(2)根据动点轨迹满足的条件,来确定动点的轨迹为双曲线,然后求解方程中的参数,即利用定义法求方程.

【例1】 设椭圆 C_1 的离心率为 $\dfrac{5}{13}$,焦点在 x 轴上且长轴长为26,若曲线 C_2 上的点到椭圆 C_1 的两个焦点的距离之差的绝对值等于8,则曲线 C_2 的标准方程为 ( )

A. $\dfrac{x^2}{4^2}-\dfrac{y^2}{3^2}=1$ B. $\dfrac{x^2}{13^2}-\dfrac{y^2}{5^2}=1$ C. $\dfrac{x^2}{3^2}-\dfrac{y^2}{4^2}=1$ D. $\dfrac{x^2}{13^2}-\dfrac{y^2}{12^2}=1$

【解析】 设 C_1 的方程为 $\dfrac{x^2}{a^2}+\dfrac{y^2}{b^2}=1(a>b>0)$,则 $\begin{cases}2a=26\\\dfrac{c}{a}=\dfrac{5}{13}\end{cases}$,得 $\begin{cases}a=13\\c=5\end{cases}$.

椭圆 C_1 的焦点为 $F_1(-5,0)$,$F_2(5,0)$,因为 $8<\|F_1F_2\|$,且由双曲线的定义知曲线 C_2 是以 F_1,F_2 为焦点,实轴长为8的双曲线,故 C_2 的标准方程为 $\dfrac{x^2}{4^2}-$

$\frac{y^2}{3^2}=1$,故选 A.

变式 1 设命题甲：平面内有两个定点 F_1, F_2 和一动点 M，使得 $||MF_1|-|MF_2||$ 为定值；命题乙：点 M 的轨迹为双曲线，则命题甲是命题乙的 （　　）

A. 充分不必要条件　　　　B. 必要不充分条件
C. 充要条件　　　　　　　D. 既不充分也不必要条件

变式 2 （2017·新课标Ⅲ理）已知双曲线 $C:\frac{x^2}{a^2}-\frac{y^2}{b^2}=1(a>0,b>0)$ 的一条渐近线方程为 $y=\frac{\sqrt{5}}{2}x$，且与椭圆 $\frac{x^2}{12}+\frac{y^2}{3}=1$ 有公共焦点，则 C 的方程为 （　　）

A. $\frac{x^2}{8}-\frac{y^2}{10}=1$　　B. $\frac{x^2}{4}-\frac{y^2}{5}=1$　　C. $\frac{x^2}{5}-\frac{y^2}{4}=1$　　D. $\frac{x^2}{4}-\frac{y^2}{3}=1$

变式 3 已知 $M(-2,0)$, $N(2,0)$，动点 P 满足 $|PM|-|PN|=2\sqrt{2}$，记动点 P 的轨迹为 W，求 W 的方程.

【**例 2**】　求满足下列条件的双曲线的标准方程：

(1) 经过点 $(-5,2)$，焦点为 $(\sqrt{6},0)$；

(2) 实半轴长为 $2\sqrt{3}$ 且与双曲线 $\frac{x^2}{16}-\frac{y^2}{4}=1$ 有公共焦点；

(3) 经过点 $P_1(3,2\sqrt{7})$, $P_2(-6\sqrt{2},7)$.

【**分析**】　利用待定系数法求方程. 设双曲线方程为 "$\frac{x^2}{a^2}-\frac{y^2}{b^2}=1(a>0,b>0)$"，或 "$\frac{y^2}{a^2}-\frac{x^2}{b^2}=1(a>0,b>0)$"，求双曲线方程，即求参数 a,b，为此需要找出并解关于 a,b 的两个方程.

【**解析**】　(1) 解法 1：因为焦点坐标为 $(\sqrt{6},0)$，焦点在 x 轴上，故可设双曲线方程为 $\frac{x^2}{a^2}-\frac{y^2}{b^2}=1(a>0,b>0)$，又双曲线过点 $(-5,2)$，所以

$$\frac{25}{a^2}-\frac{4}{b^2}=1 \qquad ①$$

又因为 $c=\sqrt{6}$，所以

$$a^2+b^2=6 \qquad ②$$

由①②联立，解得 $a^2=5$, $b^2=1$，故所求双曲线方程为 $\frac{x^2}{5}-y^2=1$.

第一章 圆锥曲线基础知识

解法 2：由双曲线的定义 $||MF_1|-|MF_2||=2a$，知

$$2a = \left|\sqrt{(-5+\sqrt{6})^2+2^2}-\sqrt{(-5-\sqrt{6})^2+2^2}\right|$$

$$= \left|\sqrt{35-10\sqrt{6}}-\sqrt{35+10\sqrt{6}}\right|$$

$$= \left|\sqrt{30}-\sqrt{5}-\sqrt{30}-\sqrt{5}\right|=2\sqrt{5}$$

得 $a=\sqrt{5}$，$c=\sqrt{6}$，故 $b=1$，双曲线方程为 $\dfrac{x^2}{5}-y^2=1$.

（2）解法 1：由双曲线方程 $\dfrac{x^2}{16}-\dfrac{y^2}{4}=1$，得其焦点坐标为 $F_1(-2\sqrt{5},0)$，$F_2(2\sqrt{5},0)$，由题意，可设所求双曲线方程为 $\dfrac{x^2}{a^2}-\dfrac{y^2}{b^2}=1(a>0,b>0)$，由已知 $a=2\sqrt{3}$，$c=2\sqrt{5}$，得 $b^2=c^2-a^2=8$，故所求双曲线方程为 $\dfrac{x^2}{12}-\dfrac{y^2}{8}=1$.

解法 2：依题意，设双曲线的方程为 $\dfrac{x^2}{16-k}-\dfrac{y^2}{4+k}=1(-4<k<16)$.

由 $(2\sqrt{3})^2=16-k$，得 $k=4$，故所求曲线的方程为 $\dfrac{x^2}{12}-\dfrac{y^2}{8}=1$.

（3）因为所求双曲线方程为标准方程，但不知焦点在哪个轴上，故可设双曲线方程为 $mx^2+ny^2=1(mn<0)$，因为所求双曲线经过点 $P_1(3,2\sqrt{7})$，$P_2(-6\sqrt{2},7)$，所以 $\begin{cases}9m+28n=1\\72m+49n=1\end{cases}$，解得 $\begin{cases}m=-\dfrac{1}{75}\\n=\dfrac{1}{25}\end{cases}$，故所求双曲线方程为 $\dfrac{y^2}{25}-\dfrac{x^2}{75}=1$.

评注 求双曲线的标准方程一般用待定系数法，若焦点坐标确定，一般仅有一解；若焦点坐标不能确定是在 x 轴上还是在 y 轴上，可能有两个解，而分类求解较为繁杂，此时可设双曲线的统一方程 $mx^2+ny^2=1(mn<0)$，求出 m,n 即可，这样可以简化运算.

变式 1 根据下列条件，求双曲线的标准方程：

（1）与双曲线 $\dfrac{x^2}{9}-\dfrac{y^2}{16}=1$ 有共同的渐近线，且过点 $(-3,2\sqrt{3})$；

（2）与双曲线 $\dfrac{x^2}{16}-\dfrac{y^2}{4}=1$ 有公共焦点，且过点 $(3\sqrt{2},2)$.

变式 2 若动圆 M 与圆 $C_1:(x+3)^2+y^2=9$ 外切，且与圆 $C_2:(x-3)^2+y^2=1$ 内切，求动圆 M 的圆心 M 的轨迹方程.

【例3】 已知双曲线的离心率为2,焦点分别为$(-4,0),(4,0)$,则双曲线方程为 （　　）

A. $\dfrac{x^2}{4} - \dfrac{y^2}{12} = 1$　　B. $\dfrac{x^2}{12} - \dfrac{y^2}{4} = 1$　　C. $\dfrac{x^2}{10} - \dfrac{y^2}{6} = 1$　　D. $\dfrac{x^2}{6} - \dfrac{y^2}{10} = 1$

【解析】 由焦点为$(-4,0),(4,0)$,可知焦点在x轴上,故设方程为$\dfrac{x^2}{a^2} - \dfrac{y^2}{b^2} = 1(a>0,b>0)$,且$e = \dfrac{c}{a} = 2$,故$a = 2$.所以$a^2 = 4, c^2 = 16, b^2 = c^2 - a^2 = 12$,故所求双曲线的方程为$\dfrac{x^2}{4} - \dfrac{y^2}{12} = 1$.故选 A.

变式1 已知双曲线$\dfrac{x^2}{a^2} - \dfrac{y^2}{b^2} = 1(a>0,b>0)$的一条渐近线方程为$y = \sqrt{3}x$,一个焦点在抛物线$y^2 = 24x$的准线上,则双曲线的方程为 （　　）

A. $\dfrac{x^2}{36} - \dfrac{y^2}{108} = 1$　　B. $\dfrac{x^2}{9} - \dfrac{y^2}{27} = 1$　　C. $\dfrac{x^2}{108} - \dfrac{y^2}{36} = 1$　　D. $\dfrac{x^2}{27} - \dfrac{y^2}{9} = 1$

变式2 已知双曲线$C: \dfrac{x^2}{a^2} - \dfrac{y^2}{b^2} = 1$的焦距为10,点$P(2,1)$在$C$的渐近线上,则$C$的方程为 （　　）

A. $\dfrac{x^2}{20} - \dfrac{y^2}{5} = 1$　　B. $\dfrac{x^2}{5} - \dfrac{y^2}{20} = 1$　　C. $\dfrac{x^2}{80} - \dfrac{y^2}{20} = 1$　　D. $\dfrac{x^2}{20} - \dfrac{y^2}{80} = 1$

变式3 已知点$P(3,-4)$是双曲线$\dfrac{x^2}{a^2} - \dfrac{y^2}{b^2} = 1(a>0,b>0)$渐近线上的一点,$E, F$是左、右两个焦点,若$\overrightarrow{EP} \cdot \overrightarrow{FP} = 0$,则双曲线的方程为 （　　）

A. $\dfrac{x^2}{3} - \dfrac{y^2}{4} = 1$　　B. $\dfrac{x^2}{4} - \dfrac{y^2}{3} = 1$　　C. $\dfrac{x^2}{9} - \dfrac{y^2}{16} = 1$　　D. $\dfrac{x^2}{16} - \dfrac{y^2}{9} = 1$

【例4】 已知双曲线C与双曲线$\dfrac{x^2}{16} - \dfrac{y^2}{4} = 1$有公共焦点,且过点$(3\sqrt{2}, 2)$.求双曲线$C$的方程.

【解析】 设双曲线方程为$\dfrac{x^2}{a^2} - \dfrac{y^2}{b^2} = 1(a>0,b>0)$,由题意易求$c = 2\sqrt{5}$.又双曲线过点$(3\sqrt{2}, 2)$,所以$\dfrac{(3\sqrt{2})^2}{a^2} - \dfrac{4}{b^2} = 1$.又因为$a^2 + b^2 = (2\sqrt{5})^2$,所以$a^2 = 12, b^2 = 8$.故所求双曲线的方程为$\dfrac{x^2}{12} - \dfrac{y^2}{8} = 1$.

变式1 已知双曲线的渐近线方程是$y = \pm\dfrac{1}{2}x$,焦点在坐标轴上,且焦距是10,则此双曲线的方程为_____.

变式2 已知点 $M(-3,0), N(3,0), B(1,0)$,动圆 C 与直线 MN 切于点 B,过 M,N 与圆 C 相切的两直线相交于点 P,则点 P 的轨迹方程为 ( )

A. $x^2 - \dfrac{y^2}{8} = 1(x < -1)$ B. $x^2 - \dfrac{y^2}{8} = 1(x > 1)$

C. $x^2 + \dfrac{y^2}{8} = 1(x > 0)$ D. $x^2 - \dfrac{y^2}{10} = 1(x > 1)$

题型二 双曲线的渐近线

思路提示 掌握双曲线方程与其渐近线方程的互求:由双曲线方程容易求得渐近线方程;反之,由渐近线方程可得出 a,b 的关系式,为求双曲线方程提供了一个条件.另外,焦点到渐近线的距离为虚半轴长 b.

【例5】 双曲线 $\dfrac{x^2}{2} - \dfrac{y^2}{4} = -1$ 的渐近线方程为 ( )

A. $y = \pm\sqrt{2}x$ B. $y = \pm 2x$ C. $y = \pm\dfrac{\sqrt{2}}{2}x$ D. $y = \pm\dfrac{1}{2}x$

【分析】 对不标准的圆锥曲线方程应首先化为标准方程,再去研究其图像或性质,不然极易出现错误.

【解析】 双曲线的标准方程为 $\dfrac{y^2}{4} - \dfrac{x^2}{2} = 1$,焦点在 y 轴上,且 $a^2 = 4, b^2 = 2$,故渐近线方程为 $y = \pm\dfrac{a}{b}x$,故所求渐近线方程为 $y = \pm\dfrac{2}{\sqrt{2}}x$,即 $y = \pm\sqrt{2}x$.故选 A.

评注 应熟记,若双曲线的标准方程为 $\dfrac{x^2}{a^2} - \dfrac{y^2}{b^2} = 1$,则焦点落在 x 轴上,渐近线方程为 $y = \pm\dfrac{b}{a}x$;若双曲线的标准方程为 $\dfrac{y^2}{a^2} - \dfrac{x^2}{b^2} = 1$,则焦点落在 y 轴上,渐近线方程为 $y = \pm\dfrac{a}{b}x$.本题也可以直接写出渐近线方程为 $\dfrac{x^2}{2} - \dfrac{y^2}{4} = 0$,化简得 $y = \pm\sqrt{2}x$.

变式1 已知双曲线 $\dfrac{x^2}{4} - \dfrac{y^2}{b^2} = 1(b > 0)$,以原点为圆心、双曲线的实半轴长为半径的圆与双曲线的两条渐近线相交于 A,B,C,D 四点,四边形 $ABCD$ 的面积为 $2b$,则双曲线的方程为 ( )

A. $\dfrac{x^2}{4} - \dfrac{3y^2}{4} = 1$ B. $\dfrac{x^2}{4} - \dfrac{4y^2}{3} = 1$ C. $\dfrac{x^2}{4} - \dfrac{y^2}{4^2} = 1$ D. $\dfrac{x^2}{4} - \dfrac{y^2}{12} = 1$

变式 2 已知双曲线 $\dfrac{x^2}{a^2}-\dfrac{y^2}{b^2}=1(a>0,b>0)$ 的左焦点为 F,离心率为 $\sqrt{2}$. 若经过 F 和 $P(0,4)$ 两点的直线平行于双曲线的一条渐近线,则双曲线的方程为 （　　）

A. $\dfrac{x^2}{4}-\dfrac{y^2}{4}=1$ B. $\dfrac{x^2}{8}-\dfrac{y^2}{8}=1$ C. $\dfrac{x^2}{4}-\dfrac{y^2}{8}=1$ D. $\dfrac{x^2}{8}-\dfrac{y^2}{4}=1$

变式 3 已知双曲线 $\dfrac{x^2}{2}-\dfrac{y^2}{b^2}=1(b>0)$ 的左、右焦点分别为 F_1,F_2,其中一条渐近线方程为 $y=x$,点 $P(\sqrt{3},y_0)$ 在该双曲线上,则 $\overrightarrow{PF_1}\cdot\overrightarrow{PF_2}$ 等于 （　　）

A. -12 B. -2 C. 0 D. 4

【例6】 双曲线 $\dfrac{x^2}{16}-\dfrac{y^2}{9}=1$ 的一个焦点到其渐近线的距离是_____.

【解析】 由题设可知其中一条渐近线方程为 $3x+4y=0$,则焦点 $(5,0)$ 到该渐近线的距离 $d=\dfrac{|3\times 5|}{\sqrt{3^2+4^2}}=3$.

评注 双曲线 $\dfrac{x^2}{a^2}-\dfrac{y^2}{b^2}=1$ 的一个焦点到其渐近线的距离(焦渐距)为 b.

变式 1 双曲线 $\dfrac{x^2}{6}-\dfrac{y^2}{3}=1$ 的渐近线与圆 $(x-3)^2+y^2=r^2(r>0)$ 相切,则 $r=$ （　　）

A. $\sqrt{3}$ B. 2 C. 3 D. 6

变式 2 已知双曲线 $\dfrac{x^2}{a^2}-\dfrac{y^2}{b^2}=1(a>0,b>0)$ 的两条渐近线均和圆 $C:x^2+y^2-6x+5=0$ 相切,且双曲线的右焦点为圆 C 的圆心,则该双曲线的方程为 （　　）

A. $\dfrac{x^2}{5}-\dfrac{y^2}{4}=1$ B. $\dfrac{x^2}{4}-\dfrac{y^2}{5}=1$ C. $\dfrac{x^2}{3}-\dfrac{y^2}{6}=1$ D. $\dfrac{x^2}{6}-\dfrac{y^2}{3}=1$

【例7】 过双曲线 $\dfrac{x^2}{a^2}-\dfrac{y^2}{b^2}=1(a>0,b>0)$ 的右顶点 A 作斜率为 -1 的直线,该直线与双曲线的两条渐近线的交点分别为 B,C,若 $\overrightarrow{AB}=\dfrac{1}{2}\overrightarrow{BC}$,则双曲线的渐近线方程为_____.

【解析】 解法1:对于 $A(a,0)$,则直线方程为 $x+y-a=0$,将该直线分别与两渐近线联立,解得 $B\left(\dfrac{a^2}{a+b},\dfrac{ab}{a+b}\right)$,$C\left(\dfrac{a^2}{a-b},-\dfrac{ab}{a-b}\right)$,则有 $\overrightarrow{BC}=$

$\left(\dfrac{2a^2b}{a^2-b^2},-\dfrac{2a^2b}{a^2-b^2}\right)$,$\overrightarrow{AB}=\left(-\dfrac{ab}{a+b},\dfrac{ab}{a+b}\right)$,因为$\overrightarrow{AB}=\dfrac{1}{2}\overrightarrow{BC}$,则$\dfrac{-ab}{a+b}=\dfrac{a^2b}{a^2-b^2}$,得$b=2a$,故$b^2=4a^2$,得双曲线方程为$\dfrac{x^2}{a^2}-\dfrac{y^2}{4a^2}=1$,则双曲线的渐近线方程为$2x\pm y=0$.

解法2:如图2所示,过点C作$CD\parallel BO$交x轴于点D,作$CH\perp x$轴于H,则由$\overrightarrow{AB}=\dfrac{1}{2}\overrightarrow{BC}$,得$\overrightarrow{AO}=\dfrac{1}{2}\overrightarrow{OD}$,故$D(-2a,0)$.又$\angle CDO=\angle BOA=\angle COD$,所以$CD=CO$,则$H$为$OD$中点,即$H(-a,0)$.又在$Rt\triangle CHA$中,$\angle CAH=45°$.

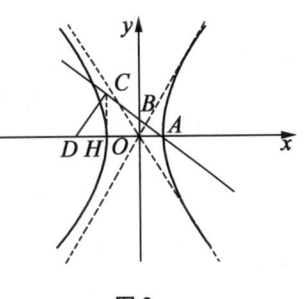

图2

故$|CH|=|AH|=2a$,即$C(-a,2a)$.故$-\dfrac{b}{a}=k_{OC}=\dfrac{2a}{-a}=-2$,即$\dfrac{b}{a}=2$,故双曲线的渐近线方程为$2x\pm y=0$.

评注 在解法1中,若注意到$\overrightarrow{AC}=3\overrightarrow{AB}$,则可利用$y_C=3y_B$巧妙求解;解法2更能帮助我们挖掘出图像的本质特征.

变式1 设直线$x-3y+m=0(m\neq 0)$与双曲线$\dfrac{x^2}{a^2}-\dfrac{y^2}{b^2}=1(a>b>0)$的两条渐近线分别交于点$A,B$,若点$P(m,0)$满足$|PA|=|PB|$,则该双曲线的离心率是_____.

变式2 (2017·山东理)在平面直角坐标系xOy中,双曲线$\dfrac{x^2}{a^2}-\dfrac{y^2}{b^2}=1(a>b>0)$的右支与焦点为$F$的抛物线$x^2=2py(p>0)$交于$A,B$两点,若$|AF|+|BF|=4|OF|$,则该双曲线的渐近线方程为_____.

题型三 离心率的值及取值范围

思路提示 求离心率的本质就是探求a,c间的数量关系,知道a,b,c中任意两者的等式关系或不等关系便可求解出e或其范围,具体方法为标准方程法和定义法.

【例8】 已知双曲线$\dfrac{x^2}{4}-\dfrac{y^2}{3}=1$,则此双曲线的离心率$e$为 （ ）

A.$\dfrac{1}{2}$ B.2   C.$2\sqrt{2}$ D.$\dfrac{\sqrt{7}}{2}$

【解析】 由题意可知$a^2=4,b^2=3$,故$c^2=a^2+b^2=7$,所以离心率$e=\dfrac{c}{a}=$

$\frac{\sqrt{7}}{2}$.故选 D.

评注 本题若借用公式 $e^2 = 1 + \frac{b^2}{a^2} = 1 + \frac{3}{4} = \frac{7}{4} \Rightarrow e = \frac{\sqrt{7}}{2}$,则更为简捷,因为此种方法在求解过程中避开了基本量 c 的求解,从而使得求解过程变得更为简捷.但是同学们应对公式:椭圆中 $e^2 = 1 - \frac{b^2}{a^2}(0 < e < 1)$,双曲线中 $e^2 = 1 + \frac{b^2}{a^2}(e > 1)$,加以熟练识记.

变式1 (2017·新课标Ⅱ理)若双曲线 $C: \frac{x^2}{a^2} - \frac{y^2}{b^2} = 1(a > 0, b > 0)$ 的一条渐近线被圆 $(x-2)^2 + y^2 = 4$ 所截得的弦长为 2,则 C 的离心率为 (　　)

A. 2　　　　B. $\sqrt{3}$　　　　C. $\sqrt{2}$　　　　D. $\frac{2\sqrt{3}}{3}$

变式2 (2017·新课标Ⅰ理)已知双曲线 $C: \frac{x^2}{a^2} - \frac{y^2}{b^2} = 1(a > 0, b > 0)$ 的右顶点为 A,以 A 为圆心、b 为半径作圆 A,圆 A 与双曲线 C 的一条渐近线分别交于 M, N 两点.若 $\angle MAN = 60°$,则 C 的离心率为_____.

变式3 已知双曲线 $\frac{x^2}{4} + \frac{y^2}{m} = 1$ 的离心率 $e \in (1, 2)$,则 m 的取值范围是 (　　)

A. $(-12, 0)$　　B. $(-\infty, 0)$　　C. $(-3, 0)$　　D. $(-60, -12)$

【例9】 已知双曲线的渐近线方程是 $2x \pm y = 0$,则该双曲线的离心率等于_____.

【分析】 因为不确定焦点在 x 轴上还是在 y 轴上,所以需分情况求解,由渐近线中的 a, b 关系,结合 $c^2 = a^2 + b^2$ 得出离心率.

【解析】 依题意,双曲线的渐近线方程是 $y = \pm 2x$.

若双曲线的焦点在 x 轴上,则因为双曲线的渐近线方程为 $y = \pm \frac{b}{a} x$,故有 $\frac{b}{a} = 2$,所以离心率 $e = \sqrt{1 + \frac{b^2}{a^2}} = \sqrt{5}$;若双曲线的焦点在 y 轴上,则因为双曲线的渐近线方程为 $y = \pm \frac{a}{b} x$,故有 $\frac{a}{b} = 2$,即 $\frac{b}{a} = \frac{1}{2}$,所以离心率 $e = \sqrt{1 + \frac{b^2}{a^2}} = \frac{\sqrt{5}}{2}$;故离心率 e 等于 $\sqrt{5}$ 或 $\frac{\sqrt{5}}{2}$.

评注 (1)若双曲线方程为$\frac{x^2}{a^2}-\frac{y^2}{b^2}=1(a>0,b>0)$时(焦点在$x$轴上),其渐近线方程为$y=\pm\frac{b}{a}x$;若双曲线方程为$\frac{y^2}{a^2}-\frac{x^2}{b^2}=1(a>0,b>0)$时(焦点在$y$轴上),其渐近线方程为$y=\pm\frac{a}{b}x$;

(2)若双曲线的渐近线方程为$y=\pm kx(k>0)$,则其离心率$e=\sqrt{1+k^2}$(焦点在x轴上)或$e=\sqrt{1+\frac{1}{k^2}}$(焦点在y轴上);

(3)若双曲线的离心率为e,则其渐近线方程为$y=\pm\sqrt{e^2-1}\cdot x$(焦点在x轴上)或$y=\pm\sqrt{\frac{1}{e^2-1}}\cdot x$(焦点在$y$轴上).

变式1 (2016·新课标Ⅱ理)已知F_1,F_2是双曲线$E:\frac{x^2}{a^2}-\frac{y^2}{b^2}=1$的左、右焦点,点$M$在$E$上,$MF_1$与$x$轴垂直,$\sin\angle MF_2F_1=\frac{1}{3}$,则$E$的离心率为

( )

A. $\sqrt{2}$ B. $\frac{3}{2}$ C. $\sqrt{3}$ D. 2

变式2 若双曲线$\frac{x^2}{a^2}-\frac{y^2}{b^2}=1(a>0,b>0)$的离心率$e=\sqrt{3}$,则其渐近线方程为_____.

【例10】 已知双曲线$\frac{x^2}{a^2}-\frac{y^2}{b^2}=1(a>0,b>0)$:

(1)若实轴长、虚轴长、焦距成等差数列,则该双曲线的离心率_____;

(2)若实轴长、虚轴长、焦距成等比数列,则该双曲线的离心率_____.

【解析】 (1)由题设可知$2b=a+c$,且$c^2=a^2+b^2$,故$c^2-a^2=\left(\frac{a+c}{2}\right)^2$.

所以$c-a=\frac{a+c}{4}$,即$3c=5a$,所以$e=\frac{5}{3}$.

(2)由题设可知$b^2=ac$,且$c^2=a^2+b^2$,即$c^2-a^2=ac$,由$e=\frac{c}{a}$可得$e^2-e-1=0$,得$e=\frac{\sqrt{5}+1}{2}$或$\frac{1-\sqrt{5}}{2}$(含去),所以$e=\frac{\sqrt{5}+1}{2}$.

变式1 设双曲线的一个焦点为F,虚轴的一个端点为B,如果直线FB与

该双曲线的一条渐近线垂直,那么双曲线的离心率是 ( )

A. $\sqrt{2}$　　　　B. $\sqrt{3}$　　　　C. $\dfrac{\sqrt{3}+1}{2}$　　　　D. $\dfrac{\sqrt{5}+1}{2}$

变式2　如图3所示,双曲线 $\dfrac{x^2}{a^2}-\dfrac{y^2}{b^2}=1(a>0,b>0)$ 的两个顶点为 A_1,A_2,虚轴两个端点为 B_1,B_2,两个焦点为 F_1,F_2,若以 A_1A_2 为直径的圆内切于菱形 $F_1B_1F_2B_2$,切点分别为 A,B,C,D,则:

(1)双曲线的离心率 $e=$ _____.

(2)菱形 $F_1B_1F_2B_2$ 的面积 S_1 与矩形 $ABCD$ 的面积 S_2 的比值 $\dfrac{S_1}{S_2}=$ _____.

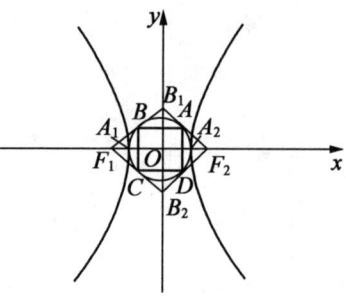

图3

【例11】　双曲线 $\dfrac{x^2}{a^2}-\dfrac{y^2}{b^2}=1(a>0,b>0)$ 的左、右焦点分别为 F_1,F_2,过 F_1 作倾斜角为 $30°$ 的直线交双曲线右支于点 M,若 MF_2 垂直于 x 轴,则双曲线的离心率为 ( )

A. $\sqrt{6}$　　　　B. $\sqrt{3}$　　　　C. $\sqrt{2}$　　　　D. $\dfrac{\sqrt{3}}{3}$

【解析】　依题意,不妨设 $|MF_2|=1$,则 $|MF_1|=2,|F_1F_2|=\sqrt{3}$,则 $e=\dfrac{c}{a}=\dfrac{2c}{2a}=\dfrac{|F_1F_2|}{||MF_1|-|MF_2||}=\sqrt{3}$,故选B.

变式1　已知 F_1,F_2 是双曲线 $\dfrac{x^2}{a^2}-\dfrac{y^2}{b^2}=1(a>0,b>0)$ 的两个焦点,M 为双曲线上的点,若 $MF_1\perp MF_2$,$\angle MF_2F_1=30°$,则双曲线的离心率为 ( )

A. $\sqrt{3}-1$　　　　B. $\dfrac{\sqrt{6}}{2}$　　　　C. $\sqrt{3}+1$　　　　D. $\dfrac{\sqrt{3}+1}{2}$

变式2　已知 F_1,F_2 是 C:双曲线 $\dfrac{x^2}{a^2}-\dfrac{y^2}{b^2}=1(a>0,b>0)$ 的两个焦点,P 是双曲线 C 上一点,若 $|PF_1|+|PF_2|=6a$,且 $\triangle PF_1F_2$ 的最小内角为 $30°$,则双曲线 C 的离心率为_____.

【例12】　双曲线 $\dfrac{x^2}{a^2}-\dfrac{y^2}{b^2}=1(a>0,b>0)$ 的两个焦点为 F_1,F_2,若 P 为其上一点,且 $|PF_1|=2|PF_2|$,则双曲线的离心率的取值范围是 ( )

A. $(1,3)$ B. $(1,3]$ C. $(3,+\infty)$ D. $[3,+\infty)$

【解析】 解法1：由双曲线的定义知$||PF_1|-|PF_2||=2a$，$|PF_1|=2|PF_2|$，故$|PF_1|=4a$，$|PF_2|=2a$，又$|PF_1|+|PF_2|\geq|F_1F_2|=2c$，故$6a\geq 2c$，即$e\leq 3$，又$e>1$，故$1<e\leq 3$，故选B．

解法2：利用$\dfrac{|PF_1|}{|PF_2|}$的单调性，$\dfrac{|PF_1|}{|PF_2|}=\dfrac{|PF_2|+2a}{|PF_2|}=1+\dfrac{2a}{|PF_2|}$，随$|PF_2|$的增加，$\dfrac{|PF_1|}{|PF_2|}$减小，也就是说，当点$P$右移时，$\dfrac{|PF_1|}{|PF_2|}$值减小，故要在双曲线上找到一点$P$，使得$\dfrac{|PF_1|}{|PF_2|}=2$，而当点$P$在双曲线的右顶点时，$\dfrac{|PF_1|}{|PF_2|}\geq 2$，得$\dfrac{a+c}{c-a}\geq 2\Rightarrow 3a\geq c$，则$1<e\leq 3$．

故选B．

评注 若在双曲线$\dfrac{x^2}{a^2}-\dfrac{y^2}{b^2}=1(a>0,b>0)$上存在一点$P$，使得$|PF_1|=\lambda|PF_2|(\lambda>1)$，则$1<e\leq\dfrac{\lambda+1}{\lambda-1}$，注意与椭圆中$\dfrac{\lambda-1}{\lambda+1}\leq e<1(\lambda>1)$类似结论的区分和对比识记．

变式1 已知双曲线$\dfrac{x^2}{a^2}-\dfrac{y^2}{b^2}=1(a>0,b>0)$的左、右焦点分别为$F_1(-c,0)$，$F_2(c,0)$，若双曲线上存在点$P$使$\dfrac{\sin\angle PF_1F_2}{\sin\angle PF_2F_1}=\dfrac{a}{c}$，则该双曲线的离心率的取值范围是_____．

题型四　焦点三角形

思路提示　对于题中涉及双曲线上点到双曲线两焦点距离问题常用定义法，即$||PF_1|-|PF_2||=2a$；在焦点三角形面积问题中若已知角，则用$S_{\triangle PF_1F_2}=\dfrac{1}{2}|PF_1|\cdot|PF_2|\sin\theta$，$||PF_1|-|PF_2||=2a$及余弦定理等知识；若未知角，则用$S_{\triangle PF_1F_2}=\dfrac{1}{2}\cdot 2c\cdot|y_0|$．

现在我们研究双曲线焦点三角形的面积．$\triangle PF_1F_2$由两焦点和双曲线上一点形成，我们把这种三角形叫焦点三角形．若$\angle F_1PF_2=\theta$，则焦点三角形的面积$S_{\triangle F_1PF_2}=\dfrac{b^2}{\tan\dfrac{\theta}{2}}$．

设双曲线方程为$\dfrac{x^2}{a^2}-\dfrac{y^2}{b^2}=1$，$F_1$，$F_2$分别为它的左、右焦点，$P$为双曲线上

异于实轴端点的任意一点,若 $\angle F_1PF_2=\theta$,则 $S_{\triangle F_1PF_2}=\dfrac{b^2}{\tan\dfrac{\theta}{2}}$. 特别地,当 $\angle F_1PF_2=90°$ 时,有 $S_{\triangle F_1PF_2}=b^2$.

【证明】 记 $|PF_1|=r_1$,$|PF_2|=r_2$,由双曲线的第一定义得:$|r_1-r_2|=2a$,所以 $(r_1-r_2)^2=4a^2$. 在 $\triangle F_1PF_2$ 中,由余弦定理得:$r_1^2+r_2^2-2r_1r_2\cos\theta=(2c)^2$. 配方得:$(r_1-r_2)^2+2r_1r_2-2r_1r_2\cos\theta=4c^2$. 即 $4a^2+2r_1r_2(1-\cos\theta)=4c^2$.

所以 $r_1r_2=\dfrac{2(c^2-a^2)}{1-\cos\theta}=\dfrac{2b^2}{1-\cos\theta}$. 由任意三角形的面积公式得

$$S_{\triangle F_1PF_2}=\dfrac{1}{2}r_1r_2\sin\theta=b^2\cdot\dfrac{\sin\theta}{1-\cos\theta}=b^2\cdot\dfrac{2\sin\dfrac{\theta}{2}\cos\dfrac{\theta}{2}}{2\sin^2\dfrac{\theta}{2}}=\dfrac{b^2}{\tan\dfrac{\theta}{2}}$$

故 $S_{\triangle F_1PF_2}=\dfrac{b^2}{\tan\dfrac{\theta}{2}}$.

同理可证,在双曲线 $\dfrac{y^2}{a^2}-\dfrac{x^2}{b^2}=1(a>b>0)$ 中,公式仍然成立.

注 结论不重要,证明的思路比较重要,关键在于掌握思维过程.

【例13】 已知双曲线的两个焦点为 $F_1(-\sqrt{5},0)$,$F_2(\sqrt{5},0)$,P 是此双曲线上的一点,若 $PF_1\perp PF_2$,$|PF_1|\cdot|PF_2|=2$,则双曲线的方程为 ( )

A. $\dfrac{x^2}{2}-\dfrac{y^2}{3}=1$ B. $\dfrac{x^2}{3}-\dfrac{y^2}{2}=1$ C. $x^2-\dfrac{y^2}{4}=1$ D. $\dfrac{x^2}{4}-y^2=1$

【解析】 设 $\angle F_1PF_2=\theta$,则 $S_{\triangle F_1PF_2}=\dfrac{b^2}{\tan\dfrac{\theta}{2}}=b^2$,又 $S_{\triangle F_1PF_2}=\dfrac{1}{2}|PF_1||PF_2|=1$,$b^2=1$,$a^2+b^2=5$,$a^2=4$,故选答案 D.

【例14】 过双曲线 $\dfrac{x^2}{4}-\dfrac{y^2}{3}=1$ 左焦点 F_1 的直线交双曲线的左支于两点 M,N,F_2 为其右焦点,则 $|MF_2|+|NF_2|-|MN|$ 的值为 _____.

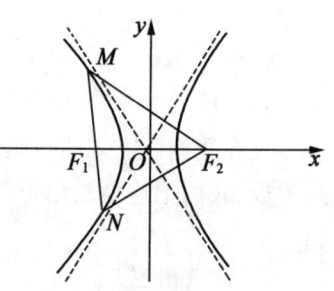

图 4

【分析】 利用双曲线的定义求解.

【解析】 如图 4 所示,由定义知 $|MF_2|-|MF_1|=4$,$|NF_2|-|NF_1|=4$.

所以 $|MF_2|+|NF_2|-(|MF_1|+|NF_1|)=8$,所以 $|MF_2|+|NF_2|-$

$|MN|=8$.

变式1 设 P 为双曲线 $x^2-\dfrac{y^2}{12}=1$ 上的一点,F_1,F_2 是该双曲线的两个焦点,若 $|PF_1|:|PF_2|=3:2$,则 $\triangle PF_1F_2$ 的面积为 ( )

A. $6\sqrt{3}$　　　　B. 12　　　　C. $12\sqrt{3}$　　　　D. 24

变式2 双曲线 $\dfrac{x^2}{4}-y^2=1$ 的两个焦点为 F_1,F_2,点 P 在双曲线上,$\triangle PF_1F_2$ 的面积为 $\sqrt{3}$,则 $\overrightarrow{PF_1}\cdot\overrightarrow{PF_2}$ 等于 ( )

A. 2　　　　B. $\sqrt{3}$　　　　C. -2　　　　D. $-\sqrt{3}$

变式3 已知 F_1,F_2 分别为双曲线 $C:\dfrac{x^2}{9}-\dfrac{y^2}{27}=1$ 的左、右焦点,点 A 在双曲线 C 上,点 M 的坐标为 $(2,0)$,AM 为 $\angle F_1AF_2$ 的平分线,则 $|AF_2|=$ _____.

题型五　弦中点问题——设而不求法

【例15】 双曲线 $x^2-y^2=1$ 的一弦中点为 $(2,1)$,则此弦所在的直线方程为 ( )

A. $y=2x-1$　　B. $y=2x-2$　　C. $y=2x-3$　　D. $y=2x+3$

【解析】 设弦的两端分别为 $A(x_1,y_1),B(x_2,y_2)$,则有

$$\begin{cases}x_1^2-y_1^2=1\\x_2^2-y_2^2=1\end{cases}\Rightarrow(x_1^2-x_2^2)-(y_1^2-y_2^2)=0\Rightarrow\dfrac{y_1-y_2}{x_1-x_2}=\dfrac{x_1+x_2}{y_1+y_2}$$

因为弦中点为 $(2,1)$,所以 $\begin{cases}x_1+x_2=4\\y_1+y_2=2\end{cases}$.故直线的斜率 $k=\dfrac{y_1-y_2}{x_1-x_2}=\dfrac{x_1+x_2}{y_1+y_2}=2$.

则所求直线方程为:$y-1=2(x-2)$,即 $y=2x-3$,故选 C.

变式1 在双曲线 $x^2-\dfrac{y^2}{2}=1$ 上,是否存在被点 $M(1,1)$ 平分的弦?如果存在,求弦所在的直线方程;如不存在,请说明理由.

变式2 已知双曲线 $x^2-\dfrac{y^2}{2}=1$,问过点 $A(1,1)$ 能否作直线 l,使 l 与双曲线交于 P,Q 两点,并且 A 为线段 PQ 的中点?若存在,求出直线 l 的方程;若不存在,说明理由.

变式3 如图5所示,已知中心在原点,顶点 A_1,A_2 在 x 轴上,离心率 $e=\dfrac{\sqrt{21}}{3}$ 的双曲线过点 $P(6,6)$.

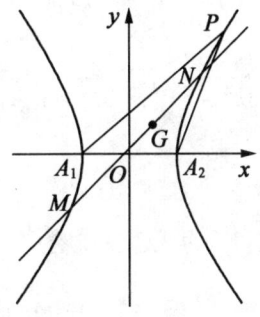

图5

(1)求双曲线方程.

(2)动直线 l 经过 $\triangle A_1PA_2$ 的重心 G,与双曲线交于不同的两点 M,N,问:是否存在直线 l,使 G 平分线段 MN,证明你的结论.

题型六　综合问题

【例16】　已知中心在原点的双曲线 C 的右焦点为 $(2,0)$、右顶点为 $(\sqrt{3},0)$.

(1)求双曲线 C 的方程;

(2)若直线 $l:y=kx+\sqrt{2}$ 与双曲线恒有两个不同的交点 A 和 B 且 $\overrightarrow{OA}\cdot\overrightarrow{OB}>2$(其中 O 为原点),求 k 的取值范围.

【解析】　(1)设双曲线方程为 $\dfrac{x^2}{a^2}-\dfrac{y^2}{b^2}=1$,由已知得 $a=\sqrt{3},c=2$,再由 $a^2+b^2=2^2$,得 $b^2=1$,故双曲线 C 的方程为 $\dfrac{x^2}{3}-y^2=1$.

(2)将 $y=kx+\sqrt{2}$ 代入 $\dfrac{x^2}{3}-y^2=1$ 得 $(1-3k^2)x^2-6\sqrt{2}kx-9=0$.

由直线 l 与双曲线交于不同的两点得

$$\begin{cases}1-3k^2\neq 0\\ \Delta=(6\sqrt{2}k)^2+36(1-3k^2)=36(1-k^2)>0\end{cases}$$

即

$$k^2\neq\dfrac{1}{3}\text{且}k^2<1 \qquad ①$$

设 $A(x_A,y_A),B(x_B,y_B)$,则

$$x_A+x_B=\dfrac{6\sqrt{2}}{1-3k^2},x_Ax_B=\dfrac{-9}{1-3k^2}$$

由 $\overrightarrow{OA}\cdot\overrightarrow{OB}>2$ 得 $x_Ax_B+y_Ay_B>2$,而 $x_Ax_B+y_Ay_B=x_Ax_B+(kx_A+\sqrt{2})(kx_B+\sqrt{2})=(k^2+1)x_Ax_B+\sqrt{2}k(x_A+x_B)+2=(k^2+1)\dfrac{-9}{1-3k^2}+\sqrt{2}\dfrac{6\sqrt{2}k}{1-3k^2}+2=\dfrac{3k^2+7}{3k^2-1}$.于是 $\dfrac{3k^2+7}{3k^2-1}>2$,即 $\dfrac{-3k^2+9}{3k^2-1}>0$,解此不等式得

$$\dfrac{1}{3}<k^2<3 \qquad ②$$

由式①+②得 $\dfrac{1}{3}<k^2<1$,故 k 的取值范围为 $\left(-1,-\dfrac{\sqrt{3}}{3}\right)\cup\left(\dfrac{\sqrt{3}}{3},1\right)$.

【例17】　已知两定点 $F_1(-\sqrt{2},0),F_2(\sqrt{2},0)$,满足条件 $|\overrightarrow{PF_2}|-|\overrightarrow{PF_1}|=2$ 的点 P 的轨迹是曲线 E,直线 $y=kx-1$ 与曲线 E 交于 A,B 两点.

(1)求 k 的取值范围;

(2)如图6所示,如果 $|\overrightarrow{AB}|=6\sqrt{3}$,且曲线 E 上存在点 C,使 $\overrightarrow{OA}+\overrightarrow{OB}=m\overrightarrow{OC}$,求 m 的值和 $\triangle ABC$ 的面积 S.

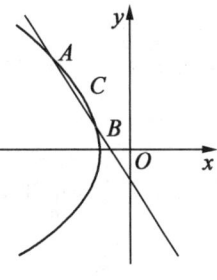

图6

【解析】 (1)由双曲线的定义可知,曲线 E 是以 $F_1(-\sqrt{2},0),F_2(\sqrt{2},0)$ 为焦点的双曲线的左支,且 $c=\sqrt{2},a=1$,易知 $b=1$,故曲线 E 的方程为 $x^2-y^2=1(x<0)$.

设 $A(x_1,y_1),B(x_2,y_2)$,由题意建立方程组
$$\begin{cases} y=kx-1 \\ x^2-y^2=1 \end{cases}$$

消去 y,得 $(1-k^2)x^2+2kx-2=0$,有
$$\begin{cases} 1-k^2 \neq 0 \\ \Delta=(2k)^2-8(1-k^2)>0 \\ x_1+x_2=\dfrac{-2k}{1-k^2}<0 \\ x_1 x_2=\dfrac{-2}{1-k^2}>0 \end{cases}$$

解得 $-\sqrt{2}<k<-1$.

(2)因为 $|AB|=\sqrt{1+k^2}\cdot|x_1-x_2|$
$=\sqrt{1+k^2}\cdot\sqrt{(x_1+x_2)^2-4x_1 x_2}$
$=\sqrt{1+k^2}\cdot\sqrt{\left(\dfrac{-2k}{1-k^2}\right)^2-4\times\dfrac{-2}{1-k^2}}=2\sqrt{\dfrac{(1+k^2)(2-k^2)}{(1-k^2)^2}}$

依题意得 $2\sqrt{\dfrac{(1+k^2)(2-k^2)}{(1-k^2)^2}}=6\sqrt{3}$,整理后得 $28k^4-55k^2+25=0$.

所以 $k^2=\dfrac{5}{7}$ 或 $k^2=\dfrac{5}{4}$,但 $-\sqrt{2}<k<-1$,得 $k=-\dfrac{\sqrt{5}}{2}$,故直线 AB 的方程为 $\dfrac{\sqrt{5}}{2}x+y+1=0$. 设 $C(x_0,y_0)$,由已知 $\overrightarrow{OA}+\overrightarrow{OB}=m\overrightarrow{OC}$,得 $(x_1,y_1)+(x_2,y_2)=(mx_0,my_0)$,故 $(mx_0,my_0)=\left(\dfrac{x_1+x_2}{m},\dfrac{y_1+y_2}{m}\right)(m\neq 0)$.

又 $x_1+x_2=\dfrac{2k}{k^2-1}=-4\sqrt{5},y_1+y_2=k(x_1+x_2)-2=\dfrac{2k^2}{k^2-1}-2=\dfrac{2}{k^2-1}=8$,

所以点 $C\left(\dfrac{-4\sqrt{5}}{m},\dfrac{8}{m}\right)$,将点 C 的坐标代入曲线 E 的方程,得 $\dfrac{80}{m^2}-\dfrac{64}{m^2}=1$,得 $m=$

±4，但当 $m = -4$ 时，所得的点在双曲线的右支上，不合题意；所以 $m = 4$，点 C 的坐标为 $(-\sqrt{5}, 2)$，C 到 AB 的距离为 $\dfrac{\left|\dfrac{\sqrt{5}}{2} \times (-\sqrt{5}) + 2 + 1\right|}{\sqrt{\left(\dfrac{\sqrt{5}}{2}\right)^2 + 1^2}} = \dfrac{1}{3}$，故 $\triangle ABC$ 的面积 $S = \dfrac{1}{2} \times 6\sqrt{3} \times \dfrac{1}{3} = \sqrt{3}$.

达标训练题

1. 若点 O 和点 $F(-2, 0)$ 分别为双曲线 $\dfrac{x^2}{a^2} - y^2 = 1 (a > 0)$ 的中心和左焦点，点 P 为双曲线右支上的任意一点，则 $\overrightarrow{OP} \cdot \overrightarrow{FP}$ 的取值范围为 （　　）

A. $[3 - 2\sqrt{3}, +\infty)$　　B. $[3 + 2\sqrt{3}, +\infty)$

C. $\left[-\dfrac{7}{4}, +\infty\right)$　　D. $\left[\dfrac{7}{4}, +\infty\right)$

2. 已知 F_1, F_2 为双曲线 $C: x^2 - y^2 = 2$ 的左、右焦点，点 P 在双曲线 C 上，$|PF_1| = 2|PF_2|$，则 $\cos \angle F_1PF_2 =$ （　　）

A. $\dfrac{1}{4}$　　B. $\dfrac{3}{5}$　　C. $\dfrac{3}{4}$　　D. $\dfrac{4}{5}$

3. 若椭圆 $\dfrac{x^2}{a^2} + \dfrac{y^2}{b^2} = 1 (a > b > 0)$ 的离心率为 $\dfrac{\sqrt{3}}{2}$，则双曲线 $\dfrac{x^2}{a^2} - \dfrac{y^2}{b^2} = 1 (a > 0, b > 0)$ 的渐近线方程为 （　　）

A. $y = \pm \dfrac{1}{2} x$　　B. $y = \pm 2x$　　C. $y = \pm 4x$　　D. $y = \pm \dfrac{1}{4} x$

4. 双曲线 C 的左、右焦点分别为 F_1, F_2，且 F_2 恰好为抛物线 $y^2 = 4x$ 的焦点，设双曲线 C 与该抛物线的一个交点为 A，若 $\triangle AF_1F_2$ 是以 AF_1 为底边的等腰三角形，则双曲线 C 的离心率为 （　　）

A. $\sqrt{2}$　　B. $1 + \sqrt{2}$　　C. $1 + \sqrt{3}$　　D. $2 + \sqrt{3}$

5. 已知双曲线 $C_1: \dfrac{x^2}{a^2} - \dfrac{y^2}{b^2} = 1 (a > 0, b > 0)$ 与双曲线 $C_2: \dfrac{x^2}{4} - \dfrac{y^2}{16} = 1$ 有相同的渐近线，且 C_1 的右焦点为 $F(\sqrt{5}, 0)$，则 $a = $ _____，$b = $ _____.

6. 已知双曲线 $x^2 - y^2 = 1$，点 F_1, F_2 为其两个焦点，点 P 为双曲线上一个点，若 $PF_1 \perp PF_2$，则 $|PF_1| + |PF_2|$ 的值为 _____.

7. 若双曲线 $\dfrac{x^2}{a^2} - \dfrac{y^2}{b^2} = 1 (a > 0, b > 0)$ 的两个焦点为 F_1, F_2，P 为双曲线上一

点,且$|PF_1|=3|PF_2|$,则该双曲线离心率的取值范围是_____.

8. 中心在原点,焦点在x轴上的一椭圆与一双曲线有共同的焦点F_1,F_2,且$|F_1F_2|=2\sqrt{13}$,椭圆的长半轴与双曲线实半轴之差为4,离心率之比为3:7.

(1)求这两曲线方程;

(2)若P为这两曲线的一个交点,求$\cos\angle F_1PF_2$的值.

9. 已知双曲线的中心在原点,焦点F_1,F_2在坐标轴上,离心率为$\sqrt{2}$,且过点$P(4,-\sqrt{10})$.

(1)求双曲线方程;

(2)若点$M(3,m)$在双曲线上,求证:$\overrightarrow{MF_1}\cdot\overrightarrow{MF_2}=0$;

(3)在(2)的条件下,求$\triangle F_1MF_2$的面积.

例题变式解析

【例1变式1】

【解析】 若命题乙成立,则存在两定点F_1,F_2使得$||MF_1|-|MF_2||$为定值,即必要性成立.反之,当$||MF_1|-|MF_2||=|F_1F_2|$时,点M的轨迹是两条射线,故充分性不成立,故选B.

【例1变式2】

【解析】 双曲线$C:\dfrac{x^2}{a^2}-\dfrac{y^2}{b^2}=1(a>0,b>0)$的渐近线方程为$y=\pm\dfrac{b}{a}x$.

椭圆中:$a^2=12,b^2=3$,所以$c^2=a^2-b^2=9,c=3$,即双曲线的焦点为$(\pm 3,0)$.

据此可得双曲线中的方程组:$\begin{cases}\dfrac{b}{a}=\dfrac{\sqrt{5}}{2}\\c^2=a^2+b^2\\c=3\end{cases}$,解得:$a^2=4,b^2=5$.

则双曲线C的方程为$\dfrac{y^2}{4}-\dfrac{x^2}{5}=1$.故选B.

【例1变式3】

【解析】 由$|PM|-|PN|=2\sqrt{2}$,知动点P的轨迹是以M,N为焦点的双曲线的右支,实半轴长$a=\sqrt{2}$,因此半焦距$c=2$,从而$b=\sqrt{2}$,故双曲线方程为$\dfrac{x^2}{2}-\dfrac{y^2}{2}=1(x\geq\sqrt{2})$.

【例2 变式1】

【解析】 （1）解法1：①当双曲线焦点在 x 轴上时，设双曲线的方程为 $\dfrac{x^2}{a^2}-\dfrac{y^2}{b^2}=1(a>0,b>0)$.

则 $\begin{cases}\dfrac{b}{a}=\dfrac{4}{3}\\ \dfrac{(-3)^2}{a^2}-\dfrac{(2\sqrt{3})^2}{b^2}=1\end{cases}\Rightarrow\begin{cases}a^2=\dfrac{9}{4}\\ b^2=4\end{cases}$，所以所求双曲线的方程为 $\dfrac{x^2}{\frac{9}{4}}-\dfrac{y^2}{4}=1$.

②当双曲线焦点在 y 轴上时，设双曲线的方程为 $\dfrac{y^2}{a^2}-\dfrac{x^2}{b^2}=1(a>0,b>0)$，则方程无解.

解法2：设所求的双曲线方程为 $\dfrac{x^2}{9}-\dfrac{y^2}{16}=\lambda(\lambda\neq 0)$，将点 $(-3,2\sqrt{3})$ 代入，得 $\lambda=\dfrac{1}{4}$.

即 $\dfrac{x^2}{9}-\dfrac{y^2}{16}=\dfrac{1}{4}$，所以所求双曲线的方程为 $\dfrac{x^2}{\frac{9}{4}}-\dfrac{y^2}{4}=1$.

（2）解法1：设双曲线的方程为 $\dfrac{x^2}{a^2}-\dfrac{y^2}{b^2}=1(a>0,b>0)$，则 $c=2\sqrt{5}$，又双曲线过点 $(3\sqrt{2},2)$，所以 $\dfrac{(3\sqrt{2})^2}{a^2}-\dfrac{4}{b^2}=1$. 又因为 $a^2+b^2=c^2=20$，所以 $a^2=12,b^2=8$.

所求双曲线的方程为 $\dfrac{x^2}{12}-\dfrac{y^2}{8}=1$.

解法2：设双曲线的方程为 $\dfrac{x^2}{16-\lambda}-\dfrac{y^2}{4+\lambda}=1(-4<\lambda<16)$，因为双曲线过点 $(3\sqrt{2},2)$，所以 $\dfrac{18}{16-\lambda}-\dfrac{4}{4+\lambda}=1$，得 $\lambda=4$ 或 -14（舍），所以所求双曲线的方程为 $\dfrac{x^2}{12}-\dfrac{y^2}{8}=1$.

【例2 变式2】

【解析】 设动圆半径为 r，由题意得 $|MC_1|=r+3$，$|MC_2|=r-1$，即有 $|MC_1|-|MC_2|=4$.

由双曲线的定义知，点 M 的轨迹是以 $C_1(-3,0)$，$C_2(3,0)$ 为焦点的双曲线的右支,设所求方程为 $\dfrac{x^2}{a^2}-\dfrac{y^2}{b^2}=1(a>0,b>0)$,则有 $a=2,c=3,b^2=5$,所以所求双曲线的方程为 $\dfrac{x^2}{4}-\dfrac{y^2}{5}=1(x\geq 2)$.

【例3 变式1】

【解析】 因为双曲线 $\dfrac{x^2}{a^2}-\dfrac{y^2}{b^2}=1(a>0,b>0)$ 的渐近线方程为 $y=\pm\dfrac{b}{a}x$,所以 $\dfrac{b}{a}=\sqrt{3}$,又因为抛物线 $y^2=24x$ 的准线方程为 $x=-6$,所以 $c=6$,进而 $a=3,b=3\sqrt{3}$.

所以双曲线的方程为 $\dfrac{x^2}{9}-\dfrac{y^2}{27}=1$,故选 B.

【例3 变式2】

【解析】 设双曲线 $C:\dfrac{x^2}{a^2}-\dfrac{y^2}{b^2}=1(a>0,b>0)$,则 $c=5$. 又因为双曲线 C 的渐近线方程为 $y=\pm\dfrac{b}{a}x$,点 $P(2,1)$ 在 C 的渐近线上,故 $\dfrac{2b}{a}=1$,即 $a=2b$,又 $c^2=a^2+b^2$,所以 $a=2\sqrt{5},b=\sqrt{5}$,所以双曲线的方程为 $\dfrac{x^2}{20}-\dfrac{y^2}{5}=1$,故选 A.

【例3 变式3】

【解析】 解法1:设 $E(-c,0),F(c,0)$,于是有 $\overrightarrow{EP}\cdot\overrightarrow{FP}=(3+c,-4)\cdot(3-c,-4)=25-c^2=0$,所以 $c^2=25$,排除选项 A,B;又由选项 D 中双曲线的渐近线方程为 $y=\pm\dfrac{3}{4}x$,点 P 不在其上,排除选项 D,故选 C.

解法2:由题意知 $k_{OP}=-\dfrac{4}{3}=-\dfrac{b}{a}$,即 $\dfrac{a}{b}=\dfrac{3}{4}\Rightarrow\dfrac{a^2}{b^2}=\dfrac{9}{16}$,故选 C.

【例4 变式1】

【解析】 设双曲线方程为 $x^2-4y^2=\lambda$,当 $\lambda>0$ 时,化为 $\dfrac{x^2}{\lambda}-\dfrac{y^2}{\dfrac{\lambda}{4}}=1$,所以 $2\sqrt{\dfrac{5\lambda}{4}}=10$,所以 $\lambda=20$,当 $\lambda<0$ 时,化为 $\dfrac{y^2}{-\dfrac{\lambda}{4}}-\dfrac{x^2}{-\lambda}=1$,所以 $2\sqrt{-\dfrac{5\lambda}{4}}=10$,所以 $\lambda=-20$.

综上,双曲线方程为 $\dfrac{x^2}{20}-\dfrac{y^2}{5}=1$ 或 $\dfrac{y^2}{5}-\dfrac{x^2}{20}=1$.

【例4 变式2】

【解析】 $PM-PN=BM-BN=2$,点 P 的轨迹是以 M,N 为焦点,实轴长为 2 的双曲线的右支,选 B.

【例5 变式1】

【解析】 根据对称性,不妨设 $A(x,y)$ 在第一象限,所以 $\begin{cases} x^2+y^2=4 \\ y=\dfrac{b}{2}x \end{cases} \Rightarrow$

$\begin{cases} x=\dfrac{4}{\sqrt{b^2+4}} \\ y=\dfrac{4}{\sqrt{b^2+4}}\cdot\dfrac{b}{2} \end{cases}$.

所以 $xy=\dfrac{16}{b^2+4}\cdot\dfrac{b}{2}=\dfrac{b}{2}\Rightarrow b^2=12$,故双曲线的方程为 $\dfrac{x^2}{4}-\dfrac{y^2}{12}=1$,故选 D.

评注 求双曲线的标准方程关注点:

(1)确定双曲线的标准方程也需要一个"定位"条件,两个"定量"条件,"定位"是指确定焦点在哪条坐标轴上,"定量"是指确定 a,b 的值,常用待定系数法.

(2)利用待定系数法求双曲线的标准方程时应注意选择恰当的方程形式,以避免讨论.

①若双曲线的焦点不能确定时,可设其方程为 $Ax^2+By^2=1(AB<0)$.

②若已知渐近线方程为 $mx+ny=0$,则双曲线方程可设为 $m^2x^2-n^2y^2=\lambda$ $(\lambda\neq 0)$.

【例5 变式2】

【解析】 由题意得 $a=b,\dfrac{4}{-c}=-1\Rightarrow c=4,a=b=2\sqrt{2}\Rightarrow\dfrac{x^2}{8}-\dfrac{y^2}{8}=1$,选 B.

评注 利用待定系数法求圆锥曲线方程是高考常见题型,求双曲线方程最基础的方法就是依据题目的条件列出关于 a,b,c 的方程,解方程组求出 a,b,另外求双曲线方程要注意巧设双曲线:

(1)双曲线过两点可设为 $mx^2-ny^2=1(mn>0)$;

(2)与 $\dfrac{x^2}{a^2}-\dfrac{y^2}{b^2}=1$ 共渐近线的双曲线可设为 $\dfrac{x^2}{a^2}-\dfrac{y^2}{b^2}=\lambda(\lambda\neq 0)$;

(3)等轴双曲线可设为 $x^2-y^2=\lambda(\lambda\neq 0)$ 等.

均为待定系数法求标准方程.

第一章　圆锥曲线基础知识

【例 5 变式 3】

【解析】 由渐近线为 $y = x$ 知 $b^2 = 2$，点 $P(\sqrt{3}, y_0)$ 满足方程 $\dfrac{x^2}{2} - \dfrac{y^2}{2} = 1$，则 $y_0^2 = 1$，又 $F_1(-2, 0)$，$F_2(2, 0)$，故 $\overrightarrow{PF_1} \cdot \overrightarrow{PF_2} = -1 + y_0^2 = 0$. 故选 C.

【例 6 变式 1】

【解析】 由题设可知此圆的圆心为右焦点，半径恰为焦渐距 $b = \sqrt{3}$. 故选 A.

【例 6 变式 2】

【解析】 解法 1：由圆 $C: x^2 + y^2 - 6x + 5 = 0$ 得 $(x-3)^2 + y^2 = 4$，因为右焦点为圆 C 的圆心 $C(3, 0)$，所以 $c = 3$，又两条渐近线 $bx \pm ay = 0$ 均和圆 C 相切，所以 $\dfrac{3b}{\sqrt{a^2 + b^2}} = 2$，即 $3b = 2c$. 所以 $b = 2$，$a^2 = 5$，故选 A.

解法 2：由圆 $C: x^2 + y^2 - 6x + 5 = 0$ 得 $(x-3)^2 + y^2 = 4$，因为双曲线的右焦点 $(c, 0)$ 到两条渐近线 $bx \pm ay = 0$ 为 $\dfrac{bc}{\sqrt{a^2 + b^2}} = b$，双曲线的两条渐近线 $bx \pm ay = 0$ 均和圆 C 相切，故半径 $\sqrt{4} = b = 2$，故选 A.

【例 7 变式 1】

【解析】 设 $A(x_1, y_1)$，$B(x_2, y_2)$，双曲线 $\dfrac{x^2}{a^2} - \dfrac{y^2}{b^2} = 1 (a > b > 0)$ 的两条渐近线 $\dfrac{x^2}{a^2} - \dfrac{y^2}{b^2} = 0$，由 $\begin{cases} \dfrac{x^2}{a^2} - \dfrac{y^2}{b^2} = 0 \\ x - 3y + m = 0 \end{cases}$ 得 $(9b^2 - a^2)y^2 - 6b^2 my + b^2 m^2 = 0$.

所以 $y_1 + y_2 = \dfrac{6b^2 m}{9b^2 - a^2}$，所以 $\dfrac{y_1 + y_2}{2} = \dfrac{3b^2 m}{9b^2 - a^2}$，$\dfrac{x_1 + x_2}{2} = 3 \cdot \dfrac{y_1 + y_2}{2} - m = \dfrac{a^2 m}{9b^2 - a^2}$.

AB 中点 Q 的坐标为 $\left(\dfrac{a^2 m}{9b^2 - a^2}, \dfrac{3b^2 m}{9b^2 - a^2} \right)$，又 $k_{PQ} = -3$，故化简得

$$a^2 = 4b^2 \Rightarrow a = 2b \Rightarrow \dfrac{c}{a} = \dfrac{\sqrt{5}}{2}$$

故 $e = \dfrac{\sqrt{5}}{2}$.（总结：双曲线 $\dfrac{x^2}{a^2} - \dfrac{y^2}{b^2} = 1 (a > 0, b > 0)$ 的两条渐近线 $\dfrac{x^2}{a^2} - \dfrac{y^2}{b^2} = 0$，双曲线 $\dfrac{y^2}{a^2} - \dfrac{x^2}{b^2} = 1 (a > 0, b > 0)$ 的两条渐近线 $\dfrac{y^2}{a^2} - \dfrac{x^2}{b^2} = 0$.）

评注 将双曲线的渐近线方程写成二次的形式,有时可以整体进行讨论,减少运算量.

【例 7 变式 2】

【解析】 $|AF|+|BF|=y_A+\dfrac{p}{2}+y_B+\dfrac{p}{2}=4\times\dfrac{p}{2}\Rightarrow y_A+y_B=p$

因为 $\begin{cases}\dfrac{x^2}{a^2}-\dfrac{y^2}{b^2}=1\\ x^2=2py\end{cases}\Rightarrow a^2y^2-2pb^2y+a^2b^2=0$,所以 $y_A+y_B=\dfrac{2pb^2}{a^2}=p\Rightarrow a=\sqrt{2}b$

$\Rightarrow$ 渐近线方程为 $y=\pm\dfrac{\sqrt{2}}{2}x$.

评注 (1)求双曲线方程的方法,以及双曲线定义和双曲线标准方程的应用都和与椭圆有关的问题相类似. 因此,双曲线与椭圆的标准方程可统一为 $Ax^2+By^2=1$ 的形式,当 $A>0,B>0,A\neq B$ 时为椭圆,当 $AB<0$ 时为双曲线.

(2)凡涉及抛物线上的点到焦点距离时,一般运用定义转化为到准线距离处理.

【例 8 变式 1】

【解析】 由几何关系可得,双曲线 $C:\dfrac{x^2}{a^2}-\dfrac{y^2}{b^2}=1(a>0,b>0)$ 的渐近线为: $bx\pm ay=0$,圆心 $(2,0)$ 到渐近线距离为: $d=\sqrt{2^2-1^2}=\sqrt{3}$,不妨考查点 $(2,0)$ 到直线 $bx+ay=0$ 距离 $d=\dfrac{|2b+a\times 0|}{\sqrt{a^2+b^2}}=\dfrac{2b}{c}=\sqrt{3}$,即 $\dfrac{4(c^2-a^2)}{c^2}=3$,整理可得: $c^2=4a^2$.

双曲线的离心率 $e=\sqrt{\dfrac{c^2}{a^2}}=\sqrt{4}=2$. 故选 A.

评注 双曲线的离心率是双曲线最重要的几何性质,求双曲线的离心率(或离心率的取值范围),常见有两种方法:①求出 a,c,代入公式 $e=\dfrac{c}{a}$;②只需要根据一个条件得到关于 a,b,c 的齐次式,结合 $b^2=c^2-a^2$ 转化为 a,c 的齐次式,然后等式(不等式)两边分别除以 a 或 a^2 转化为关于 e 的方程(不等式),解方程(不等式)即可得 $e(e$ 的取值范围).

【例 8 变式 2】

【解析】 如图 7 所示,作 $AP\perp MN$,因为圆 A 与双曲线 C 的一条渐近线交于 M,N 两点,则 M,N 为双曲线的渐近线 $y=\dfrac{b}{a}x$ 上的点,且 $A(a,0)$,$AM=$

圆锥曲线的奥秘

$AN = b$.

而 $AP \perp MN$,所以 $\angle PAN = 30°$,点 $A(a,0)$ 到直线 $y = \dfrac{b}{a}x$ 的距离 $AP = \dfrac{|b|}{\sqrt{1+\dfrac{b^2}{a^2}}}$. 在 $Rt\triangle PAN$ 中,$\cos\angle PAN = \dfrac{PA}{NA}$.

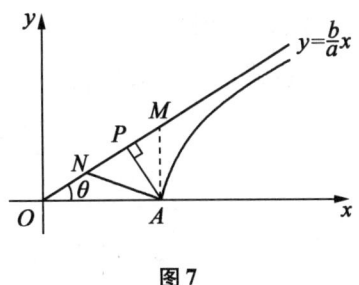

图 7

代入计算得 $a^2 = 3b^2$,即 $a = \sqrt{3}\,b$. 由 $c^2 = a^2 + b^2$,得 $c = 2b$. 所以 $e = \dfrac{c}{a} = \dfrac{2b}{\sqrt{3}\,b} = \dfrac{2\sqrt{3}}{3}$.

【例 8 变式 3】

【解析】 $\dfrac{x^2}{4} + \dfrac{y^2}{m} = 1$ 的标准方程为 $\dfrac{x^2}{4} - \dfrac{y^2}{-m} = 1$,故 $a^2 = 4, b^2 = -m$,半焦距 $c = \sqrt{4+(-m)}$,所以 $e = \dfrac{\sqrt{4-m}}{2}$,又因为 $e \in (1,2)$,故 $1 < \dfrac{\sqrt{4-m}}{2} < 2$,解得 $-12 < m < 0$,故选 A.

评注 本题若借用公式 $\dfrac{b^2}{a^2} = e^2 - 1 \in (0,3)$ 更简捷.

【例 9 变式 1】

【解析】 因为 MF_1 垂直于 x 轴,所以 $|MF_1| = \dfrac{b^2}{a}$,$|MF_2| = 2a + \dfrac{b^2}{a}$,因为 $\sin\angle MF_2F_1 = \dfrac{1}{3}$,即 $\dfrac{|MF_1|}{|MF_2|} = \dfrac{\dfrac{b^2}{a}}{2a+\dfrac{b^2}{a}} = \dfrac{1}{3}$,化简得 $b = a$,故双曲线离心率 $e = \sqrt{1+\dfrac{b^2}{a^2}} = \sqrt{2}$. 故选 A.

评注 区分双曲线中 a,b,c 的关系与椭圆中 a,b,c 的关系:在椭圆中 $a^2 = b^2 + c^2$,而在双曲线中 $c^2 = a^2 + b^2$;双曲线的离心率 $e \in (1, +\infty)$,而椭圆的离心率 $e \in (0,1)$.

【例 9 变式 2】

【解析】 由双曲线的方程可知其焦点在 x 轴上,故其渐近线方程为 $y = \pm\dfrac{b}{a}x$. 由 $e = \sqrt{3}$,可得 $e = \sqrt{1+\dfrac{b^2}{a^2}} = \sqrt{3}$,故 $\dfrac{b}{a} = \sqrt{2}$,故所求的渐近线方程为 $y = \pm\sqrt{2}\,x$.

【例 10 变式 1】

【解析】 不妨设 $F(c,0)$，$B(0,b)$，则 $k_{BF} \times \dfrac{b}{a} = -1$，所以 $b^2 = ac$，且 $c^2 = a^2 + b^2$，故 $c^2 - a^2 = ac$，即 $c^2 - a^2 - ac = 0$，所以 $e^2 - e - 1 = 0$ 得 $e = \dfrac{\sqrt{5}+1}{2}$ 或 $\dfrac{1-\sqrt{5}}{2}$（舍），所以 $e = \dfrac{\sqrt{5}+1}{2}$，故选 D.

【例 10 变式 2】

【解析】 (1) 联结 OA，则由题意可知 $OA \perp B_1F_2$，且 $|OA| = a$，又 $|OF_2| = c$，故 $|AF_2| = b$，由 $Rt\triangle OAF_2 \sim Rt\triangle B_2OF_2$，得 $\dfrac{|OA|}{|AF_2|} = \dfrac{|B_2O|}{|OF_2|}$，即 $\dfrac{a}{b} = \dfrac{b}{c}$，即 $b^2 = ac$，且 $c^2 = a^2 + b^2$，故 $c^2 - a^2 = ac$，所以 $e^2 - e - 1 = 0$ 得 $e = \dfrac{\sqrt{5}+1}{2}$ 或 $\dfrac{1-\sqrt{5}}{2}$（舍），所以 $e = \dfrac{\sqrt{5}+1}{2}$.

(2) $\dfrac{S_1}{S_2} = \dfrac{\dfrac{1}{2}|F_1F_2||B_1B_2|}{\dfrac{1}{2}|AC||BD|\sin 2\angle AOF_2} = \dfrac{2bc}{2a^2 \times 2 \times \dfrac{a}{c} \times \dfrac{b}{c}} = \dfrac{e^3}{2}$

$= \dfrac{(e+1)(e^2-e+1)-1}{2} = \dfrac{\sqrt{5}+2}{2}$

【例 11 变式 1】

【解析】 解法 1：由正弦定理可得 $e = \dfrac{\sin \angle F_1MF_2}{|\sin \angle MF_1F_2 - \sin \angle MF_2F_1|} = \dfrac{\sin 90°}{|\sin 60° - \sin 30°|} = \sqrt{3}+1$，故选 C.

解法 2：依题意，不妨设 $|MF_1| = 1$，则 $|MF_2| = \sqrt{3}$，$|F_1F_2| = 2$，则 $e = \dfrac{c}{a} = \dfrac{2c}{2a} = \dfrac{|F_1F_2|}{||MF_2|-|MF_1||} = \sqrt{3}+1$，故选 C.

【例 11 变式 2】

【解析】 设点 P 在双曲线右支上，F_1 为左焦点，F_2 为右焦点，则 $|PF_1| - |PF_2| = 2a$，又 $|PF_1| + |PF_2| = 6a$，所以 $|PF_1| = 4a$，$|PF_2| = 2a$，因为在双曲线中 $2c > 2a$，即 $|F_1F_2| > |PF_2|$，所以在 $\triangle PF_1F_2$ 中，由余弦定理得 $|PF_2|^2 = |PF_1|^2 + |F_1F_2|^2 - 2|PF_1||F_1F_2|\cos 30°$，即 $4a^2 = 16a^2 + 4c^2 - 8\sqrt{3}ac$，即 $3a^2 + c^2 -$

$2\sqrt{3}ac=0$,所以$(\sqrt{3}a-c)^2=0$,所以$c=\sqrt{3}a$,即$e=\sqrt{3}$.

【例12 变式1】

【解析】 $\dfrac{\sin\angle PF_1F_2}{\sin\angle PF_2F_1}=\dfrac{a}{c}<1$,在$\triangle PF_1F_2$中,据正弦定理有$\dfrac{|PF_2|}{|PF_1|}=\dfrac{a}{c}$,且$|PF_1|-|PF_2|=2a$,故$|PF_1|=\dfrac{2ac}{c-a}$,$|PF_2|=\dfrac{2a^2}{c-a}$. 又$|PF_1|+|PF_2|\geqslant |F_1F_2|$,所以$\dfrac{2ac}{c-a}+\dfrac{2a^2}{c-a}\geqslant 2c$,解得双曲线的离心率的取值范围是$(1,1+\sqrt{2}\,]$.

【例14 变式1】

【解析】 由题设可知$\begin{cases}|PF_1|-|PF_2|=2\\|PF_1|:|PF_2|=3:2\end{cases}$,解得$|PF_1|=6$,$|PF_2|=4$,又因为$|F_1F_2|=2\sqrt{13}$,所以$|PF_1|^2+|PF_2|^2=|F_1F_2|^2$,即$\triangle PF_1F_2$为直角三角形,$\angle F_1PF_2=90°$,所以$S_{\triangle F_1PF_2}=\dfrac{1}{2}|PF_1||PF_2|=12$,故选B.

【例14 变式2】

【解析】 解法1:设$\angle FP_1F_2=\theta$,$PF_1=r_1$,$PF_2=r_2$,在$\triangle F_1PF_2$中,由余弦定理得$4c^2=r_1^2+r_2^2-2r_1r_2\cos\theta=(r_1-r_2)^2+2r_1r_2(1-\cos\theta)=4a^2+2r_1r_2(1-\cos\theta)$,且$c^2=a^2+b^2$,得$4b^2=2r_1r_2(1-\cos\theta)=4$,即$r_1r_2(1-\cos\theta)=2$. 又因为$S_{\triangle PF_1F_2}=\dfrac{1}{2}r_1r_2\sin\theta=\sqrt{3}$,即$r_1r_2\sin\theta=2\sqrt{3}$,从而$\dfrac{\sin\theta}{1-\cos\theta}=\sqrt{3}$,即$\tan\dfrac{\theta}{2}=\dfrac{\sqrt{3}}{3}$.

故$\theta=\dfrac{\pi}{3}$,$r_1r_2=4$,所以$|\overrightarrow{PF_1}|\cdot|\overrightarrow{PF_2}|=r_1r_2\cos\theta=2$,故选A.

解法2:设$P(x_P,y_P)$,$S_{\triangle PF_1F_2}=c|y_P|=\sqrt{3}$,$|y_P|=\dfrac{\sqrt{15}}{5}$,将其代入双曲线方程得$x_P^2=\dfrac{32}{5}$,再由解法1,可得$\overrightarrow{PF_1}\cdot\overrightarrow{PF_2}=r_1r_2\cos\theta=2$,故选A.

【例14 变式3】

【解析】 由题意知$F_1(-6,0)$,$F_2(6,0)$,又点M的坐标为$(2,0)$,故$|F_1M|=8$,$|F_2M|=4$,由AM平分$\angle F_1AF_2$及角平分线定理得$\dfrac{|AF_1|}{|AF_2|}=\dfrac{|F_1M|}{|F_2M|}=2$,又$|AF_1|-|AF_2|=6$,所以$|AF_2|=6$.

【例15 变式1】

【错解】 假定存在符合条件的弦AB,其两端分别为:$A(x_1,y_1)$,$B(x_2,y_2)$. 那么

$$\begin{cases} x_1^2 - \frac{1}{2}y_1^2 = 1 \\ x_2^2 - \frac{1}{2}y_2^2 = 1 \end{cases} \Rightarrow (x_1-x_2)(x_1+x_2) - \frac{1}{2}(y_1-y_2)(y_1+y_2) = 0 \quad \text{①}$$

因为$M(1,1)$为弦AB的中点,所以$\begin{cases} x_1+x_2=2 \\ y_1+y_2=2 \end{cases}$,代入式①:$2(x_1-x_2)-(y_1-y_2)=0$,

所以$k_{AB} = \dfrac{y_1-y_2}{x_1-x_2} = 2$.

故存在符合条件的直线AB,其方程为:$y-1=2(x-1)$,即$y=2x-1$.

这个结论对不对呢?我们只需注意如下两点就够了:

其一:将点$M(1,1)$代入方程$x^2 - \dfrac{y^2}{2} = 1$,发现左式$= 1 - \dfrac{1}{2} = \dfrac{1}{2} < 1$,故点$M(1,1)$在双曲线的外部;

其二:所求直线AB的斜率$k_{AB}=2$,而双曲线的渐近线为$y=\pm\sqrt{2}x$. 这里$\sqrt{2}<2$,说明所求直线不可能与双曲线相交,当然所得结论也就是荒唐的. 问题出在解题过程中忽视了直线与双曲线有公共点的条件.

【正解】 在上述"错解"法的基础上应当加以验证. 由

$$\begin{cases} x^2 - \dfrac{y^2}{2} = 1 \\ y = 2x - 1 \end{cases} \Rightarrow 2x^2 - (2x-1)^2 = 2 \Rightarrow 2x^2 - 4x + 3 = 0 \quad \text{②}$$

这里$\Delta = 16 - 24 < 0$,故方程②无实根,也就是所求直线不合条件.

结论:不存在符合题设条件的直线.

【例15 变式2】

【解析】 设符合题意的直线l存在,并设$P(x_1,y_2)$,$Q(x_2,y_2)$,则

$$\begin{cases} x_1^2 - \dfrac{y_1^2}{2} = 1 \quad \text{①} \\ x_2^2 - \dfrac{y_2^2}{2} = 1 \quad \text{②} \end{cases}$$

式①-式②得

$$(x_1-x_2)(x_1+x_2) = \dfrac{1}{2}(y_1-y_2)(y_1+y_2) \quad \text{③}$$

圆锥曲线的奥秘

因为 $A(1,1)$ 为线段 PQ 的中点,所以
$$\begin{cases} x_1+x_2=2 & \text{④} \\ y_1+y_2=2 & \text{⑤} \end{cases}$$

将式④⑤代入式③得 $x_1-x_2=\dfrac{1}{2}(y_1-y_2)$. 若 $x_1\ne x_2$,则直线 l 的斜率 $k=\dfrac{y_1-y_2}{x_1-x_2}=2$,其方程为 $2x-y-1=0$,$\begin{cases} y=2x-1 \\ x^2-\dfrac{y^2}{2}=1 \end{cases}$,得 $2x^2-4x+3=0$. 根据 $\Delta=-8<0$,说明所求直线不存在.

【例15 变式3】

【解析】 (1)如图5,设双曲线方程为 $\dfrac{x^2}{a^2}-\dfrac{y^2}{b^2}=1$. 由已知得 $\dfrac{6^2}{a^2}-\dfrac{6^2}{b^2}=1$,$e^2=\dfrac{a^2+b^2}{a^2}=\dfrac{21}{9}$,解得 $a^2=9,b^2=12$,所以所求双曲线方程为 $\dfrac{x^2}{9}-\dfrac{y^2}{12}=1$.

(2) P,A_1,A_2 的坐标依次为 $(6,6),(3,0),(-3,0)$,所以其重心 G 的坐标为 $(2,2)$.

假设存在直线 l,使 $G(2,2)$ 平分线段 MN,设 $M(x_1,y_1),N(x_2,y_2)$,则有
$\begin{cases} x_1+x_2=4 \\ y_1+y_2=4 \end{cases}$,$\begin{cases} 12x_1^2-9y_1^2=108 \\ 12x_2^2-9y_2^2=108 \end{cases}\Rightarrow \dfrac{y_1-y_2}{x_1-x_2}=\dfrac{12}{9}=\dfrac{4}{3}$

所以 $k_l=\dfrac{4}{3}$,故 l 的方程为 $y=\dfrac{4}{3}(x-2)+2$,由 $\begin{cases} 12x^2-9y^2=108 \\ y=\dfrac{4}{3}(x-2) \end{cases}$,消去 y,整理得 $x^2-4x+28=0$. 因为 $\Delta=16-4\times 28=-96<0$,所以所求直线 l 不存在.

达标训练题解析

1. B 【解析】 依题意,$a^2=3$,所以双曲线方程为 $\dfrac{x^2}{3}-y^2=1$. 设点 P 的坐标为 (x,y),$\overrightarrow{OP}\cdot\overrightarrow{FP}=x^2+2x+y^2$,且 $y^2=\dfrac{x^2}{3}-1$,则 $\overrightarrow{OP}\cdot\overrightarrow{FP}=\dfrac{4}{3}x^2+2x-1(x\geqslant\sqrt{3})$,故选 B.

2. C 【解析】 依题意,$|PF_1|-|PF_2|=2\sqrt{2}=2|PF_2|=|PF_2|$,故 $|PF_1|=4\sqrt{2}$,$|F_1F_2|=4$,在 $\triangle PF_1F_2$ 中 $\cos\angle F_1PF_2=\dfrac{|PF_1|^2+|PF_2|^2-|F_1F_2|^2}{2|PF_1||PF_2|}=\dfrac{3}{4}$,故选 C.

3. A 【解析】 若椭圆 $\dfrac{x^2}{a^2}+\dfrac{y^2}{b^2}=1(a>b>0)$ 的离心率为 $\dfrac{\sqrt{3}}{2}$,则 $e=\dfrac{\sqrt{3}}{2}$,所以 $\dfrac{b}{a}=\dfrac{1}{2}$,则双曲线 $\dfrac{x^2}{a^2}-\dfrac{y^2}{b^2}=1$ 的渐近线方程为 $y=\pm\dfrac{1}{2}x$,故选 A.

4. B 【解析】 依题意,$\triangle AF_1F_2$ 是以 AF_1 为底边的等腰三角形,则 $|AF_2|=|F_1F_2|=2c$,设 $A\left(\dfrac{y^2}{4},y\right)$,$F_2(1,0)$,则 $|AF_2|=\sqrt{\left(\dfrac{y^2}{4}-1\right)^2+y^2}=2$,即 $\dfrac{y^2}{4}+1=2$,得 $y^2=4$,所以点 A 的坐标为 $(1,2)$ 或 $(1,-2)$,若 A 的坐标为 $(1,2)$,则 $|AF_1|=2\sqrt{2}$,则双曲线 C 的离心率为 $\sqrt{2}+1$;同理,当 A 的坐标为 $(1,-2)$ 时,离心率为 $\sqrt{2}+1$,故选 B.

5. 1,2 【解析】 依题意,双曲线 C_2 的渐近线的方程为 $y=\pm 2x$,即双曲线 C_1 的渐近线方程为 $y=\pm 2x$,所以 $\dfrac{b}{a}=2$,即 $b=2a$,又 $c^2=a^2+b^2=5a^2=5$,$a=1$,$b=2$.

6. $2\sqrt{3}$ 【解析】 由双曲线的定义知,$||PF_1|-|PF_2||=2$,$|F_1F_2|=2\sqrt{2}$,$PF_1\perp PF_2$,故 $|PF_1|^2+|PF_2|^2=|F_1F_2|^2=8$,得 $(|PF_1|-|PF_2|)^2+2|PF_1||PF_2|=8$,所以 $|PF_1||PF_2|=2$,$(|PF_1|+|PF_2|)^2=|PF_1|^2+|PF_2|^2+2|PF_1||PF_2|=12$,得 $|PF_1|+|PF_2|=2\sqrt{3}$.

7. $(1,2]$ 【解析】 依题意,$|PF_1|-|PF_2|=3|PF_2|-|PF_2|=2|PF_2|=2a$,得 $|PF_2|=a$,$|PF_1|=3a$,又 $|PF_1|+|PF_2|\geq|F_1F_2|$,故 $4a\geq 2c$,所以 $1<e\leq 2$,即 $e\in(1,2]$.

8. 【解析】 (1)由已知 $c=\sqrt{13}$,设椭圆长、短半轴分别为 a,b,双曲线实半轴、虚半轴长分别为 m,n,则 $\begin{cases}a-m=4\\ 7\times\dfrac{\sqrt{13}}{a}=3\times\dfrac{\sqrt{13}}{m}\end{cases}\Rightarrow\begin{cases}a=7\\ m=3\end{cases}$,所以 $b=6$,$n=2$,所以椭圆方程为 $\dfrac{x^2}{49}+\dfrac{y^2}{36}=1$,双曲线方程为 $\dfrac{x^2}{9}-\dfrac{y^2}{4}=1$.

(2)不妨设 F_1,F_2 分别为左、右焦点,P 是第一象限的一个交点,则 $|PF_1|+|PF_2|=14$,$|PF_1|-|PF_2|=6$,所以 $|PF_1|=10$,$|PF_2|=4$,又 $|F_1F_2|=2\sqrt{13}$,所以 $\cos\angle F_1PF_2=\dfrac{|PF_1|^2+|PF_2|^2-|F_1F_2|^2}{2|PF_1||PF_2|}=\dfrac{4}{5}$.

9. 【解析】 (1)因为 $e=\sqrt{2}$,所以可设双曲线方程为 $x^2-y^2=\lambda$,因为过点

圆锥曲线的奥秘

$(4,-\sqrt{10})$代入得 $\lambda=6$,所以双曲线方程为 $x^2-y^2=6$,即 $\dfrac{x^2}{6}-\dfrac{y^2}{6}=1$.

(2)由(1)可知,双曲线中 $a=b=\sqrt{6}$,所以 $c=2\sqrt{3}$,所以 $F_1(-2\sqrt{3},0)$, $F_2(2\sqrt{3},0)$,所以 $k_{MF_1}=\dfrac{m}{3+2\sqrt{3}}$,$k_{MF_2}=\dfrac{m}{3-2\sqrt{3}}$,$k_{MF_1}\cdot k_{MF_2}=-\dfrac{m^2}{3}$. 因为点$(3,m)$在双曲线上,所以 $9-m^2=6$,得 $m^2=3$,故 $k_{MF_1}\cdot k_{MF_2}=-1$,所以 $\overrightarrow{MF_1}\perp\overrightarrow{MF_2}$,故 $\overrightarrow{MF_1}\cdot\overrightarrow{MF_2}=0$.

(3)在 $\triangle F_1MF_2$ 中 $|F_1F_2|=4\sqrt{3}$,由(2)知 $m=\pm\sqrt{3}$,故 $\triangle F_1MF_2$ 的边 F_1F_2 上的高 $h=|m|=3$,所以 $S_{\triangle F_1MF_2}=\dfrac{1}{2}\times\sqrt{3}\times 4\sqrt{3}=6$.

第3节　抛物线

知识点精讲

一、抛物线的定义

平面内与一个定点 F 和一条定直线 $l(F\notin l)$ 的距离相等的点的轨迹叫作抛物线,定点 F 叫作抛物线的焦点,定直线 l 叫作抛物线的准线.

注　若在定义中有 $F\in l$,则动点的轨迹为 l 的垂线,垂足为点 F.

二、抛物线的方程、图像及性质

抛物线的标准方程有4种形式:$y^2=2px(p>0)$,$y^2=-2px(p>0)$,$x^2=2py(p>0)$,$x^2=-2py(p>0)$,其中一次项与对称轴一致,一次项系数的符号决定开口方向(如表1所示):

表1

标准方程	$y^2=2px(p>0)$	$y^2=-2px(p>0)$	$x^2=2py(p>0)$	$x^2=-2py(p>0)$
图像				
对称轴	x 轴	x 轴	y 轴	y 轴
顶点	原点(0,0)			
焦点坐标	$\left(\dfrac{p}{2},0\right)$	$\left(-\dfrac{p}{2},0\right)$	$\left(0,\dfrac{p}{2}\right)$	$\left(0,-\dfrac{p}{2}\right)$
准线方程	$x=-\dfrac{p}{2}$	$x=\dfrac{p}{2}$	$y=-\dfrac{p}{2}$	$y=\dfrac{p}{2}$

三、抛物线中常用的结论

1. 点 $P(x_0,y_0)$ 与抛物线 $y^2=2px(p>0)$ 的关系:

(1) P 在抛物线内(含焦点)$\Leftrightarrow y_0^2<2px_0$;

(2) P 在抛物线上 $\Leftrightarrow y_0^2=2px_0$;

(3) P 在抛物线外 $\Leftrightarrow y_0^2>2px_0$.

2. 焦半径:抛物线上的点 $P(x_0,y_0)$ 与焦点 F 的距离称为焦半径,若 $y^2=2px(p>0)$,则焦半径 $|PF|=x_0+\dfrac{p}{2}$,$|PF|_{\min}=\dfrac{p}{2}$.

3. $p(p>0)$ 的几何意义:p 为焦点 F 到准线 l 的距离,即焦准距,p 越大,抛物线开口越大.

4. 抛物线的弦:若 AB 为抛物线 $y^2=2px(p>0)$ 的任意一条弦,$A(x_1,y_1)$,$B(x_2,y_2)$,弦的中点为 $M(x_0,y_0)(y_0\neq 0)$,则:

(1) 弦长公式:$|AB|=\sqrt{1+k^2}|x_1-x_2|=\sqrt{1+\dfrac{1}{k^2}}|y_1-y_2|(k_{AB}=k\neq 0)$;

(2) $k_{AB}=\dfrac{p}{y_0}$;

(3)直线 AB 的方程为 $y - y_0 = \dfrac{p}{y_0}(x - x_0)$;

(4)线段 AB 的垂直平分线方程为 $y - y_0 = -\dfrac{y_0}{p}(x - x_0)$.

5.求抛物线标准方程的焦点和准线的快速方法($\dfrac{A}{4}$法):

(1)$y^2 = Ax(A \neq 0)$,焦点为 $\left(\dfrac{A}{4}, 0\right)$,准线方程为 $x = -\dfrac{A}{4}$;

(2)$x^2 = Ay(A \neq 0)$,焦点为 $\left(0, \dfrac{A}{4}\right)$,准线方程为 $y = -\dfrac{A}{4}$;

如 $y = 4x^2$,即 $x^2 = \dfrac{y}{4}$,焦点为 $\left(0, \dfrac{1}{16}\right)$,准线方程为 $y = -\dfrac{1}{16}$.

6.参数方程.

$y^2 = 2px(p > 0)$ 的参数方程为 $\begin{cases} x = 2pt^2 \\ y = 2pt \end{cases}$(参数 $t \in \mathbf{R}$).

7.切线方程和切点弦方程.

抛物线 $y^2 = 2px(p > 0)$ 的切线方程为 $y_0 y = p(x + x_0)$,(x_0, y_0) 为切点.

切点弦方程为 $y_0 y = p(x + x_0)$,点 (x_0, y_0) 在抛物线外.

与中点弦平行的直线为 $y_0 y = p(x + x_0)$,此直线与抛物线相离,点 (x_0, y_0)(含焦点)是弦 AB 的中点,中点弦 AB 的斜率与这条直线的斜率相等,用点差法也可以得到同样的结果.

四、题型归纳及思路提示

题型一 抛物线的定义与方程

思路提示 求抛物线的标准方程的步骤为:

(1)先根据题设条件及抛物线定义判断它为抛物线并确定焦点位置;

(2)根据题目条件列出 p 的方程;

(3)解方程求出 p,即得标准方程.

【例1】 已知抛物线 $y^2 = 2px(p > 0)$ 的准线与圆 $x^2 + y^2 - 6x - 7 = 0$ 相切,p 的值为 ( )

A. $\dfrac{1}{2}$ B. 1   C. 2   D. 4

【解析】 抛物线的准线为 $x = -\dfrac{p}{2}$,圆 $x^2 + y^2 - 6x - 7 = 0$ 的标准方程为 $(x-3)^2 + y^2 = 16$,由 $x = -\dfrac{p}{2}$ 与圆相切,知 $3 - \left(-\dfrac{p}{2}\right) = 4$,解得 $p = 2$,故选 C.

评注 准线是抛物线的重要性质,要熟记准线方程.

变式1 若抛物线 $y^2=4x$ 上的点 M 到焦点的距离为10,则 M 到 y 轴的距离是_____.

变式2 设 $M(x_0,y_0)$ 为抛物线 $C:x^2=8y$ 上一点,F 为抛物线 C 的焦点,以 F 为圆心、$|FM|$ 为半径的圆和抛物线 C 的准线相交,则 y_0 的取值范围是 ( )

A. $(0,2)$ B. $[0,2]$ C. $(2,+\infty)$ D. $[2,+\infty)$

【例2】 若点 P 到直线 $x=-1$ 的距离比它到点 $(2,0)$ 的距离小1,则点 P 的轨迹为 ( )

A. 圆 B. 椭圆 C. 双曲线 D. 抛物线

【解析】 解法1:(直接法)设 $P(x,y)$,依题意有 $|x+1|=\sqrt{(x-2)^2+y^2}-1$.

当 $x\geq-1$ 时,$x+1+1=\sqrt{(x-2)^2+y^2}$,整理得 $y^2=8x$.

当 $x<-1$ 时,$y^2=4(x-1)$,显然不成立,故点 P 的轨迹方程为 $y^2=8x(x\geq 0)$,故选 D.

解法2:(定义法)由题意可知,点 P 只能在 $x=-1$ 的右侧,点 P 到直线 $x=-2$ 的距离等于它到点 $(2,0)$ 的距离,根据抛物线的定义知,点 P 的轨迹是抛物线,故选 D.

变式1 设圆 C 与圆 $x^2+(y-3)^2=1$ 外切,与直线 $y=0$ 相切,则 C 的圆心轨迹为 ( )

A. 抛物线 B. 双曲线 C. 椭圆 D. 圆

变式2 (2016·高考天津理)设抛物线 $\begin{cases}x=2pt^2\\y=2pt\end{cases}$ (t 为参数,$p>0$)的焦点为 F,准线为 l. 过抛物线上一点 A 作 l 的垂线,垂足为 B. 设 $C\left(\dfrac{7}{2}p,0\right)$,$AF$ 与 BC 相交于点 E. 若 $|CF|=2|AF|$,且 $\triangle ACE$ 的面积为 $3\sqrt{2}$,则 p 的值为_____.

【例3】 设抛物线 $y^2=8x$ 上一点 P 到 y 轴的距离是4,则点 P 到抛物线焦点的距离是 ( )

A. 4 B. 6 C. 8 D. 12

【解析】 由焦半径公式 $|PF|=x_P+\dfrac{p}{2}=4+2=6$,知点 P 到焦点的距离为6,故选 B.

变式1 已知抛物线关于 x 轴对称,它的顶点在坐标原点 O,并且经过点

$M(2,y_0)$,若点 M 到该抛物线焦点的距离为 3,则 $|OM|=$ ( )

A. $2\sqrt{2}$　　　　B. $2\sqrt{3}$　　　　C. 4　　　　D. $2\sqrt{5}$

变式 2　已知 F 是抛物线 $y^2=x$ 的焦点,A,B 是该抛物线上的两点,$|AF|+|BF|=3$,则线段 AB 的中点到 y 轴的距离为 ( )

A. $\dfrac{3}{4}$　　　　B. 1　　　　C. $\dfrac{5}{4}$　　　　D. $\dfrac{7}{4}$

变式 3　设 F 为抛物线 $y^2=4x$ 的焦点,A,B,C 为该抛物线上三点,若 $\overrightarrow{FA}+\overrightarrow{FB}+\overrightarrow{FC}=\mathbf{0}$,则 $|\overrightarrow{FA}|+|\overrightarrow{FB}|+|\overrightarrow{FC}|=$ ( )

A. 9　　　　B. 6　　　　C. 4　　　　D. 3

【例 4】　过抛物线 $y^2=2px(p>0)$ 的焦点 F 作倾斜角为 $60°$ 的直线与抛物线分别交于 A,B 两点(点 A 在 x 轴上方),则 $\dfrac{|AF|}{|BF|}=$ _____.

【解析】　解法 1:由题意得准线 $l:x=-\dfrac{p}{2}$,作 $AC\perp l$ 于点 $C,BD\perp l$ 于点 $D,BH\perp AC$ 于点 H,则 $|AF|=|AC|,|BF|=|BD|$,$|AH|=|AC|-|BD|=|AF|-|BF|$,因为在 $\triangle AHB$ 中,$\angle HAB=60°$,所以 $\cos 60°=\dfrac{|AH|}{|AB|}=\dfrac{|AF|-|BF|}{|AF|+|BF|}$,即 $\dfrac{1}{2}(|AF|+|BF|)=|AF|-|BF|$,得 $\dfrac{|AF|}{|BF|}=3$.

解法 2:利用 $|AF|=\dfrac{p}{1-\cos\theta}$,$|BF|=\dfrac{p}{1+\cos\theta}$,得 $\dfrac{|AF|}{|BF|}=3$.

变式 1　已知 F 是抛物线 $C:y^2=4x$ 的焦点,过 F 且斜率为 1 的直线交 C 于 A,B 两点,设 $|FA|>|FB|$,则 $|FA|$ 与 $|FB|$ 的比值等于 _____.

变式 2　设 O 为坐标原点,P 是以 F 为焦点的抛物线 $y^2=2px(p>0)$ 上任意一点,M 是线段 PF 上的点,且 $|PM|=2|MF|$,则直线 OM 的斜率的最大值为 ( )

A. $\dfrac{\sqrt{3}}{3}$　　　　B. $\dfrac{2}{3}$　　　　C. $\dfrac{\sqrt{2}}{2}$　　　　D. 1

题型二　与抛物线有关的距离和最值问题

思路提示　抛物线上任意一点到焦点的距离等于到准线的距离,利用这一定义可以把相同长度的线段进行转化,从而把两条线段长度之和的问题转化为两点间的距离问题或点到直线的距离问题,即在解题中掌握"抛物线的定义及其性质",若求抛物线上的点到定直线(并非准线)距离的最值问题用参数法或切线法求解.

【例5】 已知直线 $l_1:4x-3y+6=0$ 和直线 $l_2:x=-1$，抛物线 $y^2=4x$ 上一动点 P 到直线 l_1 和 l_2 的距离之和的最小值是 （　　）

A. 2　　　　B. 3　　　　C. $\dfrac{11}{5}$　　　　D. $\dfrac{37}{16}$

【分析】 画出图形，利用等价转化，将距离之和的最小值转化为点到直线的距离.

【解析】 作辅助线如图1所示，联结 PF，抛物线方程为 $y^2=4x$，l_2 为其准线，焦点为 $F(1,0)$，由抛物线的定义可知 $|PH_1|+|PH_2|=|PH_1|+|PF|\geq |FH_1|\geq d(F,l_1)=2$，故选 A.

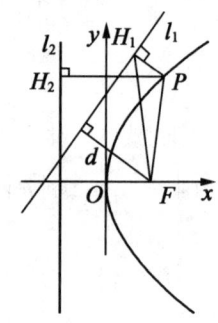

图1

评注 本题考查抛物线的定义及转化与化归的数学思想.

变式1 已知点 P 是抛物线 $y^2=2x$ 上的一个动点，则点 P 到点 $M(0,2)$ 与到该抛物线准线的距离之和的最小值为 （　　）

A. $\dfrac{\sqrt{17}}{2}$　　　B. 3　　　C. $\sqrt{5}$　　　D. $\dfrac{9}{2}$

变式2 已知点 P 在抛物线 $y^2=4x$ 上，那么当点 P 到点 $Q(2,-1)$ 的距离与点 P 到抛物线焦点距离之和取得最小值时，点 P 的坐标为 （　　）

A. $\left(\dfrac{1}{4},-1\right)$　　B. $\left(\dfrac{1}{4},1\right)$　　C. $(1,2)$　　D. $(1,-2)$

变式3 (2017·新课标Ⅰ) 已知 F 为抛物线 $C:y^2=4x$ 的焦点，过 F 作两条互相垂直的直线 l_1,l_2，直线 l_1 与 C 交于 A,B 两点，直线 l_2 与 C 交于 D,E 两点，则 $|AB|+|DE|$ 的最小值为 （　　）

A. 16　　　B. 14　　　C. 12　　　D. 10

题型三　抛物线中三角形、四边形的面积问题

思路提示 解决此类问题经常利用抛物线的定义，将抛物线上的点到焦点的距离转化为到准线的距离，并构成直角三角形或直角梯形，从而计算其面积或面积之比.

【例6】 在直角坐标系 xOy 中，直线 l 过抛物线 $y^2=4x$ 的焦点 F，且与该抛物线相交于 A,B 两点，其中点 A 在 x 轴上方，若直线 l 的倾斜角为 $60°$，则 $\triangle OAF$ 的面积为_____.

【解析】 解法1：直线 l 的方程为 $y=\sqrt{3}(x-1)$，代入 $y^2=4x$ 得 $3x^2-10x+3=0$，解得 $x_1=\dfrac{1}{3},x_2=3$，得 $A(3,2\sqrt{3})$，$S_{\triangle OAF}=\dfrac{1}{2}|OF||y_A|=\dfrac{1}{2}\times 1\times$

$2\sqrt{3} = \sqrt{3}$.

解法 2：如图 2 所示，由题意得抛物线的准线 $l:x = -1$，过 A 作 $AC \perp l$ 于点 C，$AC \perp FH$ 于点 H，联结 CF，OA，则 $|AF| = |AC|$，又 $\angle CAF = 60°$，故 $\triangle ACF$ 为正三角形. 因为 $|CH| = p = 2$，所以 $|FH| = 2\sqrt{3}$，所以 $S_{\triangle OAF} = \frac{1}{2}|OF| \cdot |FH| = \frac{1}{2} \times 1 \times 2\sqrt{3} = \sqrt{3}$.

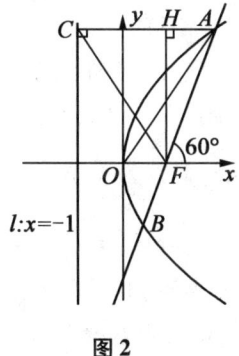

图 2

评注 解法 1 求出了交点 A 的坐标，从而求得 $\triangle OAF$ 的面积；解法 2 利用了抛物线的定义及三角形的性质，得出 $\triangle OAF$ 中边 OF 上的高，计算量较小，方法更简捷.

变式 1 过抛物线 $y^2 = 4x$ 的焦点 F 的直线交抛物线于 A，B 两点，点 O 是坐标原点，若 $|AF| = 3$，则 $\triangle AOB$ 的面积为 （　　）

A. $\frac{\sqrt{2}}{2}$　　　B. $\sqrt{2}$　　　C. $3\frac{\sqrt{2}}{2}$　　　D. $2\sqrt{2}$

变式 2 如图 3，设抛物线 $y^2 = 4x$ 的焦点为 F，不经过焦点的直线上有三个不同的点 A，B，C，其中点 A，B 在抛物线上，点 C 在 y 轴上，则 $\triangle BCF$ 与 $\triangle ACF$ 的面积之比是 （　　）

A. $\dfrac{|BF|-1}{|AF|-1}$

B. $\dfrac{|BF|^2-1}{|AF|^2-1}$

C. $\dfrac{|BF|+1}{|AF|+1}$

D. $\dfrac{|BF|^2+1}{|AF|^2+1}$

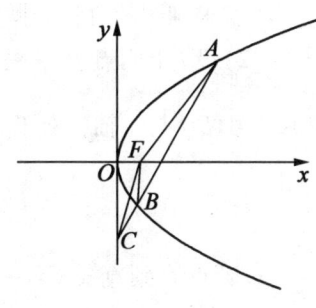

图 3

【例 7】 抛物线 $y^2 = 4x$ 的焦点为 F，准线为 l，经过 F 且斜率为 $\sqrt{3}$ 的直线与抛物线在 x 轴上方的部分相交于点 A，$AK \perp l$，垂足为 K，则 $\triangle AKF$ 的面积是 （　　）

A. 4　　　B. $3\sqrt{3}$　　　C. $4\sqrt{3}$　　　D. 8

【分析】 作出图像，利用数形结合思想，在图中找到三角形的底和高，从而使问题得以解决.

【解析】 解法 1：如图 4 所示，由题意可知 $F(1,0)$，准线方程为 $x = -1$，由

$\begin{cases} y = \sqrt{3}(x-1) \\ y^2 = 4x \end{cases}$,解得 $A(3, 2\sqrt{3})$,故 $|AK| = 3 + 1 = 4$,因为直线 AF 的斜率为 $\sqrt{3}$,所以 $\angle AFx = 60°$,则 $\angle FAK = 60°$,又 $|AK| = |AF|$,则 $\triangle AKF$ 为正三角形,$\triangle AKF$ 的底为 $|AK| = 4$,高为 $2\sqrt{3}$,所以 $S_{\triangle AKF} = \frac{1}{2} \times 4 \times 2\sqrt{3} = 4\sqrt{3}$,故选 C.

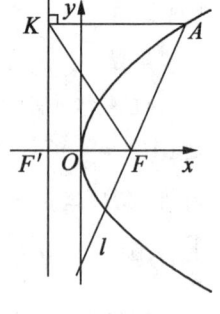

图 4

解法 2:由焦点 F 到准线 l 的距离为 2,因为直线 AF 的斜率为 $\sqrt{3}$,所以 $\angle AFx = 60°$,则 $\angle FAK = 60°$,又 $|AK| = |AF|$,则 $\triangle AKF$ 为正三角形,$\angle FAK = 60°$,$\angle F'KF = 30°$,故 $|KF| = 2|F'F| = 4$,所以 $S_{\triangle AKF} = \frac{\sqrt{3}}{4} \times 4^2 = 4\sqrt{3}$,选 C.

变式 1 已知抛物线 $C: y^2 = 8x$ 的焦点为 F,准线与 x 轴的交点为 K,点 A 在 C 上且 $|AK| = \sqrt{2}|AF|$,则 $\triangle AKF$ 的面积为 ( )

A. 4   B. 8   C. 16   D. 32

变式 2 设椭圆 $\frac{x^2}{a^2} + \frac{y^2}{b^2} = 1 (a > b > 0)$ 的左焦点为 F,右顶点为 A,离心率为 $\frac{1}{2}$.已知 A 是抛物线 $y^2 = 2px (p > 0)$ 的焦点,F 到抛物线的准线 l 的距离为 $\frac{1}{2}$.

(1)求椭圆的方程和抛物线的方程;

(2)设 l 上两点 P, Q 关于 x 轴对称,直线 AP 与椭圆相交于点 B(B 异于点 A),直线 BQ 与 x 轴相交于点 D.若 $\triangle APD$ 的面积为 $\frac{\sqrt{6}}{2}$,求直线 AP 的方程.

达标训练题

1.若点 P 到直线 $x = -2$ 的距离比它到点 $(1, 0)$ 的距离大 1,则点 P 的轨迹为 ( )

A. 圆   B. 椭圆   C. 双曲线   D. 抛物线

2.已知抛物线 $y^2 = 2px$,以过焦点的弦为直径的圆与抛物线准线的位置关系是 ( )

A. 相离   B. 相切   C. 相交   D. 不能确定

3.已知双曲线 $C_1: \frac{x^2}{a^2} - \frac{y^2}{b^2} = 1 (a > 0, b > 0)$ 的离心率为 2,若抛物线 $C_2: x^2 = 2py (p > 0)$ 的焦点到双曲线 C_1 的渐近线的距离为 2,则抛物线 C_2 的方程为 ( )

圆锥曲线的奥秘

A. $x^2 = \dfrac{8\sqrt{3}}{3}y$　　　B. $x^2 = \dfrac{16\sqrt{3}}{3}y$　　　C. $x^2 = 8y$　　　D. $x^2 = 16y$

4. 等轴双曲线 C 的中心在原点,焦点在 x 轴上,C 与抛物线 $y^2 = 16x$ 的准线交于 A,B 两点,$|AB| = 4\sqrt{3}$,则 C 的实轴长为　　　　　　　　(　　)

A. $\sqrt{2}$　　　B. $2\sqrt{2}$　　　C. 4　　　D. 8

5. 已知 P,Q 为抛物线 $x^2 = 2y$ 上两点,点 P,Q 的横坐标分别为 4, -2,过 P,Q 分别作抛物线的切线,两切线交于点 A,则点 A 的纵坐标为　　(　　)

A. 1　　　B. 3　　　C. -4　　　D. -8

6. 已知以 F 为焦点的抛物线 $y^2 = 4x$ 上的两点 A,B 满足 $\overrightarrow{AF} = 3\overrightarrow{FB}$,则弦 AB 的中点到准线的距离为_____.

7. 若点 $(3,1)$ 是抛物线 $y^2 = 2px$ 的一条弦的中点,且这条弦所在直线的斜率为 2,则 $p = $_____.

8. 已知点 $A(2,0),B(4,0)$,动点 P 在抛物线 $y^2 = -4x$ 上运动,则 $\overrightarrow{AP} \cdot \overrightarrow{BP}$ 取得最小值时的点 P 的坐标是_____.

9. 已知抛物线 $y^2 = 2x$ 的焦点是 F,点 P 是抛物线上的动点:

(1) 若有点 $A(3,2)$,求 $|PA| + |PF|$ 的最小值,并求出取最小值时点 P 的坐标;

(2) 若点 A 的坐标为 $(2,3)$,求 $|PA| + |PF|$ 的最小值;

(3) 若点 P 在 y 轴上的射影是 M,点 A 的坐标是 $\left(\dfrac{7}{2}, 4\right)$,求 $|PA| + |PM|$ 的最小值.

10. 已知抛物线方程 $y^2 = mx(m \in \mathbf{R}$,且 $m \neq 0)$.

(1) 若抛物线焦点坐标为 $(1,0)$,求抛物线的方程;

(2) 若动圆 M 过 $A(2,0)$,且圆心 M 在该抛物线上运动,E,F 是圆 M 和 y 轴的交点,当 m 满足什么条件时,$|EF|$ 是定值?

例题变式解析

【例 1 变式 1】

【解析】 $x_M + 1 = 10 \Rightarrow x_M = 9.$

评注　当题目中出现抛物线上的点到焦点的距离时,一般会想到转化为抛物线上的点到准线的距离.解答本题时转化为抛物线上的点到准线的距离,进而可得点到 y 轴的距离.

【例 1 变式 2】

【解析】 圆心到抛物线准线的距离 p，即 $p=4$，因为准线与圆相交，所以 $4<|FM|=y_0+\dfrac{p}{2}=y_0+2$，即 $y_0>2$，故选 C.

【例 2 变式 1】

【解析】 依题意，圆心 C 不可能在 x 轴下方，设圆 C 的半径为 $r(r>0)$，则圆心 C 到直线 $y=0$ 的距离为 r，由两圆相切可得，圆心 C 到点 $(0,3)$ 的距离为 $r+1$，即圆心 C 到点 $(0,3)$ 的距离比到直线 $y=0$ 的距离大 1，故点 C 到点 $(0,3)$ 的距离和它到直线 $y=-1$ 的距离相等，故点 C 的轨迹为抛物线. 故选 A.

【例 2 变式 2】

【解析】 抛物线的普通方程为 $y^2=2px$，$F\left(\dfrac{p}{2},0\right)$，$|CF|=\dfrac{7}{2}p-\dfrac{p}{2}=3p$. 又 $|CF|=2|AF|$，则 $|AF|=\dfrac{3}{2}p$，由抛物线的定义得 $|AF|=\dfrac{3}{2}p$，所以 $x_A=p$，则 $|y_A|=\sqrt{2}p$，由 $CF\parallel AB$ 得 $\dfrac{EF}{EA}=\dfrac{CF}{AB}$，即 $\dfrac{EF}{EA}=\dfrac{CF}{AB}=2$，所以 $S_{\triangle CEF}=2S_{\triangle CEA}=6\sqrt{2}$，$S_{\triangle ACF}=S_{\triangle AEC}+S_{\triangle CFE}=9\sqrt{2}$，所以 $\dfrac{1}{2}\times 3p\times\sqrt{2}p=9\sqrt{2}$，$p=\sqrt{6}$.

评注 (1) 凡涉及抛物线上的点到焦点距离时，一般运用定义转化为到准线距离处理.

(2) 若 $P(x_0,y_0)$ 为抛物线 $y^2=2px(p>0)$ 上一点，由定义易得 $|PF|=x_0+\dfrac{p}{2}$；若过焦点的弦 AB 的端点坐标为 $A(x_1,y_1)$，$B(x_2,y_2)$，则弦长为 $|AB|=x_1+x_2+p$，x_1+x_2 可由根与系数的关系整体求出；若遇到其他标准方程，则焦半径或焦点弦长公式可由数形结合的方法类似地得到.

【例 3 变式 1】

【解析】 由题设可设抛物线方程为 $y^2=2px(p>0)$，焦点 $F\left(\dfrac{p}{2},0\right)$，由定义知 $|MF|=2+\dfrac{p}{2}=3$，所以 $p=2$，故 $y_0^2=4p=8$，$|OM|=2\sqrt{3}$，故选 B.

【例 3 变式 2】

【解析】 因为 $|AF|+|BF|=x_A+\dfrac{p}{2}+x_B+\dfrac{p}{2}=3\Rightarrow x_A+x_B=\dfrac{5}{2}$，所以线段 AB 的中点到 y 轴的距离为 $\dfrac{x_A+x_B}{2}=\dfrac{5}{4}$，故选 C.

【例3 变式3】

【解析】 设 $A(x_1,y_1),B(x_2,y_2),C(x_3,y_3)$,且 $F(1,0)$,由 $\vec{FA}+\vec{FB}+\vec{FC}=\mathbf{0}$ 得

$$(x_1-1,y_1)+(x_2-1,y_2)+(x_3-1,y_3)=\mathbf{0}$$

即 $x_1+x_2+x_3=3$,故 $|\vec{FA}|+|\vec{FB}|+|\vec{FC}|=6$,故选 B.

评注 向量问题坐标化.

【例4 变式1】

【解析】 如图 5 所示,由题意得准线 l: $x=-1$,作 $AC\perp l$ 于点 C,$BD\perp l$ 于点 D,$BH\perp AC$ 于点 H,则

$$|AF|=|AC|,|BF|=|BD|$$
$$|AH|=|AC|-|BD|=|AF|-|BF|$$

因为在 Rt$\triangle AHB$ 中,$\angle HAB=45°$,所以

$$\cos 45°=\frac{|AH|}{|AB|}=\frac{|AF|-|BF|}{|AF|+|BF|}$$

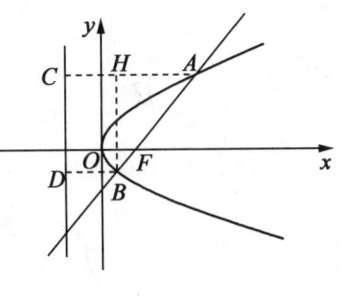

图 5

得 $\dfrac{|AF|}{|BF|}=3+2\sqrt{2}$.

【例4 变式2】

【解析】 设 $P(2pt^2,2pt)$(不妨设 $t>0$),$M(x,y)$,则 $\vec{FP}=\left(2pt^2-\dfrac{p}{2},2pt\right)$.

由已知得 $\vec{FM}=\dfrac{1}{3}\vec{FP}$,所以 $\begin{cases}x-\dfrac{p}{2}=\dfrac{2p}{3}t^2-\dfrac{p}{6}\\ y=\dfrac{2pt}{3}\end{cases}$,得 $\begin{cases}x=\dfrac{2p}{3}t^2+\dfrac{p}{3}\\ y=\dfrac{2pt}{3}\end{cases}$,所以 $k_{OM}=$

$\dfrac{2t}{2t^2+1}=\dfrac{1}{t+\dfrac{1}{2t}}\leqslant\dfrac{1}{2\sqrt{\dfrac{1}{2}}}=\dfrac{\sqrt{2}}{2}$,$(k_{OM})_{\max}=\dfrac{\sqrt{2}}{2}$,故选 C.

【例5 变式1】

【解析】 PD 为 P 到准线的距离,由抛物线定义知 $|PD|+|PM|=|PF|+|PM|\geqslant|FM|=\dfrac{\sqrt{17}}{2}$,故选 A.

【例5 变式2】

【解析】 抛物线上点 P 到焦点 F 的距离等于到抛物线的准线的距离,过点 P 作 PE 垂直准线于点 E,过点 Q 作 QH 垂直准线于点 H,则 $|PF|+|PQ|=$

$|PE|+|PQ| \geq |QE| \geq |QH|$，故点 P 到点 Q 的距离与点 P 到焦点的距离之和取最小值时，PQ 垂直于准线，此时点 P 的纵坐标 $y_P = -1$，由此得 $x_P = \dfrac{1}{4}$，故选 A.

【例5 变式3】

【解析】 解法1：设 $A(x_1,y_1)$，$B(x_2,y_2)$，$D(x_3,y_3)$，$E(x_4,y_4)$，直线 l_1 的方程为 $y=k_1(x-1)$.

联立方程 $\begin{cases} y^2=4x \\ y=k_1(x-1) \end{cases}$，得 $k_1^2 x^2 - 2k_1^2 x - 4x + k_1^2 = 0$，所以 $x_1+x_2 = -\dfrac{-2k_1^2-4}{k_1^2} = \dfrac{2k_1^2+4}{k_1^2}$.

同理直线 l_2 与抛物线的交点满足 $x_3+x_4 = \dfrac{2k_2^2+4}{k_2^2}$. 由抛物线定义可知

$$|AB|+|DE| = x_1+x_2+x_3+x_4+2p$$

$$= \dfrac{2k_1^2+4}{k_1^2} + \dfrac{2k_2^2+4}{k_2^2} + 4$$

$$= \dfrac{4}{k_1^2} + \dfrac{4}{k_2^2} + 8$$

$$\geq 2\sqrt{\dfrac{16}{k_1^2 k_2^2}} + 8 = 16$$

当且仅当 $k_1 = -k_2 = 1$（或 -1）时，取得等号. 故选 A.

解法2：利用弦长公式 $|AB| = \dfrac{2p}{\sin^2\theta}$，$|DE| = \dfrac{2p}{\cos^2\theta}$，得

$$|AB|+|DE| = \dfrac{2p}{\sin^2\theta} + \dfrac{2p}{\cos^2\theta} = \dfrac{8p}{\sin^2 2\theta} \geq 8p = 16$$

当且仅当 $\sin 2\theta = 1$，$\theta = \dfrac{\pi}{4}$ 时取等号.

【例6 变式1】

【解析】 解法1：不妨设 $y_A > 0$，由 $|AF| = 3$，可得 $x_A = 2$，进而得 $A(2, 2\sqrt{2})$，直线 $AF_1: y = 2\sqrt{2}(x-1)$，与抛物线联立解得 $B\left(\dfrac{1}{2}, -\sqrt{2}\right)$，则 $S_{\triangle AOB} = \dfrac{1}{2}|OF| \cdot |y_A - y_B| = \dfrac{3\sqrt{2}}{2}$.

解法2：利用 $|AF| = \dfrac{p}{1-\cos\theta} = 3 \Rightarrow \cos\theta = \dfrac{1}{3} \Rightarrow \sin\theta = \dfrac{2\sqrt{2}}{3}$，$S_{\triangle ABO} = \dfrac{p^2}{2\sin\theta} =$

$\frac{3\sqrt{2}}{2}$.故选 C.

【例6 变式2】

【解析】 $\frac{S_{\triangle BCF}}{S_{\triangle ACF}} = \frac{|BC|}{|AC|} = \frac{x_B}{x_A} = \frac{|BF|-1}{|AF|-1}$,故选 A.

评注 本题主要考查了抛物线的标准方程及其性质,属于中档难度题,解题时,需结合平面几何中同高的三角形面积比等于底边比这一性质,结合抛物线的性质:抛物线上的点到准线的距离等于其到焦点的距离求解.在平面几何背景下考查圆锥曲线的标准方程及其性质,是高考中小题(选择题、填空题)的热点,在复习时不能遗漏相应平面几何知识的复习.

【例7 变式1】

【解析】 由题意知 $F(2,0)$,准线为 $x=-2$,即 $K(-2,0)$,过点 A 作 AB 垂直于准线,垂足为 B,由抛物线定义知 $|AF|=|AB|$,由题设知 $|AK|=\sqrt{2}|AF|$,所以在 Rt$\triangle ABK$ 中,$|AK|=\sqrt{2}|AB|$,所以 $|BK|=|AB|=|AF|$,且 $AB/\!/x$ 轴,$BK\perp x$ 轴,$|BK|=|AF|$,则 $AF\perp FK$,所以 $S_{\triangle AKB}=\frac{1}{2}|AF||FK|=\frac{1}{2}\times 4\times 4=8$,故选 B.

【例7 变式2】

【分析】 由于 A 为抛物线焦点,F 到抛物线的准线 l 的距离为 $\frac{1}{2}$,则 $a-c=\frac{1}{2}$,又椭圆的离心率为 $\frac{1}{2}$,求出 c,a,b,得出椭圆的标准方程和抛物线方程,则 $A(1,0)$.设直线 AP 的方程为 $x=my+1(m\neq 0)$,解出 P,Q 两点的坐标,把直线 AP 方程和椭圆方程联立解出点 B 坐标,写出 BQ 所在直线方程,求出点 D 的坐标,最后根据 $\triangle APD$ 的面积为 $\frac{\sqrt{6}}{2}$,解方程求出 m,得出直线 AP 的方程.

【解析】 (1)设 F 的坐标为 $(-c,0)$.依题意,$\frac{c}{a}=\frac{1}{2}$,$\frac{p}{2}=a$,$a-c=\frac{1}{2}$,解得 $a=1,c=\frac{1}{2},p=2$,于是 $b^2=a^2-c^2=\frac{3}{4}$.所以,椭圆的方程为 $x^2+\frac{4y^2}{3}=1$,抛物线的方程为 $y^2=4x$.

(2)设直线 AP 的方程为 $x=my+1(m\neq 0)$,与直线 l 的方程 $x=-1$ 联立,可得点 $P\left(-1,-\frac{2}{m}\right)$,故 $Q\left(-1,\frac{2}{m}\right)$.将 $x=my+1$ 与 $x^2+\frac{4y^2}{3}=1$ 联立,消去 x,

整理得 $(3m^2+4)y^2+6my=0$,解得 $y=0$,或 $y=\dfrac{-6m}{3m^2+4}$.由点 B 异于点 A,可得点 $B\left(\dfrac{-3m^2+4}{3m^2+4},\dfrac{-6m}{3m^2+4}\right)$.由 $Q\left(-1,\dfrac{2}{m}\right)$,可得直线 BQ 的方程为 $\left(\dfrac{-6m}{3m^2+4}-\dfrac{2}{m}\right)(x+1)-\left(\dfrac{-3m^2+4}{3m^2+4}+1\right)\left(y-\dfrac{2}{m}\right)=0$,令 $y=0$,解得 $x=\dfrac{2-3m^2}{3m^2+2}$,故 $D\left(\dfrac{2-3m^2}{3m^2+2},0\right)$,所以 $|AD|=1-\dfrac{2-3m^2}{3m^2+2}=\dfrac{6m^2}{3m^2+2}$.又因为 $\triangle APD$ 的面积为 $\dfrac{\sqrt{6}}{2}$,故 $\dfrac{1}{2}\times\dfrac{6m^2}{3m^2+2}\times\dfrac{2}{|m|}=\dfrac{\sqrt{6}}{2}$,整理得 $3m^2-2\sqrt{6}|m|+2=0$,解得 $|m|=\dfrac{\sqrt{6}}{3}$,所以 $m=\pm\dfrac{\sqrt{6}}{3}$.

所以,直线 AP 的方程为 $3x+\sqrt{6}y-3=0$,或 $3x-\sqrt{6}y-3=0$.

达标训练题解析

1. D 【解析】 依题意,动点 P 的轨迹到点 $(1,0)$ 的距离等于到直线 $x=-1$ 的距离,故点 P 的轨迹满足抛物线的定义,故选 D.

2. B 【解析】 设过焦点的弦与抛物线交于点 A,B,则 $|AF|=|AA_1|$,$|BF|=|BB_1|$(A_1,B_1 为过点 A,B 向抛物线的准线作垂线的垂足),所以 $|AB|=|AA_1|+|BB_1|$,结合梯形中位线的定义可知以 AB 为直径的圆与抛物线的准线相切,故选 B.

3. D 【解析】 由双曲线的渐近线方程为 $y=\pm\dfrac{b}{a}x$,因为 $e=\dfrac{c}{a}=2$,所以 $\dfrac{b}{a}=\sqrt{3}$,即双曲线的渐近线方程为 $y=\pm\sqrt{3}x$,抛物线 $C_2:x^2=2py(p>0)$ 的焦点 $\left(0,\dfrac{p}{2}\right)$ 到直线 $y=\pm\sqrt{3}x$ 的距离 $d=\dfrac{\dfrac{p}{2}}{2}=\dfrac{p}{4}=2$,得 $p=8$,抛物线 C_2 的方程为 $x^2=16y$,故选 D.

4. C 【解析】 设等轴双曲线 C 的方程为 $x^2-y^2=\lambda(\lambda>0)$,双曲线 C 与直线 $x=-4$ 相交于 A,B 两点,且 $|AB|=2\sqrt{16-\lambda}$,得 $2\sqrt{16-\lambda}=4\sqrt{3}$,故 $\lambda=4$,则双曲线 C 的方程为 $x^2-y^2=4$,则实轴长为 4,故选 C.

5. C 【解析】 由点 P 坐标为 $(4,8)$,点 Q 的坐标为 $(-2,2)$,过点 P,Q 分别作抛物线的切线,其切线方程分别为 $4x-y-8=0,2x+y+2=0$,联立解得交点 $A(1,-4)$,故选 C.

6. $\dfrac{8}{3}$ 【解析】 解法1:设过点$F(1,0)$的直线方程为$x=ty+1$,$A(x_1,y_1)$,$B(x_2,y_2)$,联立直线方程与抛物线方程得$\begin{cases}x=ty+1\\y^2=4x\end{cases}$,消去$x$,得$y^2-4ty-4=0$,$y_1+y_2=4t$,$y_1y_2=-4$,由$\overrightarrow{AF}=3\overrightarrow{FB}$,得$-y_1=3y_2$,即$\begin{cases}y_1+y_2=-2y_2\\y_1y_2=-3y_2^2\end{cases}$,因此$\dfrac{(y_1+y_2)^2}{y_1y_2}=-\dfrac{4}{3}=-4t^2$,即$t^2=\dfrac{1}{3}$,弦$AB$的中点到准线的距离为$\dfrac{x_1+x_2}{2}+1=\dfrac{t(y_1+y_2)}{2}+2=2t^2+2=\dfrac{8}{3}$.

解法2:因为$\overrightarrow{AF}=3\overrightarrow{FB}$,所以$\dfrac{p}{1-\cos\theta}=3\dfrac{p}{1+\cos\theta}\Rightarrow\cos\theta=\dfrac{1}{2}$,$\theta=\dfrac{\pi}{3}$,所以$|AB|=\dfrac{2p}{\sin^2\theta}=\dfrac{16}{3}$,所以$d=\dfrac{|AB|}{2}=\dfrac{8}{3}$.

7. 2 【解析】 设$A(x_1,y_1)$,$B(x_2,y_2)$,则$y_1^2=2px_1$,$y_2^2=2px_2$,$y_1^2-y_2^2=2p(x_1-x_2)$,即$\dfrac{y_1-y_2}{x_1-x_2}=\dfrac{2p}{y_1+y_2}=k_{AB}=2$,且$y_1+y_2=2$,因此$p=2$.

8. (0,0) 【解析】 设$P(x,y)$,则$\overrightarrow{AP}\cdot\overrightarrow{BP}=(x-2,y)\cdot(x-4,y)=x^2-6x+8-4x=x^2-10x+8=(x-5)^2-17(x\leq 0)$,当$x=0$时,$\overrightarrow{AP}\cdot\overrightarrow{BP}$取得最小值8,即此时点$P$的坐标是(0,0).

9.【解析】 (1)将$x=3$代入抛物线方程$y^2=2x$,得$y=\pm\sqrt{6}$,因为$\sqrt{6}>2$,所以点A在抛物线内部,设抛物线上点P到准线$l:x=-\dfrac{1}{2}$的距离为d,由定义,知$|PA|+|PF|=|PA|+d$,当$PA\perp l$时,$|PA|+d$最小,最小值为$\dfrac{7}{2}$,即$|PA|+|PF|$的最小值为$\dfrac{7}{2}$,此时点P的纵坐标是2,代入$y^2=2x$,得$x=2$,即点P的坐标为(2,2).

(2)将$x=2$代入抛物线方程得$y=\pm 2$,因为$3>2$,所以点A在抛物线外部,因为$|PA|+|PF|\geq|AF|=\dfrac{3\sqrt{5}}{2}$,所以$A,P,F$三点共线时有最小值,最小值为$\dfrac{3\sqrt{5}}{2}$.

(3)如图6所示,焦点$F\left(\dfrac{1}{2},0\right)$,$|PA|+|PM|=|PA|+|PF|-\dfrac{1}{2}\geq$

$|AF|-\frac{1}{2}$,当 A,P,F 三点共线时取等号,即 $|PA|+|PM|$ 的最小值为 $|FA|-\frac{1}{2}=\frac{9}{2}$.

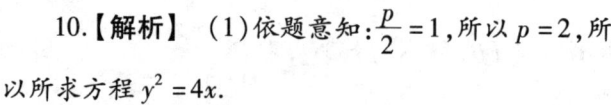

10.**【解析】** (1)依题意知: $\frac{p}{2}=1$,所以 $p=2$,所以所求方程 $y^2=4x$.

(2)设动圆圆心为 $M(a,b)$,E,F 的坐标分别为 $(0,y_1),(0,y_2)$,因为圆 M 过 $(2,0)$,故设圆的方程 $(x-a)^2+(y-b)^2=(a-2)^2+b^2$,因为 E,F 是圆 M 和 y 轴的交点,所以令 $x=0$ 得: $y^2-2by+4a-4=0$,则 $y_1+y_2=2b,y_1y_2=4a-4$,则 $|EF|=\sqrt{(y_1-y_2)^2}=\sqrt{(y_1+y_2)^2-4y_1y_2}=\sqrt{4b^2-16a+16}$

又因为圆心 $M(a,b)$ 在抛物线 $y^2=mx$ 上,所以 $b^2=ma$,所以 $|EF|=\sqrt{4ma-16a+16}=\sqrt{4a(m-4)+16}$,所以,当 $m=4$ 时,$|EF|=4$(定值).

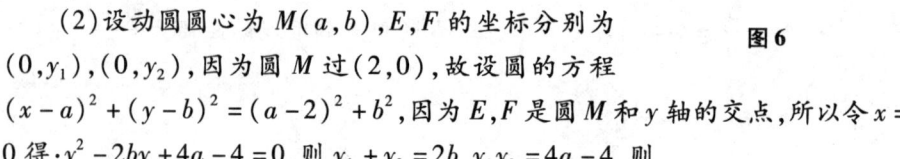

图6

圆锥曲线综合问题

第1节　直线与圆锥曲线

【**命题规律**】（1）从内容上看,直线与圆锥曲线的位置关系问题是高考的热点,涉及直线与圆锥曲线关系中的求弦长、焦点弦长及弦中点、取值范围和最值等问题.

（2）从形式上看,以解答题为主,难度较大.

（3）从能力上看,要求考生具备数形结合、分析转化及分类讨论的能力.

1. 直线 l 与圆锥曲线 C 的位置关系的判断.

判断直线 l 与圆锥曲线 C 的位置关系时,通常将直线 l 的方程 $Ax+By+c=0$ 代入圆锥曲线 C 的方程 $F(x,y)=0$,消去 y （也可以消去 x）得到关系一个变量的一元二次方程,,即 $\begin{cases} Ax+By+c=0 \\ F(x,y)=0 \end{cases}$,消去 y 后得 $ax^2+bx+c=0$.

（1）当 $a=0$ 时,即得到一个一元一次方程,则 l 与曲线 C 相交,且只有一个交点,此时,若 C 为双曲线,则直线 l 与双曲线的渐近线平行;若 C 为抛物线,则直线 l 与抛物线的对称轴平行.

（2）当 $a\neq 0$ 时, $\Delta>0$,直线 l 与曲线 C 有两个不同的交点; $\Delta=0$,直线 l 与曲线 C 相切,即有唯一的公共点(切点); $\Delta<0$,直线 l 与曲线 C 没有交点.

2. 圆锥曲线的弦.

联结圆锥曲线上两点的线段称为圆锥曲线的弦.

直线 $l: f(x,y)=0$,曲线 $C: F(x,y)=0$,A,B 为 l 与曲线 C 的两个不同的交点,坐标分别为 $A(x_1,y_1)$,$B(x_2,y_2)$,则 $A(x_1,y_1)$,$B(x_2,y_2)$ 是方程组 $\begin{cases} f(x,y)=0 \\ F(x,y)=0 \end{cases}$ 的两组解,方程组消元后化为关于 x(或 y)的一元二次方程 $Ax^2+Bx+c=0(A\neq 0)$,判别式 $\Delta=B^2-4Ac$,应有 $\Delta>0$,所以 x_1,x_2 是方程 $Ax^2+Bx+c=0$ 的根,由根与系数关系(即韦达定理)求出 $x_1+x_2=-\dfrac{B}{A}$,$x_1x_2=\dfrac{c}{A}$,所以 A,B 两点间的距离为 $|AB|=\sqrt{1+k^2}|x_1-x_2|=\sqrt{1+k^2}\sqrt{(x_1+x_2)^2-4x_1x_2}=\sqrt{1+k^2}\dfrac{\sqrt{\Delta}}{|A|}$,即弦长公式,弦长公式也可以写成关于 y 的形式

$$|AB|=\sqrt{1+\dfrac{1}{k^2}}|y_1-y_2|=\sqrt{1+\dfrac{1}{k^2}}\sqrt{(y_1+y_2)^2-4y_1y_2}\ (k\neq 0)$$

注 利用公式计算直线被椭圆截得的弦长是在方程有解的情况下进行的,不要忽略判别式.

3. 椭圆联立与设点设线.

弦长问题:椭圆 $\dfrac{x^2}{a^2}+\dfrac{y^2}{b^2}=1\ (a>b>0)$ 与直线 $l: y=kx+m$ 相交于 A,B 两点,求 AB 的弦长.

解答过程如下:设 $A(x_1,y_1)$,$B(x_2,y_2)$ 则

$$|AB|=\sqrt{(x_2-x_1)^2+(y_2-y_1)^2}=\sqrt{1+k^2}\sqrt{(x_1+x_2)^2-4x_1x_2}$$

由 $\begin{cases} \dfrac{x^2}{a^2}+\dfrac{y^2}{b^2}=1 \\ y=kx+m \end{cases}$,得 $(b^2+k^2a^2)x^2+2a^2kmx+a^2m^2-a^2b^2=0$,所以

$$\begin{cases} x_1+x_2=-\dfrac{2a^2km}{b^2+k^2a^2} \\ x_1\cdot x_2=\dfrac{a^2m^2-a^2b^2}{b^2+k^2a^2} \end{cases}\text{(常规设点设线)}$$

$$|AB|=\sqrt{1+k^2}\sqrt{|x_2-x_1|^2}=\sqrt{1+k^2}\sqrt{(x_1+x_2)^2-4x_1x_2}$$
$$=\sqrt{1+k^2}\dfrac{2ab\sqrt{b^2+k^2a^2-m^2}}{b^2+a^2k^2}$$

椭圆与直线交点的判别式:$\Delta=4a^2b^2(b^2+k^2a^2-m^2)$ 可以用来判断是否有

交点问题.

面积问题:椭圆 $\dfrac{x^2}{a^2}+\dfrac{y^2}{b^2}=1$ 与直线 $l:y=kx+m$ 相交于 A,B 两点,$C(x_0,y_0)$ 为 AB 外任意一点,求 $S_{\triangle ABC}$.

解答过程如下:设 C 到 l 的距离为 d,则

$$S_{\triangle ABC}=\dfrac{1}{2}|AB|d=\dfrac{1}{2}|AB|\dfrac{|kx_0-y_0+m|}{\sqrt{k^2+1}}=\dfrac{|kx_0-y_0+m|\cdot ab\sqrt{b^2+k^2a^2-m^2}}{b^2+k^2a^2}$$

若椭圆中出现 $\dfrac{x^2}{a^2}+y^2=1(a>0)$,或者椭圆 $\dfrac{x^2}{a^2}+\dfrac{y^2}{b^2}=1(a>0,b>0)$ 与过定点 $(m,0)$ 的直线 l,则直线设为 $x=ky+m$,如此消去 x,保留 y,构造的方程如下

$$\begin{cases}\dfrac{x^2}{a^2}+\dfrac{y^2}{b^2}=1\\ x=ky+m\end{cases}$$

得 $(a^2+k^2b^2)y^2+2b^2kmy+b^2m^2-a^2b^2=0\Rightarrow\begin{cases}y_1+y_2=-\dfrac{2b^2km}{a^2+k^2b^2}\\ y_1\cdot y_2=\dfrac{b^2m^2-a^2b^2}{a^2+k^2b^2}\end{cases}$

(就是将 $x\rightleftharpoons y,a\rightleftharpoons b$)

$$|AB|=\sqrt{1+\dfrac{1}{k^2}}|y_1-y_2|=\sqrt{1+\dfrac{1}{k^2}}\sqrt{(y_1+y_2)^2-4y_1y_2}\quad(k\neq 0)$$

$$=\sqrt{1+\dfrac{1}{k^2}}\dfrac{2ab\sqrt{a^2+k^2b^2-m^2}}{a^2+b^2k^2}$$

椭圆与直线交点的判别式:$\Delta=4a^2b^2(a^2+k^2b^2-m^2)$ 用来判断是否有交点问题.

4. 直线与椭圆联立的公式化步骤.

第一步:代入消元化为关于 x 或 y 的一元二次方程.

书写格式:由 $\begin{cases}y=kx+m\\ \dfrac{x^2}{a^2}+\dfrac{y^2}{b^2}=1\end{cases}$,得 $(a^2k^2+b^2)x^2+2kma^2x+a^2m^2-a^2b^2=0$.

计算时按如下步骤进行,最好达到可以省略①②两个步骤的熟练程度

$$b^2x^2+a^2y^2-a^2b^2=0 \qquad ①$$
$$b^2x^2+a^2(kx+m)^2-a^2b^2=0 \qquad ②$$
$$b^2x^2+a^2(k^2x^2+2kmx+m^2)-a^2b^2=0 \qquad ③$$
$$(a^2k^2+b^2)x^2+2kma^2x+a^2m^2-a^2b^2=0 \qquad ④$$

注意:去分母后再代入化简,具体操作时就是找出分母 a^2, b^2 的最小公倍数作为最简公分母进行化简,例如 $\frac{x^2}{6}+\frac{y^2}{4}=1$ 化为 $2x^2+3y^2-12=0$ 再代入直线方程.

第二步:计算判别式.

书写格式

$$\Delta = (2kma^2)^2 - 4(a^2k^2+b^2)(a^2m^2-a^2b^2) = 4a^2b^2(a^2k^2+b^2-m^2)$$

计算时按如下步骤进行,最好达到不写出 $(2kma^2)^2$ 的熟练程度,因为它一定和后边的 $-4 \cdot a^2k^2 \cdot a^2m^2$ 抵消为 0,这一步必须清楚.

$$\Delta = (2kma^2)^2 - 4(a^2k^2+b^2)(a^2m^2-a^2b^2) \qquad ⑤$$
$$= -4(-a^4b^2k^2 + a^2b^2m^2 - a^2b^4) \qquad ⑥$$
$$= 4a^2b^2(a^2k^2+b^2-m^2) \qquad ⑦$$

第三步:利用根与系数的关系写出两根之和与两根之积的表达式

$$x_1+x_2 = -\frac{2kma^2}{a^2k^2+b^2}, x_1x_2 = \frac{a^2m^2-a^2b^2}{a^2k^2+b^2}$$

第四步:利用两根之和 $x_1+x_2 = -\frac{2kma^2}{a^2k^2+b^2}$ 计算 y_1+y_2,有

$$y_1+y_2 = kx_1+m+kx_2+m = k(x_1+x_2)+2m = \frac{2mb^2}{a^2k^2+b^2}(体现集中变量的思想)$$

计算时按如下步骤进行

$$y_1+y_2 = kx_1+m+kx_2+m = k(x_1+x_2)+2m = k\left(-\frac{2kma^2}{a^2k^2+b^2}\right)+2m$$

$$= k\left(-\frac{2kma^2}{a^2k^2+b^2}\right)+2m = \frac{-2mk^2a^2}{a^2k^2+b^2} + \frac{2mk^2a^2+2mb^2}{a^2k^2+b^2} = \frac{2mb^2}{a^2k^2+b^2}$$

这一步要明白, $\frac{-2mk^2a^2}{a^2k^2+b^2}+\frac{2mk^2a^2+2mb^2}{a^2k^2+b^2}$ 中的 $-2mk^2a^2, 2mk^2a^2$ 一定抵消为 $0, y_1+y_2$ 的最后结果和 x_1+x_2 类似,非常简捷.

第五步:利用 x_1+x_2 和 y_1+y_2 写出弦中点坐标 $\left(\frac{x_1+x_2}{2}, \frac{y_1+y_2}{2}\right)$,即 $\left(-\frac{kma^2}{a^2k^2+b^2}, \frac{mb^2}{a^2k^2+b^2}\right)$.

第六步:利用 $\Delta = 4a^2b^2(a^2k^2+b^2-m^2)$ 写出弦长 $|AB|$,即

$$|AB| = \sqrt{1+k^2}\frac{\sqrt{\Delta}}{a^2k^2+b^2} = \sqrt{1+k^2}\frac{\sqrt{4a^2b^2(a^2k^2+b^2-m^2)}}{a^2k^2+b^2}$$

$$= \frac{2ab\sqrt{1+k^2}\sqrt{a^2k^2+b^2-m^2}}{a^2k^2+b^2}$$

(说明:这里使用了一元二次方程的求根公式求弦长)

$$|AB| = \sqrt{1+k^2}\,|x_1 - x_2| = \sqrt{1+k^2} \cdot \frac{\sqrt{\Delta}}{\text{二次项系数的绝对值}}$$

这个步骤经常利用以下变形,特别是求弦的最值问题时

$$|AB| = \frac{2ab\sqrt{1+k^2}\sqrt{a^2k^2+b^2-m^2}}{a^2k^2+b^2} = 2ab\sqrt{\frac{(1+k^2)(a^2k^2+b^2-m^2)}{(a^2k^2+b^2)^2}}$$

对 $\dfrac{(1+k^2)(a^2k^2+b^2-m^2)}{(a^2k^2+b^2)^2}$ 的分子、分母按 k 的降幂排列是一种最为常见的变形方式. 即

$$\frac{(1+k^2)(a^2k^2+b^2-m^2)}{(a^2k^2+b^2)^2} = \frac{a^2k^4+(a^2+b^2-m^2)k^2+b^2-m^2}{a^4k^4+2a^2b^2k^2+b^4}$$

第七步:利用 $x_1+x_2 = -\dfrac{2kma^2}{a^2k^2+b^2}$, $x_1x_2 = \dfrac{a^2m^2-a^2b^2}{a^2k^2+b^2}$ 计算 y_1y_2,即

$$y_1y_2 = (kx_1+m)(kx_2+m) = k^2 x_1 x_2 + mk(x_1+x_2) + m^2$$

$$= k^2 \frac{a^2m^2-a^2b^2}{a^2k^2+b^2} + mk\left(-\frac{2kma^2}{a^2k^2+b^2}\right) + m^2$$

$$= \frac{k^2a^2m^2 - k^2a^2b^2 - 2k^2m^2a^2 + k^2a^2m^2 + m^2b^2}{a^2k^2+b^2}$$

$$= \frac{-a^2b^2k^2 + m^2b^2}{a^2k^2+b^2} \text{(体现集中变量的思想)}$$

这和消掉 x 得到关于 y 的方程 $(a^2k^2+b^2)y^2 - 2mb^2y + b^2m^2 - a^2b^2k^2 = 0$,然后利用根与系数的关系得到的结果显然一致.

第八步:用 $x_1x_2 = \dfrac{a^2m^2-a^2b^2}{a^2k^2+b^2}$ 和 $y_1y_2 = \dfrac{-a^2b^2k^2+m^2b^2}{a^2k^2+b^2}$ 计算 $x_1x_2 + y_1y_2$,即

$$x_1x_2 + y_1y_2 = \frac{a^2m^2-a^2b^2}{a^2k^2+b^2} + \frac{-a^2b^2k^2+m^2b^2}{a^2k^2+b^2} = \frac{(a^2+b^2)m^2 - a^2b^2(1+k^2)}{a^2k^2+b^2}$$

当 $x_1x_2 + y_1y_2 = 0$ 时,有以 AB 为直径的圆经过定点(为原点)或者说有 $OA \perp OB$(O 为坐标原点),这是一个经常考的经典题型(垂心弦问题),此时我们又可以得到 $(a^2+b^2)m^2 - a^2b^2(1+k^2) = 0$,即 $\dfrac{m^2}{1+k^2} = \dfrac{a^2b^2}{a^2+b^2}$,即 $\dfrac{m^2}{1+k^2}$ 是一个定值 $\dfrac{a^2b^2}{a^2+b^2}$. 联系到 O 到 AB(即 $l:y=kx+m$)的距离为 $d = \dfrac{|m|}{\sqrt{1+k^2}} = \sqrt{\dfrac{a^2b^2}{a^2+b^2}}$,就是说 O 到 AB(即 $l:y=kx+m$)的距离为定值 $d = \sqrt{\dfrac{a^2b^2}{a^2+b^2}}$,这个结论特殊情

况就是当直线 l 过椭圆的长轴的一个端点和短轴的一个端点时,显然 $\triangle OAB$ 是一个直角三角形,两条直角边长是 a 和 b,根据勾股定理和面积公式,斜边上的高显然是 $\sqrt{\dfrac{a^2b^2}{a^2+b^2}}$.

5. 合理消参策略.

【例1】 已知椭圆 $C:\dfrac{x^2}{4}+y^2=1$,过 $A(0,1)$ 且斜率为 k 的直线交椭圆 C 于 A,B,M 在椭圆上,且满足 $\overrightarrow{OM}=\dfrac{1}{2}\overrightarrow{OA}+\dfrac{\sqrt{3}}{2}\overrightarrow{OB}$. 求 k 的值.

【解析】 解法1:(直接求解法,适合于消参后的一元二次方程的根比较好解的情况.)

过 $A(0,1)$ 且斜率为 k 的直线为 $y=kx+1$,代入椭圆方程中,消去 y 并整理得

$$(1+4k^2)x^2+8kx=0$$

解得 $x_1=0, x_2=-\dfrac{8k}{1+4k^2}$,注意到 $A(0,1)$,可得 $B\left(-\dfrac{8k}{1+4k^2},-\dfrac{8k^2}{1+4k^2}+1\right)$,即 $B\left(-\dfrac{8k}{1+4k^2},\dfrac{1-4k^2}{1+4k^2}\right)$.

设 $M(x,y)$,则 $(x,y)=\dfrac{1}{2}(0,1)+\dfrac{\sqrt{3}}{2}\left(-\dfrac{8k}{1+4k^2},\dfrac{1-4k^2}{1+4k^2}\right)$.

所以 $x=-\dfrac{4\sqrt{3}k}{1+4k^2},y=\dfrac{1+\sqrt{3}+4(1-\sqrt{3})k^2}{2(1+4k^2)}$.

又因为 $\dfrac{x^2}{4}+y^2=1$,所以 $\dfrac{1}{4}\left(-\dfrac{4\sqrt{3}k}{1+4k^2}\right)^2+\left(\dfrac{1+\sqrt{3}+4(1-\sqrt{3})k^2}{2(1+4k^2)}\right)^2=1$.

去分母得:$48k^2+[1+\sqrt{3}+4(1-\sqrt{3})k^2]^2=4(1+4k^2)^2$,展开整理得:$k^4=\dfrac{1}{16}$,故 $k=\pm\dfrac{1}{2}$.

解法2:(利用一元二次的方程的根与系数的关系,注意利用整体代入.)

过 $A(0,1)$ 且斜率为 k 的直线为 $y=kx+1$,代入椭圆方程中,消去 y 并整理得

$$(1+4k^2)x^2+8kx=0$$

设 $A(x_1,y_1),B(x_2,y_2),M(x,y)$,则 $(x,y)=\dfrac{1}{2}(x_1,y_1)+\dfrac{\sqrt{3}}{2}(x_2,y_2)$,所以 $x=\dfrac{1}{2}x_1+\dfrac{\sqrt{3}}{2}x_2,y=\dfrac{1}{2}y_1+\dfrac{\sqrt{3}}{2}y_2$,又因为 $\dfrac{x^2}{4}+y^2=1$,所以 $\dfrac{1}{4}\left(\dfrac{1}{2}x_1+\dfrac{\sqrt{3}}{2}x_2\right)^2+$

$\left(\dfrac{1}{2}y_1+\dfrac{\sqrt{3}}{2}y_2\right)^2=1.$

整理得:$\dfrac{1}{4}\left(\dfrac{1}{4}x_1^2+y_1^2\right)+\dfrac{3}{4}\left(\dfrac{1}{4}x_2^2+y_2^2\right)+\dfrac{\sqrt{3}}{8}x_1x_2+\dfrac{\sqrt{3}}{2}y_1y_2=1.$

注意到$\dfrac{1}{4}x_1^2+y_1^2=\dfrac{1}{4}x_2^2+y_2^2=1$,于是上式化为$\dfrac{\sqrt{3}}{8}x_1x_2+\dfrac{\sqrt{3}}{2}y_1y_2=0$,即$x_1x_2+4y_1y_2=0.$

又$x_1x_2=0,x_1+x_2=-\dfrac{8k}{1+4k^2}$,所以$y_1y_2=(kx_1+1)(kx_2+1)=k^2x_1x_2+k(x_1+x_2)+1=k(x_1+x_2)+1,$

所以$k\left(-\dfrac{8k}{1+4k^2}\right)+1=0$,故$k^2=\dfrac{1}{4},k=\pm\dfrac{1}{2}.$

解法3:(转化结论,间接求解,就是求出直线上两个点的坐标即可,一般不用此法,但对于本题,却是非常简单,就是充分利用题目的特殊性.)

设$B(x,y)$,又$A(0,1)$,于是$\overrightarrow{OM}=\dfrac{1}{2}\overrightarrow{OA}+\dfrac{\sqrt{3}}{2}\overrightarrow{OB}$,即$\overrightarrow{OM}=\dfrac{1}{2}(0,1)+\dfrac{\sqrt{3}}{2}(x,y)$,所以$M\left(\dfrac{\sqrt{3}}{2}x,\dfrac{1}{2}+\dfrac{\sqrt{3}}{2}y\right)$,又$B(x,y),M\left(\dfrac{\sqrt{3}}{2}x,\dfrac{1}{2}+\dfrac{\sqrt{3}}{2}y\right)$在椭圆$C:\dfrac{x^2}{4}+y^2=1$上,于是

$$\begin{cases}\dfrac{x^2}{4}+y^2=1\\ \dfrac{1}{4}\left(\dfrac{\sqrt{3}}{2}x\right)^2+\left(\dfrac{1}{2}+\dfrac{\sqrt{3}}{2}y\right)^2=1\end{cases}$$

即 $\begin{cases}\dfrac{x^2}{4}+y^2=1 &(1)\\ \dfrac{3}{4}\left(\dfrac{x^2}{4}+y^2\right)+\dfrac{\sqrt{3}}{2}y=\dfrac{3}{4} &(2)\end{cases}$

把(1)代入(2)得$y=0.$

所以$x=\pm 2$,即$B(\pm 2,0)$.又$A(0,1)$,故$k=\pm\dfrac{1}{2}.$

评注 解法1是将向量问题坐标化.

【例2】 双曲线C与椭圆$\dfrac{x^2}{8}+\dfrac{y^2}{4}=1$有相同的焦点,直线$y=\sqrt{3}x$为$C$的一条渐近线.

(1)求双曲线C的方程.

(2)过点 $P(0,4)$ 的直线 l 交双曲线 C 于 A,B 两点,交 x 轴于点 Q(点 Q 与双曲线 C 的顶点不重合).当 $\overrightarrow{PQ}=\lambda_1\overrightarrow{QA}=\lambda_2\overrightarrow{QB}$,且 $\lambda_1+\lambda_2=-\dfrac{8}{3}$ 时,求点 Q 的坐标.

【解析】 (1)设双曲线 C 的方程为 $\dfrac{x^2}{a^2}-\dfrac{y^2}{b^2}=1(a>0,b>0)$. 由题意:$a^2+b^2=4,\dfrac{b}{a}=\sqrt{3}$,所以 $a=1,b=\sqrt{3}$. 故双曲线 C 的方程为 $x^2-\dfrac{y^2}{3}=1$.

(2)解法 1:(构造关于参数的一元二次方程.)

由题意知直线 l 的斜率 k 存在且不为零.

设直线 l 的方程为:$y=kx+4$,则可求 $Q\left(-\dfrac{4}{k},0\right)$,又设 $A(x_1,y_1),B(x_2,y_2)$.

因为 $\overrightarrow{PQ}=\lambda_1\overrightarrow{QA}$,$\overrightarrow{PQ}=\left(-\dfrac{4}{k},-4\right)$,$\overrightarrow{QA}=\left(x_1+\dfrac{4}{k},y_1\right)$,所以

$$\begin{cases}-\dfrac{4}{k}=\lambda_1\left(x_1+\dfrac{4}{k}\right)\\-4=\lambda_1 y_1\end{cases},故\begin{cases}x_1=-\dfrac{4}{k}\left(\dfrac{1}{\lambda_1}+1\right)\\y_1=-\dfrac{4}{\lambda_1}\end{cases}.$$

因为 $A(x_1,y_1)$ 在双曲线 $C:x^2-\dfrac{y^2}{3}=1$ 上,故 $\dfrac{16}{k^2}\left(\dfrac{1}{\lambda_1}+1\right)^2-\dfrac{16}{3\lambda_1^2}=1$,所以 $(16-k^2)\lambda_1^2+32\lambda_1+16-\dfrac{16}{3}k^2=0$. 同理有:$(16-k^2)\lambda_2^2+32\lambda_2+16-\dfrac{16}{3}k^2=0$.

若 $16-k^2=0$,则 $k=\pm 4$,l 过顶点,不合题意,所以 $16-k^2\neq 0$.

故 λ_1,λ_2 是一元二次方程 $(16-k^2)x^2+32x+16-\dfrac{16}{3}k^2=0$ 的两个根,所以 $\lambda_1+\lambda_2=\dfrac{32}{k^2-16}=-\dfrac{8}{3}$,故 $k^2=4$,验证得知 $\Delta>0$,所以 $k=\pm 2$.

所以所求点 Q 的坐标是 $(\pm 2,0)$.

解法 2:(利用根与系数的关系.)

把 $y=kx+4$ 代入双曲线 C 的方程为 $x^2-\dfrac{y^2}{3}=1$,并整理得

$$(3-k^2)x^2-8kx-19=0$$

当 $3-k^2=0$ 时,直线与双曲线 C 只有一个交点,不合题意,故 $3-k^2\neq 0$,所

以 $x_1+x_2=\dfrac{8k}{3-k^2}, x_1x_2=\dfrac{19}{k^2-3}$.

由已知

$$x_1+x_2=-\dfrac{4}{k}\left(\dfrac{1}{\lambda_1}+1\right)-\dfrac{4}{k}\left(\dfrac{1}{\lambda_2}+1\right)=-\dfrac{4}{k}\left(\dfrac{\lambda_1+\lambda_2}{\lambda_1\lambda_2}+2\right) \qquad ①$$

$$x_1x_2=\dfrac{16}{k^2}\left(\dfrac{1}{\lambda_1}+1\right)\left(\dfrac{1}{\lambda_2}+1\right)=\dfrac{16}{k^2}\left(\dfrac{1}{\lambda_1\lambda_2}+\dfrac{\lambda_1+\lambda_2}{\lambda_1\lambda_2}+1\right) \qquad ②$$

又 $\lambda_1+\lambda_2=-\dfrac{8}{3}$, 故由①得: $\lambda_1\lambda_2=\dfrac{-4(k^2-3)}{9}$, 由②得: $\lambda_1\lambda_2=-\dfrac{80(k^2-3)}{9(k^2+16)}$, 所以 $\dfrac{4(k^2-3)}{9}=\dfrac{80(k^2-3)}{9(k^2+16)}$.

解得: $k^2=4$, 验证得知 $\Delta>0$, 所以 $k=\pm 2$, 故所求点 Q 的坐标是 $(\pm 2,0)$.

解法3:(利用根与系数的关系,但是考虑结论中涉及的 $\lambda_1+\lambda_2$ 怎样用 k 表示,解法2可以演变为下面的解法.)

$$\lambda_1+\lambda_2=\dfrac{-4}{kx_1+4}+\dfrac{-4}{kx_2+4}=-4\left(\dfrac{1}{kx_1+4}+\dfrac{1}{kx_2+4}\right)$$

$$=-4\times\dfrac{k(x_1+x_2)+8}{(kx_1+4)(kx_2+4)}=-4\times\dfrac{k(x_1+x_2)+8}{k^2x_1x_2+4k(x_1+x_2)+16}$$

然后把 $x_1+x_2=\dfrac{8k}{3-k^2}, x_1x_2=\dfrac{19}{k^2-3}$, 代入上式化简得: $\lambda_1+\lambda_2=\dfrac{96}{3k^2-48}=-\dfrac{8}{3}$, 解得: $k^2=4$, 验证得知 $\Delta>0$, 所以 $k=\pm 2$, 故所求点 Q 的坐标是 $(\pm 2,0)$.

评注 仔细分析解法1的解法,我们发现本题中涉及7个未知数,它们是: $x_1,y_1,x_2,y_2,\lambda_1,\lambda_2,k$. 解法1的解法先把 x_1,y_1,λ_1,k 作为一组,构建关于 λ_1 的一元二次方程,再把 x_2,y_2,λ_2,k 作为一组,构建关于 λ_2 的一元二次方程,由于这两个运算过程完全相同,两个一元二次方程也完全相同,因此 λ_1,λ_2 是同一个一元二次方程的两个根,然后就可以利用一元二次方程的根与系数的关系了.

【例3】 已知椭圆 $C: \dfrac{x^2}{a^2}+\dfrac{y^2}{b^2}=1(a>b>0)$ 的短轴长为 $2\sqrt{3}$, 右焦点 F 与抛物线 $y^2=4x$ 的焦点重合, O 为坐标原点.

(1)求椭圆 C 的方程;

(2)设 A,B 是椭圆 C 上的不同两点,点 $D(-4,0)$,且满足 $\overrightarrow{DA}=\lambda\overrightarrow{DB}$,若

$\lambda \in \left[\dfrac{3}{8}, \dfrac{1}{2}\right]$,求直线 AB 的斜率 k 的取值范围.

【解析】 (1)易得椭圆 C 的方程为:$\dfrac{x^2}{4}+\dfrac{y^2}{3}=1$.

(2)解法1:因为 $\overrightarrow{DA}=\lambda\overrightarrow{DB}$,所以 D, A, B 三点共线,而 $D(-4, 0)$,且直线 AB 的斜率一定存在,所以设 AB 的方程为 $y=k(x+4)$,与椭圆的方程 $\dfrac{x^2}{4}+\dfrac{y^2}{3}=1$ 联立得 $(3+4k^2)y^2-24ky+36k^2=0$.

由 $\Delta=144(1-4k^2)>0$,得 $k^2<\dfrac{1}{4}$. 设 $A(x_1, y_1), B(x_2, y_2)$,有

$$\begin{cases} y_1+y_2=\dfrac{24k}{3+4k^2} & \text{①} \\ y_1 y_2=\dfrac{36k^2}{3+4k^2} & \text{②} \end{cases}$$

又由 $\overrightarrow{DA}=\lambda\overrightarrow{DB}$ 得

$$y_1=\lambda y_2 \qquad \text{③}$$

把③代入①②得

$$\begin{cases} (1+\lambda)y_2=\dfrac{24k}{3+4k^2} \\ \lambda y_2^2=\dfrac{36k^2}{3+4k^2} \end{cases}$$

消去 y_2 得:$\dfrac{16}{3+4k^2}=\dfrac{1}{\lambda}+\lambda+2$,当 $\lambda\in\left[\dfrac{3}{8},\dfrac{1}{2}\right]$ 时,$h(\lambda)=\dfrac{1}{\lambda}+\lambda+2$ 是减函数,所以 $\dfrac{9}{2}\leq h(\lambda)\leq\dfrac{121}{24}$,所以 $\dfrac{9}{2}\leq\dfrac{16}{3+4k^2}\leq\dfrac{121}{24}$,解得 $\dfrac{21}{484}\leq k^2\leq\dfrac{5}{36}$,又因为 $k^2<\dfrac{1}{4}$,所以 $\dfrac{21}{484}\leq k^2\leq\dfrac{5}{36}$,故 k 的取值范围是 $\left[-\dfrac{\sqrt{5}}{6},-\dfrac{\sqrt{21}}{22}\right]\cup\left[\dfrac{\sqrt{21}}{22},\dfrac{\sqrt{5}}{6}\right]$.

解法2:设 $A(x_1, y_1), B(x_2, y_2)$,则

$$\begin{cases} 3x_1^2+4y_1^2=12 & \text{④} \\ 3x_2^2+4y_2^2=12 & \text{⑤} \end{cases}$$

又 $\overrightarrow{DA}=\lambda\overrightarrow{DB}, D(-4, 0)$,则

$$\begin{cases} x_1+4=\lambda(x_2+4) & \text{⑥} \\ y_1=\lambda y_2 & \text{⑦} \end{cases}$$

由⑥⑦得 $\begin{cases} x_1=\lambda x_2+4\lambda-4 \\ y_1=\lambda y_2 \end{cases}$,代入④得

$$3(\lambda x_2 + 4\lambda - 4)^2 + 4(\lambda y_2)^2 = 12 \qquad ⑧$$

由⑤得 $3\lambda^2 x_2^2 + 4\lambda^2 y_2^2 = 12\lambda^2$,联立⑧消去 y_2 得: $3(\lambda x_2 + 4\lambda - 4)^2 - 3\lambda^2 x_2^2 = 12 - 12\lambda^2$.

这实际上是关于 x_2 的一元一次方程,解得: $x_2 = \dfrac{-5\lambda + 3}{2\lambda}$.

而 $k = \dfrac{y_2}{x_2 + 4}$,所以 $k^2 = \left(\dfrac{y_2}{x_2 + 4}\right)^2 = \dfrac{4y_2^2}{4(x_2+4)^2} = \dfrac{12 - 3x_2^2}{4(x_2+4)^2}$,把 $x_2 = \dfrac{-5\lambda + 3}{2\lambda}$ 代入上式并化简得 $k^2 = \dfrac{-3\lambda^2 + 10\lambda - 3}{4(\lambda^2 + 2\lambda + 1)} = \dfrac{-3\left(\lambda + \dfrac{1}{\lambda}\right) + 10}{4\left(\lambda + \dfrac{1}{\lambda} + 2\right)}$.

令 $t = \lambda + \dfrac{1}{\lambda}$,则 t 在 $\lambda \in \left[\dfrac{3}{8}, \dfrac{1}{2}\right]$ 是减函数,且 $t \in \left[\dfrac{5}{2}, \dfrac{73}{24}\right]$,而 $y = \dfrac{-3t + 10}{4(t+2)}$ 在 $t \in \left[\dfrac{5}{2}, \dfrac{73}{24}\right]$ 是减函数,所以当 $t = \dfrac{5}{2}$ 时,$y_{\max} = \dfrac{5}{36}$,当 $t = \dfrac{73}{24}$ 时,$y_{\min} = \dfrac{21}{484}$,所以 $\dfrac{21}{484} \leq k^2 \leq \dfrac{5}{36}$.

故 k 的取值范围是 $\left[-\dfrac{\sqrt{5}}{6}, -\dfrac{\sqrt{21}}{22}\right] \cup \left[\dfrac{\sqrt{21}}{22}, \dfrac{\sqrt{5}}{6}\right]$.

评注 解法1:先消去 x,利用 y 的关系,减少运算量;然后构造新函数,利用单调性求出函数的值域,从而启动不等式.

6.方程思想——量与式的分析把握.

【例4】 已知 A, B 为抛物线 $C: y^2 = 4x$ 上的不同两点,F 为抛物线 C 的焦点,若 $\overrightarrow{FA} = -4\overrightarrow{FB}$,求直线 AB 的斜率.

【解析】 设 $A(x_1, y_1), B(x_2, y_2)$,由题意知:$\begin{cases} x_1 = -4x_2 + 5 \\ y_1 = -4y_2 \end{cases}$

解法1:(韦达定理(三个式子三个量).)

设直线 AB 方程: $y = k(x-1)$ ——由题知斜率不存在及斜率为 0 均不合题意,且 A, F, B 三点共线.

$$\begin{cases} y = k(x-1) \\ y^2 = 4x \end{cases} \Rightarrow y^2 - 4\left(\dfrac{y}{k} + 1\right) = 0 \Rightarrow ky^2 - 4y - 4k = 0$$

所以

$$\begin{cases} y_1 + y_2 = \dfrac{4}{k} \\ y_1 y_2 = -4 \\ y_1 = -4y_2 \end{cases} \Rightarrow k = \pm \dfrac{4}{3}$$

解法2:(方程法(四个式子四个量).)

$$\begin{cases} x_1 = -4x_2 + 5 \\ y_1 = -4y_2 \\ y_1^2 = 4x_1 \\ y_2^2 = 4x_2 \end{cases} \Rightarrow 16y_2^2 = -16x_2 + 20 \Rightarrow 64x_2 = -16x_2 + 20 \Rightarrow x_2 = \frac{1}{4} \Rightarrow x_1 = 4$$

$$y_1 = \pm 4 \Rightarrow k = \pm \frac{4}{3}$$

【例5】 (2011·山东理科22题改编)已知直线l与椭圆$C: \frac{x^2}{3} + \frac{y^2}{2} = 1$交于$P(x_1, y_1)$, $Q(x_2, y_2)$两不同点,且$\triangle OPQ$的面积$S = \frac{\sqrt{6}}{2}$,其中O为坐标原点.

证明:$x_1^2 + x_2^2$ 和 $y_1^2 + y_2^2$ 均为定值.

【解析】 解法1:直接运用方程

$$l_{OP}: y = \frac{y_1}{x_1}x$$

即

$$x_1 y - y_1 x = 0$$

$$d = \frac{|x_1 y_2 - y_1 x_2|}{\sqrt{x_1^2 + y_1^2}}$$

$$S = \frac{1}{2}|OP|d = \frac{1}{2}\sqrt{x_1^2 + y_1^2}\frac{|x_1 y_2 - y_1 x_2|}{\sqrt{x_1^2 + y_1^2}} = \frac{\sqrt{6}}{2}$$

得 $\pm\sqrt{6} = x_1 y_2 - y_1 x_2$. 先讨论 $\sqrt{6} = x_1 y_2 - y_1 x_2$, 得

$$2 = \frac{2}{\sqrt{6}}(x_1 y_2 - y_1 x_2) \qquad ①$$

因为

$$P: \frac{x_1^2}{3} + \frac{y_1^2}{2} = 1 \qquad ②$$

$$Q: \frac{x_2^2}{3} + \frac{y_2^2}{2} = 1 \qquad ③$$

②+③−①得

$$\frac{x_1^2}{3} - 2\frac{x_1 y_2}{\sqrt{3}\cdot\sqrt{2}} + \frac{y_2^2}{2} + \frac{x_2^2}{3} + 2\frac{x_2 y_1}{\sqrt{3}\cdot\sqrt{2}} + \frac{y_1^2}{2} = 1 + 1 - 2$$

$$\left(\frac{x_1}{\sqrt{3}} - \frac{y_2}{\sqrt{2}}\right)^2 + \left(\frac{x_2}{\sqrt{3}} + \frac{y_1}{\sqrt{2}}\right)^2 = 0$$

所以 $x_1^2 = \frac{3}{2}y_2^2$，又因为 $x_1^2 = 3\left(1 - \frac{y_1^2}{2}\right)$ 得 $y_1^2 + y_2^2 = 2$，$x_1^2 + x_2^2 = 3$，同理 $-\sqrt{6} = x_1y_2 - y_1x_2$ 时可证明结论同样成立.

解法2：(韦达定理)

当直线 l 的斜率不存在时，P,Q 两点关于 x 轴对称，则 $x_1 = x_2, y_1 = -y_2$，由 $P(x_1,y_1)$ 在椭圆上，则 $\frac{x_1^2}{3} + \frac{y_1^2}{2} = 1$，而 $S_{\triangle OPQ} = |x_1y_1| = \frac{\sqrt{6}}{2}$，则 $|x_1| = \frac{\sqrt{6}}{2}, |y_1| = 1$.

于是 $x_1^2 + x_2^2 = 3, y_1^2 + y_2^2 = 2$.

如图1所示，当直线 l 的斜率存在，设直线 l 为 $y = kx + m$，代入 $\frac{x^2}{3} + \frac{y^2}{2} = 1$ 可得

$$2x^2 + 3(kx + m)^2 = 6$$

即 $(2 + 3k^2)x^2 + 6km + 3m^2 - 6 = 0, \Delta > 0$，即

$$3k^2 + 2 > m^2$$

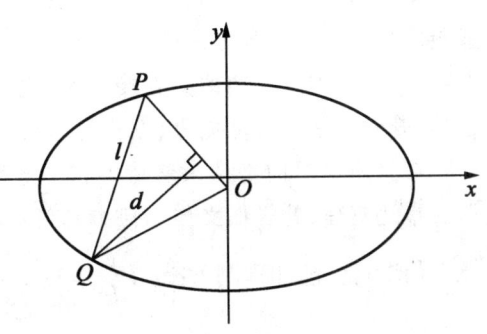

图1

$$x_1 + x_2 = -\frac{6km}{2 + 3k^2}$$

$$x_1x_2 = \frac{3m^2 - 6}{2 + 3k^2}$$

$$|PQ| = \sqrt{1 + k^2}|x_1 - x_2| = \sqrt{1 + k^2}\sqrt{(x_1 + x_2)^2 - 4x_1x_2}$$

$$= \sqrt{1 + k^2}\frac{2\sqrt{6}\sqrt{3k^2 + 2 - m^2}}{2 + 3k^2}$$

$$d = \frac{|m|}{\sqrt{1 + k^2}}$$

$$S_{\triangle POQ} = \frac{1}{2} \cdot d \cdot |PQ| = \frac{1}{2}|m|\frac{2\sqrt{6}\sqrt{3k^2 + 2 - m^2}}{2 + 3k^2} = \frac{\sqrt{6}}{2}$$

则 $3k^2 + 2 = 2m^2$，满足 $\Delta > 0$.

$$x_1^2 + x_2^2 = (x_1 + x_2)^2 - 2x_1x_2 = \left(-\frac{6km}{2 + 3k^2}\right)^2 - 2 \times \frac{3(m^2 - 2)}{2 + 3k^2} = 3$$

$$y_1^2 + y_2^2 = \frac{2}{3}(3 - x_1^2) + \frac{2}{3}(3 - x_2^2) = 4 - \frac{2}{3}(x_1^2 + x_2^2) = 2$$

综上可知 $x_1^2 + x_2^2 = 3, y_1^2 + y_2^2 = 2$.

评注 解法1没有利用韦达定理,避开了复杂运算!但是,思维量较大.如果平时对"方程思想"没有一定高度与深度的理解是很难分析出来的.解法2运算量极大,运算技巧高,需要倒用完全平方公式,对于:$3k^2+2=2m^2$,此处的前身是$(3k^2+2-2m^2)^2=0$.

对比这两种方法,我们不难发现:大部分解析几何题目都可以用这两种方法来处理;"联立韦达定理"不一定运算量小,只是我们比较熟悉而已;"直接利用方程"不一定运算量大,只是往往它的运算更体现"运算能力"而非纯算数!韦达定理只是方程思想的一种处理方式而非全部,我们还有一双"翅膀"——直接运用方程!这种方法是被"隐形"的.其实,这种方法需要对"量"与"式"进行把握,是对方程思想的更直接运用,也是对运算能力尤其是符号运算的深度理解,是考查学生运算能力、方程思想的很好载体.

应当用平等的态度来看待方程思想两种常见的处理方式:直接利用方程、联立韦达定理,就好像立体几何中几何法与向量法一样!

【例6】 已知椭圆 $C:\dfrac{x^2}{a^2}+\dfrac{y^2}{b^2}=1(a>b>0)$ 的左、右两焦点分别为 F_1,F_2,(其中 O 为坐标原点).如果离心率 $e=\dfrac{\sqrt{2}}{2}$,$b^2=1$,过 F_2 的直线 l 与椭圆 C 交于 M,N 两点,$Q(x,y)$ 为椭圆上一点且满足:$2\overrightarrow{ON}-\overrightarrow{OM}=\sqrt{7}\overrightarrow{OQ}$,求直线 l 的方程.

【解析】 $e^2=\dfrac{c^2}{a^2}=1-\dfrac{b^2}{a^2}=1-\dfrac{2}{a^2}=\dfrac{1}{2}$,解得 $a^2=2$,椭圆 C 的方程为 $\dfrac{x^2}{2}+y^2=1$.

设 $M(x_1,y_1),N(x_2,y_2)$,由 $2\overrightarrow{ON}-\overrightarrow{OM}=\sqrt{7}\overrightarrow{OQ}$ 及 M,N,Q 在椭圆 C 上可得

$$2x_2-x_1=\sqrt{7}x \qquad ①$$
$$2y_2-y_1=\sqrt{7}y \qquad ②$$
$$x^2+2y^2=2 \qquad ③$$
$$x_1^2+2y_1^2=2 \qquad ④$$
$$x_2^2+2y_2^2=2 \qquad ⑤$$

将①②代入③得:$\dfrac{(2x_2-x_1)^2}{7}+2\dfrac{(2y_2-y_1)^2}{7}=2$.

整理得

$$4x_2^2+8y_2^2+x_1^2+2y_1^2-4(x_1x_2+2y_1y_2)-14=0 \qquad ⑥$$

再将④⑤代入⑥8.得:$x_1x_2+2y_1y_2=-1$.

若 l 的斜率不存在:则 l 方程为 $x=1$,$M\left(1,\dfrac{\sqrt{2}}{2}\right)$,$N\left(1,-\dfrac{\sqrt{2}}{2}\right)$,$x_1x_2+2y_1y_2=$

$0 \neq -1$,不合题意;

若直线 l 的斜率存在:则直线方程为 $y = k(x-1)$ 与椭圆 $C\ \dfrac{x^2}{2} + y^2 = 1$ 联立得

$$(1 + 2k^2)x^2 - 4k^2 x + 2k^2 - 2 = 0$$

由于直线 l 过椭圆内的右焦点,故 $\Delta > 0$ 必成立;所以 $x_1 + x_2 = \dfrac{4k^2}{1 + 2k^2}$,

$x_1 x_2 = \dfrac{2k^2 - 2}{1 + 2k^2}, y_1 y_2 = k(x_1 - 1) \cdot k(x_2 - 1) = k^2(x_1 x_2 - (x_1 + x_2) + 1) = \dfrac{-k^2}{1 + 2k^2}$,

所以 $x_1 x_2 + 2 y_1 y_2 = \dfrac{-2}{1 + 2k^2} = -1, k = \pm \dfrac{\sqrt{2}}{2}$. 故直线 l 的方程为:$y = \pm \dfrac{\sqrt{2}}{2}(x-1)$.

【例7】 已知椭圆 $C: \dfrac{x^2}{a^2} + \dfrac{y^2}{b^2} = 1 (a > b > 0)$ 的左、右两焦点分别为 F_1, F_2,(其中 O 为坐标原点). 如果离心率 $e = \dfrac{\sqrt{2}}{2}, b^2 = 1$,直线 l 与椭圆 C 交于 M, N 两点,$Q(x,y)$ 为椭圆上一点且满足:$2\overrightarrow{ON} - \overrightarrow{OM} = \sqrt{5}\overrightarrow{OQ}$.

(1)证明:$x_1^2 + x_2^2$ 与 $y_1^2 + y_2^2$ 均为定值;

(2)证明:$S_{\triangle OMN} = \dfrac{\sqrt{2}}{2}$.

【证明】 $e^2 = \dfrac{c^2}{a^2} = 1 - \dfrac{b^2}{a^2} = 1 - \dfrac{2}{a^2} = \dfrac{1}{2}$,解得 $a^2 = 2$,椭圆 C 的方程为 $\dfrac{x^2}{2} + y^2 = 1$.

设 $M(x_1, y_1), N(x_2, y_2)$,由 $2\overrightarrow{ON} - \overrightarrow{OM} = \sqrt{5}\overrightarrow{OQ}$ 及 M, N, Q 在椭圆 C 上可得

$$2x_2 - x_1 = \sqrt{5} x \quad ①$$
$$2y_2 - y_1 = \sqrt{5} y \quad ②$$
$$x^2 + 2y^2 = 2 \quad ③$$
$$x_1^2 + 2y_1^2 = 2 \quad ④$$
$$x_2^2 + 2y_2^2 = 2 \quad ⑤$$

将①②代入③得:$\dfrac{(2x_2 - x_1)^2}{5} + 2 \dfrac{(2y_2 - y_1)^2}{5} = 2.$

整理得
$$4x_2^2 + 8y_2^2 + x_1^2 + 2y_1^2 - 4(x_1 x_2 + 2 y_1 y_2) - 10 = 0 \quad ⑥$$

再将④⑤代入⑥得:$x_1 x_2 + 2 y_1 y_2 = 0.$

若 l 的斜率不存在

$$x_1 = x_2, y_1 = -y_2, x_1x_2 + 2y_1y_2 = x_1^2 - 2y_1^2 = 0$$

又 $x_1^2 + 2y_1^2 = 2, x_1^2 = x_2^2 = 1$,此时 $y_1^2 = y_2^2 = \frac{1}{2}$,所以 $x_1^2 + x_2^2 = 2, y_1^2 + y_2^2 = 1$.

若直线 l 的斜率存在,则直线方程为 $y = kx + m$ 与椭圆 $C: \frac{x^2}{2} + y^2 = 1$ 联立得

$$(1 + 2k^2)x^2 + 4kmx + 2m^2 - 2 = 0, \Delta = 8(1 + 2k^2 - m^2)$$

所以 $x_1 + x_2 = \frac{-4km}{1 + 2k^2}, x_1x_2 = \frac{2m^2 - 2}{1 + 2k^2}, y_1y_2 = (kx_1 + m) \cdot (kx_2 + m) = k^2x_1x_2 + km \cdot (x_1 + x_2) + m^2 = \frac{m^2 - 2k^2}{1 + 2k^2}$,所以 $x_1x_2 + 2y_1y_2 = \frac{4m^2 - 2 - 4k^2}{1 + 2k^2} = 0$,所以 $2m^2 = 1 + 2k^2$,此时 $\Delta > 0$ 恒成立.

(1) $x_1^2 + x_2^2 = (x_1 + x_2)^2 - 2x_1x_2 = 2$,易得 $y_1^2 + y_2^2 = 1$.命题得证.

(2) 若 l 的斜率不存在时,$S_{\triangle OMN} = \frac{1}{2}|MN|d = \frac{1}{2} \cdot \sqrt{2} \cdot 1 = \frac{\sqrt{2}}{2}$.

若直线 l 的斜率存在

$$S_{\triangle OMN} = \frac{1}{2}|MN|d = \frac{1}{2}\sqrt{1 + k^2} \cdot \sqrt{(x_1 + x_2)^2 - 4x_1x_2} \cdot \frac{|m|}{\sqrt{1 + k^2}} = \frac{\sqrt{2}}{2}$$

拓展 已知椭圆 $C: \frac{x^2}{a^2} + \frac{y^2}{b^2} = 1 (a > b > 0)$ 的左、右两焦点分别为 F_1, F_2,(其中 O 为坐标原点).直线 l 与椭圆 C 交于 M, N 两点,$Q(x, y)$ 为椭圆上一点且满足:$\lambda \overrightarrow{OM} + \mu \overrightarrow{ON} = \overrightarrow{OQ}$.若 $\lambda^2 + \mu^2 = 1$:

(1) 证明:$x_1^2 + x_2^2$ 与 $y_1^2 + y_2^2$ 均为定值;

(2) 证明:$S_{\triangle OMN} = \frac{ab}{2}$.

【证明】 (1) 设 $M(x_1, y_1), N(x_2, y_2)$,由 $\lambda \overrightarrow{OM} + \mu \overrightarrow{ON} = \overrightarrow{OQ}$ 及 M, N, Q 在椭圆 C 上可得

$$\lambda x_1 + \mu x_2 = x \qquad ①$$

$$\lambda y_1 + \mu y_2 = y \qquad ②$$

$$\frac{x^2}{a^2} + \frac{y^2}{b^2} = 1 \qquad ③$$

$$\frac{x_1^2}{a^2} + \frac{y_1^2}{b^2} = 1 \qquad ④$$

$$\frac{x_2^2}{a^2} + \frac{y_2^2}{b^2} = 1 \qquad ⑤$$

将①②代入③得

$$\frac{(\lambda x_1 + \mu x_2)^2}{a^2} + \frac{(\lambda y_1 + \mu y_2)^2}{b^2} = 1$$

整理得

$$\lambda^2\left(\frac{x_1^2}{a^2} + \frac{y_1^2}{b^2}\right) + \mu^2\left(\frac{x_2^2}{a^2} + \frac{y_2^2}{b^2}\right) + 2\lambda\mu\left(\frac{x_1 x_2}{a^2} + \frac{y_1 y_2}{b^2}\right) - 1 = 0 \qquad ⑥$$

再将④⑤代入⑥得

$$\lambda^2 + \mu^2 + 2\lambda\mu\left(\frac{x_1 x_2}{a^2} + \frac{y_1 y_2}{b^2}\right) - 1 = 0$$

若 l 的斜率不存在

$$x_1 = x_2, y_1 = -y_2, \frac{x_1 x_2}{a^2} + \frac{y_1 y_2}{b^2} = \frac{x_1^2}{a^2} - \frac{y_1^2}{b^2} = 0$$

又 $\frac{x_1^2}{a^2} + \frac{y_1^2}{b^2} = 1, x_1^2 = x_2^2 = \frac{a^2}{2}$，此时 $y_1^2 = y_2^2 = \frac{b^2}{2}$，所以 $x_1^2 + x_2^2 = a^2, y_1^2 + y_2^2 = b^2$.

若直线 l 的斜率存在，则直线方程为 $y = kx + m$ 与椭圆 $C: \frac{x^2}{a^2} + \frac{y^2}{b^2} = 1$ 联立得

$$(b^2 + a^2 k^2)x^2 + 2a^2 kmx + a^2(m^2 - b^2) = 0, \Delta = 4a^2 b^2(b^2 + a^2 k^2 - m^2)$$

所以 $x_1 + x_2 = \frac{-2a^2 km}{b^2 + a^2 k^2}, x_1 x_2 = \frac{a^2(m^2 - b^2)}{b^2 + a^2 k^2}, y_1 y_2 = (kx_1 + m) \cdot (kx_2 + m) = k^2 x_1 x_2 + km(x_1 + x_2) + m^2 = \frac{b^2(m^2 - a^2 k^2)}{b^2 + a^2 k^2}$.

所以 $\frac{x_1 x_2}{a^2} + \frac{y_1 y_2}{b^2} = \frac{2m^2 - b^2 - a^2 k^2}{b^2 + a^2 k^2} = 0$，故 $2m^2 = b^2 + a^2 k^2$，此时 $\Delta > 0$ 恒成立.

$$x_1^2 + x_2^2 = (x_1 + x_2)^2 - 2x_1 x_2 = \frac{4a^4 k^2 m^2}{(b^2 + a^2 k^2)^2} - 2\frac{a^2(m^2 - b^2)}{b^2 + a^2 k^2}$$

$$= \frac{2a^4 k^2 \cdot 2m^2}{(b^2 + a^2 k^2)^2} - \frac{a^2 \cdot 2m^2 - 2a^2 b^2}{b^2 + a^2 k^2}$$

$$= \frac{2a^4 k^2 + 2a^2 b^2}{b^2 + a^2 k^2} - a^2 = \frac{2a^2(a^2 k^2 + b^2)}{b^2 + a^2 k^2} - a^2 = a^2$$

易得：$y_1^2 + y_2^2 = b^2\left(1 - \frac{x_1^2}{a^2}\right) + b^2\left(1 - \frac{x_2^2}{a^2}\right) = b^2\left(2 - \frac{x_1^2 + x_2^2}{a^2}\right) = b^2$.

(2) $S_{\triangle OMN} = \frac{1}{2}|MN|d = \frac{1}{2}\sqrt{1 + k^2} \cdot \sqrt{(x_1 + x_2)^2 - 4x_1 x_2} \cdot \frac{|m|}{\sqrt{1 + k^2}}$

$$= \frac{1}{2}\sqrt{(\frac{4a^4k^2m^2}{(b^2+a^2k^2)^2} - 4\frac{a^2(m^2-b^2)}{b^2+a^2k^2}) \cdot m^2}$$

$$= \frac{1}{2}\sqrt{(\frac{2a^4k^2 \cdot 2m^2}{(b^2+a^2k^2)^2} - \frac{4a^2m^2 - 4a^2b^2}{b^2+a^2k^2}) \cdot m^2}$$

$$= \frac{1}{2}\sqrt{(\frac{2a^4k^2 + 4a^2b^2 - 4a^2m^2}{b^2+a^2k^2}) \cdot m^2}$$

$$= \frac{1}{2}\sqrt{2a^4k^2 + 4a^2b^2 - 4a^2m^2}$$

$$= \frac{1}{2}\sqrt{2a^2(a^2k^2 + 2b^2 - 2m^2)} = \frac{ab}{2}$$

命题得证.

评注 直接运用方程加、减,代入运算.

8.椭圆中基本问题.

【例8】 已知椭圆方程为 $\frac{x^2}{2}+y^2=1$ 与直线方程 $l:y=x+\frac{1}{2}$ 相交于 A,B 两点,求 AB 的弦长.

【解析】 设 $A(x_1,y_1),B(x_2,y_2)$,则 $|AB|=\sqrt{1+k^2}\sqrt{|x_2-x_1|^2}=\sqrt{1+k^2}\sqrt{(x_1+x_2)^2-4x_1x_2}$.

将 $y=x+\frac{1}{2}$ 代入 $\frac{x^2}{2}+y^2=1$ 得: $3x^2+2x-\frac{3}{2}=0$,所以 $\begin{cases} x_1+x_2 = -\frac{2}{3} \\ x_1 \cdot x_2 = -\frac{1}{2} \end{cases}$.

故 $|AB|=\sqrt{1+k^2}\sqrt{|x_2-x_1|^2}=\frac{2\sqrt{11}}{3}$.

【例9】 (2012·北京卷)已知椭圆 $C:\frac{x^2}{a^2}+\frac{y^2}{b^2}=1(a>b>0)$ 的一个顶点为 $A(2,0)$,离心率为 $\frac{\sqrt{2}}{2}$. 直线 $y=k(x-1)$ 与椭圆 C 交于不同的两点 M,N.

(1)求椭圆 C 的方程;

(2)当 $\triangle AMN$ 的面积为 $\frac{\sqrt{10}}{3}$ 时,求 k 的值.

【解析】 (1) $a=2;e=\frac{c}{a}=\frac{\sqrt{2}}{2} \Rightarrow c=\sqrt{2},b=\sqrt{2}$;故椭圆方程为 $\frac{x^2}{4}+\frac{y^2}{2}=1$.

(2)解法1: $S_{\triangle AMN}=\frac{1}{2}|MN|d$,设 $M(x_1,y_1),N(x_2,y_2)$,则

$$|MN| = \sqrt{(x_2-x_1)^2+(y_2-y_1)^2} = \sqrt{1+k^2}\sqrt{(x_1+x_2)^2-4x_1x_2}$$

将 $y = kx - k$ 代入 $\dfrac{x^2}{4} + \dfrac{y^2}{2} = 1$ 得:$(4k^2+2)x^2 - 8k^2x - 4k^2 - 8 = 0$,所以

$\begin{cases} x_1+x_2 = \dfrac{8k^2}{4k^2+2} \\ x_1 \cdot x_2 = \dfrac{-4k^2-8}{4k^2+2} \end{cases}$; $d = \dfrac{|2k-0-k|}{\sqrt{1+k^2}} = \dfrac{|k|}{\sqrt{1+k^2}}$; $S_{\triangle AMN} = \dfrac{1}{2}|MN|d =$

$\dfrac{|k| \cdot 2\sqrt{2} \cdot \sqrt{2+4k^2-k^2}}{2+4k^2} = \dfrac{\sqrt{10}}{3} \Rightarrow 7k^4 - 2k^2 - 5 = 0$,即 $(7k^2+5)(k^2-1) = 0 \Rightarrow$

$k = \pm 1$.

解法 2:令 $k = \dfrac{1}{t} \Rightarrow x = ty + 1$,联立得

$\begin{cases} \dfrac{x^2}{4} + \dfrac{y^2}{2} = 1 \\ x = ty+1 \end{cases} \Rightarrow (t^2+2)y^2 + 2ty - 3 = 0 \Rightarrow \begin{cases} y_1 + y_2 = \dfrac{-2t}{t^2+2} \\ y_1 \cdot y_2 = \dfrac{-3}{t^2+2} \end{cases}$

$d = \dfrac{1}{\sqrt{1+t^2}}$, $S_{\triangle AMN} = \dfrac{1}{2}|MN|d = \dfrac{\sqrt{2} \cdot \sqrt{4+2t^2-1}}{2+t^2} = \dfrac{\sqrt{10}}{3} \Rightarrow t^2 = 1$.

评注 显然,解法 2 的设点设线更加方便快捷,双曲线的设点设线和椭圆是一致的,也是同样的判别规律.

【例 10】 (2014·新课标I)已知点 $A(0,-2)$,椭圆 $E: \dfrac{x^2}{a^2} + \dfrac{y^2}{b^2} = 1 (a > b > 0)$ 的

离心率为 $\dfrac{\sqrt{3}}{2}$,F 是椭圆的右焦点,直线 AF 的斜率为 $\dfrac{2\sqrt{3}}{3}$,O 为坐标原点.

(1)求椭圆 E 的方程;

(2)设过点 A 的直线 l 与 E 相交于 P,Q 两点,当 $\triangle OPQ$ 的面积最大时,求 l 的方程.

【解析】 (1)由条件知 $\dfrac{2}{c} = \dfrac{2\sqrt{3}}{3}$,得 $c = \sqrt{3}$ 又 $\dfrac{c}{a} = \dfrac{\sqrt{3}}{2}$,所以 $a = 2, b^2 = a^2 -$

$c^2 = 1$,故椭圆 E 的方程 $\dfrac{x^2}{4} + y^2 = 1$.

(2)解法 1:依题意当 $l \perp x$ 轴不合题意,故设直线 $l: y = kx - 2$,设 $P(x_1,y_1), Q(x_2,y_2)$.

将 $y = kx - 2$ 代入 $\dfrac{x^2}{4} + y^2 = 1$,得 $(1+4k^2)x^2 - 16kx + 12 = 0$,当 $\Delta = 16(4k^2-3) >$

0,即 $k^2 > \dfrac{3}{4}$ 时,得 $|PQ| = \sqrt{k^2+1}\,|x_1 - x_2| = \dfrac{4\sqrt{k^2+1} \cdot \sqrt{4k^2-3}}{1+4k^2}$,又点 O 到直线 PQ 的距离 $d = \dfrac{2}{\sqrt{k^2+1}}$,所以 $\triangle OPQ$ 的面积 $S_{\triangle OPQ} = \dfrac{1}{2}d\,|PQ| = \dfrac{4\sqrt{4k^2-3}}{1+4k^2}$,设 $\sqrt{4k^2-3} = t$,则 $t > 0$,$S_{\triangle OPQ} = \dfrac{4t}{t^2+4} = \dfrac{4}{t + \dfrac{4}{t}} \leq 1$,当且仅当 $t = 2$,$k = \pm\dfrac{\sqrt{7}}{2}$ 时等号成立,且满足 $\Delta > 0$. 所以当 $\triangle OPQ$ 的面积最大时,l 的方程为:$y = \dfrac{\sqrt{7}}{2}x - 2$ 或 $y = -\dfrac{\sqrt{7}}{2}x - 2$.

解法 2:由于 $\dfrac{x^2}{4} + y^2 = 1$ 中 $b = 1$,故直线 $l: x = k(y+2)$,设 $P(x_1, y_1)$,$Q(x_2, y_2)$.

将 $x = k(y+2)$ 代入 $\dfrac{x^2}{4} + y^2 = 1$,得 $(4+k^2)y^2 + 4k^2 y + 4k^2 - 4 = 0$,当 $\Delta = 16(4-3k^2) > 0$,即 $k^2 < \dfrac{4}{3}$ 时,从而 $|PQ| = \sqrt{k^2+1}\,|y_1 - y_2|$,点 O 到 PQ 的距离 $d = \dfrac{|2k|}{\sqrt{k^2+1}}$,所以 $S_{\triangle OPQ} = \dfrac{1}{2}d\,|PQ| = \dfrac{4|k|\sqrt{4-3k^2}}{4+k^2} = \sqrt{\dfrac{16k^2(4-3k^2)}{(4+k^2)^2}}$,设 $4 + k^2 = t$,则 $\dfrac{16}{3} > t > 4$,$S_{\triangle OPQ} = 4\sqrt{-\dfrac{64}{t^2} + \dfrac{28}{t} - 3}$,当且仅当 $t = \dfrac{32}{7}$,$k = \pm\dfrac{2}{\sqrt{7}}$ 等号成立,且满足 $\Delta > 0$. 所以当 $\triangle OPQ$ 的面积最大时,l 的方程为:$y = \dfrac{\sqrt{7}}{2}x - 2$ 或 $y = -\dfrac{\sqrt{7}}{2}x - 2$.

评注 构造函数求最值一般要换元,一般以取判别式($t = \sqrt{k^2 a^2 + b^2 - m^2}$ 或者 $t = \sqrt{k^2 b^2 + a^2 - m^2}$)以及分母($t = \sqrt{k^2 a^2 + b^2}$ 或者 $t = \sqrt{k^2 b^2 + a^2}$)作为主元,之后进行对勾函数或者二次函数的构造求出最值.

9. 双曲线的弦长公式与面积(不过焦点的弦).

(1)弦长问题:双曲线 $\dfrac{x^2}{a^2} - \dfrac{y^2}{b^2} = 1$ $(a > 0, b > 0)$ 与直线 $l: y = kx + m$ 相交于 A, B 两点,求 AB 的弦长.

设 $A(x_1, y_1)$,$B(x_2, y_2)$,则

$$|AB| = \sqrt{(x_2-x_1)^2+(y_2-y_1)^2} = \sqrt{1+k^2}\sqrt{(x_1+x_2)^2-4x_1x_2}$$

将 $y=kx+m$ 代入 $\dfrac{x^2}{a^2}-\dfrac{y^2}{b^2}=1$ 得

$$(b^2-k^2a^2)x^2-2a^2kmx-a^2m^2-a^2b^2=0$$

所以

$$\begin{cases} x_1+x_2 = -\dfrac{2a^2km}{b^2-k^2a^2} \\ x_1 \cdot x_2 = \dfrac{-a^2m^2-a^2b^2}{b^2-k^2a^2} \end{cases}$$

故

$$|AB| = \sqrt{1+k^2}\sqrt{(x_1+x_2)^2-4x_1x_2} = \sqrt{1+k^2}\dfrac{2ab\sqrt{b^2-k^2a^2+m^2}}{|b^2-a^2k^2|}$$

双曲线与直线交点的判别式:$\Delta=4a^2b^2(b^2-k^2a^2+m^2)$ 用来判断是否有两个交点问题.

(2)面积问题:双曲线与直线 $l:y=kx+m$ 相交于两点,$C(x_0,y_0)$ 为 AB 外任意一点,求 $S_{\triangle ABC}$.

设 C 到 l 的距离为 d,则

$$S_{\triangle ABC} = \dfrac{1}{2}|AB|d = \dfrac{1}{2}|AB|\dfrac{|kx_0-y_0+m|}{\sqrt{k^2+1}}$$

$$= \dfrac{|kx_0-y_0+m|\cdot ab\sqrt{b^2-k^2a^2+m^2}}{|b^2-k^2a^2|}$$

(3)直线与双曲线交点问题:

①直线 $y=kx+m$ 与双曲线 $\dfrac{x^2}{a^2}-\dfrac{y^2}{b^2}=1(a>0,b>0)$ 有两个交点时,$\Delta=4a^2b^2(b^2-k^2a^2+m^2)>0$;$\Delta=4a^2b^2(b^2-k^2a^2+m^2)=0$,有且仅有一个交点;$\Delta=4a^2b^2(b^2-k^2a^2+m^2)<0$,没有交点;

②过点 $P(x_0,y_0)$ 的直线与双曲线有一个交点情况需要分类讨论:

a. 当 $\dfrac{y_0}{x_0}=\pm\dfrac{b}{a}$ 时,点 P 在渐近线上,当 $x_0=\pm a$ 时,有两条直线(一条切线,一条与另一条渐近线平行的直线);

b. 当 $x_0\neq\pm a$ 时,且点 P 在双曲线外部,有三条直线(两条切线,一条与另一条渐近线平行的直线);

c. 当 $\dfrac{x_0^2}{a^2}-\dfrac{y_0^2}{b^2}>1(a>0,b>0)$ 时,点 P 在双曲线内部,一定有交点,当直线

斜率 $k = \pm\dfrac{b}{a}$ 时,有一交点,当直线斜率 $k \neq \pm\dfrac{b}{a}$ 时,有两个交点.

【例11】 已知直线 $y = x + 1$ 与双曲线 $C: x^2 - \dfrac{y^2}{4} = 1$ 交于 A, B 两点,求 AB 的弦长.

【解析】 设:$A(x_1, y_1), B(x_2, y_2)$,则

$$|AB| = \sqrt{(x_2-x_1)^2 + (y_2-y_1)^2} = \sqrt{1+k^2}\sqrt{(x_1+x_2)^2 - 4x_1 x_2}$$

将 $y = x + 1$ 代入 $x^2 - \dfrac{y^2}{4} = 1$ 得:$3x^2 - 2x - 5 = 0$,所以 $\begin{cases} x_1 + x_2 = \dfrac{2}{3} \\ x_1 \cdot x_2 = -\dfrac{5}{3} \end{cases}$.

故 $|AB| = \sqrt{1+k^2}\sqrt{|x_2-x_1|^2} = \dfrac{8\sqrt{2}}{3}$.

【例12】 动点 P 到 $A(-1, 0)$ 及 $B(1, 0)$ 连线的斜率之积为 $m(m > 0)$ 且 P 的轨迹 E 的离心率为 $\sqrt{2}m$.

(1)求轨迹 E 的方程;

(2)设直线 $l: \sqrt{3}x + y = 2$ 交曲线 E 于 M, N,求 $\triangle AMN$ 的面积.

【解析】 (1)设点 $P(x, y)$,则 $\dfrac{y-0}{x+1} \cdot \dfrac{y-0}{x-1} = m \Rightarrow mx^2 - y^2 = m(m > 0)$;故动点 P 轨迹为双曲线,且离心率为 $\sqrt{2}m$,即 $x^2 - \dfrac{y^2}{m} = 1, \dfrac{c^2}{a^2} = \dfrac{1+m}{1} = 2m^2 \Rightarrow m = 1$;曲线 E 的方程为 $x^2 - y^2 = 1(x \neq \pm 1)$.

(2) $S_{\triangle AMN} = \dfrac{1}{2}|MN|d$,设 $M(x_1, y_1), N(x_2, y_2)$,则 $|MN| = \sqrt{1+k^2} \cdot \sqrt{(x_1+x_2)^2 - 4x_1 x_2}$;将 $y = -\sqrt{3}x + 2$ 代入 $x^2 - y^2 = 1$ 得:$(-3+1)x^2 + 4\sqrt{3}x - 5 = 0$,所以 $\begin{cases} x_1 + x_2 = 2\sqrt{3} \\ x_1 \cdot x_2 = \dfrac{5}{2} \end{cases}$;$d = \dfrac{|\sqrt{3}x_A + y_A - 2|}{\sqrt{1+k^2}} = \dfrac{|-\sqrt{3}-2|}{\sqrt{1+3}}$;$S_{\triangle AMN} = \dfrac{1}{2}|MN|d = \dfrac{\sqrt{6}+4}{2}$.

10.过原点的向量乘积问题.

椭圆、双曲线分别与直线 $y = kx + m$ 相交于 $A(x_1, y_1), B(x_2, y_2)$ 两点,O 为坐标原点,求 $\overrightarrow{OA} \cdot \overrightarrow{OB}$.

设 $A(x_1, y_1), B(x_2, y_2)$,将 $y = kx + m$ 代入 $\dfrac{x^2}{a^2} + \dfrac{y^2}{b^2} = 1$ 得

圆锥曲线的奥秘

$$(b^2+k^2a^2)x^2+2a^2kmx+a^2m^2-a^2b^2=0$$

$$\begin{cases} x_1+x_2=\dfrac{-2a^2km}{b^2+k^2a^2} \\ x_1\cdot x_2=\dfrac{a^2(m^2-b^2)}{b^2+k^2a^2} \end{cases} \quad ①$$

将 $y=kx+m$ 代入 $\dfrac{x^2}{a^2}-\dfrac{y^2}{b^2}=1$ 得

$$(b^2-k^2a^2)x^2-2a^2kmx-a^2m^2-a^2b^2=0$$

$$\begin{cases} x_1+x_2=\dfrac{2a^2km}{b^2-k^2a^2} \\ x_1\cdot x_2=\dfrac{a^2(-m^2-b^2)}{b^2-k^2a^2} \end{cases} \quad ②$$

$$\overrightarrow{OA}\cdot\overrightarrow{OB}=x_1x_2+y_1y_2=x_1x_2+(kx_1+m)(kx_2+m)$$
$$=(1+k^2)x_1x_2+km(x_1+x_2)+m^2 \quad ③$$

将①②分别代入③得

$$\overrightarrow{OA}\cdot\overrightarrow{OB}=\dfrac{(b^2+a^2)m^2-b^2a^2(1+k^2)}{b^2+k^2a^2}\text{（椭圆）}$$

$$\overrightarrow{OA}\cdot\overrightarrow{OB}=\dfrac{(b^2-a^2)m^2-b^2a^2(1+k^2)}{b^2-k^2a^2}\text{（双曲线）}$$

【例 16】 经过椭圆 $\dfrac{x^2}{2}+y^2=1$ 的一个焦点作倾斜角为 45°的直线，交椭圆于 A,B 两点．设 O 为坐标原点，则 $\overrightarrow{OA}\cdot\overrightarrow{OB}$ 等于 _____．

【解析】 $\begin{cases} \dfrac{x^2}{2}+y^2=1 \\ y=x-1 \end{cases} \Rightarrow \overrightarrow{OA}\cdot\overrightarrow{OB}=\dfrac{(b^2+a^2)m^2-b^2a^2(1+k^2)}{b^2+k^2a^2}$

$$=\dfrac{(1+2)\times 1-1\times 2(1+1)}{1+2}=-\dfrac{1}{3}$$

【例 17】 过双曲线 $\dfrac{x^2}{4}-\dfrac{y^2}{9}=1$ 的右焦点 F 且斜率是 $\dfrac{3}{2}$ 的直线与双曲线的交点个数是 （ ）

A．0　　　　B．1　　　　C．2　　　　D．3

【解析】 由于焦点位于双曲线内部，且 $k=\dfrac{b}{a}$，则直线与双曲线的渐近线平行，故有且仅有一个交点．

评注　椭圆、双曲线分别与直线 $l:y=kx+m$ 相交于 $A(x_1,y_1),B(x_2,y_2)$ 两

点，O 为坐标原点，且 $\vec{OA} \cdot \vec{OB} = 0$，设原点到直线的距离为 d，则 $d = \dfrac{|m|}{\sqrt{1+k^2}}$.

$$(b^2 + a^2)m^2 - b^2 a^2 (1+k^2) = 0 \text{（椭圆）}$$
$$(b^2 - a^2)m^2 - b^2 a^2 (1+k^2) = 0 \text{（双曲线）}$$

(1)
$$d^2 = \dfrac{m^2}{1+k^2} = \dfrac{a^2 b^2}{a^2 + b^2} \text{（椭圆）}$$
$$d^2 = \dfrac{m^2}{1+k^2} = \dfrac{a^2 b^2}{-a^2 + b^2} \text{（双曲线）}$$

(2) 以 AB 线段为直径的圆过坐标原点 $O \Rightarrow \vec{OA} \cdot \vec{OB} = 0$.

【例 18】 椭圆 $\dfrac{x^2}{a^2} + \dfrac{y^2}{b^2} = 1$ 与直线 $x + y = 1$ 交于 P, Q 两点，且 $\vec{OP} \perp \vec{OQ}$，求 $\dfrac{1}{a^2} + \dfrac{1}{b^2}$ 的值.

【解析】 $\vec{OA} \cdot \vec{OB} = \dfrac{(b^2 + a^2)m^2 - b^2 a^2 (1+k^2)}{b^2 + k^2 a^2}$

$$= \dfrac{(b^2 + a^2) \times 1 - b^2 a^2 (1+1)}{b^2 + k^2 a^2} = 0$$

$$\Rightarrow b^2 + a^2 = 2b^2 a^2 \Rightarrow \dfrac{1}{a^2} + \dfrac{1}{b^2} = 2$$

【例 19】 已知椭圆中心在原点，焦点在 x 轴上，离心率 $e = \dfrac{\sqrt{2}}{2}$，过椭圆的右焦点且垂直于长轴的弦长为 $\sqrt{2}$.

(1) 求椭圆的标准方程；

(2) 已知直线 l 与椭圆相交于 P, Q 两点，O 为原点，且 $OP \perp OQ$. 试探究点 O 到直线 l 的距离是否为定值? 若是，求出这个定值;若不是，说明理由.

【解析】 (1) $\dfrac{x^2}{2} + y^2 = 1$；

(2) $\vec{OP} \cdot \vec{OQ} = 0 \Rightarrow (b^2 + a^2)m^2 - b^2 a^2 (1+k^2) = 0 \Rightarrow d^2 = \dfrac{m^2}{1+k^2} = \dfrac{a^2 b^2}{a^2 + b^2} = \dfrac{2}{3}$.

11. 圆锥曲线中非原点向量乘积的问题.

任意长轴上定点向量乘积问题:设定点 $P(n, 0)$，则

$$\vec{PA} \cdot \vec{PB} = x_1 x_2 + y_1 y_2 - n(x_1 + x_2) + n^2$$

$$= \frac{(a^2+b^2)m^2 - a^2b^2(1+k^2)}{k^2a^2+b^2} + \frac{2a^2kmn}{k^2a^2+b^2} + n^2$$

通常求定值的问题,若 AB 过定点 $(x_0,0)$,则 $m = -kx_0$ 只需满足

$$\vec{PA} \cdot \vec{PB} = \frac{(a^2+b^2)k^2x_0^2 - a^2b^2(1+k^2)}{k^2a^2+b^2} - \frac{2a^2k^2x_0n}{k^2a^2+b^2} + n^2$$

$$= \frac{k^2[(a^2+b^2)x_0^2 - 2a^2nx_0 - a^2b^2] - a^2b^2}{k^2a^2+b^2} + n^2$$

当 $(a^2+b^2)x_0^2 - 2a^2nx_0 - a^2b^2 = -a^4$ 时,即 $(2-e^2)x_0^2 - 2nx_0 + c^2 = 0$ 时,$\vec{PA} \cdot \vec{PB} = n^2 - a^2$(定值).

【例20】 已知椭圆 $C: \dfrac{x^2}{a^2} + \dfrac{y^2}{b^2} = 1(a>b>0)$ 的一个焦点与上、下顶点构成直角三角形,以椭圆 C 的长轴长为直径的圆与直线 $x+y-2=0$ 相切.

(1)求椭圆 C 的标准方程;

(2)设过椭圆右焦点且不平行于 x 轴的动直线与椭圆 C 相交于 A, B 两点,探究在 x 轴上是否存在定点 E,使得 $\vec{EA} \cdot \vec{EB}$ 为定值?若存在,试求出定值和点 E 的坐标;若不存在,请说明理由.

【解析】 (1)由题意知,$\begin{cases} b = c \\ a = \dfrac{|0+0-2|}{\sqrt{2}} \\ b^2+c^2=a^2 \end{cases}$,解得 $\begin{cases} a = \sqrt{2} \\ b = 1 \\ c = 1 \end{cases}$,则椭圆 C 的方程为 $\dfrac{x^2}{2} + y^2 = 1$.

(2)当直线的斜率存在时,设直线 $y = k(x-1)(k \neq 0)$,联立 $\begin{cases} \dfrac{x^2}{2} + y^2 = 1 \\ y = k(x-1) \end{cases}$,得 $(1+2k^2)x^2 - 4k^2x + 2k^2 - 2 = 0$, $\Delta = 8k^2 + 8 > 0$,所以 $x_A + x_B = \dfrac{4k^2}{1+2k^2}$, $x_Ax_B = \dfrac{2k^2-2}{1+2k^2}$.假设 x 轴上存在定点 $E(x_0, 0)$,使得 $\vec{EA} \cdot \vec{EB}$ 为定值,所以

$$\vec{EA} \cdot \vec{EB} = (x_A - x_0, y_A) \cdot (x_B - x_0, y_B)$$
$$= x_Ax_B - x_0(x_A + x_B) + x_0^2 + y_Ay_B$$
$$= x_Ax_B - x_0(x_A + x_B) + x_0^2 + k^2(x_A - 1)(x_B - 1)$$
$$= (1+k^2)x_Ax_B - (x_0 + k^2)(x_A + x_B) + x_0^2 + k^2$$

$$= \frac{(2x_0^2 - 4x_0 + 1)k^2 + (x_0^2 - 2)}{1 + 2k^2}$$

要使 $\overrightarrow{EA} \cdot \overrightarrow{EB}$ 为定值,则 $\overrightarrow{EA} \cdot \overrightarrow{EB}$ 的值与 k 无关,所以 $2x_0^2 - 4x_0 + 1 = 2(x_0^2 - 2)$,解得 $x_0 = \frac{5}{4}$,此时 $\overrightarrow{EA} \cdot \overrightarrow{EB} = -\frac{7}{16}$ 为定值,定点为 $\left(\frac{5}{4}, 0\right)$. 当直线的斜率不存在时,也满足条件.

评注 此题利用 $(2 - e^2) \cdot 1^2 - 2x_E \cdot 1 + c^2 = \frac{3}{2} - 2x_0 + 1 = 0 \Rightarrow x_0 = \frac{5}{4}$.

【例21】 已知椭圆 $C: \frac{x^2}{a^2} + \frac{y^2}{b^2} = 1 (a > b > 0)$ 的离心率为 $\frac{\sqrt{2}}{2}$,过右焦点且垂直于 x 轴的直线 l_1 与椭圆 C 交于 A, B 两点,且 $|AB| = \sqrt{2}$,直线 $l_2: y = k(x - m)$ $\left(m \in \mathbf{R}, m > \frac{3}{4}\right)$ 与椭圆 C 交于 M, N 两点.

(1) 求椭圆 C 的标准方程;

(2) 已知点 $R\left(\frac{5}{4}, 0\right)$,若 $\overrightarrow{RM} \cdot \overrightarrow{RN}$ 是一个与 k 无关的常数,求实数 m 的值.

【解析】 (1) 联立 $\begin{cases} x = c \\ \frac{x^2}{a^2} + \frac{y^2}{b^2} = 1 \end{cases}$,解得 $y = \pm \frac{b^2}{a}$,故 $\frac{2b^2}{a} = \sqrt{2}$,又 $e = \frac{c}{a} = \frac{\sqrt{2}}{2}, a^2 = b^2 + c^2$,联立三式,解得 $a = \sqrt{2}, b = 1, c = 1$,故椭圆 C 的标准方程为 $\frac{x^2}{2} + y^2 = 1$.

(2) 设 $M(x_1, y_1), N(x_2, y_2)$,联立方程 $\begin{cases} \frac{x^2}{2} + y^2 = 1 \\ y = k(x - m) \end{cases}$,消元得

$$(1 + 2k^2)x^2 - 4mk^2 x + 2k^2 m^2 - 2 = 0$$

$$\Delta = 16m^2 k^4 - 4(1 + 2k^2)(2k^2 m^2 - 2) = 8(2k^2 - m^2 k^2 + 1)$$

所以 $x_1 + x_2 = \frac{4mk^2}{1 + 2k^2}, x_1 x_2 = \frac{2m^2 k^2 - 2}{1 + 2k^2}$.

$$\overrightarrow{RM} \cdot \overrightarrow{RN} = \left(x_1 - \frac{5}{4}\right)\left(x_2 - \frac{5}{4}\right) + y_1 y_2$$

$$= x_1 x_2 - \frac{5}{4}(x_1 + x_2) + \frac{25}{16} + k^2(x_1 - m)(x_2 - m)$$

$$= (1 + k^2)x_1 x_2 - \left(\frac{5}{4} + mk^2\right)(x_1 + x_2) + \frac{25}{16} + k^2 m^2$$

$$= \frac{(3m^2 - 5m - 2)k^2 - 2}{1 + 2k^2} + \frac{25}{16}$$

又 $\vec{RM} \cdot \vec{RN}$ 是一个与 k 无关的常数,所以 $3m^2 - 5m - 2 = -4$,即 $3m^2 - 5m + 2 = 0$,所以 $m_1 = 1, m_2 = \frac{2}{3}$. 因为 $m > \frac{3}{4}$,所以 $m = 1$,当 $m = 1$ 时,$\Delta > 0$,直线 l_2 与椭圆 C 交于两点,满足题意.

评注 此题利用 $(2 - e^2) \cdot m^2 - 2x_R \cdot m + c^2 = \frac{3}{2}m^2 - \frac{5}{2}m + 1 = 0 \Rightarrow m = \frac{2}{3}$, $m = 1$.

半成品的结论可以记住,也可以不记住,此类题型,记住了考试算起来就可以避免计算错误,不记住结论也要记住一些套路,在圆锥曲线和直线的联立中,每一种联立的结论都是有必要记住的,尤其在求弦长面积,向量乘积的运算过程中,可以达到事半功倍的效果.

12. 抛物线的设线问题.

(1)如图 2(a),已知 AB 是过抛物线 $y^2 = 2px(p > 0)$ 焦点 F 的弦,M 是 AB 的中点,l 是抛物线的准线,$MN \perp l$,N 为垂足. 则:

(1)以 AB 为直径的圆与准线 l 相切;

(2)$FN \perp AB$;

(3)$A(x_1, y_1), B(x_2, y_2)$,则 $y_1 y_2 = -p^2$,$x_1 x_2 = \frac{1}{4}p^2$;

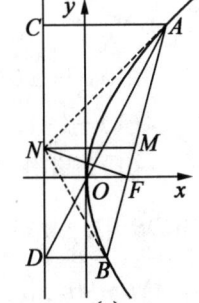

(4)设 $BD \perp l$,D 为垂足,则 A, O, D 三点在一条直线上.

已知 AB 是抛物线 $y^2 = 2px(p > 0)$ 的弦,则令 AB 方程为 $x = ky + m$,故

$$y^2 = 2p(ky + m)(k \text{ 为直线 } AB \text{ 斜率的倒数})$$

$$y_1 + y_2 = 2pk, y_1 y_2 = -2pm, x_1 x_2 = m^2$$

(5)$y_1 + y_2 = 2pk \Rightarrow y_0 = \frac{y_1 + y_2}{2} = pk$(中点弦问题)($k$ 为直线 AB 斜率的倒数).

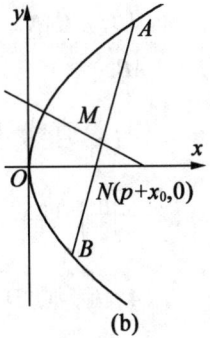

(6)$x - x_0 = -\frac{1}{k}(y - y_0) \Rightarrow 0 - pk = -k(x - x_0) \Rightarrow x = x_0 + p$(图 2(b)),故设抛物线 $y^2 = 2px(p > 0)$ 的弦 AB 中点为 $M(x_0, y_0)$,则 AB 中垂线过定点 $N(x_0 + p, 0)$.

图 2

(7)如图3所示,$OA \perp OB \Leftrightarrow$ 直线过定点$(2p,0)$.

$x_1x_2 + y_1y_2 = \dfrac{y_1^2 y_2^2}{4p^2} + y_1y_2 = m^2 - 2pm \Rightarrow m = 2p$ 时,$OA \perp OB$(垂直问题).

已知AB是抛物线$x^2 = 2py(p>0)$弦,则令AB方程为$y = kx + m$,故$x^2 = 2p(kx+m)$(k为直线AB斜率).

(8)$x_1 + x_2 = 2pk \Rightarrow x_0 = \dfrac{x_1+x_2}{2} = pk$(中点弦问题)($k$为直线$AB$斜率).

(9)$y - y_0 = -\dfrac{1}{k}(x - x_0) \Rightarrow y - y_0 = -\dfrac{1}{k}(0 - pk) \Rightarrow y = y_0 + p$(中垂线过定点问题).

故抛物线$x^2 = 2py(p>0)$的弦AB中点$M(x_0, y_0)$,则AB中垂线过定点$(0, y_0+p)$

(10)$OA \perp OB \Leftrightarrow$ 直线过定点$(0, 2p)$.

(1)~(4)证明如下:

(1)过A作AC垂直l,C为垂足.因为$|FA| = |AC|$,$|FB| = |BD|$,在梯形$ACDB$中,$|MN| = \dfrac{1}{2}(|AC| + |BD|) = \dfrac{1}{2}(|AF| + |BF|) = \dfrac{1}{2}|AB|$,所以$\angle ANB = 90°$,故以$AB$为直径的圆与准线$l$相切.

(2)在$\triangle ACN$与$\triangle AFN$中,$|AN| = |AN|$,$|AC| = |AF|$;在Rt$\triangle ABN$中,$\angle NAM = \angle ANM$.

因为$\angle CAN = \angle ANM$,所以$\triangle ACN \cong \triangle AFN$,所以$\angle AFN = \angle ACN = 90°$,故$FN \perp AB$.

(3)设直线AB的方程为$x = ky + \dfrac{p}{2}$与抛物线$y^2 = 2px$联立得:$y^2 = 2p\left(ky + \dfrac{p}{2}\right)$,即$y^2 - 2pky - p^2 = 0$,故$y_1y_2 = -p^2$,$x_1x_2 = \dfrac{y_1^2 y_2^2}{2p\,2p} = \dfrac{p^2}{4}$.

(4)因为点D的坐标为$\left(-\dfrac{p}{2}, y_1\right)$,直线$OA$的方程为$y = \dfrac{y_1}{x_1}x$,因此只要证明$y_2 = -\dfrac{py_1}{2x_1}$,即证明$2x_1y = -py_1$.因为$2x_1 = \dfrac{y_1^2}{p}$,即证明$y_1^2y_2 = -p^2y_1$,$y_1y_2 = -p^2$,根据(3)中结论即可证明.

【例22】 求直线$y = x - 1$被抛物线$y^2 = 4x$截得线段的中点坐标.

【解析】 $y=x-1\Rightarrow x=y+1$,代入抛物线方程得:$y^2=4(y+1)\Rightarrow y_1+y_2=4\Rightarrow y^2-4y-4=0$,故 $y_0=\dfrac{y_1+y_2}{2}=2,x_0=y_0+1=3$,即中点坐标为$(3,2)$.

【例23】 F是抛物线$y^2=2px(p>0)$的焦点,点$A(4,2)$为抛物线内一定点,点P是抛物线上一动点. 已知$|PA|+|PF|$的最小值为8.

(1)求抛物线方程;

(2)若O为坐标原点,问是否存在点M,使过点M的动直线与抛物线交于B,C两点,$\overrightarrow{OA}\cdot\overrightarrow{OB}=0$,若存在,求出点$M$的坐标;若不存在,说明理由.

【解析】 (1)如图4,令P到准线的距离为d,根据几何性质

$|PA|+|PF|=|PA|+d\geqslant |P_1A|+|P_1F|$

故$(|PA|+|PF|)_{\min}=x_A+\dfrac{p}{2}=4+\dfrac{p}{2}=8\Rightarrow p=8$,故抛物线方程为$y^2=16x$.

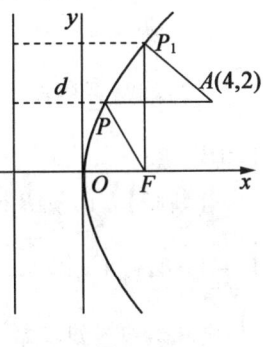

图4

(2)令$A(x_1,y_1),B(x_2,y_2)$,AB方程为$x=ky+m$,$\overrightarrow{OA}\cdot\overrightarrow{OB}=0\Rightarrow x_1x_2+y_1y_2=0$.

直线与抛物线联立得:$y^2=16(ky+m)\Rightarrow y^2-16ky-16m=0,y_1y_2=-16m,x_1x_2+y_1y_2=\dfrac{y_1^2y_2^2}{16^2}+y_1y_2=m^2-16m\Rightarrow m=16$,故点$M$坐标为$(16,0)$.

【例24】 已知抛物线$y^2=4x$的焦点为F,直线l过点$M(4,0)$.

(1)若点F到直线l的距离为$\sqrt{3}$,求直线l的斜率;

(2)设A,B为抛物线上两点,且AB不与x轴重合,若线段AB的垂直平分线恰过点M,求证:线段AB中点的横坐标为定值.

【解析】 (1)设直线l的方程为$x=ky+4$,抛物线焦点坐标为$F(1,0)$,点F到直线l的距离为$\dfrac{|-3|}{\sqrt{1+k^2}}=\sqrt{3}$,故$k=\pm\sqrt{2}$,故直线$l$的斜率为$\dfrac{1}{k}=\pm\dfrac{\sqrt{2}}{2}$.

(2)令抛物线$y^2=4x$的弦AB中点为$M(x_0,y_0)$,AB方程为$x=ky+m$,故$y^2=4(ky+m)y_1+y_2=4k\Rightarrow y_0=2k$,$AB$中垂线方程为$y-y_0=-k(x-x_0)$,将点$M(4,0)$代入方程得:$-y_0=-k(4-x_0)\Rightarrow -2k=-k(4-x_0)\Rightarrow x_0=2$.

【例25】 已知直线$y=2\sqrt{2}(x-1)$与抛物线$C:y^2=4x$交于A,B两点,点$M(-1,m)$,若$\overrightarrow{MA}\cdot\overrightarrow{MB}=0$,则$m=$ (   )

A. $\sqrt{2}$　　　　B. $\dfrac{\sqrt{2}}{2}$　　　　C. $\dfrac{1}{2}$　　　　D. 0

【解析】 易知直线过焦点,点 M 在准线上,根据性质:以焦点弦 AB 为直径的圆切于准线,切点纵坐标与弦 AB 中点纵坐标相等可知:$\vec{MA} \cdot \vec{MB} = 0 \Rightarrow y_M = m = \dfrac{y_1+y_2}{2} = y_0 = pk = 2 \cdot \dfrac{1}{2\sqrt{2}} = \dfrac{\sqrt{2}}{2}$($k$ 为斜率倒数),故选 B.

【例26】 已知抛物线 $C: y^2 = 4x$,点 $M(m,0)$ 在 x 轴的正半轴上,过 M 的直线 l 与 C 相交于 A, B 两点,O 为坐标原点.

(1)若 $m = 1$,且直线 l 的斜率为 1,求以 AB 为直径的圆的方程;

(2)问是否存在定点 M,不论直线 l 绕点 M 如何转动,使得 $\dfrac{1}{|AM|^2} + \dfrac{1}{|BM|^2}$ 恒为定值.

【解析】 (1)AB 的直线方程为 $x = y + 1$,代入抛物线方程 $y^2 = 4x$ 得,$y^2 - 4y - 4 = 0$,$y_A + y_B = 4 \Rightarrow y_0 = \dfrac{y_A + y_B}{2} = 2$,$x_0 = y_0 + 1 = 3$,半径 $r = \dfrac{x_A + x_B + 2}{2} = 4$,以 AB 为直径的圆的方程为 $(x-3)^2 + (y-2)^2 = 16$.

(2)解法1:如图5,$\dfrac{1}{|AM|^2} + \dfrac{1}{|BM|^2} = \dfrac{1}{\left(\dfrac{y_A}{\sin\alpha}\right)^2} + \dfrac{1}{\left(\dfrac{y_B}{\sin\alpha}\right)^2} = \dfrac{\sin^2\alpha}{y_A^2} + \dfrac{\sin^2\alpha}{y_B^2} = \dfrac{\sin^2\alpha(y_A^2 + y_B^2)}{y_A^2 y_B^2}$,

令 AB 的直线方程为 $x = ky + m$,代入抛物线方程 $y^2 = 4x$ 得

$$y^2 - 4ky - 4m = 0$$

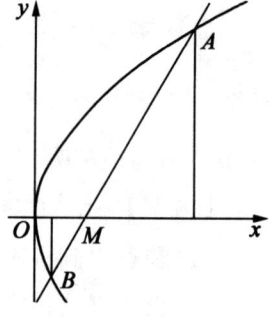

图5

$$y_A + y_B = 4k$$
$$y_A \cdot y_B = -4m \Rightarrow y_A^2 + y_B^2 = (y_A + y_B)^2 - 2y_A \cdot y_B = 16k^2 + 8m$$
$$k = \dfrac{\cos\alpha}{\sin\alpha}$$

$$\dfrac{\sin^2\alpha(y_A^2 + y_B^2)}{y_A^2 y_B^2} = \dfrac{\sin^2\alpha(16k^2 + 8m)}{16m^2} = \dfrac{\sin^2\alpha(2k^2 + m)}{2m^2}$$

$$= \dfrac{\sin^2\alpha\left(2\dfrac{\cos^2\alpha}{\sin^2\alpha} + m\right)}{2m^2}$$

圆锥曲线的奥秘

$$= \frac{2\cos^2\alpha + m\sin^2\alpha}{2m^2}$$

$$= \frac{2 + (m-2)\sin^2\alpha}{2m^2}$$

故当 $m=2$ 时,$\dfrac{1}{|AM|^2} + \dfrac{1}{|BM|^2}$ 恒为定值 $\dfrac{1}{4}$.

解法2:(涉及将一条弦长分成两部分,用参数方程法简单快捷)如图6所示,令 $M(m,0)$,AB 的参数方程为 $\begin{cases} x = m + t\cos\alpha \\ y = t\sin\alpha \end{cases}$,代入抛物线方程得:$t^2\sin^2\alpha = 4(t\cos\alpha + m)$,故 $t_1 + t_2 = \dfrac{4\cos\alpha}{\sin^2\alpha}$;$t_1 t_2 = \dfrac{-4m}{\sin^2\alpha}$,$\dfrac{1}{t_1^2} + \dfrac{1}{t_2^2} = \dfrac{t_1^2 + t_2^2}{t_1^2 t_2^2} = \dfrac{\cos^2\alpha}{m^2} + \dfrac{\sin^2\alpha}{2m}$ 为定值时,必有 $m^2 = 2m \Rightarrow m = 2$ 时成立.

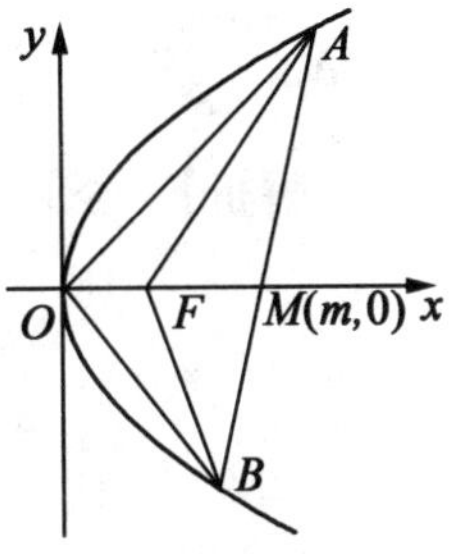

图6

评注 面积问题找坐标 y_1 和 $\dfrac{-2pm}{y_1}$.已知 AB 为抛物线 $y^2 = 2px$ 的一条弦,且 AB 过点 $D(m,0)$,F 为抛物线焦点,O 为坐标原点,则令 $A(x_1, y_1)$,$B(x_2, y_2)$,其中 $y_1 > 0$,面积用到了水平宽×铅垂高×$\dfrac{1}{2}$,则 $S_{\triangle ADF} = \left| m - \dfrac{p}{2} \right| \dfrac{y_1}{2}$;$S_{\triangle BDF} = \left| m - \dfrac{p}{2} \right| \dfrac{pm}{y_1}$;$S_{\triangle AFB} = \left| m - \dfrac{p}{2} \right| \left(\dfrac{y_1}{2} + \dfrac{pm}{y_1} \right)$;$S_{\triangle AOB} = m\left(\dfrac{y_1}{2} + \dfrac{pm}{y_1} \right)$;涉及求最值就要用到基本不等式.

【例27】 (2014·四川)已知 F 为抛物线 $y^2 = x$ 的焦点,点 A,B 在该抛物线上且位于 x 轴的两侧,$\overrightarrow{OA} \cdot \overrightarrow{OB} = 2$(其中 O 为坐标原点),则 $\triangle AFO$ 与 $\triangle BFO$ 面积之和的最小值是 ( )

A. $\dfrac{\sqrt{2}}{8}$ B. $\dfrac{\sqrt{2}}{4}$ C. $\dfrac{\sqrt{2}}{2}$ D. $\sqrt{2}$

【解析】 令 AB 直线方程为:$x = ky + m(m > 0)$,则

$$y_A y_B = -m$$

$$\overrightarrow{OA} \cdot \overrightarrow{OB} = x_1 x_2 + y_1 y_2 = y_1^2 y_2^2 + y_1 y_2 = 2$$

$$m^2 - m = 2 \Rightarrow m = 2 \text{ 或 } m = -1(\text{舍})$$

故 $y_1 y_2 = -2$,则 $y_2 = -\dfrac{2}{y_1}$,$S_{\triangle AOF} + S_{\triangle BOF} = \dfrac{1}{2} \cdot \dfrac{p}{2} |y_1| + \dfrac{1}{2} \cdot \dfrac{p}{2} |y_2| =$

$$\frac{1}{2}\cdot\frac{p}{2}|y_1-y_2|=\frac{1}{2}\cdot\frac{1}{4}\left|y_1+\frac{2}{y_1}\right|\geqslant\frac{\sqrt{2}}{4},\text{故选 B.}$$

【例28】 已知 F 为抛物线 $y^2=x$ 的焦点,点 A,B 在该抛物线上且位于 x 轴的两侧,$\overrightarrow{OA}\cdot\overrightarrow{OB}=6$(其中 O 为坐标原点),则 $\triangle ABO$ 与 $\triangle AFO$ 面积之和的最小值是 ( )

A. $\dfrac{17\sqrt{2}}{8}$ B. 3   C. $\dfrac{3\sqrt{2}}{8}$ D. $\dfrac{3\sqrt{13}}{2}$

【解析】 令 AB 直线方程为:$x=ky+m(m>0)$,则

$$y_Ay_B=-m$$

$$\overrightarrow{OA}\cdot\overrightarrow{OB}=x_1x_2+y_1y_2=y_1^2y_2^2+y_1y_2=6$$

$$m^2-m=6\Rightarrow m=3 \text{ 或 } m=-2(\text{舍})$$

故 $y_1y_2=-3$,$y_2=\dfrac{-3}{y_1}$,令 $A(x_1,y_1)(y_1>0)$,$S_{\triangle AOF}=\dfrac{1}{2}\cdot\dfrac{1}{4}y_1$,$S_{\triangle AOB}=\dfrac{3}{2}\left(y_1+\dfrac{3}{y_1}\right)=\dfrac{3}{2}y_1+\dfrac{9}{2y_1}$,$S_{\triangle AOF}+S_{\triangle AOB}=\dfrac{13}{8}y_1+\dfrac{9}{2y_1}\geqslant\dfrac{3\sqrt{13}}{2}$,故选 D.

13.抛物线角平分线定理.

抛物线 $y^2=2px$ 与直线 $l:x=ky+m$ 相交于 A,B 两点,联立得 $\begin{cases}y^2=2px\\ x=ky+m\end{cases}$,消去 x 得:$y^2-2pky-2pm=0$;即

$$y_1y_2=-2pm\Leftrightarrow m=\dfrac{y_1y_2}{-2p} \quad (*)$$

由此推出三个结论:

(1)结论1:抛物线准线与坐标轴的交点 G 与焦半径端点 A,B 的连线 AG,BG 所成角 $\angle AGB$ 被坐标轴平分.

(2)结论2:如图7,过对称轴上任意一定点 $N(t,0)$ 的一条弦 AB,端点与对应点 $G(-t,0)$ 的连线所成角 $\angle AGB$ 被对称轴(NG 所在直线)平分.

(3)结论3:如图8,过点 $P(t,0)$ 的任一直线交抛物线于 A,B 两点,点 A 关于 x 轴的对称点为 A',点 P 关于 y 轴的对称点为 P' 则点 $A',B,P'(-t,0)$ 三点共线.(对称之点,三点共线)

第二章　圆锥曲线综合问题

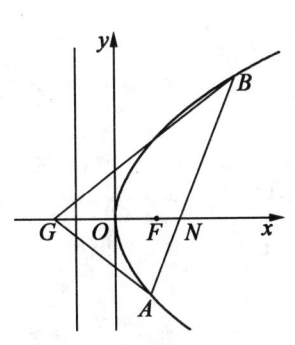

图7　抛物线等角定理

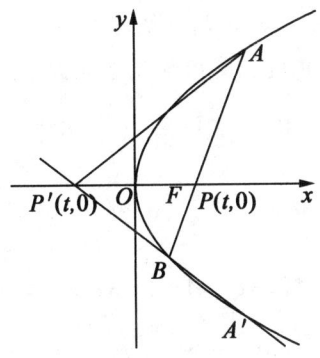

图8　对称点共线

证明如下：(1)当直线 $AB:x=ky+\dfrac{p}{2}$ 过焦点 F 时，根据(*)得

$$\dfrac{p}{2}=\dfrac{y_Ay_B}{-2p}\Leftrightarrow y_Ay_B=-p^2$$

当直线 $AG:x=k'y-\dfrac{p}{2}$ 过准线与 x 轴交点 G 时，即 $-\dfrac{p}{2}=\dfrac{y_Ay_2}{-2p}\Leftrightarrow y_Ay_2=p^2\Rightarrow y_2=\dfrac{p^2}{y_A}=-y_B$，根据抛物线的对称性可知，直线 AG 过点 $(x_B,-y_B)$，故直线 AG 与 BG 关于 x 轴对称，即 $\angle AGB$ 被 x 轴平分.

(2)当直线 $AB:x=ky+t$ 过点 $N(t,0)$ 时，根据(*)得：$y_Ay_B=-2pt$.

当直线 $AG:x=k'y-t$ 过点 $G(-t,0)$ 时，即 $y_Ay_2=2pt\Rightarrow y_2=\dfrac{-2pt}{y_A}=-y_B$，根据抛物线的对称性可知，直线 AG 过点 $(x_B,-y_B)$，故直线 AG 与 BG 关于 x 轴对称，即 $\angle AGB$ 被长轴平分.

(3)当直线 $AB:x=ky+t$ 过点 $P(t,0)$ 时，根据(*)得：$y_Ay_B=-2pt$.

当直线 $BP':x=k'y-t$ 过点 P 关于 y 轴对称的点 $P'(-t,0)$ 时，即 $y_By_2=2pt\Rightarrow y_2=\dfrac{-2pt}{y_B}=-y_A$，根据抛物线的对称性可知，直线 BP' 过点 $(x_A,-y_A)$，即点 $A'(x_A,-y_A)$ 在直线 BP' 上，则点 $A',B,P'(-t,0)$ 三点共线.

【例29】已知直线 $y=k(x+2)$ $(k>0)$ 与抛物线 $C:y^2=8x$ 相交 A,B 两点，F 为抛物线 C 的焦点. 若 $|FA|=2|FB|$，则 $k=$　　　　(　　)

A. $\dfrac{1}{3}$　　　　B. $\dfrac{\sqrt{2}}{3}$　　　　C. $\dfrac{2}{3}$　　　　D. $\dfrac{2\sqrt{2}}{3}$

103

【解析】 如图9,直线过准线与 x 轴的交点 G,故联结 AF 并延长交抛物线于点 B',易知 B 与 B' 关于 x 轴对称,$|FA|=2|FB'| \Rightarrow \dfrac{p}{1-\cos\alpha}=2\dfrac{p}{1+\cos\alpha} \Rightarrow \cos\alpha=\dfrac{1}{3}$($\alpha$ 为 AF 倾斜角),$|AF|=\dfrac{3}{2}p=6=x_A+2\Rightarrow x_A=4$;$y_A^2=8x_A\Rightarrow y_A=4\sqrt{2}$.

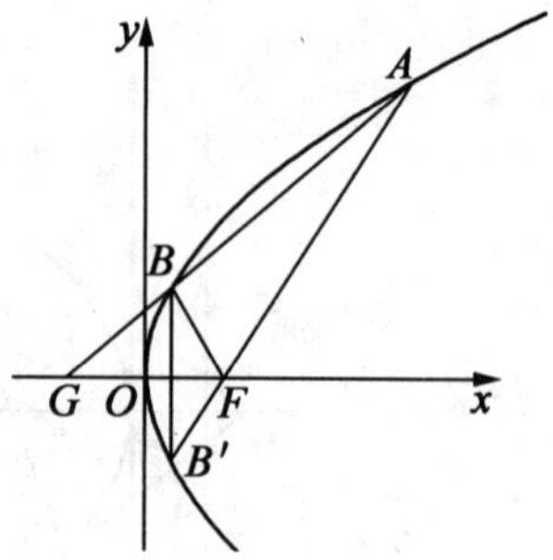

故 $k=\dfrac{y_A-0}{x_A+2}=\dfrac{4\sqrt{2}}{6}=\dfrac{2\sqrt{2}}{3}$,选 D.

图9

【例30】 已知抛物线 $y^2=4x$,点 $M(1,0)$ 关于 y 轴的对称点为 N,直线 l 过点 M 交抛物线于 A,B 两点.

(1)证明:直线 NA,NB 的斜率互为相反数;

(2)求 $\triangle ANB$ 面积的最小值;

(3)当点 M 的坐标为 $(m,0)$($m>0$,且 $m\neq 1$),根据(1)(2)推测并回答下列问题(不必说明理由):

① 直线 NA,NB 的斜率是否互为相反数?

② $\triangle ANB$ 面积的最小值是多少?

【解析】 (1)如图10,直线 $AB: x=ky+1$ 过焦点 M,代入方程 $y^2=4x$ 得
$$y^2-4ky-4=0$$
$$y_A y_B=-4$$

设直线 $AN: x=k'y-1$,代入方程 $y^2=4x$ 得:$y^2-4k'y+4=0$,即 $y_A y_2=4\Rightarrow y_2=\dfrac{4}{y_A}=-y_B$,根据抛物线的对称性可知,直线 AN 过点 $(x_B,-y_B)$,故直线 AN 与 BN 关于 x 轴对称,即 NA,NB 的斜率互为相反数.

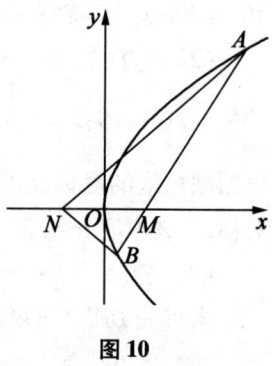

图10

(2)$S_{\triangle ANB}=\dfrac{1}{2}\cdot|MN||y_A-y_B|=\dfrac{1}{2}\cdot 2\cdot\left|y_A+\dfrac{4}{y_A}\right|\geq 4$.

(3)直线 NA,NB 的斜率互为相反数,参考结论2证明
$$S_{\triangle ANB}=\dfrac{1}{2}\cdot|MN||y_A-y_B|=\dfrac{1}{2}\cdot 2m\cdot\left|y_A+\dfrac{4m}{y_A}\right|\geq 4m\sqrt{m}$$

14.直线与圆锥曲线的位置关系.

【例31】 已知两点 $M\left(1,\dfrac{5}{4}\right), N\left(-4,-\dfrac{5}{4}\right)$，给出下列曲线方程：

①$4x+2y-1=0$；

②$x^2+y^2=3$；

③$\dfrac{x^2}{2}+y^2=1$；

④$\dfrac{x^2}{2}-y^2=1$.

在曲线上存在点 P 满足 $|PM|=|PN|$ 的所有曲线方程是_____.（写出所以正确的编号）

【分析】 所选曲线上存在点 P 满足 $|PM|=|PN|$，等价于曲线与线段 MN 的垂直平分线有公共点.

【解析】 由 $M\left(1,\dfrac{5}{4}\right), N\left(-4,-\dfrac{5}{4}\right)$，得线段 MN 的中点为 $Q\left(-\dfrac{3}{2},0\right)$.

又 $k_{MN}=\dfrac{-\dfrac{5}{4}-\dfrac{5}{4}}{-4-1}=\dfrac{1}{2}$，故线段 MN 的垂直平分线为 $l: y=-2\left(x+\dfrac{3}{2}\right)$.

即 $l: 2x+y+3=0$，显然①中直线与直线 l 平行，不符合题意.

对于②，因为圆心 $(0,0)$ 到直线 l 的距离 $d=\dfrac{3}{\sqrt{2^2+1^2}}=\dfrac{3\sqrt{5}}{5}<\sqrt{3}$，所以直线 l 与圆 $x^2+y^2=3$ 相交，符合题意.

对于③，由 $\begin{cases}2x+y+3=0\\ \dfrac{x^2}{2}+y^2=1\end{cases}$，消去 y 得 $9x^2+24x+16=0$，则

$$\Delta=24^2-4\times 9\times 16=0$$

故直线 l 与椭圆 $\dfrac{x^2}{2}+y^2=1$ 相切，符合题意.

对于④，由 $\begin{cases}2x+y+3=0\\ \dfrac{x^2}{2}-y^2=1\end{cases}$，消去 y 得 $7x^2+24x+20=0$，则

$$\Delta=24^2-4\times 7\times 20=16>0$$

故直线 l 与双曲线 $\dfrac{x^2}{2}-y^2=1$ 相交，符合题意.

综上所述，应填②③④.

变式1 对于抛物线 $C: y^2=4x$，我们称满足 $y_0^2<4x_0$ 的点 $M(x_0,y_0)$ 在抛

物线的内部,若点 $M(x_0,y_0)$ 在抛物线的内部,则直线 $l:y_0y=2(x+x_0)$ 与抛物线 C 的位置关系是_____.

变式2 设抛物线 $y^2=4x$ 的准线与 x 轴交于点 Q,若过点 Q 的直线 l 与抛物线有公共点,则直线 l 的斜率的取值范围是_____.

【例32】 如图11所示,在平面直角坐标系 xOy 中,过 y 轴正方向上一点 $C(0,c)(c>0)$ 任作一直线,与抛物线 $y=x^2$ 相交于 A,B 两点,一条直线垂直于 x 轴的直线分别与线段 AB 和直线 $l:y=-c$ 交于 P,Q 两点.

(1)若 $\overrightarrow{OA}\cdot\overrightarrow{OB}=2$,求 c 的值;

(2)若 P 为线段 AB 的中点,求证:QA 为此抛物线的切线.

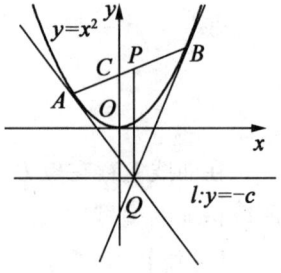

图11

【分析】 $\overrightarrow{OA}\cdot\overrightarrow{OB}=2\Rightarrow x_1x_2+y_1y_2=2$,通过联立直线与抛物线方程消去一个变量得一元二次方程,再利用韦达定理;当 $k_{AQ}=y'|_{x=x_A}$,即可证得 QA 为抛物线的切线.

【解析】 (1)设过点 C 的直线为 $y=kx+c$,$A(x_1,y_1)$,$B(x_2,y_2)$,则 $\begin{cases} y=kx+c \\ y=x^2 \end{cases}$,得 $x^2-kx-c=0$,由韦达定理可知 $\begin{cases} x_1+x_2=k \\ x_1x_2=-c \end{cases}$,$\overrightarrow{OA}\cdot\overrightarrow{OB}=2\Rightarrow x_1x_2+y_1y_2=2$.

以为 A,B 两点在抛物线上,所以 $y_1=x_1^2,y_2=x_2^2$,则 $y_1y_2=x_1^2x_2^2$.

故 $x_1x_2+y_1y_2=x_1x_2+x_1^2x_2^2=2$,即 $c^2-c-2=0$ 得 $c=2$ 或 $c=-1$(舍).

(2) $Q\left(\dfrac{x_1+x_2}{2},-c\right)$,即 $Q\left(\dfrac{k}{2},-c\right)$,$y'=2x$,$y'|_{x=x_1}=2x_1$.

$$k_{AQ}=\dfrac{y_1+c}{x_1-\dfrac{k}{2}}=\dfrac{x_1^2-x_1x_2}{x_1-\dfrac{x_1+x_2}{2}}=\dfrac{x_1(x_1-x_2)}{x_1-x_2}=2x_1=y'|_{x=x_1}$$

故 QA 为此抛物线的切线.

评注 过抛物线 $x^2=2py(p>0)$ 的焦点 $F\left(0,\dfrac{p}{2}\right)$ 任作一直线 l 与抛物线交于 A,B 两点,过 A,B 两点的切线的交点在准线 $y=-\dfrac{p}{2}$ 上,或过抛物线 $y^2=2px(p>0)$ 的焦点 $F\left(\dfrac{p}{2},0\right)$ 任作一直线 l 与抛物线交于 A,B 两点,过 A,B 两点的切线的交点在准线 $x=-\dfrac{p}{2}$ 上.

拓展 如图 12 所示,过抛物线 $x^2=2py(p>0)$ 的焦点 $F\left(0,\dfrac{p}{2}\right)$ 任作一直线 l 与抛物线交于 A,B 两点,可得知如下性质:

(1)过 A,B 两点的切线的交点的轨迹为准线;

(2)两条切线 $QA\perp QB$;

(3)$FQ\perp AB$.

同理,对于抛物线 $y^2=2px(p>0)$ 上述结论仍成立

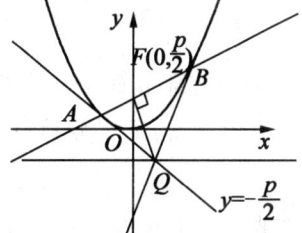

图 12

【证明】 (1)易知直线 AB 的斜率存在,故设过焦点 $F\left(0,\dfrac{p}{2}\right)$ 的直线方程为 $y=kx+\dfrac{p}{2}$,联立直线 AB 的方程与抛物线 $x^2=2py$ 方程,得 $\begin{cases}x^2=2py\\ y=kx+\dfrac{p}{2}\end{cases}$.

消 y 得 $x^2-2kx-p^2=0$,$\begin{cases}x_1+x_2=2pk\\ x_1x_2=-p^2\end{cases}$,设过点 $A(x_1,y_1)$ 的切线方程为

$$y-y_1=\dfrac{x_1}{p}(x-x_1) \qquad ①$$

同理,过点 $B(x_2,y_2)$ 的切线方程为

$$y-y_2=\dfrac{x_2}{p}(x-x_2) \qquad ②$$

由①②得 $\begin{cases}x=\dfrac{x_1+x_2}{2}\\ y=-\dfrac{p}{2}\end{cases}$,故过 A,B 两点的切线交于点 $Q\left(\dfrac{x_1+x_2}{2},-\dfrac{p}{2}\right)$,在准线 $y=-\dfrac{p}{2}$ 上.

(2)因为 $y=\dfrac{x^2}{2p}$,所以 $y'=\dfrac{x}{p}$,故 $k_{AQ}=\dfrac{x_1}{p}$,$k_{BQ}=\dfrac{x_2}{p}$,$k_{AQ}k_{BQ}=\dfrac{x_1}{p}\cdot\dfrac{x_2}{p}=\dfrac{x_1x_2}{p^2}=-1$,因此 $\overrightarrow{QA}\perp\overrightarrow{QB}$.

(3)$\overrightarrow{QF}=\left(-\dfrac{x_1+x_2}{2},p\right)$,$\overrightarrow{AB}=(x_2-x_1,y_2-y_1)$,$\overrightarrow{QF}\cdot\overrightarrow{AB}=(x_2-x_1)\cdot\left(-\dfrac{x_1+x_2}{2}\right)+p(y_2-y_1)=\dfrac{x_1^2-x_2^2}{2}+p\left(\dfrac{x_2^2}{2p}-\dfrac{x_1^2}{2p}\right)=\dfrac{x_1^2-x_2^2}{2}+\dfrac{x_2^2-x_1^2}{2}=0$. 因此,$\overrightarrow{QF}\perp\overrightarrow{AB}$.

变式 （2017·新课标Ⅱ,文20）设 O 为坐标原点,动点 M 在椭圆 $C: \dfrac{x^2}{2} + y^2 = 1$ 上,过 M 作 x 轴的垂线,垂足为 N,点 P 满足 $\overrightarrow{NP} = \sqrt{2}\overrightarrow{NM}$.

（1）求点 P 的轨迹方程;

（2）设点 Q 在直线 $x = -3$ 上,且 $\overrightarrow{OP} \cdot \overrightarrow{PQ} = 1$. 证明:过点 P 且垂直于 OQ 的直线过 C 的左焦点 F.

15. 弦长和面积问题.

在弦长有关的问题中,一般有三类问题:

（1）弦长公式: $|AB| = \sqrt{1+k^2}|x_1 - x_2| = \sqrt{1+k^2}\dfrac{\sqrt{\Delta}}{|a|}$;

（2）与焦点相关的弦长计算,利用定义;

（3）涉及面积的计算问题.

【**例33**】 过抛物线 $y^2 = 2px(p>0)$ 的焦点 F 作倾斜角为 $45°$ 的直线交抛物线于 A, B 两点,若线段 AB 的长为 8,则 $p = $ _____.

【**解析**】 设过焦点 $F\left(\dfrac{p}{2}, 0\right)$ 且倾斜角为 $45°$ 的直线方程为 $y = x - \dfrac{p}{2}$,联立直线方程与抛物线方程得 $\begin{cases} y = x - \dfrac{p}{2} \\ y^2 = 2px \end{cases}$,消 y 得 $x^2 - 3px + \dfrac{p^2}{4} = 0$. 设 A, B 两点的坐标为 $(x_1, y_1), (x_2, y_2)$,则 $\begin{cases} x_1 + x_2 = 3p \\ x_1 x_2 = \dfrac{p^2}{4} \end{cases}$,故 $|AB| = \sqrt{1+1^2}|x_1 - x_2| = \sqrt{2} \cdot \sqrt{(x_1+x_2)^2 - 4x_1 x_2} = \sqrt{2} \cdot \sqrt{(3p)^2 - p^2} = \sqrt{2} \cdot 2\sqrt{2}p = 4p = 8$,则 $p = 2$.

拓展 过抛物线 $y^2 = 2px(p>0)$ 的焦点 $F\left(\dfrac{p}{2}, 0\right)$ 作倾斜角为 α 的直线交抛物线于 A, B 两点,则 $|AB| = \dfrac{2p}{\sin^2 \alpha}$.

【**证明**】 设过焦点 $F\left(\dfrac{p}{2}, 0\right)$ 的直线方程为 $x = ty + \dfrac{p}{2}$,由 $\begin{cases} x = ty + \dfrac{p}{2} \\ y^2 = 2px \end{cases}$,得 $y^2 = 2p\left(ty + \dfrac{p}{2}\right)$,即 $y^2 - 2pty - p^2 = 0$. 设 A, B 两点的坐标为 $(x_1, y_1), (x_2, y_2)$,则 $\begin{cases} y_1 + y_2 = 2pt \\ y_1 y_2 = -p^2 \end{cases}$,故

$$|AB| = \sqrt{(t^2+1)(y_1-y_2)^2} = \sqrt{1+t^2} \cdot \sqrt{(y_1+y_2)^2 - 4y_1 y_2}$$
$$= \sqrt{1+t^2} \cdot \sqrt{(2pt)^2 + 4p^2} = 2p(t^2+1) = 2p\left(\frac{\cos^2\alpha}{\sin^2\alpha} + 1\right) = \frac{2p}{\sin^2\alpha}$$

评注 在选择或填空题中,如能运用公式,求解往往变得异常快捷,本题运用公式 $|AB| = \dfrac{2p}{\sin^2 \dfrac{\pi}{4}} = 4p = 8$,则 $p=2$.

变式 已知椭圆 $C: \dfrac{x^2}{2} + y^2 = 1$,过椭圆 C 的左焦点 F 且倾斜角为 $\dfrac{\pi}{6}$ 的直线 l 与椭圆 C 交于 A,B,求弦长 $|AB|$.

【例34】 已知椭圆 $G: \dfrac{x^2}{4} + y^2 = 1$,过点 $(m,0)$ 作圆 $x^2+y^2=1$ 的切线 l 交椭圆 G 与 A,B 两点.

(1)求椭圆 G 的焦点坐标和离心率;

(2)将 $|AB|$ 表示为 m 的函数,并求出 $|AB|$ 的最大值.

【解析】 (1)由已知得 $a=2, b=1$,所以 $c=\sqrt{3}$,所以椭圆 G 的焦点坐标为 $(-\sqrt{3},0),(\sqrt{3},0)$,离心率为 $e = \dfrac{c}{a} = \dfrac{\sqrt{3}}{2}$.

(2)解法1:由题意知,点 $(m,0)$ 在圆上或圆外,$|m| \geq 1$,当 $m=1$ 时,切线 l 的方程为 $x=1$,点 A,B 的坐标分别为 $\left(1, \dfrac{\sqrt{3}}{2}\right), \left(1, -\dfrac{\sqrt{3}}{2}\right)$,此时 $|AB| = \sqrt{3}$,当 $m=-1$ 时,同理可得 $|AB| = \sqrt{3}$. 当 $|m| > 1$ 时,设 $A(x_1, y_1), B(x_2, y_2)$,切线 l 的方程为 $y = k(x-m)$,由 $\begin{cases} y = k(x-m) \\ \dfrac{x^2}{4} + y^2 = 1 \end{cases}$,得 $(1+4k^2)x^2 - 8k^2 m x + 4k^2 m^2 - 4 = 0$,由韦达定理得 $x_1 + x_2 = \dfrac{8k^2 m}{1+4k^2}, x_1 x_2 = \dfrac{4k^2 m^2 - 4}{1+4k^2}$,又由 l 与圆 $x^2+y^2=1$ 相切,得 $\dfrac{|km|}{\sqrt{k^2+1}} = 1$,即 $m^2 k^2 = k^2 + 1$,可得 $|AB| = \sqrt{(x_2-x_1)^2 + (y_2-y_1)^2} = \sqrt{1+k^2} \cdot \sqrt{(x_1+x_2)^2 - 4x_1 x_2} = \dfrac{4\sqrt{3}|m|}{m^2+1}$. 上式对 $m = \pm 1$ 也成立,所以 $|AB| = \dfrac{4\sqrt{3}|m|}{m^2+1}$,$m \in (-\infty, -1] \cup [1, +\infty)$.

因为 $|AB| = \dfrac{4\sqrt{3}|m|}{m^2+1} = \dfrac{4\sqrt{3}}{|m| + \dfrac{3}{|m|}} \leq 2$,当且仅当 $m = \pm\sqrt{3}$ 时,$|AB|_{\max} = 2$.

所以$|AB|$的最大值为2.

解法2：易知直线l的斜率非零(否则直线l与圆相交)，矛盾，故可设$l:x=ty+m,t\in\mathbf{R},A(x_1,y_1),B(x_2,y_2)$，因为直线$l$与圆$x^2+y^2=1$相切，得$\frac{|m|}{\sqrt{t^2+1}}=1$，即

$$t^2=m^2-1,(|m|\geq 1) \qquad ①$$

由$\begin{cases}x=ty+m\\ \frac{x^2}{4}+y^2=1\end{cases}$，得$(t^2+4)y^2+2mty+m^2-4=0,\Delta=(2mt)^2-4(t^2+4)(m^2-4)$，且由①得$\Delta=4t^2(t^2+1)-4(t^2+4)(t^2-3)=48>0$，由韦达定理得

$$y_1+y_2=-\frac{2mt}{t^2+4}$$

$$y_1 y_2=\frac{m^2-4}{t^2+4} \qquad ②$$

所以结合①②得$|AB|=\sqrt{(x_1-x_2)^2+(y_1-y_2)^2}=\sqrt{(t^2+1)(y_1-y_2)^2}=\sqrt{t^2+1}\cdot\sqrt{(y_1+y_2)^2-4y_1y_2}=\frac{4\sqrt{3}|m|}{m^2+3}$. 所以$|AB|=\frac{4\sqrt{3}|m|}{m^2+3},m\in(-\infty,-1]\cup[1,+\infty)$. 因为$|AB|=\frac{4\sqrt{3}|m|}{m^2+3}=\frac{4\sqrt{3}}{|m|+\frac{3}{|m|}}\leq 2$，当且仅当$m=\pm\sqrt{3}$时，$|AB|_{\max}=2$. 所以$|AB|$的最大值为2.

变式1 已知椭圆$C:\frac{x^2}{a^2}+\frac{y^2}{b^2}=1(a>b>0)$经过点$M\left(1,\frac{3}{2}\right)$，其离心率为$\frac{1}{2}$.

(1) 求椭圆C的方程；

(2) 设直线$l:y=kx+m(|k|\leq\frac{1}{2})$与椭圆$C$相交于$A,B$两点，以线段$OA,OB$为邻边作平行四边形$OAPB$，其中顶点$P$在椭圆$C$上，$O$为原点，求$|OP|$的取值范围.

变式2 已知椭圆$C:\frac{x^2}{a^2}+\frac{y^2}{b^2}=1(a>b>0)$的右顶点$A(2,0)$，离心率为$\frac{\sqrt{3}}{2}$，$O$为坐标原点.

(1) 求椭圆C的方程；

(2)已知 P(异于点 A)为椭圆 C 上一个动点,过 O 作线段 AP 的垂线 l 交椭圆 C 于点 E,D. 如图 13 所示,求 $\dfrac{|DE|}{|AP|}$ 的取值范围.

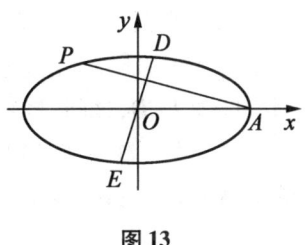

图 13

【例 35】 已知 F_1,F_2 是椭圆 $\dfrac{x^2}{4}+\dfrac{y^2}{3}=1$ 的左、右焦点,AB 是过点 F_1 的一条动弦,求 $\triangle ABF_2$ 的面积的最大值.

【解析】 由题意可知 $F_1(-1,0)$,$F_2(1,0)$,设 $A(x_1,y_1)$,$B(x_2,y_2)$,当直线 l 的斜率为 0 时,$\triangle ABF_2$ 不存在,所以 l 不可能是一条水平的直线,故可设 l: $x=ty-1$,由 $\begin{cases} x=ty-1 \\ \dfrac{x^2}{4}+\dfrac{y^2}{3}=1 \end{cases}$,得 $(3t^2+4)y^2-6ty-9=0$,所以 $\Delta=(-6t)^2+36(3t^2+4)=144(t^2+1)>0$,且

$$\begin{cases} y_1+y_2=\dfrac{6t}{3t^2+4} \\ y_1y_2=\dfrac{-9}{3t^2+4} \end{cases} \quad ①$$

所以 $S_{\triangle ABF_2}=S_{\triangle AF_1F_2}+S_{\triangle BF_1F_2}=\dfrac{1}{2}|F_1F_2|\cdot|y_1-y_2|=\dfrac{1}{2}\times 2|y_1-y_2|=\sqrt{(y_1+y_2)^2-4y_1y_2}=\dfrac{12\sqrt{t^2+1}}{3t^2+4}$. 设 $s=\sqrt{t^2+1}\geq 1$,则 $S_{\triangle ABF_2}=\dfrac{12s}{3s^2+1}=\dfrac{12}{3s+\dfrac{1}{s}}$,在 $s\in[1,+\infty)$ 上单调递减,因此 $(S_{\triangle ABF_2})_{\max}=\dfrac{12}{4}=3$.

变式 已知椭圆 $M:\dfrac{x^2}{a^2}+\dfrac{y^2}{b^2}=1(a>b>0)$ 的离心率为 $\dfrac{2\sqrt{2}}{3}$,且椭圆上一点与椭圆的两个焦点构成的三角形周长为 $6+4\sqrt{2}$.

(1)求椭圆 M 的方程;

(2)设直线 l 交椭圆 M 交于点 A,B,且以 AB 为直径的圆过椭圆的右顶点 C,求 $\triangle ABC$ 面积的最大值.

【例 36】 已知椭圆 $\Gamma:\dfrac{x^2}{a^2}+\dfrac{y^2}{b^2}=1(a>b>0)$ 的右焦点 $F(1,0)$,椭圆 Γ 的左、右顶点分别为 M,N. 过点 F 的直线与椭圆交于 C,D 两点,且 $\triangle MCD$ 的面积是 $\triangle NCD$ 的面积的 3 倍.

(1)求椭圆 Γ 的方程;

(2)若 CD 与 x 轴垂直,A,B 是椭圆 Γ 上位于直线 CD 两侧的动点,且满足 $\angle ACD = \angle BCD$,试问:直线 AB 的斜率是否为定值,请说明理由.

【解析】 解法 1:(1)因为 $\triangle MCD$ 的面积是 $\triangle NCD$ 的面积的 3 倍,所以 $MF = 3NF$,即 $a+c = 3(a-c)$,所以 $a = 2c = 2$,所以 $b^2 = 3$,则椭圆 Γ 的方程为 $\dfrac{x^2}{4} + \dfrac{y^2}{3} = 1$.

(2)当 $\angle ACD = \angle BCD$,则 $k_{AC} + k_{BC} = 0$,设直线 AC 的斜率为 k,则直线 BC 的斜率为 $-k$,不妨设点 C 在轴上方,$C\left(1, \dfrac{3}{2}\right)$,设 $A(x_1, y_1), B(x_2, y_2)$,则直线 AC 的方程为 $y - \dfrac{3}{2} = k(x-1)$,代入 $\dfrac{x^2}{4} + \dfrac{y^2}{3} = 1$ 中整理得 $(3+4k^2)x^2 - 4k(2k-3)x + 4k^2 - 12k - 3 = 0$,$1 + x_1 = \dfrac{4k(2k-3)}{3+4k^2}$,同理 $1 + x_2 = \dfrac{4k(2k+3)}{3+4k^2}$. 所以 $x_1 + x_2 = \dfrac{8k^2 - 6}{3+4k^2}, x_1 - x_2 = \dfrac{-24k}{3+4k^2}$,则 $k_{AB} = \dfrac{y_1 - y_2}{x_1 - x_2} = \dfrac{k(x_1+x_2) - 2k}{x_1 - x_2} = \dfrac{1}{2}$,因此直线 AB 的斜率是定值 $\dfrac{1}{2}$.

解法 2:(1)同解法 1.

(2)依题意知直线 AB 的斜率存在,所以设 AB 方程:$y = kx + m$ 代入 $\dfrac{x^2}{4} + \dfrac{y^2}{3} = 1$ 中整理得 $(4k^2+3)x^2 + 8kmx + 4m^2 - 12 = 0$,设 $A(x_1, y_1), B(x_2, y_2)$,所以 $x_1 + x_2 = -\dfrac{8km}{4k^2+3}, x_1 x_2 = \dfrac{4m^2 - 12}{4k^2+3}$,$\Delta = 64k^2m^2 - 4(4k^2+3)(4m^2-12) = 16(12k^2 - 3m^2 + 9) > 0$. 当 $\angle ACD = \angle BCD$,则 $k_{AC} + k_{BC} = 0$,不妨设点 C 在 x 轴上方,则 $C\left(1, \dfrac{3}{2}\right)$,所以 $\dfrac{y_1 - \dfrac{3}{2}}{x_1 - 1} + \dfrac{y_2 - \dfrac{3}{2}}{x_2 - 1} = 0$,整理得 $2kx_1 x_2 + \left(m - \dfrac{3}{2}\right)(x_1 + x_2) - 2m + 3 = 0$,所以 $2k \cdot \dfrac{4m^2 - 12}{4k^2 + 3} + \left(m - \dfrac{3}{2}\right)\left(-\dfrac{8km}{4k^2 + 3}\right) - 2m + 3 = 0$,整理得 $12k^2 + 12(m-2)k + 9 - 6m = 0$,即 $(6k - 3)(2k + 2m - 3) = 0$,所以 $2k + 2m - 3 = 0$ 或 $6k - 3 = 0$. 当 $2k + 2m - 3 = 0$ 时,直线 AB 过定点 $C\left(1, \dfrac{3}{2}\right)$,不合题意.

当 $6k - 3 = 0$ 时,$k = \dfrac{1}{2}$,符合题意,所以直线 AB 的斜率是定值 $\dfrac{1}{2}$.

变式 在平面直角坐标系 xOy 中,抛物线 C 的顶点是原点,以 x 轴为对称轴,且经过点 $P(1,2)$.

(1)求抛物线 C 的方程;

(2)设点 A,B 在抛物线 C 上,直线 PA,PB 分别与 y 轴交于点 M,N, $|PM|=|PN|$.求直线 AB 的斜率.

达标训练题

1.斜率为 2 的直线 l 过双曲线 $\dfrac{x^2}{a^2}-\dfrac{y^2}{b^2}=1(a>0,b>0)$ 的右焦点,且与双曲线的左、右两支分别相交,则双曲线的离心率 e 的取值范围是 ( )

   A.$(1,\sqrt{2})$ B.$(1,\sqrt{3})$ C.$(1,\sqrt{5})$ D.$(\sqrt{5},+\infty)$

2.抛物线 $y^2=4x$ 的焦点为 F,过 F 且倾斜角等于 $60°$ 的直线与抛物线在 x 轴上方的曲线交于点 A,则 AF 的长为 ( )

   A.2   B.4   C.6   D.8

3.过点 $P(0,2)$ 的直线 l 与抛物线 $y^2=4x$ 交于点 A,B,则弦 AB 的中点 M 的轨迹方程为 ( )

   A.$y^2-2y-2x=0(y<0$ 或 $y>4)$ B.$y^2-2y-2x=0$

   C.$y^2-2y-4x=0$ D.$y^2-2y-4x=0(y<0)$

4.椭圆 $\dfrac{x^2}{36}+\dfrac{y^2}{9}=1$ 的一条弦被 $A(4,2)$ 平分,那么这条弦所在的直线方程是 ( )

   A.$x-2y=0$ B.$2x+y-10=0$

   C.$2x-y-2=0$ D.$x+2y-8=0$

5.已知 A,B,P 是双曲线 $\dfrac{x^2}{a^2}-\dfrac{y^2}{b^2}=1$ 上不同的三点,且 A,B 连线经过坐标原点,若直线 PA,PB 的斜率乘积 $k_{PA}\cdot k_{PB}=\dfrac{2}{3}$,则该双曲线的离心率为 ( )

   A.$\dfrac{\sqrt{5}}{2}$ B.$\dfrac{\sqrt{6}}{2}$ C.$\sqrt{2}$ D.$\dfrac{\sqrt{15}}{3}$

6.椭圆 $ax^2+by^2=1$ 与直线 $y=1-x$ 交于 A,B 两点,过原点与线段 AB 中点的直线的斜率为 $\dfrac{\sqrt{3}}{2}$,则 $\dfrac{a}{b}$ 的值为_____.

7.已知抛物线 $y^2=4x$,过点 $P(4,0)$ 的直线与抛物线交于 $A(x_1,y_1),B(x_2,y_2)$ 两点,则 $y_1^2+y_2^2$ 的最小值是_____.

8. 抛物线 $C: y^2 = 2px(p>0)$ 与直线 $l: y = x + m$ 相交于 A, B 两点,线段 AB 中点的横坐标为 5,又抛物线 C 的焦点到直线 l 的距离为 $\sqrt{2}$,则 $m = $ _____.

9. (2017·课标Ⅰ,文20)设 A, B 为曲线 $C: y = \dfrac{x^2}{4}$ 上两点,A 与 B 的横坐标之和为 4.

(1)求直线 AB 的斜率;

(2)设 M 为曲线 C 上一点,C 在 M 处的切线与直线 AB 平行,且 $AM \perp BM$,求直线 AB 的方程.

10. (2017·课标Ⅲ,理20)已知抛物线 $C: y^2 = 2x$,过点 $(2, 0)$ 的直线 l 交 C 与 A, B 两点,圆 M 是以线段 AB 为直径的圆.

(1)证明:坐标原点 O 在圆 M 上;

(2)设圆 M 过点 $P(4, -2)$,求直线 l 与圆 M 的方程.

例题变式解析

【例31 变式】

【解析】 将直线 l 的方程 $y_0 y = 2(x + x_0)$ 代入抛物线 C 的方程 $y^2 = 4x$ 中,得 $y^2 - 2y_0 y + 4x_0 = 0$, $\Delta = 4y_0^2 - 16x_0 = 4(y_0^2 - 4x_0)$,又点 $M(x_0, y_0)$ 在抛物线 $y^2 = 4x$ 的内部,故 $y_0^2 < 4x_0$,则 $\Delta < 0$,因此,直线 $l: y_0 y = 2(x + x_0)$ 与抛物线 C 的位置关系是相离.

【例31 变式2】

【解析】 依题意,点 $Q(-1, 0)$,设 l 的方程为 $y = k(x+1)$,将 l 的方程代入 $y^2 = 8x$,得 $k^2 x^2 + (4k^2 - 8)x + 4k^2 = 0$,若 $k = 0$,显然 l 与 $y^2 = 8x$ 有交点,满足题意;若 $k \neq 0$,则 $\Delta = 16(k^2 - 2)^2 - 16k^4 \geqslant 0$,解得 $-1 \leqslant k \leqslant 1$. 综上可知,$k$ 的取值范围是 $[-1, 1]$.

【例32 变式】

【解析】 (1)设 $P(x, y), M(x_0, y_0)$,则 $N(x_0, 0)$,$\overrightarrow{NP} = (x - x_0, y)$,$\overrightarrow{MN} = (0, y_0)$,由 $\overrightarrow{NP} = \sqrt{2}\overrightarrow{MN}$ 得 $x_0 = x, y_0 = \dfrac{\sqrt{2}}{2}y$. 因为 $M(x_0, y_0)$ 在 C 上,所以 $x^2 + y^2 = 2$.

因此点 P 的轨迹为 $x^2 + y^2 = 2$.

(2)由题意知 $F(-1, 0)$,设 $Q(-3, t), P(m, n)$,则 $\overrightarrow{OQ} = (-3, t), \overrightarrow{PF} = (-1-m, -n), \overrightarrow{OQ} \cdot \overrightarrow{PF} = 3 + 3m - tn, \overrightarrow{OP} = (m, n), \overrightarrow{PQ} = (-3-m, t-n)$,由

$\vec{OP} \cdot \vec{PQ} = 1$,得 $-3m - m^2 + tn - n^2 = 1$.

又由(1)知,$m^2 + n^2 = 2$,故 $3 + 3m - tn = 0$,所以 $\vec{OQ} \cdot \vec{PF} = 0$,即 $\vec{OQ} \perp \vec{PF}$. 又过点 P 存在唯一直线垂直于 OQ,所以过点 P 且垂直于 OQ 的直线过 C 的左焦点 F.

【例33 变式】

【解析】 依题意,知 $F(-1,0)$,直线 $l: y = \dfrac{\sqrt{3}}{3}x + \dfrac{\sqrt{3}}{3}$ 与 $\dfrac{x^2}{2} + y^2 = 1$ 联立,得 $5x^2 + 4x - 4 = 0$. 设 $A(x_1, y_1), B(x_2, y_2)$,所以 $|AB| = \sqrt{1+k^2}|x_1 - x_2| = \sqrt{1+k^2} \cdot \dfrac{\sqrt{\Delta}}{|a|} = \sqrt{\dfrac{4}{3}} \times \dfrac{\sqrt{96}}{5} = \dfrac{8\sqrt{2}}{5}$.

【例34 变式1】

【解析】 (1)因为椭圆 C 经过点 $M\left(1, \dfrac{3}{2}\right)$,则 $\dfrac{1}{a^2} + \dfrac{9}{4b^2} = 1$,且 $\dfrac{c}{a} = \dfrac{1}{2}$,即 $\dfrac{c^2}{a^2} = 1 - \dfrac{b^2}{a^2} = \dfrac{1}{4}$,所以 $\dfrac{b^2}{a^2} = \dfrac{3}{4}$,因此 $a^2 = 4, b^2 = 3$,椭圆 C 的方程为 $\dfrac{x^2}{4} + \dfrac{y^2}{3} = 1$.

(2)依题意,设 $A(x_1, y_1), B(x_2, y_2), P(x_1 + x_2, y_1 + y_2)$,联立直线 l 的方程和椭圆的方程得 $\begin{cases} y = kx + m \\ \dfrac{x^2}{4} + \dfrac{y^2}{3} = 1 \end{cases}$,消 y 得 $(4k^2 + 3)x^2 + 8kmx + 4m^2 - 12 = 0$.

$$\begin{cases} \Delta = (8km)^2 - 4(4k^2+3)(4m^2-12) > 0 \\ x_1 + x_2 = -\dfrac{8km}{4k^2+3} \\ x_1 \cdot x_2 = \dfrac{4m^2-12}{4k^2+3} \end{cases}$$

所以 $y_1 + y_2 = k(x_1 + x_2) + 2m = \dfrac{-8mk^2}{4k^2+3} + 2m = \dfrac{6m}{4k^2+3}$,因此 $P\left(\dfrac{-8mk^2}{4k^2+3}, \dfrac{6m}{4k^2+3}\right)$,由点 P 在椭圆 $\dfrac{x^2}{4} + \dfrac{y^2}{3} = 1$ 上,则 $\dfrac{16m^2k^2}{(4k^2+3)^2} + \dfrac{12m^2}{(4k^2+3)^2} = 1$,即 $4m^2 = 4k^2 + 3$.

$$|OP|^2 = \dfrac{64m^2k^2}{(4k^2+3)^2} + \dfrac{36m^2}{(4k^2+3)^2} = \dfrac{4m^2(16k^2+9)}{(4k^2+3)^2} = \dfrac{16k^2+9}{4k^2+3}$$

$$= \dfrac{4(4k^2+3)-3}{4k^2+3} = 4 - \dfrac{3}{4k^2+3}$$

又 $0 \leq k^2 \leq \dfrac{1}{4}$,所以 $|OP|^2 \in \left[3, \dfrac{13}{4}\right]$,即 $|OP|$ 的取值范围是 $\left[\sqrt{3}, \dfrac{\sqrt{13}}{2}\right]$.

评注 在圆锥曲线中的一些求取值范围及最值的问题中,常将所求量表达为其他量的函数,运用函数的方法解决.

【例34 变式2】

【解析】 (1)依题意,$a=2$,$e=\dfrac{c}{a}=\dfrac{\sqrt{3}}{2}$,所以$c=\sqrt{3}$,$b=1$,椭圆$C$的方程为$\dfrac{x^2}{4}+y^2=1$.

(2)若AP与x轴重合,即直线AP的斜率为0,则$AP=4$,$DE=2$,所以$\dfrac{|DE|}{|AP|}=\dfrac{1}{2}$.

若AP与x轴不重合,设AP的方程为$y=k(x-2)(k\neq 0)$,则$DE:y=-\dfrac{1}{k}x$.联立直线AP与椭圆的方程得$\begin{cases}\dfrac{x^2}{4}+y^2=1\\ y=k(x-2)\end{cases}$,消$y$建立关于$x$的一元二次方程得

$(4k^2+1)x^2-16k^2x+16k^2-4=0$,$\begin{cases}x_1+x_2=\dfrac{16k^2}{4k^2+1}\\ x_1\cdot x_2=\dfrac{16k^2-4}{4k^2+1}\end{cases}$,$|AP|=\sqrt{1+k^2}|x_1-x_2|=\sqrt{1+k^2}\sqrt{(x_1+x_2)^2-4x_1x_2}=\dfrac{4\sqrt{1+k^2}}{4k^2+1}$.

联立直线DE与椭圆的方程得$\begin{cases}\dfrac{x^2}{4}+y^2=1\\ y=-\dfrac{1}{k}x\end{cases}$,消$y$得$\left(\dfrac{1}{k^2}+\dfrac{1}{4}\right)x^2=1$,即$x^2=\dfrac{4k^2}{k^2+4}$,所以

$$|DE|=\sqrt{1+\dfrac{1}{k^2}}\cdot\dfrac{4|k|}{\sqrt{k^2+4}}=\dfrac{4\sqrt{k^2+1}}{\sqrt{k^2+4}}$$

故$\dfrac{|DE|}{|AP|}=\dfrac{4\sqrt{k^2+1}}{\sqrt{k^2+4}}\cdot\dfrac{4k^2+1}{4\sqrt{1+k^2}}=\dfrac{4k^2+1}{\sqrt{k^2+4}}=\dfrac{4(k^2+4)-15}{\sqrt{k^2+4}}=4\sqrt{k^2+4}-\dfrac{15}{\sqrt{k^2+4}}$,令$t=\sqrt{k^2+4}>2$,则$\dfrac{|DE|}{|AP|}=4t-\dfrac{15}{t}>4\times 2-\dfrac{15}{2}=\dfrac{1}{2}$.综上所述,$\dfrac{|DE|}{|AP|}$的取值范围是$\left[\dfrac{1}{2},+\infty\right)$.

【例35 变式】

【解析】 (1)依题意 $e = \dfrac{c}{a} = \dfrac{2\sqrt{2}}{3}$，且 $2a + 2c = 6 + 4\sqrt{2}$，得 $a = 3, c = 2\sqrt{2}$，椭圆 M 的方程为 $\dfrac{x^2}{9} + y^2 = 1$.

(2)解法1：设直线
$$l: x = ty + m, A(x_1, y_1), B(x_2, y_2)$$
$$\overrightarrow{CA} = (x_1 - 3, y_1), \overrightarrow{CB} = (x_2 - 3, y_2), \overrightarrow{CA} \cdot \overrightarrow{CB} = 0$$

即 $(x_1 - 3)(x_2 - 3) + y_1 y_2 = 0$ 得
$$x_1 x_2 + y_1 y_2 - 3(x_1 + x_2) + 9 = 0, 将 x_1 = ty_1 + m, x_2 = ty_2 + m$$

代入得
$$(ty_1 + m)(ty_2 + m) + y_1 y_2 - 3[t(y_1 + y_2) + 2m] + 9 = 0$$

即 $\qquad (t^2 + 1) y_1 y_2 + t(m - 3)(y_1 + y_2) + m^2 - 6m + 9 = 0 \qquad (*)$

联立直线 l 与椭圆方程，可得 $\begin{cases} x = ty + m \\ x^2 + 9y^2 = 9 \end{cases}$，消去 x 建立关于 y 的一元二次方程：$(t^2 + 9) y^2 + 2mty + m^2 - 9 = 0$，由题意及韦达定理得

$$\begin{cases} \Delta = 4m^2 t^2 - 4(t^2 + 9)(m^2 - 9) > 0 \\ y_1 + y_2 = \dfrac{-2mt}{t^2 + 9} \\ y_1 y_2 = \dfrac{m^2 - 9}{t^2 + 9} \end{cases}$$

将上式代入 $(*)$ 得 $(t^2 + 1) \cdot \dfrac{m^2 - 9}{t^2 + 9} + t(m - 3) \cdot \dfrac{-2mt}{t^2 + 9} + m^2 - 6m + 9 = 0$，

即 $[(m + 3)(t^2 + 1) - 2mt^2 + (m - 3)(t^2 + 9)](m - 3) = 0$ 得 $(m - 3)(10m - 24) = 0$，故 $m = \dfrac{12}{5}$ 或 3(舍)，所以直线 l 的方程为 $x = ty + \dfrac{12}{5}$，则

$$S_{\triangle ABC} = \dfrac{1}{2} \times \left(3 - \dfrac{12}{5}\right) |y_1 - y_2| = \dfrac{3}{10} |y_1 - y_2|$$

$$= \dfrac{3}{10} \sqrt{(y_1 + y_2)^2 - 4 y_1 y_2} = \dfrac{3}{10} \sqrt{\dfrac{4m^2 t^2}{(t^2 + 9)^2} - \dfrac{4m^2 - 36}{t^2 + 9}} = \dfrac{9}{5} \dfrac{\sqrt{t^2 + \dfrac{81}{25}}}{t^2 + 9}$$

令 $\sqrt{t^2 + \dfrac{81}{25}} = S \geqslant \dfrac{9}{5}$，则 $S_{\triangle ABC} = \dfrac{9}{5} \cdot \dfrac{S}{S^2 + \dfrac{144}{25}} = \dfrac{9}{5} \cdot \dfrac{1}{S + \dfrac{144}{25S}}$，因为 $S + \dfrac{144}{25S} \geqslant$

$2\sqrt{S \cdot \dfrac{144}{25S}} = \dfrac{24}{5}$（当且仅当 $S = \dfrac{12}{5}$ 时取等号），所以 $S_{\triangle ABC} \leq \dfrac{9}{5} \times \dfrac{5}{24} = \dfrac{3}{8}$（此时 $t = \pm\dfrac{3\sqrt{7}}{5}$），故 $\triangle ABC$ 面积的最大值为 $\dfrac{3}{8}$。

解法 2：设 $A(x_1, y_1), B(x_2, y_2), AC: x = ty + 3, BC: x = -\dfrac{1}{t}y + 3$，联立直线 AC 的方程与椭圆的方程，得 $\begin{cases} x = ty + 3 \\ x^2 + 9y^2 = 9 \end{cases}$，消去 x 得 $(t^2 + 9)y^2 + 6ty = 0$. 由韦达定理得

$$\begin{cases} y_1 + y_2 = -\dfrac{6t}{t^2 + 9} \\ y_1 y_2 = 0 \end{cases}$$

$$|AC| = \sqrt{1 + t^2}\, |y_1 - y_2| = \sqrt{1 + t^2} \cdot \dfrac{|6t|}{t^2 + 9}$$

同理

$$|BC| = \sqrt{1 + \dfrac{1}{t^2}} \cdot \dfrac{6\left|-\dfrac{1}{t}\right|}{\dfrac{1}{t^2} + 9} = \dfrac{6\sqrt{1 + t^2}}{9t^2 + 1}$$

$$S_{\triangle ABC} = \dfrac{1}{2}|AC| \cdot |BC|$$

$$= \dfrac{1}{2}\sqrt{1 + t^2} \cdot \dfrac{|6t|}{t^2 + 9} \cdot \dfrac{6\sqrt{1 + t^2}}{9t^2 + 1} = \dfrac{18(1 + t^2)|t|}{(t^2 + 9)(9t^2 + 1)}$$

$$= \dfrac{18\left(|t| + \dfrac{1}{|t|}\right)}{\left(9|t| + \dfrac{1}{|t|}\right)\left(|t| + \dfrac{9}{|t|}\right)}$$

$$= \dfrac{18\left(|t| + \dfrac{1}{|t|}\right)}{9\left(|t|^2 + \dfrac{1}{|t|^2}\right) + 82} = \dfrac{18\left(|t| + \dfrac{1}{|t|}\right)}{9\left(|t| + \dfrac{1}{|t|}\right)^2 + 64}$$

$$= \dfrac{18}{9\left(|t| + \dfrac{1}{|t|}\right) + \dfrac{64}{|t| + \dfrac{1}{|t|}}}$$

因为 $9\left(|t| + \dfrac{1}{|t|}\right) + \dfrac{64}{|t| + \dfrac{1}{|t|}} \geq 2\sqrt{9 \times 64} = 48$（当且仅当 $|t| + \dfrac{1}{|t|} = \dfrac{8}{3}$ 时

取等号).

所以 $S_{\triangle ABC} \leqslant \dfrac{18}{48} = \dfrac{3}{8}$,故 $\triangle ABC$ 面积的最大值为 $\dfrac{3}{8}$.

【例36 变式】

【解析】 (1)依题意,设抛物线 C 的方程为 $y^2 = ax(a \neq 0)$. 由抛物线 C 经过点 $P(1,2)$,得 $a = 4$,所以抛物线 C 的方程为 $y^2 = 4x$.

(2)因为 $|PM| = |PN|$,所以 $\angle PMN = \angle PNM$,所以直线 PA 与 PB 的倾斜角互补,所以 $k_{PA} + k_{PB} = 0$. 依题意,直线 AP 的斜率存在,设直线 AP 的方程为: $y - 2 = k(x - 1)(k \neq 0)$,将其代入抛物线 C 的方程,整理得 $k^2 x^2 - 2(k^2 - 2k + 2)x + k^2 - 4k + 4 = 0$. 设 $A(x_1, y_1)$,则 $y_1 = k(x_1 - 1) + 2 = \dfrac{4}{k} - 2$,所以 $A\left(\dfrac{(k-2)^2}{k^2}, \dfrac{4}{k} - 2\right)$. 以 $-k$ 替换点 A 坐标中的 k,得 $B\left(\dfrac{(k+2)^2}{k^2}, -\dfrac{4}{k} - 2\right)$. 所以

$$k_{AB} = \dfrac{\dfrac{4}{k} - \left(-\dfrac{4}{k}\right)}{\dfrac{(k-2)^2}{k^2} - \dfrac{(k+2)^2}{k^2}} = -1.$$

所以直线 AB 的斜率为 -1.

达标训练题解析

1. D 【解析】 依题意 $\dfrac{b}{a} > 2$,得 $\dfrac{c}{a} = \sqrt{1 + \dfrac{b^2}{a^2}} > \sqrt{5}$. 故选 D.

2. B 【解析】 设过点 $F(1,0)$ 且倾斜角为 $60°$ 的直线方程为 $y = \sqrt{3}(x - 1)$,$A(x_1, y_1)$,$B(x_2, y_2)$,且 $x_1 > x_2$. 联立直线 AB 的方程与抛物线得 $\begin{cases} y = \sqrt{3}(x - 1) \\ y^2 = 4x \end{cases}$,消去 y 得 $3x^2 - 10x + 3 = 0$,解得 $x_1 = 3$,$x_2 = \dfrac{1}{3}$,$|AF| = x_1 + 1 = 4$,故选 B.

评注 利用 $|AF| = \dfrac{p}{1 - \cos \alpha}$ 求解较简捷.

3. A 【解析】 设过点 $P(0,2)$ 的直线 l 的方程为 $y = kx + 2$,$A(x_1, y_1)$,$B(x_2, y_2)$,$P(x, y)$,$\begin{cases} y = kx + 2 \\ y^2 = 4x \end{cases}$,消 y 得 $k^2 x^2 + (4k - 4)x + 4 = 0$,$\Delta = (4k - 4)^2 - 16k^2 = -32k + 16 > 0$,$k < \dfrac{1}{2}$,$x_1 + x_2 = -\dfrac{4k - 4}{k^2}$,$x_1 x_2 = \dfrac{4}{k^2}$. 弦 AB 的中点坐标为 $\left(\dfrac{x_1 + x_2}{2}, \dfrac{y_1 + y_2}{2}\right) = \left(\dfrac{2 - 2k}{k^2}, \dfrac{2}{k}\right)$,令 $x = \dfrac{2 - 2k}{k^2}$,$y = \dfrac{2}{k}$,消 k 得弦 AB 的中点 M 的

119

方程为 $y^2-2y-2x=0(y<0$ 或 $y>4)$. 故选 A.

评注 利用点差法 $k=\dfrac{p}{y}=\dfrac{y-2}{x}$ 求解较简捷, 体现算两次的思想.

4. D 【解析】 依题意, 设弦所在直线 l 与椭圆相交于 $P(x_1,y_1),Q(x_2,y_2)$, $k_{OA}\cdot k_{PQ}=-\dfrac{b^2}{a^2}=-\dfrac{1}{4}$, $k_{PQ}=\dfrac{-\dfrac{1}{4}}{\dfrac{1}{2}}=-\dfrac{1}{2}$, 所以直线 PQ 所在的方程为 $y-2=-\dfrac{1}{2}(x-4)$, 即 $x+2y-8=0$, 故选 D.

5. D 【解析】 设 $A(x_0,y_0),B(-x_0,-y_0),P(x_1,y_1)$, $k_{PA}=\dfrac{y_1-y_0}{x_1-x_0}$, $k_{PB}=\dfrac{y_1+y_0}{x_1+x_0}$, $k_{PA}\cdot k_{PB}=\dfrac{y_1^2-y_0^2}{x_1^2-x_0^2}=\dfrac{2}{3}$, 将 A,P 两点的坐标代入到双曲线方程 $\dfrac{x^2}{a^2}-\dfrac{y^2}{b^2}=1$ 中得 $\begin{cases}\dfrac{x_1^2}{a^2}-\dfrac{y_1^2}{b^2}=1\\ \dfrac{x_0^2}{a^2}-\dfrac{y_0^2}{b^2}=1\end{cases}$, 两式相减得 $\dfrac{x_1^2-x_0^2}{a^2}=\dfrac{y_1^2-y_0^2}{b^2}$, 即 $\dfrac{y_1^2-y_0^2}{x_1^2-x_0^2}=\dfrac{b^2}{a^2}=\dfrac{2}{3}$, 因此 $e^2=\dfrac{c^2}{a^2}=1+\dfrac{b^2}{a^2}=\dfrac{5}{3}$, 所以 $e=\dfrac{\sqrt{15}}{3}$, 故选 D.

评注 利用重要结论 $k_0\cdot k=\dfrac{b^2}{a^2}=e^2-1$ 求解较简捷.

6. $\dfrac{\sqrt{3}}{2}$ 【解析】 $A(x_1,y_1),B(x_2,y_2),AB$ 的中点 $P(x_0,y_0)$, $k_{OP}\cdot k_l=-\dfrac{\sqrt{3}}{2}=\dfrac{y_1+y_2}{x_1+x_2}\cdot\dfrac{y_1-y_2}{x_1-x_2}=\dfrac{y_1^2-y_2^2}{x_1^2-x_2^2}$, 将 A,B 两点的坐标代入到 $ax^2+by^2=1$ 中, 得 $\begin{cases}ax_1^2+by_1^2=1\\ ax_2^2+by_2^2=1\end{cases}$, 即 $a(x_1^2-x_2^2)+b(y_1^2-y_2^2)=0$, 得 $\dfrac{y_1^2-y_2^2}{x_1^2-x_2^2}=-\dfrac{a}{b}=-\dfrac{\sqrt{3}}{2}$, 所以 $\dfrac{a}{b}=\dfrac{\sqrt{3}}{2}$.

7. 32 【解析】 设过点 $P(4,0)$ 的直线方程为 $x=ty+4$, $\begin{cases}x=ty+4\\ y^2=4x\end{cases}$, 得 $y^2=4ty+16$, 即 $y^2-4ty-16=0$, $y_1+y_2=4t$, $y_1y_2=-16$, $y_1^2+y_2^2=(y_1+y_2)^2-2y_1y_2=16t^2+32\geq 32$, 所以 $y_1^2+y_2^2$ 的最小值是 32.

8. -3 或 $-\dfrac{1}{3}$ 【解析】 设 $A(x_1,y_1),B(x_2,y_2)$,联立直线 l 与抛物线方程得 $\begin{cases} y=x+m \\ y^2=2px \end{cases}$,消去 y 得

$$\begin{cases} x^2+(2m-2p)x+m^2=0 \\ \Delta=4(m-p)^2-4m^2>0 \\ x_1+x_2=2p-2m \\ x_1x_2=m^2 \end{cases} \quad (*)$$

且 $x_1+x_2=2p-2m=10$,抛物线 $y^2=2px(p>0)$ 的焦点 $\left(\dfrac{p}{2},0\right)$ 到直线 $l:y=x+m$ 的距离 $d=\dfrac{\left|\dfrac{p}{2}+m\right|}{\sqrt{2}}=\sqrt{2}$,即 $\left|\dfrac{p}{2}+m\right|=2$.

由 $\begin{cases} p-m=5 \\ \left|\dfrac{p}{2}+m\right|=2 \end{cases} \Rightarrow \begin{cases} p=\dfrac{14}{3} \\ m=-\dfrac{1}{3} \end{cases}$ 或 $\begin{cases} p=2 \\ m=-3 \end{cases}$,上述结果均满足式($*$),因此 $m=-3$ 或 $m=-\dfrac{1}{3}$.

9.【解析】 (1)设 $A(x_1,y_1),B(x_2,y_2)$,则 $x_1\neq x_2,y_1=\dfrac{x_1^2}{4},y_2=\dfrac{x_2^2}{4},x_1+x_2=4$,于是直线 AB 的斜率 $k=\dfrac{y_1-y_2}{x_1-x_2}=\dfrac{x_1+x_2}{4}=1$.

(2)由 $y=\dfrac{x^2}{4}$,得 $y'=\dfrac{x}{2}$.设 $M(x_3,y_3)$,由题设知 $\dfrac{x_3}{2}=1$,解得 $x_3=2$,于是 $M(2,1)$.设直线 AB 的方程为 $y=x+m$,故线段 AB 的中点为 $N(2,2+m)$,$|MN|=|m+1|$.将 $y=x+m$ 代入 $y=\dfrac{x^2}{4}$ 得 $x^2-4x-4m=0$.当 $\Delta=16(m+1)>0$,即 $m>-1$ 时,$x_{1,2}=2\pm 2\sqrt{m+1}$.从而 $|AB|=\sqrt{2}|x_1-x_2|=4\sqrt{2(m+1)}$.由题设知 $|AB|=2|MN|$,即 $4\sqrt{2(m+1)}=2(m+1)$,解得 $m=7$.所以直线 AB 的方程为 $y=x+7$.

10.【解析】 (1)设 $A(x_1,y_1),B(x_2,y_2),l:x=my+2$.由 $\begin{cases} x=my+2 \\ y^2=2x \end{cases}$,可得 $y^2-2my-4=0$,则 $y_1y_2=-4$.又 $x_1=\dfrac{y_1^2}{2},x_2=\dfrac{y_2^2}{2}$,故 $x_1x_2=\dfrac{(y_1y_2)^2}{4}=4$.因此

OA 的斜率与 OB 的斜率之积为 $\dfrac{y_1}{x_1} \cdot \dfrac{y_2}{x_2} = \dfrac{-4}{4} = -1$，所以 $OA \perp OB$. 故坐标原点 O 在圆 M 上.

(2) 由(1)可得 $y_1+y_2=2m$, $x_1+x_2=m(y_1+y_2)+4=2m^2+4$. 故圆心 M 的坐标为 (m^2+2,m), 圆 M 的半径 $r=\sqrt{(m^2+2)^2+m^2}$. 由于圆 M 过点 $P(4,-2)$，因此 $\overrightarrow{AP} \cdot \overrightarrow{BP} = 0$, 故 $(x_1-4)(x_2-4)+(y_1+2)(y_2+2)=0$, 即 $x_1 x_2 - 4(x_1+x_2)+y_1 y_2 + 2(y_1+y_2)+20=0$. 由(1)可得 $y_1 y_2 = -4$, $x_1 x_2 = 4$, 所以 $2m^2-m-1=0$, 解得 $m=1$ 或 $m=-\dfrac{1}{2}$. 当 $m=1$ 时, 直线 l 的方程为 $x-y-2=0$, 圆心 M 的坐标为 $(3,1)$, 圆 M 的半径为 $\sqrt{10}$, 圆 M 的方程为 $(x-3)^2+(y-1)^2=10$. 当 $m=-\dfrac{1}{2}$ 时, 直线 l 的方程 $2x+y-4=0$, 圆心 M 的坐标为 $\left(\dfrac{9}{4},-\dfrac{1}{2}\right)$, 圆 M 的半径为 $\dfrac{\sqrt{85}}{4}$, 圆 M 的方程为 $\left(x-\dfrac{9}{4}\right)^2+\left(y+\dfrac{1}{2}\right)^2=\dfrac{85}{16}$.

第 2 节 离心率的探究

一、求圆锥曲线离心率

求离心率问题的关键是灵活地应用椭圆和双曲线的定义构造出方程即可求解，一般是依据题设寻求一个关于 a,b,c 的等量关系，再利用 a,b,c 的关系消去 b，得到关于 a,c 的等式，再转化为关于离心率 e 的方程，解方程求出 e 的值，最后根据椭圆或双曲线的离心率的取值范围，给出离心率的值.

1. 根据题设条件求出 a,b,c 的等量关系.

【例1】 已知双曲线 $E: \dfrac{x^2}{a^2} - \dfrac{y^2}{b^2} = 1$ ($a>0, b>0$)，若矩形 $ABCD$ 的四个顶点在双曲线 E 上，AB,CD 的中点分别为 E 的两个焦点，且 $2|AB|=3|BC|$，则 E 的离心率是_____.

【解析】 由题意，$|BC|=2c$, 又因为 $2|AB|=3|BC|$, 则 $|AB|=3c$, 又因为 AB 为通径，所以 $2\dfrac{2b^2}{a}=3 \cdot 2c$, 所以 $2b^2=3ac$, 得双曲线 E 的离心率为 $e=\dfrac{c}{a}=2$.

【例2】 过双曲线 $\dfrac{x^2}{a^2} - \dfrac{y^2}{b^2} = 1 (a>0, b>0)$ 的一个焦点作实轴的垂线，交双

圆锥曲线的奥秘

曲线于 A,B 两点,若线段 AB 的长度恰等于焦距,则双曲线的离心率为（ ）

A. $\dfrac{\sqrt{5}+1}{2}$ B. $\dfrac{\sqrt{10}}{2}$ C. $\dfrac{\sqrt{17}+1}{4}$ D. $\dfrac{\sqrt{22}}{2}$

【解析】 不妨设 $A(c,y_0)$,代入双曲线 $\dfrac{x^2}{a^2}-\dfrac{y^2}{b^2}=1$,可得 $y_0=\pm\dfrac{b^2}{a}$. 因为线段 AB 的长度恰等于焦距,所以 $\dfrac{2b^2}{a}=2c,c^2-a^2=ac,e^2-e-1=0$,因为 $e>1$,所以 $e=\dfrac{\sqrt{5}+1}{2}$. 故选 A.

【例3】 已知双曲线 $\dfrac{x^2}{9}-\dfrac{y^2}{b^2}=1(b>0)$,过其右焦点 F 作圆 $x^2+y^2=9$ 的两条切线,切点记作 C,D,双曲线的右顶点为 E,$\angle CED=150°$,其双曲线的离心率为 （ ）

A. $\dfrac{2\sqrt{3}}{9}$ B. $\dfrac{3}{2}$ C. $\sqrt{3}$ D. $\dfrac{2\sqrt{3}}{3}$

【解析】 由题意 $a=3$,易得 $OE=OD$,$\angle CEO=\angle OCE=75°$,所以 $\angle COE=30°$,在 Rt$\triangle OCF$ 中,$\dfrac{OC}{OF}=\dfrac{3}{\sqrt{9+b^2}}=\cos 30°\Rightarrow b^2=3\Rightarrow c^2=12\Rightarrow e=\dfrac{c}{a}=\dfrac{2\sqrt{3}}{3}$. 故选 D.

【例4】 (2010·全国卷1理)已知 F 是椭圆 C 的一个焦点,B 是短轴的一个端点,线段 BF 的延长线交椭圆 C 于点 D,且 $\overrightarrow{BF}=2\overrightarrow{FD}$,则 C 的离心率为_____.

【解析】 设椭圆的标准方程为 $\dfrac{x^2}{a^2}+\dfrac{y^2}{b^2}=1(a>b>0)$,不妨设 B 为上顶点,F 为右焦点,设 $D(x,y)$. 由 $\overrightarrow{BF}=2\overrightarrow{FD}$,得 $(c,-b)=2(x-c,y)$,即 $\begin{cases}c=2(x-c)\\-b=2y\end{cases}$,解得 $\begin{cases}x=\dfrac{3c}{2}\\y=-\dfrac{b}{2}\end{cases}$,$D\left(\dfrac{3c}{2},-\dfrac{b}{2}\right)$. 由 D 在椭圆上得：$\dfrac{\left(\dfrac{3}{2}c\right)^2}{a^2}+\dfrac{\left(-\dfrac{b}{2}\right)^2}{b^2}=1$,所以 $\dfrac{c^2}{a^2}=\dfrac{1}{3}$,所以 $e=\dfrac{c}{a}=\dfrac{\sqrt{3}}{3}$.

【例5】 过点 $M(1,1)$ 作斜率为 $-\dfrac{1}{2}$ 的直线与椭圆 $C:\dfrac{x^2}{a^2}+\dfrac{y^2}{b^2}=1(a>b>0)$ 相交于 A,B,若 M 是线段 AB 的中点,则椭圆 C 的离心率为_____.

【解析】 由点差法得：$k_{AB} \cdot k_{OM} = -\dfrac{b^2}{a^2}$，即 $\dfrac{b^2}{a^2} = \dfrac{1}{2}$，所以 $e = \dfrac{\sqrt{2}}{2}$.

2. 利用圆锥曲线的定义求离心率.

【例6】 如图1，已知抛物线 $y^2 = 2px(p>0)$ 的焦点恰好是椭圆 $\dfrac{x^2}{a^2} + \dfrac{y^2}{b^2} = 1(a>b>0)$ 的右焦点 F，且这两条曲线交点的连线过点 F，则该椭圆的离心率为_____.

【解析】 如图1，设 F' 为椭圆的左焦点，椭圆与抛物线在 x 轴上方的交点为 A，联结 AF'，所以 $|FF'| = 2c = p$，因为 $|AF| = p$，所以 $|AF'| = \sqrt{2}p$.

因为 $|AF'| + |AF| = 2a$，所以 $2a = \sqrt{2}p + p$，所以 $e = \dfrac{c}{a} = \sqrt{2} - 1$.

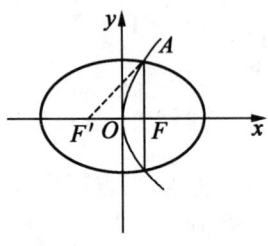

图1

评注 如果将椭圆改为双曲线，其他条件不变，不难得出离心率 $e = \sqrt{2} + 1$.

【例7】 椭圆 $\dfrac{x^2}{a^2} + \dfrac{y^2}{b^2} = 1(a>b>0)$ 上一点 A 关于原点的对称点为 B，F 为其左焦点，若 $AF \perp BF$，设 $\angle ABF = \dfrac{\pi}{6}$，则该椭圆的离心率为 （　　）

A. $\dfrac{\sqrt{2}}{2}$ B. $\sqrt{3} - 1$ C. $\dfrac{\sqrt{3}}{3}$ D. $1 - \dfrac{\sqrt{3}}{2}$

【解析】 取椭圆右焦点为 M，联结 AM,BM，由椭圆对称性，以及 $AF \perp BF$ 知四边形 $AFBM$ 为矩形，由 $\angle ABF = \dfrac{\pi}{6}$，得 $|AF| = c$，$|AM| = \sqrt{3}c$，由椭圆定义知 $|AF| + |AM| = 2a$，$\sqrt{3}c + c = 2a$，所以 $e = \sqrt{3} - 1$. 故选 B.

【例8】 椭圆 $\dfrac{x^2}{a^2} + \dfrac{y^2}{b^2} = 1(a>b>0)$ 的两个焦点分别为 F_1, F_2，以 F_1, F_2 为边作正三角形，若椭圆恰好平分三角形的另两边，则椭圆的离心率 e 为（　　）

A. $\dfrac{\sqrt{3}+1}{2}$ B. $\sqrt{3} - 1$ C. $4(2-\sqrt{3})$ D. $\dfrac{\sqrt{3}+2}{4}$

【分析】 点 A 在椭圆外，找 a,b,c 的关系应借助椭圆的性质，所以取 AF_2 的中点 B，联结 BF_1，把已知条件放在椭圆内，构造 $\triangle F_1BF_2$，分析三角形的各边长及关系.

【解析】 设点 P 为椭圆上且平分正三角形一边的点,如图 2.

由平面几何知识可得 $|PF_2|:|PF_1|:|F_1F_2|=1:\sqrt{3}:2$.

所以由椭圆的定义及 $e=\dfrac{c}{a}$ 得: $e=\dfrac{2c}{2a}=\dfrac{|F_1F_2|}{|PF_1|+|PF_2|}=\dfrac{2}{\sqrt{3}+1}=\sqrt{3}-1$,故选 B.

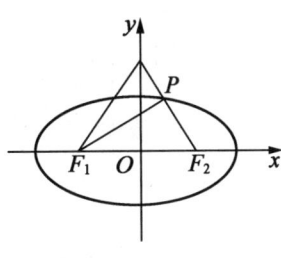

图 2

拓展 椭圆 $\dfrac{x^2}{a^2}+\dfrac{y^2}{b^2}=1(a>b>0)$ 的两焦点为 F_1,F_2,点 P 在椭圆上,使 $\triangle OPF_1$ 为正三角形,求椭圆离心率.

【解析】 联结 PF_2,则 $|OF_2|=|OF_1|=|OP|$,$\angle F_1PF_2=90°$,$e=\sqrt{3}-1$.

评注 构造焦点三角形,通过各边的几何意义及关系,推导有关 a 与 c 的方程式,推导离心率.

【例9】 F_1,F_2 是双曲线 $C:\dfrac{x^2}{a^2}-\dfrac{y^2}{b^2}=1(a,b>0)$ 的左、右焦点,过左焦点 F_1 的直线 l 与双曲线 C 的左、右两支分别交于 A,B 两点,若 $|AB|:|BF_2|:|AF_2|=3:4:5$,则双曲线的离心率是 （　　）

A. $\sqrt{3}$　　　　B. $\sqrt{15}$　　　　C. 2　　　　D. $\sqrt{13}$

【解析】 在 $\triangle ABF_2$ 中,根据题意可设
$|AB|=3t,|BF_2|=4t,|AF_2|=5t(t>0)$

因为 $|AB|^2+|BF_2|^2=|AF_2|^2$,所以 $\triangle ABF_2$ 为直角三角形. 设 $|AF_1|=m$,由双曲线的定义知 $|BF_1|-|BF_2|=|AF_2|-|AF_1|$,即 $3t+m-4t=5t-m$,所以 $m=3t$.

所以 $2a=|AF_2|-|AF_1|=5t-3t=2t$. 在 $\mathrm{Rt}\triangle BF_1F_2$ 中,$|F_1F_2|=\sqrt{|BF_1|^2+|BF_2|^2}=\sqrt{(6t)^2+(4t)^2}=2\sqrt{13}t$,所以 $e=\dfrac{c}{a}=\sqrt{13}$,故选 D.

【例10】 (2007·全国卷 2 理)设 F_1,F_2 分别是双曲线 $\dfrac{x^2}{a^2}-\dfrac{y^2}{b^2}$ 的左、右焦点,若双曲线上存在点 A,使 $\angle F_1AF_2=90°$,且 $|AF_1|=3|AF_2|$,则双曲线的离心率为 （　　）

A. $\dfrac{\sqrt{5}}{2}$　　　　B. $\dfrac{\sqrt{10}}{2}$　　　　C. $\dfrac{\sqrt{15}}{2}$　　　　D. $\sqrt{5}$

【解析】 $\begin{cases} |AF_1| - |AF_2| = 2|AF_2| = 2a \\ |AF_1|^2 + |AF_2|^2 = (2c)^2 \end{cases} \Rightarrow a = \dfrac{2c}{\sqrt{10}} \Rightarrow e = \dfrac{\sqrt{10}}{2}$,故选 B.

3. 数形结合,偷梁换柱.

【例 11】 已知抛物线 $y^2 = 4x$ 的准线与双曲线 $\dfrac{x^2}{a^2} - \dfrac{y^2}{4} = 1$ 交于 A,B 两点,点 F 为抛物线的焦点,若 $\triangle FAB$ 为正三角形,则双曲线的离心率是_____.

【解析】 根据已知条件画出图形(如图 3),$\triangle FAB$ 为正三角形,且抛物线的准线为 $x = -1$. 在 $\text{Rt}\triangle AKF$ 中,$\angle AFK = 30°$,$|KF| = 2$.

所以 $|AK| = |KF|\tan 30° = \dfrac{2\sqrt{3}}{3}$,故 $A\left(-1, \dfrac{2\sqrt{3}}{3}\right)$. 又点 A 在双曲线上,所以 $\dfrac{1}{a^2} - \dfrac{\left(\dfrac{2\sqrt{3}}{3}\right)^2}{4} = 1$,解得 $a^2 = \dfrac{3}{4}$,又 $b^2 = 4$,故 $c^2 = a^2 + b^2 = \dfrac{19}{4}$,故双曲线离心率 $e = \dfrac{c}{a} = \dfrac{\sqrt{19}}{2} \div \dfrac{\sqrt{3}}{2} = \dfrac{\sqrt{57}}{3}$.

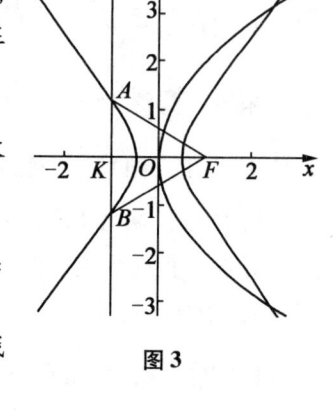

图 3

【例 12】 双曲线 $\dfrac{x^2}{a^2} - \dfrac{y^2}{b^2} = 1$ 的两焦点分别是 F_1,F_2,以 F_1F_2 为边作等边三角形,若双曲线恰好平分三角形的另两边,求双曲线的离心率.

【解析】 不妨设所作等边三角形的第三个顶点 M 在 y 轴正半轴上,如图 4 所示.

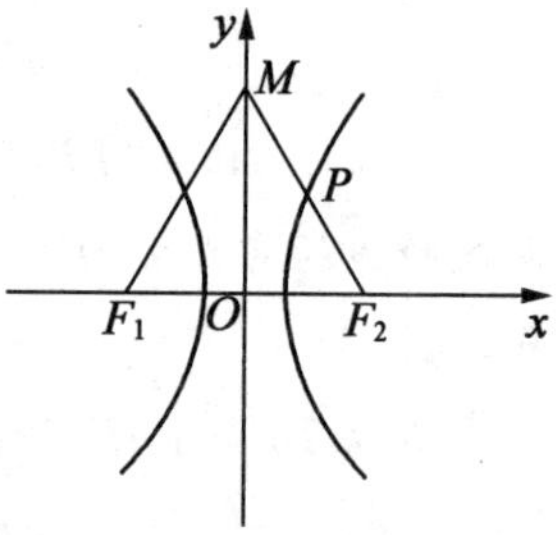

设双曲线的半焦距为 c,则等边三角形的边长为 $2c$.

所以 M 的坐标为 $(0, \sqrt{3}c)$,则 MF_2 的中点 $P\left(\dfrac{c}{2}, \dfrac{\sqrt{3}c}{2}\right)$ 在双曲线上,将点 P 的坐标代入双曲线方程 $\dfrac{x^2}{a^2} - \dfrac{y^2}{b^2} = 1$,得 $\dfrac{c^2}{4a^2} - \dfrac{3c^2}{4b^2} = 1$,即 $\dfrac{c^2}{a^2} - \dfrac{3c^2}{b^2} = 4$,$\dfrac{c^2}{a^2} - 4 = \dfrac{3c^2}{b^2}$,$e^2 - 4 = \dfrac{3c^2}{b^2}$,$\dfrac{1}{e^2 - 4} = \dfrac{b^2}{3c^2}$,$\dfrac{1}{e^2 - 4} = \dfrac{c^2 - a^2}{3c^2} = \dfrac{e^2 - 1}{3e^2}$,所以 $3e^2 = (e^2 - 4)(e^2 - 1)$,$e^4 - 8e^2 = 0$,$e^2 = 4 \pm 2\sqrt{3}$,$e = \sqrt{3} \pm 1$,又 $e > 1$,所以 $e = \sqrt{3} + 1$.

图 4

第二章　圆锥曲线综合问题

【例13】（2012·全国新课标）设F_1，F_2是椭圆$E:\dfrac{x^2}{a^2}+\dfrac{y^2}{b^2}=1(a>b>0)$的左、右焦点，$P$为直线$x=\dfrac{3a}{2}$上一点，$\triangle F_1PF_2$是底角为$30°$的等腰三角形，则$E$的离心率为　　　　（　　）

A. $\dfrac{1}{2}$　　　B. $\dfrac{2}{3}$　　　C. $\dfrac{3}{4}$　　　D. $\dfrac{4}{5}$

【解析】　$\triangle F_1PF_2$是底角为$30°$的等腰三角形$\Rightarrow|PF_2|=|F_2F_1|=2(\dfrac{3}{2}a-c)=2c$，则$e=\dfrac{c}{a}=\dfrac{3}{4}$. 故选C.

【例14】　在平面直角坐标系xOy中，设F_1，F_2分别为双曲线$C:\dfrac{x^2}{a^2}-\dfrac{y^2}{b^2}=1(a>b,b>0)$的左、右焦点，$P$是双曲线左支上一点，$M$是$PF_1$的中点，且$OM\perp PF_1$，$2|PF_1|=|PF_2|$，则双曲线的离心率为（　　）

A. $\sqrt{6}$　　　B. $\sqrt{5}$
C. 2　　　D. $\sqrt{3}$

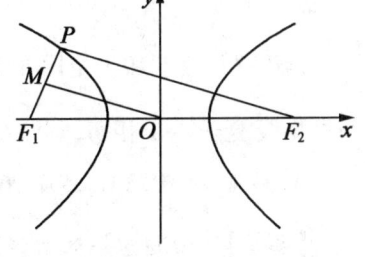

图5

【解析】　如图5所示，P为双曲线左支上的一点，则由双曲线的定义可得，$|PF_2|-|PF_1|=2a$.

由$|PF_2|=2|PF_1|$，则$|PF_2|=4a$，$|PF_1|=2a$，因为M是PF_1的中点，且$OM\perp PF_1$.

所以由$\triangle PF_1F_2$为直角三角形，则$|PF_2|^2+|PF_1|^2=|F_1F_2|^2$，所以$5a^2=c^2$，即有$e=\sqrt{5}$.

故选B.

【例15】　设F_1，F_2分别是椭圆$\dfrac{x^2}{a^2}+\dfrac{y^2}{b^2}=1(a>b>0)$的左、右焦点，过$F_2$的直线交椭圆于$P$，$Q$两点，若$\angle F_1PQ=60°$，$|PF_1|=|PQ|$，则椭圆的离心率为（　　）

A. $\dfrac{1}{3}$　　　B. $\dfrac{2}{3}$　C. $\dfrac{2\sqrt{3}}{3}$　D. $\dfrac{\sqrt{3}}{3}$

【解析】　由条件$|PF_1|=|PQ|$知$PQ\perp x$轴，而$\angle F_1PQ=60°$，所以$\triangle F_1PQ$

为等边三角形,而周长为 $4a$,所以等边三角形的边长为 $\dfrac{4a}{3}$,在 Rt$\triangle PF_1F_2$ 中,$|PF_1|=\dfrac{4a}{3},|PF_2|=\dfrac{2a}{3},|F_1F_2|=2c$,所以 $\left(\dfrac{4a}{3}\right)^2-\left(\dfrac{2a}{3}\right)^2=(2c)^2$,即 $a^2=3c^2$,所以 $e^2=\dfrac{c^2}{a^2}=\dfrac{1}{3}$,故 $e=\dfrac{\sqrt{3}}{3}$. 故选 D.

4.借助双曲线的渐近线求离心率.

【例16】 在平面直角坐标系 xOy 中,双曲线的中心在原点,焦点在 y 轴上,一条渐近线的方程为 $x-2y=0$,则它的离心率为 ( )

A. $\sqrt{5}$ B. $\dfrac{\sqrt{5}}{2}$ C. $\sqrt{3}$ D. 2

【解析】 由 $x-2y=0$,得 $y=\dfrac{1}{2}x$,所以 $\dfrac{a}{b}=\dfrac{1}{2}$,设 $a=k,b=2k$,则 $c=\sqrt{5}k$,$e=\dfrac{c}{a}=\sqrt{5}$,故选 A.

【例17】 (2019·全国卷Ⅰ)设双曲线 $\dfrac{x^2}{a^2}-\dfrac{y^2}{b^2}=1(a>0,b>0)$ 的渐近线与抛物线 $y=x^2+1$ 相切,则该双曲线的离心率等于 ( )

A. $\sqrt{3}$ B. 2   C. $\sqrt{5}$ D. $\sqrt{6}$

【解析】 由题意知双曲线 $\dfrac{x^2}{a^2}-\dfrac{y^2}{b^2}=1(a>0,b>0)$ 的一条渐近线方程为 $y=\dfrac{b}{a}x$,代入抛物线方程整理得 $ax^2-bx+a=0$,因渐近线与抛物线相切,所以 $b^2-4a^2=0$,即 $c^2=5a^2$,所以 $e=\sqrt{5}$,故选 C.

【例18】 点 A 是抛物线 $C_1:y^2=2px(p>0)$ 与双曲线 $C_2:\dfrac{x^2}{a^2}-\dfrac{y^2}{b^2}=1(a>0,b>0)$ 的一条渐近线的交点(异于原点),若点 A 到抛物线 C_1 的准线的距离为 p,则双曲线 C_2 的离心率等于 ( )

A. $\sqrt{2}$ B. 2   C. $\sqrt{5}$ D. 4

【解析】 因为点 A 到抛物线 C_1 的准线的距离为 p,所以 $A\left(\dfrac{p}{2},p\right)$ 适合 $y=\dfrac{b}{a}x$,所以 $\dfrac{b^2}{a^2}=4,e=\sqrt{5}$. 故选 C.

【例19】 (2019·浙江理)过双曲线 $\dfrac{x^2}{a^2}-\dfrac{y^2}{b^2}=1(a>0,b>0)$ 的右顶点 A

作斜率为 -1 的直线,该直线与双曲线的两条渐近线的交点分别为 B,C. 若 $\vec{AB}=\dfrac{1}{2}\vec{BC}$,则双曲线的离心率是 ( )

A. $\sqrt{2}$　　B. $\sqrt{3}$　C. $\sqrt{5}$　D. $\sqrt{10}$

【解析】 对于 $A(a,0)$,则直线方程为 $x+y-a=0$,直线与两渐近线的交点为 B,C,$B\left(\dfrac{a^2}{a+b},\dfrac{ab}{a+b}\right)$,$C\left(\dfrac{a^2}{a-b},-\dfrac{ab}{a-b}\right)$,则有 $\vec{BC}=\left(\dfrac{2a^2b}{a^2-b^2},-\dfrac{2a^2b}{a^2-b^2}\right)$,$\vec{AB}=\left(-\dfrac{ab}{a+b},\dfrac{ab}{a+b}\right)$,因为 $2\vec{AB}=\vec{BC}$,所以 $4a^2=b^2$,$e=\sqrt{5}$. 故选 C.

【例20】 (2010·辽宁理数)设双曲线的一个焦点为 F,虚轴的一个端点为 B,如果直线 FB 与该双曲线的一条渐近线垂直,那么此双曲线的离心率为 ( )

A. $\sqrt{2}$　　B. $\sqrt{3}$　C. $\dfrac{\sqrt{3}+1}{2}$　D. $\dfrac{\sqrt{5}+1}{2}$

【解析】 设双曲线方程为 $\dfrac{x^2}{a^2}-\dfrac{y^2}{b^2}=1(a>0,b>0)$,则 $F(c,0)$,$B(0,b)$,直线 $FB:bx+cy-bc=0$ 与渐近线 $y=\dfrac{b}{a}x$ 垂直,所以 $-\dfrac{b}{c}\cdot\dfrac{b}{a}=-1$,即 $b^2=ac$. 所以 $c^2-a^2=ac$,即 $e^2-e-1=0$,所以 $e=\dfrac{1+\sqrt{5}}{2}$ 或 $e=\dfrac{1-\sqrt{5}}{2}$(舍去). 故选 D.

5. 运用正、余弦定理解决图形中的三角形.

【例21】 在 $\triangle ABC$ 中,$AB=BC$,$\cos B=-\dfrac{7}{18}$. 若以 A,B 为焦点的椭圆经过点 C,则该椭圆的离心率 $e=$ _____.

【解析】 设 $AB=BC=1$,$\cos B=-\dfrac{7}{18}$,则 $AC^2=AB^2+BC^2-2AB\cdot BC\cdot\cos B=\dfrac{25}{9}$,$AC=\dfrac{5}{3}$,$2a=1+\dfrac{5}{3}=\dfrac{8}{3}$,$2c=1$,$e=\dfrac{2c}{2a}=\dfrac{3}{8}$.

【例22】 椭圆 $\dfrac{x^2}{a^2}+\dfrac{y^2}{b^2}=1(a>b>0)$,$A$ 是左顶点,F 是右焦点,B 是短轴的一个顶点,$\angle ABF=90°$,求椭圆的离心率.

【解析】 $|AO|=a$,$|OF|=c$,$|BF|=a$,$|AB|=\sqrt{a^2+b^2}$,$a^2+b^2+a^2=(a+c)^2=a^2+2ac+c^2$,$a^2-c^2-ac=0$,两边同除以 a^2,$e^2+e-1=0$,$e=\dfrac{-1+\sqrt{5}}{2}$ 或 $\dfrac{-1-\sqrt{5}}{2}$(舍).

拓展 椭圆 $\dfrac{x^2}{a^2}+\dfrac{y^2}{b^2}=1(a>b>0)$，$e=\dfrac{-1+\sqrt{5}}{2}$，$A$ 是左顶点，F 是右焦点，B 是短轴的一个顶点，求 $\angle ABF$.

【分析】 此题是上一题的条件与结论的互换，解题中分析各边，由余弦定理解决角的问题. 答案是 $90°$.

评注 此类 $e=\dfrac{\sqrt{5}-1}{2}$ 的椭圆为优美椭圆.

由上，可得性质：

(1) $\angle ABF=90°$.

(2) 假设下端点为 B_1，则 $ABFB_1$ 四点共圆.

(3) 焦点与相应准线之间的距离等于长半轴长.

总结：焦点三角形以外的三角形的处理方法根据几何意义，找各边的表示，结合解斜三角形公式，列出有关 e 的方程式.

【例23】 椭圆 $\dfrac{x^2}{a^2}+\dfrac{y^2}{b^2}=1(a>b>0)$，过左焦点 F_1 且倾斜角为 $60°$ 的直线交椭圆于 A,B 两点，若 $|F_1A|=2|BF_1|$，求椭圆的离心率.

【解析】 设 $|BF_1|=m$，则 $|AF_2|=2a-2m$，$|BF_2|=2a-m$，在 $\triangle AF_1F_2$ 及 $\triangle BF_1F_2$ 中，由余弦定理得：$\begin{cases} a^2-c^2=m(2a-c)\\ 2(a^2-c^2)=m(2a+c) \end{cases}$，两式相除 $\dfrac{2a-c}{2a+c}=\dfrac{1}{2}\Rightarrow e=\dfrac{2}{3}$.

【例24】 椭圆 $\dfrac{x^2}{a^2}+\dfrac{y^2}{b^2}=1(a>b>0)$ 的两焦点为 $F_1(-c,0),F_2(c,0)$，P 是以 $|F_1F_2|$ 为直径的圆与椭圆的一个交点，且 $\angle PF_1F_2=5\angle PF_2F$，求椭圆的离心率.

【分析】 此题有角的值，可以考虑正弦定理的应用.

【解析】 由正弦定理有：$\dfrac{|F_1F_2|}{\sin\angle F_1PF_2}=\dfrac{|F_1P|}{\sin\angle F_1F_2P}=\dfrac{|PF_2|}{\sin\angle PF_1F_2}$.

根据和比性质：$\dfrac{|F_1F_2|}{\sin\angle F_1PF_2}=\dfrac{|F_1P|+|PF_2|}{\sin\angle F_1F_2P+\sin\angle PF_1F_2}$.

变形得：$\dfrac{|F_1F_2|}{|PF_2|+|F_1P|}=\dfrac{\sin\angle F_1PF_2}{\sin\angle F_1F_2P+\sin\angle PF_1F_2}=\dfrac{2c}{2a}=e$.

$\angle PF_1F_2=75°$，$\angle PF_2F_1=15°$，$e=\dfrac{\sin 90°}{\sin 75°+\sin 15°}=\dfrac{\sqrt{6}}{3}$.

评注 在焦点三角形中，使用椭圆定义和正弦定理可知 $e = \dfrac{\sin\angle F_1PF_2}{\sin\angle F_1F_2P + \sin\angle PF_1F_2}$

拓展 椭圆 $\dfrac{x^2}{a^2} + \dfrac{y^2}{b^2} = 1(a > b > 0)$ 的两焦点分别为 $F_1(-c,0)$，$F_2(c,0)$，P 是椭圆上一点，且 $\angle F_1PF_2 = 60°$，求 e 的取值范围．

【分析】 上题公式直接应用．

【解析】 设 $\angle F_1F_2P = \alpha$，则 $\angle F_2F_1P = 120° - \alpha$．

$e = \dfrac{\sin\angle F_1PF_2}{\sin\angle F_1F_2P + \sin\angle PF_1F_2} = \dfrac{\sin 60°}{\sin\alpha + \sin(120° - \alpha)} = \dfrac{1}{2\sin(\alpha + 30°)} \geq \dfrac{1}{2}$，

所以 $\dfrac{1}{2} \leq e < 1$．

【例25】 双曲线虚轴的一个端点为 M，两个焦点为 F_1，F_2，$\angle F_1MF_2 = 120°$，则双曲线的离心率为 (　　)

A. $\sqrt{3}$　　B. $\dfrac{\sqrt{6}}{2}$　　C. $\dfrac{\sqrt{6}}{3}$　　D. $\dfrac{\sqrt{3}}{3}$

【解析】 如图 6 所示，不妨设 $M(0,b)$，$F_1(-c,0)$，$F_2(c,0)$，则

$|MF_1| = |MF_2| = \sqrt{c^2 + b^2}$

又 $|F_1F_2| = 2c$，在 $\triangle F_1MF_2$ 中，由余弦定理，

得 $\cos\angle F_1MF_2 = \dfrac{|MF_1|^2 + |MF_2|^2 - |F_1F_2|^2}{2|MF_1|\cdot|MF_2|}$，即

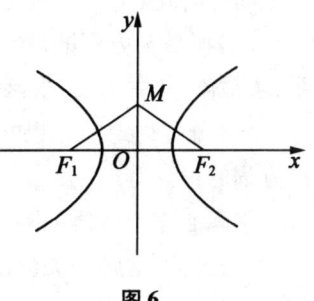

图 6

$-\dfrac{1}{2} = \dfrac{(c^2 + b^2) + (c^2 + b^2) - 4c^2}{2(c^2 + b^2)}$，所以 $\dfrac{b^2 - c^2}{b^2 + c^2} =$

$-\dfrac{1}{2}$，因为 $b^2 = c^2 - a^2$，所以 $\dfrac{-a^2}{2c^2 - a^2} = -\dfrac{1}{2}$，所以 $3a^2 = 2c^2$，所以 $e^2 = \dfrac{3}{2}$，所以

$e = \dfrac{\sqrt{6}}{2}$，故选 B．

二、圆锥曲线离心率的取值范围

1. 与圆锥曲线离心率及其范围有关的问题的讨论常用以下方法解决：

(1) 结合定义，利用图像中几何量之间的大小关系；

(2) 不等式（组）求解法：利用题意结合图像（如点在曲线内等）列出所讨论的离心率(a,b,c)适合的不等式(组)，通过解不等式组得出离心率的变化范围；

(3)函数值域求解法:把所讨论的离心率作为一个函数、一个适当的参数作为自变量来表示这个函数,通过讨论函数的值域来求离心率的变化范围;

(4)利用代数基本不等式. 代数基本不等式的应用,往往需要创造条件,并进行巧妙的构思;

(5)结合参数方程,利用三角函数的有界性. 直线、圆或椭圆的参数方程,它们的一个共同特点是均含有三角函数的形式. 因此,它们的应用价值在于:

① 通过参数 θ 简明地表示曲线上点的坐标;

② 利用三角函数的有界性及其变形公式来帮助求解范围等问题;

(6)构造一个二次方程,利用判别式 $\Delta \geq 0$.

2. 解题时所使用的数学思想方法.

(1)数形结合的思想方法. 一是要注意画图,草图虽不要求精确,但必须正确,特别是其中各种量之间的大小和位置关系不能倒置;二是要会把几何图形的特征用代数方法表示出来,反之应由代数量确定几何特征;三要注意用几何方法直观解题.

(2)转化的思想方法. 如方程与图形间的转化、求曲线交点问题与解方程组之间的转化、实际问题向数学问题的转化、动点与不动点间的转化.

(3)函数与方程的思想,如解二元二次方程组、方程的根及根与系数的关系、求最值中的一元二次函数知识等.

(4)分类讨论的思想方法,如对椭圆、双曲线定义的讨论,对三种曲线的标准方程的讨论等.

求离心率的取值范围涉及解析几何、平面几何、代数等多个知识点,综合性强、方法灵活,解题的关键是挖掘题中的隐含条件,构造不等式.

三、应用举例

1. 利用数形结合求解.

【例1】 斜率为2的直线过中心在原点且焦点在 x 轴上的双曲线的右焦点,与双曲线的两个交点分别在左、右两支上,则双曲线的离心率的取值范围是
( )

A. $e > \sqrt{2}$ B. $1 < e < \sqrt{3}$ C. $1 < e < \sqrt{5}$ D. $e > \sqrt{5}$

【解析】 数形结合易得: $\dfrac{b}{a} > 2$,所以 $e = \sqrt{1 + \left(\dfrac{b}{a}\right)^2} > \sqrt{5}$,故选 D.

【例2】 设椭圆 $\dfrac{x^2}{a^2} + \dfrac{y^2}{b^2} = 1 (a > b > 0)$ 的左、右焦点分别为 F_1, F_2,如果椭圆上存在点 P,使 $\angle F_1 P F_2 = 90°$,求离心率 e 的取值范围.

【解析】 解法1:(利用曲线范围)

设 $P(x,y)$,又知 $F_1(-c,0)$,$F_2(c,0)$,则 $\overrightarrow{F_1P}=(x+c,y)$,$\overrightarrow{F_2P}=(x-c,y)$,由 $\angle F_1PF_2=90°$,知 $\overrightarrow{F_1P}\perp\overrightarrow{F_2P}$,则 $\overrightarrow{F_1P}\cdot\overrightarrow{F_2P}=0$,即 $(x+c)(x-c)+y^2=0$,得 $x^2+y^2=c^2$.

将这个方程与椭圆方程联立,消去 y,可解得 $x^2=\dfrac{a^2c^2-a^2b^2}{a^2-b^2}$,但由椭圆范围及 $\angle F_1PF_2=90°$,知 $0\leqslant x^2<a^2$,即 $0\leqslant\dfrac{a^2c^2-a^2b^2}{a^2-b^2}<a^2$,可得 $c^2\geqslant b^2$,即 $c^2\geqslant a^2-c^2$,且 $c^2<a^2$,从而得 $e=\dfrac{c}{a}\geqslant\dfrac{\sqrt{2}}{2}$,且 $e=\dfrac{c}{a}<1$,所以 $e\in\left[\dfrac{\sqrt{2}}{2},1\right)$.

解法2:(利用二次方程有实根)

由椭圆定义知 $|PF_1|+|PF_2|=2a\Rightarrow|PF_1|^2+|PF_2|^2+2|PF_1||PF_2|=4a^2$,又由 $\angle F_1PF_2=90°$,知 $|PF_1|^2+|PF_2|^2=|F_1F_2|^2=4c^2$,则可得 $|PF_1||PF_2|=2(a^2-c^2)$. 这样 $|PF_1|$ 与 $|PF_2|$ 是方程 $u^2-2au+2(a^2-c^2)=0$ 的两个实根. 因此 $\Delta=4a^2-8(a^2-c^2)\geqslant 0\Rightarrow e^2=\dfrac{c^2}{a^2}\geqslant\dfrac{1}{2}\Rightarrow e\geqslant\dfrac{\sqrt{2}}{2}$. 因此 $e\in\left[\dfrac{\sqrt{2}}{2},1\right)$.

解法3:(利用三角函数有界性)

记 $\angle PF_1F_2=\alpha$,$\angle PF_2F_1=\beta$,由正弦定理有

$$\dfrac{|PF_1|}{\sin\beta}=\dfrac{|PF_2|}{\sin\alpha}=\dfrac{|F_1F_2|}{\sin 90°}\Rightarrow\dfrac{|PF_1|+|PF_2|}{\sin\alpha+\sin\beta}=|F_1F_2|$$

又 $|PF_1|+|PF_2|=2a$,$|F_1F_2|=2c$,则有

$$e=\dfrac{c}{a}=\dfrac{1}{\sin\alpha+\sin\beta}=\dfrac{1}{2\sin\dfrac{\alpha+\beta}{2}\cos\dfrac{\alpha-\beta}{2}}=\dfrac{1}{\sqrt{2}\cos\dfrac{\alpha-\beta}{2}}$$

而 $0\leqslant|\alpha-\beta|<90°$ 知 $0\leqslant\dfrac{|\alpha-\beta|}{2}<45°$,$\dfrac{\sqrt{2}}{2}<\cos\dfrac{\alpha-\beta}{2}\leqslant 1$,从而可得 $\dfrac{\sqrt{2}}{2}\leqslant e<1$.

解法4:(利用焦半径)

由焦半径公式得 $|PF_1|=a+ex$,$|PF_2|=a-ex$,又由 $|PF_1|^2+|PF_2|^2=|F_1F_2|^2$. 所以有 $a^2+2cx+e^2x^2+a^2-2cx+e^2x^2=4c^2$,即 $a^2+e^2x^2=2c^2$,$x^2=\dfrac{2c^2-a^2}{e^2}$,又点 $P(x,y)$ 在椭圆上,且 $x\neq\pm a$,则知 $0\leqslant x^2<a^2$,即 $0\leqslant\dfrac{2c^2-a^2}{e^2}<a^2$,得 $e\in\left[\dfrac{\sqrt{2}}{2},1\right)$.

解法 5:(利用基本不等式)

由椭圆定义,有 $2a = |PF_1| + |PF_2|$ 平方后得

$$4a^2 = |PF_1|^2 + |PF_2|^2 + 2|PF_1| \cdot |PF_2|$$
$$\leq 2(|PF_1|^2 + |PF_2|^2) = 2|F_1F_2|^2 = 8c^2$$

得 $\dfrac{c^2}{a^2} \geq \dfrac{1}{2}$,所以有 $e \in \left[\dfrac{\sqrt{2}}{2}, 1\right)$.

解法 6:(巧用图形的几何特性)

由 $\angle F_1PF_2 = 90°$,知点 P 在以 $|F_1F_2| = 2c$ 为直径的圆上. 又点 P 在椭圆上,因此该圆与椭圆有公共点 P,故有 $c \geq b \Rightarrow c^2 \geq b^2 = a^2 - c^2$,由此可得 $e \in \left[\dfrac{\sqrt{2}}{2}, 1\right)$.

解法 7:(利用最大角范围)

由已知可知椭圆的最大角范围为 $\theta \geq 90°$,所以 $e = \dfrac{c}{a} = \sin\dfrac{\theta}{2} \geq \sin 45° = \dfrac{\sqrt{2}}{2}$.

又 $0 < e < 1$ 所以有 $e \in \left[\dfrac{\sqrt{2}}{2}, 1\right)$.

评注 很显然第 3 种解法最为简单,但是什么是最大角呢? 它又如何使用呢? 由椭圆的两个焦点和短轴的一个顶点组成的三角形称为该椭圆的"特征三角形",如图 7: $\triangle F_1B_2F_2$ 即是. 当 P 为椭圆上任意一点时,则当 P 在 B_1 或 B_2 位置时,$\angle F_1PF_2$ 最大. 此时在 $\triangle OB_2F_2$ 中,$OF_2 = c$,$OB_2 = b$,$B_2F_2 = a$,$\sin \angle OB_2F_2 = \dfrac{c}{a} = e$.

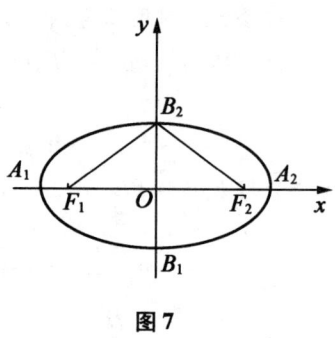

图 7

最大角还可以快速解决一些其他问题:

(1) P 为 $\dfrac{x^2}{40} + \dfrac{y^2}{20} = 1$ 上的一点,则 $\angle F_1PF_2$ 为直角的点 P 有_____个.

(2) $\dfrac{x^2}{40} + \dfrac{y^2}{m} = 1 (m > 0, m \neq 40)$ 上有 4 个点 M,使 $\angle F_1MF_2$ 为直角,则 m 的范围是_____.

拓展 当 $c > b$ 时,$\angle OB_2F_2 > 45°$,$\angle F_1B_2F_2 > 90°$;当 $c = b$ 时,$\angle OB_2F_2 = 45°$,$\angle F_1B_2F_2 = 90°$,当 $c < b$ 时,$\angle OB_2F_2 < 45°$,$\angle F_1B_2F_2 < 90°$.

综合应用椭圆的对称性,上面的两个问题就很好解决,第一题中由于 $c = b$,故满足题意的点 P 有两个,第二题中由于点 M 有四个,故最大角应该大于 $90°$,此时 $c > b$,即当 $0 < m < 40$ 时,有 $40 - m > m$,解得 $m < 20$,当 $m > 40$ 时,有 $m - 40 > 40$,解得 $m > 80$

综上可知:$0 < m < 20$ 或 $m > 80$.

若改为:如果椭圆上存在点 P,使 $\angle F_1PF_2 = 60°$,则离心率 e 的取值范围又是多少?此时最大角范围应该 $\theta \geqslant 60°$,则 $e = \dfrac{c}{a} \geqslant \sin\dfrac{60°}{2} = \sin 30° = \dfrac{1}{2}$,又 $0 < e < 1$,所以 $e \in \left[\dfrac{1}{2}, 1\right)$.

变式 1 满足 $PF_1 \perp PF_2$ 的所有点 P 都在椭圆 $\dfrac{x^2}{a^2} + \dfrac{y^2}{b^2} = 1 (a > b > 0)$ 内,求椭圆离心率取值范围.

变式 2 如图 8 所示,过椭圆 $\dfrac{x^2}{a^2} + \dfrac{y^2}{b^2} = 1, (a > b > 0)$ 右焦点 F_2 的直线交椭圆于 P, Q 两点且满足 $PF_1 \perp PQ$,若 $\sin \angle F_1QP = \dfrac{5}{13}$,求该椭圆离心率.

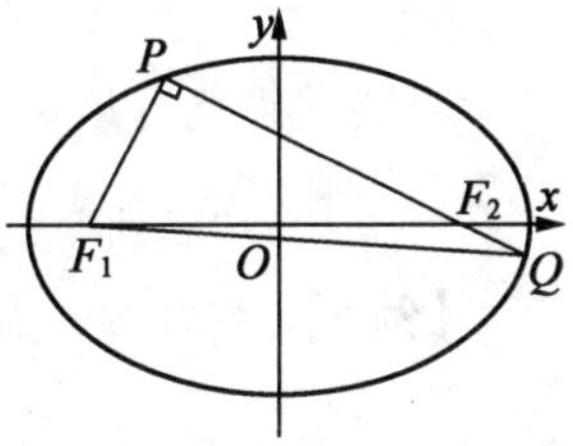

变式 3 如图 9 所示,过椭圆 $\dfrac{x^2}{a^2} + \dfrac{y^2}{b^2} = 1, (a > b > 0)$ 右焦点 F_2 的直线交椭圆于 P, Q 两点,满足 $F_1P \perp F_1Q$,若 $\sin \angle F_1PQ = \dfrac{3}{5}$,求该椭圆离心率.

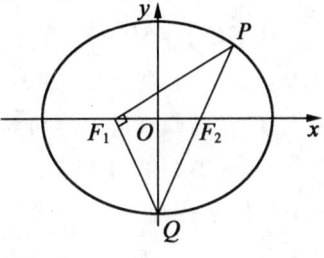

图 8

图 9

【**例 3**】 双曲线 $\dfrac{x^2}{a^2} - \dfrac{y^2}{b^2} = 1 (a > 0, b > 0)$ 的两个焦点为 F_1, F_2,若 P 为其上一点,且 $|PF_1| = 2|PF_2|$,则双曲线离心率的取值范围是 (　　)

A. $(1, 3)$ B. $(1, 3]$

C. $(3, +\infty)$ D. $[3, +\infty)$

【**解析**】 由双曲线的定义得 $|PF_1| - |PF_2| = |PF_2| = 2a$,$|PF_1| = 2|PF_2| = 4a$.所以 $|PF_1| + |PF_2| \geqslant |F_1F_2|$,所以 $6a \geqslant 2c$,$\dfrac{c}{a} \leqslant 3$.故双曲线离心率的取值范围是 $(1, 3]$.选 B.

【例4】 如图10所示,椭圆$\frac{x^2}{a^2}+\frac{y^2}{b^2}=1$($a>b>0$)和圆$x^2+y^2=\left(\frac{b}{2}+c\right)^2$(其中$c$为椭圆的半焦距)有四个不同的交点,求椭圆的离心率的取值范围.

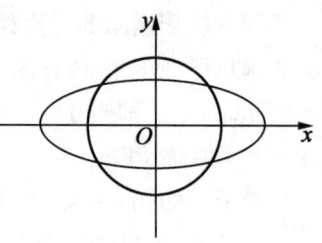

图10

【解析】 要使椭圆与圆有四个不同的交点,只需满足$b<\frac{b}{2}+c<a$,即

$\begin{cases}b<2c\\b<2a-2c\end{cases}\Rightarrow\begin{cases}b^2<4c^2\\b^2<4a^2-8ac+4c^2\end{cases}\Rightarrow\begin{cases}a^2-c^2<4c^2\\a^2-c^2<4a^2-8ac+4c^2\end{cases}$

$\Rightarrow\begin{cases}a^2<5c^2\\(a-c)(3a-5c)<0\end{cases}\Rightarrow\begin{cases}\frac{c^2}{a^2}>\frac{1}{5}\\3a>5c\end{cases}\Rightarrow\frac{\sqrt{5}}{5}<e<\frac{3}{5}$

评注 将数用形来体现,直接得到a,b,c的关系,这无疑是解决数学问题最好的一种方法,也是重要的解题途径.

【例5】 (2008·福建理)双曲线$\frac{x^2}{a^2}-\frac{y^2}{b^2}=1$($a>0,b>0$)的两个焦点为$F_1,F_2$,若$P$为其上一点,且$|PF_1|=2|PF_2|$,则双曲线离心率的取值范围为 ( )

A. $(1,3)$ B. $(1,3]$ C. $(3,+\infty)$ D. $[3,+\infty)$

【解析】 解法1:因为$|PF_1|=2|PF_2|$,所以$|PF_1|-|PF_2|=|PF_2|=2a$,$|PF_2|\geq c-a$,即$2a\geq c-a$,所以$3a\geq c$.

所以双曲线离心率的取值范围为$1<e\leq 3$,故选B.

解法2:如图11所示,设$|PF_2|=m$,$\angle F_1PF_2=\theta$($0<\theta\leq\pi$),则

$e=\frac{2c}{2a}=\frac{\sqrt{m^2+(2m)^2-4m^2\cos\theta}}{m}$

$=\sqrt{5-4\cos\theta}$

当点P在右顶点处有$\theta=\pi$.因为$-1\leq\cos\theta<1$,所以$e\in(1,3]$.选B.

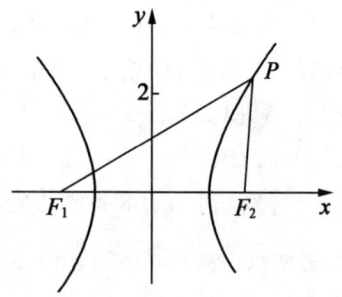

图11

评注 本题通过设角和利用余弦定理,将双曲线的离心率用三角函数的形式表示出来,通过求角的余弦值的范围,从而求得离心率的范围.本题建立不等关系是难点,若记住一些双曲线重要结论(双

曲线上任一点到其对应焦点的距离不小于 $c-a$),则可建立不等关系使问题迎刃而解.

【例6】 已知双曲线 $\dfrac{x^2}{a^2}-\dfrac{y^2}{b^2}=1(a>0,b>0)$ 的右焦点为 F,若过点 F 且倾斜角为 $60°$ 的直线与双曲线的右支有且只有一个交点,则此双曲线离心率的取值范围是 ( )

A.$(1,2]$ B.$(1,2)$ C.$[2,+\infty)$ D.$(2,+\infty)$

【解析】 欲使过点 F 且倾斜角为 $60°$ 的直线与双曲线的右支有且只有一个交点,则该直线的斜率的绝对值小于等于渐近线的斜率 $\dfrac{b}{a}$,所以 $\dfrac{b}{a}\geq\sqrt{3}$,即 $b\geq\sqrt{3}a$ 即 $c^2-a^2\geq 3a^2$,所以 $c^2\geq 4a^2$,即 $e\geq 2$,故选 C.

2.利用均值不等式.

【例7】 已知点 P 在双曲线 $\dfrac{x^2}{a^2}-\dfrac{y^2}{b^2}=1(a>0,b>0)$ 的右支上,双曲线两焦点为 F_1,F_2,$\dfrac{|PF_1|^2}{|PF_2|}$ 最小值是 $8a$,求双曲线离心率的取值范围.

【解析】 $\dfrac{|PF_1|^2}{|PF_2|}=\dfrac{(2a+|PF_2|)^2}{|PF_2|}$,$\dfrac{4a^2}{|PF_2|}+|PF_2|+4a\geq 2\sqrt{4a^2}+4a=8a$,欲使最小值为 $8a$,需右支上存在一点 P,使 $|PF_2|=2a$,而 $|PF_2|\geq c-a$,即 $2a\geq c-a$,所以 $1<e\leq 3$.故选 B.

3.利用圆锥曲线的范围(有界性)求解.

【例8】 椭圆 $M:\dfrac{x^2}{a^2}+\dfrac{y^2}{b^2}=1(a>b>0)$ 的左、右焦点分别为 F_1,F_2,P 为椭圆 M 上的任意一点,且 $\overrightarrow{PF_1}\cdot\overrightarrow{PF_2}$ 的最大取值范围是 $[c^2,3c^2]$,其中 $c=\sqrt{a^2-b^2}$,则椭圆 M 的离心率 e 的取值范围是 ( )

A.$\left[\dfrac{1}{4},\dfrac{1}{2}\right]$ B.$\left[\dfrac{1}{2},\dfrac{\sqrt{2}}{2}\right]$ C.$\left[\dfrac{\sqrt{2}}{2},1\right)$ D.$\left[\dfrac{1}{2},1\right)$

【解析】 设 $F_1(-c,0),F_2(c,0),P(x,y)$,则 $\overrightarrow{PF_1}\cdot\overrightarrow{PF_2}=x^2+y^2-c^2$. 又 $\dfrac{x^2}{a^2}+\dfrac{y^2}{b^2}=1$,所以 $y^2=b^2-\dfrac{b^2x^2}{a^2}$,$0\leq x^2\leq a^2$. 所以 $\overrightarrow{PF_1}\cdot\overrightarrow{PF_2}=\left(1-\dfrac{b^2}{a^2}\right)x^2+b^2-c^2=\dfrac{c^2}{a^2}x^2+b^2-c^2$,$x^2\in[0,a^2]$. 当 $x^2=a^2$ 时,$|\overrightarrow{PF_1}\cdot\overrightarrow{PF_2}|_{\max}=b^2$,$c^2\leq b^2\leq 3c^2\Rightarrow\dfrac{1}{2}\leq e\leq\dfrac{\sqrt{2}}{2}$. 选 B.

评注 确定椭圆上点 $P(x,y)$ 与 a,b,c 的等量关系,由椭圆的范围,即 $|x|\leq a, |y|\leq b$ 建立不等关系.如果涉及曲线上的点到焦点的距离的有关问题,可用曲线的焦半径公式分析.

4.利用平面几何性质.

【例9】 设点 P 在双曲线 $\dfrac{x^2}{a^2}-\dfrac{y^2}{b^2}=1(a>0,b>0)$ 的右支上,双曲线两焦点分别为 F_1,F_2,$|PF_1|=4|PF_2|$,求双曲线离心率的取值范围.

【解析】 解法1:由双曲线第一定义得:$|PF_1|-|PF_2|=2a$,与已知 $|PF_1|=4|PF_2|$ 联立解得:$|PF_1|=\dfrac{8}{3}a$,$|PF_2|=\dfrac{2}{3}a$,由三角形性质得:$|PF_1|+|PF_2|\geq |F_1F_2|$,即 $\dfrac{8}{3}a+\dfrac{2}{3}a\geq 2c$,解得:$1<e\leq \dfrac{5}{3}$.

解法2:由例2可知:$|PF_1|=\dfrac{8}{3}a$,$|PF_2|=\dfrac{2}{3}a$,点 P 在双曲线右支上,由图12可知:$|PF_1|\geq c+a$,$|PF_2|\geq c-a$,即 $\dfrac{8}{3}a\geq c+a$,$\dfrac{2}{3}a\geq c-a$,两式相加得:$\dfrac{5}{3}a\geq c$,解得:$1<e\leq \dfrac{5}{3}$.

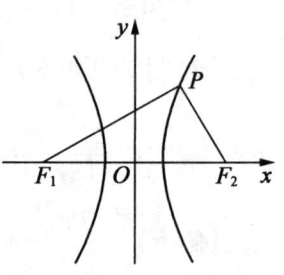

图 12

评注 解法1在求双曲线离心率的取值范围时可利用平面几何性质,如"直角三角形中斜边大于直角边""三角形两边之和大于第三边"等构造不等式.

5.利用直线与双曲线的位置关系.

【例10】 已知双曲线 $\dfrac{x^2}{a^2}-y^2=1(a>0)$ 与直线 $l:x+y=1$ 交于 P,Q 两个不同的点,求双曲线离心率的取值范围.

【解析】 由 C 与 l 相交于两个不同的点,故知方程组 $\begin{cases}\dfrac{x^2}{a^2}-y^2=1,\\ x+y=1.\end{cases}$ 有两个不同的实数解.消去 y 并整理得

$$(1-a^2)x^2+2a^2x-2a^2=0 \qquad ①$$

所以 $\begin{cases}1-a^2\neq 0,\\ 4a^4+8a^2(1-a^2)>0\end{cases}$.解得 $0<a<\sqrt{2}$ 且 $a\neq 1$.双曲线的离心率:$e=\dfrac{\sqrt{1+a^2}}{a}=\sqrt{\dfrac{1}{a^2}+1}$,因为 $0<a<\sqrt{2}$ 且 $a\neq 1$,所以 $e>\dfrac{\sqrt{6}}{2}$ 且 $e\neq \sqrt{2}$.

所以双曲线的离心率取值范围是 $\left(\dfrac{\sqrt{6}}{2},\sqrt{2}\right)\cup(\sqrt{2},+\infty)$.

6. 利用点与双曲线的位置关系.

【例11】 已知双曲线 $\dfrac{x^2}{a^2}-y^2=1(a>0)$ 上存在 P,Q 两点,它们关于直线 $x+2y=1$ 对称,求双曲线离心率的取值范围.

【解析】 设 $P(x_1,y_1),Q(x_2,y_2)$,弦 PQ 中点为 M,由点差法求得 $M\left(\dfrac{a^2}{a^2+2},\dfrac{1}{a^2+2}\right)$,当点 M 在双曲线内部时,$\dfrac{a^2}{(a^2+2)^2}-\dfrac{1}{(a^2+2)^2}>1$,整理得:$a^4+3a^2+5<0$ 无解;当点 M 在双曲线外部时,点 M 应在两渐近线相交所形成的上、下区域内,由线性规划可知:$\dfrac{a^2}{(a^2+2)^2}-\dfrac{1}{(a^2+2)^2}<0$,即 $a^2<1$,则 $e^2=1+\dfrac{1}{a^2}>2$,所以 $e>\sqrt{2}$.

7. 利用非负数性质.

【例12】 如图13所示,已知过双曲线 $\dfrac{x^2}{a^2}-\dfrac{y^2}{b^2}=1(a>0,b>0)$ 左焦点 F_1 的直线 l 交双曲线于 P,Q 两点,且 $OP\perp OQ$(O 为原点),求双曲线离心率的取值范围.

【解析】 设 $P(x_1,y_1),Q(x_2,y_2)$,过左焦点 F_1 的直线 l 方程:$x=ty-c$,代入双曲线方程得:$(b^2t^2-a^2)y^2-2b^2tcy+b^4=0$,由韦达定理得:$y_1+y_2=\dfrac{2b^2tc}{b^2t^2-a^2}$,$y_1y_2=\dfrac{b^4}{b^2t^2-a^2}$,$x_1x_2=(ty_1-c)(ty_2-c)=t^2y_1y_2-ct(y_1+y_2)+c^2$,由 $OP\perp OQ$ 得 $x_1x_2+y_1y_2=0$,即:$\dfrac{b^4(t^2+1)}{b^2t^2-a^2}-\dfrac{2b^2t^2c^2}{b^2t^2-a^2}+c^2=0$,解得:$t^2=\dfrac{b^4-a^2c^2}{a^2b^2}$,因为 $t^2\geqslant 0$,所以 $b^4-a^2c^2\geqslant 0$,则 $a^4-3a^2c^2+c^4\geqslant 0$,$e^4-3e^2+1\geqslant 0$,$e^2\geqslant\dfrac{3+\sqrt{5}}{2}$,所以 $e\geqslant\dfrac{\sqrt{5}+1}{2}$.

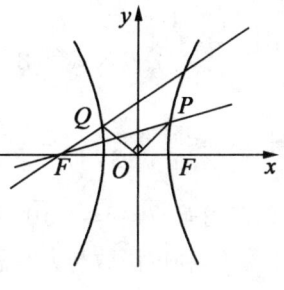

图13

8. 利用已知参数的范围.

【例13】 (2000·全国高考题)已知梯形 $ABCD$ 中,$|AB|=2|CD|$,点 E 满足 $\overrightarrow{AE}=\lambda\overrightarrow{EC}$,双曲线过 C,D,E 三点,且以 A,B 为焦点,当 $\dfrac{2}{3}\leqslant\lambda\leqslant\dfrac{3}{4}$ 时,双曲线

离心率 e 的取值范围是_____.

【分析】 显然,我们只要找到 e 与 λ 的关系,然后利用解不等式或求函数的值域即可求出 e 的范围.

【解析】 如图 14,建立坐标系,这时 $CD \perp y$ 轴,因为双曲线经过点 C, D,且以 A, B 为焦点,由双曲线的对称性知 C, D 关于 y 轴对称.

依题意,记 $A(-c, 0), C\left(\dfrac{c}{2}, h\right), E(x_0, y_0)$,其中 $c = \dfrac{1}{2}|AB|$ 为双曲线的半焦距,h 是梯形的高. 由 $\overrightarrow{AE} = \lambda \overrightarrow{EC}$,即 $(x_0 + c, y_0) = \lambda\left(\dfrac{c}{2} - x_0, h - y_0\right)$ 得:$x_0 = \dfrac{(\lambda - 2)c}{2(1 + \lambda)}$,$y_0 = \dfrac{\lambda h}{1 + \lambda}$. 设双曲线的方程为 $\dfrac{x^2}{a^2} - \dfrac{y^2}{b^2} = 1$,则离心率 $e = \dfrac{c}{a}$. 由点 C, E 在双曲线上,将点 C, E 的坐标和 $e = \dfrac{c}{a}$ 代入双曲线的方程得

$$\begin{cases} \dfrac{e^2}{4} - \dfrac{h^2}{b^2} = 1 & \text{①} \\ \dfrac{e^2}{4}\left(\dfrac{\lambda - 2}{\lambda + 1}\right)^2 - \left(\dfrac{\lambda}{\lambda + 1}\right)^2 \dfrac{h^2}{b^2} = 1 & \text{②} \end{cases}$$

将式①代入式②,整理得 $\dfrac{e^2}{4}(4 - 4\lambda) = 1 + 2\lambda$,故 $\lambda = 1 - \dfrac{3}{e^2 + 2}$. 依题设 $\dfrac{2}{3} \leqslant \lambda \leqslant \dfrac{3}{4}$ 得 $\dfrac{2}{3} \leqslant 1 - \dfrac{3}{e^2 + 2} \leqslant \dfrac{3}{4}$,解得 $\sqrt{7} \leqslant e \leqslant \sqrt{10}$. 所以双曲线的离心率的取值范围是 $\sqrt{7} \leqslant e \leqslant \sqrt{10}$.

9. 利用函数与方程思想.

【例 14】 在椭圆 $\dfrac{x^2}{a^2} + \dfrac{y^2}{b^2} = 1 (a > b > 0)$ 上有一点 M,F_1, F_2 是椭圆的两个焦点,若 $|MF_1| \cdot |MF_2| = 2b^2$,椭圆的离心率的取值范围是_____.

【解析】 由椭圆的定义,可得 $|MF_1| + |MF_2| = 2a$,又 $|MF_1| \cdot |MF_2| = 2b^2$,所以 $|MF_1|, |MF_2|$ 是方程 $x^2 - 2ax + 2b^2 = 0$ 的两根,由 $\Delta = (-2a)^2 - 4 \times 2b^2 \geqslant 0$,可得 $a^2 \geqslant 2b^2$,即 $a^2 \geqslant 2(c^2 - a^2)$,所以 $e = \dfrac{c}{a} \geqslant \dfrac{\sqrt{2}}{2}$,所以椭圆离心率的取值范围是 $\left[\dfrac{\sqrt{2}}{2}, 1\right)$.

【例15】 (2008・全国Ⅱ)设 $a>1$,则双曲线 $\dfrac{x^2}{a^2}-\dfrac{y^2}{(a+1)^2}=1$ 的离心率 e 的取值范围是 （　　）

A. $(\sqrt{2},2)$　　B. $(\sqrt{2},\sqrt{5})$　C. $(2,5)$　D. $(2,\sqrt{5})$

【解析】 $e^2=\left(\dfrac{c}{a}\right)^2=\dfrac{a^2+(a+1)^2}{a^2}=1+\left(1+\dfrac{1}{a}\right)^2$,因为 $\dfrac{1}{a}$ 是减函数,所以当 $a>1$ 时 $0<\dfrac{1}{a}<1$,所以 $2<e^2<5$,即 $\sqrt{2}<e<\sqrt{5}$.

【例16】 已知椭圆 $\dfrac{x^2}{a^2}+\dfrac{y^2}{b^2}=1(a>b>0)$ 右顶点为 A,点 P 在椭圆上,O 为坐标原点,且 OP 垂直于 PA,椭圆的离心率 e 的取值范围是_____.

【解析】 设点 P 坐标为 (x_0,y_0),则有 $\begin{cases}\dfrac{x_0^2}{a^2}+\dfrac{y_0^2}{b^2}=1\\ x_0^2-ax_0+y_0^2=0\end{cases}$.

消去 y_0^2 得 $(a^2-b^2)x_0^2-a^3x_0+a^2b^2=0$.若利用求根公式求 x_0,运算复杂,应注意到方程的一个根为 a,由根与系数关系知 $ax_0=\dfrac{a^2b^2}{a^2-b^2}$,所以 $x_0=\dfrac{ab^2}{a^2-b^2}$.由 $0<x_0<a$ 得 $\dfrac{\sqrt{2}}{2}<e<1$.

评注 本题的考点是解析几何与函数的交汇点.在求解圆锥曲线离心率取值范围时,一定要认真分析题设条件,合理建立不等关系,把握好圆锥曲线的相关性质,记住一些常见结论、不等关系,在做题时不断总结,择优解题.尤其运用数形结合时要注意焦点的位置等.我们要明确求离心率的范围的关键是建立一个 a,b,c 的不等关系,然后利用椭圆与双曲线中 a^2,b^2,c^2 的默认关系以及本身离心率的限制范围,最终求出离心率的范围.

达标训练题

1. 已知双曲线 $\dfrac{x^2}{a^2}-\dfrac{y^2}{b^2}=1(a>0,b>0)$ 的右焦点为 F,若过点 F 且倾斜角为 $60°$ 的直线与双曲线的右支有且只有一个交点,则此双曲线离心率的取值范围是 （　　）

A. $[1,2]$　　B. $(1,2)$　C. $[2,+\infty)$　D. $(2,+\infty)$

2. (2008・陕西)双曲线 $\dfrac{x^2}{a^2}-\dfrac{y^2}{b^2}=1(a>0,b>0)$ 的左、右焦点分别是 F_1,F_2,过 F_1 作倾斜角为 $30°$ 的直线交双曲线右支于点 M,若 MF_2 垂直于 x 轴,则双

曲线的离心率为 ( )

A. $\sqrt{6}$ B. $\sqrt{3}$ C. $\sqrt{2}$ D. $\dfrac{\sqrt{3}}{3}$

3. (2009·江西)过椭圆 $\dfrac{x^2}{a^2}+\dfrac{y^2}{b^2}=1(a>b>0)$ 的左焦点 F_1 作 x 轴的垂线交椭圆于点 P,F_2 为右焦点,若 $\angle F_1PF_2=60°$,则椭圆的离心率为 ( )

A. $\dfrac{\sqrt{2}}{2}$ B. $\dfrac{\sqrt{3}}{3}$ C. $\dfrac{1}{2}$ D. $\dfrac{1}{3}$

4. (2017·高考全国3卷理)已知椭圆 $C:\dfrac{x^2}{a^2}+\dfrac{y^2}{b^2}=1,(a>b>0)$ 的左、右顶点分别为 A_1,A_2,且以线段 A_1A_2 为直径的圆与直线 $bx-ay+2ab=0$ 相切,则 C 的离心率为 ( )

A. $\dfrac{\sqrt{6}}{3}$ B. $\dfrac{\sqrt{3}}{3}$ C. $\dfrac{\sqrt{2}}{3}$ D. $\dfrac{1}{3}$

5. 已知 F_1,F_2 是双曲线 $\dfrac{x^2}{a^2}-\dfrac{y^2}{b^2}=1(a>0,b>0)$ 的左、右焦点,过 F_2 作双曲线的一条渐近线的垂线,垂足为点 A,交另一条渐近线于点 B,且 $\overrightarrow{AF_2}=\dfrac{1}{3}\overrightarrow{F_2B}$,则该双曲线的离心率为 ( )

A. $\dfrac{\sqrt{6}}{2}$ B. $\dfrac{\sqrt{5}}{2}$ C. $\sqrt{3}$ D. 2

6. 设点 F_1,F_2 分别为双曲线:$\dfrac{x^2}{a^2}-\dfrac{y^2}{b^2}=1(a>0,b>0)$ 的左、右焦点,若在双曲线左支上存在一点 P,满足 $|PF_1|=|F_1F_2|$,点 F_1 到直线 PF_2 的距离等于双曲线的实轴长,则该双曲线的离心率为 ( )

A. $\dfrac{\sqrt{41}}{4}$ B. $\dfrac{4}{3}$ C. $\dfrac{5}{4}$ D. $\dfrac{5}{3}$

7. 已知双曲线 $C:\dfrac{x^2}{a^2}-\dfrac{y^2}{b^2}=1(a>0,b>0)$ 的左、右焦点分别为 F_1,F_2,左、右顶点分别为 A,B,虚轴的上、下端点分别为 C,D,若线段 BC 与双曲线的渐近线的交点为 E,且 $\angle BF_1E=\angle CF_1E$,则双曲线的离心率为 ( )

A. $1+\sqrt{6}$ B. $1+\sqrt{5}$ C. $1+\sqrt{3}$ D. $1+\sqrt{2}$

8. 已知 Rt$\triangle ABC$ 中,$\angle A=\dfrac{\pi}{2}$,以 B,C 为焦点的双曲线 $\dfrac{x^2}{a^2}-\dfrac{y^2}{b^2}=1(a>0,b>0)$ 经过点 A,且与边 AB 交于点 D,若 $|AD|=2|BD|$,则该双曲线的离心率为

圆锥曲线的奥秘

A. $\dfrac{\sqrt{10}}{2}$ B. $\sqrt{10}$ C. $\dfrac{\sqrt{5}}{2}$ D. $\sqrt{5}$

9. 已知 F 为双曲线 $\dfrac{x^2}{a^2}-\dfrac{y^2}{b^2}=1(a>0,b>0)$ 的左焦点,点 A 为双曲线虚轴的一个端点,过 F,A 的直线与双曲线的一条渐近线在 y 轴右侧的交点为 B,若 $\overrightarrow{FA}=(\sqrt{2}-1)\overrightarrow{AB}$,则此双曲线的离心率是 ( )

A. $\sqrt{2}$ B. $\sqrt{3}$ C. $2\sqrt{2}$ D. $\sqrt{5}$

10. 已知双曲线 $\dfrac{x^2}{a^2}-\dfrac{y^2}{b^2}=1(a>0,b>0)$,过其左焦点 F 作 x 轴的垂线,交双曲线于 A,B 两点,若双曲线的右顶点在以 AB 为直径的圆内,则双曲线离心率的取值范围是 ( )

A. $\left(1,\dfrac{3}{2}\right)$ B. $(1,2)$ C. $\left(\dfrac{3}{2},+\infty\right)$ D. $(2,+\infty)$

11. 已知椭圆 $\dfrac{x^2}{m+1}+y^2=1(m>0)$ 的两个焦点是 F_1,F_2,E 是直线 $y=x+2$ 与椭圆的一个公共点,当 $|EF_1|+|EF_2|$ 取得最小值时椭圆的离心率为 ( )

A. $\dfrac{2}{3}$ B. $\dfrac{\sqrt{3}}{3}$ C. $\dfrac{\sqrt{2}}{3}$ D. $\dfrac{\sqrt{6}}{3}$

12. 过双曲线 $C_1:\dfrac{x^2}{a^2}-\dfrac{y^2}{b^2}=1(a>0,b>0)$ 的左焦点 F 作圆 $C_2:x^2+y^2=a^2$ 的切线,设切点为 M,延长 FM 交双曲线 C_1 于 N,若点 M 为线段 FN 的中点,则双曲线 C_1 的离心率为 ( )

A. $\sqrt{5}$ B. $\dfrac{\sqrt{5}}{2}$ C. $\sqrt{5}+1$ D. $\dfrac{\sqrt{5}+1}{2}$

13. 在平面直角坐标系 xOy 中,双曲线 $C_1:\dfrac{x^2}{a^2}-\dfrac{y^2}{b^2}=1(a>0,b>0)$ 的渐近线与抛物线 $C_2:y^2=2px(p>0)$ 交于点 O,A,B,若 $\triangle OAB$ 的垂心为 C_2 的焦点,则 C_1 的离心率为 ( )

A. $\dfrac{3}{2}$ B. $\sqrt{5}$ C. $\dfrac{3\sqrt{5}}{5}$ D. $\dfrac{\sqrt{5}}{2}$

14. 已知双曲线 $\dfrac{x^2}{a^2}-\dfrac{y^2}{b^2}=1(a>0,b>0)$ 的左、右顶点分别为 A_1,A_2,M 是双曲线上异于 A_1,A_2 的任意一点,直线 MA_1 和 MA_2 分别与 y 轴交于 P,Q 两点,O 为坐标原点,若 $|OP|,|OM|,|OQ|$ 依次成等比数列,则双曲线的离心率的取值

范围是 ( )

A. $(\sqrt{2}, +\infty)$ B. $[\sqrt{2}, +\infty)$ C. $(1, \sqrt{2})$ D. $(1, \sqrt{2}]$

15. 已知点 F 是双曲线 $\dfrac{x^2}{a^2} - \dfrac{y^2}{b^2} = 1(a>0, b>0)$ 的左焦点, 点 E 是该双曲线的右顶点, 过 F 且垂直于 x 轴的直线与双曲线交于 A, B 两点, 若 $\triangle ABE$ 是钝角三角形, 则该双曲线的离心率 e 的取值范围是 ( )

A. $(1, +\infty)$ B. $(1, 2)$ C. $(1, 1+\sqrt{2})$ D. $(2, +\infty)$

16. 已知点 F_1, F_2 分别是双曲线 $C: \dfrac{x^2}{a^2} - \dfrac{y^2}{b^2} = 1(a>0, b>0)$ 的左、右两焦点, 过点 F_1 的直线 l 与双曲线的左、右两支分别交于 P, Q 两点, 若 $\triangle PQF_2$ 是以 $\angle PQF_2$ 为顶角的等腰三角形, 其中 $\angle PQF_2 \in \left[\dfrac{\pi}{3}, \pi\right)$, 则双曲线离心率 e 的取值范围为 ( )

A. $[\sqrt{7}, 3)$ B. $[1, \sqrt{7})$ C. $[\sqrt{5}, 3)$ D. $[\sqrt{5}, \sqrt{7})$

17. 已知双曲线 $\Gamma: \dfrac{x^2}{a^2} - \dfrac{y^2}{b^2} = 1(a>0, b>0)$ 的一条渐近线为 l, 圆 $C: (x-a)^2 + y^2 = 8$ 与 l 交于 A, B 两点, 若 $\triangle ABC$ 是等腰直角三角形, 且 $\overrightarrow{OB} = 5\overrightarrow{OA}$ (其中 O 为坐标原点), 则双曲线 Γ 的离心率为 ( )

A. $\dfrac{2\sqrt{13}}{3}$ B. $\dfrac{2\sqrt{13}}{5}$ C. $\dfrac{\sqrt{13}}{5}$ D. $\dfrac{\sqrt{13}}{3}$

二、填空题

18. 过双曲线 $\dfrac{x^2}{a^2} - \dfrac{y^2}{b^2} = 1(a>0, b>0)$ 的右焦点且垂直于 x 轴的直线与双曲线交于 A, B 两点, 与双曲线的渐近线交于 C, D 两点, 若 $|AB| \geqslant \dfrac{5}{13}|CD|$, 则双曲线离心率的取值范围为_____.

19. 已知椭圆 $\dfrac{x^2}{a^2} + \dfrac{y^2}{b^2} = 1(a>b>0)$ 的左、右焦点分别为 F_1, F_2, 过 F_2 的直线与椭圆交于 A, B 两点, 若 $\triangle F_1AB$ 是以 A 为直角顶点的等腰直角三角形, 则椭圆的离心率为_____.

例题变式解析

【例2 变式1】

【解析】 满足 $PF_1 \perp PF_2$ 的所有点 P 都在椭圆内 $\Rightarrow$ 以 O 为圆心, OP 为半

圆锥曲线的奥秘

径的圆都在椭圆内$\Rightarrow c<b$,进而得到$a^2=b^2+c^2>2c^2\Rightarrow e^2<\dfrac{1}{2}\Rightarrow e\in\left(0,\dfrac{\sqrt{2}}{2}\right)$的结论.

【例2变式2】

【分析】 在前面例1和变式的基础上,将线段PF_2拉长和椭圆交于点Q,此时内含于椭圆的直角三角形发生了一些变化.求解离心率问题不能套用前面的方法了,此时必须抓住椭圆定义式和直角三角形相关性质.解题思路和解题方法都发生了迁移,题目难度有了一定的提升.

【解析】 设$|PF_1|=5x$,$|F_1Q|=13x$,则$|PQ|=12x$,$|PF_1|+|PQ|+|F_1Q|=4a$,$30x=4a$,$|PF_2|=2a-5x$,在$\text{Rt}\triangle PF_1F_2$中利用勾股定理便可解得$e=\dfrac{2\sqrt{2}}{3}$.

【例2变式3】

【解析】 设$|F_1Q|=3x$,$|PQ|=5x$,则$|PF_1|=4x$,$|PF_1|+|PQ|+|F_1Q|=12x=4a$,所以$x=\dfrac{a}{3}$,$|PF_1|=\dfrac{4a}{3}$,$|PF_2|=\dfrac{2a}{3}$,不能利用勾股定理,在$\triangle PF_1F_2$中利用余弦定理得$e=\dfrac{\sqrt{5}}{5}$.

达标训练题解析

1.C **【解析】** 双曲线$\dfrac{x^2}{a^2}-\dfrac{y^2}{b^2}=1(a>b>0)$的右焦点为$F$,若过点$F$且倾斜角为$60°$的直线与双曲线的右支有且只有一个交点,则该直线的斜率的绝对值小于等于渐近线的斜率$\dfrac{b}{a}$,所以$\dfrac{b}{a}\geqslant\sqrt{3}$,离心率$e^2=\dfrac{c^2}{a^2}=\dfrac{a^2+b^2}{a^2}\geqslant 4$,所以$e\geqslant 2$,选C.

2.B **【解析】** 在$\text{Rt}\triangle MF_1F_2$中,$\angle MF_1F_2=30°$,$F_1F_2=2c$,所以$MF_1=\dfrac{2c}{\cos 30°}=\dfrac{4}{3}\sqrt{3}c$,$MF_2=2c\cdot\tan 30°=\dfrac{2}{3}\sqrt{3}c$,所以$2a=MF_1-MF_2=\dfrac{4}{3}\sqrt{3}c-\dfrac{2}{3}\sqrt{3}c=\dfrac{2}{3}\sqrt{3}c\Rightarrow e=\dfrac{c}{a}=\sqrt{3}$.

3.B **【解析】** 因为$P\left(-c,\pm\dfrac{b^2}{a}\right)$,再由$\angle F_1PF_2=60°$,有$\dfrac{3b^2}{a}=2a$,从而可得$e=\dfrac{c}{a}=\dfrac{\sqrt{3}}{3}$,故选B.

4. A 【解析】 以线段 A_1A_2 为直径的圆是 $x^2+y^2=a^2$,直线 $bx-ay+2ab=0$ 与圆相切,所以圆心到直线的距离 $d=\dfrac{2ab}{\sqrt{a^2+b^2}}=a$,整理为 $a^2=3b^2$,即 $a^2=3(a^2-c^2)\Rightarrow 2a^2=3c^2$,即 $\dfrac{c^2}{a^2}=\dfrac{2}{3}$,$e=\dfrac{c}{a}=\dfrac{\sqrt{6}}{3}$,故选 A.

5. A 【解析】 由 $F_2(c,0)$ 到渐近线 $y=\dfrac{b}{a}x$ 的距离为 $d=\dfrac{bc}{\sqrt{a^2+b^2}}=b$,即有 $|\overrightarrow{AF_2}|=b$,则 $|\overrightarrow{BF_2}|=3b$,在 $\triangle AF_2O$ 中,$|\overrightarrow{OA}|=a$,$|\overrightarrow{OF_2}|=c$,$\tan\angle F_2OA=\dfrac{b}{a}$,$\tan\angle AOB=\dfrac{4b}{a}=\dfrac{2\times\dfrac{b}{a}}{1-\left(\dfrac{b}{a}\right)^2}$,化简可得 $a^2=2b^2$,即有 $c^2=a^2+b^2=\dfrac{3}{2}a^2$,即有 $e=\dfrac{c}{a}=\dfrac{\sqrt{6}}{2}$,故选 A.

6. D 【解析】 由题意知 $|PF_2|=|F_1F_2|$,可知 $\triangle PF_1F_2$ 是等腰三角形,F_1 在直线 PF_2 的投影是中点,可得 $|PF_2|=2\sqrt{4c^2-4a^2}=4b$,由双曲线定义可得 $4b-2c=2a$,则 $b=\dfrac{a+c}{2}$,又 $c^2=a^2+b^2$,知 $5a^2+2ac-3c^2=0$,可得 $3e^2-2e-5=0$,解得 $e=\dfrac{5}{3}$ 或 1(舍去).故选 D.

7. C 【解析】 根据双曲线 C 的性质可以得到 $C(0,b)$,$B(a,0)$,$F_1(-c,0)$,双曲线 C 的渐近线方程 $y=\dfrac{b}{a}x$,直线 BC 方程:$y=-\dfrac{b}{a}x+b$,联立 $y=-\dfrac{b}{a}x+b,y=\dfrac{b}{a}x$ 得到 $x=\dfrac{a}{2}$,$y=\dfrac{b}{2}$,即点 $E\left(\dfrac{a}{2},\dfrac{b}{2}\right)$,所以 E 是线段 BC 的中点,又因为 $\angle BF_1E=\angle CF_1E$,所以 $F_1C=F_1B$,而 $F_1C=\sqrt{c^2+b^2}$,$F_1B=a+c$,故 $c^2+b^2=(a+c)^2$,因为 $a^2+b^2=c^2$,所以 $2a^2+2ac-c^2=0$,因为 $e=\dfrac{c}{a}$,即 $e^2-2e-2=0$,所以 $e=1+\sqrt{3}$,故选 C.

8. D 【解析】 设 $BD=x$,$AD=2x$,根据双曲线的定义可得 $AC=3x-2a$,$CD=2a+x$,又知 $BC=2c$,在 $\mathrm{Rt}\triangle ACD$ 中,根据勾股定理可得 $(2x)^2+(3x-2a)^2=(2a+x)^2$ 可得 $x=\dfrac{4}{3}a$,$AB=4a$,$AC=2a$ 在 $\mathrm{Rt}\triangle ACD$ 中,根据勾股定理可得 $(4a)^2+(2a)^2=(2c)^2$,$5a^2=c^2$,$e=\dfrac{c}{a}=\sqrt{5}$,故选 D.

圆锥曲线的奥秘

9. A 【解析】 由双曲线 $\dfrac{x^2}{a^2} - \dfrac{y^2}{b^2} = 1(a>0, b>0)$，可设 $A(0,b)$，易知左焦点 $F(-c,0)$，过 F,A 的直线方程斜率为 $k = \dfrac{b}{c}$，所以直线 FA 方程为 $y = \dfrac{b}{c}(x+c)$，双曲线的一条渐近线方程为 $y = \dfrac{b}{a}x$，联立这两式可得 $B\left(\dfrac{ac}{c-a}, \dfrac{bc}{c-a}\right)$，根据 $\overrightarrow{FA} = (\sqrt{2}-1)\overrightarrow{AB}$，代入得 $c = (\sqrt{2}-1)\dfrac{ac}{c-a}$，整理得 $c = \sqrt{2}a \Rightarrow e = \dfrac{c}{a} = \sqrt{2}$，故选 A．

10. D 【解析】 AB 是双曲线的通径，$AB = \dfrac{2b^2}{a}$，由题意 $a + c < \dfrac{b^2}{a}$，即 $a^2 + ac < b^2 = c^2 - a^2$，$c^2 - ac - 2a^2 > 0$，即 $e^2 - e - 2 > 0$，解得 $e > 2$（$e < 1$ 舍去），故选 D．

11. D 【解析】 联立直线与椭圆的方程，整理可得：$(m+2)x^2 + 4(m+1)x + 3(m+1) = 0$，满足题意时：$\Delta = 16(m+1)^2 - 12(m+2) \geqslant 0 \Rightarrow m \geqslant 2$，当 $m = 2$ 时，椭圆的离心率取得最小值 $\dfrac{\sqrt{6}}{3}$．故选 D．

12. A 【解析】 取双曲线右焦点 F_1，联结 $F_1 N$，由题意可知，$\triangle NFF_1$ 为直角三角形，且 $NF_1 = 2a$，$NF = 4a$，$FF_1 = 2c$，由勾股定理可知，$16a^2 + 4a^2 = 4c^2$，$\dfrac{c^2}{a^2} = 5$，$e = \sqrt{5}$，选 A．

13. C 【解析】 设 $A(x_1, y_1)$，$B(x_1, -y_1)$，抛物线 C_2 焦点为 $F\left(\dfrac{p}{2}, 0\right)$，由题意 $\overrightarrow{FA} \cdot \overrightarrow{OB} = 0$，即 $\left(x_1 - \dfrac{p}{2}, y_1\right) \cdot (x_1, -y_1) = 0$，所以 $x_1\left(x_1 - \dfrac{p}{2}\right) - y_1^2 = 0$，又 $y_1^2 = 2px_1$，$x_1\left(x_1 - \dfrac{p}{2}\right) - 2px_1 = 0$，$x_1 = \dfrac{5p}{2}$，$y_1^2 = 2px_1 = 2p \times \dfrac{5}{2}p = 5p^2$，$y_1 = \sqrt{5}p$，而 $y_1 = \dfrac{b}{a}x_1$，即 $\sqrt{5}p = \dfrac{b}{a} \cdot \dfrac{5}{2}$，$\dfrac{b}{a} = \dfrac{2\sqrt{5}}{5}$，$\dfrac{b^2}{a^2} = \dfrac{4}{5} = \dfrac{c^2 - a^2}{a^2}$，$\dfrac{c^2}{a^2} = \dfrac{9}{5}$，所以 $e = \dfrac{c}{a} = \dfrac{3\sqrt{5}}{5}$，故选 C．

14. A 【解析】 设 $M(x_0, y_0)$，因为 $A_2(a, 0)$，所以 $k_{A_2 M} = \dfrac{y_0}{x_0 - a}$，直线 MA_2 方程为 $y = \dfrac{y_0}{x_0 - a}(x - a)$，令 $x = 0$ 得，$y = -\dfrac{ay_0}{x_0 - a}$，即 $|OQ| = \left|\dfrac{ay_0}{x_0 - a}\right|$，同理得 $|OP| = \left|\dfrac{ay_0}{x_0 + a}\right|$，由于 $|OP|$，$|OM|$，$|OQ|$ 成等比数列，则 $|OM|^2 = |OP||OQ|$，

即 $x_0^2 + y_0^2 = \dfrac{a^2 y_0^2}{x_0^2 - a^2}$,$M$ 是双曲线上的点,则 $\dfrac{x_0^2}{a^2} - \dfrac{y_0^2}{b^2} = 1$,所以 $a^2 y_0^2 = b^2(x_0^2 - a^2)$,即 $\dfrac{a^2 y_0^2}{x_0^2 - a^2} = b^2$,所以 $x_0^2 + y_0^2 = b^2$,$|OM| = b$,而 $|OM| > a$,从而 $b > a$,$c^2 = a^2 + b^2 > 2a^2$,所以 $e = \dfrac{c}{a} > \sqrt{2}$,故选 A.

15. D 【解析】 根据双曲线的对称性可知,若 $\triangle ABE$ 是钝角三角形,显然 $\angle AEB$ 为钝角,因此 $\overrightarrow{EA} \cdot \overrightarrow{EB} < 0$,由于 AB 过左焦点且垂直于 x 轴,所以 $A\left(-c, \dfrac{b^2}{a}\right)$,$B\left(-c, -\dfrac{b^2}{a}\right)$,$E(a, 0)$,则 $\overrightarrow{EA} = \left(-c-a, \dfrac{b^2}{a}\right)$,$\overrightarrow{EB} = \left(-c-a, -\dfrac{b^2}{a}\right)$,所以 $\overrightarrow{EA} \cdot \overrightarrow{EB} = (-c-a)^2 - \dfrac{b^4}{a^2} < 0$,化简整理得:$a(a+c) < b^2$,所以 $a^2 + ac < c^2 - a^2$,即 $c^2 - ac - 2a^2 > 0$,两边同时除以 a^2 得 $e^2 - e - 2 > 0$,解得 $e > 2$ 或 $e < -1$(舍),故选择 D.

16. A 【解析】 因为 $\triangle PQF_2$ 为等腰三角形,设 $|PQ| = |QF_2| = m$.
由 P 为双曲线上一点,得 $|PF_1| - |PF_2| = |PF_1| - m = 2a \Rightarrow |QF_1| = 2a$.
由 Q 为双曲线上一点,得 $|QF_2| - |QF_1| = 2a \Rightarrow |QF_2| = 2a + |QF_1| = 4a$.
在 $\triangle QF_1F_2$ 中,由余弦定理得 $4c^2 = (2a)^2 + (4a)^2 - 2 \times 2a \times 4a\cos\angle F_1QF_2$.

所以 $c^2 = a^2(5 - 4\cos\angle F_1QF_2)$,所以 $e^2 = \dfrac{c^2}{a^2} = (5 - 4\cos\angle F_1QF_2)$.

又因为 $\angle PQF_2 \in \left[\dfrac{\pi}{3}, \pi\right)$,所以 $e^2 \in [7, 9)$,所以 $e \in [\sqrt{7}, 3)$,故选 A.

17. D 【解析】 双曲线渐近线为 $y = \dfrac{b}{a}x$,圆:$(x-a)^2 + y^2 = 8$ 的圆心为 $(a, 0)$,半径 $r = 2\sqrt{2}$,由于 $\angle ACB = \dfrac{\pi}{2}$,由勾股定理得 $AB = \sqrt{(2\sqrt{2})^2 + (2\sqrt{2})^2} = 4$,故 $OA = \dfrac{1}{4}AB = 1$,在 $\triangle OAC$,$\triangle OBC$ 中,由余弦定理得 $\cos\angle BOC = \dfrac{a^2 + 1 - 8}{2a} = \dfrac{5^2 + a^2 - 8}{10a}$,解得 $a^2 = 13$. 根据圆心到直线 $y = \dfrac{b}{a}x$ 的距离为 2,有 $\dfrac{ab}{c} = 2$,结合 $c^2 = a^2 + b^2$ 解得 $c = \dfrac{13}{3}$,故离心率为 $\dfrac{c}{a} = \dfrac{\frac{13}{3}}{\sqrt{13}} = \dfrac{\sqrt{13}}{3}$.

18. $\left[\dfrac{13}{12}, +\infty\right)$ 【解析】 易知 $|AB| = \dfrac{2b^2}{a}$,因为渐近线 $y = \pm\dfrac{b}{c}x$,所以

$|CD|=\dfrac{2bc}{a}$,由 $\dfrac{2b^2}{a}\geqslant\dfrac{5}{13}\cdot\dfrac{2bc}{a}$ 化简得 $b\geqslant\dfrac{5}{13}c$,即 $b^2\geqslant\dfrac{25}{169}c^2$,所以 $c^2-a^2\geqslant\dfrac{25}{169}c^2$,从而 $\left(\dfrac{c}{a}\right)^2\geqslant\dfrac{169}{144}$,解得 $\dfrac{c}{a}\geqslant\dfrac{13}{12}$.

19. $\sqrt{6}-\sqrt{3}$ 【解析】 设 $|AF_1|=m$,则 $|AF_2|=2a-m$,$|BF_2|=2m-2a$,$|BF_1|=4a-2m$,因为 $\triangle F_1AB$ 是以 A 为直角顶点的等腰直角三角形,所以 $m^2+(2a-m)^2=4c^2$,$m^2+m^2=(4a-2m)^2$,联立解得 $m=(4-2\sqrt{2})a$,$e^2=9-6\sqrt{2}$,解得 $e=\sqrt{6}-\sqrt{3}$.

第3节 仿射变换显神威

仿射变换基本原理

一、基本原理

(1) 仿射变换:将坐标进行伸缩变换,实现化椭为圆. 如图1所示,

(2) 仿射变换定理一:若经过椭圆的对称中心的直线经仿射构成直角三角形,则两条弦的斜率乘积 $k_{AC}\cdot k_{BC}=-\dfrac{b^2}{a^2}$.

(3) 仿射变换定理二:$\dfrac{S'}{S}=\dfrac{a}{b}$(拉伸短轴);$\dfrac{S''}{S}=\dfrac{b}{a}$(压缩长轴).

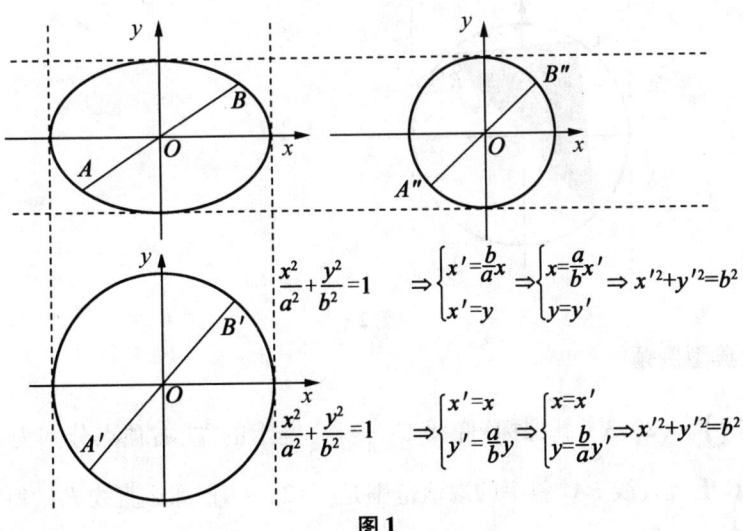

图1

拉长短轴后点的坐标变化:$A(x_0,y_0) \to A'\left(x_0, \dfrac{a}{b}y_0\right)$,横坐标不变,纵坐标拉伸$\dfrac{a}{b}$倍.

斜率的变化:如图2纵坐标拉伸了$\dfrac{a}{b}$倍,故$k' = \dfrac{a}{b}k$,由于$k_{A'C'} \cdot k_{B'C'} = -1$,则

$$k_{AC} \cdot k_{BC} = \dfrac{b}{a}k_{A'C'} \cdot \dfrac{b}{a}k_{B'C'} = -\dfrac{b^2}{a^2}, S_{\triangle ABC} = \dfrac{b}{a}S_{\triangle A'B'C'}(\text{水平宽不变,铅垂高缩小})$$

压缩长轴后点的坐标变化:$A(x_0,y_0) \to A'\left(\dfrac{b}{a}x_0, y_0\right)$,纵坐标不变,横坐标缩小$\dfrac{b}{a}$倍.

斜率的变化:如图2所示,横坐标缩小了$\dfrac{b}{a}$倍,故$k'' = \dfrac{a}{b}k$,由于$k_{A''C''} \cdot k_{B''C''} = -1$,则

$$k_{AC} \cdot k_{BC} = \dfrac{b}{a}k_{A''C''} \cdot \dfrac{b}{a}k_{B''C''} = -\dfrac{b^2}{a^2}, S_{\triangle ABC} = \dfrac{a}{b}S_{\triangle A''B''C''}(\text{水平宽扩大,铅垂高不变})$$

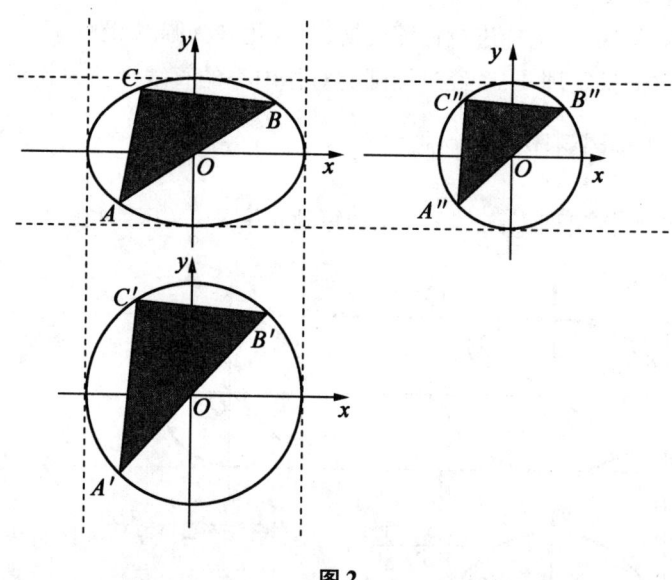

图2

二、典型例题

【例1】 (2013·新课标)椭圆$C: \dfrac{x^2}{4} + \dfrac{y^2}{3} = 1$的左、右顶点分别为$A_1, A_2$,点$P$在$C$上且直线$PA_2$斜率的取值范围是$[-2, -1]$,那么直线$PA_1$斜率的取值范围是( )

A. $\left[\dfrac{1}{2},\dfrac{3}{4}\right]$ B. $\left[\dfrac{3}{8},\dfrac{3}{4}\right]$ C. $\left[\dfrac{1}{2},1\right]$ D. $\left[\dfrac{3}{4},1\right]$

【解析】 由椭圆 $C:\dfrac{x^2}{4}+\dfrac{y^2}{3}=1$ 可知 $k_{PA_1}\cdot k_{PA_2}=-\dfrac{b^2}{a^2}=-\dfrac{3}{4}$,因为 $-2\leqslant k_{PA_2}\leqslant -1$,所以 $-2\leqslant -\dfrac{3}{4k_{PA_1}}\leqslant -1$,解得 $\dfrac{3}{8}\leqslant k_{PA_1}\leqslant \dfrac{3}{4}$. 故选 B.

【例2】 (2016·北京)已知椭圆 $C:\dfrac{x^2}{a^2}+\dfrac{y^2}{b^2}=1$ 过点 $A(2,0),B(0,1)$ 两点.

(1)求椭圆 C 的方程及离心率;

(2)如图3所示,设 P 为第三象限内一点且在椭圆 C 上,直线 PA 与 y 轴交于点 M,直线 PB 与 x 轴交于点 N,求证:四边形 $ABNM$ 的面积为定值.

【解析】 (1)因为椭圆 $C:\dfrac{x^2}{a^2}+\dfrac{y^2}{b^2}=1$ 过点 $A(2,0),B(0,1)$ 两点,所以 $a=2,b=1$. 则 $c=\sqrt{a^2-b^2}=\sqrt{4-1}=\sqrt{3}$,所以椭圆 C 的方程为 $\dfrac{x^2}{4}+y^2=1$,离心率为 $e=\dfrac{\sqrt{3}}{2}$.

(2)如图4,作 $\begin{cases}x'=x\\y'=2y\end{cases}\Rightarrow\begin{cases}x=x'\\y=\dfrac{1}{2}y'\end{cases}\Rightarrow x'^2+y'^2=4$,则 $\angle BP'A=45°$,$\angle P'BO+\angle P'AO=45°$.

令 $\angle BP'A=45°$,$\angle P'B'O+\angle P'AO=45°$

$$S_{ABNM}=\dfrac{1}{2}S_{AB'NM'}=\dfrac{1}{4}|AN|\cdot|B'M'|$$

$$=\dfrac{1}{4}(2+2\tan(45°-\theta))(2+2\tan\theta)=2$$

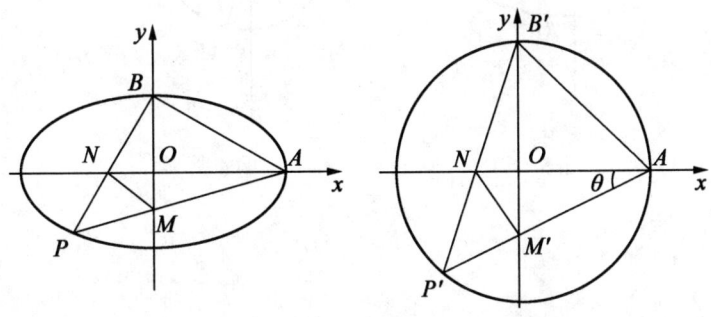

图3   图4

【例3】 (2014·新课标Ⅰ)已知点 $A(0,-2)$,椭圆 $E:\dfrac{x^2}{a^2}+\dfrac{y^2}{b^2}=1(a>b>$

0)的离心率为$\frac{\sqrt{3}}{2}$,F是椭圆的右焦点,直线AF的斜率为$\frac{2\sqrt{3}}{3}$,O为坐标原点.

(1)求E的方程;

(2)如图5所示,设过点A的直线l与E相交于P,Q两点,当$\triangle OPQ$的面积最大时,求l的方程.

【解析】(1)由题意$\frac{2}{c}=\frac{2\sqrt{3}}{3}$,得$c=\sqrt{3}$,又$\frac{c}{a}=\frac{\sqrt{3}}{2}$,所以$a=2$,$b^2=a^2-c^2=1$,故$E$的方程$\frac{x^2}{4}+y^2=1$.

(2)如图6,作$\begin{cases}x'=\frac{1}{2}x\\y'=y\end{cases}\Rightarrow\begin{cases}x=2x'\\y=y'\end{cases}\Rightarrow x'^2+y'^2=1$,取$P'Q'$中点$P'Q'$,令$\angle P'AO=\theta$,则

$$|OM'|=2\sin\theta,|P'M'|=\sqrt{1-|OM'|^2}=\sqrt{1-4\sin^2\theta}$$

$$S_{\triangle OPQ}=2S_{\triangle OP'Q'}=4\sin\theta\sqrt{1-4\sin^2\theta}\leq 2\cdot\frac{(2\sin\theta)^2+1-4\sin^2\theta}{2}=1$$

当且仅当$(2\sin\theta)^2=1-4\sin^2\theta$,即$\sin\theta=\frac{\sqrt{2}}{4}$时等号成立此时$k_{PQ}=\frac{1}{2}k'_{P'Q'}=\frac{1}{2}\frac{\cos\theta}{\sin\theta}=\pm\frac{\sqrt{7}}{2}$,则$l:y=\frac{\sqrt{7}}{2}x-2$或$y=-\frac{\sqrt{7}}{2}x-2$.

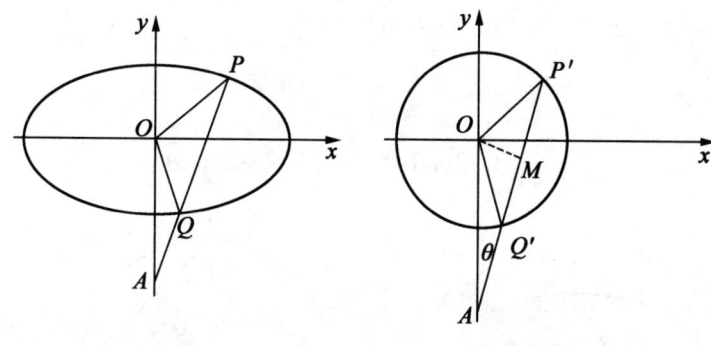

图5   图6

椭圆的角平分线定理

一、仿射变换定理三：椭圆的角平分线定理

1. 若点 A,B 是椭圆 $\dfrac{x^2}{a^2}+\dfrac{y^2}{b^2}=1(a>b>0)$ 上的点，AB 与椭圆长轴交点为 N，在长轴上一定存在一个点 M，当且仅当 $x_M \cdot x_N = a^2$ 时，$\angle AMN = \angle BMN$，即长轴为角平分线.

2. 若点 A,B 是椭圆 $\dfrac{x^2}{a^2}+\dfrac{y^2}{b^2}=1(a>b>0)$ 上的点，AB 与椭圆短轴交点为 N，在短轴上一定存在一个点 M，当且仅当 $y_M \cdot y_N = b^2$ 时，$\angle AMN = \angle BMN$，即短轴为角平分线；

二、典型例题

【例4】 （2018·全国卷1）如图7所示，设椭圆 $C: \dfrac{x^2}{2}+y^2=1$ 的右焦点为 F，过 F 的直线 l 与椭圆 C 交于 A,B 两点，点 M 的坐标为 $(2,0)$.

(1) 当 l 与 x 轴垂直时，求直线 AM 的方程；
(2) 设 O 为坐标原点，证明：$\angle OMA = \angle OMB$.

【解析】 (1) 由已知得 $F(1,0)$，l 的方程为 $x=1$. 由已知可得，点 A 的坐标为 $(1,\dfrac{\sqrt{2}}{2})$ 或 $(1,-\dfrac{\sqrt{2}}{2})$.

所以 AM 的方程为 $y=-\dfrac{\sqrt{2}}{2}x+\sqrt{2}$ 或 $y=\dfrac{\sqrt{2}}{2}x-\sqrt{2}$.

(2) 如图8，作 $\begin{cases} x'=x \\ y'=\sqrt{2}y \end{cases} \Rightarrow \begin{cases} x=x' \\ y=\dfrac{\sqrt{2}}{2}y' \end{cases} \Rightarrow x'^2+y'^2=2$，联结 OA', OB'，$k'_{A'M}=\sqrt{2}k_{AM}$，$k'_{B'M}=\sqrt{2}k_{BM}$.

由于 $|OA'|^2=|OB'|^2=|OM|\cdot|OF|=2$，根据相似三角形性质，$\triangle OA'F \backsim \triangle OMA'$，$\triangle OB'F \backsim \triangle OMB'$，故 $\angle 1 = \angle 3$，$\angle 2 = \angle 4$，所以 $\angle 1 = \angle 2 = \angle 3 = \angle 4$，即 $\angle A'MO = \angle B'MO$，$k_{MA'}+k_{MB'}=0$，所以 $\sqrt{2}k_{MA}+\sqrt{2}k_{MB}=0$，所以 $\angle AMO = \angle BMO$.

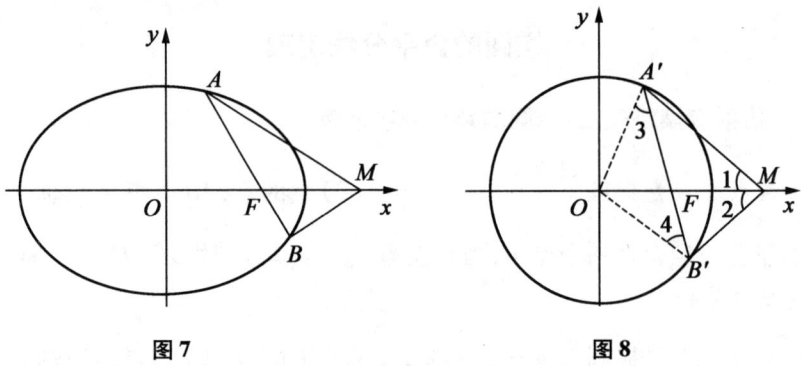

图7　　　　　　　　图8

仿射后圆心角为直角问题

一、仿射变换定理四

若以椭圆 $\dfrac{x^2}{a^2}+\dfrac{y^2}{b^2}=1$ 的对称中心引出两条直线交椭圆于 A,B 两点,且 $k_{OA}\cdot k_{OB}=-\dfrac{b^2}{a^2}$,则经过仿射变换后 $k_{OA'}\cdot k_{OB'}=-1$,所以 $S_{\triangle AOB}$ 为定值.

二、仿射变换定理五

若椭圆方程 $\dfrac{x^2}{a^2}+\dfrac{y^2}{b^2}=1$ 上三点 A,B,M,满足:①$k_{OA}\cdot k_{OB}=-\dfrac{b^2}{a^2}$;②$S_{\triangle AOB}=\dfrac{ab}{2}$;③$\overrightarrow{OM}=\sin\alpha\,\overrightarrow{OA}+\cos\alpha\,\overrightarrow{OB}\,\left(\alpha\in\left(0,\dfrac{\pi}{2}\right)\right)$,三者等价.

三、典型例题

【例5】 (2011·山东)已知直线 l 与椭圆 $C:\dfrac{x^2}{3}+\dfrac{y^2}{2}=1$ 交于 $P(x_1,y_1)$,$Q(x_2,y_2)$ 两不同点,且 $\triangle OPQ$ 的面积 $S_{\triangle OPQ}=\dfrac{\sqrt{6}}{2}$,其中 O 为坐标原点.

(1)证明:$x_1^2+x_2^2$ 和 $y_1^2+y_2^2$ 均为定值;

(2)设线段 PQ 的中点为 M,求 $|OM|\cdot|PQ|$ 的最大值;

(3)椭圆 C 上是否存在点 D,E,G,使得 $S_{\triangle ODE}=S_{\triangle ODG}=S_{\triangle OEG}=\dfrac{\sqrt{6}}{2}$?若存在,判断 $\triangle DEG$ 的形状;若不存在,请说明理由.

【解析】 (1)作

$$\begin{cases} x' = x \\ y' = \dfrac{\sqrt{3}}{\sqrt{2}} y \end{cases} \Rightarrow \begin{cases} x = x' \\ y = \dfrac{\sqrt{2}}{\sqrt{3}} y' \end{cases} \Rightarrow x'^2 + y'^2 = 3$$

$$S_{\triangle OPQ} = \dfrac{\sqrt{2}}{\sqrt{3}} S_{\triangle OP'Q'} = \dfrac{\sqrt{6}}{2}$$

$$\Rightarrow S_{\triangle OP'Q'} = \dfrac{3}{2} = \dfrac{1}{2} |OP'||OQ'|\sin\angle P'OQ'$$

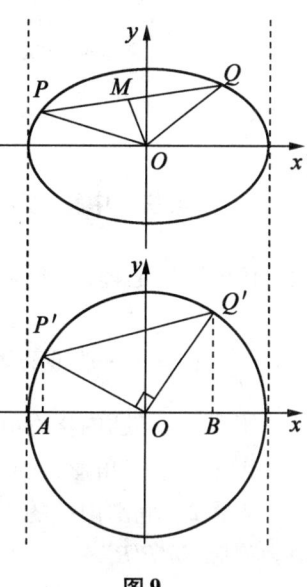

图9

所以 $\angle P'OQ' = 90°$,根据三角形全等的判定定理 $\triangle P'AO \cong \triangle OBQ'$,$\triangle P'AO \cong \triangle OBQ'$.

因为 $x_1'^2 + y_1'^2 = x_2'^2 + y_2'^2 = 3$,所以 $y_1'^2 + y_2'^2 = \dfrac{2}{3}(y_1'^2 + y_2'^2) = 2$.

(2)根据极化恒等式 $\left(\dfrac{a+b}{2}\right)^2 + \left(\dfrac{a-b}{2}\right)^2 = \dfrac{a^2+b^2}{2}$,故 $|OM|^2 + |PM|^2 = \dfrac{|OP|^2 + |OQ|^2}{2} = \dfrac{5}{2} \geqslant 2|OM||PM| = |OM||PQ|$,当且仅当 $|OM| = |PM|$ 时等号成立.

(3)若 $S_{\triangle ODE} = S_{\triangle ODG} = S_{\triangle OEG} = \dfrac{\sqrt{6}}{2}$,则 $S_{\triangle OD'E'} = S_{\triangle OD'G'} = S_{\triangle OE'G'} = \dfrac{3}{2}$.

所以 $\angle D'OE' = \angle D'OG' = \angle G'OE' = 90°$,矛盾,显然不存在三点.

【例6】 已知椭圆经过点 $\left(\dfrac{6}{5}, \dfrac{4}{5}\right)$,其离心率为 $\dfrac{\sqrt{3}}{2}$,设 A, B, M 是椭圆 C 上的三点,且满足 $\overrightarrow{OM} = \cos\alpha \overrightarrow{OA} + \sin\alpha \overrightarrow{OB}\left(\alpha \in \left(0, \dfrac{\pi}{2}\right)\right)$,其中 O 为坐标原点.

(1)求椭圆的标准方程;
(2)证明: $\triangle OAB$ 的面积是一个常数.

【解析】 (1) $\dfrac{x^2}{4} + y^2 = 1$.

(2)将

$$\begin{cases} x' = x \\ y' = 2y \end{cases} \Rightarrow \begin{cases} x = x' \\ y = \dfrac{1}{2} y' \end{cases} \Rightarrow C' : x'^2 + y'^2 = 4, \overrightarrow{OM'} = \cos\alpha \overrightarrow{OA'} + \sin\alpha \overrightarrow{OB'}$$

$$|\overrightarrow{OM'}|^2 = 4 = \cos^2\alpha |\overrightarrow{OA'}|^2 + \sin^2\alpha |\overrightarrow{OB'}|^2 + 2\cos\alpha\sin\alpha \overrightarrow{OA'} \cdot \overrightarrow{OB'}$$

$$= 4 + \overrightarrow{OA'} \cdot \overrightarrow{OB'} \sin 2\alpha \Rightarrow \overrightarrow{OA'} \cdot \overrightarrow{OB'} = 0$$

$$S_{\triangle A'OB'} = \frac{1}{2} \cdot 2 \cdot 2\sin 90° = 2 = 2S_{\triangle AOB} \Rightarrow S_{\triangle AOB} = 1$$

中点弦与中垂线问题

一、中点弦与中垂线问题

仿射变换定理六:中点弦问题,$k_{OP} \cdot k_{AB} = -\frac{b^2}{a^2}$,中垂线问题 $\frac{k_{OP}}{k_{MP}} = \frac{b^2}{a^2}$,且 $x_M = \frac{c^2 x_0}{a^2}, y_N = -\frac{c^2 y_0}{b^2}$,(无须点差法也可证明).

拓展1 椭圆内接 $\triangle ABC$ 中,若原点 O 为重心,则仿射后一定得到 $\triangle OB'C'$ 为120°的等腰三角形;$\triangle A'B'C'$ 为等边三角形;

拓展2 椭圆内接的平行四边形 $OAPB$(A,P,B)在椭圆上,则仿射后一定得到菱形 $OA'P'B'$.

定理六的证明如下:如图10所示,设直线与椭圆 $C: \frac{x^2}{a^2} + \frac{y^2}{b^2} = 1$ ($a > b > 0$)交于 A,B 两点,$P(x_0, y_0)$ 为其中点,AB 的中垂线交 x 轴于 M,交 y 轴于 N;

$\begin{cases} k_{OP} = \frac{b}{a} k_{OP'}, k_{AB} = \frac{b}{a} k_{A'B'} \\ k_{OP'} \cdot k_{A'B'} = -1 \end{cases} \Rightarrow k_{OP} \cdot k_{AB} = -\frac{b^2}{a^2}$; $\begin{cases} k_{MP} \cdot k_{AB} = -1 \\ k_{OP} \cdot k_{AB} = -\frac{b^2}{a^2} \end{cases} \Rightarrow \frac{k_{OP}}{k_{MP}} = \frac{b^2}{a^2} \Rightarrow \frac{y_0}{x_0} = \frac{b^2}{a^2} \cdot \frac{y_0}{x_0 - x_M} = \frac{b^2}{a^2} \cdot \frac{y_0 - y_N}{x_0}$.

故 $x_M = \frac{c^2 x_0}{a^2}, y_N = -\frac{c^2 y_0}{b^2}$.

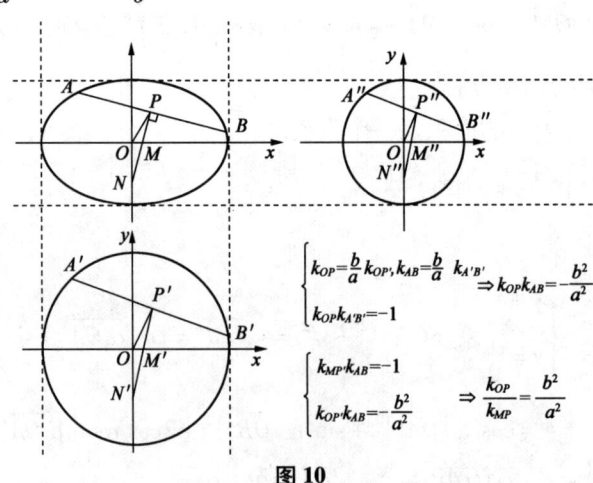

图10

【例7】 (2015·新课标Ⅱ)已知椭圆 $C:9x^2+y^2=m^2(m>0)$,直线 l 不过原点 O 且不平行于坐标轴,l 与 C 有两个交点 A,B,线段 AB 的中点为 M.

(1)证明:直线 OM 的斜率与 l 的斜率的乘积为定值;

(2)若 l 过点 $(\frac{m}{3},m)$,延长线段 OM 与 C 交于点 P,四边形 $OAPB$ 能否为平行四边形?若能,求此时 l 的斜率;若不能,说明理由.

【解析】 (1)如图11所示,作 $\begin{cases}x'=3x\\y'=y\end{cases} \Rightarrow \begin{cases}x=\dfrac{3}{y=y'}\end{cases} \Rightarrow x'^2+y'^2=m^2$,$k_{AB}=3k_{A'B'}$,$k_{OM}=3k_{OM'}$,由于 $k_{AB}=3k_{A'B'}$,$k_{OM}=3k_{OM'}$,故 $k_{OM} \cdot k_{AB}=-9$.

(2)四边形 $OAPB$ 能为平行四边形. 且直线 l 过点 $(\frac{m}{3},m)$,故四边形 $OA'P'B'$ 能为菱形. 且直线 l' 过点 (m,m),设 $A'B'$ 方程为 $y-m=k'(x-m)$,圆心到直线 $A'B'$ 距离为 $\dfrac{m}{2}=\dfrac{|(1-k')m|}{\sqrt{1+k'^2}}$,故 $k_{OP}=\dfrac{1}{2}k_{NP} \Rightarrow \dfrac{y_0}{x_0}=\dfrac{1}{2} \cdot \dfrac{y_0-\dfrac{1}{2}}{x_0}$,则 $k=4\pm\sqrt{7}$.

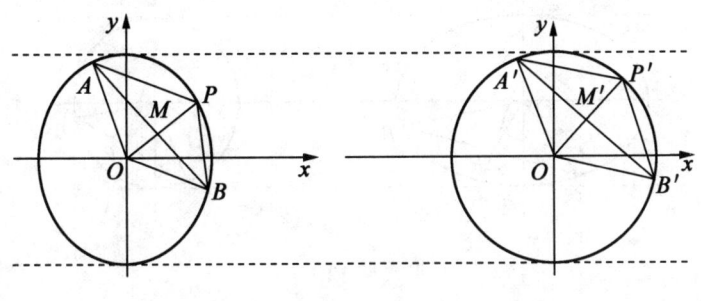

图 11

【例8】 (2015·浙江)已知椭圆 $\dfrac{x^2}{2}+y^2=1$ 上两个不同的点 A,B 关于直线 $y=mx+\dfrac{1}{2}$ 对称.

(1)求实数 m 的取值范围;

(2)求 $\triangle AOB$ 面积的最大值(O 为坐标原点).

【解析】 (1)如图12所示,取 AB 中点 $P(x_0,y_0)$,AB 中垂线交 y 轴于 N,作

$$\begin{cases} x' = \frac{\sqrt{2}}{2}x \\ y' = y \end{cases} \Rightarrow \begin{cases} x = \sqrt{2}x' \\ y = y' \end{cases} \Rightarrow x'^2 + y'^2 = 1$$

$$\begin{cases} k_{OP} = \frac{\sqrt{2}}{2}k_{OP'}, k_{AB} = \frac{\sqrt{2}}{2}k_{A'B'} \\ k_{OP'} \cdot k_{A'B'} = -1 \end{cases} \Rightarrow k_{OP}k_{AB} = -\frac{1}{2}$$

$$\begin{cases} k_{NP} \cdot k_{AB} = -1 \\ k_{OP} \cdot k_{AB} = -\frac{1}{2} \end{cases} \Rightarrow \frac{k_{OP}}{k_{NP}} = \frac{1}{2}$$

$$k_{OP} = \frac{1}{2}k_{NP} \Rightarrow \frac{y_0}{x_0} = \frac{1}{2} \cdot \frac{y_0 - \frac{1}{2}}{x_0}$$

故 $y_0 = -\frac{1}{2}$；由于 $P(x_0, -\frac{1}{2})$ 在椭圆内，故 $-\frac{\sqrt{6}}{2} < x_0 < \frac{\sqrt{6}}{2}$，则 $m = 2k_{OP} = 2\frac{y_0}{x_0} = -\frac{1}{x_0} \in \left(-\infty, \frac{\sqrt{6}}{3}\right) \cup \left(\frac{\sqrt{6}}{3}, +\infty\right)$.

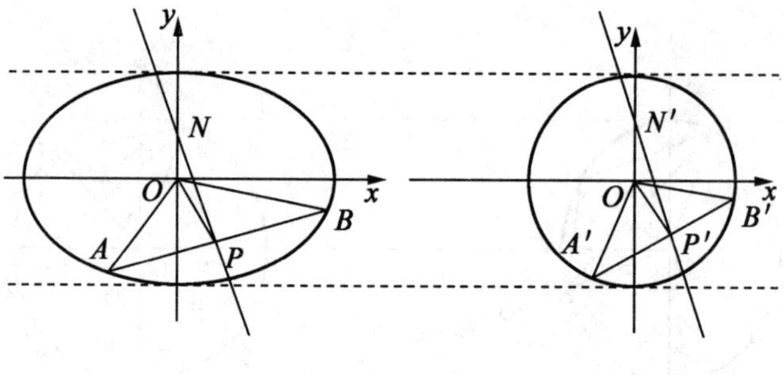

图 12

(2)根据仿射后的图 13，设 $A'B'$ 与 y 轴交点为 M，则

$$\angle OMP' = \theta, |OP'| = \frac{1}{2\sin\theta}, |A'P'| = \sqrt{1 - \frac{1}{4\sin^2\theta}}$$

$$S_{\triangle OAB} = \sqrt{2}S_{\triangle OA'B'} = \sqrt{2}|OP'||A'P'| = \sqrt{2}\sqrt{\frac{1}{4\sin^2\theta}\left(1 - \frac{1}{4\sin^2\theta}\right)}$$

$$\leq \sqrt{2} \cdot \frac{\frac{1}{4\sin^2\theta} + 1 - \frac{1}{4\sin^2\theta}}{2} = \frac{\sqrt{2}}{2}$$

当且仅当 $\sin\theta = \pm\dfrac{\sqrt{2}}{2}$ 时,等号成立.

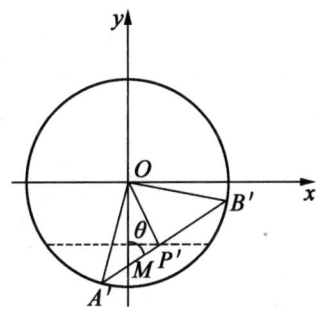

图 13

利用仿射变换解决椭圆与圆结合面积问题

一、利用仿射变换解决椭圆与圆结合面积问题

若椭圆内含有圆与直线相切,如图 14,直线 AB 与圆相切于 P,交椭圆 $\dfrac{x^2}{a^2} + \dfrac{y^2}{b^2} = 1$ 于点 A,B,求 $S_{\triangle OAB}$ 的最大值.

如图 15 所示,首先进行仿射变换:$\begin{cases} \dfrac{x^2}{a^2} + \dfrac{y^2}{b^2} = 1 \\ x^2 + y^2 = r^2 \end{cases}$,令 $\begin{cases} x = x' \\ y = \dfrac{a}{b}y' \end{cases} \Rightarrow$

$\begin{cases} x'^2 + y'^2 = a^2 \\ x'^2 + \dfrac{b^2 y'^2}{a^2} = r^2 \end{cases}$,拉伸后可知,$S_{\triangle AOB} = \dfrac{b}{a} S_{\triangle A'OB'}$,故当 $S_{\triangle A'OB'} = \dfrac{1}{2}a^2 \sin\angle A'OB'$ 最

大时,$\angle A'OB' = 90°$,关键在于看 $\angle A'OB'$ 的取值范围.

根据几何性质,$A'B'$ 平行于 x 轴时,$\angle A'OB' = \alpha$ 最小,$A'B'$ 平行于 y 轴时,$\angle A'OB' = \beta$ 最大.

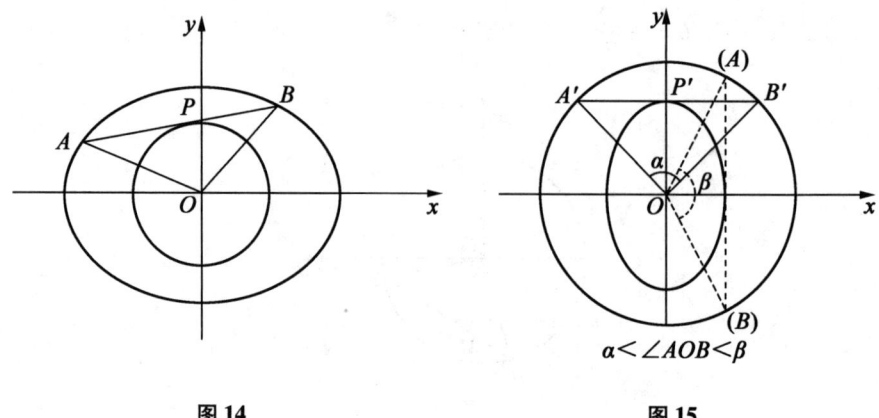

图 14　　　　　　　　图 15

【例9】 已知椭圆 $C: \dfrac{x^2}{a^2} + \dfrac{y^2}{b^2} = 1 (a > b > 0)$ 的右焦点为 $(\sqrt{2}, 0)$，离心率为 $\dfrac{\sqrt{6}}{3}$.

(1) 求椭圆 C 的方程；

(2) 若直线 l 与椭圆 C 相交于 A, B 两点，且以 AB 为直径的圆经过原点 O，求证：点 O 到直线 AB 的距离为定值；

(3) 在 (2) 的条件下，求 $\triangle OAB$ 面积的最大值.

【解析】 (1) 椭圆 C 的方程为 $\dfrac{x^2}{3} + y^2 = 1$.

(2) 令 $\begin{cases} x_1 = \rho_1 \cos\theta \\ y_1 = \rho_1 \sin\theta \end{cases}$；$\begin{cases} x_2 = \rho_2 \cos\left(\theta + \dfrac{\pi}{2}\right) = -\rho_2 \sin\theta \\ y_2 = \rho_2 \sin\left(\theta + \dfrac{\pi}{2}\right) = \rho_2 \cos\theta \end{cases}$

$\dfrac{\rho^2 \cos^2\theta}{3} + \rho^2 \sin^2\theta = 1 \Rightarrow \dfrac{1}{\rho^2} = \dfrac{\cos^2\theta}{3} + \sin^2\theta \Rightarrow \dfrac{1}{\rho_1^2} + \dfrac{1}{\rho_2^2} = \dfrac{\rho_1^2 + \rho_2^2}{\rho_1^2 \rho_2^2}$

$= \dfrac{1}{d^2} = \dfrac{\cos^2\theta}{3} + \sin^2\theta + \dfrac{\sin^2\theta}{3} + \cos^2\theta = \dfrac{4}{3} \Rightarrow d = \dfrac{\sqrt{3}}{2}$

(2) $\begin{cases} \dfrac{x^2}{3} + y^2 = 1 \\ x^2 + y^2 = \dfrac{3}{4} \end{cases}$，令 $\begin{cases} x = x' \\ \sqrt{3} y = y' \end{cases} \Rightarrow \begin{cases} x'^2 + y'^2 = 3 \\ x'^2 + \dfrac{y'^2}{3} = \dfrac{3}{4} \end{cases}$.

拉伸后可知，$S_{\triangle A'OB'} = \sqrt{3} S_{\triangle AOB}$，根据几何性质可知，当 $A'B'$ 平行于 x 轴时，$\angle A'OB' = 60°$，当 $A'B'$ 平行于 y 轴时，$\angle A'OB' = 120°$，故 $60° \leqslant \angle A'OB' \leqslant$

$120°$,当 $\angle A'OB' = 90°$ 时,$S_{\triangle A'OB'} = \frac{1}{2}\sqrt{3} \cdot \sqrt{3}\sin 90° = \frac{3}{2}$,面积最大,$S_{\triangle AOB} = \frac{\sqrt{3}}{3}S_{\triangle A'OB'} = \frac{\sqrt{3}}{2}$.

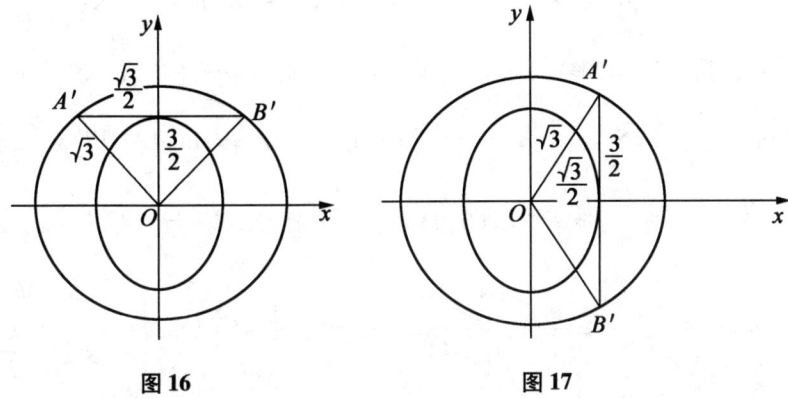

图 16   图 17

【例10】 (2018·江苏)在平面直角坐标系 xOy 中,椭圆 C 过点 $(\sqrt{3}, \frac{1}{2})$,焦点 $F_1(-\sqrt{3}, 0)$,$F_2(\sqrt{3}, 0)$,圆的直径为 F_1F_2.

(1)求椭圆 C 及圆 O 的方程;

(2)设直线 l 与圆 O 相切于第一象限内的点 P.

①若直线 l 与椭圆 C 有且只有一个公共点,求点 P 的坐标;

②直线 l 与椭圆 C 交于 A、B 两点.若 $\triangle OAB$ 的面积为 $\frac{2\sqrt{6}}{7}$,求直线 l 的方程.

【解析】 (1)由题意可设椭圆方程为 $\frac{x^2}{a^2} + \frac{y^2}{b^2} = 1 (a > b > 0)$,因为焦点 $F_1(-\sqrt{3}, 0)$,$F_2(\sqrt{3}, 0)$,所以 $c = \sqrt{3}$.所以 $\frac{3}{a^2} + \frac{1}{4b^2} = 1$,又 $a^2 - b^2 = c^2 = 3$,解得 $a = 2, b = 1$.故椭圆的方程为 $C: \frac{x^2}{4} + y^2 = 1$,圆的方程为:$O: x^2 + y^2 = 3$.

(2)①如图18~图21所示,可知直线 l 与圆 O 相切,也与椭圆 C,且切点在第一象限,因此 k 一定小于 0,所以可设直线 l 的方程为 $y = kx + m (k < 0, m > 0)$.由圆心 $(0,0)$ 到直线 l 的距离等于圆半径 $\sqrt{3}$,可得 $\frac{m^2}{1+k^2} = 3 \Rightarrow m^2 = 3 + 3k^2$.

由 $\begin{cases} \frac{x^2}{4} + y^2 = 1 \\ x^2 + y^2 = 3 \end{cases}$,可令 $\begin{cases} \frac{1}{2}x = x' \\ y = y' \end{cases} \Rightarrow \begin{cases} x'^2 + y'^2 = 1 \\ x'^2 + \frac{y'^2}{4} = 3 \end{cases}$.

直线 l' 方程为: $y=2kx'+m$, 圆心 $(0,0)$ 到直线 l' 的距离等于圆半径 1, 可得 $\dfrac{m^2}{1+4k^2}=1 \Rightarrow m^2=1+4k^2$.

结合 $k<0, m>0$, 解得 $k=-\sqrt{2}, m=3$. 将 $k=-\sqrt{2}, m=3$ 代入 $\begin{cases} x^2+y^2=3 \\ y=kx+m \end{cases}$, 可得 $x^2-2\sqrt{2}x+2=0$, 解得 $x=\sqrt{2}, y=1$, 故点 P 的坐标为 $(\sqrt{2},1)$.

② 由 $S_{\triangle OAB}=2S_{\triangle OA'B'}=2 \cdot \dfrac{1}{2} \cdot R^2 \sin \angle A'OB' \Rightarrow \sin \angle A'OB'=\dfrac{2\sqrt{6}}{7}$, 故 $\cos \dfrac{\angle A'OB'}{2}=\dfrac{1}{\sqrt{7}}$ 或 $\dfrac{\sqrt{6}}{\sqrt{7}}$, 可知圆心 $(0,0)$ 到直线 l' 的距离等于 $\dfrac{1}{\sqrt{7}}$ 或 $\dfrac{\sqrt{6}}{\sqrt{7}}$, 由于 $m^2=3+3k^2$, 当 $\cos \dfrac{\angle A'OB'}{2}=\dfrac{1}{\sqrt{7}}$ 时, $\dfrac{m^2}{1+4k^2}=\dfrac{1}{7} \Rightarrow m^2=\dfrac{1}{7}+\dfrac{4}{7}k^2 \Rightarrow \begin{cases} m^2=3+3k^2 \\ m^2=\dfrac{1}{7}+\dfrac{4}{7}k^2 \end{cases}$ 无解, 只能 $\begin{cases} m^2=3+3k^2 \\ m^2=\dfrac{6}{7}+\dfrac{24}{7}k^2 \end{cases}$, 即 $\begin{cases} k^2=5 \\ m^2=18 \end{cases}$ 解得 $k=-\sqrt{5}$, (正值舍去), $m=3\sqrt{2}$. 故 $y=-\sqrt{5}x+3\sqrt{2}$ 为所求.

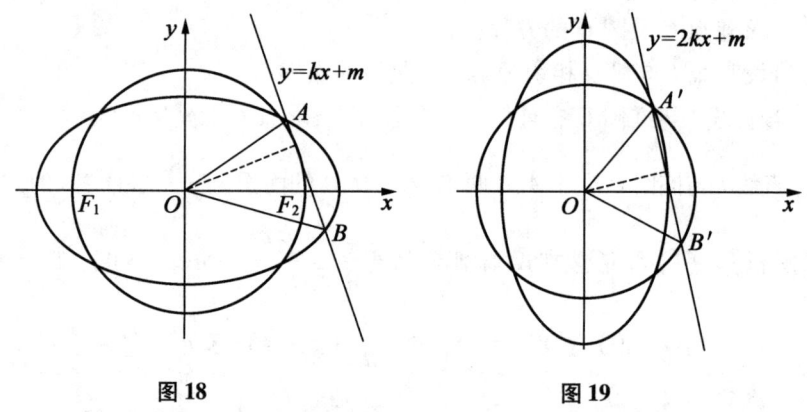

图 18　　　　　图 19

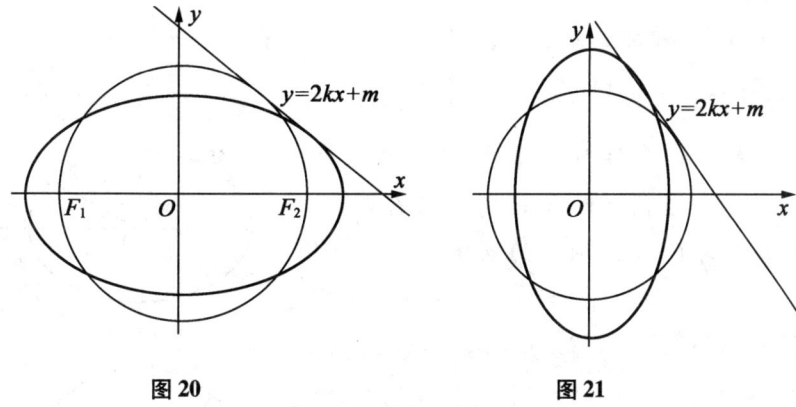

图20　　　　　　图21

定比分点和弦长公式

一、仿射变换定理

1. 仿射变换定理七.

定比分点的比值不变性原理，$\lambda = \dfrac{\overrightarrow{AC}}{\overrightarrow{CB}} = \dfrac{\overrightarrow{A'C'}}{\overrightarrow{C'B'}} = \dfrac{\overrightarrow{A''C''}}{\overrightarrow{C''B''}} = \dfrac{x_C - x_A}{x_B - x_C} = \dfrac{y_C - y_A}{y_B - y_C}$；

2. 仿射变换定理八.

弦长公式的转化，纵向拉伸并不改变横向的性质，设 $A(x_1, y_1)$，$B(x_2, y_2)$，则 $AB = \sqrt{1+k^2}\,|x_1 - x_2| \Rightarrow A'B' = \sqrt{1+k'^2}\,|x_1 - x_2| = \sqrt{1+\left(\dfrac{a}{b}\right)^2 k^2}\,|x_1 - x_2|$，

即 $\dfrac{AB}{A'B'} = \dfrac{\sqrt{1+k^2}}{\sqrt{1+\left(\dfrac{a}{b}\right)^2 k^2}}$.

【例11】（2011·重庆）如图22，椭圆 O 的中心为原点，离心率 $e = \dfrac{\sqrt{2}}{2}$，一条准线的方程是 $x = 2\sqrt{2}$.

（1）求椭圆的标准方程；

（2）设动点满足 $P: \overrightarrow{OP} = \overrightarrow{OM} + 2\overrightarrow{ON}$，其中 M，N 是椭圆上的点，直线 OM 与 ON 的斜率之积为 $-\dfrac{1}{2}$，问：是否存在定点，使得 $|PF|$ 与点 P 到直线 $l: x = 2\sqrt{10}$ 的距离之比为定值；若存在，求 F 的坐标，若不存在，说明理由.

【解析】（1）由题意得 $\dfrac{\sqrt{a^2 - b^2}}{a} = \dfrac{\sqrt{2}}{2}$，$\dfrac{a^2}{c^2} = \dfrac{a^2}{\sqrt{a^2 - b^2}} = 2\sqrt{2}$，所以 $a = 2$，$b = \sqrt{2}$.

故椭圆的标准方程为 $\dfrac{x^2}{4}+\dfrac{y^2}{2}=1$.

(2)设动点 $P(x,y)$,$M(x_1,y_1)$,$N(x_2,y_2)$. 因为动点 P 满足:$\overrightarrow{OP}=\overrightarrow{OM}+2\overrightarrow{ON}$,作仿射变换,令 $x'=x$,$y'=\sqrt{2}y$,则椭圆 C 变为圆 C':$x'^2+y'^2=4$,设此时 P,M,N 对应的点分别为 P',M',N',$k'_{OM'}\cdot k'_{ON'}=2k_{OM}k_{ON}=-1$,则 $OM'\perp ON'$,$\overrightarrow{OP}=\overrightarrow{OM}+2\overrightarrow{ON}\Rightarrow|\overrightarrow{OP'}|=2\sqrt{5}$,故 P' 的轨迹方程 $x'^2+y'^2=20$,仿射回去则有 $x^2+2y^2=20$,故点 P 是椭圆 $\dfrac{x^2}{20}+\dfrac{y^2}{10}=1$ 上的点,焦点 $F(\sqrt{10},0)$,准线 $l:x=2\sqrt{10}$,离心率为 $\dfrac{\sqrt{2}}{2}$. 根据椭圆的第二定义,$|PF|$ 与点 P 到直线 $l:x=2\sqrt{10}$ 的距离之比为定值 $\dfrac{\sqrt{2}}{2}$,故存在点 $F(\sqrt{10},0)$,满足 $|PF|$ 与点 P 到直线 $l:x=2\sqrt{10}$ 的距离之比为定值.

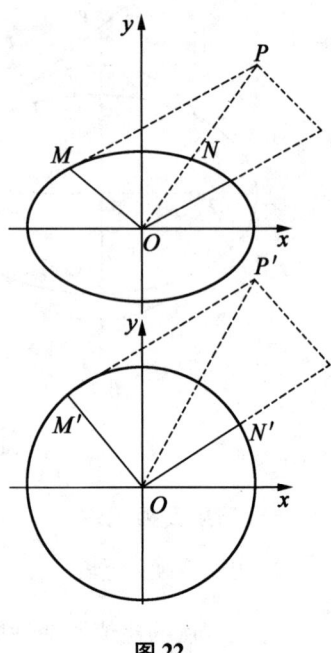

图 22

【例 12】 (2016·四川)已知椭圆 $E:\dfrac{x^2}{a^2}+\dfrac{y^2}{b^2}=1(a>b>0)$ 的两个焦点与短轴的一个端点是直角三角形的 3 个顶点,直线 $l:y=-x+3$ 与椭圆有且只有一个公共点 T.

(1)求椭圆 E 的方程及点 T 的坐标;

(2)如图 23 所示,设 O 是坐标原点,直线 l' 平行于 OT,与椭圆 E 交于不同的两点 A,B,且与直线 l 交于点 P. 证明:存在常数 λ,使得 $|PT|^2=\lambda|PA|\cdot|PB|$,并求 λ 的值.

【解析】 (1)设短轴一端点为 $C(0,b)$,左、右焦点分别为 $F_1(-c,0)$,$F_2(c,0)$,其中 $c>0$,则 $c^2=b^2+a^2$;由题意,$\triangle F_1F_2C$ 为直角三角形,所以 $|F_1F_2|^2=|F_1C|^2+|F_2C|^2$,解得 $b=c=\dfrac{\sqrt{2}}{2}a$,所以椭圆 E 的方程为 $\dfrac{x^2}{2b^2}+\dfrac{y^2}{b^2}=1$;代入直线 $l:y=-x+3$,可得 $3x^2-12x+18-2b^2=0$,又直线 l 与椭圆 E 只有一个交点,则 $\Delta=12^2-4\times3(18-2b^2)=0$,解得 $b^2=3$,故椭圆 E 的方程为 $\dfrac{x^2}{6}+\dfrac{y^2}{3}=1$;由 $b^2=3$,解得 $x=2$,则 $y=-x+3=1$,所以点 T 的坐标为 $(2,1)$.

(2)作伸缩变换,令 $x'=x, y'=\sqrt{2}y$,则椭圆 E 变为圆 $E': x'^2+y'^2=6$. 设此时 P,A,B,T 对应的点分别为 P',A',B',T',如图 24 所示.

故 $\dfrac{|P'T'|^2}{|PT|^2}=\dfrac{1+2\times(-1)^2}{1+(-1)^2}=\dfrac{3}{2}$,$\dfrac{|P'A'|\cdot|P'B'|}{|PA|\cdot|PB|}=\dfrac{1+2\times(\frac{1}{2})^2}{1+(\frac{1}{2})^2}=\dfrac{6}{5}$,两

式相比 $\dfrac{|P'T'|^2}{|PT|^2}:\dfrac{|P'A'|\cdot|P'B'|}{|PA|\cdot|PB|}=\dfrac{5}{4}$.

由圆幂定理得,$|P'T'|^2=|P'A'|\cdot|P'B'|$,所以 $\dfrac{|PT|^2}{|PA|\cdot|PB|}=\dfrac{4}{5}$,即 $\lambda=$

$\dfrac{4}{5}$,原命题成立.

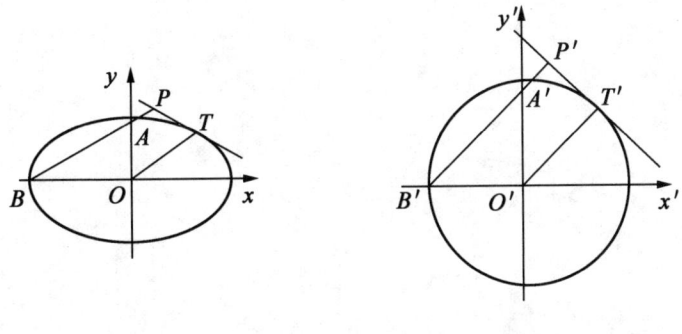

图 23　　　　　　　　　　　**图 24**

【**例 13**】 椭圆 $C:\dfrac{x^2}{a^2}+\dfrac{y^2}{b^2}=1(a>b>0)$,作直线 l 交椭圆于 P,Q 两点. M 为线段 PQ 的中点,O 为坐标原点,设直线 l 的斜率为 k_1,直线 OM 的斜率为 k_2, $k_1k_2=-\dfrac{2}{3}$.

(1)求椭圆 C 的离心率;

(2)设直线 l 与 x 轴交于点 $D(-5,0)$,且满足 $\overrightarrow{DP}=2\overrightarrow{DQ}$,当 $\triangle OPQ$ 的面积最大时,求椭圆 C 的方程.

【**解析**】 (1)由公式得 $k_1\cdot k_2=-\dfrac{b^2}{a^2}=-\dfrac{2}{3}$,$e=\sqrt{1-\dfrac{b^2}{a^2}}=\sqrt{1-\dfrac{2}{3}}=\dfrac{\sqrt{3}}{3}$.

(2)根据仿射原理 $\dfrac{x^2}{a^2}+\dfrac{y^2}{b^2}=1\Rightarrow\begin{cases}x=x'\\y=\dfrac{a}{b}y'\end{cases}\Rightarrow x'^2+y'^2=a^2$,拉伸之后不改变

比值:$DP'=2DQ'$,过点 O 作 DP' 的垂线,垂足为 H,设 DP' 的倾斜角为 α,易知

$DH = 5\cos\alpha$,由比值关系得:$O'P' : D'H = 6 : 1 = O'P' : 5\cos\alpha$,故 $O'P' = 30\cos\alpha$,$OH = 5\sin\alpha$,$S = \dfrac{b}{a}S' = \dfrac{\sqrt{6}}{3} \times \dfrac{1}{2} \times 30 \times \cos\alpha \times 5\sin\alpha = \dfrac{25}{2}\sqrt{6}\sin 2\alpha$. 当 $\alpha = 45°$ 时值,面积最大,又因为 $HP' : DH = 1 : 3 \Rightarrow HP' = 15\cos\alpha = \dfrac{15}{2}\sqrt{2}$,所以 $OH = 5\sin\alpha = \dfrac{5}{2}\sqrt{2}$. 由勾股定理得:$a^2 = \left(\dfrac{15\sqrt{2}}{2}\right)^2 + \left(\dfrac{5\sqrt{2}}{2}\right)^2 = 125$, $b^2 = \dfrac{2}{3}a^2 = \dfrac{250}{3}$,椭圆的方程为:$\dfrac{x^2}{125} + \dfrac{3y^2}{250} = 1$.

评注 在确定长轴或者短轴分弦长为 λ 时,仿射后得到最大的面积时,倾斜角通常是 $45°$,此题可以用化斜为直来做,也是通常解法,但仿射变换的优势就是计算量大大减少,几乎不需要联立,属于"高观点,低运算"的经典方法.

圆锥曲线中的"四大弦案"

第1节 圆锥曲线中的"中点弦"问题

一、知识梳理

圆锥曲线中点弦问题在高考中是一个常见的考点,其解题方法一般是利用点差法和韦达定理——设而不求.在处理直线与圆锥曲线相交而形成的弦中点的有关问题时,我们经常用到如下解法:设弦的两个端点坐标分别为(x_1,y_1),(x_2,y_2),代入圆锥曲线的两方程后相减,得到弦中点坐标与弦所在直线斜率的关系,然后加以求解,这即为"点差法".此法有着不可忽视的作用,其特点是巧代斜率.在使用根与系数的关系时,要注意使用条件是$\Delta \geqslant 0$;在使用点差法时,要检验直线与圆锥曲线是否相交.

1.中点弦问题.

若椭圆(双曲线)与直线l交于A,B两点,M为AB的中点,则可以采用点差法.

已知弦AB的中点,研究AB的斜率和方程:AB是椭圆$\dfrac{x^2}{a^2}+\dfrac{y^2}{b^2}=1(a>b>0)$的一条弦,中点$M(x_0,y_0)$,则$AB$的斜率为$-\dfrac{b^2 x_0}{a^2 y_0}$,运用点差求$AB$的斜率:设$A(x_1,y_1)$,$B(x_2,y_2)$$(x_1 \neq x_2)$,$A$,$B$都在椭圆上,所以$\begin{cases}\dfrac{x_1^2}{a^2}+\dfrac{y_1^2}{b^2}=1\\ \dfrac{x_2^2}{a^2}+\dfrac{y_2^2}{b^2}=1\end{cases}$,两式相减得$\dfrac{x_1^2-x_2^2}{a^2}+\dfrac{y_1^2-y_2^2}{b^2}=0$,所

以 $\dfrac{(x_1+x_2)(x_1-x_2)}{a^2}+\dfrac{(y_1+y_2)(y_1-y_2)}{b^2}=0$

即 $\dfrac{(y_1-y_2)}{(x_1-x_2)}=-\dfrac{b^2(x_1+x_2)}{a^2(y_1+y_2)}=-\dfrac{b^2 x_0}{a^2 y_0}$，故 $k_{AB}=-\dfrac{b^2 x_0}{a^2 y_0}$.

运用类似的方法可以推出：若 AB 是双曲线 $\dfrac{x^2}{a^2}-\dfrac{y^2}{b^2}=1(a>b>0)$ 的弦，中点 $M(x_0,y_0)$，则 $k_{AB}=\dfrac{b^2 x_0}{a^2 y_0}$.

抛物线的中点弦问题(点差法)：若曲线是抛物线 $y^2=2px(p>0)$，则 $k_{AB}=\dfrac{p}{y_0}$.

解题策略：抛物线：$y^2=2px \Rightarrow y_{中}\ k=p$.

答题模板：

(1)设直线与曲线：设直线 $l:y=kx+t$ 与曲线：$y^2=2px$ 交于两点 A,B，AB 中点为 $P(x_P,y_P)$，则有 A,B 既在直线上又在曲线上，设 $A(x_1,y_1)$，$B(x_2,y_2)$.

(2)代入点坐标：即

$$\begin{cases} y_1=kx_1+t & \text{①}\\ y_2=kx_2+t & \text{②}\end{cases}$$

$$\begin{cases} y_1^2=2px_1 & \text{③}\\ y_2^2=2px_2 & \text{④}\end{cases}$$

(3)作差得出结论：①-②得：$\dfrac{y_2^2-y_1^2}{x_2-x_1}=2p$，$\dfrac{y_2-y_1}{x_2-x_1}(y_2+y_1)=2p$，$k\cdot 2y_{中}=2p$，$y_{中}\ k=2p$(作为公式记住，在小题中直接用).

同理可推出以下三个重要结论

$$y^2=-2px \Rightarrow y_{中}\ k=-p$$
$$x^2=2py \Rightarrow x_{中}=pk$$
$$x^2=-2py \Rightarrow x_{中}=-pk$$

解题步骤规范模板：

①设直线 AB 的方程；

②直线与曲线联立，整理成关于 x(或 y)的一元二次方程；

③写出根与系数的关系；

④利用 $x_{中}=\dfrac{x_1+x_2}{2}$，$y_{中}=\dfrac{y_1+y_2}{2}$，把根与系数的关系代入.

圆锥曲线以 $P(x_0,y_0)$ 为中点的弦所在直线的斜率(表1)：

第三章 圆锥曲线中的"四大弦案"

表1

圆锥曲线方程	直线斜率
椭圆: $\dfrac{x^2}{a^2}+\dfrac{y^2}{b^2}=1(a>b>0)$	$k=-\dfrac{b^2 x_0}{a^2 y_0}$
双曲线: $\dfrac{x^2}{a^2}-\dfrac{y^2}{b^2}=1(a>0,b>0)$	$k=\dfrac{b^2 x_0}{a^2 y_0}$
抛物线: $y^2=2px(p>0)$	$k=\dfrac{p}{y_0}$

其中 $k=\dfrac{y_2-y_1}{x_2-x_1}$,$(x_1,y_1)$,$(x_2,y_2)$ $(x_1\neq x_2)$ 为弦端点坐标.

背景展现:

事实上,圆锥曲线第一、第二、第三定义之间有着密切的联系,这得从教材里的椭圆的标准方程的推导过程说起:我们知道:由椭圆的第一定义易得

$$\sqrt{(x-c)^2+y^2}+\sqrt{(x+c)^2+y^2}=2a \qquad ①$$

$$\Rightarrow \sqrt{(x+c)^2+y^2}=2a-\sqrt{(x-c)^2+y^2}$$

$$\Rightarrow a^2-cx=a\sqrt{(x-c)^2+y^2} \qquad ②$$

$$\Rightarrow (a^2-c^2)x^2+a^2y^2=a^2(a^2-c^2)$$

$$\Rightarrow \dfrac{x^2}{a^2}+\dfrac{y^2}{a^2-c^2}=1 \qquad ③$$

令 $b^2=a^2-c^2$ 代入③(为了简捷及和谐)$\Rightarrow \dfrac{x^2}{a^2}+\dfrac{y^2}{b^2}=1(a>b>0)$.

上述推理就是过去和现在的教科书的证明过程,其过程显得些许复杂!我们从另一个角度,构造对偶式,则显得简捷地多.

我们构造①的对偶式为

$$\sqrt{(x-c)^2+y^2}-\sqrt{(x+c)^2+y^2}=t \qquad ④$$

由①与④相乘得到 $t=-\dfrac{2cx}{a}$. 再由①与④相加得到

$$2\sqrt{(x-c)^2+y^2}=2a+\dfrac{2cx}{a}\Rightarrow(a^2-c^2)x^2+a^2y^2=a^2(a^2-c^2)$$

$$\Rightarrow \dfrac{x^2}{a^2}+\dfrac{y^2}{a^2-c^2}=1$$

这就是在第一定义下得到的椭圆的标准方程.

非常有意思的是,如果我们再从另一个角度,构造等差数列就得到以下独

特的推理过程:

由上述式①可得$\sqrt{(x+c)^2+y^2}, a, \sqrt{(x-c)^2+y^2}$构成等差数列(即构造等差数列),即令$\sqrt{(x+c)^2+y^2}=a+t, \sqrt{(x-c)^2+y^2}=a-t(-a<t<a)$.

上述两式平方后相加、相减得到$x^2-t^2+y^2=a^2-c^2, t=\dfrac{cx}{a}$.

代入即可推出(令$b^2=a^2-c^2$)$\dfrac{x^2}{a^2}+\dfrac{y^2}{b^2}=1(a>b>0)$.

这就是在第一定义下从不同的角度推得的椭圆的标准方程.

如果我们注意到②可以变形为$\Rightarrow a-\dfrac{c}{a}x=\sqrt{(x-c)^2+y^2}$

$$\Rightarrow \dfrac{c}{a}\left(\dfrac{a^2}{c}-x\right)=\sqrt{(x-c)^2+y^2}$$

$$\Rightarrow \dfrac{\sqrt{(x-c)^2+y^2}}{\left|\dfrac{a^2}{c}-x\right|}=\dfrac{c}{a}=e \qquad ⑤$$

此时⑤具有明显的几何意义:动点M与定点F的距离和它到一条定直线l(定点F不在定直线l上)的距离的比是常数e,也就是教材(人教版《数学》第二册(上)第100页例4).

这正是圆锥曲线的第二定义.

如果我们对③加以变形就可以得到

$$\dfrac{y^2}{a^2-c^2}=1-\dfrac{x^2}{a^2}\Rightarrow \dfrac{y^2}{a^2-c^2}=-\dfrac{(x+a)(x-a)}{a^2}$$

$$\Rightarrow \dfrac{y-0}{x-(-a)}\cdot\dfrac{y-0}{x-a}=\left(\dfrac{c}{a}\right)^2-1$$

$$\Rightarrow \dfrac{y-0}{x-(-a)}\cdot\dfrac{y-0}{x-a}=e^2-1(常数) \qquad ⑥$$

此时⑥也具有明显的几何意义:动点M与两个定点的斜率之积为常数$f(-1<f<0)$.也就是教材上的一个例题的引申.这正是圆锥曲线的第三定义.

综上,有以下结论:(1)结论1:(椭圆中点弦的斜率公式):如图1所示,设$M(x_0, y_0)$为椭圆$\dfrac{x^2}{a^2}+\dfrac{y^2}{b^2}=1$弦$AB$($AB$不平行$y$轴)的中点,则

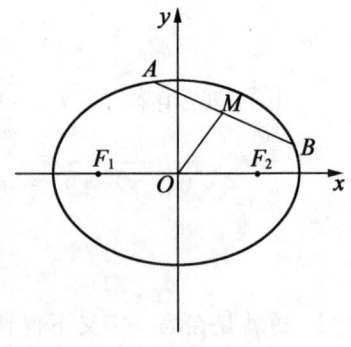

图1

有：$k_{AB} \cdot k_{OM} = -\dfrac{b^2}{a^2} = e^2 - 1$.

证明如下：设 $A(x_1, y_1)$, $B(x_2, y_2)$，则有 $k_{AB} = \dfrac{y_1 - y_2}{x_1 - x_2}$, $\begin{cases} \dfrac{x_1^2}{a^2} + \dfrac{y_1^2}{b^2} = 1 \\ \dfrac{x_2^2}{a^2} + \dfrac{y_2^2}{b^2} = 1 \end{cases}$ 两式相减得：$\dfrac{x_1^2 - x_2^2}{a^2} + \dfrac{y_1^2 - y_2^2}{b^2} = 0$，整理得：$\dfrac{y_1^2 - y_2^2}{x_1^2 - x_2^2} = -\dfrac{b^2}{a^2}$，即 $\dfrac{(y_1 + y_2)(y_1 - y_2)}{(x_1 + x_2)(x_1 - x_2)} = -\dfrac{b^2}{a^2}$，因为 $M(x_0, y_0)$ 是弦 AB 的中点，所以 $k_{OM} = \dfrac{y_0}{x_0} = \dfrac{2y_0}{2x_0} = \dfrac{y_1 + y_2}{x_1 + x_2}$，所以 $k_{AB} \cdot k_{OM} = -\dfrac{b^2}{a^2} = e^2 - 1$.

(2) 结论2：(双曲线中点弦的斜率公式)：设 $M(x_0, y_0)$ 为双曲线 $\dfrac{x^2}{a^2} - \dfrac{y^2}{b^2} = 1$ 弦 AB(AB 不平行 y 轴)的中点，则有 $k_{AB} \cdot k_{OM} = \dfrac{b^2}{a^2} = e^2 - 1$.

证明如下：设 $A(x_1, y_1)$, $B(x_2, y_2)$，则有 $k_{AB} = \dfrac{y_1 - y_2}{x_1 - x_2}$, $\begin{cases} \dfrac{x_1^2}{a^2} - \dfrac{y_1^2}{b^2} = 1 \\ \dfrac{x_2^2}{a^2} - \dfrac{y_2^2}{b^2} = 1 \end{cases}$，两式相减得：$\dfrac{x_1^2 - x_2^2}{a^2} + \dfrac{y_1^2 - y_2^2}{b^2} = 0$ 整理得：$\dfrac{y_1^2 - y_2^2}{x_1^2 - x_2^2} = \dfrac{b^2}{a^2}$，即 $\dfrac{(y_1 + y_2)(y_1 - y_2)}{(x_1 + x_2)(x_1 - x_2)} = \dfrac{b^2}{a^2}$，因为 $M(x_0, y_0)$ 是弦 AB 的中点，所以 $k_{OM} = \dfrac{y_0}{x_0} = \dfrac{2y_0}{2x_0} = \dfrac{y_1 + y_2}{x_1 + x_2}$，所以 $k_{AB} \cdot k_{OM} = \dfrac{b^2}{a^2} = e^2 - 1$.

中点弦公式：$k_{AB} \cdot k_{OM} = -\dfrac{b^2}{a^2}$(椭圆)；$k_{AB} \cdot k_{OM} = \dfrac{b^2}{a^2}$(双曲线).

(3) 结论3：(抛物线中点弦的斜率公式)：设抛物线 $y^2 = 2px(p > 0)$ 的弦为 AB，$A(x_1, y_1)$, $B(x_2, y_2)$，弦 AB 的中点 $C(x_0, y_0)$，则有 $k_{AB} = \dfrac{p}{y_0}$. 证明如下：

$\begin{cases} y_1^2 = 2px_1 & \text{①} \\ y_2^2 = 2px_2 & \text{②} \end{cases}$

① $-$ ② 得 $y_1^2 - y_2^2 = 2p(x_1 - x_2)$，所以 $\dfrac{y_1 - y_2}{x_1 - x_2} = \dfrac{2p}{y_1 + y_2}$，将 $y_1 + y_2 = 2y_0$，k_{AB}

$= \dfrac{y_1 - y_2}{x_1 - x_2}$，代入上式，并整理得 $k_{AB} = \dfrac{p}{y_0}$.

这就是弦的斜率与中点的关系，要学会推导，并能运用.

2. 直径问题.

若 AB 过原点，则 AB 为椭圆（双曲线）直径，P 为椭圆（双曲线）上异于 A,B 任意一点，当 PA,PB 的斜率 k_{PA} 和 k_{PB} 都存在时，有

$$k_{PA} \cdot k_{PB} = -\dfrac{b^2}{a^2}（椭圆）$$

$$k_{PA} \cdot k_{PB} = \dfrac{b^2}{a^2}（双曲线）$$

若 A,B 是椭圆 $\dfrac{x^2}{a^2} + \dfrac{y^2}{b^2} = 1$ 上关于中心对称的两点，P 是椭圆上任一点，当 PA,PB 的斜率 k_{PA} 和 k_{PB} 都存在时，有 $k_{PA} \cdot k_{PB} = -\dfrac{b^2}{a^2} = e^2 - 1$.

证明如下：证法 1：如图 2 所示，联结 AB，取 PB 中点 M，联结 OM，则 $OM // PA$，所以有 $k_{OM} = k_{PA}$，由椭圆中点弦斜率公式得：$k_{OM} \cdot k_{PB} = -\dfrac{b^2}{a^2}$.

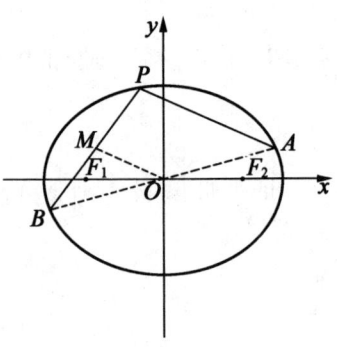

图 2

所以 $k_{PA} \cdot k_{PB} = -\dfrac{b^2}{a^2} = e^2 - 1$.

证法 2：令 $P(x_0, y_0), A(m, n)$，由椭圆的对称性，则 $B(-m, -n)$. 由斜率公式得到

$$k_{PA} k_{PB} = \dfrac{y_0 - n}{x_0 - m} \cdot \dfrac{y_0 - (-n)}{x_0 - (-m)} =$$

$$\dfrac{y_0^2 - n^2}{x_0^2 - m^2}$$

$$= \dfrac{b^2 \left(1 - \dfrac{x_0^2}{a^2}\right) - b^2 \left(1 - \dfrac{m^2}{a^2}\right)}{x_0^2 - m^2} = -\dfrac{b^2}{a^2} = e^2 - 1$$

特别说明：

① 取 PB 中点 M 时，$OM // PA$，于是

$$k_{OM} \cdot k_{PB} = e^2 - 1$$

② 若焦点在 y 轴上，则椭圆 $C: \dfrac{y^2}{a^2} + \dfrac{x^2}{b^2} = 1 (a > b > 0)$ 有 $k_{PA} \cdot k_{PB} = \dfrac{1}{e^2 - 1}$.

圆锥曲线的奥秘

③椭圆变为圆时,$k_{PA} \cdot k_{PB} = -1$,此时可以认为 $e = 0$,即为圆的垂径定理.

(2)类似地可以证明:

如图 3 所示,若 A,B 是双曲线 $\dfrac{x^2}{a^2} - \dfrac{y^2}{b^2} = 1$ 上关于中心对称的两点,P 是双曲线上的任一点,当 PA,PB 的斜率 k_{PA} 和 k_{PB} 都存在时,有 $k_{PA} \cdot k_{PB} = \dfrac{b^2}{a^2} = e^2 - 1$.

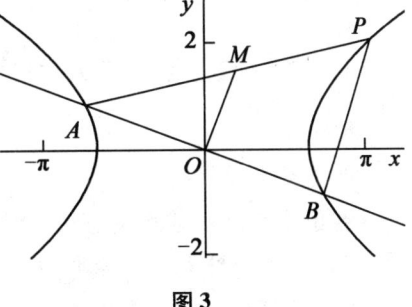

图3

特别说明:

①取 PA 中点 M 时,$OM /\!/ PA$,于是
$$k_{OM} \cdot k_{PA} = e^2 - 1$$

②若焦点在 y 轴上双曲线 $C: \dfrac{y^2}{a^2} - \dfrac{x^2}{b^2} = 1(a > b > 0)$,则 $k_{PA} \cdot k_{PB} = \dfrac{1}{e^2 - 1}$.

评注 中点问题找点差,直径问题问点差.

3.中垂线问题.

若 A,B 关于直线 $MN: y = kx + m$ 或者 $x = ky + n$ 对称,可以知道线段 AB 被直线垂直平分,设 N 为 MN 与坐标轴交点,则能得出以下结论

$$m = -\dfrac{y_0 c^2}{b^2}(椭圆)$$

$$m = \dfrac{y_0 c^2}{b^2}(双曲线)$$

$$n = \dfrac{x_0 c^2}{a^2}(椭圆)$$

$$n = \dfrac{x_0 c^2}{a^2}(双曲线)$$

证明如下:

$$\begin{cases} y_0 = kx_0 + m \\ k_{AB} = -\dfrac{1}{k} = \dfrac{x_0 b^2}{y_0 a^2} \end{cases} \Rightarrow y_0 = \dfrac{y_0 a^2}{x_0 b^2} x_0 + m = \dfrac{y_0 a^2}{b^2} + m$$

$$\Rightarrow m = \dfrac{b^2 y_0}{b^2} - \dfrac{y_0 a^2}{b^2} = -\dfrac{y_0 c^2}{b^2}(椭圆)$$

$$\begin{cases} y_0 = kx_0 + m \\ k_{AB} = -\dfrac{1}{k} = -\dfrac{y_0 a^2}{x_0 b^2} \end{cases} \Rightarrow y_0 = -\dfrac{y_0 a^2}{x_0 b^2} x_0 + m$$

$$\Rightarrow m = \frac{b^2 y_0}{b^2} + \frac{y_0 a^2}{b^2} = \frac{y_0 c^2}{b^2}（双曲线）$$

同理,直线在 x 轴上的截距也可以用 n 来表示,且 $n = \frac{c^2 x_0}{a^2}$（椭圆和双曲线均一致）.

4. 方法总结.

弦的中点问题的解决方法.

(1) 涉及直线与圆锥曲线相交弦的中点和弦斜率问题时,常用"点差法""设而不求"整体来求,借助于一元二次方程根的判别式、根与系数的关系、中点坐标公式及参数法求解. 但在求得直线方程后,一定要代入原方程进行检验.

(2) 用"点差法"求解弦中点问题的解题步骤:

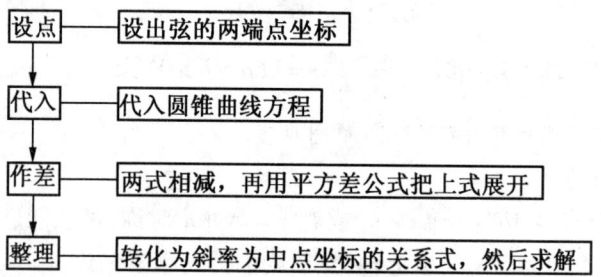

二、应用举例

1. 关于离心率的问题.

【例1】 斜率为 $k_1(k_1 \neq 0)$ 的直线 l 与椭圆 $\frac{x^2}{2} + y^2 = 1$ 交于 P_1, P_2 两点,线段 $P_1 P_2$ 的中点为 P,直线 OP 斜率为 k_2,则 $k_1 \cdot k_2$ 的值等于_____.

【解析】 $k_1 \cdot k_2 = -\frac{b^2}{a^2} = -\frac{1}{2}$.

【例2】 设 A_1, A_2 分别为椭圆 $\frac{x^2}{a^2} + \frac{y^2}{b^2} = 1(a > b > 0)$ 的左、右顶点,若在椭圆上存在点 P,使得 $k_{PA_1} \cdot k_{PA_2} > -\frac{1}{2}$,则该椭圆的离心率的取值范围是（ ）

A. $\left(0, \frac{1}{2}\right)$ B. $\left(0, \frac{\sqrt{2}}{2}\right)$ C. $\left(\frac{\sqrt{2}}{2}, 1\right)$ D. $\left(\frac{1}{2}, 1\right)$

【解析】 $k_{PA_1} \cdot k_{PA_2} = e^2 - 1 > -\frac{1}{2}$,故 $e \in \left(\frac{\sqrt{2}}{2}, 1\right)$. 选 C.

变式 过点 $M(1,1)$ 且斜率为 $-\frac{1}{2}$ 的直线与椭圆 $C: \frac{x^2}{a^2} + \frac{y^2}{b^2} = 1(a > b > 0)$

相交于 A,B 两点,若 M 是线段 AB 的中点,则椭圆 C 的离心率为_____.

【例2】 已知 A,B 是椭圆 $\dfrac{x^2}{a^2}+\dfrac{y^2}{b^2}=1(a>b>0)$ 长轴的两个端点,M,N 是椭圆上关于 x 轴对称的两点,直线 AM,BN 的斜率分别为 k_1,k_2,且 $k_1k_2\neq 0$.若 $|k_1|+|k_2|$ 的最小值为 1,则椭圆的离心率为_____.

【解析】 解法 1:(第三定义 + 均值)

由题意可作图 4:联结 MB,由椭圆的第三定义可知:$k_{AM}\cdot k_{BM}=e^2-1=-\dfrac{b^2}{a^2}$,而 $k_{BM}=-k_{BN}\Rightarrow k_1k_2=\dfrac{b^2}{a^2}$.

$$|k_1|+|k_2|\geq 2\sqrt{|k_1|\cdot |k_2|}=\dfrac{2b}{a}=1\Rightarrow \dfrac{b}{a}=\dfrac{1}{2}\Rightarrow e=\dfrac{\sqrt{3}}{2}$$

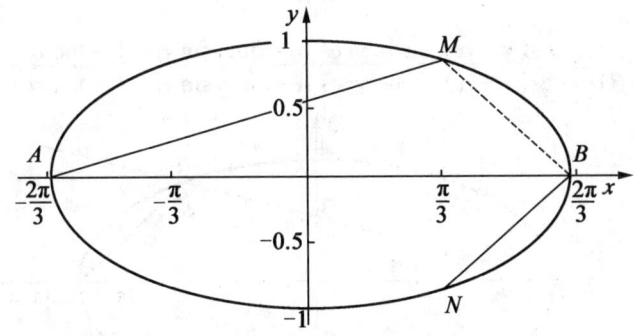

图 4

解法 2:(特殊值法)

这道题由于表达式 $(|k_1|+|k_2|)_{\min}=1$ 非常对称,则可直接猜特殊点求解.$|k_1|=|k_2|=\dfrac{1}{2}$ 时可取最值,则 M,N 分别为短轴的两端点.此时:$|k_1|=|k_2|=\dfrac{b}{a}=\dfrac{1}{2}\Rightarrow e=\dfrac{\sqrt{3}}{2}$.

评注 对于常规解法,合理利用 M,N 的对称关系是解题的关键,这样可以利用椭圆的第三定义将两者斜率的关系联系起来,既构造了"一正",又构造了"二定",利用均值定理"三相等"即可用 a,b 表示出最值.当然将 $|k_1|,|k_2|$ 前的系数改为不相等的两个数,就不能利用特殊值法猜答案了.

变式1 已知 A,B 是椭圆 $\dfrac{x^2}{a^2}+\dfrac{y^2}{b^2}=1(a>b>0)$ 长轴的两个端点,M,N 是椭圆上关于 x 轴对称的两点,直线 AM,BN 的斜率分别为 k_1,k_2,且 $k_1k_2\neq 0$.若 $\sqrt{2}|k_1|+2\sqrt{2}|k_2|$ 的最小值为 1,则椭圆的离心率为_____.

变式2　已知 A,B 是椭圆 $\dfrac{x^2}{a^2}+\dfrac{y^2}{b^2}=1(a>b>0)$ 长轴的两个端点,若椭圆上存在 Q,使 $\angle AQB=\dfrac{2\pi}{3}$,则椭圆的离心率的取值范围为_____.

【例3】　如图5所示,已知椭圆 $C:\dfrac{x^2}{a^2}+\dfrac{y^2}{b^2}=1(a>b>0)$ 的离心率 $e=\dfrac{\sqrt{3}}{2}$,A,B 是椭圆的左、右顶点,P 为椭圆与双曲线 $\dfrac{x^2}{7}-\dfrac{y^2}{8}=1$ 的一个交点,令 $\angle PAB=\alpha$,$\angle APB=\beta$,则 $\dfrac{\cos\beta}{\cos(2\alpha+\beta)}=$ _____.

【解析】　令 $\angle PBx=\gamma$,由椭圆第三定义可知

$$\tan\alpha\cdot\tan\gamma=e^2-1=-\dfrac{1}{4}$$

$$\dfrac{\cos\beta}{\cos(2\alpha+\beta)}=\dfrac{\cos(\gamma-\alpha)}{\cos(\gamma+\alpha)}=\dfrac{\cos\gamma\cos\alpha+\sin\gamma\sin\alpha}{\cos\gamma\cos\alpha-\sin\gamma\sin\alpha}=\dfrac{1+\tan\alpha\cdot\tan\gamma}{1-\tan\alpha\cdot\tan\gamma}=\dfrac{3}{5}$$

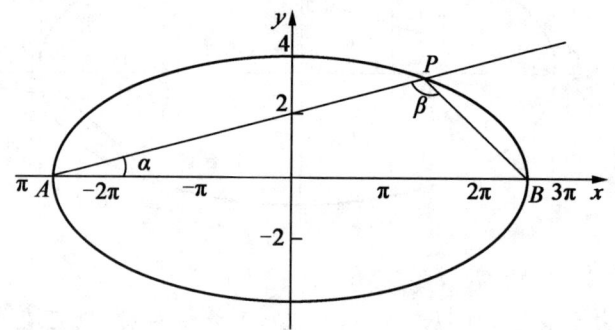

图5

评注　其实所谓的双曲线方程只是一个障眼法,并不影响题目的解答.两顶点一动点的模型要很快地联想到第三定义,那么剩下的任务就是把题目中的角转化为两直线的倾斜角,把正、余弦转化为正切.题目中的正、余弦化正切是三角函数的常见考点.

2. 以定点为中点的弦所在直线的方程.

【例4】　过椭圆 $\dfrac{x^2}{16}+\dfrac{y^2}{4}=1$ 内一点 $M(2,1)$ 引一条弦,使弦被点 M 平分,求这条弦所在的直线方程.

【解析】　解法1:设所求直线方程为 $y-1=k(x-2)$,代入椭圆方程并整理得

$$(4k^2+1)x^2-8(2k^2-k)x+4(2k-1)^2-16=0$$

又设直线与椭圆的交点为 $A(x_1,y_1),B(x_2,y_2)$，则 x_1,x_2 是方程的两个根，于是

$$x_1+x_2=\frac{8(2k^2-k)}{4k^2+1}$$

又 M 为 AB 的中点，所以 $\frac{x_1+x_2}{2}=\frac{4(2k^2-k)}{4k^2+1}=2$，解得 $k=-\frac{1}{2}$，故所求直线方程为 $x+2y-4=0$.

解法 2：设直线与椭圆的交点为 $A(x_1,y_1),B(x_2,y_2)$，$M(2,1)$ 为 AB 的中点，所以 $x_1+x_2=4,y_1+y_2=2$，又 A,B 两点在椭圆上，则 $x_1^2+4y_1^2=16,x_2^2+4y_2^2=16$，两式相减得 $(x_1^2-x_2^2)+4(y_1^2-y_2^2)=0$，所以 $\frac{y_1-y_2}{x_1-x_2}=-\frac{x_1+x_2}{4(y_1+y_2)}=-\frac{1}{2}$，即 $k_{AB}=-\frac{1}{2}$.

故所求直线方程为 $x+2y-4=0$.

解法 3：设所求直线与椭圆的一个交点为 $A(x,y)$，由于中点为 $M(2,1)$，则另一个交点为 $B(4-x,2-y)$，因为 A,B 两点在椭圆上，所以有

$$\begin{cases} x^2+4y^2=16 \\ (4-x)^2+4(2-y)^2=16 \end{cases}.$$

两式相减得 $x+2y-4=0$，由于过 A,B 的直线只有一条，故所求直线方程为 $x+2y-4=0$.

【例 5】 已知双曲线 $x^2-\frac{y^2}{2}=1$，经过点 $M(1,1)$ 能否作一条直线 l，使 l 与双曲线交于 A,B，且点 M 是线段 AB 的中点. 若存在这样的直线 l，求出它的方程，若不存在，说明理由.

【分析】 这是一道探索性习题，一般方法是假设存在这样的直线，然后验证它是否满足题设的条件. 本题属于中点弦问题，应考虑点差法或韦达定理.

【解析】 设存在被点 M 平分的弦 AB，且 $A(x_1,y_1),B(x_2,y_2)$ 则 $x_1+x_2=2$，$y_1+y_2=2,x_1^2-\frac{y_1^2}{2}=1,x_2^2-\frac{y_2^2}{2}=1$，两式相减，得 $(x_1+x_2)(x_1-x_2)-\frac{1}{2}(y_1+y_2)\cdot(y_1-y_2)=0$，所以 $k_{AB}=\frac{y_1-y_2}{x_1-x_2}=2$，故直线 $AB:y-1=2(x-1)$.

由 $\begin{cases} y-1=2(x-1) \\ x^2-\frac{y^2}{2}=1 \end{cases}$，消去 y，得 $2x^2-4x+3=0$.

所以 $\Delta = (-4)^2 - 4 \times 2 \times 3 = -8 < 0$.

这说明直线 AB 与双曲线不相交,故被点 M 平分的弦不存在,即不存在这样的直线 l.

变式 已知双曲线 $x^2 - \dfrac{y^2}{2} = 1$,经过点 $M(2,1)$ 能否作一条直线 l,使 l 与双曲线交于 A,B,且点 M 是线段 AB 的中点. 若存在这样的直线 l,求出它的方程,若不存在,说明理由. (存在,直线 l 的方程为:$4x - y - 7 = 0$)

评注 本题如果忽视对判别式的考察,将得出错误的结果,请务必小心. 由此题可看到中点弦问题中判断点 M 的位置非常重要:

(1) 若中点 M 在圆锥曲线内,则被点 M 平分的弦一般存在;

(2) 若中点 M 在圆锥曲线外,则被点 M 平分的弦可能不存在.

【例6】 已知 $\triangle ABC$ 的三个顶点都在抛物线 $y^2 = 32x$ 上,其中 $A(2,8)$,且 $\triangle ABC$ 的重心 G 是抛物线的焦点,求直线 BC 的方程.

【解析】 由已知抛物线方程得 $G(8,0)$. 设 BC 的中点为 $M(x_0, y_0)$,则 A, G, M 三点共线,且 $|AG| = 2|GM|$,所以 G 分 $\overrightarrow{AM}$ 所成比为 2,于是 $\begin{cases} \dfrac{2 + 2x_0}{1 + 2} = 8 \\ \dfrac{8 + 2y_0}{1 + 2} = 0 \end{cases}$,解得 $\begin{cases} x_0 = 11 \\ y_0 = -4 \end{cases}$.

所以 $M(11, -4)$. 设 $B(x_1, y_1), C(x_2, y_2)$,则 $y_1 + y_2 = -8$. 又
$$y_1^2 = 32x_1 \qquad ①$$
$$y_2^2 = 32x_2 \qquad ②$$

① $-$ ② 得:$y_1^2 - y_2^2 = 32(x_1 - x_2)$,所以 $k_{BC} = \dfrac{y_1 - y_2}{x_1 - x_2} = \dfrac{32}{y_1 + y_2} = \dfrac{32}{-8} = -4$.

故 BC 所在直线方程为 $y + 4 = -4(x - 11)$,即 $4x + y - 40 = 0$.

3. 求中点的坐标.

【例7】 已知椭圆 $\dfrac{y^2}{75} + \dfrac{x^2}{25} = 1$ 的一条弦的斜率为 3,它与直线 $x = \dfrac{1}{2}$ 的交点恰为这条弦的中点 M,求点 M 的坐标.

【解析】 设弦端点 $P(x_1, y_1), Q(x_2, y_2)$,弦 PQ 的中点 $M(x_0, y_0)$,则
$$x_0 = \dfrac{1}{2}$$
$$x_1 + x_2 = 2x_0 = 1$$

$$y_1 + y_2 = 2y_0$$

又 $\dfrac{y_1^2}{75} + \dfrac{x_1^2}{25} = 1, \dfrac{y_2^2}{75} + \dfrac{x_2^2}{25} = 1$,两式相减得

$$25(y_1+y_2)(y_1-y_2) + 75(x_1+x_2)(x_1-x_2) = 0$$

即

$$2y_0(y_1-y_2) + 3(x_1-x_2) = 0$$

所以 $\dfrac{y_1-y_2}{x_1-x_2} = -\dfrac{3}{2y_0}$,因为 $k = \dfrac{y_1-y_2}{x_1-x_2} = 3, -\dfrac{3}{2y_0} = 3$,即 $y_0 = -\dfrac{1}{2}$,故点 M 的坐标为 $\left(\dfrac{1}{2}, -\dfrac{1}{2}\right)$.

【例 8】 求直线 $y = x - 1$ 被抛物线 $y^2 = 4x$ 截得线段的中点坐标.

【解析】 解法 1:设直线 $y = x - 1$ 与抛物线 $y^2 = 4x$ 交于 $A(x_1, y_1), B(x_2, y_2)$,其中点 $P(x_0, y_0)$,由题意得 $\begin{cases} y = x - 1 \\ y^2 = 4x \end{cases}$,消去 y 得 $(x-1)^2 = 4x$,即 $x^2 - 6x + 1 = 0$,所以 $x_0 = \dfrac{x_1+x_2}{2} = 3, y_0 = x_0 - 1 = 2$,即中点坐标为 $(3, 2)$.

解法 2:设直线 $y = x - 1$ 与抛物线 $y^2 = 4x$ 交于 $A(x_1, y_1), B(x_2, y_2)$,其中点 $P(x_0, y_0)$,由题意得 $\begin{cases} y_1^2 = 4x_1 \\ y_2^2 = 4x_2 \end{cases}$,两式相减得 $y_2^2 - y_1^2 = 4(x_2 - x_1)$,所以 $\dfrac{(y_2-y_1)(y_2+y_1)}{x_2-x_1} = 4$.

4.与轨迹有关的问题.

【例 9】 已知抛物线 $C: y^2 = 2px (p > 0)$ 的焦点为 F,直线 $y = 4$ 与 y 轴的交点为 R,与抛物线 C 的交点为 Q,且 $|QF| = \dfrac{5}{4}|RQ|$.已知椭圆 $E: \dfrac{x^2}{a^2} + \dfrac{y^2}{b^2} = 1 (a > b > 0)$ 的右焦点 F_1 与抛物线 C 的焦点重合,且离心率为 $\dfrac{1}{2}$.

(1)求抛物线 C 和椭圆 E 的标准方程;

(2)若椭圆 E 的长轴的两端点为 A, B,点 P 为椭圆上异于 A, B 的动点,定直线 $x = 4$ 与直线 PA, PB 分别交于 M, N 两点.请问以 MN 为直径的圆是否经过 x 轴上的定点,若存在,求出定点坐标;若不存在,请说明理由.

【解析】 (1)设 $Q(x_0, 4)$,代入 $y^2 = 2px$,得 $x_0 = \dfrac{8}{p}$,所以 $|RQ| = \dfrac{8}{p}$.又 $|QF| = |RQ| + \dfrac{p}{2} = \dfrac{5}{4}|RQ|$,即 $\dfrac{8}{p} + \dfrac{p}{2} = \dfrac{5}{4} \times \dfrac{8}{p}, p = 2$.所以抛物线 C 的标准方程为

$y^2 = 4x$. 在椭圆 E 中，$c=1$，$\dfrac{c}{a}=\dfrac{1}{2}$，所以 $a=2$，$b^2=a^2-c^2=3$. 所以椭圆 E 的标准方程为 $\dfrac{x^2}{4}+\dfrac{y^2}{3}=1$.

(2) 如图 6，设 PA, PB 的斜率分别为 k_1, k_2，$P(x_0, y_0)$，则 $k_1 = \dfrac{y_0}{x_0+2}$，$k_2 = \dfrac{y_0}{x_0-2}$.

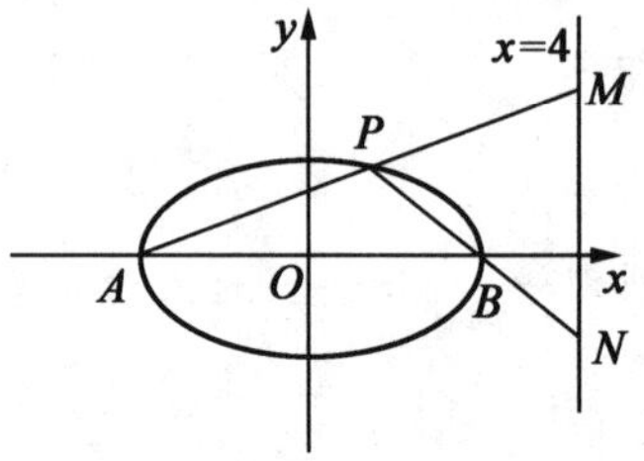

所以 $k_1 k_2 = \dfrac{y_0^2}{x_0^2-4} = \dfrac{3\left(1-\dfrac{x_0^2}{4}\right)}{x_0^2-4} = \dfrac{3 \cdot \dfrac{4-x_0^2}{4}}{x_0^2-4} = -\dfrac{3}{4}$，由 $l_{PA}: y = k_1(x+2)$，知 $M(4, 6k_1)$，由 $l_{PB}: y = k_2(x-2)$，知 $N(4, 2k_2)$，所以 MN 的中点 $G(4, 3k_1+k_2)$，故以 MN 为直径的圆的方程为：$(x-4)^2+(y-3k_1-k_2)^2 = \dfrac{1}{4}(6k_1-2k_2)^2 = (3k_1-k_2)^2$. 令 $y=0$ 得，$x^2-8x+16+9k_1^2+6k_1 k_2+k_2^2 = 9k_1^2-6k_1 k_2+k_2^2$，故 $x^2-8x+16+12k_1 k_2 = 0$，所以 $x^2-8x+16+12\times\left(-\dfrac{3}{4}\right)=0$，即 $x^2-8x+7=0$，解得 $x=7$ 或 $x=1$，所以存在定点 $(1,0)$，$(7,0)$ 在以 MN 为直径的圆上.

图 6

评注 平面内的动点到两定点 $A_1(-a,0)$，$A_2(a,0)$ 的斜率乘积等于常数 e^2-1 的点的轨迹叫作椭圆或双曲线. 其中两定点分别为椭圆或双曲线的顶点. 当 $-1<$ 常数 <0 时为椭圆；当常数 >0 时为双曲线.

【例 10】 已知椭圆 $\dfrac{y^2}{75}+\dfrac{x^2}{25}=1$，求它的斜率为 3 的弦中点的轨迹方程.

【解析】 设弦端点 $P(x_1, y_1)$，$Q(x_2, y_2)$，弦 PQ 的中点 $M(x,y)$，则
$$x_1+x_2=2x, y_1+y_2=2y$$
又
$$\dfrac{y_1^2}{75}+\dfrac{x_1^2}{25}=1, \dfrac{y_2^2}{75}+\dfrac{x_2^2}{25}=1$$
两式相减得
$$25(y_1+y_2)(y_1-y_2)+75(x_1+x_2)(x_1-x_2)=0$$
即 $y(y_1-y_2)+3x(x_1-x_2)=0$，即 $\dfrac{y_1-y_2}{x_1-x_2}=-\dfrac{3x}{y}$.

因为 $k=\dfrac{y_1-y_2}{x_1-x_2}=3$，所以 $-\dfrac{3x}{y}=3$，即 $x+y=0$.

由 $\begin{cases} x+y=0 \\ \dfrac{y^2}{75}+\dfrac{x^2}{25}=1 \end{cases}$，得 $P\left(-\dfrac{5\sqrt{3}}{2}, \dfrac{5\sqrt{3}}{2}\right)$，$Q\left(\dfrac{5\sqrt{3}}{2}, -\dfrac{5\sqrt{3}}{2}\right)$.

因为点 M 在椭圆内,所以它的斜率为 3 的弦中点的轨迹方程为 $x + y = 0\left(-\dfrac{5\sqrt{3}}{2} < x < \dfrac{5\sqrt{3}}{2}\right)$.

【例 11】 已知椭圆 $\dfrac{x^2}{2} + y^2 = 1$,过点 $P(2,0)$ 引椭圆的割线,求割线被椭圆截得的弦的中点的轨迹方程.

【解析】 解法 1:设过点 $P(2,0)$ 的直线方程为 $y = k(x-2)$,联立方程
$$\begin{cases} y = k(x-2) \\ \dfrac{x^2}{2} + y^2 = 1 \end{cases}$$,消去 y,整理得

$$\left(\dfrac{1}{2} + k^2\right)x^2 - 4k^2 x + 4k^2 - 1 = 0$$

设弦的两个端点为 $A(x_1, y_1)$,$B(x_2, y_2)$,中点 $M(x, y)$,则

$$x = \dfrac{x_1 + x_2}{2} = \dfrac{4k^2}{1 + 2k^2}, \quad k^2 = \dfrac{x}{4 - 2x}$$

代入 $y = k(x-2)$,得 $y^2 = k^2(x-2)^2 = \dfrac{x}{4-2x}(x-2)^2 = -\dfrac{1}{2}x(x-2)$,即 $(x-1)^2 + 2y^2 = 1$.

又过点 $P(2,0)$ 的直线与椭圆相交,所以

$$\Delta = (-4k^2)^2 - 4\left(\dfrac{1}{2} + k^2\right)(4k^2 - 1) > 0$$

解得 $0 \leq k^2 \leq \dfrac{1}{2}$,即 $0 \leq \dfrac{x}{4-2x} \leq \dfrac{1}{2}$,解得 $0 \leq x < 1$. 当 k 不存在时,不满足题设要求,舍去.

所以割线被椭圆截得的弦的中点的轨迹方程是 $(x-1)^2 + 2y^2 = 1(0 \leq x < 1)$.

解法 2:设弦的两个端点为 $A(x_1, y_1)$,$B(x_2, y_2)$,中点 $M(x, y)$,则

$$\begin{cases} \dfrac{x_1^2}{2} + y_1^2 = 1 \\ \dfrac{x_2^2}{2} + y_2^2 = 1 \end{cases}$$

两式相减得 $\dfrac{x_1^2 - x_2^2}{2} + y_1^2 - y_2^2 = 0$,整理得

$$(x_1 + x_2)(x_1 - x_2) + 2(y_1 + y_2)(y_1 - y_2) = 0$$

由题意知 $x_1 \neq x_2$,所以 $\dfrac{y_1 - y_2}{x_1 - x_2} = \dfrac{x_1 + x_2}{-2(y_1 + y_2)} = \dfrac{x}{-2y} = k_{AB}$,又 $k_{AB} = \dfrac{y}{x-2}$,所

以 $\dfrac{y}{x-2} = \dfrac{x}{-2y}$.

整理得 $(x-1)^2 + 2y^2 = 1$. 又过点 $P(2,0)$ 的直线与椭圆相交，与解法 1 同理可得 $0 \leq x < 1$.

所以割线被椭圆截得的弦的中点的轨迹方程是 $(x-1)^2 + 2y^2 = 1(0 \leq x < 1)$.

评注 （1）当定点在圆锥曲线外的时候一定要验证直线与圆锥曲线相交的条件 $\Delta > 0$，并求出 x（或 y）的取值范围；

（2）验证斜率不存在的情况是否符合题意.

【例12】 已知焦点为 $F(0, \sqrt{50})$ 的椭圆被直线 $l: y = 3x - 2$ 截得的弦的中点的横坐标为 $\dfrac{1}{2}$，求椭圆的方程.

【解析】 解法 1：设 $A(x_1, y_1), B(x_2, y_2), M\left(\dfrac{1}{2}, -\dfrac{1}{2}\right)$（中间步骤省略）；此题由于是长轴在 y 轴上的椭圆，故

$$k_{AB} \cdot k_{OM} = -\dfrac{a^2}{b^2} \Rightarrow 3 = -\dfrac{x_0 a^2}{y_0 b^2} = -\dfrac{\dfrac{1}{2} a^2}{-\dfrac{1}{2}(a^2 - 50)} \Rightarrow a^2 = 3(a^2 - 50)$$

$$a^2 = 75 \Rightarrow \dfrac{x^2}{25} + \dfrac{y^2}{75} = 1$$

解法 2：设椭圆的方程为 $\dfrac{y^2}{a^2} + \dfrac{x^2}{b^2} = 1$，则

$$a^2 - b^2 = 50 \qquad \qquad ①$$

设弦端点 $P(x_1, y_1), Q(x_2, y_2)$，弦 PQ 的中点 $M(x_0, y_0)$，则 $x_0 = \dfrac{1}{2}, y_0 = 3x_0 - 2 = -\dfrac{1}{2}$，所以 $x_1 + x_2 = 2x_0 = 1, y_1 + y_2 = 2y_0 = -1$. 又 $\dfrac{y_1^2}{a^2} + \dfrac{x_1^2}{b^2} = 1, \dfrac{y_2^2}{a^2} + \dfrac{x_2^2}{b^2} = 1$，两式相减得

$$b^2(y_1 + y_2)(y_1 - y_2) + a^2(x_1 + x_2)(x_1 - x_2) = 0$$

即

$$-b^2(y_1 - y_2) + a^2(x_1 - x_2) = 0$$

因为 $\dfrac{y_1 - y_2}{x_1 - x_2} = \dfrac{a^2}{b^2}$，所以 $\dfrac{a^2}{b^2} = 3 \qquad ②$

联立①②解得 $a^2 = 75, b^2 = 25$，所以所求椭圆的方程是 $\dfrac{y^2}{75} + \dfrac{x^2}{25} = 1$.

4. 圆锥曲线上两点关于某直线对称问题.

圆锥曲线上存在两点关于直线对称问题是高考中的一类热点问题,该问题集直线与圆锥曲线位置关系,点与圆锥曲线的位置关系、中点弦、方程与不等式等数学知识于一体,经常在知识网络交汇处、思想方法的交汇线和能力层次的交叉区设置问题,一般这样的问题要求做题者的综合能力要强.

【例13】 已知椭圆 $C: \dfrac{x^2}{4} + \dfrac{y^2}{3} = 1$,试确定 m 的取值范围,使得对于直线 $l: y = 4x + m$,椭圆 C 上有不同的两点关于这条直线对称.

【解析】 解法1:(利用判别式及韦达定理来求解)

两点 A,B 关于直线 l 对称,对称中体现的两要点:垂直和两点连线中点在对称直线 l 上,因此使用这种方法求解时,必须同时确保:垂直、平分、存在,下面就说明三个确保的实施.

椭圆上存在两点 A,B 关于直线 $l: y = 4x + m$ 对称.

设直线 AB 为:$y = -\dfrac{1}{4}x + n$(确保垂直),则直线 AB 与椭圆有两个不同的交点

$$\begin{cases} y = -\dfrac{1}{4}x + n \\ \dfrac{x^2}{4} + \dfrac{y^2}{3} = 1 \end{cases} \Rightarrow 13x^2 - 8nx + 16n^2 - 48 = 0$$

$$\Delta = -192(4b^2 - 13) > 0(\text{确保存在})$$

即 $\qquad -\dfrac{\sqrt{13}}{2} < n < \dfrac{\sqrt{13}}{2}$ ①

$$x_1 + x_2 = -\dfrac{-8n}{13} = \dfrac{8n}{13}$$

A,B 两点的中点的横坐标为 $\dfrac{x_1 + x_2}{2} = \dfrac{4n}{13}$,纵坐标为 $-\dfrac{1}{4} \times \dfrac{4n}{13} + n = \dfrac{12}{13}n$,则点 $\left(\dfrac{4n}{13}, \dfrac{12}{13}n\right)$ 在直线 $l: y = 4x + m$ 上

$$\dfrac{12}{13}n = 4 \times \dfrac{4n}{13} + m(\text{确保平分}) \Rightarrow m = -\dfrac{4}{13}n$$

把上式代入①中,得:$-\dfrac{2\sqrt{13}}{13} < m < \dfrac{2\sqrt{13}}{13}$.

评注 由此解题过程可以归纳出步骤如下:

(1)设这样的对称点 A,B 存在,利用对称中的垂直关系设出两点 A,B 所在的直线方程.

(2)联立 AB 所在直线方程与圆锥曲线方程,求出中点 C 的坐标.

(3)把 C 的坐标代入对称直线,求出两个参数之间的等式.

(4)利用联立后方程的判别式求出其中需求参数的范围.

解法 2:(点差法)

【分析】 由题可得关于直线对称的两点 P,Q 的中点在直线 l 上,且 PQ 所在的直线与 l 的交点在椭圆的内部,利用点在椭圆的内部求解.

点差法是解决中点弦问题的一种常见方法,对称问题符合点差法的应用条件,过程如下.

设椭圆上关于 l 对称的两点分别为 $A(x_1,y_1)$,$B(x_2,y_2)$,弦 AB 的中点为 $M(x_0,y_0)$,代入椭圆方程后作差,得

$$\frac{y_1-y_2}{x_1-x_2}=-\frac{3x_0}{4y_0}=-\frac{1}{4} \qquad ②$$

由点 $M(x_0,y_0)$ 在直线 $l:y=4x+m$ 上,得

$$y_0=4x_0+m \qquad ③$$

由②③解得 $x_0=-m$,$y_0=-3m$,因为点 $M(x_0,y_0)$ 在椭圆的内部,所以 $\frac{(-m)^2}{4}+\frac{(-3m)^2}{3}<1$.

解得 $-\frac{2\sqrt{13}}{13}<m<\frac{2\sqrt{13}}{13}$.

评注 本题的解法可概括为,先寻求问题中涉及的基本量将其化归为点与曲线的位置关系,在利用点与椭圆的位置关系:①点在椭圆内部 $\frac{x^2}{a^2}+\frac{y^2}{b^2}<1$;②点在椭圆外部 $\frac{x^2}{a^2}+\frac{y^2}{b^2}>1$;③点在椭圆上 $\frac{x^2}{a^2}+\frac{y^2}{b^2}=1$,来建立不等式或不等式组求解.这种通法的步骤是:

(1)设出两点和中点坐标 (x,y);

(2)用点差法根据垂直关系求出 x,y 满足的关系式;

(3)联立直线方程,求出交点,即中点;

(4)由中点位置关系建立不等关系求出参数取值范围.

解法 3:(利用根的分布求解)

【分析】 C 上存在不同的两点关于直线 l 对称,等价于 C 上存在被 l 垂直平分的弦,即等价于 C 的适合条件的弦所在的直线方程,与曲线 C 的方程组成的方程组在某确定的区间上有两不同的解,因此可利用一元二次方程根的分布来求解,过程如下.

由解法 2,知中点 $M(x_0,y_0)$ 的坐标为 $(-m,-3m)$,所以直线 AB 的方程为 $y=-\dfrac{1}{4}x-\dfrac{13m}{4}$.

代入椭圆方程整理得 $13x^2+26mx+169m^2-48=0$. 此方程在 $[-2,2]$ 上有两个不等实根.

令 $f(x)=13x^2+26mx+169m^2-48$,则
$$\begin{cases} \Delta>0 \\ f(2)\geqslant 0 \\ f(-2)\geqslant 0 \\ -2<-m<2 \end{cases}$$

解得 $-\dfrac{2\sqrt{13}}{13}<m<\dfrac{2\sqrt{13}}{13}$.

解法 4:(平行弦中点轨迹法)

【**分析**】 寻求有关弦中点轨迹,通过轨迹曲线与圆锥曲线的位置关系,利用数形结合寻求参量范围.

设椭圆上关于 l 对称的两点分别为 $A(x_1,y_1),B(x_2,y_2)$,弦 AB 的中点为 $M(x_0,y_0)$,将 A,B 坐标代入椭圆方程后作差,得 $k_{AB}=\dfrac{y_1-y_2}{x_1-x_2}=-\dfrac{3x_0}{4y_0}=-\dfrac{1}{4}$,$y_0=3x_0$,所以以 $-\dfrac{1}{4}$ 为斜率的平行弦的中点轨迹是直线 $y=3x$ 在椭圆内的一段,不包括端点.将 $y=3x$ 与椭圆 $C:\dfrac{x^2}{4}+\dfrac{y^2}{3}=1$ 联立得两交点 $P(-\dfrac{2\sqrt{13}}{13},-\dfrac{6\sqrt{13}}{13})$,$Q(\dfrac{2\sqrt{13}}{13},\dfrac{6\sqrt{13}}{13})$,所以问题可以转化为直线 $l:y=4x+m$ 与线段 $y=3x,x\in(-\dfrac{2\sqrt{13}}{13},\dfrac{2\sqrt{13}}{13})$ 有交点.易得 m 的取值范围是 $-\dfrac{2\sqrt{13}}{13}<m<\dfrac{2\sqrt{13}}{13}$.

评注 以上方法在处理其他圆锥曲线时同样适用,但在处理非封闭曲线时,应注意对是否存在的验证.

另外,由于抛物线方程形式的特殊性,对于抛物线此类问题,还有一种简捷解法如例 14.

【**例 14**】 已知椭圆 $C:\dfrac{x^2}{a^2}+\dfrac{y^2}{b^2}=1(a>b>0)$ 过点 $\left(1,\dfrac{3}{2}\right)$,且离心率 $e=\dfrac{1}{2}$.

(1)求椭圆方程；

(2)若直线$l: y = kx + m(k \neq 0)$与椭圆交于两点M, N，线段MN的垂直平分线过点$G(\frac{1}{8}, 0)$，求k的取值范围.

【解析】 (1)设椭圆$C: \frac{x^2}{4} + \frac{y^2}{3} = \lambda$，并将点$(1, \frac{3}{2})$代入得$\lambda = 1$，故椭圆方程为$\frac{x^2}{4} + \frac{y^2}{3} = 1$.

(2)设MN中点为点$P(x_0, y_0)$，线段MN的垂直平分线过点$G(\frac{1}{8}, 0)$，可列出方程$\begin{cases} y_0 = -\frac{1}{k}\left(x_0 - \frac{1}{8}\right) \\ k = -\frac{3x_0}{4y_0} \end{cases} \Rightarrow \begin{cases} x_0 = \frac{1}{2} \\ y_0 = -\frac{3}{8k} \end{cases}$. 若直线$l: y = kx + m(k \neq 0)$与椭圆有两个交点，即

$$\begin{cases} y - y_0 = k(x - x_0) \\ \frac{x^2}{4} + \frac{y^2}{3} = 1 \end{cases} \Rightarrow \begin{cases} y = kx - \left(\frac{k}{2} + \frac{3}{8k}\right) \\ \frac{x^2}{4} + \frac{y^2}{3} = 1 \end{cases} \Rightarrow \Delta > 0$$

$$\Delta = 4 \times 4 \times 3\left[4k^2 + 3 - \left(\frac{k}{2} + \frac{3}{8k}\right)^2\right]$$

$$= 48\left[4k^2 + 3 - \left(\frac{4k^2 + 3}{8k}\right)^2\right] > 0 \Rightarrow (4k^2 + 3)\left(1 - \frac{4k^2 + 3}{64k^2}\right) > 0$$

故$k > \frac{\sqrt{5}}{10}$或$k < -\frac{\sqrt{5}}{10}$.

【例15】 双曲线的中心在原点，并与椭圆$\frac{x^2}{25} + \frac{y^2}{13} = 1$共焦点，中心到抛物线$y^2 = -2\sqrt{3}x$准线的距离等于其实半轴的平方与半焦距之比.

(1)求双曲线M的方程；

(2)设直线$l: y = kx + 3$与双曲线M交于A, B两点，是否存在实数k，使两点A, B关于直线$y = mx + 12$对称？若存在，求k的值；若不存在，说明理由.

【解析】 (1)双曲线$\frac{x^2}{3} - \frac{y^2}{9} = 1$.

圆锥曲线的奥秘

（2）设 AB 中点 $P(x_0,y_0)$，则 $\begin{cases} y_0 = kx_0 + 3 \\ y_0 = -\dfrac{1}{k}x_0 + 12 \\ k = \dfrac{3x_0}{y_0} \end{cases} \Rightarrow \begin{cases} x_0 = \pm 3\sqrt{2} \\ y_0 = 9 \\ k = \pm\sqrt{2} \end{cases} \Rightarrow$

$\begin{cases} y = \pm\sqrt{2}x + 3 \\ \dfrac{x^2}{3} - \dfrac{y^2}{9} = 1 \end{cases} \Rightarrow \Delta = 4 \times 3 \times 9(9 - 6 + 9) > 0$，故存在 $k = \pm\sqrt{2}$.

变式 已知双曲线 $x^2 - \dfrac{y^2}{3} = 1$ 上存在两点 M,N 关于直线 $y = x + m$ 对称，且线段 MN 的中点 Q 在抛物线 $y^2 = 9x$ 上，则实数 m 的值为 （　　）

A.4　　　　B. -4　　　　C.0 或 4　　　　D.0 或 -4

【**例 16**】 若抛物线 $C:y^2 = x$ 上存在不同的两点关于直线 $l:y = m(x-3)$ 对称，求实数 m 的取值范围.

【**解析**】 当 $m = 0$ 时，显然满足.

当 $m \neq 0$ 时，设抛物线 C 上关于直线 $l:y = m(x-3)$ 对称的两点分别为 $P(x_1,y_1),Q(x_2,y_2)$，且 PQ 的中点为 $M(x_0,y_0)$，则

$$y_1^2 = x_1 \quad \text{①}$$
$$y_2^2 = x_2 \quad \text{②}$$

①-②得：$y_1^2 - y_2^2 = x_1 - x_2$，所以 $k_{PQ} = \dfrac{y_1 - y_2}{x_1 - x_2} = \dfrac{1}{y_1 + y_2} = \dfrac{1}{2y_0}$，又 $k_{PQ} = -\dfrac{1}{m}$，所以 $y_0 = -\dfrac{m}{2}$.

因为中点 $M(x_0,y_0)$ 在直线 $l:y = m(x-3)$ 上，所以 $y_0 = m(x_0 - 3)$，于是 $x_0 = \dfrac{5}{2}$.

因为中点在抛物线 $y^2 = x$ 区域内 M，所以 $y_0^2 < x_0$，即 $\left(-\dfrac{m}{2}\right)^2 < \dfrac{5}{2}$，解得 $-\sqrt{10} < m < \sqrt{10}$.

综上可知，所求实数 m 的取值范围是 $(-\sqrt{10},\sqrt{10})$.

6. 长为定值的动弦中点的轨迹方程.

【**例 17**】 定长为 $2l(l \geq \dfrac{1}{2})$ 的线段 AB，其两个端点在抛物线 $x^2 = y$ 上移动，求线段中点 M 的轨迹方程.

【解析】 设端点为 $A(x_1,y_1), B(x_2,y_2)$, 中点 $M(x_0,y_0)$, 则 $\begin{cases} x_1^2 = y_1 \\ x_2^2 = y_2 \end{cases}$, 两式相减得 $y_1 - y_2 = (x_1+x_2)(x_1-x_2)$, 由题意知 $x_1 \neq x_2$, 所以

$$k_{AB} = \frac{y_1-y_2}{x_1-x_2} = x_1 + x_2 = 2x_0$$

所以直线 AB 的方程为 $y - y_0 = 2x_0(x-x_0)$, 代入 $x^2 = y$ 得

$$x^2 - 2x_0 x + 2x_0^2 - y_0 = 0$$

由弦长公式以及韦达定理得

$$|AB| = 2l = \sqrt{1+k^2} \cdot |x_1 - x_2|$$
$$x_1 + x_2 = 2x_0$$
$$x_1 x_2 = 2x_0^2 - y_0$$

所以 $|AB| = 2l = \sqrt{1+4x_0^2} \cdot \sqrt{(x_1+x_2)^2 - 4x_1 x_2} = 2l$, 整理得

$$(y_0 - x_0^2)(1 + 4x_0^2) = l^2$$

所以 AB 中点 M 的轨迹方程为 $(y - x^2)(1 + 4x^2) = l^2$.

评注 (1) 曲线的中点弦存在性问题;

(2) 弦中点的轨迹应在曲线内.

利用点差法求解圆锥曲线中点弦问题, 方法简捷明快, 结构精巧, 很好地体现了数学美, 而且应用特征明显, 是训练思维、熏陶数学情感的一个很好的材料, 利于培养学生的解题能力和解题兴趣.

7. 关于直径问题.

【例 18】 如图 7, 已知椭圆 $\frac{x^2}{2} + y^2 = 1$ 的左、右顶点分别是 A, B. 设点 $P(\sqrt{2}, t)(t > 0)$, 联结 PA 交椭圆于点 C, 坐标原点是 O.

(1) 证明: $OP \perp BC$.

(2) 若四边形 $OBPC$ 的面积是 $\frac{3\sqrt{2}}{5}$, 求 t 的值.

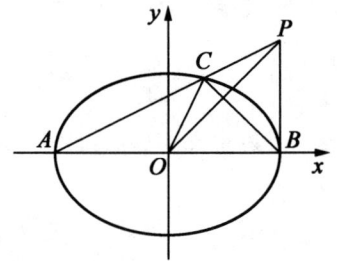

图 7

【解析】 (1) 解法 1: 设 AC 中点 M, 则由点差法 $k_{AC} \cdot k_{OM} = -\frac{1}{2}$.

又 $k_{OM} = k_{BC}$, 所以 $k_{AC} \cdot k_{BC} = -\frac{1}{2}$. 又 $k_{CA} = k_{PA} = \frac{t}{2\sqrt{2}} = \frac{1}{2} k_{OP}$.

代入得 $k_{CA} \cdot k_{CB} = \frac{1}{2} k_{OP} \cdot k_{CB} = -\frac{1}{2}$, 故 $k_{OP} \cdot k_{CB} = -1$, 所以 $OP \perp BC$.

圆锥曲线的奥秘

解法 2：根据椭圆第三定义有 $k_{CA} \cdot k_{CB} = e^2 - 1 = -\dfrac{b^2}{a^2} = -\dfrac{1}{2}$. 又

$$k_{CA} = k_{PA} = \dfrac{t}{2\sqrt{2}} = \dfrac{1}{2}k_{OP}$$

代入得 $k_{CA} \cdot k_{CB} = \dfrac{1}{2}k_{OP} \cdot k_{CB} = -\dfrac{1}{2}$，故 $k_{OP} \cdot k_{CB} = -1$，所以 $OP \perp BC$.

解法 3：设 $C(x_0, y_0)$，$A(-\sqrt{2}, 0)$，$B(\sqrt{2}, 0)$，$k_{CA} = \dfrac{y_0 - 0}{x_0 + \sqrt{2}} = k_{PA} = \dfrac{t - 0}{\sqrt{2} - (-\sqrt{2})}$，得 $t = \dfrac{2\sqrt{2}y_0}{x_0 + \sqrt{2}}$.

$\overrightarrow{OP} \cdot \overrightarrow{BC} = (\sqrt{2}, t) \cdot (x_0 - \sqrt{2}, y_0) = \sqrt{2}x_0 - 2 + ty_0 = \sqrt{2}x_0 - 2 + \dfrac{2\sqrt{2}y_0^2}{x_0 + \sqrt{2}}$

$$= \dfrac{\sqrt{2}(x_0^2 - 2 + 2y_0^2)}{x_0 + \sqrt{2}} = 0$$

故 $OP \perp BC$.

(2) $\left. \begin{array}{l} l_{BC}: x = -\dfrac{t}{\sqrt{2}}y + \sqrt{2} \\ l_{PA}: x = \dfrac{2\sqrt{2}}{t}y - \sqrt{2} \end{array} \right\} \Rightarrow y_C = \dfrac{4t}{t^2 + 4}$

$$|OP| = \sqrt{2 + t^2}$$

$$|BC| = \sqrt{1 + \dfrac{t^2}{2}}|y_C - 0| = \sqrt{\dfrac{2 + t^2}{2}} \cdot \dfrac{4t}{t^2 + 4}$$

$$S_{四边形 OBPC} = \dfrac{1}{2}|OP| \cdot |BC| = \dfrac{1}{2}\sqrt{2 + t^2} \cdot \sqrt{\dfrac{2 + t^2}{2}} \cdot \dfrac{4t}{t^2 + 4} = \dfrac{3\sqrt{2}}{5}$$

故 $5t^3 - 3t^2 + 10t - 12 = 0$，即 $(t - 1)(5t^2 + 2t + 12) = 0$，所以 $t = 1$.

【例 19】（2011·江苏）如图 8，在平面直角坐标系 xOy 中，M,N 分别是椭圆 $\dfrac{x^2}{4} + \dfrac{y^2}{2} = 1$ 的顶点，过坐标原点的直线交椭圆于 P,A 两点，其中点 P 在第一象限，过 P 作 x 轴的垂线，垂足为 C，联结 AC，并延长交椭圆于点 B，设直线 PA 的斜率为 k.

(1) 若直线 PA 平分线段 MN，求 k 的值；

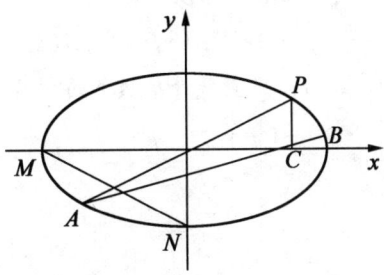

图 8

(2)当 $k=2$ 时,求点 P 到直线 AB 的距离 d;

(3)对任意 $k>0$,求证:$PA \perp PB$.

【解析】(1)由题设知,$a=2, b=\sqrt{2}$,故 $M(-2,0), N(0,-\sqrt{2})$,所以线段 MN 中点坐标为 $(-1, -\frac{\sqrt{2}}{2})$. 由于直线 PA 平分线段 MN,故直线 PA 过线段 MN 的中点,又直线 PA 过原点,所以 $k=\frac{\sqrt{2}}{2}$.

(2)直线 PA 的方程为 $y=2x$,代入椭圆方程得 $\frac{x^2}{4}+\frac{4x^2}{2}=1$,解得 $x=\pm\frac{2}{3}$,因此 $P(\frac{2}{3}, \frac{4}{3}), A(-\frac{2}{3}, -\frac{4}{3})$,于是 $C(\frac{2}{3}, 0)$,直线 AC 的斜率为 1,故直线 AB 的方程为 $x-y-\frac{2}{3}=0$. 因此,$d=\frac{|\frac{2}{3}-\frac{4}{3}-\frac{2}{3}|}{\sqrt{1+1}}=\frac{2\sqrt{2}}{3}$.

(3)解法1:将直线 PA 的方程 $y=kx$ 代入 $\frac{x^2}{4}+\frac{y^2}{2}=1$,解得 $x=\pm\frac{2}{\sqrt{1+2k^2}}$,记 $u=\frac{2}{\sqrt{1+2k^2}}$,则 $P(u, uk), A(-u, -uk)$,于是 $C(u, 0)$,故直线 AB 的斜率为 $\frac{0+uk}{u+u}=\frac{k}{2}$,其方程为 $y=\frac{k}{2}(x-u)$,代入椭圆方程得 $(k^2+2)x^2-2uk^2x-u^2(3k^2+2)=0$,解得 $x=\frac{u(3k^2+2)}{k^2+2}$ 或 $x=-u$,因此 $B(\frac{u(3k^2+2)}{k^2+2}, \frac{uk^3}{k^2+2})$,于是直线 PB 的斜率 $k_1=\frac{\frac{uk^3}{k^2+2}-uk}{\frac{u(3k^2+2)}{k^2+2}-u}=\frac{k^3-k(k^2+2)}{3k^2+2-(k^2+2)}=-\frac{1}{k}$,因此 $k_1 k = -1$,所以 $PA \perp PB$.

解法2:设 $P(x_1, y_1), B(x_0, y_0)$,则 $x_1>0, x_2>0, x_1 \neq x_2, A(-x_1, -y_1), C(x_1, 0)$. 设直线 PB, AB 的斜率分别为 k_{PB}, k_{AB}. 因为 C 在直线 AB 上,所以 $k_{AB}=\frac{0-(-y_1)}{x_1-(-x_1)}=\frac{k}{2}$,由于 $k_{BA} \cdot k_{BP}=\frac{y_0-y_1}{x_0-x_1} \cdot \frac{y_0+y_1}{x_0+x_1}=\frac{y_0^2-y_1^2}{x_0^2-x_1^2}$.

$$\begin{cases} \frac{x_0^2}{4}+\frac{y_0^2}{2}=1 & \text{①} \\ \frac{x_1^2}{4}+\frac{y_1^2}{2}=1 & \text{②} \end{cases}$$

两式相减得 $\dfrac{y_0^2 - y_1^2}{x_0^2 - x_1^2} = -\dfrac{1}{2}$,所以 $k_{BA} \cdot k_{BP} = -\dfrac{1}{2}$. 因此 $k_{PA} \cdot k_{PB} = -1$,所以 $PA \perp PB$.

达标训练题

1. 已知椭圆 $\dfrac{x^2}{a^2} - \dfrac{y^2}{b^2} = 1$ 的一条弦所在的直线方程是 $x - y + 3 = 0$,弦的中点坐标是 $M(-2,1)$,则椭圆的离心率是　　　　　　　　　　　　　　( )

A. $\dfrac{1}{2}$　　　　　B. $\dfrac{\sqrt{2}}{2}$　　　　　C. $\dfrac{\sqrt{3}}{2}$　　　　　D. $\dfrac{\sqrt{5}}{2}$

2. 过椭圆 $\dfrac{x^2}{16} + \dfrac{y^2}{4} = 1$ 内的一点 $M(2,1)$ 引一条弦,使弦被点 M 平分,求这条弦所在的直线方程.

3. 过椭圆 $\dfrac{x^2}{64} + \dfrac{y^2}{36} = 1$ 上的一点 $P(-8,0)$ 作直线交椭圆于点 Q,求 PQ 中点的轨迹方程.

4. 已知椭圆 $\dfrac{x^2}{a^2} + \dfrac{y^2}{b^2} = 1(a > b > 0)$,$A,B$ 是椭圆上的两点,线段 AB 的垂直平分线 l 与 x 轴交于 $P(x_0, 0)$,求证: $-\dfrac{a^2 - b^2}{a} < x_0 < \dfrac{a^2 - b^2}{a}$.

5. 已知双曲线 $x^2 - \dfrac{y^2}{2} = 1$,经过点 $M(1,1)$ 能否作一条直线 l,使 l 交双曲线于 A,B 两点且点 M 是线段 AB 的中点,若存在这样的直线 l,求出它的方程;若不存在,说明理由.

6. 椭圆 $E: \dfrac{x^2}{16} + \dfrac{y^2}{12} = 1$,直线 $l: 2x + 3y - n = 0$,存在 $A, B \in E$,且 A, B 关于直线 l 对称,求 n 的取值范围.

7. 已知椭圆方程为 $\dfrac{x^2}{3} + \dfrac{y^2}{2} = 1$,左、右焦点分别为 F_1, F_2,直线 l 过椭圆右焦点 F_2 且与椭圆交于 A,B 两点,

(1) 若 P 为椭圆上任一点,求 $|PF_1| \cdot |PF_2|$ 的最大值,

(2) 求弦 AB 中点 M 的轨迹方程.

8. 已知曲线 $C: x^2 + \dfrac{y^2}{m^2} = 1(m > 0, m \neq 1)$,过原点斜率为 k 的直线交曲线 C 于 P, Q 两点,其中 P 在第一象限,且它在 y 轴上的射影为点 N,直线 QN 交曲线

C 于另一点 H. 是否存在 m,使得对任意的 $k>0$,都有 $PQ \perp PH$,若存在,求 m 的值;若不存在,请说明理由.

9. 如图 9 所示,已知椭圆 E 经过点 $A(2,3)$,对称轴为坐标轴,焦点 F_1,F_2 在 x 轴上,离心率 $e=\dfrac{1}{2}$.

(1) 求椭圆 E 的方程;

(2) 求 $\angle F_1AF_2$ 的角平分线所在直线 l 的方程;

(3) 在椭圆 E 上是否存在关于直线 l 对称的相异两点?若存在,请找出;若不存在,请说明理由.

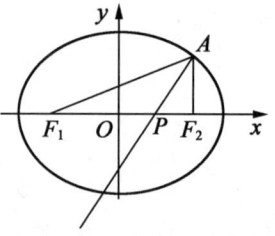

图 9

10. 已知 A,B,C 是椭圆 $W:\dfrac{x^2}{4}+y^2=1$ 上的三个点,O 是坐标原点.

(1) 当点 B 是 W 的右顶点,且四边形 $OABC$ 为菱形时,求此菱形的面积;

(2) 当点 B 不是 W 的顶点时,判断四边形 $OABC$ 是否可能为菱形,并说明理由.

11. (2015·全国卷Ⅱ) 已知椭圆 $C:9x^2+y^2=m^2(m>0)$,直线 l 不过原点 O 且不平行于坐标轴,l 与 C 有两个交点 A,B,线段 AB 的中点为 M.

(1) 证明:直线 OM 的斜率与 l 的斜率的乘积为定值;

(2) 若 l 过点 $(\dfrac{m}{3},m)$,延长线段 OM 与 C 交于点 P,四边形 $OAPB$ 能否为平行四边形?若能,求此时 l 的斜率;若不能,说明理由.

12. (2013·新课标卷Ⅱ) 平面直角坐标系 xOy 中,过椭圆 $M:\dfrac{x^2}{a^2}+\dfrac{y^2}{b^2}=1(a>b>0)$ 右焦点的直线 $x+y-\sqrt{3}=0$ 交 M 于 A,B 两点,且 P 为 AB 的中点,OP 的斜率为 $\dfrac{1}{2}$.

(1) 求 M 的方程;

(2) C,D 为 M 上的两点,若四边形 $ACBD$ 的对角线 $CD \perp AB$,求四边形 $ACBD$ 面积的最大值.

例题变式解析

【例1 变式】

【解析】 $k_{OM} \cdot k_{AB} = 1 \cdot \left(-\dfrac{1}{2}\right) = e^2 - 1$,所以 $e = \dfrac{\sqrt{2}}{2}$.

【例2 变式1】

【解析】 联结 MB,由椭圆的第三定义可知:$k_{AM} \cdot k_{BM} = e^2 - 1 = -\dfrac{b^2}{a^2}$,而

$k_{BM}=-k_{BN} \Rightarrow k_1 k_2 = \dfrac{b^2}{a^2}, \sqrt{2}|k_1|+2\sqrt{2}|k_2| \geqslant 4\sqrt{|k_1|\cdot|k_2|}=\dfrac{4b}{a}=1 \Rightarrow \dfrac{b}{a}=\dfrac{1}{4} \Rightarrow$

$e=\dfrac{\sqrt{15}}{4}.$

【例 2 变式 2】

【解析】 （正切 + 均值）：令 Q 在 x 轴上方，则直线 QA 的倾斜角为 $\alpha \in \left[0,\dfrac{\pi}{2}\right]$，直线 QB 的倾斜角为 $\beta \in \left[\dfrac{\pi}{2},\pi\right]$，则有

$$\angle AQB \in \left[\dfrac{\pi}{2},\pi\right], \tan\angle AQB = \tan(\beta-\alpha) = \dfrac{\tan\beta-\tan\alpha}{1+\tan\beta\tan\alpha}$$

由椭圆的第三定义：$\tan\alpha\tan\beta=-\dfrac{b^2}{a^2}$，则 $\tan\beta=-\dfrac{b^2}{a^2\tan\alpha}$.

代入可得

$$\dfrac{\tan\beta-\tan\alpha}{1+\tan\beta\tan\alpha}=\dfrac{-\dfrac{b^2}{a^2\tan\alpha}-\tan\alpha}{1-\dfrac{b^2}{a^2}}=\dfrac{-\left(\dfrac{b^2}{a^2\tan\alpha}+\tan\alpha\right)}{1-\dfrac{b^2}{a^2}}$$

$$\leqslant \dfrac{-2\sqrt{\dfrac{b^2}{a^2\tan\alpha}\cdot\tan\alpha}}{1-\dfrac{b^2}{a^2}}=\dfrac{-\dfrac{2b}{a}}{1-\dfrac{b^2}{a^2}}$$

$$=\dfrac{-2ab}{a^2-b^2}\ (\text{取等条件}: \tan\alpha=\dfrac{b}{a}, \text{即 } Q \text{ 为上顶点})$$

而 $\tan x$ 在 $\left[\dfrac{\pi}{2},\pi\right]$ 单调递增，则 Q 为上顶点时，$\angle AQB=\dfrac{2\pi}{3}$，此时 $\dfrac{a}{b}=\sqrt{3} \Rightarrow$

$e=\dfrac{\sqrt{6}}{3}.$

故椭圆的离心率的取值范围为 $\left[\dfrac{\sqrt{6}}{3},1\right)$.

【例 15 变式】

【解析】 设中点 $Q(x_0,y_0)$，则 $\begin{cases} y_0^{\,2}=9x_0 \\ y_0=x_0+m \\ \dfrac{y_0}{x_0}\cdot(-1)=e^2-1=3 \end{cases}$，解得 $m=0$ 或者

-4，故选 D.

达标训练题解析

1. B.【解析】 本题中弦的斜率 $k_{AB}=1$ 且 $k_{OM}=-\dfrac{1}{2}$，根据定理有 $\dfrac{b^2}{a^2}=\dfrac{1}{2}$，即 $\dfrac{a^2-c^2}{a^2}=1-e^2=\dfrac{1}{2}$，解得 $e=\dfrac{\sqrt{2}}{2}$，所以选项 B 正确.

2.【解析】 设弦所在的直线为 AB，根据椭圆中点弦的斜率公式知 $k_{AB}\cdot k_{OM}=-\dfrac{1}{4}$，显然 $k_{OM}=\dfrac{1}{2}$，所以 $k_{AB}=-\dfrac{1}{2}$，故所求的直线方程为 $y-1=-\dfrac{1}{2}(x-2)$，即 $x+2y-4=0$.

3.【解析】 设 PQ 的中点为 $M(x,y)$，则 $k_{OM}=\dfrac{y}{x}$，$k_{PQ}=\dfrac{y}{x+8}$，由椭圆中点弦的斜率公式得 $\dfrac{y}{x+8}\cdot\dfrac{y}{x}=-\dfrac{9}{16}$，即所求的轨迹方程为 $y^2=-\dfrac{9}{16}x(x+8)$.

4.【解析】 设 AB 的中点为 $M(x_1,y_1)$，由题设可知 AB 与 x 轴不垂直，所以 $y_1\neq 0$，由椭圆的中点弦斜率公式得：$k_{AB}=-\dfrac{b^2}{a^2}\cdot\dfrac{x_1}{y_1}$ 所以 $k_l=\dfrac{a^2y_1}{b^2x_1}$，所以直线 l 的方程为：$y-y_1=\dfrac{a^2y_1}{b^2x_1}(x-x_1)$，令 $y=0$ 解得 $x_1=\dfrac{a^2}{a^2-b^2}x_0$，因为 $|x_1|<a$，所以 $-a<\dfrac{a^2}{a^2-b^2}x_0<a$，即：$-\dfrac{a^2-b^2}{a}<x_0<\dfrac{a^2-b^2}{a}$.

5.【解析】 若存在这样的直线 l 的斜率为 k，则 $k_{OM}=1$，由双曲线中点弦的斜率公式知：$k=2$，此时 l 的方程为：$y-1=2(x-1)$，即 $y=2x-1$，将它代入双曲线方程 $x^2-\dfrac{y^2}{2}=1$，并化简得 $2x^2-4x+3=0$，而该方程没有实数根. 故这样的直线 l 不存在.

6.【解析】 设 AB 中点为 $M(x_0,y_0)$，直线 $l:2x+3y-n=0\Rightarrow y=-\dfrac{2}{3}x+\dfrac{n}{3}$，易知直线 l 是线段 AB 的垂直平分线，则会有方程 $\begin{cases}y_0=-\dfrac{2}{3}x_0+\dfrac{x}{3}\\ \dfrac{3}{2}=-\dfrac{x_0}{4y_0}\end{cases}\Rightarrow y_0=\dfrac{4y_0}{3x_0}x_0+\dfrac{n}{3}\Rightarrow\begin{cases}x_0=2n\\ y_0=-n\end{cases}$，若要存在 $A,B\in E$，则直线 AB 与椭圆一定要有两个交

点,即 $y - y_0 = \frac{3}{2}(x - x_0)$, $\frac{x^2}{16} + \frac{y^2}{12} = 1 \Rightarrow \begin{cases} y = \frac{3}{2}x - 4n \\ \frac{x^2}{16} + \frac{y^2}{12} = 1 \end{cases} \Rightarrow \Delta = 4a^2b^2(k^2a^2 + b^2 - m^2)$

>0 代入数据得

$$\Delta = 4 \times 16 \times 12\left(\frac{9}{4} \times 16 + 12 - 16n^2\right) > 0 \Rightarrow n^2 < 3 \Rightarrow -\sqrt{3} < n < \sqrt{3}$$

7.【分析】(1)根据椭圆方程得出 a, b, c,结合椭圆定义 $|PF_1| + |PF_2| = 2a = 2\sqrt{3}$,再根据基本不等式求得 $|PF_1| \cdot |PF_2|$ 的最大值;

(2)设 $M(x, y)$,利用点差法和中点坐标公式,求出 k_{AB},由两点坐标写出 k_{MF_2},结合 $k_{AB} = k_{MF_2}$,求出关于 x, y 的方程为点 M 的轨迹方程.

【解析】(1)已知椭圆方程为 $\frac{x^2}{3} + \frac{y^2}{2} = 1$,焦点在 x 轴上,可得 $a^2 = 3, b^2 = 2, c^2 = a^2 - b^2 = 1$,所以 $F_1(-1, 0), F_2(1, 0)$,由椭圆的定义可知,$|PF_1| + |PF_2| = 2a = 2\sqrt{3}$,又因为 $|PF_1| \cdot |PF_2| \leq \left(\frac{|PF_1| + |PF_2|}{2}\right)^2 = \left(\frac{2\sqrt{3}}{2}\right)^2 = 3$,则当且仅当 $|PF_1| = |PF_2|$ 时,$|PF_1| \cdot |PF_2|$ 的最大值为 3.

(2)设 $A(x_1, y_1), B(x_2, y_2), M(x, y)$,其中 $2x = x_1 + x_2, 2y = y_1 + y_2$,当直线 l 的斜率 k 存在时,则

$$\begin{cases} \frac{x_1^2}{3} + \frac{y_1^2}{2} = 1 & \text{①} \\ \frac{x_2^2}{3} + \frac{y_2^2}{2} = 1 & \text{②} \end{cases}$$

① - ② 得

$$\frac{(x_1 + x_2)(x_1 - x_2)}{3} + \frac{(y_1 + y_2)(y_1 - y_2)}{2} = 0$$

即 $k_{AB} = \frac{y_1 - y_2}{x_1 - x_2} = -\frac{2x}{3y}$,又因为:$k_{AB} = k_{MF_2} = \frac{y}{x - 1}$,则有:$-\frac{2x}{3y} = \frac{y}{x - 1}$,解得:$2x^2 + 3y^2 - 2x = 0 (-\sqrt{3} < x < \sqrt{3})$. 当直线 l 的斜率 k 不存在时,$M(1, 0)$ 也符合上述方程.

综上得:M 的轨迹方程为:$2x^2 + 3y^2 - 2x = 0 (-\sqrt{3} < x < \sqrt{3})$.

8.【解析】设 $P(x_1, y_1)$,则 $Q(-x_1, -y_1), H(x_2, y_2), N(0, y_1), k_{PQ} = \frac{y_1}{x_1}$,$k_{QH} = k_{QN} = \frac{2y_1}{x_1}$,因此 $2k_{PQ} = k_{QH}$.

由 $k_{PH} \cdot k_{QH} = \dfrac{y_2-y_1}{x_2-x_1} \cdot \dfrac{y_2+y_1}{x_2+x_1} = \dfrac{y_2^2-y_1^2}{x_2^2-x_1^2}$,将点 P,H 的坐标代入椭圆 $x^2 +$

$\dfrac{y^2}{m^2}=1$ 中得 $\begin{cases} x_1^2+\dfrac{y_1^2}{m^2}=1 \\ x_2^2+\dfrac{y_2^2}{m^2}=1 \end{cases}$.

相减得 $\dfrac{y_2^2-y_1^2}{x_2^2-x_1^2}=-m^2$,因此 $k_{PH} \cdot k_{QH}=-m^2$,所以 $k_{PQ} \cdot k_{PH}=-\dfrac{m^2}{2}$,而 $PQ \perp$

PH 等价于 $k_{PQ} \cdot k_{PH}=-1$,即 $-\dfrac{m^2}{2}=-1, m>0, m \neq 0$,得 $m=\sqrt{2}$.故存在 $m=$

$\sqrt{2}$,使得在与其对应的椭圆 $x^2+\dfrac{y^2}{2}=1$ 上,对任意的 $k>0$,都有 $PQ \perp PH$.

9.【解析】 (1)依题意,设椭圆 E 的方程为 $\dfrac{x^2}{a^2}+\dfrac{y^2}{b^2}=1(a>b>0), e=\dfrac{c}{a}=$

$\dfrac{1}{2}$,则 $a=2c, b=\sqrt{3}c$,则 $a^2=4c^2, b^2=3c^2$,又点 $A(2,3)$ 在椭圆 E 上,则 $\dfrac{4}{4c^2}+$

$\dfrac{9}{3c^2}=1$,得 $c^2=4$,故 $a^2=16, b^2=12$,因此,椭圆 E 的方程为 $\dfrac{x^2}{16}+\dfrac{y^2}{12}=1$.

(2)设直线 l 与 x 轴的交点为 $P(p,0)$,由 $A(2,3), F_2(2,0)$,故 $AF_2 \perp x$ 轴,则 $\triangle AF_1F_2$ 为直角三角形,$|AF_2|=3, |AF_1|=2a-|AF_2|=5$.由角平分线定理得 $\dfrac{|AF_1|}{|AF_2|}=\dfrac{|F_1P|}{|PF_2|}=\dfrac{5}{3}$,因为 $|PF_1|+|PF_2|=|F_1F_2|=4$,故 $|F_1P|=\dfrac{5}{8} \times 4=$

$\dfrac{5}{2}$,故点 P 的坐标为 $\left(\dfrac{1}{2},0\right), k_{AP}=\dfrac{3-0}{2-\dfrac{1}{2}}=2$,则直线 AP 的方程为 $2x-y-1=$

0.

(3)解法1:设椭圆 E 上存在相异两点 $B(x_1,y_1), C(x_2,y_2)$,关于直线 l 对称,因为 $BC \perp l$,所以 $k_{BC}=\dfrac{y_1-y_2}{x_1-x_2}=-\dfrac{1}{2}$,设 BC 的中点为 $M(x_0,y_0)$,则 $x_0=$

$\dfrac{x_1+x_2}{2}, y_0=\dfrac{y_1+y_2}{2}$,由于 M 在直线 $l:2x-y-1=0$ 上,则

$$2x_0-y_0-1=0 \qquad ①$$

又 B,C 在椭圆上,所以有 $\dfrac{x_1^2}{16}+\dfrac{y_1^2}{12}=1, \dfrac{x_2^2}{16}+\dfrac{y_2^2}{12}=1$,两式相减得 $\dfrac{x_1^2-x_2^2}{16}+$

$\dfrac{y_1^2-y_2^2}{12}=0$,即 $\dfrac{(x_1+x_2)(x_1-x_2)}{16}+\dfrac{(y_1+y_2)(y_1-y_2)}{12}=0$,即

$$3x_0 - 2y_0 = 0 \qquad ②$$

由①②得 $\begin{cases} x_0 = 2 \\ y_0 = 3 \end{cases}$,即 BC 的中点为点 A,而这是不可能的. 所以椭圆上不存在满足题设条件的相异两点 B,C.

解法2:假设存在 $B(x_1,y_1),C(x_2,y_2)$ 两点关于直线 l 对称,则 $l \perp BC$,所以 $k_{BC} = -\dfrac{1}{2}$,设直线 BC 的方程为 $y = -\dfrac{1}{2}x + m$,将其代入椭圆方程 $\dfrac{x^2}{16} + \dfrac{y^2}{12} = 1$,得一元二次方程 $3x^2 + 4(-\dfrac{1}{2}x + m)^2 = 48$,即 $x^2 - mx + m^2 - 12 = 0$,则 x_1,x_2 是该方程的两个根,$\Delta = 48 - 3m^2 > 0 \Rightarrow -4 < m < 4$,由韦达定理得 $x_1 + x_2 = m$,于是 $y_1 + y_2 = -\dfrac{1}{2}(x_1 + x_2) + 2m = \dfrac{3m}{2}$,又线段 BC 的中点在直线 $y = 2x - 1$ 上,故 $\dfrac{3m}{4} = \dfrac{m}{2} \times 2 - 1$,得 $m = 4$,与 $-4 < m < 4$ 矛盾,所以不存在满足题设条件的相异两点.

评注 本题的关键是抓住对称问题的几何特征——弦中点问题求解,或用点差法或用联立法,易忘记检验弦中点位置或 $\Delta > 0$ 而做错.

10.【**分析**】 (1)根据题意设出点 A 的坐标代入椭圆方程求解,利用菱形面积公式求面积;

(2)设出直线 AC 的方程,代入椭圆方程求出 AC 的中点坐标(即 OB 的中点坐标),判断 AC 与 OB 的斜率乘积是否为 -1.

【**解析**】 (1)椭圆 $W: \dfrac{x^2}{4} + y^2 = 1$ 的右顶点 B 的坐标为 $(2,0)$,因为四边形 $OABC$ 为菱形,所以 AC 与 OB 相互垂直平分,所以可设 $A(1,m)$,代入椭圆方程得 $\dfrac{1}{4} + m^2 = 1$,即 $m = \pm\dfrac{\sqrt{3}}{2}$,所以菱形 $OABC$ 的面积是 $\dfrac{1}{2}|OB||AC| = \dfrac{1}{2} \times 2 \times 2|m| = \sqrt{3}$.

(2)四边形 $OABC$ 不可能为菱形. 理由如下:

假设四边形 $OABC$ 为菱形,因为点 B 不是 W 的顶点,且直线 AC 不过原点,所以可设 AC 的方程为 $y = kx + m(k \neq 0, m \neq 0)$. 由 $\begin{cases} y = kx + m \\ x^2 + 4y^2 = 4 \end{cases}$,消去 y 并整理得

$$(1 + 4k^2)x^2 + 8kmx + 4m^2 - 4 = 0$$

设 $A(x_1,y_1),C(x_2,y_2)$,则 $\dfrac{x_1 + x_2}{2} = -\dfrac{4km}{1 + 4k^2}$,$\dfrac{y_1 + y_2}{2} = k \cdot \dfrac{x_1 + x_2}{2} + m =$

$\dfrac{m}{1+4k^2}$,所以 AC 中点为 $M\left(-\dfrac{4km}{1+4k^2},\dfrac{m}{1+4k^2}\right)$.

因为 M 为 AC 和 OB 的交点,所以直线 OB 的斜率为 $-\dfrac{1}{4k}$,因为 $k\cdot\left(-\dfrac{1}{4k}\right)\neq -1$,所以 AC 和 OB 不垂直.所以四边形 $OABC$ 不是菱形,与假设矛盾,所以当点 B 不是 W 的顶点时,四边形 $OABC$ 不可能为菱形.

评注 利用中点弦结论知 $k_{OB}\cdot k_{AC}=-\dfrac{b^2}{a^2}=-\dfrac{1}{4}\neq -1$,因此四边形 $OABC$ 不可能为菱形.

11.【解析】 (1)设直线 $l:y=kx+b\,(k\neq 0,b\neq 0)$,$A(x_1,y_1)$,$B(x_2,y_2)$,$M(x_M,y_M)$.

将 $y=kx+b$ 代入 $9x^2+y^2=m^2$ 得 $(k^2+9)x^2+2kbx+b^2-m^2=0$,故

$$x_M=\dfrac{x_1+x_2}{2}=-\dfrac{kb}{k^2+9},\;y_M=kx_M+b=\dfrac{9b}{k^2+9}$$

于是直线 OM 的斜率 $k_{OM}=\dfrac{y_M}{x_M}=-\dfrac{9}{k}$,即 $k_{OM}\cdot k=-9$.所以直线 OM 的斜率与 l 的斜率的乘积为定值.也可以由点差法得到 $k_{OM}k_l=9$.

(2)四边形 $OAPB$ 能为平行四边形.

因为直线 l 过点 $\left(\dfrac{m}{3},m\right)$,所以 l 不过原点且与 C 有两个交点的充要条件是 $k>0,k\neq 3$.

由(1)得 OM 的方程为 $y=-\dfrac{9}{k}x$.设点 P 的横坐标为 x_P.由

$\begin{cases}y=-\dfrac{9}{k}x,\\ 9x^2+y^2=m^2,\end{cases}$ 得 $x_P^2=\dfrac{k^2m^2}{9k^2+81}$,即 $x_P=\dfrac{\pm km}{3\sqrt{k^2+9}}$.将点 $\left(\dfrac{m}{3},m\right)$ 的坐标代入直线 l 的方程得 $b=\dfrac{m(3-k)}{3}$,因此 $x_M=\dfrac{mk(k-3)}{3(k^2+9)}$.四边形 $OAPB$ 为平行四边形当且仅当线段 AB 与线段 OP 互相平分,即 $x_P=2x_M$.于是 $\dfrac{\pm km}{3\sqrt{k^2+9}}=2\times\dfrac{mk(k-3)}{3(k^2+9)}$.解得 $k_1=4-\sqrt{7}$,$k_2=4+\sqrt{7}$.因为 $k_i>0$,$k_i\neq 3\,(i=1,2)$,所以当 l 的斜率为 $4-\sqrt{7}$ 或 $4+\sqrt{7}$ 时,四边形 $OAPB$ 为平行四边形.

12.【解析】 (1)代入右焦点 $(c,0)$ 可得 $c=\sqrt{3}$,由点差法可得 $k_{OP}\times k_{AB}=$

$-\dfrac{b^2}{a^2}=-\dfrac{1}{2}$,得 $a^2=2b^2$,所以椭圆 M 的方程为:$\dfrac{x^2}{6}+\dfrac{y^2}{3}=1$.

(2)设 CD 方程:$y=x+m$,AB,CD 方程与椭圆联立,由弦长公式得

$$|AB|=\dfrac{4\sqrt{6}}{3},|CD|=\dfrac{2\sqrt{2}}{3}\sqrt{18-2m^2},-3<m<3$$

当 $m=0$ 时,$S_{\max}=\dfrac{8}{3}\sqrt{6}$.

第2节 圆锥曲线中的"焦点弦"问题

一、椭圆焦半径长以及焦半径比值问题

1. 过椭圆 $\dfrac{x^2}{a^2}+\dfrac{y^2}{b^2}=1(a>b>0)$ 的左焦点 F_1 的弦 AB 与右焦点 F_2 围成的 $\triangle ABF_2$ 的周长是 $4a$.

证明如下:如图 1 所示,$|AF_1|+|AF_2|=2a$;$|BF_1|+|BF_2|=2a$,故 $|AB|+|AF_2|+|BF_2|=4a$.

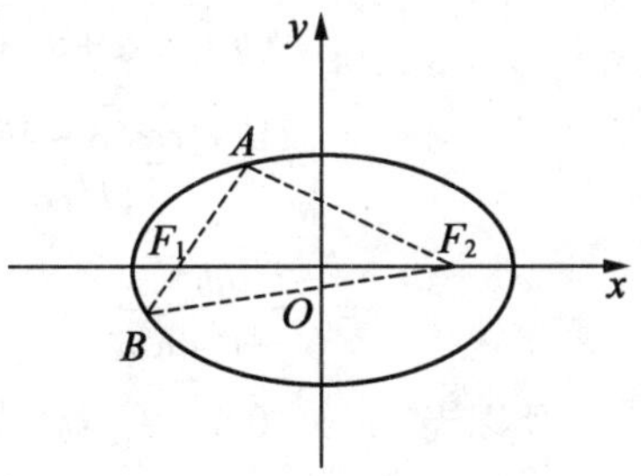

2. 焦长公式:A 是椭圆 $\dfrac{x^2}{a^2}+\dfrac{y^2}{b^2}=1(a>b>0)$ 上一点,F_1,F_2 是左、右焦点,$\angle AF_1F_2$ 为 α,AB 过 F_1,c 是椭圆半焦距,则:① $|AF_1|=\dfrac{b^2}{a-c\cos\alpha}$;② $|BF_1|=\dfrac{b^2}{a+c\cos\alpha}$.

图 1

3. 弦长公式 $|AB|=\dfrac{2ab^2}{a^2-c^2\cos^2\alpha}$.

证明如下:(焦长公式、弦长公式)

解法1:设 $|AF_1|=m$,$|BF_1|=n$,$|AF_2|=2a-m$,$|BF_2|=2a-n$,由余弦定理得

$$m^2+(2c)^2-(2a-m)^2=2m\cdot(2c)\cos\alpha$$

整理得 $|AF_1|=\dfrac{b^2}{a-c\cos\alpha}$(焦半径公式)

$$n^2+(2c)^2-(2a-n)^2=2n\cdot(2c)\cos(180°-\alpha)$$

整理得 $|BF_1|=\dfrac{b^2}{a+c\cos\alpha}$(焦半径公式)

则过焦点的弦长 $|AB| = m + n = \dfrac{2ab^2}{a^2 - c^2\cos^2\alpha} = \dfrac{2ab^2}{b^2 + c^2\sin^2\alpha}$（弦长公式）.

解法2：设直线 l 的倾斜角为 α，则直线 l 的参数方程为

$$\begin{cases} x = -c + t\cos\alpha \\ y = t\sin\alpha \end{cases} (t\text{ 为参数})$$

设点 A, B 对应的参数分别为 t_1, t_2，联立直线 l 和椭圆 C 的方程得

$$(b^2\cos^2\alpha + a^2\sin^2\alpha)t^2 - 2b^2ct\cos\alpha - b^4 = 0$$

由韦达定理得

$$t_1 + t_2 = \dfrac{2b^2c\cos\alpha}{b^2\cos^2\alpha + a^2\sin^2\alpha}$$

$$t_1 t_2 = -\dfrac{b^4}{b^2\cos^2\alpha + a^2\sin^2\alpha}$$

由弦长公式得

$$|AB| = |t_1 - t_2| = \sqrt{(t_1 + t_2)^2 - 4t_1 t_2}$$

$$= \sqrt{\dfrac{4b^4c^2\cos^2\alpha}{(b^2\cos^2\alpha + a^2\sin^2\alpha)^2} + 4\dfrac{b^4}{b^2\cos^2\alpha + a^2\sin^2\alpha}}$$

$$= \sqrt{\dfrac{4b^4c^2\cos^2\alpha + 4b^4(b^2\cos^2\alpha + a^2\sin^2\alpha)}{(b^2\cos^2\alpha + a^2\sin^2\alpha)^2}} = \dfrac{2ab^2}{b^2\cos^2\alpha + a^2\sin^2\alpha}$$

$$= \dfrac{2ab^2}{b^2 + c^2\sin^2\alpha}$$

所以当 $\sin^2\alpha = 0$ 时，焦点弦 $|AB|$ 取最大值，$|AB|_{\max} = 2a$，即椭圆的长轴长，此时 l_{AB} 与 x 轴重合；当 $\sin^2\alpha = 1$ 时，焦点弦 $|AB|$ 取最小值，$|AB|_{\min} = \dfrac{2b^2}{a}$，即椭圆的通径，此时直线 $l_{AB} \perp x$ 轴；综上所述：焦点弦 $|AB| \in \left[\dfrac{2b^2}{a}, 2a\right]$.

从而得到结论：椭圆焦点弦 $|AB|$ 的取值范围为 $\left[\dfrac{2b^2}{a}, 2a\right]$，其中最小值为椭圆的通径长，最大值为椭圆的长轴长.

同理可求得焦点在 y 轴上的过焦点弦长为 $|AB| = m + n = \dfrac{2ab^2}{a^2 - c^2\sin^2\alpha} = \dfrac{2ab^2}{b^2 + c^2\cos^2\alpha}$（弦长公式）.

评注 综上，可得结论：椭圆过焦点弦长公式

$$|AB| = \begin{cases} \dfrac{2ab^2}{a^2-c^2\cos^2\alpha} & (\text{焦点在}\ x\ \text{轴上}) \\ \dfrac{2ab^2}{a^2-c^2\sin^2\alpha} & (\text{焦点在}\ y\ \text{轴上}) \end{cases}$$

4. 面积:$S_{\triangle ABF_2} = \dfrac{|AB|h}{2} = \dfrac{1}{2} \cdot \dfrac{2ab^2}{a^2-c^2\cos^2\alpha} \cdot 2c\sin\alpha = \dfrac{2ab^2c\sin\alpha}{a^2-c^2\cos^2\alpha}$,$S_{\triangle AOB} = \dfrac{|AB|h_2}{2} = \dfrac{ab^2c\sin\alpha}{a^2-c^2\cos^2\alpha}$.

5. 焦比公式:过椭圆$\dfrac{x^2}{a^2}+\dfrac{y^2}{b^2}=1$的左焦点$F_1$的弦$|AF_1|=\dfrac{b^2}{a-c\cos\alpha}$,$|BF_1|=\dfrac{b^2}{a+c\cos\alpha}$,$|AB|=\dfrac{2ab^2}{a^2-c^2\cos^2\alpha}$. 令$|AF_1|=\lambda|F_1B|$,即$\dfrac{b^2}{a-c\cos\alpha}=\dfrac{\lambda b^2}{a+c\cos\alpha}\Rightarrow e\cos\alpha = \dfrac{\lambda-1}{\lambda+1}$,代入弦长公式可得$|AF_1|=\dfrac{(\lambda+1)b^2}{2a}$.

6. 典型例题.

【例1】 过椭圆$4x^2+2y^2=1$的一个焦点F_1的弦AB与另一个焦点F_2围成的$\triangle ABF_2$的周长是_____.

【解析】 椭圆$4x^2+2y^2=1$整理得$\dfrac{x^2}{\frac{1}{4}}+\dfrac{y^2}{\frac{1}{2}}=1$;$\triangle ABF_2$的周长是$4a=4\sqrt{\dfrac{1}{2}}=2\sqrt{2}$.

【例2】 过椭圆$\dfrac{x^2}{a^2}+\dfrac{y^2}{b^2}=1(a>b>0)$的一个焦点$F$作弦$AB$,若$|AF|=d_1$,$|BF|=d_2$,则$\dfrac{1}{d_1}+\dfrac{1}{d_2}$的数值为 (　　)

A. $\dfrac{2b}{a^2}$

B. $\dfrac{2a}{b^2}$

C. $\dfrac{2b}{a^2}$

D. 与a,b斜率有关

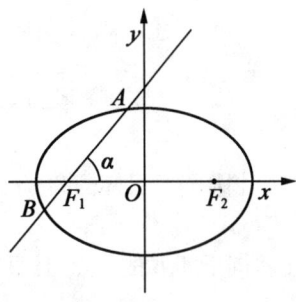

图2

【解析】 如图2所示,$|AF_1|=d_1=\dfrac{b^2}{a-c\cos\alpha}$,$|BF_1|=d_2=\dfrac{b^2}{a+c\cos\alpha}$,故

$$\frac{1}{d_1}+\frac{1}{d_2}=\frac{a-c\cos\alpha}{b^2}+\frac{a+c\cos\alpha}{b^2}=\frac{2a}{b^2}$$

【例3】 设直线 $l:y=x+1$ 与椭圆 $\frac{x^2}{a^2}+\frac{y^2}{b^2}=1(a>b>0)$ 相交于 A,B 两个不同的点,与 x 轴相交于点 F.

(1)证明: $a^2+b^2>1$;

(2)若 F 是椭圆的一个焦点,且 $\overrightarrow{AF}=2\overrightarrow{FB}$,求椭圆的方程.

【解析】 (1) $\begin{cases}\frac{x^2}{a^2}+\frac{y^2}{b^2}=1\\y=x+1\end{cases}\Rightarrow(a^2+b^2)x^2+2a^2x+a^2-a^2b^2=0$,因为直线与椭圆有两个交点,故 $\Delta>0$,代入数据得 $\Delta=4a^2b^2(a^2+b^2-1)>0\Rightarrow a^2+b^2>1$;

(2) $\overrightarrow{AF}=2\overrightarrow{FB}\Rightarrow\frac{b^2}{a-c\cos\alpha}=2\frac{b^2}{a+c\cos\alpha}$,又 F 是椭圆的一个焦点,故 $c=1$,$\cos\alpha=\frac{\sqrt{2}}{2}$;代入可得: $a=\frac{3\sqrt{2}}{2},b=\frac{\sqrt{14}}{2}$.故椭圆的方程 $\frac{2x^2}{9}+\frac{2y^2}{7}=1$.

【例4】 设椭圆中心在坐标原点,焦点在 x 轴上,一个顶点 $(2,0)$,离心率为 $\frac{\sqrt{3}}{2}$.

(1)求椭圆的方程;

(2)若椭圆左焦点为 F_1,右焦点 F_2,过 F_1 且斜率为 1 的直线交椭圆于 A,B,求 $\triangle ABF_2$ 的面积.

【解析】 (1)根据题意 $e=\frac{\sqrt{3}}{2}\Rightarrow c=\sqrt{3},b=1$,故椭圆方程为: $\frac{x^2}{4}+y^2=1$.

(2) $S_{\triangle ABF_2}=\frac{|AB|h}{2}=\frac{1}{2}\cdot\frac{2ab^2}{a^2-c^2\cos^2\alpha}\cdot 2c\sin\alpha=\frac{2ab^2c\sin\alpha}{a^2-c^2\cos^2\alpha}$

$$=\frac{2\times 2\times 1\times\sqrt{3}\times\frac{\sqrt{2}}{2}}{4-3\times\frac{1}{2}}=\frac{4\sqrt{6}}{5}$$

【例5】 已知椭圆 $C:\frac{x^2}{a^2}+\frac{y^2}{b^2}=1(a>b>0)$ 的左、右顶点为 A,B,点 P 为椭圆 C 上不同于 A,B 的一点,且直线 PA,PB 的斜率之积为 $-\frac{1}{2}$.

(1)求椭圆的离心率;

(2)设 $F(-1,0)$ 为椭圆 C 的左焦点,直线 l 过点 F 与椭圆 C 交于不同的两点 M,N,且 $\overrightarrow{MF}=3\overrightarrow{FN}$,求直线 l 的斜率.

圆锥曲线的奥秘

【解析】 (1)设点P的坐标为(x,y),因为$k_{AP} \cdot k_{BP} = -\dfrac{1}{2}$,所以$\dfrac{y}{x-a} \cdot \dfrac{y}{x+a} = -\dfrac{1}{2}$,整理得$x^2+2y^2=a^2(x\neq 0)$,即$\dfrac{x^2}{a^2}+\dfrac{2y^2}{a^2}=1$,故$2b^2=a^2 \Rightarrow e^2 = 1-\dfrac{b^2}{a^2}=\dfrac{1}{2} \Rightarrow e=\dfrac{\sqrt{2}}{2}$.

(2)$F(-1,0)$为椭圆C的左焦点,则椭圆方程为$\dfrac{x^2}{2}+y^2=1$,又由于$\overrightarrow{MF}=3\overrightarrow{FN}$,故根据焦长公式得:$\dfrac{1}{\sqrt{2}-\cos\alpha}=\dfrac{3}{\sqrt{2}+\cos\alpha} \Rightarrow \dfrac{\sqrt{2}}{2}\cos\alpha=\dfrac{1}{2}$;或者$\dfrac{3}{\sqrt{2}-\cos\alpha}=\dfrac{1}{\sqrt{2}+\cos\alpha} \Rightarrow \dfrac{\sqrt{2}}{2}\cos\alpha=-\dfrac{1}{2} \Rightarrow \cos\alpha = \pm\dfrac{\sqrt{2}}{2}$,故直线$l$的斜率为$k=\tan\alpha = \pm 1$.

【例6】 (2014·安徽)设F_1,F_2分别是椭圆$E:x^2+\dfrac{y^2}{b^2}=1(0<b<1)$的左、右焦点,过点$F_1$的直线交椭圆$E$于$A,B$两点,若$|AF_1|=3|F_1B|$,$AF_2 \perp x$轴,则椭圆$E$的方程为_____.

【解析】 由于$\overrightarrow{AF_1}=3\overrightarrow{F_1B}$,故根据焦长公式得:$\dfrac{1}{1-c\cos\alpha}=\dfrac{3}{1+c\cos\alpha} \Rightarrow c\cos\alpha = \dfrac{1}{2} \Rightarrow |AF_1|=2b^2$;又$AF_2 \perp x$轴,故$|AF_2|=b^2$,即$2a=3b^2=2$,$b^2=\dfrac{2}{3}$,则椭圆$E$的方程为$x^2+\dfrac{3y^2}{2}=1$.

【例7】 (2011·浙江)设F_1,F_2分别为椭圆$\dfrac{x^2}{3}+y^2=1$的焦点,点A,B在椭圆上,若$\overrightarrow{F_1A}=5\overrightarrow{F_2B}$,则点$A$的坐标是_____.

【解析】 由于$\overrightarrow{F_1A}=5\overrightarrow{F_2B}$,如图3根据椭圆的对称性质可得

$$\overrightarrow{AF_1}=5\overrightarrow{F_1B'}$$

由焦长公式得:$\dfrac{1}{\sqrt{3}-\sqrt{2}\cos\alpha}=\dfrac{5}{\sqrt{3}+\sqrt{2}\cos\alpha}$

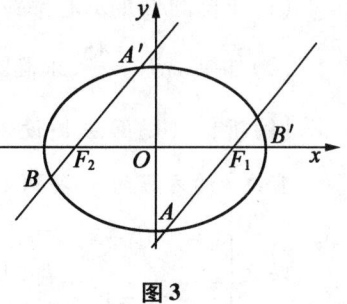

图3

$\Rightarrow \cos\alpha = \dfrac{\sqrt{6}}{3} \Rightarrow |AF_1|=\sqrt{3}$,根据焦半径公式,$|AF_1|=a \pm ex \Rightarrow x=0$,故$y=\pm 1$;则点$A$的坐标是$(0,1),(0,-1)$.或者根据$|AF_1|\sin\alpha = |y| \Rightarrow y=\pm 1 \Rightarrow x=0$.

【例8】 (2014·安徽)设 F_1,F_2 分别是椭圆 $E:\dfrac{x^2}{a^2}+\dfrac{y^2}{b^2}=1$ 的左、右焦点,过点 F_1 的直线交椭圆 E 于 A,B 两点,$\dfrac{x^2}{a^2}+\dfrac{y^2}{b^2}=1$.

(1)若 $|AB|=4$,$\triangle ABF_2$ 的周长为16,求 $|AF_2|$;

(2)若 $\dfrac{x^2}{a^2}+\dfrac{y^2}{b^2}=1$,求椭圆 E 的离心率.

【解析】 (1)由于 $\triangle ABF_2$ 的周长为 $16,4a=16,|AF_1|=|AB|\cdot\dfrac{3}{4}=3$,$|AF_2|=2a-|AF_1|=5$.

(2)令 $|\overrightarrow{BF_1}|=m\Rightarrow|\overrightarrow{AF_1}|=3m\Rightarrow|\overrightarrow{AF_2}|=2a-3m$,$|\overrightarrow{BF_2}|=2a-m$,$\cos\angle AF_2B=\dfrac{3}{5}$,则根据余弦定理,$|AF_2|^2+|BF_2|^2-|AB|^2=2|AF_2|$ $|BF_2|\cos\angle AF_2B$,代入数据得 $(a-3m)(a+m)=0\Rightarrow m=\dfrac{a}{3}$,由焦长公式得: $\dfrac{b^2}{a-c\cos\alpha}=\dfrac{3b^2}{a+c\cos\alpha}\Rightarrow e\cos\alpha=\dfrac{1}{2}$;又 $|\overrightarrow{AF_1}|=3m=a\Rightarrow a=\dfrac{(\lambda+1)b^2}{2a}\Rightarrow a=\sqrt{2}b,e=\dfrac{\sqrt{2}}{2}$.

【例9】 (2010·辽宁卷20题)设椭圆 $C:\dfrac{x^2}{a^2}+\dfrac{y^2}{b^2}=1(a>b>0)$ 的右焦点为 F,过点 F 的直线与椭圆 C 相交于 A,B 两点,直线 l 的倾斜角为 $60°$,$\overrightarrow{AF}=2\overrightarrow{FB}$.

(1)求椭圆 C 的离心率;

(2)如果 $|AB|=\dfrac{15}{4}$,求椭圆 C 的方程.

【解析】 (1)解法1:设 $A(x_1,y_1),B(x_2,y_2)$,由题意知 $y_1>0,y_2<0$. 直线 l 的方程为 $y=\sqrt{3}(x-c)$,其中 $c=\sqrt{a^2-b^2}$.

联立 $\begin{cases}y=\sqrt{3}(x-c)\\ \dfrac{x^2}{a^2}+\dfrac{y^2}{b^2}=1\end{cases}$,得 $(3a^2+b^2)y^2+2\sqrt{3}b^2cy-3b^4=0$.

解得 $y_1=\dfrac{-\sqrt{3}b^2(c+2a)}{3a^2+b^2},y_2=\dfrac{-\sqrt{3}b^2(c-2a)}{3a^2+b^2}$.

因为 $\overrightarrow{AF}=2\overrightarrow{FB}$,所以 $y_1=-2y_2$.

即 $\dfrac{\sqrt{3}b^2(c+2a)}{3a^2+b^2} = 2 \cdot \dfrac{-\sqrt{3}b^2(c-2a)}{3a^2+b^2}$ 得离心率 $e = \dfrac{c}{a} = \dfrac{2}{3}$.

解法 2：由解法 1 得

$$(3a^2+b^2)y^2 + 2\sqrt{3}b^2cy - 3b^4 = 0$$

所以 $y_1 + y_2 = -\dfrac{2\sqrt{3}b^2c}{3a^2+b^2}, y_1 \cdot y_2 = -\dfrac{3b^4}{3a^2+b^2}$.

因为 $\overrightarrow{AF} = 2\overrightarrow{FB}$，所以 $(c-x_1, -y_1) = 2(x_2-c, y_2)$，得 $y_1 = -2y_2$. 所以

$$y_1 + y_2 = -y_2 = -\dfrac{2\sqrt{3}b^2c}{3a^2+b^2}, y_2 = \dfrac{2\sqrt{3}b^2c}{3a^2+b^2} \qquad ①$$

$$y_1 y_2 = -2y_2^2 = -\dfrac{3b^4}{3a^2+b^2}, 2y_2^2 = \dfrac{3b^4}{3a^2+b^2} \qquad ②$$

由①②得 $2 \dfrac{12b^4c^2}{(3a^2+b^2)^2} = \dfrac{3b^4}{3a^2+b^2}$，化简得 $4a^2 = 9c^2, e = \dfrac{2}{3}$.

评注 向量问题坐标化.

解法 3：由焦半径公式得 $|AF| = \dfrac{b^2}{a(1-e\cos\theta)}$，$|BF| = \dfrac{b^2}{a(1+e\cos\theta)}$. 由已知 $\overrightarrow{AF} = 2\overrightarrow{FB}$，得 $|AF| = 2|FB|$（转化为长度问题，体现了转化的思想）.

所以 $\dfrac{b^2}{a(1-e\cos\theta)} = \dfrac{2b^2}{a(1+e\cos\theta)}$.

所以 $1 + e\cos\theta = 2(1 - e\cos\theta)$，即 $3e\cos\theta = 1, 3e\cos\dfrac{\pi}{3} = 1$，即 $3e \cdot \dfrac{1}{2} = 1$，

所以椭圆 C 的离心率 $e = \dfrac{2}{3}$.

解法 4：如图 4 所示，由已知 $\overrightarrow{AF} = 2\overrightarrow{FB}$，得 $|AF| = 2|FB|$，所以 $\dfrac{|AF|}{|BF|} = 2$. 由椭圆的第二定义得：$|BM| = \dfrac{|BF|}{e} = \dfrac{\frac{1}{3}|AB|}{e}$，$|AN| = \dfrac{|AF|}{e} = \dfrac{\frac{2}{3}|AB|}{e}$，所以

$|PA| = |AN| - |PN| = |AN| - |MB| = \dfrac{\frac{1}{3}|AB|}{e}$. 在 Rt$\triangle APB$ 中，$|PA| =$

$|AB|\cos\dfrac{\pi}{3} = \dfrac{1}{2}|AB|$，所以 $\dfrac{\frac{1}{3}|AB|}{e} = \dfrac{1}{2}|AB|$，即 $3e = 2$. 所以 $e = \dfrac{2}{3}$.

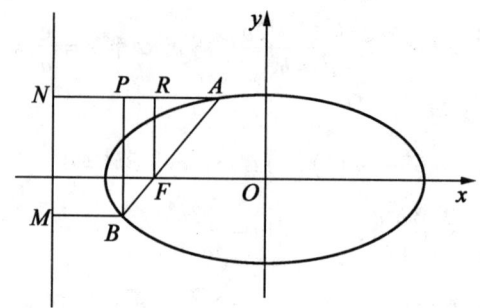

图 4

评注 用此法解题体现了数形结合的数学思想,想法自然,解法流畅,思路清晰,构思精巧,富有创意.精彩!真是"纸上得来终觉浅,心中悟出始知深".

解法 5:设椭圆的左焦点为 F_1,联结 AF_1, BF_1,$|FF_1|=2c$,因为 $\overrightarrow{AF}=2\overrightarrow{FB}$.所以

$$|AF|=2|BF|, |BF_1|=2a-|BF|, |AF_1|=2a-|AF| \quad ③$$

在 $\triangle BFF_1$ 中,由余弦定理得

$$|BF|^2+4c^2-2\cdot 2c|BF|\cos 120°=(2a-|BF|)^2 \quad ④$$

在 $\triangle AFF_1$ 中,由余弦定理得

$$4|BF|^2+4c^2-2\cdot 2c|BF|\cos 60°=(2a-|BF|)^2 \quad ⑤$$

联系③④⑤得 $e=\dfrac{2}{3}$.

(2) **解法 1**:因为 $|AB|=\sqrt{1+\dfrac{1}{3}}|y_2-y_1|$,所以 $\dfrac{2}{\sqrt{3}}\cdot\dfrac{4\sqrt{3}ab^2}{3a^2+b^2}=\dfrac{15}{4}$.

由 $\dfrac{c}{a}=\dfrac{2}{3}$ 得 $b=\dfrac{\sqrt{5}}{3}a$.所以 $\dfrac{5}{4}a=\dfrac{15}{4}$,得 $a=3,b=\sqrt{5}$.椭圆 C 的方程为 $\dfrac{x^2}{9}+\dfrac{y^2}{5}=1$.

解法 2:由 200 页的评注得椭圆的弦长公式 $|AB|=\dfrac{2ab^2}{a^2-c^2\cos^2\theta}=\dfrac{15}{4}$.

因为 $e=\dfrac{2}{3}$,所以 $c=\dfrac{2}{3}a$,又因为 $\theta=\dfrac{\pi}{3}$,代入上式得

$$3b^2=5a \quad ⑥$$

又因为 $a^2-b^2=c^2=\dfrac{4}{9}a^2$,所以

$$b^2=\dfrac{5}{9}a^2 \quad ⑦$$

由⑥⑦解得 $a=3, b^2=5$. 所以椭圆 C 的方程为 $\dfrac{x^2}{9}+\dfrac{y^2}{5}=1$.

评注 用此法还可以解决2010年宁夏(理)第20题.用此法解题避免了联立方程,大大地降低了运算量.妙!真是"踏破铁鞋无觅处,得来全不费功夫"!这是多么有趣而重要的解法,真是"晴空一鹤排云上,便引诗情到碧霄"了.

二、双曲线的焦半径长以及焦半径比值问题

1.周长问题.

双曲线 $\dfrac{x^2}{a^2}-\dfrac{y^2}{b^2}=1$($a>0,b>0$)的两个焦点为 F_1,F_2,弦 AB 过左焦点 F_1(A,B 都在左支上),$|AB|=l$,则 $\triangle ABF_2$ 的周长为 $4a+2l$(如图5).

2.焦半径公式与弦长公式.

(1)如图6所示,当 AB 交双曲线交于一支时,$|AF_1|=\dfrac{b^2}{a+c\cos\alpha}$,$|BF_1|=\dfrac{b^2}{a-c\cos\alpha}$

$$|AB|=m+n=\dfrac{2ab^2}{a^2-c^2\cos^2\alpha}=\dfrac{2ab^2}{c^2\sin^2\alpha-b^2}(\text{弦长公式})$$

$$a^2-c^2\cos^2\alpha>0\Rightarrow 1<e<\dfrac{1}{\cos\alpha}$$

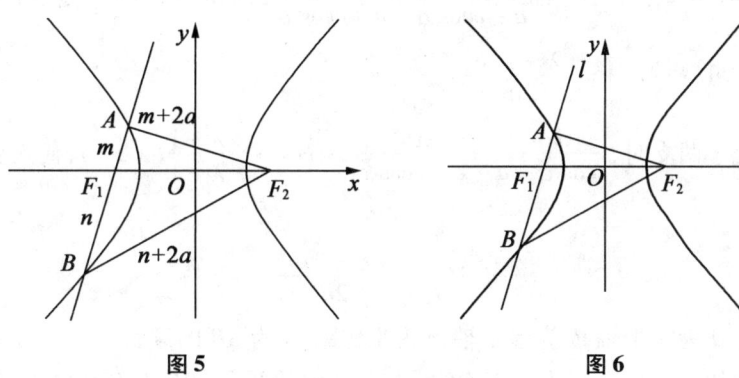

图5　　图6

(2)如图7所示,当 AB 交双曲线于两支时,$|AF_1|=\dfrac{b^2}{a+c\cos\alpha}$,$|BF_1|=\dfrac{b^2}{c\cos\alpha-a}$

$$|AB|=-m+n=\dfrac{2ab^2}{c^2\cos^2\alpha-a^2}=\dfrac{2ab^2}{b^2-c^2\sin^2\alpha}(\text{弦长公式})$$

$$a^2 - c^2\cos^2\alpha < 0 \Rightarrow e > \frac{1}{\cos\alpha}$$

因此双曲线的焦点在 x 轴的弦长公式为

$$|AB| = \frac{2ab^2}{|a^2 - c^2\cos^2\alpha|}$$

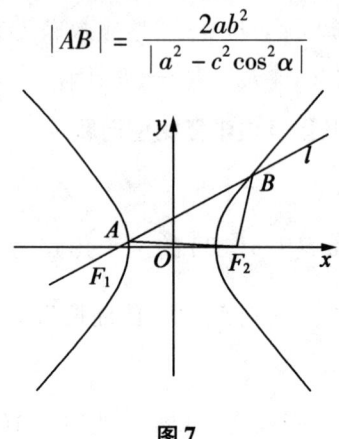

图 7

同理可得双曲线的焦点在 y 轴上的弦长公式

$$|AB| = \frac{2ab^2}{|a^2 - c^2\sin^2\alpha|}$$

双曲线焦比公式和椭圆的焦比公式一致：

令 $|AF_1| = \lambda|F_1B|$，即 $\dfrac{b^2}{a - c\cos\alpha} = \dfrac{\lambda b^2}{a + c\cos\alpha} \Rightarrow e\cos\alpha = \dfrac{\lambda - 1}{\lambda + 1}(\lambda > 1)$，代入弦长公式可得 $|AF_1| = \dfrac{(\lambda + 1)b^2}{2a}$。

若交于两支时，$\dfrac{b^2}{c\cos\alpha - a} = \dfrac{\lambda b^2}{a + c\cos\alpha} \Rightarrow e\cos\alpha = \dfrac{\lambda + 1}{\lambda - 1}(\lambda > 1)$，代入弦长公式可得

$$|AF_1| = \frac{(\lambda - 1)b^2}{2a}$$

其中 a 为实半轴，b 为虚半轴，c 为半焦距，α 为 AB 的倾斜角.

证明如下：(1)(如图6)当直线 l 与双曲线的两个交点 A,B 在同一支上时，设 $|AF_1| = m$；$|BF_1| = n$；$|AF_2| = 2a + m$；$|BF_2| = 2a + n$；由余弦定理得 $m^2 + (2c)^2 - (2a + m)^2 = 2m \cdot (2c)\cos\alpha$，整理得

$$|AF_1| = \frac{b^2}{a + c\cos\alpha}(焦半径公式)$$

$$n^2 + (2c)^2 - (2a + n)^2 = 2n \cdot (2c)\cos(180° - \alpha)$$

整理得

$$|BF_1| = \frac{b^2}{a - c\cos\alpha}(焦半径公式)$$

则过焦点的弦长 $|AB| = m + n = \dfrac{2ab^2}{a^2 - c^2\cos^2\alpha} = \dfrac{2ab^2}{c^2\sin^2\alpha - b^2}$(焦长公式).

(2)证法1:(如图7)当直线 l 与双曲线交点 A,B 在两支上时.

设 $|AF_1| = m$;$|BF_1| = n$;$|AF_2| = 2a + m$;$|BF_2| = n - 2a$;由余弦定理得
$$m^2 + (2c)^2 - (2a + m)^2 = 2m \cdot (2c)\cos\alpha$$

整理得
$$|AF_1| = \frac{b^2}{a + c\cos\alpha}(焦半径公式)$$

$$n^2 + (2c)^2 - (n - 2a)^2 = 2n \cdot (2c)\cos(180° - \alpha)$$

整理得
$$|BF_1| = \frac{b^2}{c\cos\alpha - a}(焦半径公式)$$

则过焦点的弦长
$$|AB| = -m + n = \frac{2ab^2}{c^2\cos^2\alpha - a^2} = \frac{2ab^2}{b^2 - c^2\sin^2\alpha}(焦长公式).$$

证法2:$F_1(-c, 0)$,设直线 l 的倾斜角为 α,则直线 l 的参数方程为
$$\begin{cases} x = -c + t\cos\alpha \\ y = t\sin\alpha \end{cases}(t \text{ 为参数})$$

设点 A,B 对应的参数分别为 t_1, t_2,联立直线 l 和椭圆 C 的方程得
$$(b^2\cos^2\alpha - a^2\sin^2\alpha)t^2 - 2b^2ct\cos\alpha + b^4 = 0$$

由韦达定理得
$$t_1 + t_2 = \frac{2b^2c\cos\alpha}{b^2\cos^2\alpha - a^2\sin^2\alpha}$$

$$t_1 t_2 = \frac{b^4}{b^2\cos^2\alpha - a^2\sin^2\alpha}$$

由弦长公式得
$$|AB| = |t_1 - t_2| = \sqrt{(t_1 + t_2)^2 - 4t_1 t_2}$$
$$= \sqrt{\frac{4b^4c^2\cos^2\alpha}{(b^2\cos^2\alpha - a^2\sin^2\alpha)^2} - 4\frac{b^4}{b^2\cos^2\alpha - a^2\sin^2\alpha}}$$
$$= \sqrt{\frac{4b^4c^2\cos^2\alpha - 4b^4(b^2\cos^2\alpha - a^2\sin^2\alpha)}{(b^2\cos^2\alpha - a^2\sin^2\alpha)^2}} = \frac{2ab^2}{|b^2\cos^2\alpha - a^2\sin^2\alpha|}$$
$$= \frac{2ab^2}{|b^2 - c^2\sin^2\alpha|}$$

因为 $\sin^2\alpha \in [0,1]$，所以 $-c^2\sin^2\alpha \in [-c^2, 0]$.

所以 $b^2 - c^2\sin^2\alpha \in [-a^2, b^2]$，因为直线 l 交双曲线 C 于 A,B 两点，所以 $\tan\alpha \neq \pm\dfrac{b}{a}$，即 $b^2 - c^2\sin^2\alpha \neq 0$，所以 $b^2 - c^2\sin^2\alpha \in [-a^2, 0) \cup (0, b^2]$.

①若 $a \geq b$，则 $|b^2 - c^2\sin^2\alpha| \in (0, a^2]$，$|AB| \in \left[\dfrac{2b^2}{a}, +\infty\right)$，当 $\sin^2\alpha = 1$，即直线 $l_{AB} \perp x$ 轴时，取最小值 $|AB|_{\min} = \dfrac{2b^2}{a}$，即双曲线的通径；

②若 $a < b$，则 $|b^2 - c^2\sin^2\alpha| \in (0, b^2]$，$|AB| \in [2a, +\infty)$，当 $\sin^2\alpha = 0$，即 l_{AB} 与 x 轴重合时，取最大值 $|AB|_{\max} = 2a$，即双曲线的实轴长.

评注 （1）若 $a \geq b$ 时，双曲线的焦点弦 $|AB|$ 的取值范围为 $\left[\dfrac{2b^2}{a}, +\infty\right)$，其中最小值为双曲线的通径长；

（2）若 $a < b$ 时，双曲线的焦点弦 $|AB|$ 的取值范围为 $[2a, +\infty)$，其中最小值为双曲线的实轴长.

3. 典型例题.

【例 10】 已知双曲线 $\dfrac{x^2}{16} - \dfrac{y^2}{9} = 1$ 的左、右焦点分别为 F_1, F_2，过 F_2 的直线与该双曲线的右支交于 A,B 两点，若 $|AB| = 5$，则 $\triangle ABF_1$ 的周长为_____.

【解析】 $|AB| = 5$，$\triangle ABF_1$ 的周长为 $4a + 2l = 16 + 10 = 26$.

【例 11】 过双曲线 $x^2 - \dfrac{y^2}{3} = 1$ 的左焦点 F_1 作倾斜角为 $\dfrac{\pi}{6}$ 的直线 l 交双曲线于 A,B 两点，则 $|AB| =$ _____.

【解析】 $a^2 - c^2\cos^2\alpha = 1 - 4 \times \dfrac{3}{4} = -2 < 0$，故直线 l 交双曲线于两支；$|AB| = \dfrac{2ab^2}{c^2\cos^2\alpha - a^2} = \dfrac{6}{3-1} = 3$.

【例 12】 如图 8 所示，已知双曲线 $\dfrac{x^2}{a^2} - \dfrac{y^2}{b^2} = 1$（$a, b > 0$）的左、右焦点分别为 F_1, F_2. 过 F_2 的直线与双曲线 C 的右支相交于 P, Q 两点，若 $\overrightarrow{PF_2} = 3\overrightarrow{F_2Q}$，若 $\triangle PQF_1$ 是以 Q 为顶角的等腰三角形，则双曲线的离心率 e 为 （ ）

A. 3　　　　B. 2

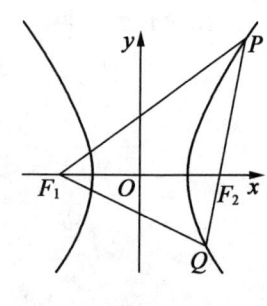

图 8

C. $\sqrt{2}$ D. $\sqrt{3}$

【解析】 设 $|QF_2|=m$,则 $|PF_2|=3m$,$\triangle PQF_1$ 是以 Q 为顶角的等腰三角形,所以 $|QF_1|=4m$,由 $|QF_1|-|QF_2|=2a$,所以 $3m=2a$,故 $m=\dfrac{2}{3}a$.根据焦比定理 $|PF_2|=\dfrac{(\lambda+1)}{2}\cdot\dfrac{b^2}{a}=\dfrac{2b^2}{a}=3m=2a$,所以 $a=b$,故 $e=\dfrac{c}{a}=\sqrt{2}$.故选 C.

评注 关于这类焦比双曲线求离心率的题目很多,通常需要利用双曲线的几何性质把拥有焦比的较长的那段用关于 ma 的式子表示出来,再利用 $ma=\dfrac{\lambda+1}{2}\cdot\dfrac{b^2}{a}$(交一支)或者 $ma=\dfrac{\lambda-1}{2}\cdot\dfrac{b^2}{a}$(交两支)得出离心率.

三、抛物线焦半径长以及焦半径比值问题

过抛物线焦点的直线,交抛物线于 A,B 两点,则称线段 AB 为抛物线的焦点弦.

过抛物线 $y^2=2px(p>0)$ 的焦点弦 AB 的端点 A,B 分别和抛物线准线 l 的垂线,交 l 于 D,C,构成直角梯形 $ABCD$(图9).这个图像是抛物线问题中极为重要的一个模型,围绕它可以生出许多重要的问题,抓住并用好这个模型,可以帮助我们学好抛物线的基本知识与基本方法,同时,它又体现了解析几何的重要思想方法.在图9

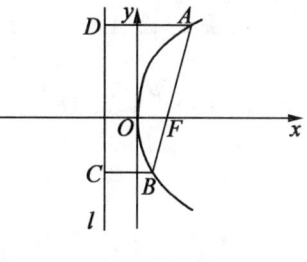

图9

中,有哪些重要的几何量可以算出来?又可以获得哪些重要结论呢?

抛物线中常用的结论:

1.焦半径.

(1)抛物线上的点 $A(x_0,y_0)$ 与焦点 F 的距离称为焦半径,若 $y^2=2px(p>0)$,则焦半径 $|AF|=x_0+\dfrac{p}{2}$,$|AF|_{\min}=\dfrac{p}{2}$.

(2)设直线 AB 的倾角为 θ,$|AF|=\dfrac{p}{1-\cos\theta}$,$|BF|=\dfrac{p}{1+\cos\theta}$,利用投影思想证明.

证明如下:过点 A 作 AR 垂直 x 轴于点 R,过点 B 作 BS 垂直 x 轴于点 S,设准线与 x 轴交点 E,因为直线 l 的倾斜角为 θ,则

$$|ER|=|EF|+|FR|=p+|AF|\cos\theta=|AF|$$

即:$|AF|=\dfrac{p}{1-\cos\theta}$.同理可证 $|BF|=\dfrac{p}{1+\cos\theta}$.

(3) 设 $\dfrac{|AF|}{|BF|} = \lambda$，则 $\cos\theta = \dfrac{\lambda-1}{\lambda+1}$，$|AF| = \dfrac{\lambda+1}{2}p$.

证明如下：$\dfrac{|AF|}{|BF|} = \lambda \Rightarrow \dfrac{1+\cos\theta}{1-\cos\theta} = \lambda \Rightarrow \cos\theta = \dfrac{\lambda-1}{\lambda+1}$，故 $|AF| = \dfrac{p}{1-\cos\theta} = \dfrac{\lambda+1}{2}p$.

(4) 设 AB 交准线于点 P，则 $\dfrac{|AF|}{|PA|} = \cos\theta$；$\dfrac{|BF|}{|PB|} = \cos\theta$.

2. 通径.

设直线 AB 的倾斜角为 θ，当 $AB \perp x$ 轴时，称弦 AB 为通径，$|AB| = 2p$.

3. 求证：$\dfrac{1}{|F_1A|} + \dfrac{1}{|F_1B|} = \dfrac{2}{p}$.

【证明】 证法1：利用 $|AF| = \dfrac{p}{1-\cos\theta}$，$|BF| = \dfrac{p}{1+\cos\theta}$，这个结论易证.

证法2：设 $A(x_1, y_1)$，$B(x_2, y_2)$，由抛物线的定义知：$|AF| = x_1 + \dfrac{p}{2}$，$|BF| = x_2 + \dfrac{p}{2}$，又 $|AF| + |BF| = |AB|$，所以 $x_1 + x_2 = |AB| - p$，且由209页评注(1)知：$x_1 x_2 = \dfrac{p^2}{4}$，则

$$\dfrac{1}{|AF|} + \dfrac{1}{|BF|} = \dfrac{|AF|+|BF|}{|AF|\cdot|BF|} = \dfrac{|AB|}{\left(x_1+\dfrac{p}{2}\right)\left(x_2+\dfrac{p}{2}\right)}$$

$$= \dfrac{|AB|}{x_1 x_2 + \dfrac{p}{2}(x_1+x_2) + \dfrac{p^2}{4}} = \dfrac{|AB|}{\dfrac{p^2}{4} + \dfrac{p}{2}(|AB|-p) + \dfrac{p^2}{4}} = \dfrac{2}{p}$$

拓展 （焦点半径，倒和定值）一般形式：$\dfrac{\text{焦点弦}}{\text{焦半径倒数和}}$ 为定值.

已知椭圆 $\dfrac{x^2}{a^2} + \dfrac{y^2}{b^2} = 1$，过左焦点 F_1 的直线交椭圆于 A, B 两点，是否存在 λ 使 $|\overrightarrow{AB}| = \lambda\, \overrightarrow{F_1A} \cdot \overrightarrow{F_1B}$ 恒成立，并由此求 $|AB|$ 最小值.

【分析】 圆锥曲线（双曲线 A, B 同支）焦点弦：$\dfrac{1}{|F_1A|} + \dfrac{1}{|F_1B|} = \dfrac{2}{p}$.

（若为双曲线 A, B 异支：$\left|\dfrac{1}{|F_1A|} - \dfrac{1}{|F_1B|}\right| = \dfrac{2}{p}$，其中 p 为半通径.）

【解析】 由 F_1 在线段 AB 上知 $-\lambda = \dfrac{|AB|}{|AF_1|\cdot|BF_1|} = \dfrac{|AF_1|+|BF_1|}{|AF_1|\cdot|BF_1|} =$

$\dfrac{1}{|BF_1|} + \dfrac{1}{|AF_1|}$.

由椭圆焦半径知 $|AF_1| = \dfrac{p}{1-e\cos\theta}$, $|BF_1| = \dfrac{p}{1+e\cos\theta}$, 其中 p 为半通径 $\dfrac{b^2}{a}$.

从而 $-\lambda = \dfrac{1}{|BF_1|} + \dfrac{1}{|AF_1|} = \dfrac{2}{p} = \dfrac{2a}{b^2}$, $|\overrightarrow{AB}| = -\dfrac{2a}{b^2}\overrightarrow{F_1A}\cdot\overrightarrow{F_1B}$.

则 $|AB| = (|AF_1| + |BF_1|)\cdot\left(\dfrac{1}{|BF_1|} + \dfrac{1}{|AF_1|}\right)\dfrac{b^2}{2a} \geqslant \dfrac{b^2}{2a}(1+1)^2 = \dfrac{2b^2}{a}$, 当 AB 为通径时取等号.

4. 若直线 l 的倾斜角为 θ, 则弦长 $|AB| = \dfrac{2p}{\sin^2\theta}$.

【解析】 解法 1: 设直线的点斜式, 要讨论:

(1) 设 $A(x_1,y_1)$, $B(x_2,y_2)$, 设直线 $AB: y = k\left(x - \dfrac{p}{2}\right)$.

由 $\begin{cases} y = k\left(x - \dfrac{p}{2}\right) \\ y^2 = 2px \end{cases}$, 得: $ky^2 - 2py - kp^2 = 0$, 所以 $y_1 + y_2 = \dfrac{2p}{k}$, $y_1\cdot y_2 = -p^2$.

故 $|AB| = \sqrt{1+\dfrac{1}{k^2}}|y_1-y_2| = \sqrt{1+\dfrac{1}{k^2}}\sqrt{(y_1+y_2)^2 - 4y_1y_2}$

$= \sqrt{1+\dfrac{1}{k^2}}\dfrac{2p\sqrt{1+k^2}}{|k|} = \dfrac{2p(1+k^2)}{k^2} = \dfrac{2p(1+\tan^2\alpha)}{\tan^2\alpha} = \dfrac{2p}{\sin^2\alpha}$

易验证, 结论对斜率不存在时也成立.

评注 AB 为通径时, $\alpha = \dfrac{\pi}{2}$, $\sin^2\alpha$ 的值最大, $|AB|$ 最小.

解法 2: 设直线 AB 的倾斜角为 θ, 当 $AB \perp x$ 轴时, 称弦 AB 为通径.

当 $\theta \neq \dfrac{\pi}{2}$ 时, 设直线 $AB: y = k\left(x - \dfrac{p}{2}\right)$.

由 $\begin{cases} y = k\left(x - \dfrac{p}{2}\right) \\ y^2 = 2px \end{cases}$, 得

$$k^2x^2 - p(k^2+2)x + \dfrac{k^2p^2}{4} = 0 \qquad ①$$

所以 $\qquad x_1 + x_2 = p\left(1 + \dfrac{2}{k^2}\right) \qquad ②$

因为 $|AB| = x_1 + x_2 + p$, 由 ② 知

$$|AB| = 2p + \frac{2p}{k^2} \qquad ③$$

当 $\theta = \frac{\pi}{2}$，由（2）知 $|AB| = 2p$.

拓展 结论1：过焦点的弦中通径长最短.

【证明】 因为 $\sin^2\theta \leq 1$，所以 $\frac{2p}{\sin^2\theta} \geq 2p$，所以 $|AB|$ 的最小值为 $2p$，即过焦点的弦长中通径长最短.

也可利用均值不等式：焦点弦长公式：$|AB| = x_1 + x_2 + p, x_1 + x_2 \geq 2\sqrt{x_1 x_2} = p$，当 $x_1 = x_2$ 时，焦点弦取最小值 $2p$，即所有焦点弦中通径最短，其长度为 $2p$.

解法3：设 $A(x_1, y_1), B(x_2, y_2)$，当 $AB \perp x$ 轴时，$|AB| = 2p$.

当 $\theta \neq \frac{\pi}{2}$ 时，设直线 $AB: x = my + \frac{p}{2}$，同理可得 $|AB| = \frac{2p}{\sin^2\theta}$.

解法4：利用含角的焦半径公式 $|AF| = \frac{p}{1 - \cos\theta}, |BF| = \frac{p}{1 + \cos\theta}$

$$|AB| = |AF| + |BF| = \frac{p}{1 - \cos\theta} + \frac{p}{1 + \cos\theta} = \frac{2p}{\sin^2\theta}$$

解法5：（设直线的参数方程）

$F(\frac{p}{2}, 0)$，设直线 l 的倾斜角为 α，则直线 l 的参数方程为

$$\begin{cases} x = \frac{p}{2} + t\cos\alpha \\ y = t\sin\alpha \end{cases} (t\text{ 为参数})$$

设点 A, B 对应的参数分别为 t_1, t_2，联立直线 l 和抛物线 C 的方程得：$t^2\sin^2\alpha - 2pt\cos\alpha - p^2 = 0$，由韦达定理得

$$t_1 + t_2 = \frac{2p\cos\alpha}{\sin^2\alpha}, t_1 t_2 = -\frac{p^2}{\sin^2\alpha}$$

由弦长公式得

$$|AB| = |t_1 - t_2| = \sqrt{(t_1 + t_2)^2 - 4t_1 t_2} = \sqrt{\frac{4p^2\cos^2\alpha}{\sin^4\alpha} - \frac{4p^2}{\sin^2\alpha}} = \frac{2p}{\sin^2\alpha}$$

因为直线 l 交抛物线 C 于 A, B 两点，所以倾斜角 $\alpha \neq 0$，所以 $\sin^2\alpha \in (0, 1]$，则 $|AB| \in [2p, +\infty)$，当 $\sin^2\alpha = 1$，即 $l_{AB} \perp x$ 轴时，取最小值 $|AB|_{\min} = 2p$，即通径长.

同理可得 $x^2 = 2py$ 的焦点弦长为 $|AB| = \frac{2p}{\cos^2\alpha}$.

5. 已知抛物线 $C: y^2 = 2px$, 点 F 为抛物线 C 的焦点,直线 l 过点 F,交抛物线 C 于 A, B 两点,求焦点弦 $|AB|$ 的取值范围.

【解析】 $F(\dfrac{p}{2}, 0)$, 设直线 l 的倾斜角为 α, 则直线 l 的参数方程为

$$\begin{cases} x = \dfrac{p}{2} + t\cos\alpha \\ y = t\sin\alpha \end{cases} (t \text{ 为参数})$$

设点 A, B 对应的参数分别为 t_1, t_2, 联立直线 l 和抛物线 C 的方程得:
$t^2\sin^2\alpha - 2pt\cos\alpha - p^2 = 0$, 由韦达定理得

$$t_1 + t_2 = \dfrac{2p\cos\alpha}{\sin^2\alpha}, t_1 t_2 = -\dfrac{p^2}{\sin^2\alpha}$$

由弦长公式得

$$|AB| = |t_1 - t_2| = \sqrt{(t_1+t_2)^2 - 4t_1 t_2} = \sqrt{\dfrac{4p^2\cos^2\alpha}{\sin^4\alpha} - \dfrac{4p^2}{\sin^2\alpha}} \cdot \dfrac{2p}{\sin^2\alpha}$$

因为直线 l 交抛物线 C 于 A, B 两点,所以倾斜角 $\alpha \neq 0$, 所以 $\sin^2\alpha \in (0, 1]$, 则 $|AB| \in [2p, +\infty)$, 当 $\sin^2\alpha = 1$, 即 $l_{AB} \perp x$ 轴时,取最小值 $|AB|_{\min} = 2p$, 即通径长.

拓展 结论2:抛物线焦点弦 $|AB|$ 的取值范围为 $[2p, +\infty)$, 其中最小值为抛物线的通径长.

结论3:若 AB 是抛物线 $y^2 = 2px (p > 0)$ 的焦点弦(过焦点的弦), 且 $A(x_1, y_1), B(x_2, y_2)$, 则: $x_1 x_2 = \dfrac{p^2}{4}, y_1 y_2 = -p^2$.

【证明】 证法1:因为焦点坐标为 $F(\dfrac{p}{2}, 0)$, 当 AB 不垂直于 x 轴时,可设直线 AB 的方程为: $y = k(x - \dfrac{p}{2})$, 由 $\begin{cases} y = k(x - \dfrac{p}{2}) \\ y^2 = 2px \end{cases}$, 得: $ky^2 - 2py - kp^2 = 0$, 所以 $y_1 y_2 = -p^2, x_1 x_2 = \dfrac{y_1^2}{2p} \cdot \dfrac{y_2^2}{2p} = \dfrac{p^4}{4p^2} = \dfrac{p^2}{4}$. 当 $AB \perp x$ 轴时, 直线 AB 方程为 $x = \dfrac{p}{2}$, 则 $y_1 = p, y_2 = -p$, 所以 $y_1 y_2 = -p^2$, 同上也有: $x_1 x_2 = \dfrac{p^2}{4}$.

证法2:利用三点 A, B, F 共线,利用向量则避免分类讨论.

$$\overrightarrow{FA} = \left(x_1 - \dfrac{p}{2}, y_1\right), \overrightarrow{FB} = \left(x_2 - \dfrac{p}{2}, y_2\right)$$

因三点 A, B, F 共线,则有 $\overrightarrow{FA} // \overrightarrow{FB} \Rightarrow y_2\left(x_1 - \dfrac{p}{2}\right) = y_1\left(x_2 - \dfrac{p}{2}\right)$. 又 $x_1 = \dfrac{y_1^2}{2p}$,

$x_2 = \dfrac{y_2^2}{2p}$,代入得到 $y_1 y_2 = -p^2 \Rightarrow x_1 x_2 = \dfrac{(y_1 y_2)^2}{4p^2} = \dfrac{p^2}{4}$.

评注 证法 1 中进行了分类,如果令直线 l 的方程为 $x - \dfrac{p}{2} = ty$,则不仅简洁而且避免分类讨论.

证法 3:令直线 l 的方程为 $x - \dfrac{p}{2} = ty$,与 $y^2 = 2px$ 联立得到 $y^2 - 2pty - p^2 = 0$,由韦达定理得到 $y_1 y_2 = -p^2 \Rightarrow x_1 x_2 = \dfrac{(y_1 y_2)^2}{4p^2} = \dfrac{p^2}{4}$.

证法 4:由抛物线的定义可得

$$|AB| = |AF| + |BF| = x_1 + \dfrac{p}{2} + x_2 + \dfrac{p}{2} = x_1 + x_2 + p$$

又由两点间距离公式可得

$$|AB| = \sqrt{(x_1 - x_2)^2 + (y_1 - y_2)^2} \Rightarrow \sqrt{(x_1 - x_2)^2 + (y_1 - y_2)^2}$$
$$= x_1 + x_2 + p \Rightarrow 4x_1 x_2 + 2y_1 y_2 + p^2 = 0 \qquad ①$$

又 $y_1^2 = 2px_1, y_2^2 = 2px_2$,代入①得到 $(y_1 y_2)^2 + 2p^2 (y_1 y_2) + p^4 = 0 \Rightarrow (y_1 y_2 + p^2)^2 = 0 \Rightarrow y_1 y_2 = -p^2$.

评注 由于直线 l 过定点 $F\left(\dfrac{p}{2}, 0\right)$,于是利用直线的参数方程.

证法 5:设直线 l 的参数方程为 $\begin{cases} x = \dfrac{p}{2} + t\cos \alpha \\ y = t\sin \alpha \end{cases}$ (t 为参数),依据题意,代入抛物线方程得到 $t^2 \sin^2 \alpha - 2pt\cos \alpha - p^2 = 0 \Rightarrow t_1 t_2 = -\dfrac{p^2}{\sin^2 \alpha}$.而 $y_1 = t_1 \sin \alpha, y_2 = t_2 \sin \alpha$,于是得到 $y_1 y_2 = t_1 t_2 \sin^2 \alpha = -p^2 \Rightarrow x_1 x_2 = \dfrac{(y_1 y_2)^2}{4p^2} = \dfrac{p^2}{4}$.

拓展 结论 4:设 $A(x_1, y_1), B(x_2, y_2)$ 是抛物线 $y^2 = 2px (p > 0)$ 上不同的两点,若 $y_1 y_2 = -p^2$,则直线 AB 必过焦点 $F\left(\dfrac{p}{2}, 0\right)$.

事实上,结论 4 就是结论 3 的逆命题,也就是本题的逆命题.

【证明】 (1)当直线 AB 与 x 轴垂直时,显然成立.

(2)当直线 AB 与 x 轴不垂直时,令直线 AB 的方程为 $y = k(x - a) (k \neq 0)$,联立得到

$$\begin{cases} y^2 = 2px \\ y = k(x - a) \end{cases} \Rightarrow ky^2 - 2py - 2kpa = 0 \Rightarrow y_1 y_2 = -2pa$$

又 $y_1y_2 = -p^2 \Rightarrow a = \dfrac{p}{2}$.

拓展 结论5:过抛物线 $y^2 = 2px(p>0)$ 的焦点 $F\left(\dfrac{p}{2}, 0\right)$ 的弦(焦点弦)与抛物线相交于 $A(x_1, y_1), B(x_2, y_2)$. 则有 $k_{OA} \cdot k_{OB} = -4$.

【证明】 由上述结论3并结合斜率公式易得 $k_{OA} \cdot k_{OB} = \dfrac{y_1}{x_1} \cdot \dfrac{y_2}{x_2} = \dfrac{y_1 y_2}{x_1 x_2} = \dfrac{-p^2}{\dfrac{p^2}{4}} = -4$.

【重要说明】

(1)关于直线方程的设定,上面用了两种形式,各有优劣.对于抛物线 $y^2 = \pm 2px(p>0)$,多用 $x = my + \dfrac{p}{2}$,对于抛物线 $x^2 = \pm 2py$,多用 $y = k\left(x - \dfrac{p}{2}\right)$.

(2)上面的解法体现了解决抛物线问题乃至解析几何问题的基本思想方法,要认真.其中 $|AB| = \sqrt{1+m^2}|y_1 - y_2| = \sqrt{1+k^2}|x_1 - x_2|$ 的多步变形,要熟练掌握,其结果可以作为公式使用.

(3)如果给出 $x^2 = \pm 2py(p>0)$,其焦点弦长的求法类似上面的解法,但要特别注意,θ 为直线 AB 与 y 轴的夹角.总之,抛物线焦点弦长结论中,θ 为直线 AB 与抛物线对称轴的夹角.

此外,由结论5的证明过程还得出重要结论

$$\vec{OA} \cdot \vec{OB} = -\dfrac{3}{4}p^2 \text{(定值)}$$

【探究】 性质 $y_1 y_2 = -p^2$ 中,把弦 AB 过焦点改为 AB 过对称轴上一点 $E(a, 0)$,则有 $y_1 y_2 = -2pa$.

【证明】 设 AB 方程为 $my = x - a$,代入 $y^2 = 2px$,得:$y^2 - 2pmy - 2ap = 0$,所以 $y_1 y_2 = -2pa$.

6. 过抛物线 $y^2 = 2px(p>0)$ 的焦点 $F\left(\dfrac{p}{2}, 0\right)$ 的弦(焦点弦)与抛物线相交于 A, B,则有 $(S_{\triangle ABO})_{\min} = \dfrac{p^2}{2}$.

【解析】 解法1:设直线 AB 的倾斜角为 α,可得

$$S_{\triangle ABO} = \dfrac{1}{2}|AB| \cdot d = \dfrac{1}{2} \cdot \dfrac{2p}{\sin^2 \alpha} \cdot \sin \alpha \cdot \dfrac{p}{2} = \dfrac{p^2}{2\sin \alpha} \geqslant \dfrac{p^2}{2}$$

则有 $(S_{\triangle ABO})_{\min} = \dfrac{p^2}{2}$.

解法2：直线 AB 的方程为：$x = my + \frac{p}{2}$，即 $x - my + \frac{p}{2} = 0$. 原点 O 到它的距离 $h = \frac{p\sin\theta}{2}$，$S_{\triangle ABO} = \frac{1}{2}|AB|h = \frac{p}{2\sin\theta}$. 则有 $(S_{\triangle ABO})_{\min} = \frac{p^2}{2}$.

解法3：

$$S_{\triangle AOB} = S_{\triangle AOF} + S_{\triangle BOF} = \frac{1}{2}|OF|y_1 + \frac{1}{2}|OF|(-y_2) = \frac{1}{2} \cdot \frac{p}{2}(y_1 - y_2)$$

$$= \frac{p}{4}\sqrt{(y_1+y_2)^2 - 4y_1y_2} = \frac{p}{4}\sqrt{4p^2m^2 + 4p^2} = \frac{p^2}{2}\sqrt{m^2+1} = \frac{p^2}{2\sin\theta}$$

则有 $(S_{\triangle ABO})_{\min} = \frac{p^2}{2}$.

7. $\dfrac{S_{\triangle OAB}^2}{|AB|} = \dfrac{p^3}{8}$（为定值）.

【证明】 $S_{\triangle OAB} = S_{\triangle OBF} + S_{\triangle OAF}$

$$= \frac{1}{2}|OF| \cdot |BF| \cdot \sin\theta + \frac{1}{2}|OF| \cdot |AF| \cdot \sin\theta$$

$$= \frac{1}{2}|OF| \cdot (|AF| + |BF|)\sin\theta$$

$$= \frac{1}{2}|OF| \cdot |AB| \cdot \sin\theta$$

$$= \frac{1}{2} \cdot \frac{p}{2} \cdot \frac{2p}{\sin^2\theta} \cdot \sin\theta = \frac{p^2}{2\sin\theta}$$

故 $\dfrac{S_{\triangle OAB}^2}{|AB|} = \dfrac{p^3}{8}$.

8. 如图10所示，过抛物线 $y^2 = 2px(p>0)$ 的焦点 $F(\frac{p}{2}, 0)$ 的弦（焦点弦）与抛物线相交于 A, B，过 A, B 作准线的垂线，分别相交于 D, C，以 CD 为直径的圆切 AB 于点 F，即 $CF \perp DF$.

【证明】 证法1：设 $A(x_1, y_1), B(x_2, y_2)$，则

$$C(-\frac{p}{2}, y_2), D(-\frac{p}{2}, y_1)$$

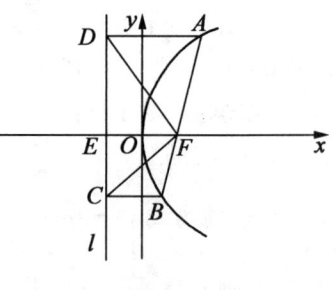

图10

$$k_{CF} \cdot k_{DF} = \frac{0-y_2}{\frac{p}{2}-(-\frac{p}{2})} \cdot \frac{0-y_1}{\frac{p}{2}-(-\frac{p}{2})} = \frac{y_1 y_2}{p^2}$$

因为 $y_1 y_2 = -p^2$,所以 $k_{CF} \cdot k_{DF} = -1$.

故 $CF \perp DF$.

证法 2:因为 AD 平行于 x 轴,所以 $\angle EFD = \angle ADF$.

又因为 $|AD| = |AF|$,所以 $\angle ADF = \angle AFD$,故 $\angle AFD = \angle EFD$.

同理可证 $\angle EFC = \angle BFC$.

易得 $\angle EFD + \angle EFC = \frac{\pi}{2}$,故 $CF \perp DF$.

证法 3:令 $A(x_1, y_1), B(x_2, y_2)$,则 $C(-\frac{p}{2}, y_1), D(-\frac{p}{2}, y_2)$.

则 $\vec{FC} \cdot \vec{FD} = (-p)(-p) + y_1 y_2 = -p^2 + p^2 = 0$,故 $CF \perp DF$.

9. 设准线 l 与 x 轴交于点 E,求证:$|EF|$ 是 $|CE|$ 与 $|DE|$ 的比例中项,即 $|EF|^2 = |CE||DE|$,即 $y_1 y_2 = -p^2$ 的几何解释.

10. 如图 11,直线 AO 交准线于 C,求证:直线 $BC \parallel x$ 轴.

【分析】 只要证 C, D 两点纵坐标相同.

【证明】 设 $A(x_1, y_1), B(x_2, y_2)$,则 $y_1 y_2 = -p^2$.

因为 $y_1^2 = 2px_1, k_{OA} = \frac{y_1 - 0}{x_1 - 0} = \frac{y_1}{\frac{y_1^2}{2p}} = \frac{2p}{y_1}$,所以

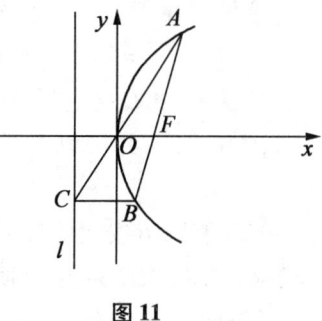

图 11

直线 AC 的方程为 $y = \frac{2p}{y_1}x$,它与准线方程 $x = -\frac{p}{2}$ 联立,得点 C 纵坐标 $y_C = -\frac{p^2}{y_1}$. 由 $y_1 y_2 = -p^2$ 得 $y_C = \frac{y_1 y_2}{y_1} = y_2$. 因此 C, D 两点纵坐标相同,$BC \parallel x$ 轴.

11. (2001·高考题)设抛物线 $y^2 = 2px (p > 0)$ 的焦点为 F,经过点 F 的直线交抛物线于 A, B 两点. 点 C 在抛物线的准线上,且 $BC \parallel x$ 轴. 证明:直线 AC 经过原点.

【分析】 只要证 $k_{OC} = k_{OA}$.

【证明】 证法 1:如图 12,设 $A(x_1, y_1), B(x_2, y_2)$,再设直线 AB 的方程为 $x = my + \frac{p}{2}$.

因为 $y_1y_2=-p^2$,$y_1^2=2px_1$,所以 $k_{OC}=$

$\dfrac{y_2}{-\dfrac{p}{2}}=\dfrac{2y_1y_2}{-py_1}=\dfrac{-2p^2}{-py_1}=\dfrac{2p}{y_1}=\dfrac{2px_1}{x_1y_1}=\dfrac{y_1^2}{x_1y_1}=\dfrac{y_1}{x_1}=$

k_{OA},故 A,O,C 三点共线.

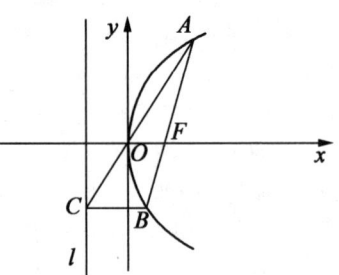

图 12

证法 2:如图 13,设 AC 与 EF 相交于 N,准线与 x 轴交于 E. 因为 $AD \parallel x$ 轴 $\parallel BC$,所以 $\triangle CEN \sim \triangle CDA$,$\triangle ANF \sim \triangle ACB$,故 $\dfrac{|EN|}{|AD|}=\dfrac{|CN|}{|AC|}=\dfrac{|BF|}{|AB|}$(即 $|EN|=\dfrac{|AD||BF|}{|AB|}$),$\dfrac{|NF|}{|BC|}=\dfrac{|AF|}{|AB|}$(即 $|NF|=\dfrac{|AF||BC|}{|AB|}$).

又 $|AF|=|AD|$,$|BF|=|BC|$,所以 $|EN|=|NF|$.

即点 N 是 EF 的中点,与抛物线的顶点 O 重合,所以直线经过原点 O.

评注 本题揭示了抛物线的一个本质属性:若抛物线 $y^2=2px$ 的焦点为 F,A,B 是抛物线上的两点. 点 C 在它的准线上,且 $BC\parallel x$ 轴. 则 A,O,C 三点共线的充要条件是 A,F,B 共线.

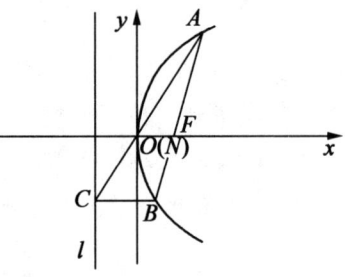

图 13

12. 直线 AB 交抛物线 $y^2=2px(p>0)$ 于 A,B 两点,作 $BC\parallel x$ 轴交抛物线准线于 C,且 A,O,C 共线,证明:直线 AB 过抛物线的焦点 F.

【证明】 设 $A(x_1,y_1)$,$B(x_2,y_2)$,AB 与 x 轴交于点 $E(a,0)$,故直线 AB 的方程为 $x=my+a$,代入 $y^2=2px(p>0)$ 中,得 $y^2-2pmy-2ap=0$,故

$$y_1y_2=-2ap \qquad ①$$

因为 $k_{OA}=\dfrac{y_1}{x_1}=\dfrac{y_1}{\dfrac{y_1^2}{2p}}=\dfrac{2p}{y_1}$,所以直线 AO 的方程为 $y=\dfrac{2p}{y_1}x$,它与准线方程 $x=-\dfrac{p}{2}$ 联立得 $y_C=-\dfrac{p^2}{y_1}$. 又 $BC\parallel x$ 轴,故 $y_C=y_2$,于是 $y_2=-\dfrac{p^2}{y_1}$,即 $y_1y_2=-p^2$. 由 ① 知 $a=\dfrac{p}{2}$,即点 E 与 F 重合,直线 AB 过抛物线的焦点 F.

【探究】 上面的例题共有三个条件与一个结论(对于抛物线 $y^2=2px(p>0)$ 及图 12):

① 弦 AB 过焦点 F;

②点 C 在准线上;

③$BC \parallel x$ 轴;

④AC 过顶点 O.

可组成以下两个命题:

A. ①②③ $\Rightarrow$ ④

B. ①②④ $\Rightarrow$ ③

13. 已知抛物线 $y^2 = 2px(p > 0)$ 的焦点为 F, AB 为焦点弦, 过 A, B 分别作抛物线准线的垂线, 交准线于 D, C 两点, 线段 CD 的中点为 N, 求证: $AN \perp BN$(即: 以线段 AB 为直径的圆与准线相切).

【证明】 设 M 为 AB 的中点, 又因为线段 CD 的中心为 N, 所以 $MN \parallel AD$, 由梯形的中位线性质和抛物线知

$$|MN| = \frac{|AD| + |BC|}{2} = \frac{|AF| + |BF|}{2} = \frac{|AB|}{2}$$

故结论得证.

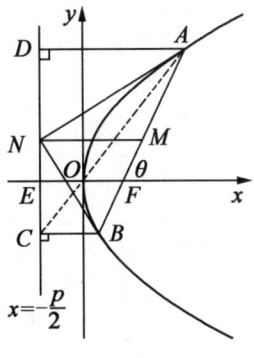

图 14

评注 以抛物线焦点弦为直径的圆与准线相切.

14. 联结 NF, 证明: $NF \perp AB$, 且 $|NF|^2 = |AF||BF|$.

【证明】 设 $A(x_1, y_1)$, $B(x_2, y_2)$, 则 $N\left(-\dfrac{p}{2}, \dfrac{y_1 + y_2}{2}\right)$, 又设直线 AB 的方程为 $x = my + \dfrac{p}{2}$, 代入 $y^2 = 2px(p > 0)$ 中, 得 $y^2 - 2pmy - p^2 = 0$, 故 $y_1 y_2 = 2pm$.

所以 $k_{NF} = \dfrac{0 - \dfrac{y_1 + y_2}{2}}{\dfrac{p}{2} - \left(-\dfrac{p}{2}\right)} = -\dfrac{y_1 + y_2}{2p} = -\dfrac{2pm}{2p} = -m$.

因为 $k_{AB} = \dfrac{1}{m}$, 所以 $k_{NF} \cdot k_{AB} = -1$, 此即 $NF \perp AB$.

在 Rt$\triangle ANB$ 中, NF 为斜边上的高, 故有 $|NF|^2 = |AF| \cdot |BF|$.

评注 在平面几何中, 有下述定理: Rt$\triangle ABC$ 中, 斜边 BC 上的高 AD 是 BD 与 CD 的比例中项.

15. 点 A 处的切线为 $y_1 y = p(x + x_1)$.

【证明】 证法 1: 设点 A 处的切线方程为 $y - y_1 = k(x - x_1)$, 与 $y^2 = 2px$ 联立, 得

$$ky^2 - 2py + 2p(y_1 - kx_1) = 0$$

由 $\Delta = 0$ 得 $2x_1 k^2 - 2y_1 k + p = 0$，解这个关于 k 的一元二次方程(它的判别式也恰为 0)得: $k = \dfrac{y_1}{2x_1} = \dfrac{p}{y_1}$. 得证.

证法 2：(求导) $y^2 = 2px$ 两边对 x 求导得 $2yy' = 2p, y' = \dfrac{p}{y}$ 得证.

16. 过抛物线 $y^2 = 2px(p>0)$ 的焦点 $F(\dfrac{p}{2}, 0)$ 的弦(焦点弦)与抛物线相交于 A, B，过 A, B 作 y 轴的垂线，垂足分别为 M, N，则 $S_{\triangle AOM} \cdot S_{\triangle BON} = \dfrac{p^4}{16}$ (定值).

【证明】 令 $A(x_1, y_1), B(x_2, y_2)$，则有 $S_{\triangle AOM} \cdot S_{\triangle BON} = \dfrac{1}{2}|OM| \cdot |AM| \cdot \dfrac{1}{2}|ON| \cdot |BN| = \dfrac{1}{4}|y_1 y_2| \cdot |x_1 x_2| = \dfrac{1}{4}|y_1 y_2| \cdot \left|\dfrac{y_1^2 y_2^2}{4p^2}\right| = \dfrac{|y_1 y_2|^3}{16p^2} = \dfrac{p^4}{16}$ (为定值).

17. 过抛物线 $y^2 = 2px(p>0)$ 的焦点 $F(\dfrac{p}{2}, 0)$ 的弦(焦点弦)与抛物线相交于 A, B，过 A, B 作准线的垂线，垂足分别为 M, N，则 $S_{\triangle AOM} \cdot S_{\triangle BON}$ 的最小值为 $\dfrac{p^4}{4}$.

【证明】 令 $A(x_1, y_1), B(x_2, y_2)$，设所作的垂线分别与 y 轴相交于 C, D，则

$$S_{\triangle AOM} \cdot S_{\triangle BON} = \dfrac{1}{2}|AM| \cdot |OC| \cdot \dfrac{1}{2}|BN| \cdot |OD|$$

$$= \dfrac{1}{4}|y_1 y_2| \left|\left(x_1 + \dfrac{p}{2}\right) \cdot \left(x_2 + \dfrac{p}{2}\right)\right|$$

$$= \dfrac{p^2}{4}\left[x_1 x_2 + \dfrac{p}{2}(x_1 + x_2) + \dfrac{p^2}{4}\right] \qquad ①$$

(1) 当焦点弦 AB 与 x 轴垂直时，则有

$$x_1 x_2 = \dfrac{p^2}{4}, x_1 + x_2 = p \Rightarrow S_{\triangle AOM} \cdot S_{\triangle BON} = \dfrac{p^4}{4}$$

(2) 当焦点弦 AB 与 x 轴不垂直时，令 AB 的直线方程为 $y = k\left(x - \dfrac{p}{2}\right)$ ($k \neq 0$)，代入 $y^2 = 2px$ 得到

$$k^2 x^2 - (pk^2 + 2p)x + \dfrac{1}{4}k^2 p^2 = 0 \Rightarrow x_1 + x_2 = \dfrac{pk^2 + 2p}{k^2}, x_1 x_2 = \dfrac{p^2}{4}$$

将之代入①得到 $S_{\triangle AOM} \cdot S_{\triangle BON} = \dfrac{p^2}{4}\left[\dfrac{p^2}{2}\left(2+\dfrac{2}{k^2}\right)\right] > \dfrac{p^4}{4}$.

综上所述 $S_{\triangle AOM} \cdot S_{\triangle BON} \geqslant \dfrac{p^4}{4}$，故 $S_{\triangle AOM} \cdot S_{\triangle BON}$ 的最小值为 $\dfrac{p^4}{4}$.

18. 过抛物线 $y^2 = 2px(p>0)$ 上不同的两点 A,B 作抛物线的切线，若两条切线垂直，则直线 AB 必过抛物线的焦点.

【证明】 令 $A(x_1,y_1), B(x_2,y_2)$，易得过 A,B 的切线方程分别为
$$l_1: y_1 y = p(x + x_1)$$
$$l_2: y_2 y = p(x + x_2)$$

由题意 l_1 与 l_2 垂直，则 $k_1 k_2 = -1 \Rightarrow \dfrac{p}{y_1} \cdot \dfrac{p}{y_2} = -1 \Rightarrow y_1 y_2 = -p^2$. 依据 215 页的结论 3 得到直线 AB 必过抛物线的焦点.

19. 过抛物线 $y^2 = 2px(p>0)$ 的焦点 $F\left(\dfrac{p}{2}, 0\right)$ 的弦（焦点弦）与抛物线相交于 A,B，分别过 A,B 作抛物线的切线，则两条切线必垂直.

【证明】 如上题的证明过程中所设，利用 215 页的结论 3 易得 $k_{l_1} k_{l_2} = \dfrac{p^2}{y_1 y_2}$
$= \dfrac{p^2}{-p^2} = -1$.

20. AB 为过抛物线 $y^2 = 2px(p>0)$ 的焦点 $F\left(\dfrac{p}{2}, 0\right)$ 的弦（焦点弦），其准线与 x 轴交于 E，则 EF 平分 $\angle AEB$.

【证明】 令 $A(x_1, y_1), B(x_2, y_2)$，欲证 EF 平分 $\angle AEB$，只要证明 $k_{EA} + k_{EB} = 0$ 即可. 事实上

$$k_{EA} + k_{EB} = \dfrac{y_1}{x_1 + \dfrac{p}{2}} + \dfrac{y_2}{x_2 + \dfrac{p}{2}} = \dfrac{y_1}{\dfrac{y_1^2}{2p} + \dfrac{p}{2}} + \dfrac{y_2}{\dfrac{y_2^2}{2p} + \dfrac{p}{2}} = \dfrac{2py_1}{y_1^2 + p^2} + \dfrac{2py_2}{y_2^2 + p^2}$$

$$= \dfrac{2py_1(y_2^2 + p^2) + 2py_2(y_1^2 + p^2)}{(y_1^2 + p^2)(y_2^2 + p^2)}$$

$$= \dfrac{2py_1 y_2^2 + 2p^3 y_1 + 2py_2 y_1^2 + 2p^3 y_2}{(y_1^2 + p^2)(y_2^2 + p^2)}$$

$$= \dfrac{-2p^3 y_2 + 2p^3 y_1 - 2p^3 y_1 + 2p^3 y_2}{(y_1^2 + p^2)(y_2^2 + p^2)} = 0$$

则 EF 平分 $\angle AEB$.

21. 过抛物线 $y^2 = 2px(p>0)$ 的焦点 $F\left(\dfrac{p}{2}, 0\right)$ 的弦（焦点弦）与抛物线相交

于 A,B,分别过 A,B 作抛物线的切线,两条切线的交点为 M,弦 AB 的中点为 N,则直线 MN 与 x 轴平行,且线段 MN 被抛物线平分.

【证明】 欲证直线 MN 与 x 轴平行,只要证明 $y_M = y_N$. 令 $A(x_1,y_1)$,$B(x_2,y_2)$,由中点坐标公式易得 $M(-\dfrac{p}{2},\dfrac{p(x_1-\dfrac{p}{2})}{y_1})$,$N(\dfrac{x_1+x_2}{2},\dfrac{y_1+y_2}{2})$.

$$y_N = \frac{y_1+y_2}{2} = \frac{y_1(y_1+y_2)}{2y_1} = \frac{y_1^2+y_1y_2}{2y_1} = \frac{2px_1-p^2}{2y_1} = \frac{p(x_1-\dfrac{p}{2})}{y_1} = y_M$$

欲证线段 MN 被抛物线平分,只要证明线段 MN 的中点 $P(\dfrac{x_1+x_2-p}{4},\dfrac{y_1+y_2}{2})$ 在抛物线上.事实上,$y_1^2 = 2px_1$,$y_2^2 = 2px_2$ 得到

$$\left(\frac{y_1+y_2}{2}\right)^2 = \frac{y_1^2+y_2^2+2y_1y_2}{4} = \frac{2px_1+2px_2-2p^2}{4} = 2p\left(\frac{x_1+x_2-p}{4}\right)$$

22. 过抛物线 $y^2=2px(p>0)$ 的焦点 $F(\dfrac{p}{2},0)$ 的弦(焦点弦)与抛物线相交于 A,B,则弦 AB 的中点的轨迹为抛物线.

【证明】 (1) 当弦 AB 与 x 轴垂直时,则弦 AB 的中点为焦点 $F(\dfrac{p}{2},0)$.

(2) 当弦 AB 与 x 轴不垂直时,令 $y=k(x-\dfrac{p}{2})$,$(k \neq 0)$,代入得到 $4k^2x^2 - 4p(k^2+2)x + k^2p^2 = 0$. 由韦达定理及中点坐标公式得到

$$\begin{cases} x = \dfrac{x_1+x_2}{2} = \dfrac{p(k^2+2)}{2k^2} \\ y = k\left[\dfrac{p(k^2+2)}{2k^2} - \dfrac{p}{2}\right] = \dfrac{p}{k} \end{cases} \Rightarrow y^2 = p\left(x - \dfrac{p}{2}\right)$$

显然(1)也满足,则弦 AB 的中点的轨迹为抛物线 $y^2 = p(x-\dfrac{p}{2})$.

23. 过抛物线 $y^2=2px(p>0)$ 焦点 $F(\dfrac{p}{2},0)$ 的弦(焦点弦)与抛物线相交于 A,B,M 为其准线上任一点,则直线 MA,MF,MB 的斜率成等差数列.

【证明】 令 $A(x_1,y_1)$,$B(x_2,y_2)$,则 $M(-\dfrac{p}{2},t)$,则

$$k_{MA} + k_{MB} = \frac{y_1-t}{x_1+\dfrac{p}{2}} + \frac{y_2-t}{x_2+\dfrac{p}{2}} = \frac{2p^2(y_1-t)}{p(y_1^2+p^2)} + \frac{2p^2(-\dfrac{p^2}{y_1}-t)}{p(y_2^2+p^2)}$$

$$= \frac{2p^2(y_1-t)}{p(y_1^2+p^2)} + \frac{2p^2y_1^2(-\frac{p^2}{y_1}-t)}{p(y_1^2y_2^2+y_1^2p^2)} = \frac{2p^2(y_1-t)}{p(y_1^2+p^2)} + \frac{2p^2y_1^2(-\frac{p^2}{y_1}-t)}{p(p^4+y_1^2p^2)}$$

$$= \frac{2y_1p^2-2tp^2}{p(y_1^2+p^2)} + \frac{-2y_1p^2-2ty_1^2}{p(y_1^2+p^2)} = \frac{-2t(y_1^2+p^2)}{p(y_1^2+p^2)} = 2\left(\frac{t}{-p}\right) = 2k_{MF}$$

24. 过抛物线 $y^2 = 2px(p>0)$ 的焦点 $F\left(\frac{p}{2}, 0\right)$ 的弦（焦点弦）与抛物线相交于 A, B，分别过 A, B 作抛物线的切线相交于 M，则 $S_{\triangle ABM} \geq p^2$，当且仅当弦 AB 为通径时等号成立.

【证明】 令直线 AB 的倾斜角为 $\alpha(0 \leq \alpha < \pi)$，易得

$$|MF| = \frac{p}{\cos\left(\frac{\pi}{2}-\alpha\right)} = \frac{p}{\sin\alpha}$$

由 $|AB| = \frac{2p}{\sin^2\alpha}$，得到 $S_{\triangle ABM} = \frac{1}{2}|AB| \cdot |MF| = \frac{p^2}{\sin^3\alpha} \geq p^2$.

当且仅当 $\alpha = \frac{\pi}{2}$，即弦 AB 为通径时等号成立.

25. AB 是过抛物线 $y^2 = 2px(p>0)$ 的焦点 F 的弦，若 $A(x_1, y_1), B(x_2, y_2)$，则点 F 分 $\overrightarrow{AB}$ 所成的比为 $\lambda = \frac{2x_1}{p} = \frac{p}{2x_2}$.

【证明】 由题意易得 $\overrightarrow{AF} = \lambda \overrightarrow{FB}$ 得到 $\lambda = \frac{|\overrightarrow{AF}|}{|\overrightarrow{FB}|} = -\frac{y_1}{y_2} = -\frac{y_1^2}{y_1y_2} = \frac{2px_1}{p^2} = \frac{2x_1}{p}$，或 $\lambda = \frac{|\overrightarrow{AF}|}{|\overrightarrow{FB}|} = -\frac{y_1}{y_2} = -\frac{y_1y_2}{y_2^2} = \frac{p^2}{2px_2} = \frac{p}{2x_2}$.

26. 过抛物线 $y^2 = 2px(p>0)$ 的焦点 F 任作两条相互垂直的弦 AB, CD，若 M, N 分别为弦 AB, CD 的中点，则直线 MN 恒过定点 $\left(\frac{3p}{2}, 0\right)$.

【证明】 设弦 AB 的直线方程为 $y = k\left(x - \frac{p}{2}\right)$，代入 $y^2 = 2px$ 可得

$$4k^2x^2 - 4p(k^2+2)x + k^2p^2 = 0 \Rightarrow \frac{x_1+x_2}{2} = \frac{p(k^2+2)}{2k^2} \Rightarrow M\left(\frac{p(k^2+2)}{2k^2}, \frac{p}{k}\right)$$

同理可得 $N\left(\frac{p(2k^2+1)}{2}, -pk\right)$. 则有 $k_{MN} = \frac{k}{1-k^2} \Rightarrow l_{MN}: (1-k^2)y = k\left(x - \frac{3p}{2}\right)$，则直线 MN 恒过定点 $\left(\frac{3p}{2}, 0\right)$.

27. 过抛物线 $y^2=2px(p>0)$ 的焦点 F 任作两条相互垂直的弦 AB,CD，则 $\dfrac{1}{|AB|}+\dfrac{1}{|CD|}$ 为定值.

【证明】 $|AB|=\dfrac{2p}{\sin^2\theta}$, $|CD|=\dfrac{2p}{\cos^2\theta}\Rightarrow \dfrac{1}{|AB|}+\dfrac{1}{|CD|}=\dfrac{\sin^2\theta}{2p}+\dfrac{\cos^2\theta}{2p}=\dfrac{1}{2p}$ (定值).

28. 过抛物线 $y^2=2px(p>0)$ 的焦点 F 任作两条相互垂直的弦 AB,CD，则 $|AB|\cdot|CD|$ 的最小值为 $16p^2$.

【证明】 由上题的结论及均值不等式可得 $\dfrac{1}{2p}=\dfrac{1}{|AB|}+\dfrac{1}{|CD|}\geqslant 2\sqrt{\dfrac{1}{|AB|\cdot|CD|}}\Rightarrow |AB|\cdot|CD|\geqslant 16p^2$.

29. 过抛物线 $y^2=2px(p>0)$ 的焦点 F 任作两条相互垂直的弦 AB,CD，则四边形 $ACBD$ 的面积最小值为 $8p^2$.

【证明】 由上题的结论及题意可得 $S_{\text{四边形}ACBD}=\dfrac{|AB|\cdot|CD|}{2}\geqslant 8p^2$.

30. AB 是抛物线 $y^2=2px(p>0)$ 的非通径的焦点弦，作点 A 关于 x 轴的对称点 C，证明：直线 BC 必过其准线与对称轴的交点.

【证明】 设 $A(x_1,y_1),B(x_2,y_2)$，则 $C(x_1,-y_1)$，此题的本质就是证明点 B,C 及 $Q\left(-\dfrac{p}{2},0\right)$ 共线，即

$$k_{BQ}=k_{CQ}\Leftrightarrow \dfrac{y_2}{x_2+\dfrac{p}{2}}=\dfrac{-y_1}{x_1+\dfrac{p}{2}}\Leftrightarrow \left(\dfrac{y_2}{x_2+\dfrac{p}{2}}\right)^2=\left(\dfrac{y_1}{x_1+\dfrac{p}{2}}\right)^2\Leftrightarrow \dfrac{2px_2}{\left(x_2+\dfrac{p}{2}\right)^2}$$

$$=\dfrac{2px_1}{\left(x_1+\dfrac{p}{2}\right)^2}\Leftrightarrow x_1x_2=\dfrac{p^2}{4}$$

评注 值得注意的是：本题的逆命题也是成立的，即过点 $Q\left(-\dfrac{p}{2},0\right)$ 任作一条直线与抛物线 $y^2=2px(p>0)$ 相交于 B,C，则点 B 关于 x 轴的对称点 A 与 C 的连线必过其焦点.

事实上，本题可以推广到整个圆锥曲线：

推广 1：AB 是圆锥曲线的非通径的焦点弦，作点 A 关于对称轴（椭圆指长轴，双曲线指实轴）的对称点 C，则直线 BC 必过其相应准线与对称轴的交点.

推广 2：过准线与对称轴（椭圆指长轴，双曲线指实轴）的交点任作一条直

线与圆锥曲线相交于 B,C,则点 B 关于其对称轴的对称点 A 与 C 的连线必过其相应的焦点.

关于抛物线 $x^2 = 2py$ 的焦长公式(AB 为过抛物线焦点的直线右相交的点为 A,左相交的点为 B,$\alpha(\alpha < \dfrac{\pi}{2})$ 为 AB 倾斜角):

(1) $|AF| = \dfrac{p}{1-\sin\alpha}$; $|BF| = \dfrac{p}{1+\sin\alpha}$;

(2) $|AB| = y_1 + y_2 + p = \dfrac{2p}{\cos^2\alpha}$;

(3) $S_{\triangle AOB} = \dfrac{p^2}{2\cos\alpha}$;

(4) 设 $\dfrac{|AF|}{|BF|} = \lambda$,则 $\sin\alpha = \dfrac{\lambda-1}{\lambda+1}$;$|AF| = \dfrac{\lambda+1}{2}p$;

(5) 设 AB 交准线于点 P,$\dfrac{|AF|}{|PA|} = \sin\alpha$;$\dfrac{|BF|}{|PB|} = \sin\alpha$.

拓展 由抛物线的焦点弦所构成的直角梯形中蕴涵着丰富多彩的内容,可以获得许多的重要结论,它涉及抛物线的定义与基本性质,在解决各类问题时,又贯穿着解析几何的基本思想方法,其中尤以求抛物线弦长时的两种方法集中体现了解决抛物线问题的基本思路与常用方法,应予以牢固把握.

四、抛物线焦点弦性质简要总结

(一)基本性质

已知抛物线 $y^2 = 2px$ 的图像如图 15 所示,则有以下基本结论:

(1) 以 AB 为直径的圆与准线 l 相切;

(2) $x_1 \cdot x_2 = \dfrac{p^2}{4}$ 且 $y_1 \cdot y_2 = -p^2$;

(3) $\angle AC'B = 90°$,$\angle A'FB' = 90°$;

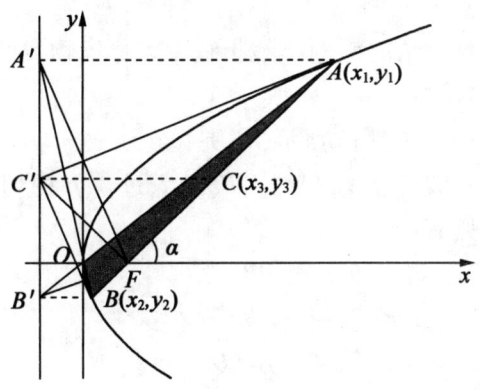

图 15

(4) $|AB| = x_1 + x_2 + p = 2(x_3 + \dfrac{p}{2}) = \dfrac{2p}{\sin^2\alpha}$;

(5) $\dfrac{1}{|AF|} + \dfrac{1}{|BF|} = \dfrac{2}{P}$;

(6) A,O,B' 三点共线,B,O,A' 三点共线;

(7) $S_{\triangle AOB} = \dfrac{p^2}{2\sin\alpha}$, $\dfrac{S_{\triangle AOB}^2}{|AB|} = \left(\dfrac{p}{2}\right)^3$ (定值);

(8) $|AF| = \dfrac{p}{1-\cos\alpha}$, $|BF| = \dfrac{p}{1+\cos\alpha}$;

(9) 切线方程: $y_0 y = m(x_0 + x)$.

(二)性质深究

1. 焦点弦与切线.

结论1:过抛物线焦点弦的两端点作抛物线的切线,两切线交点在准线上.

特别地,如图16所示,当弦 $AB \perp x$ 轴时,则点 P 的坐标为 $\left(-\dfrac{p}{2}, 0\right)$.

结论2:切线交点与弦中点的连线平行于对称轴.

结论3:弦 AB 不过焦点即切线交点 P 不在准线上时,切线交点与弦中点的连线也平行于对称轴.

结论4:过抛物线准线上任一点作抛物线的切线,则过两切点的弦必过焦点.

特别地,过准线与 x 轴的交点作抛物线的切线,则过两切点 AB 的弦必过焦点.

结论5:过准线上任一点作抛物线的切线,过两切点的弦最短时,即为通径.

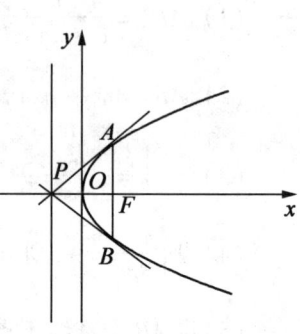

图 16

如图17所示,AB 是抛物线 $y^2 = 2px(p>0)$ 焦点弦,Q 是 AB 的中点,l 是抛物线的准线,$AA_1 \perp l$, $BB_1 \perp l$, 过 A, B 的切线相交于 P, PQ 与抛物线交于点 M. 则有:

结论6: $PA \perp PB$.

结论7: $PF \perp AB$.

结论8: M 平分 PQ.

结论9: PA 平分 $\angle A_1 AB$, PB 平分 $\angle B_1 BA$.

结论10: $|\vec{FA}| \cdot |\vec{FB}| = \vec{PF}^2$.

结论11: $S_{\triangle PAB\min} = p^2$.

2. 非焦点弦与切线.

当弦 AB 不过焦点,切线交于点 P 时,也有与上述结论类似结果:

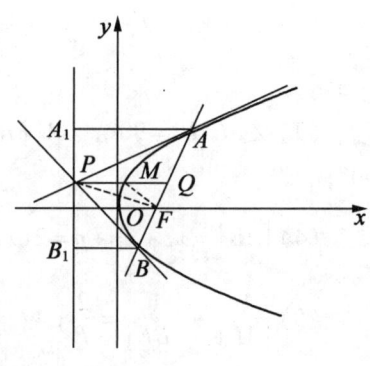

图 17

圆锥曲线的奥秘

结论 12: $x_p = \dfrac{y_1 y_2}{2p}, y_p = \dfrac{y_1 + y_2}{2}$.

结论 13: PA 平分 $\angle A_1 AB$, 同理 PB 平分 $\angle B_1 BA$.

结论 14: $\angle PFA = \angle PFB$.

结论 15: 点 M 平分 PQ.

结论 16: $|\overrightarrow{FA}| \cdot |\overrightarrow{FB}| = \overrightarrow{PF}^2$.

五、典型例题

【例 13】 已知抛物线 $C: y^2 = 4x$ 的焦点为 F, 直线 $y = \sqrt{3}(x-1)$ 与 C 交于 A, B(A 在 x 轴上方)两点, 若 $\overrightarrow{AF} = m\overrightarrow{FB}$, 则 m 的值为 （ ）

A. $\sqrt{3}$ B. $\dfrac{3}{2}$ C. 2   D. 3

【解析】 抛物线焦点为 $F(1, 0)$, 且直线 AB 的倾斜角为 $60°$, 故 $\dfrac{|AF|}{|BF|} = m \Rightarrow \cos\alpha = \dfrac{m-1}{m+1} = \dfrac{1}{2} \Rightarrow m = 3$, 选 D.

【例 14】 已知抛物线的方程为 $y^2 = 4x$, 过其焦点 F 的直线与抛物线交于 A, B 两点, 且 $|AF| = 3$, O 为坐标原点, 则 $\triangle AOF$ 的面积和 $\triangle BOF$ 的面积之比为 （ ）

A. $\dfrac{1}{2}$ B. $\dfrac{\sqrt{3}}{3}$ C. $\sqrt{3}$ D. 2

【解析】 $|AF| = 3 \Rightarrow \dfrac{p}{1-\cos\alpha} = 3 \Rightarrow \cos\alpha = \dfrac{1}{3}$; $|BF| = \dfrac{p}{1+\cos\alpha} = \dfrac{3}{2} \Rightarrow \dfrac{S_{\triangle AOF}}{S_{\triangle BOF}} = \dfrac{|AF|}{|BF|} = 2$, 故选 D.

【例 15】 过抛物线 $y^2 = 2px (p > 0)$ 的焦点 F 的直线 l 交抛物线于点 A, B, 交其准线于点 C, 若 $|BC| = 2|BF|$, 且 $|AF| = 3$, 则此抛物线的方程为 （ ）

A. $y^2 = \sqrt{3}x$ B. $y^2 = 3x$ C. $y^2 = 6x$ D. $y^2 = 9x$

【解析】 $\dfrac{|BF|}{|BC|} = \dfrac{d}{|BC|} = \cos\alpha = \dfrac{1}{2}$; $|AF| = \dfrac{p}{1-\cos\alpha} = 3 \Rightarrow p = \dfrac{3}{2}$, 故此抛物线的方程为 $y^2 = 3x$.

【例 16】 如图 18 所示, 已知抛物线 $x^2 = 4y$ 的焦点为 F, AB 是抛物线的焦点弦, 过 A, B 两点分别作抛物线的切线, 设其交点为 M.

(1) 证明: 点 M 在抛物线的准线上;

(2)求证:$\vec{FM} \cdot \vec{AB}$为定值.

【解析】 (1)设$A(x_1, y_1), B(x_2, y_2)$,则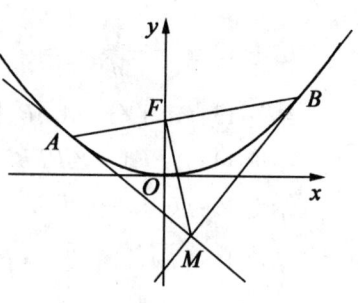

$y_1 = \dfrac{x_1^2}{4}, y_2 = \dfrac{x_2^2}{4}$,由已知,$F(0, 1)$,设直线$AB$

的方程为:$y = kx + 1$,则由 $\begin{cases} y = kx + 1 \\ x^2 = 4y \end{cases}$,得$x^2 -$

$4kx - 4 = 0$,所以$x_1 x_2 = -4$. 由$y = \dfrac{1}{4}x^2$得$y' =$

图18

$\dfrac{1}{2}x$,所以过A, B两点的切线方程分别为:$y = \dfrac{1}{2}x_1(x - x_1) + \dfrac{x_1^2}{4}, y = \dfrac{1}{2}x_2(x - x_2) +$

$\dfrac{x_2^2}{4}$,即 $y = \dfrac{1}{2}x_1 x - \dfrac{x_1^2}{4}, y = \dfrac{1}{2}x_2 x - \dfrac{x_2^2}{4}$.

由上式可得$2(x_1 - x_2)x = x_1^2 - x_2^2$. 显然$x_1 \neq x_2$,故$x = \dfrac{x_1 + x_2}{2}, y = \dfrac{1}{2}x_1 \cdot$

$\dfrac{x_1 + x_2}{2} - \dfrac{x_1^2}{4} = \dfrac{x_1 x_2}{4} = -1$. 因此,$M(\dfrac{x_1 + x_2}{2}, -1)$.

由于抛物线准线方程为$y = -1$,故点M在抛物线的准线上.

(2)$\vec{FM} \cdot \vec{AB} = (\dfrac{x_1 + x_2}{2}, -2) \cdot (x_2 - x_1, \dfrac{1}{4}x_2^2 - \dfrac{1}{4}x_1^2) = \dfrac{x_2^2 - x_1^2}{2} + \dfrac{x_1^2 - x_2^2}{2} = 0$.

因此,$\vec{FM} \cdot \vec{AB}$为定值,其值为0.

评注 $x^2 = 2py$过点(x_0, y_0)的切线方程为:$x_0 x = p(y + y_0)$.

拓展 过抛物线$y^2 = 2px (p > 0)$的焦点F的直线交抛物线于A, B两点,过A, B两点的切线交于点M,则点M在抛物线的准线上,且$\vec{FM} \perp \vec{AB}$.

【证明】 $\begin{cases} y_1 y = p(x + x_1) & ① \\ y_2 y = p(x + x_2) & ② \end{cases}$

上述两式相除得到$(y_1 - y_2)x = y_2 x_1 - y_1 x_2$. 利用$y_1^2 = 2px_1, y_2^2 = 2px_2$,推出

$x_1 = \dfrac{y_1^2}{2p}, x_2 = \dfrac{y_2^2}{2p}$,代入上式,注意到结论3,于是得到$x = \dfrac{y_1 y_2}{2p} = -\dfrac{p}{2}$,故两条切线

的交点必在其准线上. 由抛物线中常用结论的21(第224页)易得$M(-\dfrac{p}{2},$

$\dfrac{p(x_1 - \dfrac{p}{2})}{y_1})$,则有

$$\vec{FM} = (-p, \dfrac{p(x_1 - \dfrac{p}{2})}{y_1})$$

$\overrightarrow{FA} = (x_1 - \dfrac{p}{2}, y_1) \Rightarrow \overrightarrow{FM} \cdot \overrightarrow{FA} = -p(x_1 - \dfrac{p}{2}) + p(x_1 - \dfrac{p}{2}) = 0$

故切线的交点 M 与 F 的连线与焦点弦所在的直线垂直.

【例17】 (2006·全国卷Ⅱ)已知抛物线 $x^2 = 4y$ 的焦点为 F,A,B 是抛物线上的两动点,且 $\overrightarrow{AF} = \lambda \overrightarrow{FB}(\lambda > 0)$. 过 A,B 两点分别作抛物线的切线,设其交点为 M.

(1)证明:$\overrightarrow{FM} \cdot \overrightarrow{AB}$ 为定值;

(2)设 $\triangle ABM$ 的面积为 S,写出 $S = f(\lambda)$ 的表达式,并求 S 的最小值.

【解析】 (1) 点 F 的坐标为 $(0,1)$,设点 A 的坐标为 $\left(x_1, \dfrac{x_1^2}{4}\right)$,点 B 的坐标为 $\left(x_2, \dfrac{x_2^2}{4}\right)$. 由 $\overrightarrow{AF} = \lambda \overrightarrow{FB}(\lambda > 0)$. 可得 $\left(-x_1, 1 - \dfrac{x_1^2}{4}\right) = \lambda \left(x_2, \dfrac{x_2^2}{4} - 1\right)$. 因此

$$\begin{cases} -x_1 = \lambda x_2 \\ 1 - \dfrac{x_1^2}{4} = \lambda (\dfrac{x_2^2}{4} - 1) \end{cases}.$$

过点 A 的切线方程为

$$y - \dfrac{x_1^2}{4} = \dfrac{x_1}{2}(x - x_1) \qquad ①$$

过点 B 的切线方程为

$$y - \dfrac{x_2^2}{4} = \dfrac{x_2}{2}(x - x_2) \qquad ②$$

解①②构成的方程组可得点 M 的坐标,从而得到 $\overrightarrow{FM} \cdot \overrightarrow{AB} = 0$,即为定值.

(2) $\overrightarrow{FM} \cdot \overrightarrow{AB} = 0$ 可得 $\overrightarrow{FM} \perp \overrightarrow{AB}$,故三角形面积

$$S = f(\lambda) = \dfrac{|FM| \cdot |AB|}{2}$$

$$|FM| = \sqrt{\lambda} + \dfrac{1}{\sqrt{\lambda}}$$

$$|AB| = (\sqrt{\lambda} + \dfrac{1}{\sqrt{\lambda}})^2$$

所以 $S = f(\lambda) = \dfrac{|FM| \cdot |AB|}{2} = \dfrac{1}{2}(\sqrt{\lambda} + \dfrac{1}{\sqrt{\lambda}})^3 \geq \dfrac{1}{2} \times 2^3 = 4.$

当且仅当 $\lambda = 1$ 时取等号.

评注 本题主要考察共线向量的关系,曲线的切线方程,直线的交点以及向量的数量积等知识点涉及均值不等式,计算较复杂,难度很大.

六、过焦点的弦与其中垂线的性质

1. 设椭圆焦点弦 AB 的中垂线与长轴的交点为 D,则 $|FD|$ 与 $|AB|$ 之比是离心率的一半(如图19).

【证明】 根据椭圆焦长公式

$$|BF| = \frac{b^2}{a - c\cos\alpha}$$

$$|AF| = \frac{b^2}{a + c\cos\alpha}$$

$$|AB| = \frac{2ab^2}{a^2 - c^2\cos^2\alpha}$$

$$|CF| = \frac{|AB|}{2} - |AF| = \frac{|AF| + |BF|}{2} - |AF| = \frac{|BF| - |AF|}{2}$$

$$= \frac{\dfrac{b^2}{a - c\cos\alpha} - \dfrac{b^2}{a + c\cos\alpha}}{2} = \frac{b^2 c\cos\alpha}{a^2 - c^2\cos^2\alpha}$$

$$|DF| = \frac{|CF|}{\cos\alpha} = \frac{b^2 c}{a^2 - c^2\cos^2\alpha}$$

故 $\dfrac{|DF|}{|AB|} = \dfrac{b^2 c}{2ab^2} = \dfrac{c}{2a} = \dfrac{e}{2}$.

2. 设双曲线焦点弦 AB 的中垂线与焦点所在轴的交点为 D,则 $|FD|$ 与 $|AB|$ 之比是离心率的一半(如图20).

【证明】 当直线 AB 与双曲线交于一支时,证明过程同椭圆一致;当直线 AB 与双曲线交于两支时,$|BF| = \dfrac{b^2}{c\cos\alpha - a}$,$|AF| = \dfrac{b^2}{c\cos\alpha + a}$,$|AB| = \dfrac{2ab^2}{c^2\cos^2\alpha - a^2}$,$|CF| = \dfrac{b^2 c\cos\alpha}{c^2\cos^2\alpha - a^2}$,其余过程与椭圆一致.

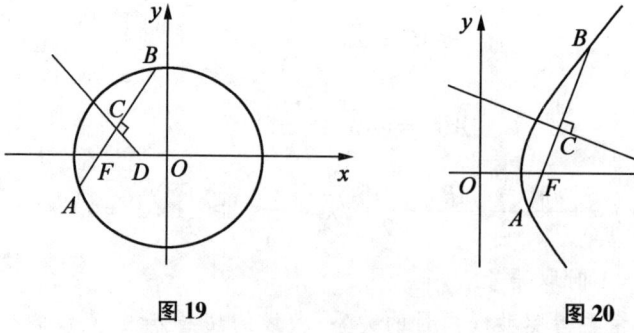

图19　　　　　图20

3. 设抛物线焦点弦 AB 的中垂线与对称轴的交点为 D，则 $|FD|$ 与 $|AB|$ 之比是离心率的一半（如图 21）.

【证明】抛物线 $y^2 = 2px(p>0)$ 焦点弦公式：$|AF| = \dfrac{p}{1+\cos\alpha}$；$|BF| = \dfrac{p}{1-\cos\alpha}$；

$|AB| = \dfrac{2p}{\sin^2\alpha}$. $|CF| = \dfrac{|AB|}{2} - |AF| =$

$\dfrac{|AF|+|BF|}{2} - |AF| = \dfrac{|BF|-|AF|}{2} = \dfrac{p\cos\alpha}{\sin^2\alpha}$,

$|DF| = \dfrac{|CF|}{\cos\alpha} = \dfrac{p}{\sin^2\alpha}$, 故 $\dfrac{|DF|}{|AB|} = \dfrac{1}{2}$.

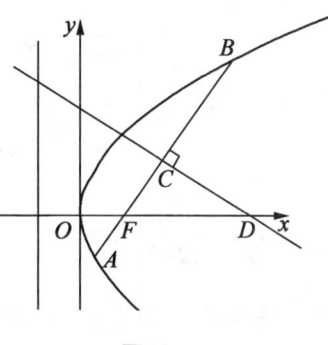

图 21

评注 在圆锥曲线的焦点弦和与 y 轴平行线（准线居多）上一点构成的特殊等腰三角形，比如等腰直角三角形、等边三角形，都需要用到焦点弦中垂线的性质.

【例 18】 （焦点弦与其中垂线形成的定值）如图 22 所示，已知椭圆 $\dfrac{x^2}{4} + \dfrac{y^2}{3} = 1$，$F_1$ 为椭圆的左焦点，过点 F_1 的直线交椭圆于 A,B 两点，AB 的中垂线交 x 轴于点 D，是否存在实常数 λ，使 $|\overrightarrow{AB}| = \lambda|\overrightarrow{F_1D}|$ 恒成立.

【解析】 设 $|AF_1| = m$；$|BF_1| = n$；$|AF_2| = 4 - m$；$|BF_2| = 4 - n$，AB 倾斜角为 α.

由余弦定理
$$m^2 + (2)^2 - (4-m)^2 = 2m \cdot 2\cos\alpha$$
整理得
$$|AF_1| = \dfrac{3}{2-\cos\alpha}$$

$n^2 + (2)^2 - (4-n)^2 = 2n \cdot (2)\cos(180°-\alpha)$
整理得

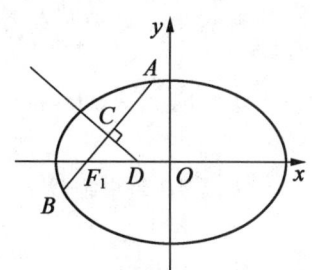

图 22

$$|BF_1| = \dfrac{3}{2+\cos\alpha}$$

则 $|AB| = m+n = \dfrac{12}{4-\cos^2\alpha}$，$|CF_1| = \dfrac{|AB|}{2} - |BF_1| = \dfrac{|AF_1|-|BF_1|}{2}$

$$= \frac{\frac{3}{2-\cos\alpha} - \frac{3}{2+\cos\alpha}}{2} = \frac{3\cos\alpha}{4-\cos^2\alpha}$$

$$|DF_1| = \frac{|CF_1|}{\cos\alpha} = \frac{3}{4-\cos^2\alpha}$$

故 $\lambda = \frac{|AB|}{|DF_1|} = 4$.

拓展1 （焦点弦与其中垂线形成的定值）一般形式：已知椭圆 $C: \frac{x^2}{a^2} + \frac{y^2}{b^2} = 1$，过左焦点 F_1 的直线 l 交椭圆于 A,B 两点，线段 AB 的中垂线交 x 轴于点 D，是否存在实数 λ，使 $|\overrightarrow{AB}| = \lambda|\overrightarrow{DF_1}|$ 恒成立.

【分析】 圆锥曲线焦点弦 AB 的中垂线交长轴于点 D，则 $\frac{DF}{AB} = \frac{e}{2}$.

【解析】 当 $l: y = 0$ 时，$|AB| = 2a, |DF_1| = c$，此时 $\lambda = \frac{2a}{c} = \frac{2}{e}$；当 l 斜率不为零时，记 $l: x = my - c, A(x_1, y_1), B(x_2, y_2)$.

由 $\begin{cases} x = my - c \\ \frac{x^2}{a^2} + \frac{y^2}{b^2} = 1 \end{cases}$ 得 $(m^2 + \frac{a^2}{b^2})y^2 - 2mcy - b^2 = 0$.

则 $y_1 + y_2 = \frac{2mb^2c}{a^2 + m^2b^2}, y_1y_2 = \frac{-b^4}{a^2 + m^2b^2}$.

从而 $|AB| = \sqrt{1+m^2}\sqrt{(y_1+y_2)^2 - 4y_1y_2} = \frac{(m^2+1)2ab^2}{a^2+m^2b^2}$.

线段 AB 的中垂线 $x = -\frac{1}{m}(y - \frac{y_1+y_2}{2}) + \frac{x_1+x_2}{2}$.

即 $x = -\frac{1}{m}(y - \frac{mb^2c}{a^2+m^2b^2}) - \frac{a^2c}{a^2+m^2b^2}$，则点 $D(-\frac{c^3}{a^2+m^2b^2}, 0)$，$|DF_1| = \left|-\frac{c^3}{a^2+m^2b^2} + c\right| = \frac{(m^2+1)b^2c}{a^2+m^2b^2}$，因此 $\lambda = \frac{2a}{c} = \frac{2}{e}$.

拓展2 （正交焦点弦倒数和为定值）一般形式：

已知椭圆 $\frac{x^2}{a^2} + \frac{y^2}{b^2} = 1$，过左焦点 F_1 的两条直线 l_1, l_2 相互垂直，且分别交椭圆于 A,B 两点和 C,D 两点，问是否存在实数 λ，使 $|\overrightarrow{AB}| + |\overrightarrow{CD}| = \lambda|\overrightarrow{AB}| \cdot |\overrightarrow{CD}|$ 恒成立，并由此求 S_{ABCD} 的取值范围.

【分析】 圆锥曲线正交焦点弦：$\dfrac{1}{|AB|}+\dfrac{1}{|CD|}=\left|\dfrac{2-e^2}{2p}\right|$.

【解析】 由椭圆焦半径知$|AB|=\dfrac{p}{1-e\cos\theta}+\dfrac{p}{1+e\cos\theta}=\dfrac{2p}{1-e^2\cos^2\theta}$.

由$l_1\perp l_2$知$|CD|=\dfrac{p}{1-e\cos(\theta+\frac{\pi}{2})}+\dfrac{p}{1+e\cos(\theta+\frac{\pi}{2})}=\dfrac{2p}{1-e^2\sin^2\theta}$，则$\lambda=$

$\dfrac{1}{|\overrightarrow{CD}|}+\dfrac{1}{|\overrightarrow{AB}|}=\dfrac{2-e^2}{2p}$，其中$p=\dfrac{b^2}{a}$为半通径.

$S_{ABCD}=\dfrac{1}{2}|AB|\cdot|CD|=\dfrac{2p^2}{1-e^2+e^4\sin^2\theta\cos^2\theta}=\dfrac{2p^2}{1-e^2+\frac{1}{4}e^4\sin^22\theta}$

从而$S_{ABCD}\in\left[\dfrac{2p^2}{1-e^2+\frac{1}{4}e^4},\dfrac{2p^2}{1-e^2}\right]$.

拓展3 （焦点弦与其平行中心弦形成的定值）一般形式：

如图23所示,过椭圆$\dfrac{x^2}{a^2}+\dfrac{y^2}{b^2}=1$焦点$F_2$的直线$l_{AB}$交椭圆于$A,B$两点,过原点且平行与直线$l_{AB}$的直线交椭圆于$P,Q$两点,试证明：$|PQ|^2=2a|AB|$.

【分析】 圆锥曲线的焦点弦、长轴、其平行中心弦成等比.

【解析】 记$\angle AF_2x=\theta$，则

$l_{PQ}:\begin{cases}x=t\cos\theta\\y=t\sin\theta\end{cases}$，其中$t$为参数.

将其代入$\dfrac{x^2}{a^2}+\dfrac{y^2}{b^2}=1$得到

$|OP|^2=t^2=\dfrac{a^2b^2}{a^2\sin^2\theta+b^2\cos^2\theta}$，椭圆

的极坐标方程$\rho=\dfrac{p}{1+e\cos\theta}$，其中

$p=\dfrac{b^2}{a}$为半通径. 从而焦点弦

$AB=\dfrac{p}{1+e\cos\theta}+\dfrac{p}{1-e\cos\theta}$

$=\dfrac{2p}{1-e^2\cos^2\theta}=\dfrac{2ab^2}{a^2-c^2\cos^2\theta}$

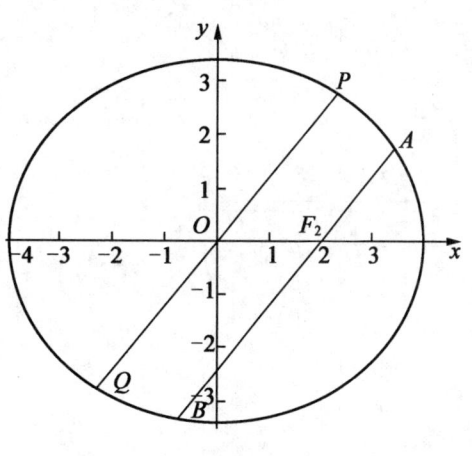

图23

$$= \frac{2ab^2}{a^2\sin^2\theta + b^2\cos^2\theta}$$

因此 $|PQ|^2 = 4t^2 = \frac{4a^2b^2}{a^2\sin^2\theta + b^2\cos^2\theta} = 2a|AB|$，得证.

拓展4 （弦中垂线交轴范围）一般形式：

已知椭圆 $\frac{x^2}{a^2} + \frac{y^2}{b^2} = 1$ 的动弦 AB 不垂直于 x 轴，且弦 AB 的中垂线交 x 轴于点 $P(x_P, 0)$，试探究 x_P 的取值范围.

【分析】 圆锥曲线不垂直于长轴（实轴、对称轴）的弦中垂线必不过焦点.

【解析】 记 $l: y = kx + m$，代入 $\frac{x^2}{a^2} + \frac{y^2}{b^2} = 1$ 得到 $(\frac{b^2}{a^2} + k^2)x^2 + 2kmx + m^2 - b^2 = 0$，要求满足：$a^2k^2 + b^2 > m^2$，则 $x_A + x_B = \frac{-2kma^2}{a^2k^2 + b^2}$，$y_A + y_B = \frac{2mb^2}{a^2k^2 + b^2}$.

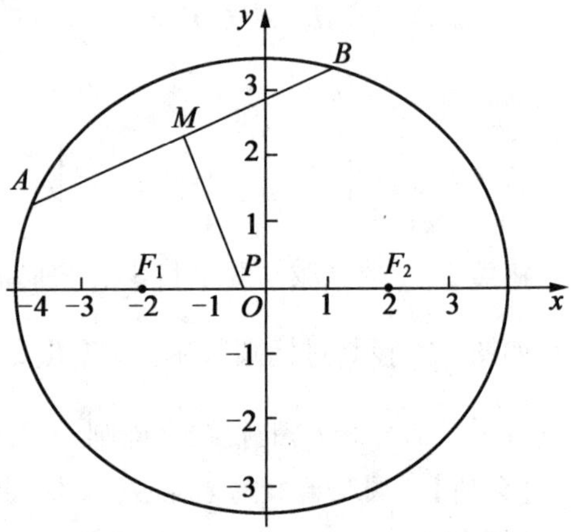

从而 $l_{PM}: y = -\frac{1}{k}(x + \frac{kma^2}{a^2k^2 + b^2}) + \frac{mb^2}{a^2k^2 + b^2}$，即 $x_P = \frac{-kmc^2}{a^2k^2 + b^2}$，由 $m \in (-\sqrt{a^2k^2 + b^2}, \sqrt{a^2k^2 + b^2})$，可得 $x_P = \frac{-kmc^2}{a^2k^2 + b^2} \in \left(-\frac{c^2}{\sqrt{a^2 + \frac{b^2}{k^2}}}, \frac{c^2}{\sqrt{a^2 + \frac{b^2}{k^2}}}\right)$.

即 $x_P \in (-\frac{c^2}{a}, \frac{c^2}{a})$.

图24

第3节 圆锥曲线中的"垂心弦"问题

圆锥曲线中含有的内接直角三角形的问题称为垂心弦问题. 从直径所对的圆周角为直角来看圆锥曲线中的相似性质.

如图1，在圆 O 中，过圆心的直线 l 与圆相交于 M, N 两点，A 为圆与 x 轴的左交点,则 $\angle MAN=90°$;换一种说法,若 $\angle MAN=90°$,则直线必经过圆心 O,在圆中这样的结论是众所周知的.

所以有命题:"圆心在坐标原点的圆与 x 轴交于点 A, M, N 为圆上异于 A 的任意两点,若 $\angle MAN=90°$,则 MN 所在的直线必过定点 O". 那么在圆锥曲线中是否具有类似的性质呢?下面我们来一起探究.

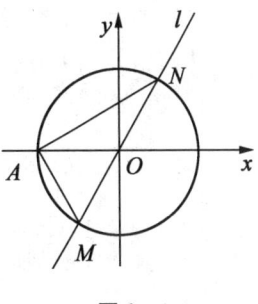

图 1

一、抛物线的"垂心弦"问题

【例1】 过点 $(2p,0)$ 的直线与抛物线 $y^2=2px(p>0)$ 相交于 A, B(异于坐标原点)两点, O 为坐标原点, $\angle AOB$ 是否为定值,定值是什么?

【解析】 解法1:设直线 AB 的方程为:$x=ty+m$,联立 $\begin{cases} y^2=2px \\ x=ty+m \end{cases}$.

消 x 得 $y^2-2pty-2pm=0$,设 $A(x_1,y_1)$, $B(x_2,y_2)$,由韦达定理,则

$$y_1+y_2=2pt$$
$$y_1y_2=-2pm \qquad ①$$

又 O 为坐标原点,则

$$\overrightarrow{OA}\cdot\overrightarrow{OB}=x_1x_2+y_1y_2=(ty_1+m)(ty_2+m)+y_1y_2$$
$$=(1+t^2)y_1y_2+tm(y_1+y_2)+m^2 \qquad ②$$

将(1)代入(2)化简整理得

$$\overrightarrow{OA}\cdot\overrightarrow{OB}=m-2p \qquad ③$$

直线过定点 $(2p,0)$,可知 $m=2p$ 代入式③得 $\overrightarrow{OA}\cdot\overrightarrow{OB}=2p-2p=0$,亦即 $OA\perp OB$. 所以 $\angle AOB=90°$.

解法2:显然,直线的斜率不为0,设直线为 $l:x=y+2p$, $A\left(\dfrac{y_1^2}{2p},y_1\right)$, $B\left(\dfrac{y_2^2}{2p},y_2\right)$,则 $\begin{cases} x=y+2p \\ y^2=2px \end{cases}$,消元得:$y^2-2py-4p^2=0$, $y_1+y_2=2p$, $y_1y_2=-4p^2$,所以 $\overrightarrow{OA}\cdot\overrightarrow{OB}=x_1x_2+y_1y_2=\dfrac{y_1^2}{2p}\cdot\dfrac{y_2^2}{2p}+y_1y_2=0$,亦即 $OA\perp OB$.

【例2】 A, B 是抛物线 $y^2=2px(p>0)$ 上的两点,满足 $OA\perp OB$ (O 为坐标原点),求证:

(1) A, B 两点的横坐标之积、纵坐标之积分别是定值;

(2)直线 AB 经过一定点.

【解析】 (1)设 $A(x_1,y_1), B(x_2,y_2)$，则
$$y_1^2 = 2px_1, y_2^2 = 2px_2 \Rightarrow (y_1y_2)^2 = 4p^2 x_1 x_2.$$
又由 $\overrightarrow{OA} \perp \overrightarrow{OB} \Rightarrow \overrightarrow{OA} \cdot \overrightarrow{OB} = 0 \Rightarrow x_1 x_2 + y_1 y_2 = 0 \Rightarrow x_1 x_2 = 4p^2, y_1 y_2 = -4p^2.$

(2)证法 1：$y_1^2 - y_2^2 = 2p(x_1 - x_2) \Rightarrow k_{AB} = \dfrac{y_1 - y_2}{x_1 - x_2} = \dfrac{2p}{y_1 + y_2}.$

直线 AB 的方程为 $y - y_1 = \dfrac{2p}{y_1 + y_2}(x - x_1) \Rightarrow y = \dfrac{2p}{y_1 + y_2} x - \dfrac{2px_1}{y_1 + y_2} + y_1 = \dfrac{2p}{y_1 + y_2} x + \dfrac{y_1^2 - 2px_1 + y_1 y_2}{y_1 + y_2} = \dfrac{2p}{y_1 + y_2}(x - 2p)$，故直线过定点 $(2p, 0)$.

证法 2：设 $A\left(\dfrac{y_1^2}{2p}, y_1\right), B\left(\dfrac{y_2^2}{2p}, y_2\right)$，因为 $\overrightarrow{OA} \cdot \overrightarrow{OB} = 0$，所以 $\overrightarrow{OA} \cdot \overrightarrow{OB} = \dfrac{y_1^2}{2p} \times \dfrac{y_2^2}{2p} + y_1 y_2 = 0$，即 $y_1 y_2 = -4p^2, y_1 y_2 = 0$(舍)，

所以 $k = \dfrac{y_2 - y_1}{\dfrac{y_2^2}{2p} - \dfrac{y_1^2}{2p}} = \dfrac{2p}{y_2 + y_1}(y_1 + y_2 \neq 0).$

所以 $l : y = \dfrac{2p}{y_1 + y_2}\left(x - \dfrac{y_1^2}{2p}\right) + y_1$，整理得：$l : (y_1 + y_2) y = 2px + y_1 y_2.$

因为 $y_1 y_2 = -4p^2$，所以 $l : (y_1 + y_2) y = 2p(x - 2p)$，显然 $y_1 + y_2 = 0$ 也成立. 故直线 l 必过定点 $(2p, 0)$.

证法 3：设直线 AB 的方程为：$x = ty + m$ 联立 $\begin{cases} y^2 = 2px \\ x = ty + m \end{cases}$，消 x 得
$$y^2 - 2pty - 2pm = 0$$
设 $A(x_1, y_1), B(x_2, y_2)$，由韦达定理，则
$$y_1 + y_2 = 2pt$$
$$y_1 y_2 = -2pm \qquad\qquad ①$$
$OA \perp OB$，则 $x_1 x_2 + y_1 y_2 = 0$，且 $x_1 = ty_1 + m, x_2 = ty_2 + m.$
整理可得
$$(1 + t^2) y_1 y_2 + tm(y_1 + y_2) + m^2 = 0 \qquad ②$$
将①代入②化简得：$m = 2p$，所以直线 $l : x = ty + 2p$，故直线过定点 $(2p, 0)$.

评注 此题为圆锥曲线定点问题，还可得到结论：$y_1 y_2 = -4p^2, x_1 x_2 = 4p^2$(定值).

通过探究，我们证明了一个结论：直线 l 与抛物线 $C : y^2 = 2px(p > 0)$ 相交于异于

圆锥曲线的奥秘

顶点的两个动点 A,B，则"直线 l 经过点 $M(2p,0)$"的充要条件是"$\vec{OA}\cdot\vec{OB}=0$".

（结论等价于以 AB 为直径的圆恒过抛物线的顶点．）

如果把直角顶点从原点 $O(0,0)$ 移到抛物线上的任意一点，是否还有类似的结论呢？

【探究】 点 $Q(x_0,y_0)$ 在曲线 $C:y^2=2px(p>0)$ 上，直线 l 与抛物线 C 相交于异于 Q 的两个动点 A,B，若 $\vec{QA}\cdot\vec{QB}=0$，直线 l 过定点吗？

【证明】 设 $A\left(\dfrac{y_1^2}{2p},y_1\right),B\left(\dfrac{y_2^2}{2p},y_2\right),Q\left(\dfrac{y_0^2}{2p},y_0\right)$.

因为 $\vec{QA}\cdot\vec{QB}=0$，所以

$$\vec{QA}\cdot\vec{QB}=\left(\dfrac{y_1^2}{2p}-\dfrac{y_0^2}{2p}\right)\times\left(\dfrac{y_2^2}{2p}-\dfrac{y_0^2}{2p}\right)+(y_1-y_0)(y_2-y_0)=0$$

即 $(y_1+y_0)(y_2+y_0)=-4p^2$，所以 $y_1y_2+y_0(y_1+y_2)+y_0^2=-4p^2$.

直线的方程依然是 $l:(y_1+y_2)y=2px+y_1y_2$.

因为 $y_1y_2+y_0(y_1+y_2)+y_0^2=-4p^2,y_0^2=2px_0$.

所以 $l:(y_1+y_2)(y+y_0)=2p(x-x_0-2p)$，显然 $y_1+y_2=0$ 也成立.

故直线 l 必过定点 $(x_0+2p,-y_0)$.

评注 实际上，本题若直线 l 过定点 $(x_0+2p,-y_0)$，也可证明 $\vec{QA}\cdot\vec{QB}=0$（略）．这样一来，我们得到一般性的结论：点 $Q(x_0,y_0)$ 在曲线 $C:y^2=2px(p>0)$ 上，直线 l 与抛物线 C 相交于异于 Q 的两个动点 A,B，则"直线 l 经过点 $(x_0+2p,-y_0)$"的充要条件是"$\vec{QA}\cdot\vec{QB}=0$".

通过上面的分析，我们得到抛物线的内接直角三角形的斜边恒过定点的结论.

【例3】 直线 l 与抛物线 $C:y^2=2px(p>0)$ 相交于异于顶点的两个动点 A,B. 若 $\vec{OA}\cdot\vec{OB}=0$：

(1) 求线段 AB 的中点的轨迹方程；

(2) 求 $\triangle OAB$ 的面积的最小值；

(3) 求 O 在 AB 上的射影 M 的轨迹方程.

【解析】 (1) 解法1：设 AB 的中点为 $M(x,y)$，由 A,B 在抛物线 $C:y^2=2px(p>0)$ 上，可设 $A\left(\dfrac{y_1^2}{2p},y_1\right),B\left(\dfrac{y_2^2}{2p},y_2\right)$，则 $x=\dfrac{\dfrac{y_1^2}{2p}+\dfrac{y_2^2}{2p}}{2}=\dfrac{y_1^2+y_2^2}{4p}=\dfrac{(y_1+y_2)^2-2y_1y_2}{4p},y=\dfrac{y_1+y_2}{2}$，又因为 $OA\perp OB$，所以 $y_1y_2=-4p^2$，故 $x=\dfrac{(2y)^2-(-4p^2)}{4p}$. 所以线段 AB 的中点的轨迹方程为 $y^2=px-2p^2$.

解法2：当 $\overrightarrow{OA} \cdot \overrightarrow{OB} = 0$ 时，直线 AB 过定点 $N(2p,0)$. 当 $x_1 \neq x_2$ 时，由点差法得 $k_{AB} = \dfrac{y_1 - y_2}{x_1 - x_2} = \dfrac{2p}{y_1 + y_2} = \dfrac{p}{y}$. 又因为 $k_{MN} = \dfrac{y - 0}{x - 2p}$，故 $\dfrac{p}{y} = \dfrac{y - 0}{x - 2p}$，故 $y^2 = px - 2p^2$.

当 $x_1 = x_2$ 时，$y = 0, x = 2p$ 也满足，故线段 AB 的中点的轨迹方程为 $y^2 = px - 2p^2$.

解法3：因为 $y_1^2 = 2px_1, y_2^2 = 2px_2$，所以 $y_1^2 + y_2^2 = 2p(x_1 + x_2)$，故 $(y_1 + y_2)^2 - 2y_1 y_2 = 2p(x_1 + x_2)$. 又因为 $OA \perp OB$，所以 $y_1 y_2 = -4p^2, x_1 x_2 = 4p^2$，所以 $(2y)^2 - 2(-4p^2) = 2p \cdot 2x$，所以线段 AB 的中点的轨迹方程为 $y^2 = px - 2p^2$.

(2) 由直线 AB 必过定点 $N(2p,0)$，有

$$S_{\triangle AOB} = S_{\triangle AON} + S_{\triangle BON} = \dfrac{1}{2}|ON|(|y_1| + |y_2|) = \dfrac{1}{2} 2p(|y_1| + |y_2|)$$

$$= p(|y_1| + |y_2|) \geq 2p\sqrt{|y_1||y_2|}$$

又因为 $OA \perp OB$，所以 $y_1 y_2 = -4p^2$，$S_{\triangle AOB} \geq 2p\sqrt{|y_1||y_2|} = 4p^2$，当且仅当 $|y_1| = |y_2|$ 时取 "=" 号，此时 $AB \perp x$ 轴，AB 的方程为 $x = 2p$.

(3) 解法1：利用直线 AB 必过定点 $N(2p,0)$，则由 $OM \perp AB$ 知则由知点 M 的轨迹是一个以 ON 为直径的圆，所以点 M 的轨迹方程为 $(x - p)^2 + y^2 = p^2 (x \neq 0)$.

解法2：设 $M(x, y)$，因为 $k_{OM} = \dfrac{y}{x}, k_{MN} = \dfrac{y}{x - 2p}$. 因为 $OM \perp MN$，所以 $k_{OM} k_{MN} = -1$.

故 $\dfrac{y}{x} \cdot \dfrac{y}{x - 2p} = -1$，所以点 M 的轨迹方程为 $(x - p)^2 + y^2 = p^2 (x \neq 0)$.

【例4】 已知抛物线 $C: y^2 = x$，O 是坐标原点，作射线 OA, OB 交抛物线 C 于两点 A, B. 若 $\overrightarrow{OA} \cdot \overrightarrow{OB} = 0$，求证：直线 AB 过定点.

【证明】 如图3，显然直线 AB 斜率不是0，设直线 AB 的方程为 $x = \lambda y + m$，联立 $y^2 = x$ 得：$y^2 - \lambda y - m = 0$，显然 $m \neq 0, \Delta = \lambda^2 + 4m \neq 0$.

设 $A(x_1, y_1), B(x_2, y_2)$，则 $y_1 + y_2 = \lambda, y_1 y_2 = -m$，又 $OA \perp OB$，所以 $\overrightarrow{OA} \cdot \overrightarrow{OB} = 0$，即 $x_1 x_2 + y_1 y_2 = 0$，又 $y_1^2 = x_1, y_2^2 = x_2$，所以 $(y_1 y_2)^2 + y_1 y_2 = 0$，所以 $m^2 - m = 0$，解得 $m = 0$，或 $m = 1$.

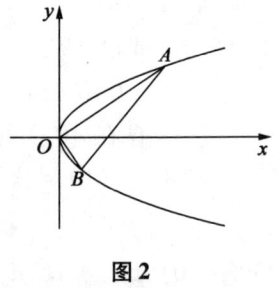

图2

当 $m = 0$ 时，直线 AB 的方程为 $x = \lambda y$，直线 AB 过定点 $(0,0)$，不符合题意.

当 $m = 1$ 时，直线 AB 的方程为 $x = \lambda y + 1$，显然直线 AB 过定点 $(1,0)$.

综上，直线 AB 过定点 $(1,0)$.

【例5】 已知抛物线 $C: y^2 = x$,$M(1,1)$ 是 C 上的一个定点,作射线 MA, MB 交抛物线 C 于 $A, B, MA \perp MB$. 求证:直线 AB 过定点.

【证明】 如图3,显然直线 AB 斜率不是0,设直线 AB 的方程为 $x = \lambda y + m$,联立 $y^2 = x$ 得: $y^2 - \lambda y - m = 0$,显然 $m \neq 0$,$\Delta = \lambda^2 + 4m \neq 0$,设 $A(x_1, y_1), B(x_2, y_2)$,则 $y_1 + y_2 = \lambda, y_1 y_2 = -m$,又 $MA \perp MB$,所以 $\vec{MA} \cdot \vec{MB} = 0$.

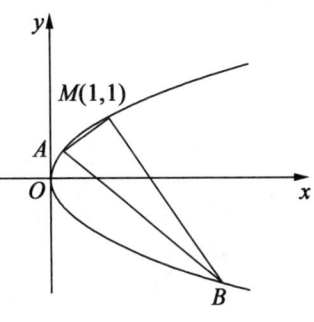

图3

即 $(x_1 - 1)(x_2 - 1) + (y_1 - 1)(y_2 - 1) = 0$.

即 $x_1 x_2 - (x_1 + x_2) + 1 + y_1 y_2 - (y_1 + y_2) + 1 = 0$.

又 $y_1^2 = x_1, y_2^2 = x_2$,

所以 $(y_1 y_2)^2 - (y_1 + y_2)^2 + 3 y_1 y_2 - (y_1 + y_2) + 2 = 0$.

故 $m^2 - 3m - \lambda^2 - \lambda + 2 = 0$,解得 $m = -\lambda + 1$,或 $m = \lambda + 2$.

当 $m = -\lambda + 1$ 时,$x = \lambda y - \lambda + 1$,即 $(x - 1) - \lambda(y - 1) = 0$,即直线 AB 过定点 $(1, 1)$,不符合题意.

当 $m = \lambda + 2$ 时,$x = \lambda y + \lambda + 2$,即 $(x - 2) - \lambda(y + 1) = 0$,即直线 AB 过定点 $(2, -1)$.

综上,直线 AB 过定点 $(2, -1)$.

二、椭圆的"垂心弦"问题

类比探究,增强解题能力.通过上面的问题,我们得到抛物线的内接直角三角形的斜边恒过定点的结论,那么,椭圆的内接直角三角形的斜边恒过定点吗?双曲线的内接直角三角形的斜边恒过定点吗?

如图4,D 为椭圆的左顶点,E, F 为椭圆 $\dfrac{x^2}{a^2} + \dfrac{y^2}{b^2} = 1 (a > b > 0)$ 上异于点 D 的任意两点.

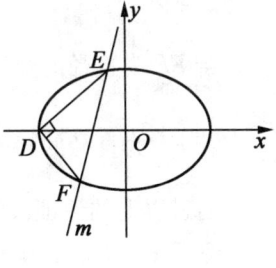

图4

探究一:若 $\angle EDF = 90°$,那么 EF 所在的直线 m 是否过定点,如果过,过哪一个定点呢?

设直线 EF 所在的直线方程为:$x = ty + m$,联立 $\begin{cases} x = ty + m \\ b^2 x^2 + a^2 y^2 = a^2 b^2 \end{cases}$,消 x 得 $(a^2 + b^2 t^2) y^2 + 2tmb^2 y + b^2 m^2 - a^2 b^2 = 0$.

设 $E(x_1,y_1)$, $F(x_2,y_2)$, 由韦达定理,则

$$y_1 + y_2 = \frac{-2tmb^2}{a^2+b^2t^2}$$

$$y_1 \cdot y_2 = \frac{b^2m^2 - a^2b^2}{a^2+b^2t^2} \qquad ①$$

因为 $D(-a,0)$, $\overrightarrow{DE}=(x_1+a,y_1)$, $\overrightarrow{DF}=(x_2+a,y_2)$, 且 $DE \perp DF$, 则
$\overrightarrow{DE} \cdot \overrightarrow{DF} = (x_1+a)(x_2+a) + y_1y_2 = (ty_1+m+a)(ty_2+m+a) + y_1y_2 = 0$

整理得

$$(1+t^2)y_1y_2 + t(m+a)(y_1+y_2) + (m+a)^2 = 0 \qquad ②$$

将①代入②化简得

$$(a^2+b^2)m^2 + 2a^3m + a^4 - a^2b^2 = 0$$

分解因式得

$$(m+a)\left[m + \frac{a(a^2-b^2)}{a^2+b^2}\right] = 0$$

解方程得 $m = -a$ 或 $m = -\frac{a(a^2-b^2)}{a^2+b^2}$.

当 $x = -a$ 时,直线 $x = ty - a$ 过点 $(-a,0)$, 不符合题意.

当 $m = -\frac{a(a^2-b^2)}{a^2+b^2}$ 时,直线 $x = ty - \frac{a(a^2-b^2)}{a^2+b^2}$, 故直线 m 过定点 $(\frac{a(b^2-a^2)}{a^2+b^2}, 0)$.

同理可证,若 EF 为直径的圆过椭圆右顶点 $(a,0)$, 则 l 过定点 $(\frac{-a(a^2-b^2)}{a^2+b^2}, 0)$;

若 EF 为直径的圆过椭圆上顶点 $(0,b)$ 时, l 过定点 $(0, \frac{b(b^2-a^2)}{a^2+b^2})$.

若 EF 为直径的圆过椭圆下顶点 $(0,-b)$ 时, l 过定点 $(0, \frac{-b(b^2-a^2)}{a^2+b^2})$.

通过以上的论证故有如下命题成立:

命题1 中心在坐标原点且焦点在 x 轴上的椭圆与 x 轴的负半轴交于点 D, E, F 为椭圆上异于点 D 的任意两点,若: $\angle EDF = 90°$, 则 EF 所在的直线必过定点 $(\frac{a(b^2-a^2)}{a^2+b^2}, 0)$.

拓展1 过点 $(\frac{a(b^2-a^2)}{a^2+b^2}, 0)$ 的直线 m (斜率不为零) 与椭圆相交于 E, F

两点,D 为椭圆的左顶点,$\angle EDF$ 是否为定值,若是,定值是什么?

【解析】 设直线 m 的方程为:$x = ty + m$,联立 $\begin{cases} x = ty + m \\ b^2x^2 + a^2y^2 = a^2b^2 \end{cases}$,消 x 得 $(a^2 + b^2t^2)y^2 + 2tmb^2y + b^2m^2 - a^2b^2 = 0$.

设 $E(x_1, y_1), F(x_2, y_2)$,由韦达定理,则

$$y_1 + y_2 = \frac{-2tmb^2}{a^2 + b^2t^2}$$

$$y_1 \cdot y_2 = \frac{b^2m^2 - a^2b^2}{a^2 + b^2t^2} \qquad ①$$

$D(-a, 0), \overrightarrow{DE} = (x_1 + a, y_1), \overrightarrow{DF} = (x_2 + a, y_2)$,且 $DE \perp DF$,则

$$\overrightarrow{DE} \cdot \overrightarrow{DF} = (x_1 + a)(x_2 + a) + y_1y_2 = (ty_1 + m + a)(ty_2 + m + a) + y_1y_2$$
$$= (1 + t^2)y_1y_2 + t(m + a)(y_1 + y_2) + (m + a)^2 \qquad ②$$

将①代入②化简得

$$\overrightarrow{DE} \cdot \overrightarrow{DF} = \frac{(a^2 + b^2)m^2 + 2a^3m + a^4 - a^2b^2}{a^2 + b^2t^2} \qquad ③$$

又因为直线 l 过点 $(\frac{a(b^2 - a^2)}{a^2 + b^2}, 0)$,可知 $m = \frac{a(b^2 - a^2)}{a^2 + b^2}$ 代入③化简得

$$\overrightarrow{DE} \cdot \overrightarrow{DF} = \frac{\frac{b^2 - a^2}{a^2 + b^2}[a^2b^2 - a^4 + 2a^4 - a^2b^2 - a^4]}{a^2 + b^2t^2} = 0$$

所以 $DE \perp DF$,即 $\angle EDF = 90°$,故为定值.

经过上述论证推理,命题 1 的逆命题依然成立.

类比椭圆,对于双曲线 $\frac{x^2}{a^2} - \frac{y^2}{b^2} = 1(a > 0, b > 0)$ 上异于右顶点的两动点 A, B, 有:

若 AB 为直径的圆过右顶点 $(a, 0)$,则 l_{AB} 过定点 $(\frac{a(a^2 + b^2)}{a^2 - b^2}, 0)$;

同理,若该圆过左顶点 $(-a, 0)$,则 l_{AB} 过定点 $(\frac{-a(a^2 + b^2)}{a^2 - b^2}, 0)$.

【例6】 已知椭圆 C 的焦点是 $F_1(0, \sqrt{3}), F_2(0, -\sqrt{3})$,点 P 在椭圆 C 上,且 $|PF_1| + |PF_2| = 4$.

(1)求椭圆的方程;

(2)若 A 是椭圆的下顶点,过点 A 的两条相互垂直的直线分别交椭圆 C 于点 $P, Q(P, Q$ 与 A 不重合$)$.试证明:直线 PQ 经过定点.

【解析】 (1)椭圆的方程 $C: \dfrac{y^2}{4}+x^2=1$；

(2)由(1)知 $A(0,-2)$，设 $P(x_1,y_1),Q(x_2,y_2)$，显然直线 PQ 的斜率存在，设直线 PQ 的方程为 $y=mx+n$，则

$$\begin{cases} y=mx+n \\ \dfrac{y^2}{4}+x^2=1 \end{cases}$$

消元，得

$$(4+m^2)x^2+2mnx+n^2-4=0$$
$$\Delta=(2mn)^2-4(4+m^2)(n^2-4)=16(m^2-n^2+4)>0$$

且 $x_1+x_2=-\dfrac{2mn}{4+m^2}, x_1x_2=\dfrac{n^2-4}{4+m^2}, y_1+y_2=\dfrac{8n}{4+m^2}, y_1y_2=\dfrac{4n^2-4m^2}{4+m^2}$.

所以 $\overrightarrow{AP}\cdot\overrightarrow{AQ}=(x_1,y_1+2)(x_2,y_2+2)=x_1x_2+y_1y_2+2(y_1+y_2)+4=\dfrac{(n+2)(5n+6)}{m^2+4}=0$.

故 $n=-\dfrac{6}{5}, n=-2$(舍)，即直线 PQ 经过定点 $\left(0,-\dfrac{6}{5}\right)$.

【例7】 已知椭圆 $C:\dfrac{x^2}{2}+y^2=1, M(0,1)$ 是椭圆 C 的一个顶点，作射线 MA,MB 交椭圆 C 于点 $A,B,MA\perp MB$. 求直线 AB 所过定点的坐标.

【解析】 显然直线 AB 有斜率，设直线 AB 的方程为 $y=kx+m$.

联立 $\dfrac{x^2}{2}+y^2=1$，得：$(2k^2+1)x^2+4kmx+2m^2-2=0$.

当 $\Delta>0$ 时，设 $A(x_1,y_1),B(x_2,y_2)$，则 $x_1+x_2=-\dfrac{4km}{2k^2+1}, x_1x_2=\dfrac{2m^2-2}{2k^2+1}$.

又 $MA\perp MB$，所以 $\overrightarrow{MA}\cdot\overrightarrow{MB}=0$，即 $x_1x_2+(y_1-1)(y_2-1)=0, x_1x_2+y_1y_2-(y_1+y_2)+1=0$，又 $y=kx_1+m, y=kx_2+m$，所以 $(k^2+1)x_1x_2+k(m-1)(x_1+x_2)+m^2-2m+1=0$，把 $x_1+x_2=-\dfrac{4km}{2k^2+1}, x_1x_2=\dfrac{2m^2-2}{2k^2+1}$ 代入上式得：$(k^2+1)\cdot\dfrac{2m^2-2}{2k^2+1}-k(m-1)\cdot\dfrac{4km}{2k^2+1}+m^2-2m+1=0$，注意到 $m=1$ 显然不合题意.

于是上式化为：$(k^2+1)\cdot\dfrac{2(m+1)}{2k^2+1}-k\cdot\dfrac{4km}{2k^2+1}+(m-1)=0$，整理得 $3m+1=0$，所以 $m=-\dfrac{1}{3}$.

即直线 AB 的方程为 $y=kx-\dfrac{1}{3}$，显然直线 AB 过定点 $Q_1(0,-\dfrac{1}{3})$.

评注 若把 M 的坐标改为顶点 $(\sqrt{2},0)$，类似可以求得直线 AB 过定点 $Q_2(\dfrac{\sqrt{2}}{3},0)$.

把 M 的坐标改为顶点 $(0,-1)$，类似可以求得直线 AB 过定点 $Q_3(0,\dfrac{1}{3})$.

把 M 的坐标改为顶点 $(-\sqrt{2},0)$，类似可以求得直线 AB 过定点 $Q_4(-\dfrac{\sqrt{2}}{3},0)$.

【例8】 已知椭圆 $C:\dfrac{x^2}{2}+y^2=1$，$M(1,\dfrac{\sqrt{2}}{2})$ 是椭圆 C 上的一个定点，作射线 MA,MB 交椭圆 C 于 A,B，$MA\perp MB$. 求直线 AB 所过定点坐标.

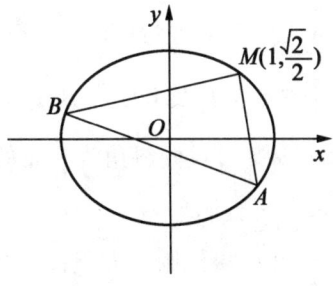

图 5

【解析】 如图5，显然直线 AB 有斜率，设直线 AB 的方程为 $y=kx+m$，联立 $\dfrac{x^2}{2}+y^2=1$ 得

$$(2k^2+1)x^2+4kmx+2m^2-2=0$$

当 $\Delta>0$ 时，设 $A(x_1,y_1),B(x_2,y_2)$，则 $x_1+x_2=-\dfrac{4km}{2k^2+1}$，$x_1x_2=\dfrac{2m^2-2}{2k^2+1}$，又 $MA\perp MB$，所以 $\overrightarrow{MA}\cdot\overrightarrow{MB}=0$.

即 $(x_1-1)(x_2-1)+(y_1-\dfrac{\sqrt{2}}{2})(y_2-\dfrac{\sqrt{2}}{2})=0$，又 $y=kx_1+m,y=kx_2+m$，

所以 $(k^2+1)x_1x_2+(km-1-\dfrac{\sqrt{2}}{2}k)(x_1+x_2)+m^2-\sqrt{2}m+\dfrac{3}{2}=0$.

把 $x_1+x_2=-\dfrac{4km}{2k^2+1}$，$x_1x_2=\dfrac{2m^2-2}{2k^2+1}$ 代入上式化简得

$$k^2+4km+3m^2-\sqrt{2}m-\dfrac{1}{2}=0$$

解关于 k 的方程得：$k=-m+\dfrac{\sqrt{2}}{2}$，或 $k=-3m-\dfrac{\sqrt{2}}{2}$.

当 $k=-m+\dfrac{\sqrt{2}}{2}$ 时，$y=(-m+\dfrac{\sqrt{2}}{2})x+m$，即 $(y-\dfrac{\sqrt{2}}{2}x)+m(x-1)=0$，由此得 $\begin{cases}y-\dfrac{\sqrt{2}}{2}x=0\\x-1=0\end{cases}$ 解得 $\begin{cases}y=\dfrac{\sqrt{2}}{2}\\x=1\end{cases}$，即直线 AB 过定点 $(1,\dfrac{\sqrt{2}}{2})$，不符合题意. 当 $k=$

$-3m-\frac{\sqrt{2}}{2}$时,$y=(-3m-\frac{\sqrt{2}}{2})x+m$,即$(y+\frac{\sqrt{2}}{2}x)+m(3x-1)=0$,由此得

$\begin{cases}y+\frac{\sqrt{2}}{2}x=0\\3x-1=0\end{cases}$解得$\begin{cases}y=-\frac{\sqrt{2}}{6}\\x=\frac{1}{3}\end{cases}$,即直线$AB$过定点$(\frac{1}{3},-\frac{\sqrt{2}}{6})$. 综上, 直线$AB$过定

点$Q(\frac{1}{3},-\frac{\sqrt{2}}{6})$.

【例9】 如图6,已知圆$G:x^2+y^2-2x-\sqrt{2}y=0$经过椭圆$\frac{x^2}{a^2}+\frac{y^2}{b^2}=1(a>b>0)$的右焦点$F$及上顶点$B$,过椭圆外一点$(m,0)(m>a)$且倾斜角为$\frac{5}{6}\pi$的直线$l$交椭圆于$C,D$两点.

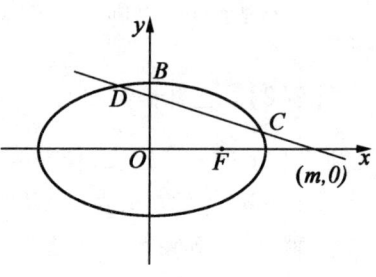

图6

(1)求椭圆的方程;

(2)若$\overrightarrow{FC}\cdot\overrightarrow{FD}=0$,求$m$的值.

【解析】 (1)因为圆$G:x^2+y^2-2x-\sqrt{2}y=0$经过点F,B,所以$F(2,0)$,$B(0,\sqrt{2})$,故$c=2,b=\sqrt{2}$,所以$a^2=6$.故椭圆的方程为$\frac{x^2}{6}+\frac{y^2}{2}=1$.

(2)由题意得直线l的方程为$y=-\frac{\sqrt{3}}{3}(x-m)(m>\sqrt{6})$.

由$\begin{cases}\frac{x^2}{6}+\frac{y^2}{2}=1\\y=-\frac{\sqrt{3}}{3}(x-m)\end{cases}$消去$y$得$2x^2-2mx+m^2-6=0$.

由$\Delta=4m^2-8(m^2-6)>0$,解得$-2\sqrt{3}<m<2\sqrt{3}$. 又$m>\sqrt{6}$,所以$\sqrt{6}<m<2\sqrt{3}$.

设$C(x_1,y_1),D(x_2,y_2)$,则$x_1+x_2=m,x_1x_2=\frac{m^2-6}{2}$.

故$y_1y_2=[-\frac{\sqrt{3}}{3}(x_1-m)]\cdot[-\frac{\sqrt{3}}{3}(x_2-m)]=\frac{1}{3}x_1x_2-\frac{m}{3}(x_1+x_2)+\frac{m^2}{3}$.

因为$\overrightarrow{FC}=(x_1-2,y_1),\overrightarrow{FD}=(x_2-2,y_2)$,所以$\overrightarrow{FC}\cdot\overrightarrow{FD}=(x_1-2)(x_2-2)+y_1y_2=\frac{4}{3}x_1x_2-\frac{m+6}{3}(x_1+x_2)+\frac{m^2}{3}+4=\frac{2m(m-3)}{3}$.因为$\overrightarrow{FC}\cdot\overrightarrow{FD}=0$,即

$\frac{2m(m-3)}{3}=0$,解得 $m=0$ 或 $m=3$,又 $\sqrt{6}<m<2\sqrt{3}$,故 $m=3$.

【例10】 椭圆 $\frac{x^2}{a^2}+\frac{y^2}{b^2}=1(a>b>0)$ 与直线 $x+y-1=0$ 相交于 P,Q 两点,且 $\overrightarrow{OP}\perp\overrightarrow{OQ}$($O$ 为坐标原点).

(1)求证:$\frac{1}{a^2}+\frac{1}{b^2}$ 等于定值;

(2)当椭圆的离心率 $e\in[\frac{\sqrt{3}}{3},\frac{\sqrt{12}}{2}]$ 时,求椭圆长轴长的取值范围.

【解析】 (1)$\begin{cases}b^2x^2+a^2y^2=a^2b^2\\x+y-1=0\end{cases}$ 消去 y 得

$$(a^2+b^2)x^2-2a^2x+a^2(1-b^2)=0$$

$$\Delta=4a^4-4(a^2+b^2)a^2(1-b^2)>0, a^2+b^2>1$$

设点 $P(x_1,y_1),Q(x_2,y_2)$,则

$$x_1+x_2=\frac{2a^2}{a^2+b^2}, x_1x_2=\frac{a^2(1-b^2)}{a^2+b^2}$$

由 $\overrightarrow{OP}\cdot\overrightarrow{OQ}=0, x_1x_2+y_1y_2=0$,即 $x_1x_2+(1-x_1)(1-x_2)=0$.

化简得 $2x_1x_2-(x_1+x_2)+1=0$,则 $\frac{2a^2(1-b^2)}{a^2+b^2}-\frac{2a^2}{a^2+b^2}+1=0$.

即 $a^2+b^2=2a^2b^2$,$\frac{1}{a^2}+\frac{1}{b^2}=2$ 为定值.

(2)由 $e=\frac{c}{a},b^2=a^2-c^2,a^2+b^2=2a^2b^2$ 化简得

$$a^2=\frac{2-e^2}{2(1-e^2)}=\frac{1}{2}+\frac{1}{2(1-e^2)}$$

由 $e\in[\frac{\sqrt{3}}{3},\frac{\sqrt{2}}{2}]$ 得 $a^2\in[\frac{5}{4},\frac{3}{2}]$,即 $a\in[\frac{\sqrt{5}}{2},\frac{\sqrt{6}}{2}]$.

故椭圆的长轴长的取值范围是 $[\sqrt{5},\sqrt{6}]$.

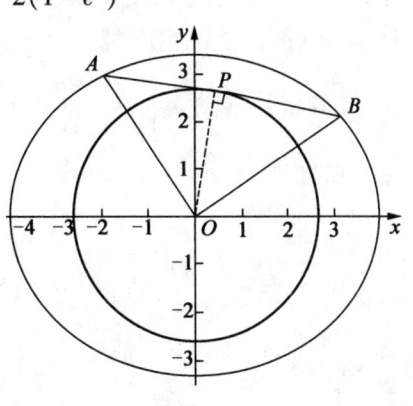

图7

拓展 中心角性质:

如图7所示,直线 l 交 $\frac{x^2}{a^2}+\frac{y^2}{b^2}=1$ 于点 A,B,且 $\angle AOB=90°$,求原点 O 在 l 上的射

影 P 的轨迹方程;

【分析】 椭圆、双曲线的中心为三角形直角顶点,斜边端点在圆锥曲线上,则中心在斜边上的投影的轨迹为圆.

【解析】 当直线 l 的斜率存在时,将 $l:y=kx+m$ 代入 $\dfrac{x^2}{a^2}+\dfrac{y^2}{b^2}=1$.

得到 $(\dfrac{b^2}{a^2}+k^2)x^2+2kmx+m^2-b^2=0$,且要求 $m^2<a^2k^2+b^2$.

从而 $x_A+x_B=\dfrac{-2kma^2}{a^2k^2+b^2}$, $x_Ax_B=\dfrac{a^2(m^2-b^2)}{a^2k^2+b^2}$, $y_Ay_B=\dfrac{b^2(m^2-a^2k^2)}{a^2k^2+b^2}$,由 $\overrightarrow{OA}\cdot\overrightarrow{OB}=x_Ax_B+y_Ay_B=0$ 可知 $(a^2+b^2)m^2=a^2b^2(k^2+1)$,从而原点 O 到直线 l 的距离为 $h_{O-l}=\dfrac{|m|}{\sqrt{k^2+1}}=\dfrac{ab}{\sqrt{a^2+b^2}}$.

当直线 l 的斜率不存在时,$l:x=x_A$,$A(x_A,y_A)$,$B(x_A,-y_A)$,由 $\overrightarrow{OA}\cdot\overrightarrow{OB}=x_Ax_A-y_Ay_A=(\dfrac{b^2}{a^2}+1)x_A^2-b^2=0$ 可知原点 O 到直线 l 的距离为 $h_{O-l}=|x_A|=\dfrac{ab}{\sqrt{a^2+b^2}}$;因此点 P 的轨迹为圆 $x^2+y^2=\dfrac{a^2b^2}{a^2+b^2}$.

【例11】 已知椭圆 $C:\dfrac{x^2}{a^2}+\dfrac{y^2}{b^2}=1(a>b>0)$ 的离心率为 $\dfrac{\sqrt{2}}{2}$,并且直线 $y=x+b$ 是抛物线 $y^2=4x$ 的一条切线.

(1)求椭圆的方程;

(2)过点 $S(0,-\dfrac{1}{3})$ 的动直线 l 交椭圆 C 于 A,B 两点,试问:在坐标平面上是否存在一个定点 T,使得以 AB 为直径的圆恒过点 T?若存在,求出点 T 的坐标;若不存在,请说明理由.

【解析】 (1)由 $\begin{cases}y=x+b\\y^2=4x\end{cases}$ 消去 y 得:$x^2+(2b-4)x+b^2=0$.

因直线 $y=x+b$ 与抛物线 $y^2=4x$ 相切,所以 $\Delta=(2b-4)^2-4b^2=0$,故 $b=1$.

因为 $e=\dfrac{c}{a}=\dfrac{\sqrt{2}}{2}$,$a^2=b^2+c^2$,所以 $\dfrac{a^2-b^2}{a^2}=\dfrac{1}{2}$,$a=\sqrt{2}$,故所求椭圆方程为 $\dfrac{x^2}{2}+y^2=1$.

(2)当 l 与 x 轴平行时,以 AB 为直径的圆的方程

$$x^2 + (y+\frac{1}{3})^2 = (\frac{4}{3})^2$$

当 l 与 y 轴重合时,以 AB 为直径的圆的方程: $x^2 + y^2 = 1$,由 $\begin{cases} x^2 + (y+\frac{1}{3})^2 = (\frac{4}{3})^2 \\ x^2 + y^2 = 1 \end{cases}$,解得 $\begin{cases} x = 0 \\ y = 1 \end{cases}$.

即两圆相切于点 $(0,1)$,因此,所求的点 T 如果存在,只能是 $(0,1)$.事实上,点 $T(0,1)$ 就是所求的点,证明如下.

当直线 l 垂直于 x 轴时,以 AB 为直径的圆过点 $T(0,1)$.

若直线 l 不垂直于 x 轴,可设直线 $l: y = kx - \frac{1}{3}$.

由 $\begin{cases} y = kx - \frac{1}{3} \\ \dfrac{x^2}{2} + y^2 = 1 \end{cases}$ 消去 y 得: $(18k^2 + 9)x^2 - 12kx - 16 = 0$.

记点 $A(x_1, y_1), B(x_2, y_2)$,则 $\begin{cases} x_1 + x_2 = \dfrac{12k}{18k^2 + 9} \\ x_1 x_2 = \dfrac{-16}{18k^2 + 9} \end{cases}$.又因为 $\overrightarrow{TA} = (x_1, y_1 - 1)$,$\overrightarrow{TB} = (x_2, y_2 - 1)$,所以

$$\overrightarrow{TA} \cdot \overrightarrow{TB} = x_1 x_2 + (y_1 - 1)(y_2 - 1) = x_1 x_2 + (kx_1 - \frac{4}{3})(kx_2 - \frac{4}{3})$$

$$= (1 + k^2) x_1 x_2 - \frac{4}{3} k(x_1 + x_2) + \frac{16}{9}$$

$$= (1 + k^2) \cdot \frac{-16}{18k^2 + 9} - \frac{4}{3} k \cdot \frac{12k}{18k^2 + 9} + \frac{16}{9} = 0.$$

所以 $TA \perp TB$,即以 AB 为直径的圆恒过点 $T(0,1)$,故在坐标平面上存在一个定点 $T(0,1)$ 满足条件.

评注 动圆过定点问题本质上是垂直向量的问题,也可以理解为"弦对定点张直角"的新应用.圆过定点问题,可以先取特殊值或者极值,找出这个定点,再证明用直径所对圆周角为直角.

【例 12】 已知椭圆 $C: \dfrac{x^2}{a^2} + \dfrac{y^2}{b^2} = 1 (a > b > 0)$ 的离心率为 $\dfrac{\sqrt{2}}{2}$,且过点 $P\left(\dfrac{\sqrt{2}}{2}, \dfrac{\sqrt{3}}{2}\right)$,动直线 $l: y = kx + m$ 交椭圆 C 于不同的两点 A, B,且 $\overrightarrow{OA} \cdot \overrightarrow{OB} = 0$ (O 为坐标原点).

(1)求椭圆 C 的方程.

(2)讨论 $3m^2-2k^2$ 是否为定值？若为定值，求出该定值；若不是，请说明理由.

【解析】 (1)由题意可知 $\dfrac{c}{a}=\dfrac{\sqrt{2}}{2}$，所以 $a^2=2c^2=2(a^2-b^2)$，即
$$a^2=2b^2 \qquad ①$$

又点 $P\left(\dfrac{\sqrt{2}}{2},\dfrac{\sqrt{3}}{2}\right)$ 在椭圆上，所以有
$$\dfrac{2}{4a^2}+\dfrac{3}{4b^2}=1 \qquad ②$$

由①②联立，解得 $b^2=1$，$a^2=2$，故所求的椭圆方程为 $\dfrac{x^2}{2}+y^2=1$.

(2)设 $A(x_1,y_1)$，$B(x_2,y_2)$，由 $\overrightarrow{OA}\cdot\overrightarrow{OB}=0$，可知 $x_1x_2+y_1y_2=0$. 联立方程组 $\begin{cases} y=kx+m \\ \dfrac{x^2}{2}+y^2=1 \end{cases}$，消去 y 化简整理得 $(1+2k^2)x^2+4kmx+2m^2-2=0$.

由 $\Delta=16k^2m^2-8(m^2-1)(1+2k^2)>0$，得 $1+2k^2>m^2$，所以
$$x_1+x_2=-\dfrac{4km}{1+2k^2}$$
$$x_1x_2=\dfrac{2m^2-2}{1+2k^2} \qquad ③$$

又由题知 $x_1x_2+y_1y_2=0$，即 $x_1x_2+(kx_1+m)(kx_2+m)=0$.

整理为 $(1+k^2)x_1x_2+km(x_1+x_2)+m^2=0$. 将③代入上式，得 $(1+k^2)\cdot\dfrac{2m^2-2}{1+2k^2}-km\cdot\dfrac{4km}{1+2k^2}+m^2=0$. 化简整理得 $\dfrac{3m^2-2-2k^2}{1+2k^2}=0$，从而得到 $3m^2-2k^2=2$.

三、双曲线的"垂心弦"问题

探究二：如图8，B 为双曲线的左顶点，P，Q 为双曲线 $\dfrac{x^2}{a^2}-\dfrac{y^2}{b^2}=1(a>0,b>0)$ 上异于点 B 的任意两点，若 $\angle PBQ=90°$，那么 PQ 所在的直线 n 是否过定点？如果过定点，过哪一个定点？

设直线 n 的方程为：$x=ty+m$，联立

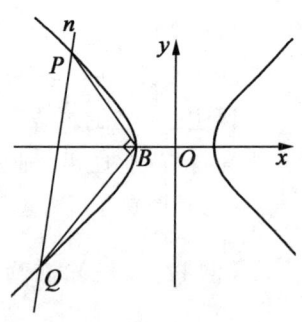

图8

$$\begin{cases} x = ty + m \\ b^2x^2 - a^2y^2 = a^2b^2 \end{cases}$$

消去 x 得

$$(b^2t^2 - a^2)y^2 + 2tmb^2y + b^2m^2 - a^2b^2 = 0$$

设 $P(x_1, y_1), Q(x_2, y_2)$，由韦达定理，则

$$y_1 + y_2 = \frac{-2tmb^2}{b^2t^2 - a^2}$$

$$y_1 y_2 = \frac{b^2m^2 - a^2b^2}{b^2t^2 - a^2} \qquad ①$$

$B(-a, 0)$，则 $\overrightarrow{BP} = (x_1 + a, y_1), \overrightarrow{BQ} = (x_2 + a, y_2)$，且

$$\angle PBQ = 90°$$

$\overrightarrow{BP} \cdot \overrightarrow{BQ} = (x_1 + a)(x_2 + a) + y_1 y_2 = (ty_1 + m + a)(ty_2 + m + a) + y_1 y_2 = 0$

整理得

$$(1 + t^2)y_1 y_2 + t(m + a)(y_1 + y_2) + (m + a)^2 = 0 \qquad ②$$

将①代入②化简得

$$\frac{(b^2 - a^2)m^2 - 2a^3m - a^2b^2 - a^4}{b^2t^2 - a^2} = 0$$

即

$$(b^2 - a^2)m^2 - 2a^3m - a^2(a^2 + b^2) = 0$$

当 $a = b$ 时，关于 m 的方程的解为 $m = -a$，不符合题意.

当 $a > b$ 时，关于 m 的方程的解为 $m = -\frac{a(a^2 + b^2)}{a^2 - b^2}$，此时，直线 n 过定点 $(-\frac{a(a^2 + b^2)}{a^2 - b^2}, 0)$，点在双曲线左顶点的左侧.

当 $a < b$ 时，关于 m 的方程的解为 $m = \frac{a(a^2 + b^2)}{b^2 - a^2}$，此时，直线 n 过定点 $(\frac{a(a^2 + b^2)}{b^2 - a^2}, 0)$，点在双曲线左顶点的右侧.通过以上论证，有下列命题成立.

命题 2 中心在坐标原点且焦点在 x 轴上的双曲线与 x 轴的负半轴交于点 B，P, Q 为双曲线 $\frac{x^2}{a^2} - \frac{y^2}{b^2} = 1 (a > 0, b > 0, a \neq b)$ 上异于点 B 的任意两点，若 $\angle PBQ = 90°$，则直线 n 必过定点 $(\frac{a(b^2 + a^2)}{b^2 - a^2}, 0)$.

拓展 2 过点 $(\frac{a(b^2 + a^2)}{b^2 - a^2}, 0)(a \neq b)$ 的直线 n（斜率不为零）与双曲线相交

于 P,Q 两点,B 为椭圆的左顶点,$\angle PBQ$ 是否为定值,若是,定值是什么?

【证明】 设直线 n 的方程为:$x = ty + m$,联立 $\begin{cases} x = ty + m \\ b^2x^2 - a^2y^2 = a^2b^2 \end{cases}$ 消 x 得 $(b^2t^2 - a^2)y^2 + 2tmb^2y + b^2m^2 - a^2b^2 = 0$,设 $P(x_1, y_1), Q(x_2, y_2)$,由韦达定理,则

$$y_1 + y_2 = \frac{-2tmb^2}{b^2t^2 - a^2}$$

$$y_1 y_2 = \frac{b^2m^2 - a^2b^2}{b^2t^2 - a^2} \qquad ①$$

$B(-a, 0)$,则 $\overrightarrow{BP} = (x_1 + a, y_1), \overrightarrow{BQ} = (x_2 + a, y_2)$.

$$\overrightarrow{BP} \cdot \overrightarrow{BQ} = (x_1 + a)(x_2 + a) + y_1y_2 = (ty_1 + m + a)(ty_2 + m + a) + y_1y_2$$

$$= (1 + t^2)y_1y_2 + t(m + a)(y_1 + y_2) + (m + a)^2 \qquad ②$$

将①代入②化简得

$$\overrightarrow{BP} \cdot \overrightarrow{BQ} = \frac{(b^2 - a^2)m^2 - 2a^3m - a^2b^2 - a^4}{b^2t^2 - a^2} \qquad ③$$

又直线过点 $(\frac{a(b^2 + a^2)}{b^2 - a^2}, 0)$,可知 $m = \frac{a(b^2 + a^2)}{b^2 - a^2}$ 代入式③化简得

$$\overrightarrow{BP} \cdot \overrightarrow{BQ} = \frac{\frac{a^2 + b^2}{b^2 - a^2}[a^4 + a^2b^2 - 2a^4 - a^2b^2 + a^4]}{b^2t^2 - a^2} = 0$$

所以 $\angle PBQ = 90°$,故为定值.

经过推理论证可知命题 2 的逆命题依然成立.

1. 等轴双曲线.

双曲线的情况比较复杂,对于等轴双曲线满足类似条件的直线 AB 是一组平行线,不再过定点.

【例 13】 已知等轴双曲线 $C: x^2 - y^2 = 1$,$M(1, 0)$ 是等轴双曲线 C 的一个顶点,作射线 MA, MB 交双曲线 C 于 $A, B, MA \perp MB$. 证明:直线 AB 平行于 x 轴.

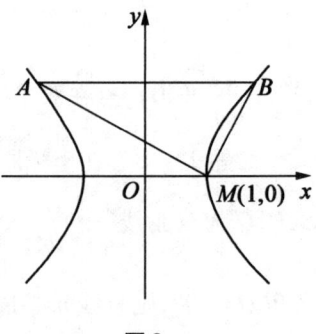

图9

【证明】 如图9,可以计算,当直线 AB 没有斜率时,$\angle AMB \neq 90°$,当直线 AB 有斜率时,设直线 AB 的方程为 $y = kx + m$.

联立 $x^2 - y^2 = 1$ 得

$$(1 - k^2)x^2 - 2kmx - m^2 - 1 = 0$$

当 $1-k^2 \neq 0, \Delta > 0$ 时,设 $A(x_1,y_1), B(x_2,y_2)$,则 $x_1+x_2 = -\dfrac{2km}{k^2-1}, x_1x_2 = \dfrac{m^2+1}{k^2-1}$,又 $MA \perp MB$,所以 $\overrightarrow{MA} \cdot \overrightarrow{MB} = 0$,即 $(x_1-1)(x_2-1)+y_1y_2 = 0$,又 $y = kx_1+m, y = kx_2+m$,故 $(k^2+1)x_1x_2+(km-1)(x_1+x_2)+m^2+1 = 0$.

把 $x_1+x_2 = -\dfrac{2km}{k^2-1}, x_1x_2 = \dfrac{m^2+1}{k^2-1}$,代入上式化简得 $k^2+km = 0$.

解关于 k 的方程得:$k = 0$,或 $k = -m$.

当 $k = 0$ 时,直线 AB 的方程为 $y = m(m \neq 0)$,直线 AB 平行于 x 轴.

当 $k = -m$ 时,直线 AB 的方程为 $y = -mx+m$,显然直线 AB 过定点 $(1,0)$,不合题意.

综上,AB 平行于 x 轴.

2. 非等轴双曲线.

【例 14】 已知双曲线 $C: x^2 - \dfrac{y^2}{2} = 1, M(1,0)$ 是双曲线 C 的一个顶点,作射线 MA, MB 交双曲线 C 于 $A, B, MA \perp MB$.试探求直线 AB 是否过定点.

【解析】 如图 10,当直线 AB 没有斜率时,$\angle AMB \neq 90°$,当直线 AB 有斜率时,设直线 AB 的方程为 $y = kx+m$,联立 $x^2 - \dfrac{y^2}{2} = 1$ 得

$$(2-k^2)x^2 - 2kmx - m^2 - 2 = 0$$

当 $2-k^2 \neq 0, \Delta > 0$ 时,设 $A(x_1,y_1), B(x_2,y_2)$,则 $x_1+x_2 = -\dfrac{2km}{k^2-2}, x_1x_2 = \dfrac{m^2+2}{k^2-2}$.

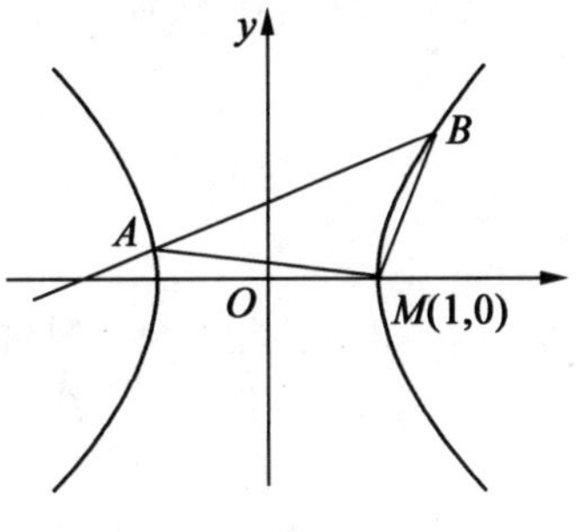

图 10

又 $MA \perp MB$,所以 $\overrightarrow{MA} \cdot \overrightarrow{MB} = 0$,即 $(x_1-1)(x_2-1)+y_1y_2 = 0$,又 $y = kx_1+m, y = kx_2+m$,故 $(k^2+1)x_1x_2+(km-1)(x_1+x_2)+m^2+1 = 0$.

把 $x_1+x_2 = -\dfrac{2km}{k^2-2}, x_1x_2 = \dfrac{m^2+2}{k^2-2}$,代入上式化简得 $m^2 - 2km - 3k^2 = 0$,解关于 k 的方程得:$m = -k$,或 $m = 3k$.当 $m = -k$ 时,直线 AB 的方程为 $y = kx-k$,直线 AB 过定点 $(1,0)$,不合题意.当 $m = 3k$ 时,直线 AB 的方程为 $y = kx+3k$,显然直线 AB 过定点 $(-3,0)$.

综上,直线 AB 过定点 $(-3,0)$.

第4节 圆锥曲线中的"比例弦"问题

一、定比点差法原理

定比分点：若 $\overrightarrow{AM} = \lambda \overrightarrow{MB}$，则称点 M 为 AB 的定比分点，若 $A(x_1, y_1)$，$B(x_2, y_2)$，则

$$M\left(\frac{x_1 + \lambda x_2}{1 + \lambda}, \frac{y_1 + \lambda y_2}{1 + \lambda}\right)$$

若 $\overrightarrow{AM} = \lambda \overrightarrow{MB}$ 且 $\overrightarrow{AN} = -\lambda \overrightarrow{NB}$，则称 M, N 调和分割 AB，根据定义，那么 A, B 也调和分割 MN.

命题 在椭圆或双曲线中，设 A, B 为椭圆或双曲线上的两点. 若存在 P, Q 两点，满足 $\overrightarrow{AP} = \lambda \overrightarrow{PB}$，$\overrightarrow{AQ} = -\lambda \overrightarrow{QB}$，一定有 $\dfrac{x_P x_Q}{a^2} \pm \dfrac{y_P y_Q}{b^2} = 1$.

【证明】 若 $A(x_1, y_1)$，$B(x_2, y_2)$，$\overrightarrow{AP} = \lambda \overrightarrow{PB}$，则

$$P\left(\frac{x_1 + \lambda x_2}{1 + \lambda}, \frac{y_1 + \lambda y_2}{1 + \lambda}\right)$$

$$\overrightarrow{AQ} = -\lambda \overrightarrow{QB}$$

则 $Q\left(\dfrac{x_1 - \lambda x_2}{1 - \lambda}, \dfrac{y_1 - \lambda y_2}{1 - \lambda}\right)$，有

$$\begin{cases} \dfrac{x_1^2}{a^2} \pm \dfrac{y_1^2}{b^2} = 1 & \text{①} \\ \dfrac{\lambda^2 x_2^2}{a^2} \pm \dfrac{\lambda^2 y_2^2}{b^2} = \lambda^2 & \text{②} \end{cases}$$

①-②得

$$\frac{(x_1 + \lambda x_2)(x_1 - \lambda x_2)}{a^2} \pm \frac{(y_1 + \lambda y_2)(y_1 - \lambda y_2)}{b^2} = 1 - \lambda^2$$

即

$$\frac{1}{a^2} \cdot \frac{x_1 + \lambda x_2}{1 + \lambda} \cdot \frac{x_1 - \lambda x_2}{1 - \lambda} \pm \frac{1}{b^2} \cdot \frac{y_1 + \lambda y_2}{1 + \lambda} \cdot \frac{y_1 - \lambda y_2}{1 - \lambda} = 1 \Rightarrow \frac{x_P x_Q}{a^2} \pm \frac{y_P y_Q}{b^2} = 1$$

定比点差的原理谜题解开，就是两个互相调和的定比分点坐标满足有心曲线（椭圆和双曲线有对称中心，故称为有心曲线）的特征方程：$\dfrac{x_P x_Q}{a^2} \pm \dfrac{y_P y_Q}{b^2} = 1$.

二、适用范围分析

1. 求弦长被坐标轴分界的两段的比值范围.

【例1】 已知椭圆 $\dfrac{x^2}{9}+\dfrac{y^2}{4}=1$,过定点 $P(0,3)$ 的直线与椭圆交于两点 A,B(可重合),求 $\dfrac{\overrightarrow{PA}}{\overrightarrow{PB}}$ 的取值范围.

【解析】 设 $A(x_1,y_1),B(x_2,y_2),\overrightarrow{AP}=\lambda\overrightarrow{PB}$,则 $\dfrac{\overrightarrow{PA}}{\overrightarrow{PB}}=-\lambda$.

$$P:\left(\dfrac{x_1+\lambda x_2}{1+\lambda},\dfrac{y_1+\lambda y_2}{1+\lambda}\right)=(0,3)$$

所以 $x_1+\lambda x_2=0$,$y_1+\lambda y_2=3(1+\lambda)$,即

$$\begin{cases}\dfrac{x_1^2}{9}+\dfrac{y_1^2}{4}=1 & \text{①}\\ \dfrac{\lambda^2 x_2^2}{9}+\dfrac{\lambda^2 y_2^2}{4}=\lambda^2 & \text{②}\end{cases}$$

①-②得

$$\dfrac{(x_1+\lambda x_2)(x_1-\lambda x_2)}{9}+\dfrac{(y_1+\lambda y_2)(y_1-\lambda y_2)}{4}=1-\lambda^2$$

即

$$y_1-\lambda y_2=\dfrac{4}{3}(1-\lambda)$$

所以 $y_1=\dfrac{3}{2}(1+\lambda)+\dfrac{2}{3}(1-\lambda)=\dfrac{13}{6}+\dfrac{5}{6}\lambda\in[-2,2]$,故 $\lambda\in\left[-5,-\dfrac{1}{5}\right]$,所以 $\dfrac{\overrightarrow{PA}}{\overrightarrow{PB}}\in\left[\dfrac{1}{5},5\right]$.

评注 根据两个调和定比分点的联立,将坐标求出,列出与比值的关系式.两个分点式子齐上场才能解决问题,这是定比点差法的核心.

【例2】 已知椭圆 $C:\dfrac{y^2}{a^2}+\dfrac{x^2}{b^2}=1(a>b>0)$ 的上、下两个焦点分别为 F_1,F_2,过点 F_1 与 y 轴垂直的直线交椭圆 C 于 M,N 两点,$\triangle MNF_2$ 的面积为 $\sqrt{3}$,椭圆 C 的离心率为 $\dfrac{\sqrt{3}}{2}$.

(1)求椭圆 C 的标准方程;

(2)已知 O 为坐标原点,直线 $l:y=kx+m$ 与 y 轴交于点 P,与椭圆 C 交于

A,B 两个不同的点,若存在实数 λ,使得 $\overrightarrow{OA}+\lambda\overrightarrow{OB}=4\overrightarrow{OP}$,求 m 的取值范围.

【解析】 (1) $x^2+\dfrac{y^2}{4}=1$.

(2) 当 $m=0$ 时, $\lambda=-1$,显然成立;当 $m\neq 0$ 时, $\overrightarrow{OA}+\lambda\overrightarrow{OB}=4\overrightarrow{OP}\Rightarrow\overrightarrow{OP}=\dfrac{1}{4}\overrightarrow{OA}+\dfrac{\lambda}{4}\overrightarrow{OB}$,因为 A,P,B 三点共线,所以 $\lambda=3$; $\overrightarrow{AP}=3\overrightarrow{PB}$,设 $A(x_1,y_1),B(x_2,y_2),P\left(\dfrac{x_1+3x_2}{1+3},\dfrac{y_1+3y_2}{1+3}\right)$. 故 $y_1+3y_2=4m$.

$$\begin{cases} x_1^2+\dfrac{y_1^2}{4}=1 & \text{①} \\ 9x_2^2+\dfrac{9y_2^2}{4}=9 & \text{②} \end{cases}$$

①-②得

$$(x_1+3x_2)(x_1-3x_2)+\dfrac{(y_1+3y_2)(y_1-3y_2)}{4}=-8$$

即 $y_1-3y_2=-\dfrac{8}{m}$,如图 11,由于 B 更加靠近椭圆边界,故取其作为参照点,所以 $y_2=\dfrac{2}{3}m+\dfrac{4}{3m}\in(-2,2)$, $m+\dfrac{2}{m}\in(-3,3)$,解得 $m\in(-2,-1)\cup(1,2)$.

综上, m 的取值范围为 $(-2,-1)\cup(1,2)\cup\{0\}$.

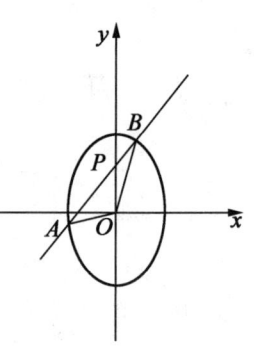

图 11

【例3】 已知椭圆方程为 $\dfrac{x^2}{2}+y^2=1$,过定点 P $(0,2)$ 的直线交椭圆于不同的两点 A,B(点 B 在 A,P 之间),且满足 $\overrightarrow{PB}=\lambda\overrightarrow{PA}$,求 λ 的取值范围.

【解析】 解法1:设 AB 的方程为 $y=kx+2$, $A(x_1,y_1),B(x_2,y_2)$,则

$$\overrightarrow{PA}=(x_1,y_1-2),\overrightarrow{PB}=(x_2,y_2-2)$$

由 $\overrightarrow{PB}=\lambda\overrightarrow{PA}$,得 $\begin{cases} x_2=\lambda x_1 \\ y_2-2=\lambda(y_1-2) \end{cases}$.

由 $\begin{cases} \dfrac{x^2}{2}+y^2=1 \\ y=kx+2 \end{cases}$,得 $(1+2k^2)x^2+8kx+6=0$. 又 $\Delta=64k^2-24(1+2k^2)>0$,

圆锥曲线的奥秘

得 $k^2 > \dfrac{3}{2}$. 由根与系数关系，$x_1 + x_2 = -\dfrac{8k}{1+2k^2}$, $x_1 x_2 = \dfrac{6}{1+2k^2}$.

把 $x_2 = \lambda x_1$ 代入 $x_1 + x_2 = -\dfrac{8k}{1+2k^2}$, 有

$$x_1(1+\lambda) = -\dfrac{8k}{1+2k^2} \qquad ①$$

把 $x_2 = \lambda x_1$ 代入 $x_1 x_2 = \dfrac{6}{1+2k^2}$, 有

$$\lambda x_1^2 = \dfrac{6}{1+2k^2} \qquad ②$$

由①②可以消去 x_1 得到含有 λ, k 的关系式，这个关系式是

$$\dfrac{32k^2}{3(1+2k^2)} = \dfrac{(1+\lambda)^2}{\lambda}, \dfrac{32}{3\left(\dfrac{1}{k^2}+2\right)} = \dfrac{(1+\lambda)^2}{\lambda}$$

由 $k^2 > \dfrac{3}{2}$，因为 $k \to +\infty$ 时 $\dfrac{3}{2k^2} \to 0$，可以求得 $4 < \dfrac{32}{3\left(\dfrac{1}{k^2}+2\right)} < \dfrac{16}{3}$. 于是建立了关于 λ 的不等式，所以 $4 < \lambda + \dfrac{1}{\lambda} + 2 < \dfrac{16}{3}$, 解得 $\dfrac{1}{3} < \lambda < 3$. 又 $0 < \lambda < 1$, 解得 $\dfrac{1}{3} < \lambda < 1$. 当 AB 没有斜率时，$\lambda = \dfrac{1}{3}$, 所以 $\dfrac{1}{3} \leqslant \lambda < 1$.

解法2：构造 $\lambda + \dfrac{1}{\lambda} = \dfrac{x_2}{x_1} + \dfrac{x_1}{x_2} = \dfrac{(x_1+x_2)^2}{x_1 x_2}$, 如此可以直接把 $x_1 + x_2 = -\dfrac{8k}{1+2k^2}$, $x_1 x_2 = \dfrac{6}{1+2k^2}$ 代入，得到 $\lambda + \dfrac{1}{\lambda} = \dfrac{32k^2}{3(1+2k^2)} - 2 = \dfrac{32}{3\left(\dfrac{1}{k^2}+2\right)} - 2$, 由解法1知：$k^2 > \dfrac{3}{2}$, 可以求得 $2 < \lambda + \dfrac{1}{\lambda} < \dfrac{10}{3}$, 又 $0 < \lambda < 1$, 解得 $\dfrac{1}{3} < \lambda < 1$. 当 AB 没有斜率时，$\lambda = \dfrac{1}{3}$, 所以 $\dfrac{1}{3} \leqslant \lambda < 1$.

解法3：设 $A(x_1, y_1), B(x_2, y_2)$, 则 $\overrightarrow{PA} = (x_1, y_1 - 2)$, $\overrightarrow{PB} = (x_2, y_2 - 2)$, 由 $\overrightarrow{PB} = \lambda \overrightarrow{PA}$, 得 $\begin{cases} x_2 = \lambda x_1 \\ y_2 - 2 = \lambda(y_1 - 2) \end{cases}$. 又 $A(x_1, y_1), B(x_2, y_2)$ 在 $\dfrac{x^2}{2} + y^2 = 1$ 上，所以 $\dfrac{x_1^2}{2} + y_1^2 = 1, \dfrac{x_2^2}{2} + y_2^2 = 1$.

事实上仅用以上这四个等式就可以求出 λ 与 x_1, y_1, x_2, y_2 中任意一个的关

系.

$$\begin{cases} \dfrac{x_1^2}{2} + y_1^2 = 1 & ③ \\ \dfrac{(\lambda x_1)^2}{2} + (\lambda y_1 - 2\lambda + 2)^2 = 1 & ④ \end{cases}$$

③$\times \lambda^2 -$ ④得

$$(\lambda y_1)^2 - (\lambda y_1 - 2\lambda + 2)^2 = \lambda^2 - 1$$

$$(2\lambda - 2)(2\lambda y_1 - 2\lambda + 2) = \lambda^2 - 1$$

注意到 $0 < \lambda < 1$,所以 $4(\lambda y_1 - \lambda + 1) = \lambda + 1$,解得 $y_1 = \dfrac{5\lambda - 3}{4\lambda}$,注意到 $-1 \leq y_1 \leq 1$,所以 $-1 \leq \dfrac{5\lambda - 3}{4\lambda} \leq 1$,解得 $\dfrac{1}{3} \leq \lambda \leq 3$,又 $0 < \lambda < 1$,所以 $\dfrac{1}{3} \leq \lambda < 1$.

评注 解法1与解法2都是利用一元二次方程根的判别式与根与系数的关系,是解析几何常用的方法,但是用这种方法必须对直线方程进行讨论,还应注意,有些时候仅仅使用其中的根与系数的关系而没有用根的判别式,但是由于根与系数的关系是从整体上建立有关系数的关系式,所以无法保证实数根的存在性,因此一定要检验判别式大于零.解法3全面利用向量共线所得到两个关系式(横坐标与纵坐标的关系都利用了,而解法1,2实际上只用了横坐标的关系),通过巧妙的解方程,最终把 λ 看作常数,y_1 看作未知数,用 λ 表示 y_1,进一步利用 y_1 的范围限定 λ 的范围.对于这个题目来说,解法3优于解法1,2,因为这种解法避开了分类讨论(这是共线向量的作用),避开了根的判别式(利用了变量的范围,也是圆锥曲线中建立不等式的常用方法,在变量易用参数关系表示的情况下比用判别式简单).解法3虽然没有用整体思想(这里指解法1,2中对 $x_1 + x_2$ 与 $x_1 x_2$ 的整体代入变形),但是计算量并不大,比解法1,2还要小,而且由于没有新的参数 k,使得字母较少,变形的目标更加明确.因此我们解答直线与圆锥曲线的问题时,不要过分依赖一元二次方程根的判别式与根与系数的关系,当解方程组比较简单时,不妨直接求出有关未知数的解,然后利用未知数的取值范围建立不等式.

2. 求证定比分点和调和分点的坐标乘积满足椭圆和双曲线的特征方程,也是定比点差法的本质探究.

【例4】 (2008·安徽)设椭圆 $C: \dfrac{x^2}{a^2} + \dfrac{y^2}{b^2} = 1 (a > b > 0)$,过点 $M(\sqrt{2}, 1)$,左焦点为 $F_1(-\sqrt{2}, 0)$.

(1)求椭圆 C 的方程.

(2)过点 $P(4,1)$ 的直线 l 与椭圆 C 相交于 A,B. 在线段 AB 上取点 Q 满足 $|\overrightarrow{AP}| \cdot |\overrightarrow{QB}| = |\overrightarrow{AQ}| \cdot |\overrightarrow{PB}|$. 证明:点 Q 在某定直线上.

【解析】 (1) $\dfrac{x^2}{4} + \dfrac{y^2}{2} = 1$.

(2) $\dfrac{\overrightarrow{AP}}{\overrightarrow{PB}} = -\dfrac{\overrightarrow{AQ}}{\overrightarrow{QB}}$, 故令 $\overrightarrow{AP} = \lambda \overrightarrow{PB}, \overrightarrow{AQ} = -\lambda \overrightarrow{QB}$; 故

$$\begin{cases} \dfrac{x_1 + \lambda x_2}{1+\lambda} = 4 \\ \dfrac{y_1 + \lambda y_2}{1+\lambda} = 1 \end{cases}, \begin{cases} \dfrac{x_1 - \lambda x_2}{1-\lambda} = x_Q \\ \dfrac{y_1 - \lambda y_2}{1-\lambda} = y_Q \end{cases}$$

由于 A,B 在椭圆 $\dfrac{x^2}{4} + \dfrac{y^2}{2} = 1$ 上, 故

$$\begin{cases} \dfrac{x_1^2}{4} + \dfrac{y_1^2}{2} = 1 & \text{①} \\ \dfrac{\lambda^2 x_2^2}{4} + \dfrac{\lambda^2 y_2^2}{2} = \lambda^2 & \text{②} \end{cases}$$

①-②得

$$\dfrac{(x_1 - \lambda x_2)(x_1 + \lambda x_2)}{4(1-\lambda)(1+\lambda)} + \dfrac{(y_1 - \lambda y_2)(y_1 + \lambda y_2)}{2(1-\lambda)(1+\lambda)} = 1$$

即 $\dfrac{4x_Q}{4} + \dfrac{y_Q}{2} = 1$, 即 $2x + y - 2 = 0$.

3. 坐标轴为角平分线的题型.

三角形的内角平分线定理:在 $\triangle ABC$ 中,若 AD 是 $\angle A$ 的平分线,则有 $\dfrac{AB}{AC} = \dfrac{BD}{DC}$.

证明如下:如图 12 所示,作 $DE \perp AB$ 交 AB 于 E, $DF \perp AC$ 交 AC 于 F, 设边 BC 上的高为 h,易知 $DE = DF$, $\dfrac{S_{\triangle ABD}}{S_{\triangle ACD}} = \dfrac{AB \cdot DE}{AC \cdot DF} = \dfrac{BD \cdot h}{DC \cdot h} \Rightarrow \dfrac{AB}{AC} = \dfrac{BD}{DC}$.

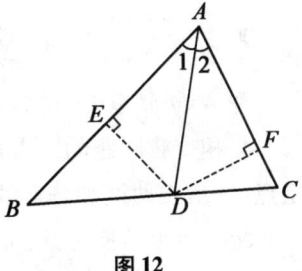

图 12

(也可以用正弦定理进行证明)

【例5】 (2018·全国卷Ⅰ)设椭圆 $C: \dfrac{x^2}{2} + y^2 = 1$ 的右焦点为 F,过 F 的直线 l 与 C 交于 A,B 两点,点 M 的坐标为 $(2,0)$.

(1)当 l 与 x 轴垂直时,求直线 AM 的方程;

(2)设 O 为坐标原点,证明: $\angle OMA = \angle OMB$.

【解析】 (1)由已知得 $F(1,0)$,l 的方程为 $x=1$. 由已知可得点 A 的坐标为 $(1,\frac{\sqrt{2}}{2})$ 或 $(1,-\frac{\sqrt{2}}{2})$.

所以 AM 的方程为 $y=-\frac{\sqrt{2}}{2}x+\sqrt{2}$ 或 $y=\frac{\sqrt{2}}{2}x-\sqrt{2}$.

(2)当 l 与 x 轴重合时,$\angle OMA=\angle OMB=0°$. 当 l 与 x 轴垂直时,OM 为 AB 的垂直平分线,所以 $\angle OMA=\angle OMB$. 当 l 与 x 轴不重合也不垂直时,设 $A(x_1,y_1),B(x_2,y_2)$,点 B 关于 x 轴对称的点 $B'(x_2,-y_2)$,根据几何性质可得:令 ON 为 $\angle ANB$ 的角平分线,AB 与 x 轴交点为 F_2,下面通过证明 N 与 M 重合来证明 $\angle OMA=\angle OMB$,根据角平分线定理有:$\frac{AF_2}{F_2B}=\frac{AN}{NB'}=\frac{AN}{NB}$.

令 $\overrightarrow{AN}=\lambda\overrightarrow{NB'}$,则 $N\left(\frac{x_1+\lambda x_2}{1+\lambda},0\right)$ 则 $\overrightarrow{AF_2}=-\lambda\overrightarrow{F_2B}\Leftrightarrow\frac{x_1-\lambda x_2}{1-\lambda}=1$,如图 13 所示.

$$\begin{cases}\frac{x_1^2}{2}+y_1^2=1 & ① \\ \frac{\lambda^2 x_2^2}{2}+\lambda^2 y_2^2=\lambda^2 & ②\end{cases}$$

①-②得

$$\frac{(x_1+\lambda x_1)(x_1-\lambda x_2)}{2}+(y_1+\lambda y_2)(y_1-\lambda y_2)=1-\lambda^2$$

即 $\frac{1}{2}\cdot\frac{x_1+\lambda x_2}{1+\lambda}\cdot\frac{x_1-\lambda x_2}{1-\lambda}+0\cdot\frac{y_1-\lambda y_2}{1-\lambda}=1\Rightarrow\frac{x_{F_2}x_N}{2}=1\Rightarrow N(2,0)$.

即 N 与 M 重合,所以 $\angle OMA=\angle OMB$. 综上,$\angle OMA=\angle OMB$.

4.相交弦问题的定点定值,特点是两弦的交点通常在坐标轴上,若 AB 过定点(一般在两调和分点的中点),则 CD 的斜率与 AB 比值为定值.

定比点差转换公式:

在椭圆或双曲线中,设 A,B 为椭圆或双曲线上的两点. 若存在 P,Q 两点,满足 $\overrightarrow{AP}=\lambda\overrightarrow{PB},\overrightarrow{AQ}=-\lambda\overrightarrow{QB}$,若 $A(x_1,y_1),B(x_2,y_2)$,一定有

$$\begin{cases}x_1=\frac{x_P+x_Q}{2}+\frac{x_P-x_Q}{2}\cdot\lambda \\ x_2=\frac{x_P+x_Q}{2}+\frac{x_P-x_Q}{2\lambda}\end{cases}$$

证明如下：$\dfrac{x_P x_Q}{a^2} \pm \dfrac{y_P y_Q}{b^2} = 1 \Rightarrow \begin{cases} \dfrac{x_1 + \lambda x_2}{1 + \lambda} = x_P \\ \dfrac{x_1 - \lambda x_2}{1 - \lambda} = x_Q \end{cases} \Rightarrow \begin{cases} x_1 + \lambda x_2 = x_P(1 + \lambda) \\ x_1 - \lambda x_2 = x_Q(1 - \lambda) \end{cases} \Rightarrow$

$\begin{cases} x_1 = \dfrac{x_P + x_Q}{2} + \dfrac{x_P - x_Q}{2} \cdot \lambda \\ x_2 = \dfrac{x_P + x_Q}{2} + \dfrac{x_P - x_Q}{2\lambda} \end{cases}$.

【例6】 （2018·北京文）已知椭圆 $M: \dfrac{x^2}{a^2} + \dfrac{y^2}{b^2} = 1 (a > b > 0)$ 的离心率为 $\dfrac{\sqrt{6}}{3}$，焦距为 $2\sqrt{2}$，斜率为 k 的直线 l 与椭圆 M 有两个不同的交点 A, B.

（1）求椭圆 M 的方程；

（2）若 $k = 1$，求 $|AB|$ 的最大值；

（3）设 $P(-2, 0)$，直线 PA 与椭圆 M 的另一个交点为 C，直线 PB 与椭圆 M 的另一个交点为 D. 若 C, D 和点 $Q\left(-\dfrac{7}{4}, \dfrac{1}{4}\right)$ 共线，求 k.

【解析】 （1）由题意得 $2c = 2\sqrt{2}$，所以 $c = \sqrt{2}$，又 $e = \dfrac{c}{a} = \dfrac{\sqrt{6}}{3}$，所以 $a = \sqrt{3}$，所以 $b^2 = a^2 - c^2 = 1$，所以椭圆 M 的标准方程为 $\dfrac{x^2}{3} + y^2 = 1$.

（2）设直线 AB 的方程为 $y = x + m$，由 $\begin{cases} y = x + m \\ \dfrac{x^2}{3} + y^2 = 1 \end{cases}$ 消去 y 可得 $4x^2 + 6mx + 3m^2 - 3 = 0$.

则 $\Delta = 36m^2 - 4 \times 4(3m^2 - 3) = 48 - 12m^2 > 0$，即 $m^2 < 4$，设 $A(x_1, y_1), B(x_2, y_2)$，则 $x_1 + x_2 = -\dfrac{3m}{2}$，$x_1 x_2 = \dfrac{3m^2 - 3}{4}$，则

$|AB| = \sqrt{1 + k^2} |x_1 - x_2| = \sqrt{1 + k^2} \cdot \sqrt{(x_1 + x_2)^2 - 4x_1 x_2} = \dfrac{\sqrt{6} \times \sqrt{4 - m^2}}{2}$

易得当 $m^2 = 0$ 时，$|AB|_{\max} = \sqrt{6}$，故 $|AB|$ 的最大值为 $\sqrt{6}$.

（3）设 $A(x_1, y_1), B(x_2, y_2), C(x_3, y_3), D(x_4, y_4)$.

设 $\overrightarrow{AP} = \lambda \overrightarrow{PC}$，$P\left(\dfrac{x_1 + \lambda x_3}{1 + \lambda}, \dfrac{y_1 + \lambda y_3}{1 + \lambda}\right) = (-2, 0)$，$\overrightarrow{BP} = \mu \overrightarrow{PD}$，

$P\left(\dfrac{x_2 + \mu x_4}{1 + \mu}, \dfrac{y_2 + \mu y_4}{1 + \mu}\right) = (-2, 0)$，有

$$\begin{cases} \dfrac{x_1^2}{3} + y_1^2 = 1 & \text{①} \\ \dfrac{\lambda^2 x_3^2}{3} + \lambda^2 y_3^2 = \lambda^2 & \text{②} \end{cases}$$

①-②得

$$\dfrac{(x_1+\lambda x_3)(x_1-\lambda x_3)}{3(1-\lambda^2)} + \dfrac{(y_1+\lambda y_3)(y_1-\lambda y_3)}{1-\lambda^2} = 1$$

即 $\dfrac{(-2)(x_1-\lambda x_3)}{3(1-\lambda)} = 1.$

$$\begin{cases} \dfrac{x_1-\lambda x_3}{1-\lambda} = -\dfrac{3}{2} \\ \dfrac{x_1+\lambda x_3}{1+\lambda} = -2 \end{cases} \Rightarrow \begin{cases} x_1 = -\dfrac{1}{4}\lambda - \dfrac{7}{4} \\ x_3 = -\dfrac{1}{4\lambda} - \dfrac{7}{4} \end{cases} \quad \text{③}$$

同理

$$\begin{cases} \dfrac{x_2-\mu x_4}{1-\mu} = -\dfrac{3}{2} \\ \dfrac{x_2+\mu x_4}{1+\mu} = -2 \end{cases} \Rightarrow \begin{cases} x_2 = -\dfrac{1}{4}\mu - \dfrac{7}{4} \\ x_4 = -\dfrac{1}{4\mu} - \dfrac{7}{4} \end{cases} \quad \text{④}$$

故 $x_1 - x_2 = -\dfrac{1}{4}(\lambda - \mu)$ ⑤

同时 $\begin{cases} y_3 = \dfrac{y_1}{-\lambda} \\ y_4 = \dfrac{y_2}{-\mu} \end{cases}$,由于 CD 过定点 $Q\left(-\dfrac{7}{4},\dfrac{1}{4}\right)$,故

$$\dfrac{y_3 - \dfrac{1}{4}}{x_3 + \dfrac{7}{4}} = \dfrac{y_4 - \dfrac{1}{4}}{x_4 + \dfrac{7}{4}} \Rightarrow \dfrac{\dfrac{y_1}{-\lambda} - \dfrac{1}{4}}{-\dfrac{1}{4\lambda}} = \dfrac{\dfrac{y_2}{-\mu} - \dfrac{1}{4}}{-\dfrac{1}{4\mu}} \Rightarrow y_1 - y_2 = -\dfrac{1}{4}(\lambda - \mu) \quad \text{⑥}$$

结合⑤⑥可得 $\dfrac{y_1-y_2}{x_1-x_2} = 1$,即 $k = 1$.

【例7】 已知椭圆 $\dfrac{x^2}{a^2} + \dfrac{y^2}{b^2} = 1 (a > b > 0)$ 的离心率为 $\dfrac{2}{3}$,半焦距为 $c(c > 0)$,且 $a - c = 1$.经过椭圆的左焦点 F,斜率为 $k_1(k_1 \neq 0)$ 的直线与椭圆交于 A,B 两点,O 为坐标原点.

(1)求椭圆的标准方程;

(2)当 $k_1 = 1$ 时,求 $S_{\triangle AOB}$ 的值;

(3)设 $R(1,0)$,延长 AR,BR 分别与椭圆交于 C,D 两点,直线 CD 的斜率为

k_2,求证:$\dfrac{k_1}{k_2}$为定值.

【解析】 (1)由题意,得 $\begin{cases} \dfrac{c}{a} = \dfrac{2}{3} \\ a - c = 1 \end{cases}$ 解得 $\begin{cases} a = 3 \\ c = 2 \end{cases}$,所以 $b^2 = a^2 - c^2 = 5$,故椭圆 Γ 的方程为 $\dfrac{x^2}{9} + \dfrac{y^2}{5} = 1$.

(2)由(1),知 $F(-2,0)$,所以直线 AB 的方程为 $y = x + 2$,由 $\begin{cases} y = x + 2 \\ \dfrac{x^2}{9} + \dfrac{y^2}{5} = 1 \end{cases}$, $14x^2 + 36x - 9 = 0$. 设 $A(x_1, y_1), B(x_2, y_2)$,则 $x_1 + x_2 = -\dfrac{18}{7}, x_1 x_2 = -\dfrac{9}{14}$,故 $|AB| = \sqrt{2}|x_1 - x_2| = \sqrt{2} \cdot \sqrt{(x_1 + x_2)^2 - 4x_1 x_2} = \dfrac{30}{7}$. 设点 O 到直线 AB 的距离为 d,则 $d = \dfrac{|0 - 0 + 2|}{\sqrt{2}} = \sqrt{2}$. 所以 $S_{\triangle AOB} = \dfrac{1}{2}|AB| \cdot d = \dfrac{1}{2} \times \dfrac{30}{7} \times \sqrt{2} = \dfrac{15\sqrt{2}}{7}$.

(3)设 AB 直线方程:$y = k_1(x + 2)$, $A(x_1, y_1), B(x_2, y_2), C(x_3, y_3), D(x_4, y_4)$,$\overrightarrow{AR} = \lambda \overrightarrow{RC}, \overrightarrow{BR} = \mu \overrightarrow{RD}$, $\begin{cases} \dfrac{x_1 - \lambda x_3}{1 - \lambda} = 9 \\ \dfrac{x_1 + \lambda x_3}{1 + \lambda} = 1 \\ y_1 + \lambda y_3 = 0 \end{cases}$(调和分点),同理 $\begin{cases} \dfrac{x_2 - \mu x_4}{1 - \mu} = 9 \\ \dfrac{x_2 + \mu x_4}{1 + \mu} = 1 \\ y_2 + \mu y_4 = 0 \end{cases}$(调和分点),所以 $\begin{cases} x_1 = 5 - 4\lambda \\ x_3 = 5 - \dfrac{4}{\lambda} \end{cases}$, $\begin{cases} x_2 = 5 - 4\mu \\ x_4 = 5 - \dfrac{4}{\mu} \end{cases}$.

$$\dfrac{y_3 - y_4}{x_3 - x_4} = \dfrac{-\dfrac{y_1}{\lambda} - \dfrac{y_2}{\mu}}{(5 - \dfrac{4}{\lambda}) - (5 - \dfrac{4}{\mu})} = \dfrac{-\dfrac{k_1 x_1 + 2k}{\lambda} + \dfrac{k_1 x_2 + 2k}{\mu}}{-\dfrac{4}{\lambda} + \dfrac{4}{\mu}}$$

$$= \dfrac{-\dfrac{k_1(5 - 4\lambda) + 2k}{\lambda} + \dfrac{k_1(5 - 4\mu) + 2k}{\mu}}{-\dfrac{4}{\lambda} + \dfrac{4}{\mu}} = \dfrac{-7(\dfrac{1}{\lambda} - \dfrac{1}{\mu})k_1}{-4(\dfrac{1}{\lambda} - \dfrac{1}{\mu})} = \dfrac{7}{4}k_1$$

故 $\dfrac{k_1}{k_2} = \dfrac{4}{7}$.

评注 若出现相交弦共点在坐标轴上的时候,常规联立非常繁琐,那么将坐标变换成比值,达到事半功倍的效果.

5. 向量共线问题

一般地,我们解答直线与圆锥曲线问题,已经形成一种习惯,利用一元二次方程的判别式研究范围,利用根与系数的关系研究有关参数的关系,称为"设而不求",事实上有时候"设而求"也可能比"设而不求"更加简单,避开了一元二次方程的判别式与根与系数的关系研究有关参数的关系.

【例8】 (2014·新课标Ⅱ卷)设 F_1,F_2 分别是椭圆 $\frac{x^2}{a^2}+\frac{y^2}{b^2}=1(a>b>0)$ 的左、右焦点,M 是 C 上一点且 MF_2 与 x 轴垂直,直线 MF_1 与 C 的另一个交点为 N.

(1)若直线 MN 的斜率为 $\frac{3}{4}$,求 C 的离心率;

(2)若直线 MN 在 y 轴上的截距为 2,且 $|MN|=5|F_1N|$,求 a,b.

【解析】 (1)解法1:因为直线 MN 的斜率为 $\frac{3}{4}$,所以在 $Rt\triangle MF_1F_2$ 中,$\frac{|MF_2|}{2c}=\frac{3}{4}$,所以 $|MF_2|=\frac{3}{2}c$,由勾股定理得 $|MF_1|=\frac{5}{2}c$,由椭圆定义得 $|MF_1|+|MF_2|=2a$. 所以 $\frac{3}{2}c+\frac{5}{2}c=2a$,即:$a=2c$,所以 $\frac{c}{a}=\frac{1}{2}$,即 $e=\frac{1}{2}$.

解法2:由已知得 $M(c,\frac{b^2}{a})$,$F_1(-c,0)$,所以 $k_{MN}=k_{MF_1}=\frac{\frac{b^2}{a}}{2c}=\frac{3}{4}$,所以 $2b^2=3ac$,即 $2(a^2-c^2)=3ac$,$2c^2+3ac-2a^2=0$,所以 $2e^2+3e-2=0$,即 $e=\frac{1}{2}$.

(2)解法1:由题意知:原点 O 为 F_1F_2 的中点,$MF_2 \parallel y$ 轴,所以直线 MF_1 与 y 轴的交点 $D(0,2)$ 是线段 MF_1 的中点,故 $\frac{b^2}{a}=4$,即

$$b^2=4a \qquad ①$$

因为 $|MN|=5|F_1N|$,所以 $|MF_1|=4|F_1N|$,$\overrightarrow{MF_1}=4\overrightarrow{F_1N}$,设 $N(x_1,y_1)$,所以 $(-2c,-\frac{b^2}{a})=4(x_1+c,y_1)$,$\begin{cases}-2c=4(x_1+c)\\-\frac{b^2}{a}=4y_1\end{cases}$. 所以 $x_1=-\frac{3}{2}c$,$y_1=-\frac{b^2}{4a}=-1$,即 $N(-\frac{3}{2}c,-1)$,设椭圆方程为:$\frac{x^2}{a^2}+\frac{y^2}{b^2}=1$,因为 $b^2=4a$,所以椭圆方程

为：$\dfrac{x^2}{a^2}+\dfrac{y^2}{4a}=1$，把 $N(-\dfrac{3}{2}c,-1)$ 代入 $\dfrac{x^2}{a^2}+\dfrac{y^2}{4a}=1$ 得 $\dfrac{9c^2}{4a^2}+\dfrac{1}{4a}=1$，将 $c^2=a^2-b^2=a^2-4a$，代入得 $\dfrac{9(a^2-4a)}{4a^2}+\dfrac{1}{4a}=1$，解得 $a=7,b=2\sqrt{7}$．

解法2：由题意知原点 O 为 F_1F_2 的中点，$MF_2 /\!/ y$ 轴，所以直线 MF_1 与 y 轴的交点 $D(0,2)$ 是线段 MF_1 的中点，故 $\dfrac{b^2}{a}=4$，即
$$b^2=4a \qquad\qquad ②$$

因为 $|MN|=5|F_1N|$，所以 $|MF_1|=4|F_1N|$，设 $N(x_1,y_1)$，所以 $\dfrac{b^2}{a}=-4y_1$，即 $y_1=-1$，又因为 $k_{NF_1}=k_{F_1D}$，所以 $\dfrac{1}{-c-x_1}=\dfrac{2}{c}$，$x_1=-\dfrac{3}{2}c$，$y_1=-\dfrac{b^2}{4a}=-1$．

即 $N(-\dfrac{3}{2}c,-1)$，下同解法1．

解法3：由题意知原点 O 为 F_1F_2 的中点，$MF_2 /\!/ y$ 轴，所以直线 MF_1 与 y 轴的交点 $D(0,2)$ 是线段 MF_1 的中点，故 $\dfrac{b^2}{a}=4$，即：$b^2=4a$，所以设 $M(x_1,4)$，$N(x_2,y_2)$，因为 $|MN|=5|F_1N|$，所以 $|MF_1|=4|F_1N|$，所以 $4=-4y_2$，$y_2=-1$，设椭圆方程为：$\dfrac{x^2}{a^2}+\dfrac{y^2}{b^2}=1$，因为直线 MN 在 y 轴上的截距为2，所以设直线 MN 的方程为 $x=m(y-2)$，联立直线 MN 与椭圆方程得 $(4m^2+a)y^2-16m^2y+4(4m^2-a^2)=0$，由韦达定理得
$$4+(-1)=\dfrac{16m^2}{4m^2+a} \qquad\qquad ③$$

又因为 $k_{MN}=\dfrac{c}{2}$，所以 $m=\dfrac{c}{2}$，代入③得 $3a+3c^2=4c^2$，所以 $c^2=3a$，$a^2-b^2=3a$，又因为 $b^2=4a$，所以 $a^2-4a=3a$，得 $a=7,b=2\sqrt{7}$．

解法4：先研究焦点弦问题：对于椭圆 $C:\dfrac{x^2}{a^2}+\dfrac{y^2}{b^2}=1(a>b>0)$ 来研究如图14所示的情况，直线 MN 为椭圆 $C:\dfrac{x^2}{a^2}+\dfrac{y^2}{b^2}=1(a>b>0)$ 的准线，直线 BP 平行于直线 MN，直线 FR 平行于直线 MN（其中令 $\angle AFO=\theta$ 为直线 AB 的倾斜角），因为 $|FQ|=|OQ|-|OF|=\dfrac{a^2}{c}-c=\dfrac{b^2}{c}$（准焦距），由椭圆的第二定义得：因为 $\dfrac{|AF|}{|AN|}=e$（其中 $e=\dfrac{c}{a}$），所以 $|AF|=e|AN|=e(|NR|+|AR|)=e(|FQ|+$

$|AR|) = e(\dfrac{b^2}{c} + |AF|\cos\theta) = \dfrac{b^2}{a} + e|AF|\cos\theta.$

所以 $|AF| = \dfrac{b^2}{a(1-e\cos\theta)} = \dfrac{b^2}{a-c\cos\theta}$,同理可得

$|BF| = \dfrac{b^2}{a(1+e\cos\theta)} = \dfrac{b^2}{a+c\cos\theta}$

弦长 $|AB| = |AF| + |BF| = \dfrac{b^2}{a-c\cos\theta} + \dfrac{b^2}{a+c\cos\theta} = \dfrac{2ab^2}{a^2-c^2\cos^2\theta}$

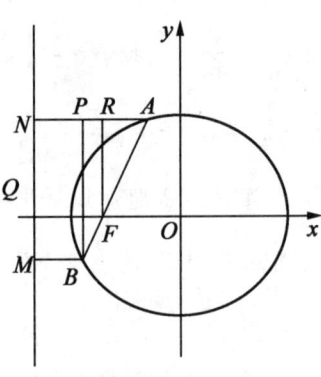

图 14

设直线 MN 的倾斜角为 θ,则 $\tan\theta = \dfrac{2}{c}$,则 $\cos\theta = \dfrac{c}{\sqrt{c^2+4}}$,利用结论 1 可得:$|MF_1| = \dfrac{b^2}{a-c\cos\theta}$,$|NF_1| = \dfrac{b^2}{a+c\cos\theta}$,因为 $|MN| = 5|F_1N|$,所以 $|MF_1| = 4|F_1N|$,$\dfrac{b^2}{a-c\cos\theta} = \dfrac{4b^2}{a+c\cos\theta}$,解得 $3a = 5c\cos\theta$,所以 $\cos\theta = \dfrac{3a}{5c}$.

即 $\dfrac{3a}{5c} = \dfrac{c}{\sqrt{c^2+4}}$,所以把 $b^2 = 4a$ 代入上式得:$4a^2 - 41a + 91 = 0$,得 $a = 7$,$b = 2\sqrt{7}$.

解法 5:设直线 MN 的倾斜角为 θ,则 $\tan\theta = \dfrac{2}{c}$,则 $\cos\theta = \dfrac{c}{\sqrt{c^2+4}}$,利用结论 2 可得:椭圆的弦长公式 $|MN| = \dfrac{2ab^2}{a^2-c^2\cos^2\theta}$,$|NF_1| = \dfrac{b^2}{a+c\cos\theta}$,因为 $|MN| = 5|F_1N|$,所以 $\dfrac{2ab^2}{a^2-c^2\cos^2\theta} = \dfrac{5b^2}{a+c\cos\theta}$,得 $2ac\cos\theta = 3a^2 - 5c^2\cos^2\theta$,把 $\cos\theta = \dfrac{c}{\sqrt{c^2+4}}$ 代入上式得:$2a\dfrac{c^2}{\sqrt{c^2+4}} = 3a^2 - 5c^2\dfrac{c^2}{c^2+4}$,将 $c^2 = a^2 - b^2 = a^2 - 4a$,代入上式得:$a = 7$,$b = 2\sqrt{7}$.

评注 由解法 4 得到两个重要结论:

(1) 椭圆的焦半径公式 $|AF| = \dfrac{b^2}{a(1-e\cos\theta)} = \dfrac{b^2}{a-c\cos\theta}$ 和 $|BF| = \dfrac{b^2}{a(1+e\cos\theta)} = \dfrac{b^2}{a+c\cos\theta}$

(2) 椭圆的弦长公式 $|AB| = \dfrac{2ab^2}{a^2-c^2\cos^2\theta}$.

【例9】 已知椭圆 C 的焦点为 $F_1(-1,0),F_2(1,0)$,过 F_2 的直线与 C 交于 A,B 两点,若 $|AF_2|=2|F_2B|$,$|AB|=|BF_1|$,则 C 的方程为 (　　)

A. $\dfrac{x^2}{2}+y^2=1$　　B. $\dfrac{x^2}{3}+\dfrac{y^2}{2}=1$　　C. $\dfrac{x^2}{4}+\dfrac{y^2}{3}=1$　　D. $\dfrac{x^2}{5}+\dfrac{y^2}{4}=1$

【解析】 设 $|BF_2|=x$,在 $\triangle F_1BA$ 中,由余弦定理得:$\cos\angle F_1AB=\dfrac{1}{3}$,在 $\triangle F_1AF_2$ 中,由余弦定理得:$x=\dfrac{\sqrt{3}}{2}$,所以 $2a=4x=2\sqrt{3}$,所以 $a=\sqrt{3},b=\sqrt{2}$,所以选 B.

【例10】 如图 15 所示,在平面直角坐标系 xOy 中,设椭圆 $E:\dfrac{x^2}{a^2}+\dfrac{y^2}{b^2}=1(a>b>0)$,其中 $b=\dfrac{\sqrt{3}}{2}a$,过椭圆 E 内一点 $P(1,1)$ 的两条直线分别与椭圆交于点 A,C 和 B,D,且满足 $\overrightarrow{AP}=\lambda\overrightarrow{PC},\overrightarrow{BP}=\lambda\overrightarrow{PD}$,其中 λ 为正常数. 当点 C 恰为椭圆的右顶点时,对应的 $\lambda=\dfrac{5}{7}$.

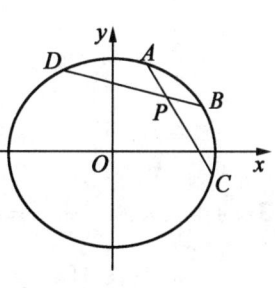

图 15

(1) 求椭圆 E 的离心率;

(2) 求 a 与 b 的值;

(3) 当 λ 变化时,k_{AB} 是否为定值?若是,请求出此定值;若不是,请说明理由.

【解析】 (1) 因为 $b=\dfrac{\sqrt{3}}{2}a$,所以 $b^2=\dfrac{3}{4}a^2$,得 $a^2-c^2=\dfrac{3}{4}a^2$,即 $\dfrac{1}{4}a^2=c^2$,所以离心率 $e=\dfrac{c}{a}=\dfrac{1}{2}$.

(2) 因为 $C(a,0),\lambda=\dfrac{5}{7}$,所以由 $\overrightarrow{AP}=\lambda\overrightarrow{PC}$,得 $A\left(\dfrac{12-5a}{7},\dfrac{12}{7}\right)$,将它代入到椭圆方程中,得 $\dfrac{(12-5a)^2}{49a^2}+\dfrac{12^2}{49\times\dfrac{3}{4}a^2}=1$,解得 $a=2$,所以 $a=2,b=\sqrt{3}$.

(3) 解法 1:设 $A(x_1,y_1),B(x_2,y_2),C(x_3,y_3),D(x_4,y_4)$,由 $\overrightarrow{AP}=\lambda\overrightarrow{PC}$,得 $\begin{cases}x_3=\dfrac{1-x_1}{\lambda}+1\\ y_3=\dfrac{1-y_1}{\lambda}+1\end{cases}$,又椭圆的方程为 $\dfrac{x^2}{4}+\dfrac{y^2}{3}=1$,所以由 $\dfrac{x_1^2}{4}+\dfrac{y_1^2}{3}=1,\dfrac{x_3^2}{4}+\dfrac{y_3^2}{3}=1$,得

$$3x_1^2 + 4y_1^2 = 12 \qquad ①$$

且 $$3(\frac{1-x_1}{\lambda}+1)^2 + 4(\frac{1-y_1}{\lambda}+1)^2 = 12 \qquad ②$$

由②得

$$\frac{1}{\lambda^2}[3(1-x_1)^2 + 4(1-y_1)^2] + \frac{2}{\lambda}[3(1-x_1) + 4(1-y_1)] = 5$$

即

$$\frac{1}{\lambda^2}[(3x_1^2 + 4y_1^2) + 7 - 2(3x_1 + 4y_1)] + \frac{2}{\lambda}[7 - (3x_1 + 4y_1)] = 5$$

结合①,得 $3x_1 + 4y_1 = \dfrac{19 + 14\lambda - 5\lambda^2}{2\lambda + 2} = \dfrac{19 - 5\lambda}{2}$.

同理,有 $3x_2 + 4y_2 = \dfrac{19 + 14\lambda - 5\lambda^2}{2\lambda + 2} = \dfrac{19 - 5\lambda}{2}$ (可不化简),所以 $3x_1 + 4y_1 = 3x_2 + 4y_2$,从而 $\dfrac{y_1 - y_2}{x_1 - x_2} = -\dfrac{3}{4}$,即 $k_{AB} = -\dfrac{3}{4}$ 为定值.

解法2:设 $A(x_1, y_1), B(x_2, y_2), C(x_3, y_3), D(x_4, y_4)$.

由 $\overrightarrow{AP} = \lambda \overrightarrow{PC}$,得 $\begin{cases} x_1 + \lambda x_3 = 1 + \lambda \\ y_1 + \lambda y_3 = 1 + \lambda \end{cases}$,同理 $\begin{cases} x_2 + \lambda x_4 = 1 + \lambda \\ y_2 + \lambda y_4 = 1 + \lambda \end{cases}$.

将 A, B 坐标代入椭圆方程得 $\begin{cases} 3x_1^2 + 4y_1^2 = 12 \\ 3x_2^2 + 4y_2^2 = 12 \end{cases}$,两式相减得 $3(x_1 + x_2)(x_1 - x_2) + 4(y_1 + y_2)(y_1 - y_2) = 0$,即 $3(x_1 + x_2) + 4(y_1 + y_2)k_{AB} = 0$.

同理,$3(x_3 + x_4) + 4(y_3 + y_4)k_{CD} = 0$,而 $k_{AB} = k_{CD}$,所以 $3(x_3 + x_4) + 4(y_3 + y_4)k_{AB} = 0$.

所以 $3\lambda(x_3 + x_4) + 4\lambda(y_3 + y_4)k_{AB} = 0$.

所以 $3(x_1 + \lambda x_3 + x_2 + \lambda x_4) + 4(y_1 + \lambda y_3 + y_2 + \lambda y_4)k_{AB} = 0$.

即 $6(1 + \lambda) + 8(1 + \lambda)k_{AB} = 0$,所以 $k_{AB} = -\dfrac{3}{4}$ 为定值.

【例11】 如图16,已知椭圆长轴端点为 A, B,弦 EF 与 AB 交于点 D,原点 O 为椭圆中心,且 $OD = 1, 2\overrightarrow{DE} + \overrightarrow{DF} = \mathbf{0}, \angle FDO = \dfrac{\pi}{4}$. 求椭圆长轴长的取值范围.

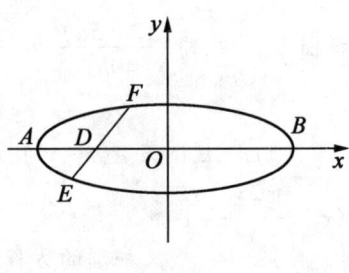

图16

【解析】 设椭圆方程为 $\dfrac{x^2}{a^2} + \dfrac{y^2}{b^2} = 1 (a >$

$b>0)$,设 $E(x_1,y_1),F(x_2,y_2)$,由 $2\overrightarrow{DE}+\overrightarrow{DF}=\mathbf{0}$,得 $2(x_1+1,y_1)+(x_2+1,y_2)=(0,0)$,即 $2x_1+x_2+3=0, 2y_1+y_2=0$,又 $\dfrac{x_1^2}{a^2}+\dfrac{y_1^2}{b^2}=1, \dfrac{x_2^2}{a^2}+\dfrac{y_2^2}{b^2}=1$. 联立四个等式先消去 x_2,y_2 有 $\dfrac{(2x_1+3)^2}{a^2}+\dfrac{4y_1^2}{b^2}=1$,再联立 $\dfrac{x_1^2}{a^2}+\dfrac{y_1^2}{b^2}=1$ 消去 y_1,可以解得 $x_1=\dfrac{-a^2-3}{4}$. 又因为 $-a<x_1<a$,于是 $-a<\dfrac{-a^2-3}{4}<a$,即 $a^2-4a+3<0$,解得

$$1<a<3 \qquad\qquad ①$$

又因为 $\angle FDO=\dfrac{\pi}{4}$,所以 EF 的方程为 $y=x+1$,由 $x_1=\dfrac{-a^2-3}{4}$,得 $y_1=\dfrac{-a^2+1}{4}$,把 (x_1,y_1) 代入 $\dfrac{x_1^2}{a^2}+\dfrac{y_1^2}{b^2}=1$ 得 $\left(\dfrac{-a^2-3}{4}\right)^2\cdot\dfrac{1}{a^2}+\left(\dfrac{-a^2+1}{4}\right)^2\cdot\dfrac{1}{b^2}=1$,$\dfrac{(a^2+3)^2}{a^2}+\dfrac{(a^2-1)^2}{b^2}=16$,又 $a^2>b^2$,所以 $\dfrac{(a^2+3)^2}{a^2}+\dfrac{(a^2-1)^2}{a^2}<16$.

去分母整理得 $a^4-6a^2+5<0$,解得

$$1<a^2<5 \qquad\qquad ②$$

由①②的 $1<a<\sqrt{5}$,所以 $2<2a<2\sqrt{5}$,即椭圆长轴长的取值范围是 $(2,2\sqrt{5})$.

评注 要善于观察思考,具体问题具体分析,选用合理的方法,突破思维定势,提高创新思维能力.

【例12】 设椭圆 $C:\dfrac{x^2}{a^2}+\dfrac{y^2}{2}=1(a>0)$ 的左、右焦点分别为 F_1,F_2,A 是椭圆 C 上的一点,且 $\overrightarrow{AF_2}\cdot\overrightarrow{F_1F_2}=0$,坐标原点 O 到直线 AF_1 的距离为 $\dfrac{1}{3}|OF_1|$.

(1)求椭圆 C 的方程;

(2)设 Q 是椭圆 C 上的一点,过 Q 的直线 l 交 x 轴于点 $P(-1,0)$,交 y 轴于点 M,若 $\overrightarrow{MQ}=2\overrightarrow{QP}$,求直线 l 的方程.

【解析】 (1)由题设知 $F_1(-\sqrt{a^2-2},0), F_2(\sqrt{a^2-2},0)$. 由于 $\overrightarrow{AF_2}\cdot\overrightarrow{F_1F_2}=0$,则有 $\overrightarrow{AF_2}\perp\overrightarrow{F_1F_2}$,所以点 A 的坐标为 $\left(\sqrt{a^2-2},\pm\dfrac{2}{a}\right)$,故 AF_1 所在直线方程为 $y=\pm\left(\dfrac{x}{a\sqrt{a^2-2}}+\dfrac{1}{a}\right)$,所以坐标原点 O 到直线 AF_1 的距离为 $\dfrac{\sqrt{a^2-2}}{a^2-1}(a>\sqrt{2})$,又 $|OF_1|=\sqrt{a^2-2}$,所以 $\dfrac{\sqrt{a^2-2}}{a^2-1}=\dfrac{1}{3}\sqrt{a^2-2}$,解得 $a=$

$2(a>\sqrt{2})$,所求椭圆的方程为 $\dfrac{x^2}{4}+\dfrac{y^2}{2}=1$.

(2)由题意知直线 l 的斜率存在,设直线 l 的方程为 $y=k(x+1)$,则有 $M(0,k)$,设 $Q(x_1,y_1)$,由于 $\overrightarrow{MQ}=2\overrightarrow{QP}$,所以 $(x_1,y_1-k)=2(-1-x_1,-y_1)$,解得 $x_1=-\dfrac{2}{3},y_1=\dfrac{k}{3}$.又 Q 在椭圆 C 上,得 $\dfrac{(-\dfrac{2}{3})^2}{4}+\dfrac{(\dfrac{k}{3})^2}{2}=1$,解得 $k=\pm 4$,故直线 l 的方程为 $y=4(x+1)$ 或 $y=-4(x+1)$,即 $4x-y+4=0$ 或 $4x+y+4=0$.

【例13】 椭圆的中心为原点 O,焦点在 y 轴上,离心率 $e=\dfrac{\sqrt{6}}{3}$,过 $P(0,1)$ 的直线 l 与椭圆交于 A,B 两点,且 $\overrightarrow{AP}=2\overrightarrow{PB}$,求 $\triangle AOB$ 面积的最大值及取得最大值时椭圆的方程.

【解析】 设椭圆的方程为 $\dfrac{y^2}{a^2}+\dfrac{x^2}{b^2}=1(a>b>0)$,直线 l 的方程为 $y=kx+1$,$A(x_1,y_1)$,$B(x_2,y_2)$.因为 $e=\dfrac{\sqrt{6}}{3}$,所以 $c^2=\dfrac{2}{3}a^2$,$b^2=\dfrac{1}{3}a^2$,则椭圆方程可化为 $\dfrac{y^2}{3b^2}+\dfrac{x^2}{b^2}=1$,即 $3x^2+y^2=3b^2$,联立 $\begin{cases}3x^2+y^2=3b^2\\y=kx+1\end{cases}$,得

$$(3+k^2)x^2+2kx+1-3b^2=0 \quad (*)$$

有 $x_1+x_2=-\dfrac{2k}{3+k^2}$,而由已知 $\overrightarrow{AP}=2\overrightarrow{PB}$,有 $x_1=-2x_2$,代入得 $x_2=\dfrac{2k}{3+k^2}$,所以

$$S_{\triangle AOB}=\dfrac{1}{2}\times|OP|\times|x_1-x_2|=\dfrac{3}{2}|x_2|=\dfrac{3|k|}{3+k^2}\leq\dfrac{3|k|}{2\sqrt{3}|k|}=\dfrac{\sqrt{3}}{2}$$

当且仅当 $k=\pm\sqrt{3}$ 时取等号,由 $x_2=\dfrac{2k}{3+k^2}$ 得 $x_2=\pm\dfrac{\sqrt{3}}{2}$,将 $\begin{cases}k=\sqrt{3}\\x=\dfrac{\sqrt{3}}{3}\end{cases}$,$\begin{cases}k=-\sqrt{3}\\x=-\dfrac{\sqrt{3}}{3}\end{cases}$ 代入式 $(*)$ 得 $b^2=\dfrac{5}{3}$,所以 $\triangle AOB$ 面积的最大值为 $\dfrac{\sqrt{3}}{2}$,取得最大值时椭圆的方程为 $\dfrac{y^2}{5}+\dfrac{x^2}{\dfrac{5}{3}}=1$.

圆锥曲线的奥秘

【例14】 已知直线 $l: y = kx + 1$，椭圆 $E: \dfrac{x^2}{9} + \dfrac{y^2}{m^2} = 1(m > 0)$.

(1)若不论 k 取何值，直线 l 与椭圆 E 恒有公共点，试求出 m 的取值范围及椭圆离心率 e 关于 m 的函数式；

(2)当 $k = \dfrac{\sqrt{10}}{3}$ 时，直线 l 与椭圆 E 相交于 A,B 两点，与 y 轴交于点 M，若 $\overrightarrow{AM} = 2\overrightarrow{MB}$，求椭圆 E 方程.

【解析】 (1)因为直线 l 恒过定点 $M(0,1)$，且直线 l 与椭圆 E 恒有公共点，所以点 $M(0,1)$ 在椭圆 E 上或其内部，得 $\dfrac{0^2}{9} + \dfrac{1^2}{m^2} \leq 1(m>0)$，解得 $m \geq 1$，且 $m \neq 3$.（联立方程组，用判别式法也可）

当 $1 \leq m < 3$ 时，椭圆的焦点在 x 轴上，$e = \dfrac{\sqrt{9-m^2}}{3}$；当 $m > 3$ 时，椭圆的焦点在 y 轴上，$e = \dfrac{\sqrt{m^2-9}}{m}$，所以 $e = \begin{cases} \dfrac{\sqrt{9-m^2}}{3} & (1 \leq m < 3) \\ \dfrac{\sqrt{m^2-9}}{m} & (m > 3) \end{cases}$.

(2)由 $\begin{cases} y = \dfrac{\sqrt{10}}{3}x + 1 \\ \dfrac{x^2}{9} + \dfrac{y^2}{m^2} = 1 \end{cases}$，消去 y 得 $(m^2 + 10)x^2 + 6\sqrt{10}x + 9(1 - m^2) = 0$. 设 $A(x_1, y_1), B(x_2, y_2)$，则

$$x_1 + x_2 = -\dfrac{6\sqrt{10}}{m^2 + 10} \qquad ①$$

$$x_1 x_2 = \dfrac{9(1 - m^2)}{m^2 + 10} \qquad ②$$

因为 $M(0,1)$，所以由 $\overrightarrow{AM} = 2\overrightarrow{MB}$，得

$$x_1 = -2x_2 \qquad ③$$

由①③得

$$x_2 = \dfrac{6\sqrt{10}}{m^2 + 10} \qquad ④$$

将③④代入②得 $-2\left(\dfrac{6\sqrt{10}}{m^2+10}\right)^2 = \dfrac{9(1-m^2)}{m^2+10}$，解得 $m^2 = 6$（$m^2 = -15$ 不合题

意,舍去).所以椭圆 E 的方程为 $\dfrac{x^2}{9}+\dfrac{y^2}{6}=1$.

【例 15】 已知:椭圆 $\dfrac{x^2}{a^2}+\dfrac{y^2}{b^2}=1(a>b>0)$,过点 $A(-a,0)$,$B(0,b)$ 的直线倾斜角为 $\dfrac{\pi}{6}$,原点到该直线的距离为 $\dfrac{\sqrt{3}}{2}$.

(1)求椭圆的方程;

(2)斜率大于零的直线过 $D(-1,0)$ 与椭圆交于 E,F 两点,若 $\overrightarrow{ED}=2\overrightarrow{DF}$,求直线 EF 的方程;

(3)是否存在实数 k,直线 $y=kx+2$ 交椭圆于 P,Q 两点,以 PQ 为直径的圆过点 $D(-1,0)$? 若存在,求出 k 的值;若不存在,请说明理由.

【解析】 (1)由 $\dfrac{b}{a}=\dfrac{\sqrt{3}}{3}$,$\dfrac{1}{2}a\cdot b=\dfrac{1}{2}\cdot\dfrac{\sqrt{3}}{2}\cdot\sqrt{a^2+b^2}$,得 $a=\sqrt{3}$,$b=1$,所以椭圆方程是 $\dfrac{x^2}{3}+y^2=1$.

(2)设 $EF:x=my-1(m>0)$ 代入 $\dfrac{x^2}{3}+y^2=1$,得 $(m^2+3)y^2-2my-2=0$.

设 $E(x_1,y_1)$,$F(x_2,y_2)$,由 $\overrightarrow{ED}=2\overrightarrow{DF}$,得 $y_1=-2y_2$.由 $y_1+y_2=-y_2=\dfrac{2m}{m^2+3}$,$y_1 y_2=-2y_2^2=\dfrac{-2}{m^2+3}$ 得 $\left(-\dfrac{2m}{m^2+3}\right)^2=\dfrac{1}{m^2+3}$,所以 $m=1$,$m=-1$(舍去),直线 EF 的方程为 $x=y-1$,即 $x-y+1=0$.

(3)将 $y=kx+2$ 代入 $\dfrac{x^2}{3}+y^2=1$,得

$$(3k^2+1)x^2+12kx+9=0 \qquad (*)$$

记 $P(x_1,y_1)$,$Q(x_2,y_2)$,PQ 为直径的圆过 $D(-1,0)$,则 $PD\perp QD$,即 $(x_1+1,y_1)\cdot(x_2+1,y_2)=(x_1+1)(x_2+1)+y_1 y_2=0$,又 $y_1=kx_1+2$,$y_2=kx_2+2$,得 $(k^2+1)x_1 x_2+(2k+1)(x_1+x_2)+5=\dfrac{-12k+14}{3k^2+1}=0$. 解得 $k=\dfrac{7}{6}$,此时 $(*)$ 方程 $\Delta>0$,故存在 $k=\dfrac{7}{6}$,满足题设条件.

达标训练题

1.已知椭圆的长轴长为 $2a$,焦点是 $F_1(-\sqrt{3},0)$,$F_2(\sqrt{3},0)$,点 F_1 到直线 $x=-\dfrac{a^2}{\sqrt{3}}$ 的距离为 $\dfrac{\sqrt{3}}{3}$,过点 F_2 且倾斜角为锐角的直线 l 与椭圆交于 A,B 两点,

使得$|F_2B|=3|F_2A|$.

(1)求椭圆的方程;

(2)求直线l的方程.

2. 已知抛物线$x^2=8y$的焦点为F,A,B是抛物线上的两动点,且$\overrightarrow{AF}=\lambda\overrightarrow{FB}$($\lambda>0$),过$A$,$B$两点分别作抛物线的切线,设其交点为$M$:

(1)证明:线段FM被x轴平分;

(2)计算$\overrightarrow{FM}\cdot\overrightarrow{AB}$的值;

(3)求证:$|FM|^2=|FA|\cdot|FB|$.

3. 已知A,B两点在抛物线$C:x^2=4y$上,点$M(0,4)$满足$\overrightarrow{MA}=\lambda\overrightarrow{BM}$.

(1)求证:$\overrightarrow{OA}\perp\overrightarrow{OB}$;

(2)设抛物线C过A,B两点的切线交于点N:

①求证:点N在一定直线上;

②设$4\leq\lambda\leq 9$,求直线MN在x轴上截距的取值范围.

4. 已知椭圆C的中心为坐标原点O,一个长轴端点为$(0,1)$,短轴端点和焦点所组成的四边形为正方形,直线l与y轴交于点$P(0,m)$,与椭圆C交于相异两点A,B,且$\overrightarrow{AP}=3\overrightarrow{PB}$.

(1)求椭圆方程;

(2)求m的取值范围.

5. 已知椭圆C的中心在坐标原点,焦点在x轴上,它的一个顶点恰好是抛物线$y=\dfrac{1}{4}x^2$的焦点,离心率为$\dfrac{2\sqrt{5}}{5}$.

(1)求椭圆C的标准方程;

(2)过椭圆C的右焦点作直线l交椭圆C于A,B两点,交y轴于点M,若$\overrightarrow{MA}=\lambda_1\overrightarrow{AF}$,$\overrightarrow{MB}=\lambda_2\overrightarrow{BF}$,求证:$\lambda_1+\lambda_2$为定值.

6. 给定抛物线$C:y^2=4x$,F是抛物线C的焦点,过F的直线l与抛物线C相交于A,B两点,且$\overrightarrow{FB}=\lambda\overrightarrow{AF}$,$\lambda\in[4,9]$,求$l$在$y$轴上截距的变化范围.

7. 如图17所示,已知点F为抛物线$C:y^2=4x$的焦点,点P是准线l上的动点,直线PF交抛物线C于A,B两点,若点P的纵坐标为$m(m\neq 0)$,点D为准线l与x轴的交点.

(1)求直线PF的方程;

(2)求$\triangle DAB$的面积S范围;

(3) 设 $\overrightarrow{AF} + \lambda \overrightarrow{FB}, \overrightarrow{AP} = \mu \overrightarrow{PB}$，求证：$\lambda + \mu$ 为定值.

8. 已知椭圆的中心为坐标原点 O，焦点在 x 轴上，斜率为 1 且过椭圆右焦点 F 的直线交椭圆于 A, B 两点，$\overrightarrow{OA} + \overrightarrow{OB}$ 与 $\mathbf{a} = (3, -1)$ 共线.

(1) 求椭圆的离心率；

(2) 设 M 为椭圆上任意一点，且 $\overrightarrow{OM} = \lambda \overrightarrow{OA} + \mu \overrightarrow{OB}(\lambda, \mu \in \mathbf{R})$，证明：$\lambda^2 + \mu^2$ 为定值.

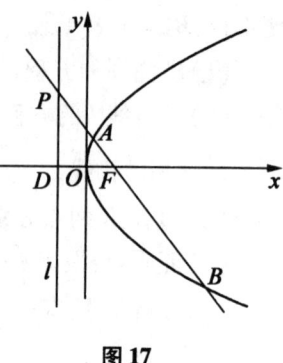

图 17

达标训练题解析

1. 【解析】 (1) 因为 F_1 到直线 $x = -\dfrac{a^2}{\sqrt{3}}$ 的距离为 $\dfrac{\sqrt{3}}{3}$，所以 $-\sqrt{3} + \dfrac{a^2}{\sqrt{3}} = \dfrac{\sqrt{3}}{3}$. 故 $a^2 = 4$. 而 $c = \sqrt{3}$，所以 $b^2 = a^2 - c^2 = 1$. 因为椭圆的焦点在 x 轴上，所以所求椭圆的方程为 $\dfrac{x^2}{4} + y^2 = 1$.

(2) 设 $A(x_1, y_1), B(x_2, y_2)$.

因为 $|F_2B| = 3|F_2A|, \overrightarrow{BF_2} = 3\overrightarrow{F_2A}$，所以 $\begin{cases} x_2 = 4\sqrt{3} - 3x_1 \\ y_2 = -3y_1 \end{cases}$.

因为 A, B 在椭圆 $\dfrac{x^2}{4} + y^2 = 1$ 上，所以 $\dfrac{x_1^2}{4} + y_1^2 = 1, \dfrac{x_2^2}{4} + y_2^2 = 1$.

故 $\dfrac{9x_1^2}{4} + 9y_1^2 = 9$ ①

$\dfrac{3(4 - \sqrt{3}x_1)^2}{4} + 9y_1^2 = 1$ ②

由①②得

故 $\begin{cases} x_1 = \dfrac{10}{3\sqrt{3}} \\ y_1 = \dfrac{\sqrt{2}}{3\sqrt{3}} \end{cases}$ 取正值，所以 l 的斜率为 $\dfrac{\dfrac{\sqrt{2}}{3\sqrt{3}} - 0}{\dfrac{10}{3\sqrt{3}} - \sqrt{3}} = \sqrt{2}$.

故 l 的方程为 $y = \sqrt{2}(x - \sqrt{3})$，即 $\sqrt{2}x - y - \sqrt{6} = 0$.

2. 【解析】 (1) 设 $A\left(x_1, \dfrac{x_1^2}{8}\right), B\left(x_2, \dfrac{x_2^2}{8}\right)$，由 $y = \dfrac{x^2}{8}$ 得 $y' = \dfrac{x}{4}$，直线 AM 的方

程为 $y - \dfrac{x_1^2}{8} = \dfrac{x_1}{4}(x - x_1)$，直线 BM 的方程为 $y - \dfrac{x_2^2}{8} = \dfrac{x_2}{4}(x - x_2)$.

解方程组得 $x = \dfrac{x_1 + x_2}{2}$，$y = \dfrac{x_1 x_2}{8}$，即 $M\left(\dfrac{x_1 + x_2}{2}, \dfrac{x_1 x_2}{8}\right)$，$F(0,2)$，由已知，$A,B,F$ 三点共线，设直线 AB 的方程为 $y = kx + 2$，与抛物线方程 $x^2 = 8y$ 联立消 y 可得 $x^2 - 8kx - 16 = 0$，所以 $x_1 + x_2 = 8k$，$x_1 x_2 = -16$. 所以点 M 的纵坐标为 -2，所以线段 FM 中点的纵坐标 O，即线段 FM 被 x 轴平分.

(2) $\overrightarrow{FM} = (4k, -4)$，$\overrightarrow{AB} = \left(x_2 - x_1, \dfrac{x_2^2 - x_1^2}{8}\right)$.

所以

$$\overrightarrow{FM} \cdot \overrightarrow{AB} = 4k(x_2 - x_1) - \dfrac{(x_2 - x_1)(x_2 + x_1)}{2} = (x_2 - x_1)\left(4k - \dfrac{x_1 + x_2}{2}\right) = 0$$

(3) 因为

$$\overrightarrow{AM} = \left(\dfrac{x_2 - x_1}{2}, -2 - \dfrac{x_1^2}{8}\right), \overrightarrow{BM} = \left(\dfrac{x_1 - x_2}{2}, -2 - \dfrac{x_2^2}{8}\right)$$

$$\overrightarrow{AM} \cdot \overrightarrow{BM} = -\dfrac{(x_1 - x_2)^2}{4} + \left(2 + \dfrac{x_1^2}{8}\right)\left(2 + \dfrac{x_2^2}{8}\right) = \dfrac{x_1 x_2}{2} + 4 + \dfrac{x_1^2 x_2^2}{64} = -8 + 4 + 4 = 0$$

所以 $\overrightarrow{AM} \perp \overrightarrow{BM}$，而 $MF \perp AB$，所以在 $Rt\triangle MAB$ 中，由射影定理即得 $|FM|^2 = |FA| \cdot |FB|$.

3.【解析】 设 $A(x_1, y_1)$，$B(x_2, y_2)$，$l_{AB}: y = kx + 4$，与 $x^2 = 4y$ 联立得 $x^2 - 4kx - 16 = 0$

(1)
$$\Delta = (-4k)^2 - 4(-16) = 16k^2 + 64 > 0$$
$$x_1 + x_2 = 4k$$
$$x_1 x_2 = -16$$
$$\overrightarrow{OA} \cdot \overrightarrow{OB} = x_1 x_2 + y_1 y_2$$
$$= x_1 x_2 + (kx_1 + 4)(kx_2 + 4)$$
$$= (1 + k^2)x_1 x_2 + 4k(x_1 + x_2) + 16$$
$$= (1 + k^2)(-16) + 4k(4k) + 16 = 0$$

所以 $\overrightarrow{OA} \perp \overrightarrow{OB}$.

(2)①过点 A 的切线

$$y = \dfrac{1}{2}x_1(x - x_1) + y_1 = \dfrac{1}{2}x_1 x - \dfrac{1}{4}x_1^2 \qquad (*)$$

过点 B 的切线

$$y = \frac{1}{2}x_2 x - \frac{1}{4}x_2^2 \qquad (**)$$

联立(*)(**)得点 $N(\frac{x_1+x_2}{2}, -4)$.

所以点 N 在定直线 $y = -4$ 上.

② 因为 $\overrightarrow{MA} = \lambda \overrightarrow{BM}$,所以 $(x_1, y_1 - 4) = \lambda(-x_2, 4 - y_2)$.

联立 $\begin{cases} x_1 = -\lambda x_2 \\ x_1 + x_2 = 4k \\ x_1 x_2 = -16 \end{cases}$,可得 $k^2 = \frac{(1-\lambda)^2}{\lambda} = \frac{\lambda^2 - 2\lambda + 1}{\lambda} = \lambda + \frac{1}{\lambda} - 2, 4 \le \lambda \le 9$,

所以 $\frac{9}{4} \le k^2 \le \frac{64}{9}$, $N(\frac{x_1+x_2}{2}, -4)$,故 $N(2k, -4)$ 直线 $MN: y = \frac{-8}{2k}x + 4$ 在 x 轴

的截距为 k,所以直线 MN 在 x 轴上截距的取值范围是 $[-\frac{8}{3}, -\frac{3}{2}] \cup [\frac{3}{2}, \frac{8}{3}]$.

4.【分析】 问题(2)通过 $\overrightarrow{AP} = 3\overrightarrow{PB}$,确定 A,B 两点的坐标关系,再利用判别式和根与系数关系得到一个关于 m 的不等式.

【解析】 (1) 由题意可知椭圆 C 为焦点在 y 轴上的椭圆,可设 $C: \frac{y^2}{a^2} + \frac{x^2}{b^2} = 1 (a > b > 0)$,由条件知 $a = 1$ 且 $b = c$,又有 $a^2 = b^2 + c^2$,解得 $a = 1, b = c = \frac{\sqrt{2}}{2}$,故椭圆 C 的离心率为 $e = \frac{c}{a} = \frac{\sqrt{2}}{2}$,其标准方程为:$y^2 + \frac{x^2}{\frac{1}{2}} = 1$.

(2) 设 l 与椭圆 C 交点为 $A(x_1, y_1), B(x_2, y_2)$,$\begin{cases} y = kx + m \\ 2x^2 + y^2 = 1 \end{cases}$,得

$$(k^2 + 2)x^2 + 2kmx + (m^2 - 1) = 0$$
$$\Delta = (2km)^2 - 4(k^2 + 2)(m^2 - 1) = 4(k^2 - 2m^2 + 2) > 0 \qquad (*)$$
$$x_1 + x_2 = \frac{-2km}{k^2 + 2}, x_1 x_2 = \frac{m^2 - 1}{k^2 + 2}$$

因为 $\overrightarrow{AP} = 3\overrightarrow{PB}$,所以 $-x_1 = 3x_2$,故 $\begin{cases} x_1 + x_2 = -2x_2 \\ x_1 x_2 = -3x_2^2 \end{cases}$.

消去 x_2,得 $3(x_1 + x_2)^2 + 4x_1 x_2 = 0$,所以 $3(\frac{-2km}{k^2+2})^2 + 4\frac{m^2-1}{k^2+2} = 0$.

整理得 $4k^2m^2 + 2m^2 - k^2 - 2 = 0$. $m^2 = \frac{1}{4}$ 时,上式不成立;$m^2 \neq \frac{1}{4}$ 时,$k^2 = \frac{2-2m^2}{4m^2-1}$.

因 $\lambda = 3$,所以 $k \neq 0$,所以 $k^2 = \frac{2-2m^2}{4m^2-1} > 0$,故 $-1 < m < -\frac{1}{2}$ 或 $\frac{1}{2} < m < 1$. 容易验证 $k^2 > 2m^2 - 2$ 成立,所以(*)成立.即所求 m 的取值范围为 $(-1, -\frac{1}{2}) \cup (\frac{1}{2}, 1)$.

5.【解析】 (1)设椭圆 C 的方程为 $\frac{x^2}{a^2} + \frac{y^2}{b^2} = 1(a > b > 0)$,抛物线方程化为 $x^2 = 4y$,其焦点为 $(0,1)$,则椭圆 C 的一个顶点为 $(0,1)$,即 $b = 1$. 由 $e = \frac{c}{a} = \sqrt{\frac{a^2-b^2}{a^2}} = \frac{2\sqrt{5}}{5}$,所以 $a^2 = 5$,所以椭圆 C 的标准方程为 $\frac{x^2}{5} + y^2 = 1$.

(2)易求出椭圆 C 的右焦点 $F(2,0)$,设 $A(x_1,y_1)$,$B(x_2,y_2)$,$M(0,y_0)$,显然直线 l 的斜率存在,设直线 l 的方程为 $y = k(x-2)$,代入方程 $\frac{x^2}{5} + y^2 = 1$ 并整理,得 $(1+5k^2)x^2 - 20k^2x + 20k^2 - 5 = 0$,所以 $x_1 + x_2 = \frac{20k^2}{1+5k^2}$,$x_1x_2 = \frac{20k^2-5}{1+5k^2}$. 又 $\overrightarrow{MA} = (x_1, y_1 - y_0)$,$\overrightarrow{MB} = (x_2, y_2 - y_0)$,$\overrightarrow{AF} = (2-x_1, -y_1)$,$\overrightarrow{BF} = (2-x_2, -y_2)$,而 $\overrightarrow{MA} = \lambda_1 \overrightarrow{AF}$,$\overrightarrow{MB} = \lambda_2 \overrightarrow{BF}$,即 $(x_1 - 0, y_1 - y_0) = \lambda_1(2-x_1, -y_1)$,$(x_2 - 0, y_2 - y_0) = \lambda_2(2-x_2, -y_2)$,所以 $\lambda_1 = \frac{x_1}{2-x_1}$,$\lambda_2 = \frac{x_2}{2-x_2}$,所以 $\lambda_1 + \lambda_2 = \frac{x_1}{2-x_1} + \frac{x_2}{2-x_2} = \frac{2(x_1+x_2) - 2x_1x_2}{4 - 2(x_1+x_2) + x_1x_2} = -10$.

6.【分析】 设 A,B 两点的坐标,将向量间的共线关系转化为坐标关系,再求出 l 在 y 轴上的截距,利用函数的单调性求其变化范围.

【解析】 设 $A(x_1,y_1)$,$B(x_2,y_2)$,由 $\overrightarrow{FB} = \lambda \overrightarrow{AF}$ 得,$(x_2 - 1, y_2) = \lambda(1-x_1, -y_1)$,即

$$\begin{cases} x_2 - 1 = \lambda(1-x_1) & \text{①} \\ y_2 = -\lambda y_1 & \text{②} \end{cases}$$

由②得,$y_2^2 = \lambda^2 y_1^2$. 因为 $y_1^2 = 4x_1$,$y_2^2 = 4x_2$,所以

$$x_2 = \lambda^2 x_1 \quad\quad\quad ③$$

277

联立①③得 $x_2 = \lambda$.

而 $\lambda > 0$,所以 $B(\lambda, 2\sqrt{\lambda})$,或 $B(\lambda, -2\sqrt{\lambda})$. 当直线 l 垂直于 x 轴时,$\lambda = 1$,不符合题意.

因此直线 l 的方程为 $(\lambda - 1)y = 2\sqrt{\lambda}(x - 1)$ 或 $(\lambda - 1)y = -2\sqrt{\lambda}(x - 1)$.

直线 l 在 y 轴上的截距为 $\dfrac{2\sqrt{\lambda}}{\lambda - 1}$ 或 $-\dfrac{2\sqrt{\lambda}}{\lambda - 1}$. 由 $\dfrac{2\sqrt{\lambda}}{\lambda - 1} = \dfrac{2}{\sqrt{\lambda} + 1} + \dfrac{2}{\sqrt{\lambda} - 1}$ 知, $\dfrac{2\sqrt{\lambda}}{\lambda - 1}$ 在 $\lambda \in [4, 9]$ 上递减的,所以 $\dfrac{3}{4} \leqslant \dfrac{2\sqrt{\lambda}}{\lambda - 1} \leqslant \dfrac{4}{3}$,$-\dfrac{4}{3} \leqslant -\dfrac{2\sqrt{\lambda}}{\lambda - 1} \leqslant -\dfrac{3}{4}$.

于是直线 l 在 y 轴上截距的变化范围是 $\left[-\dfrac{4}{3}, -\dfrac{3}{4}\right] \cup \left[\dfrac{3}{4}, \dfrac{4}{3}\right]$.

7.【解析】 (1)由题知点 P, F 的坐标分别为 $(-1, m), (1, 0)$,于是直线 PF 的斜率为 $-\dfrac{m}{2}$,所以直线 PF 的方程为 $y = -\dfrac{m}{2}(x - 1)$,即为 $mx + 2y - m = 0$.

(2)设 A, B 两点的坐标分别为 $(x_1, y_1), (x_2, y_2)$,由 $\begin{cases} y^2 = 4x \\ y = -\dfrac{m}{2}(x - 1) \end{cases}$,得 $m^2 x^2 - (2m^2 + 16)x + m^2 = 0$,所以 $x_1 + x_2 = \dfrac{2m^2 + 16}{m^2}, x_1 x_2 = 1$. 于是 $|AB| = x_1 + x_2 + 2 = \dfrac{4m^2 + 16}{m^2}$. 点 D 到直线 $mx + 2y - m = 0$ 的距离 $d = \dfrac{2|m|}{\sqrt{m^2 + 4}}$,所以 $S = \dfrac{1}{2}|AB|d = \dfrac{1}{2} \cdot \dfrac{4(m^2 + 4)}{m^2} \cdot \dfrac{2|m|}{\sqrt{m^2 + 4}} = 4\sqrt{1 + \dfrac{4}{m^2}}$.

因为 $m \in \mathbf{R}$ 且 $m \neq 0$,于是 $S > 4$,所以 $\triangle DAB$ 的面积 S 的范围是 $(4, +\infty)$.

(3)由(2)及 $\overrightarrow{AF} = \lambda \overrightarrow{FB}, \overrightarrow{AP} = \mu \overrightarrow{PB}$,得

$$(1 - x_1, -y_1) = \lambda(x_2 - 1, y_2)$$
$$(-1 - x_1, m - y_1) = \mu(x_2 + 1, y_2 - m)$$

于是 $\lambda = \dfrac{1 - x_1}{x_2 - 1}, \mu = \dfrac{-1 - x_1}{x_2 + 1} (x_2 \neq \pm 1)$. 所以 $\lambda + \mu = \dfrac{1 - x_1}{x_2 - 1} + \dfrac{-1 - x_1}{x_2 + 1} = \dfrac{2 - 2x_1 x_2}{(x_2 - 1)(x_2 + 1)} = 0$.

所以 $\lambda + \mu$ 为定值 0.

8.【解析】 (1)设椭圆方程为 $\dfrac{x^2}{a^2} + \dfrac{y^2}{b^2} = 1 (a > b > 0), F(c, 0)$,则直线 AB

的方程为 $y = x - c$，代入 $\dfrac{x^2}{a^2} + \dfrac{y^2}{b^2} = 1$，化简得 $(a^2 + b^2)x^2 - 2a^2cx + a^2c^2 - a^2b^2 = 0$.

令 $A(x_1, y_1)$，$B(x_2, y_2)$，则 $x_1 + x_2 = \dfrac{2a^2c}{a^2 + b^2}$，$x_1 x_2 = \dfrac{a^2c^2 - a^2b^2}{a^2 + b^2}$.

由 $\overrightarrow{OA} + \overrightarrow{OB} = (x_1 + x_2, y_1 + y_2)$，$\boldsymbol{a} = (3, -1)$，$\overrightarrow{OA} + \overrightarrow{OB}$ 与 $\boldsymbol{a}$ 共线，得 $3(y_1 + y_2) + (x_1 + x_2) = 0$，又 $y_1 = x_1 - c$，$y_2 = x_2 - c$，所以 $3(x_1 + x_2 - 2c) + (x_1 + x_2) = 0$，所以 $x_1 + x_2 = \dfrac{3}{2}c$. 即 $\dfrac{2a^2c}{a^2 + b^2} = \dfrac{3c}{2}$，所以 $a^2 = 3b^2$，故离心率 $e = \dfrac{\sqrt{6}}{3}$.

(2) 由(1)知 $a^2 = 3b^2$，所以椭圆 $\dfrac{x^2}{a^2} + \dfrac{y^2}{b^2} = 1$ 可化为 $x^2 + 3y^2 = 3b^2$. 设 $\overrightarrow{OM} = (x, y)$，由已知得 $(x, y) = \lambda(x_1, y_1) + \mu(x_2, y_2)$，所以 $x = \lambda x_1 + \mu x_2$，$y = \lambda y_1 + \mu y_2$.

又点 M 在椭圆上，所以 $(\lambda x_1 + \mu x_2)^2 + 3(\lambda y_1 + \mu y_2)^2 = 3b^2$. 即
$$\lambda^2 (x_1^2 + 3y_1^2) + \mu^2 (x_2^2 + 3y_2^2) + 2\lambda\mu(x_1 x_2 + 3y_1 y_2) = 3b^2 \quad ①$$

由(1)知 $x_1 + x_2 = \dfrac{3c}{2}$，$a^2 = \dfrac{3}{2}c^2$，$b^2 = \dfrac{1}{2}c^2$，$x_1 x_2 = \dfrac{a^2c^2 - a^2b^2}{a^2 + b^2} = \dfrac{3}{8}c^2$.

因为 $x_1 x_2 + 3y_1 y_2 = x_1 + x_2 + 3(x_1 - c)(x_2 - c) = 4x_1 x_2 - 3(x_1 + x_2)c + 3c^2 = \dfrac{3}{2}c^2 - \dfrac{9}{2}c^2 + 3c^2 = 0$. 又 $x_1^2 + 3y_1^2 = 3b^2$，$x_2^2 + 3y_2^2 = 3b^2$，代入①得 $\lambda^2 + \mu^2 = 1$. 故 $\lambda^2 + \mu^2$ 为定值，定值为 1.

圆锥曲线中的数形结合

第1节 椭圆的几何性质

椭圆的几何性质(以 $\dfrac{x^2}{a^2}+\dfrac{y^2}{b^2}=1(a>b>0)$ 为例).

一、椭圆焦点三角形的性质

1. 如图1所示,$\triangle ABF_2$ 的周长为 $4a$(定值).

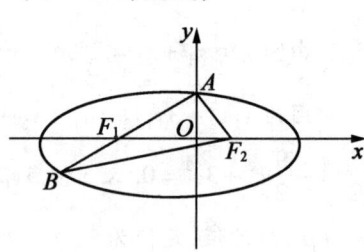

图1

2. 椭圆 $\dfrac{x^2}{a^2}+\dfrac{y^2}{b^2}=1$ 焦点为 F_1,F_2,P 为椭圆上的点,$\angle F_1PF_2=\theta$,则 $S_{\triangle F_1PF_2}=b^2\cdot\dfrac{\sin\theta}{1+\cos\theta}=b^2\tan\dfrac{\theta}{2}$.

【证明】 如图2所示,设 $PF_1=m$,$PF_2=n$

$$\begin{cases} m+n=2a & ① \\ (2c)^2=m^2+n^2-2mn\cos\theta & ② \\ S_{\triangle F_1PF_2}=\dfrac{1}{2}mn\sin\theta & ③ \end{cases}$$

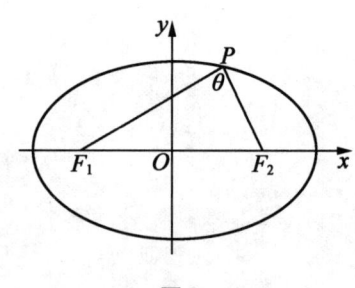

图2

①² − ②

$$mn=\dfrac{2b^2}{1+\cos\theta}$$

所以

$$S_{\triangle F_1PF_2} = b^2 \cdot \frac{\sin\theta}{1+\cos\theta} = b^2 \cdot \frac{2\sin\frac{\theta}{2}\cos\frac{\theta}{2}}{2\cos^2\frac{\theta}{2}} = b^2\tan\frac{\theta}{2}$$

3.推论与应用:(注意:r 为内切圆半径)

(1)直角三角等面积法:如图 3,当 $PF_1 \perp PF_2$ 时,有

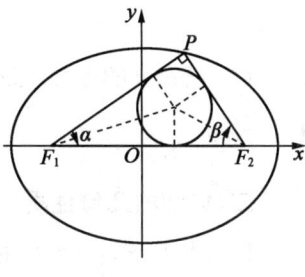

图 3

$$S_{\triangle F_1PF_2} = b^2 = \frac{2c|y_p|}{2} \Rightarrow |y_p| = \frac{b^2}{c}$$

$$S_{\triangle F_1PF_2} = b^2 = \frac{mn}{2} \Rightarrow mn = 2b^2$$

$$r = a - c$$

$$e = \frac{c}{a} = \frac{2c}{2a} = \frac{|F_1F_2|}{|PF_1|+|PF_2|} = \frac{|F_1F_2|}{|F_1F_2|(\sin\alpha+\sin\beta)} = \frac{1}{\sqrt{2}\sin(\alpha+45°)}$$

(2)任意角度的等面积法:$S_{\triangle F_1PF_2} = c|y_p| = b^2\tan\dfrac{\theta}{2} = \dfrac{1}{2}\overrightarrow{PF_1}\cdot\overrightarrow{PF_2}\tan\theta = (a+c)r$.

(3)最大面积:$(S_{\triangle PF_1F_2})_{\max} = \dfrac{1}{2}\times 2c\times h_{\max} = bc$. 当点 P 位于椭圆的短轴顶点时,$S_{\triangle F_1PF_2} = \dfrac{2c|y_p|}{2} = c|y_p| = bc$ 取最大值,根据等面积原理,此时 $S_{\triangle F_1PF_2} = b^2\tan\dfrac{\theta}{2} = bc \Rightarrow \tan\dfrac{\theta}{2} = \dfrac{c}{b}$.

(4)直角顶点的讨论:当 $S_{\triangle F_1PF_2} = b^2\tan\dfrac{\theta}{2} = bc$ 时,α 取得最大值,若 $\theta > 90°$,则 $\dfrac{\theta}{2} > 45°$,$\tan\dfrac{\theta}{2} = \dfrac{c}{b} > 1$;同理,若 $\theta = 90°$,则 $\dfrac{\theta}{2} = 45°$,$\tan\dfrac{\theta}{2} = \dfrac{c}{b} = 1$;若 $\theta < 90°$,则 $\dfrac{\theta}{2} < 45°$,$\tan\dfrac{\theta}{2} = \dfrac{c}{b} < 1$. 在分析直角顶点个数时,当 $c > b$ 时,$PF_1 \perp PF_2$ 有四个点 P 存在;当 $c = b$ 时,$PF_1 \perp PF_2$ 有两个点 P 存在;当 $c < b$ 时,$PF_1 \perp PF_2$ 无点 P 存在(注意:$PF_1 \perp PF_2$ 与 $\text{Rt}\triangle PF_1F_2$ 的区别).

焦点直角三角形:底角为 $90°$,有四个(四个全等,点 P 为通径端点);顶角

为 $90°$，即以 F_1F_2 为直径的圆与椭圆交点为点 $P:\begin{cases} b>c(\frac{\sqrt{2}}{2}>e>0), 0 \\ b=c(e=\frac{\sqrt{2}}{2}), 2 \\ b<c(1>e>\frac{\sqrt{2}}{2}), 4 \end{cases}$.

(5) 已知 θ 的度数，求椭圆离心率的取值范围：假设 θ 为椭圆的最大角，则 $1>e\geq\sin\frac{\theta}{2}$.

二、椭圆的几何性质

1. 过点 F_1 作 $\triangle PF_1F_2$ 的 $\angle F_1PF_2$ 的外角平分线的垂线，垂足为 M，则 M 的轨迹是 $x^2+y^2=a^2$.

【证明】 延长 F_1M 交 F_2P 于 F，联结 OM，由已知有 $|PF_1|=|FP|$，M 为 F_1F 中点，所以 $|OM|=\frac{1}{2}|FF_2|=\frac{1}{2}(PF_1+PF_2)=a$

所以 M 的轨迹方程为 $x^2+y^2=a^2$.

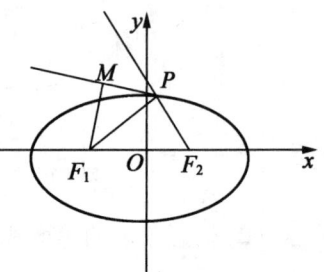

图 4

2. 以椭圆的任意焦半径为直径的圆，都与圆 $x^2+y^2=a^2$ 内切.

【证明】 取 PF_1 的中点 M，联结 OM，令圆 M 的直径 PF_1，半径为 r. 因为

$$|OM|=\frac{1}{2}|PF_2|=\frac{1}{2}(2a-|PF_1|)$$
$$=a-\frac{1}{2}|PF_1|=a-r$$

所以圆 M 与圆 O 内切.

故以椭圆的任意焦半径为直径的圆，都与圆 $x^2+y^2=a^2$ 内切.

3. 任一焦点 $\triangle PF_1F_2$ 的内切圆圆心为 I，联结 PI 延长线交长轴于 R，则 $|IR|:|IP|=e$.

【证明】 联结 F_1I, F_2I，由三角形内角角平分线性质得

$$\frac{IR}{PI}=\frac{F_1R}{PF_1}=\frac{F_2R}{PF_2}=\frac{F_1R+F_2R}{PF_1+PF_2}=\frac{2c}{2a}=e$$

所以 $\frac{|IR|}{|PI|}=e$.

4. 如图 5 所示，A 为椭圆内一定点，P 在椭圆上，则
$$(|PA|+|PF_2|)_{\max}=2a+|AF_1|$$
$$(|PA|+|PF_2|)_{\min}=2a-|AF_1|$$

【证明】 联结 AP, AF_1, PF_1, 因为
$$|AP| + |PF_2| = |AP| + 2a - |PF_1|$$
$$= 2a + (|AP| - |PF_1|)$$
因为 $-|AF_1| \leq |AP| - |PF_1| \leq |AF_1|$, 所以
$$2a - |AF_1| \leq |AP| + |PF_2| \leq 2a + |AF_1|$$
$$(|PA| + |PF_2|)_{max} = 2a + |AF_1|$$
$$(|PA| + |PF_2|)_{min} = 2a - |AF_1|$$

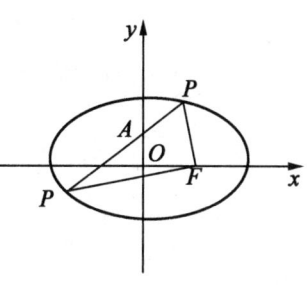

图5

5. 如图 6 所示, 焦点 $\triangle PF_1F_2$ 的旁心在直线 $x = \pm a$ 上.

【证明】 令圆 I 与 $\triangle PF_1F_2$ 三边所在的直线相切于 M, N, A.

因为 $|PM| = |PN|, |F_2N| = |F_2A|$

所以
$$|PF_1| + |PN| = |F_1M|$$
$$|F_1F_2| + |F_2N| = |F_1A|$$
因为 $|F_1M| = |F_1A|$

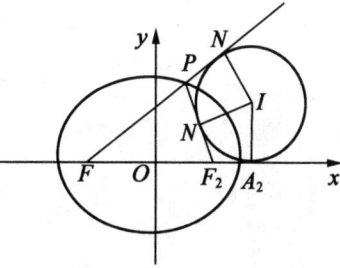

图6

所以 $|PF_1| + |PN| = |F_1F_2| + |F_2N|$, 因为 $|F_2N| = |F_2A|$, 所以 $|PF_1| + |PN| + |F_2N| = |F_1F_2| + |F_2N| + |F_2A|$.

因为 $|F_2N| = |F_2A|$, 所以 $2a = 2c + 2|F_2A|$.

故 $a = c + |F_2A|$ 即为椭圆顶点. 所以焦点 $\triangle PF_1F_2$ 的旁心在直线 $x = \pm a$ 上.

6. 如图 7 所示, (焦点半径, 倒和定值)
$$\frac{1}{|AF|} + \frac{1}{|BF|} = \frac{2a}{b^2}.$$

【证明】 令 $A(x_1, y_1), B(x_2, y_2)$.

当 AB 的斜率存在时, 设直线 AB 方程为 $y = k(x - c)$.

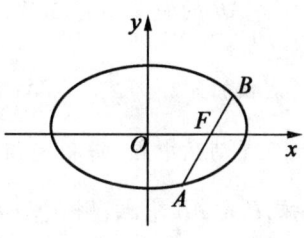

图7

因为 $\begin{cases} y = k(x-c) \\ \dfrac{x^2}{a^2} + \dfrac{y^2}{b^2} \end{cases} \Rightarrow b^2x^2 + a^2(k^2x^2 - 2k^2cx + c^2k^2) - a^2b^2 = 0$

$\Rightarrow (b^2 + a^2k^2)x^2 - 2a^2k^2cx + a^2k^2c^2 - a^2b^2 = 0$

所以 $x_1 + x_2 = \dfrac{2a^2k^2c}{b^2 + a^2k^2}, x_1x_2 = \dfrac{a^2k^2c^2 - a^2b^2}{b^2 + a^2k^2}$

所以 $\begin{cases} |AF| = a - ex_1 \\ |BF| = a - ex_2 \end{cases}$

$$\Rightarrow \frac{1}{|AF|} + \frac{1}{|BF|} = \frac{1}{a - ex_1} + \frac{1}{a - ex_2}$$

$$= \frac{2a - e(x_1 + x_2)}{a^2 - ae(x_1 + x_2) + e^2 x_1 x_2}$$

$$= \frac{2a - e \cdot \frac{2a^2 k^2 c}{b^2 + a^2 k^2}}{a^2 - ae \frac{2a^2 k^2 c}{b^2 + a^2 k^2} + e^2 \frac{a^2 k^2 c^2 - a^2 b^2}{b^2 + a^2 k^2}}$$

$$= \frac{2a - \frac{c}{a} \cdot \frac{2a^2 k^2 c}{b^2 + a^2 k^2}}{a^2 - ae \frac{2a^2 k^2 c}{b^2 + a^2 k^2} + (\frac{c}{a})^2 \frac{a^2 k^2 c^2 - a^2 b^2}{b^2 + a^2 k^2}}$$

$$= \frac{2a^3 k^2 + 2ab^2 - 2ak^2 c^2}{a^4 k^2 + a^2 b^2 - 2a^2 k^2 c^2 + c^4 k^2 - b^2 c^2}$$

$$= \frac{2ak^2(a^2 - c^2) + 2ab^2}{k^2 b^4 + a^2 b^2 - b^2 c^2}$$

$$= \frac{2ak^2 + 2a}{k^2 b^2 + a^2 - c^2}$$

$$= \frac{2a(k^2 + 1)}{b^2(k^2 + 1)} = \frac{2a}{b^2}$$

当 AB 的斜率不存在时，$\frac{1}{|AF|} + \frac{1}{|BF|} = \frac{a}{b^2} + \frac{a}{b^2} = \frac{2a}{b^2}$，所以 $\frac{1}{|AF|} + \frac{1}{|BF|} = \frac{2a}{b^2}$（定值）.

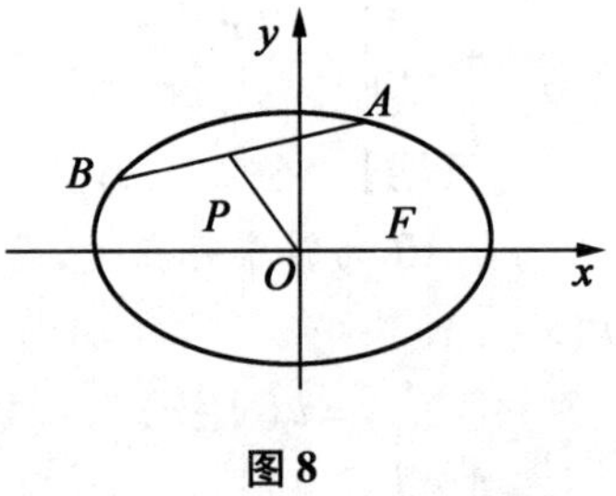

7.（动弦中点,斜积定值）AB 是椭圆的任意一弦,P 是 AB 中点,则 $k_{AB} \cdot k_{OP} = -\frac{b^2}{a^2}$（定值）.

【证明】 如图 8 所示,令 $A(x_1, y_1)$, $B(x_2, y_2)$, $P(x_0, y_0)$, 则

$$\frac{(x_1 + x_2)}{2} = x_0, \frac{(y_1 + y_2)}{2} = y_0$$

因为 $\begin{cases} \frac{x_1^2}{a^2} + \frac{y_1^2}{b^2} = 1 \\ \frac{x_2^2}{a^2} + \frac{y_2^2}{b^2} = 1 \end{cases} \Rightarrow \frac{(x_1 + x_2) \cdot (x_1 - x_2)}{a^2} + \frac{(y_1 + y_2) \cdot (y_1 - y_2)}{b^2} = 0$

图 8

圆锥曲线的奥秘

$$\Rightarrow \frac{(y_1 - y_2)}{(x_1 - x_2)} = -\frac{b^2(x_1 + x_2)}{a^2(y_1 + y_2)}$$

因为 $k_{AB} = \frac{(y_1-y_2)}{(x_1-x_2)}$, $k_{OP} = \frac{y_0}{x_0}$, 所以 $k_{AB} = \frac{1}{k_{OP}} \cdot \left(-\frac{b^2}{a^2}\right)$, 故

$$k_{AB} \cdot k_{OP} = -\frac{b^2}{a^2} = e^2 - 1$$

8. 椭圆的短轴端点为 B_1, B_2, P 是椭圆上任一点, 联结 B_1P, B_2P 分别交长轴于 N, M 两点, 则有 $|OM| \cdot |ON| = a^2$.

【证明】 $B_1(0,b)$, $B_2(0,-b)$, $N(x_1,0)$, $P(x_0,y_0)$, $M(x_2,0)$, 所以

$\overrightarrow{B_2P} = (x_0, y_0 - b)$, $\overrightarrow{B_2M} = (x_2, -b)$, $\overrightarrow{B_1P} = (x_0, y_0 + b)$, $\overrightarrow{B_1N} = (x_1, b)$

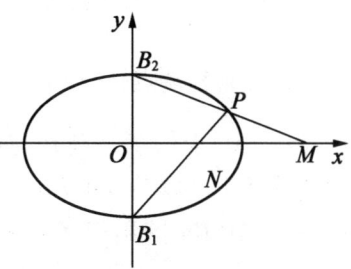

图 9

由于 B_2, P, M 共线, 即

$$\frac{x_0}{x_2} = \frac{y_0 - b}{-b} \Rightarrow x_2 = \frac{-bx_0}{y_0 - b}$$

因为 B_1, P, N 共线,

所以 $\frac{x_0}{x_1} = \frac{y_0 + b}{b} \Rightarrow x_1 = \frac{bx_0}{y_0 + b}$

$$|OM| \cdot |ON| = \left|\frac{-x_0^2 b^2}{y_0^2 - b^2}\right| = \left|\frac{x_0^2 b^2}{y_0^2 - b^2}\right|$$

因为 $\frac{x_0^2}{a^2} + \frac{y_0^2}{b^2} = 1 \Rightarrow \frac{x_0^2}{a^2} = \frac{b^2 - y_0^2}{b^2} \Rightarrow a^2 = \frac{b^2 x_0^2}{b^2 - y_0^2}$, 故 $|OM| \cdot |ON| = a^2$.

9. 若点 $P(x_0, y_0)$ 是椭圆 $\frac{x^2}{a^2} + \frac{y^2}{b^2} = 1$ 上任一点, 则椭圆过该点的切线方程为: $\frac{x_0 x}{a^2} + \frac{y_0 y}{b^2} = 1$.

【证明】 由

$$\frac{y^2}{b^2} = 1 - \frac{x^2}{a^2} \Rightarrow y^2 = b^2\left(1 - \frac{x^2}{a^2}\right) \qquad ①$$

当 $x \neq \pm a$ 时, 过点 P 的切线斜率 k 一定存在, 且 $k = y'|_{x = x_0}$.

故对式①求导: $2yy' = \frac{-b^2 x_0}{a^2 y_0}$, $k = y'|_{x=x_0} = \frac{-b^2 x_0}{a^2 y_0}$, 所以切线方程为

$$y - y_0 = -\frac{b^2 x_0}{a^2 y_0}(x - x_0) \qquad ②$$

又点 $P(x_0, y_0)$ 是椭圆 $\dfrac{x^2}{a^2} + \dfrac{y^2}{b^2} = 1$ 上，故 $\dfrac{x_0^2}{a^2} + \dfrac{y_0^2}{b^2} = 1$ 代入②得

$$\dfrac{x_0 x}{a^2} + \dfrac{y_0 y}{b^2} = 1 \qquad ③$$

而当 $x = \pm a$ 时，$y_0 = 0$，切线方程为 $x = \pm a$，也满足式③.

故 $\dfrac{x_0 x}{a^2} + \dfrac{y_0 y}{b^2} = 1$ 是椭圆过点 $P(x_0, y_0)$ 的切线方程.

10.（直径端点，斜积定值）椭圆 $\dfrac{x^2}{a^2} + \dfrac{y^2}{b^2} = 1 (a > b > 0)$ 上任意一点 P 与过中心的弦 AB 的两端点 A, B 联结，PA, PB 与坐标轴不平行，则直线 PA, PB 的斜率之积 $k_{PA} \cdot k_{PB}$ 为定值 $-\dfrac{b^2}{a^2} = e^2 - 1$.

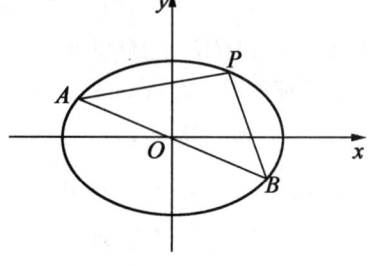

图 10

【证明】 设 $P(x, y), A(x_1, y_1)$，则 $B(-x_1, -y_1)$. 所以

$$\dfrac{x^2}{a^2} + \dfrac{y^2}{b^2} = 1 \qquad ①$$

$$\dfrac{x_1^2}{a^2} + \dfrac{y_1^2}{b^2} = 1 \qquad ②$$

由①-②得 $\dfrac{x^2 - x_1^2}{a^2} = -\dfrac{y^2 - y_1^2}{b^2}$，所以 $\dfrac{y^2 - y_1^2}{x^2 - x_1^2} = -\dfrac{b^2}{a^2}$.

所以 $k_{PA} \cdot k_{PB} = \dfrac{y - y_1}{x - x_1} \cdot \dfrac{y + y_1}{x + x_1} = \dfrac{y^2 - y_1^2}{x^2 - x_1^2} = -\dfrac{b^2}{a^2}$ 为定值.

这条性质是圆的性质：圆上一点对直径所张成的角为直角在椭圆中的推广，它充分揭示了椭圆的本质属性，因而能简捷解决问题，下面举例说明.

(1)证明直线垂直

【例1】 如图 11，已知椭圆 $\dfrac{x^2}{4} + \dfrac{y^2}{2} = 1$，$A, B$ 是其左、右顶点，动点 M 满足 $MB \perp AB$，联结 AM 交椭圆于点 P. 求证：$MO \perp PB$.

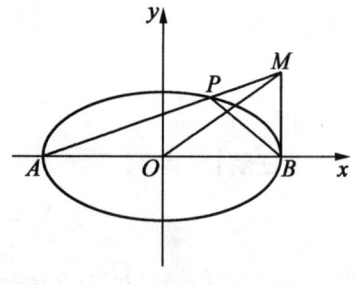

图 11

【证明】 设 $M(2, y)$，由性质知 $k_{PA} \cdot k_{PB} = -\dfrac{1}{2}$，即

$$k_{MA} \cdot k_{PB} = -\frac{1}{2} \qquad ①$$

直线 MA, MO 的斜率分别为

$$k_{MA} = \frac{y}{4}$$

$$k_{MO} = \frac{y}{2}$$

所以
$$k_{MA} = \frac{1}{2} k_{MO} \qquad ②$$

将②代入①得 $k_{MO} \cdot k_{PB} = -1$,所以 $MO \perp PB$.

【例2】 如图 12, PQ 是椭圆不过中心的弦, A_1, A_2 为长轴的两端点, A_1P 与 QA_2 相交于 M, PA_2 与 A_1Q 相交于点 N,则 $MN \perp A_1A_2$.

【证明】 设 $M(x_1, y_1), N(x_2, y_2)$.

由性质知 $k_{PA_1} \cdot k_{PA_2} = -\frac{b^2}{a^2}$,即 $k_{MA_1} \cdot k_{NA_2} = -\frac{b^2}{a^2}$,所以

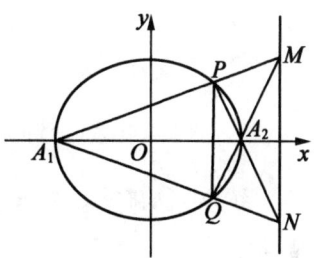

图 12

$$\frac{y_1}{x_1 + a} \cdot \frac{y_2}{x_2 - a} = -\frac{b^2}{a^2} \qquad ①$$

$k_{QA_1} \cdot k_{QA_2} = -\frac{b^2}{a^2}$,即 $k_{MA_2} \cdot k_{NA_1} = -\frac{b^2}{a^2}$,所以

$$\frac{y_2}{x_2 + a} \cdot \frac{y_1}{x_1 - a} = -\frac{b^2}{a^2} \qquad ②$$

比较①与②得 $(x_1 + a)(x_2 - a) = (x_2 + a)(x_1 - a)$,所以 $a(x_2 - x_1) = a(x_1 - x_2)$,所以 $x_1 = x_2$,所以 $MN \perp x$ 轴,即 $MN \perp A_1A_2$.

(2) 证明直线定向

【例3】 如图 13,已知 $A(2,1), B(-2, -1)$ 是椭圆 $\frac{x^2}{6} + \frac{y^2}{3} = 1$ 上的两点,C, D 是椭圆 E 上异于 A, B 的两点,且直线 AC, BD 相交于点 M,直线 AD, BC 相交于点 N. CA, CB, DA, DB 的斜率都存在.

求证:直线 MN 的斜率为定值.

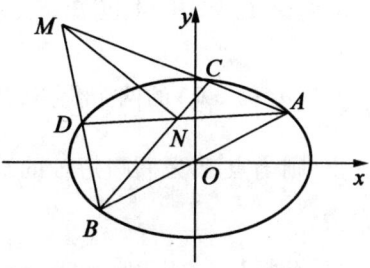

图 13

【证明】 设 $M(x_M, y_M), N(x_N, y_N)$.

由性质知 $k_{CA} \cdot k_{CB} = -\dfrac{1}{2}$,即 $k_{MA} \cdot k_{NB} = -\dfrac{1}{2}$,$k_{DA} \cdot k_{DB} = -\dfrac{1}{2}$,即 $k_{NA} \cdot k_{MB} = -\dfrac{1}{2}$.所以

$$\frac{y_M - 1}{x_M - 2} \cdot \frac{y_N + 1}{x_N + 2} = -\frac{1}{2}$$

$$y_M y_N + y_M - y_N - 1 = -\frac{1}{2}(x_M x_N + 2x_M - 2x_N - 4) \quad ①$$

$$\frac{y_M + 1}{x_M + 2} \cdot \frac{y_N - 1}{x_N - 2} = -\frac{1}{2}$$

$$y_M y_N - y_M + y_N - 1 = -\frac{1}{2}(x_M x_N - 2x_M + 2x_N - 4) \quad ②$$

由①-②得 $y_M - y_N = -(x_M - x_N)$,所以 $k_{MN} = -1$,即直线 MN 的斜率为定值 -1.

由以上几个例题,我们会看到,这个性质解决问题中起到了化繁为简作用,希望读者领悟其中的道理,并进一步运用这个性质解决更多的问题.

11.椭圆中的两个最大张角.

在椭圆中有两个比较特殊的角,一个是短轴上的一个顶点到两焦点的张角,另一个是短轴上的一个顶点到长轴上两个顶点的张角,它们都是椭圆上任意一点到这两对点的所有张角中最大的两个角,在解题中有着重要的应用,给解决一些问题带来很大的方便.

(1)两个重要结论:

结论1:如图14 已知 F_1, F_2 为椭圆 $\dfrac{x^2}{a^2} + \dfrac{y^2}{b^2} = 1 (a > b > 0)$ 的两个焦点,P 为椭圆上任意一点,则当点 P 为椭圆短轴的端点时,$\angle F_1 P F_2$ 最大.

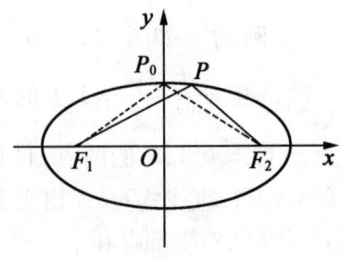

图14

【分析】 $\angle F_1 P F_2 \in (0, \pi)$,而 $y = \cos x$ 在 $(0, \pi)$ 为减函数,只要求 $y = \cos x$ 的最小值,又知 $|PF_1| + |PF_2| = 2a$,$|F_1 F_2| =$

$2c$,利用余弦定理可得.

【证明】 证法 1：$\cos\theta = \dfrac{|PF_1|^2+|PF_2|^2-4c^2}{2|PF_1|\cdot|PF_2|} =$

$\dfrac{(a+ex_0)^2+(a-ex_0)^2-4c^2}{2(a^2+e^2x_0^2)^2} = \dfrac{4a^2-4c^2}{2a^2-2e_0^2x_0^2}-1.$

当 $x_0=0$ 时 $\cos\theta$ 有最小值 $\dfrac{a^2-2c^2}{a^2}$，即 $\angle F_1PF_2$ 最大.

证法 2：由已知：$|PF_1|+|PF_2|=2a$, $|F_1F_2|=2c$，所以

$|PF_1||PF_2| \leqslant \left(\dfrac{|PF_1|+|PF_2|}{2}\right)^2 = a^2$（当 $|PF_1|=|PF_2|$ 时取等号）

由余弦定理得

$\cos\angle F_1PF_2 = \dfrac{|PF_1|^2+|PF_2|^2-|F_1F_2|^2}{2|PF_1||PF_2|}$

$= \dfrac{(|PF_1|+|PF_2|)^2-2|PF_1||PF_2|-|F_1F_2|^2}{2|PF_1||PF_2|}$

$= \dfrac{4a^2-4c^2}{2|PF_1||PF_2|}-1 = \dfrac{4b^2}{2|PF_1||PF_2|}-1$

$\geqslant \dfrac{2b^2}{a^2}-1$（当 $|PF_1|=|PF_2|$ 时取等号）

所以当 $|PF_1|=|PF_2|$ 时，$\cos\angle F_1PF_2$ 的值最小，因为 $\angle F_1PF_2 \in (0,\pi)$，所以此时 $\angle F_1PF_2$ 最大，即点 P 为椭圆短轴的端点时 $\angle F_1PF_2$ 最大.

结论 2：如图 15：已知 A,B 为椭圆 $\dfrac{x^2}{a^2}+\dfrac{y^2}{b^2}=1$ ($a>b>0$) 长轴上的两个顶点，Q 为椭圆上任意一点，则当点 Q 为椭圆短轴的端点时，$\angle AQB$ 最大.

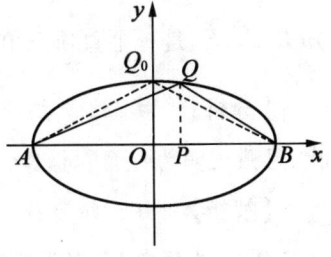

图 15

【分析】 当 $\angle AQB$ 最大时，$\angle AQB$ 一定是钝角，而 $y=\tan x$ 在 $\left(\dfrac{\pi}{2},\pi\right)$ 上是增函数，利用点 Q 的坐标，表示出 $\tan\angle AQB$，再求 $\tan\angle AQB$ 的最大值.

【证明】 如图 15, 不妨设 $Q(x,y)(0 \leqslant x < a, 0 < y \leqslant b)$, 则 $AP = a + x$, $BP = a - x$, $PQ = y$, 所以 $\tan \angle AQP = \dfrac{a+x}{y}$, $\tan \angle BQP = \dfrac{a-x}{y}$, 则

$$\tan \angle AQB = \dfrac{\tan \angle AQP + \tan \angle BQP}{1 - \tan \angle AQP \cdot \tan \angle BQP} = \dfrac{\dfrac{2a}{y}}{1 - \dfrac{a^2 - x^2}{y^2}} = \dfrac{2ay}{x^2 + y^2 - a^2}$$

又 $x^2 = a^2 - \dfrac{a^2}{b^2} y^2$, 所以 $\tan \angle AQB = \dfrac{2a}{\left(1 - \dfrac{a^2}{b^2}\right) y}$, 因为 $1 - \dfrac{a^2}{b^2} < 0$, $\angle AQB \in$

$\left(\dfrac{\pi}{2}, \pi\right)$, 所以当 $y = b$ 时, $\tan \angle AQB$ 取得最大值, 此时 $\angle AQB$ 最大, 所以当点 Q 为椭圆短轴的端点时, $\angle AQB$ 最大.

(2) 两个结论的应用.

【例4】 已知 F_1, F_2 为椭圆的两个焦点, 若椭圆上存在点 P 使得 $\angle F_1 P F_2 = 60°$, 求椭圆离心率的取值范围.

【解析】 由 288 页结论 1 知: 当点 P_0 为椭圆短轴的端点时, $\angle F_1 P_0 F_2$ 最大, 因此要最大角 $\angle F_1 P_0 F_2 \geqslant 60°$, 即 $\dfrac{1}{2} \angle F_1 P_0 F_2 \geqslant 30°$, 即 $\tan \angle F_1 P_0 O \geqslant \dfrac{\sqrt{3}}{3}$, 也就是 $\dfrac{c}{b} \geqslant \dfrac{\sqrt{3}}{3}$, 解不等式 $\dfrac{c}{\sqrt{a^2 - c^2}} \geqslant \dfrac{\sqrt{3}}{3}$, 得 $e \geqslant \dfrac{1}{2}$, 故椭圆的离心率 $e \in \left[\dfrac{1}{2}, 1\right)$.

【例5】 设 F_1, F_2 为椭圆 $\dfrac{x^2}{9} + \dfrac{y^2}{4} = 1$ 的两个焦点, P 为椭圆上任意一点, 已知 P, F_1, F_2 是一个直角三角形的三个顶点, 且 $|PF_1| > |PF_2|$, 求 $\dfrac{|PF_1|}{|PF_2|}$ 的值.

【分析】 由 288 页结论 1 知: 当点 P_0 为椭圆短轴的端点时, $\angle F_1 P_0 F_2$ 最大, 且最大角为钝角, 所以本题有两种情况: $\angle F_1 P F_2 = 90°$ 或 $\angle P F_2 F_1 = 90°$.

【解析】 由已知可得, 当点 P_0 为椭圆短轴的端点时, $\angle F_1 P_0 F_2$ 最大且 $\angle F_1 P_0 F_2$ 为钝角, 由 287 页结论 1 知, 椭圆上存在一点 P, 使 $\angle F_1 P F_2$ 为直角, 又 $\angle P F_2 F_1$ 也可为直角, 所以本题有两解; 由已知有 $|PF_1| + |PF_2| = 6$, $|F_1 F_2| = 2\sqrt{5}$.

(1) 若 $\angle P F_2 F_1$ 为直角, 则 $|PF_1|^2 = |PF_2|^2 + |F_1 F_2|^2$, 所以 $|PF_1|^2 = (6 -$

$|PF_1|)^2 + 20$,得 $|PF_1| = \dfrac{14}{3}$,$|PF_2| = \dfrac{4}{3}$,故 $\dfrac{|PF_1|}{|PF_2|} = \dfrac{7}{2}$;

(2)若 $\angle F_1PF_2$ 为直角,则 $|F_1F_2|^2 = |PF_1|^2 + |PF_2|^2$,所以 $20 = |PF_1|^2 + (6-|PF_1|)^2$,得 $|PF_1| = 4$,$|PF_2|$,$= 2$ 故 $\dfrac{|PF_1|}{|PF_2|} = 2$.

评注 利用最大角知道,$\angle F_1PF_2$ 可以为直角,从而容易判断出分两种情况讨论,避免了漏解的情况.

【例6】 已知椭圆 $\dfrac{x^2}{a^2} + \dfrac{y^2}{b^2} = 1 (a > b > 0)$,长轴两端点为 A,B,如果椭圆上存在点 Q,使 $\angle AQB = 120°$,求椭圆离心率的取值范围.

【分析】 由 289 页结论 2 知:当点 P_0 为椭圆短轴的端点时,$\angle AP_0B$ 最大,因此只要最大角不小于 $120°$ 即可.

【解析】 由 289 页结论 2 知:当点 P_0 为椭圆短轴的端点时,$\angle AP_0B$ 最大,因此只要 $\angle AP_0B \geqslant 120°$,则一定存在点 Q,使 $\angle AQB = 120°$,$\dfrac{1}{2} \angle AQB \geqslant 60°$,即 $\angle APO \geqslant 60°$,所以 $\dfrac{a}{\sqrt{a^2-c^2}} \geqslant \sqrt{3}$,得 $e \geqslant \dfrac{\sqrt{6}}{3}$,故椭圆的离心率的取值范围是 $e \in [\dfrac{\sqrt{6}}{3}, 1)$.

第 2 节 双曲线的几何性质

即上述描述为双曲线的几何性质(均以 $\dfrac{x^2}{a^2} - \dfrac{y^2}{b^2} = 1 (a > 0, b > 0)$ 为例).

一、双曲线焦点三角形性质

1. 焦点三角形面积:$S_\triangle = \dfrac{b^2}{\tan \dfrac{\alpha}{2}}$.

双曲线 $\dfrac{x^2}{a^2} - \dfrac{y^2}{b^2} = 1$ 焦点为 F_1,F_2,B 为双曲线上的点,$\angle F_1BF_2 = \alpha$,则

$$S_{\triangle F_1BF_2} = b^2 \cdot \frac{\sin\alpha}{1-\cos\alpha} = \frac{b^2}{\tan\frac{\alpha}{2}}.$$

【证明】 $\begin{cases} |m-n| = 2a & \text{①} \\ (2c)^2 = m^2 + n^2 - 2mn\cos\alpha & \text{②} \\ S_{\triangle F_1BF_2} = \frac{1}{2}mn\sin\alpha & \text{③} \end{cases}$

①² − ②得

$$mn = \frac{2b^2}{1-\cos\alpha}$$

代入③,得

$$S_{\triangle F_1BF_2} = b^2 \cdot \frac{\sin\alpha}{1-\cos\alpha} = b^2 \cdot \frac{2\sin\frac{\alpha}{2}\cos\frac{\alpha}{2}}{2\sin^2\frac{\alpha}{2}} = \frac{b^2}{\tan\frac{\alpha}{2}}$$

推论与应用:

(1) 直角三角等面积法:当 $BF_1 \perp BF_2$ 时,有

$$S_{\triangle F_1BF_2} = b^2 = \frac{2c|y_B|}{2} \Rightarrow |y_B| = \frac{b^2}{c}$$

$$b^2 = \frac{mn}{2} \Rightarrow mn = 2b^2$$

$$e = \frac{c}{a} = \frac{2c}{2a} = \frac{|F_1F_2|}{||BF_1| - |BF_2||}$$

$$= \frac{|F_1F_2|}{|F_1F_2|\cos\angle BF_1F_2 - |F_1F_2|\cos\angle BF_1F_2|}$$

$$= \frac{1}{\sqrt{2}|\sin(\angle BF_1F_2 - 45°)|}$$

(2) 如图1所示,任意角度的等面积法: $S_{\triangle F_1BF_2} =$

$c|y_B| = \frac{b^2}{\tan\frac{\alpha}{2}} = \frac{1}{2}\overrightarrow{BF_1} \cdot \overrightarrow{BF_2}\tan\alpha$

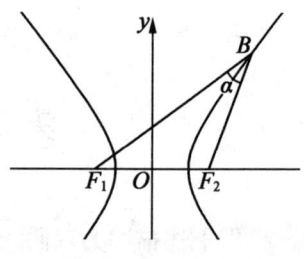

图1

二、双曲线的几何性质

1. 焦点 $\triangle PF_1F_2$ 内切圆的圆心横坐标一定等于 $|a|$.

【证明】 如图 2，$|F_1D| - |F_2D| = |F_1B| - |F_2B| = 2a = (c + x_D) - (c - x_D)$.

2. 椭圆双曲线共焦点三角形的问题：如图 3，椭圆 $\dfrac{x^2}{a^2} + \dfrac{y^2}{b^2} = 1$ 和双曲线 $\dfrac{x^2}{a^2} - \dfrac{y^2}{b^2} = 1$ 共焦点，由于两个式子 a,b 不同，将椭圆写成 $\dfrac{x^2}{m} + \dfrac{y^2}{n} = 1 (m > 0, n > 0)$，双曲线写成 $\dfrac{x^2}{p} - \dfrac{y^2}{q} = 1 (p > 0, q > 0)$ 可以知道 $S_{\triangle F_1 P F_2}$

$= n \cdot \dfrac{\sin \alpha}{1 + \cos \alpha} = q \cdot \dfrac{\sin \alpha}{1 - \cos \alpha} \Rightarrow \dfrac{n}{1 + \cos \alpha} = \dfrac{q}{1 - \cos \alpha} \Rightarrow \cos \alpha = \dfrac{n - q}{n + q}, |PF_1| \cdot |PF_2| = n + q$.

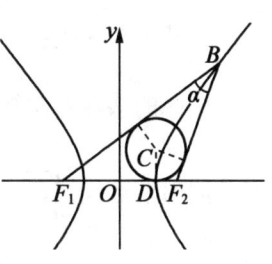

图 2

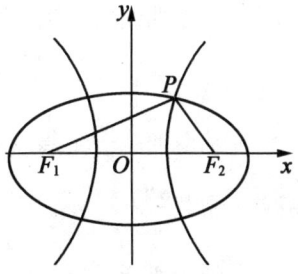

图 3

① 当 $PF_1 \perp PF_2$ 时，椭圆和双曲线的离心率

$$e_{椭} = \dfrac{2c}{2a} = \dfrac{|F_1F_2|}{|PF_1| + |PF_2|}$$

$$e_{双} = \dfrac{2c}{2a} = \dfrac{|F_1F_2|}{||PF_1| - |PF_2||}$$

$$\dfrac{1}{e_{椭}^2} + \dfrac{1}{e_{双}^2} = \dfrac{(|PF_1| + |PF_2|)^2}{|F_1F_2|^2} + \dfrac{(|PF_1| - |PF_2|)^2}{|F_1F_2|^2} = \dfrac{2(|PF_1|^2 + |PF_2|^2)}{|F_1F_2|^2} = 2$$

② 当 $\angle F_1 P F_2 = \alpha$ 时，一定有 $\dfrac{1 - \cos \alpha}{e_{椭}^2} + \dfrac{1 + \cos \alpha}{e_{双}^2} = 2 \Rightarrow \dfrac{\sin^2 \dfrac{\alpha}{2}}{e_{椭}^2} + \dfrac{\cos^2 \dfrac{\alpha}{2}}{e_{双}^2} = 1$.

【证明】 $\dfrac{a_{椭}^2 - c^2}{1 + \cos \alpha} = \dfrac{c^2 - a_{双}^2}{1 - \cos \alpha} \Rightarrow \dfrac{\dfrac{1}{e_{椭}^2} - 1}{2 \cos^2 \dfrac{\alpha}{2}} = \dfrac{1 - \dfrac{1}{e_{双}^2}}{2 \sin^2 \dfrac{\alpha}{2}} \Rightarrow \dfrac{\sin^2 \dfrac{\alpha}{2}}{e_{椭}^2} + \dfrac{\cos^2 \dfrac{\alpha}{2}}{e_{双}^2} = 1$.

3. 等轴双曲线：双曲线 $x^2 - y^2 = \pm a^2$ 称为等轴双曲线，其渐近线方程为 $y = \pm x$，离心率 $e = \sqrt{2}$.

4. 共轭双曲线：以已知双曲线的虚轴为实轴，实轴为虚轴的双曲线，叫作已知双曲线的共轭双曲线．$\dfrac{x^2}{a^2}-\dfrac{y^2}{b^2}=\lambda$ 与 $\dfrac{x^2}{a^2}-\dfrac{y^2}{b^2}=-\lambda$ 互为共轭双曲线，它们具有共同的渐近线：$\dfrac{x^2}{a^2}-\dfrac{y^2}{b^2}=0$．

5. 共渐近线的双曲线系方程：$\dfrac{x^2}{a^2}-\dfrac{y^2}{b^2}=\lambda(\lambda\neq 0)$ 的渐近线方程为 $\dfrac{x^2}{a^2}-\dfrac{y^2}{b^2}=0$．如果双曲线的渐近线为 $\dfrac{x}{a}\pm\dfrac{y}{b}=0$ 时，它的双曲线方程可设为 $\dfrac{x^2}{a^2}-\dfrac{y^2}{b^2}=\lambda(\lambda\neq 0)$．

6. 从双曲线一个焦点到另一条渐近线的距离等于 b，顶点到两条渐近线的距离为常数 $\dfrac{ab}{c}$．

7. 如图4所示，过点 F_1 作 $\angle F_1PF_2$ 的内角平分线的垂线，垂足 M 的轨迹是 $x^2+y^2=a^2$．

8. 以焦半径为直径作圆：长的焦半径为直径作圆与 $x^2+y^2=a^2$ 内切，小的圆与 $x^2+y^2=a^2$ 外切．

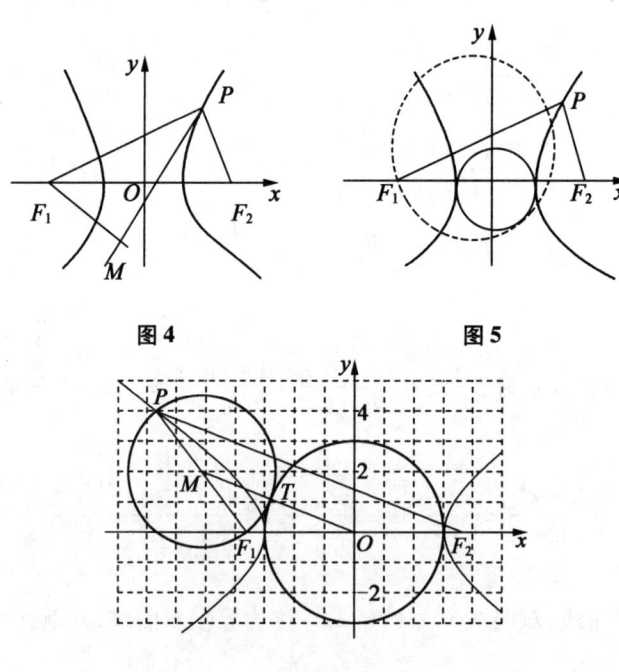

图4　　　图5

图6

9. 如图 7 所示 A 为双曲线内一定点，P 为双曲线上的动点，有 $(|PA| + |PF_2|)_{\min} = |AF_1| - 2a$.

10. 双曲线上的任一点到两渐近线的距离之积等于定值 $\dfrac{a^2b^2}{c^2}$.

【证明】 设 $P(x_1, y_1)$ 是双曲线上任意一点，该双曲线的两条渐近线方程分别是 $ax - by = 0$ 和 $ax + by = 0$，点 $P(x_1, y_1)$ 到两条渐近线的距离分别是 $\dfrac{|bx_1 - ay_1|}{\sqrt{a^2 + b^2}}$，$\dfrac{|bx_1 + ay_1|}{\sqrt{a^2 + b^2}}$，乘积 $\dfrac{|bx_1 - ay_1|}{\sqrt{a^2 + b^2}} \cdot \dfrac{|bx_1 + ay_1|}{\sqrt{a^2 + b^2}} = \dfrac{a^2b^2}{c^2}$.

11. 如图 8 所示，(动弦中点，斜积定值) P 是弦 AB 中点，$k_{AB} \cdot k_{op} = \dfrac{b^2}{a^2}$ 是一定值.

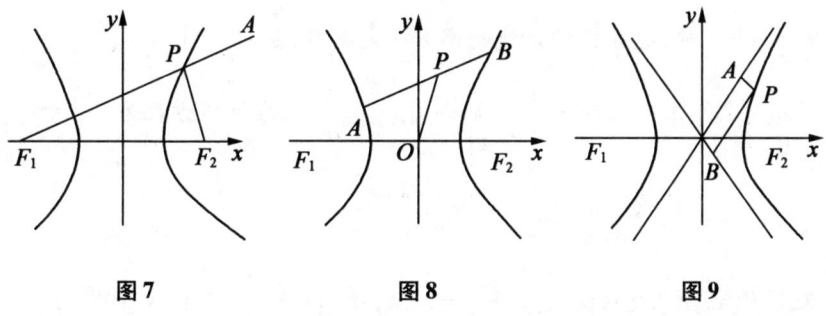

图 7　　　　　图 8　　　　　图 9

12. P 为双曲线上任一点，过 P 点作两渐近线的平行线与渐近线围成的平行四边形面积等于定值 $\dfrac{1}{2}ab$.

【证明】 设 $P(m, n)$，则直线 PA 的方程为 $y - n = -\dfrac{b}{a}(x - m)$，与渐近线 $y = -\dfrac{b}{a}x$ 联立得点 A 的坐标为 $A\left(\dfrac{an + bm}{2b}, \dfrac{an + bm}{2a}\right)$，所以 $|OA| = \dfrac{c(an + bm)}{2ab}$，

直线 PB 的方程为 $y - n = \dfrac{b}{a}(x - m)$.

则直线 OA 与 PB 之间的距离为 $d = \dfrac{|bm - an|}{c}$，所以平行四边形面积

$$S = |OA| \cdot d = \dfrac{c(an + bm)}{2ab} \cdot \dfrac{|bm - an|}{c}$$

$$= \frac{(b^2m^2 - a^2n^2)}{2ab} = \frac{(b^2m^2 - a^2n^2)}{2ab}$$

$$= \frac{a^2b^2}{2ab} = \frac{ab}{2}$$

13. 直线 l 与双曲线的渐近线 $\frac{x^2}{a^2} - \frac{y^2}{b^2} = 1$ 交于 A, B 两点,与双曲线交于 C, D 两点,则 $AC = BD$.

14. 若点 $P(x_0, y_0)$ 是双曲线 $\frac{x^2}{a^2} - \frac{y^2}{b^2} = 1$ 上任一点,则双曲线过该点的切线方程为: $\frac{x_0 x}{a^2} - \frac{y_0 y}{b^2} = 1$.

【证明】 由 $\quad \frac{y^2}{b^2} = \frac{x^2}{a^2} - 1 \Rightarrow y^2 = b^2(\frac{x^2}{a^2} - 1)$ ①

当 $x \neq \pm a$ 时,过点 P 的切线斜率 k 一定存在,且 $k = y'|_{x=x_0}$.

所以对式①求导: $2yy' = \frac{b^2 x_0}{a^2 y_0}$, $k = y'|_{x=x_0} = \frac{b^2 x_0}{a^2 y_0}$, 故切线方程为

$$y - y_0 = \frac{b^2 x_0}{a^2 y_0}(x - x_0) \qquad ②$$

又点 $P(x_0, y_0)$ 是双曲线 $\frac{x^2}{a^2} - \frac{y^2}{b^2} = 1$ 上,故 $\frac{x_0^2}{a^2} - \frac{y_0^2}{b^2} = 1$ 代入②得

$$\frac{x_0 x}{a^2} - \frac{y_0 y}{b^2} = 1 \qquad ③$$

而当 $x = \pm a$ 时, $y_0 = 0$, 切线方程为 $x = \pm a$, 也满足式③.

故 $\frac{x_0 x}{a^2} - \frac{y_0 y}{b^2} = 1$ 是椭圆过点 $P(x_0, y_0)$ 的切线方程.

第3节 抛物线的几何性质

一、抛物线切线方程及性质

1. 设在抛物线 $x^2 = 2py$ 上任意一点 $A(x_0, y_0)$ 的切线方程为:$xx_0 = p(y + y_0)$.

【证明】 因为点 $A(x_0, y_0)$ 在抛物线上,所以 $x_0^2 = 2py_0$;又因为 $x^2 = 2py$,所以 $y = \dfrac{x^2}{2p}$,求导得 $k = y' = \dfrac{2x}{2p} = \dfrac{x}{p}$.

故在点 $A(x_0, y_0)$ 的切线方程为:$y - y_0 = \dfrac{x_0}{p}(x - x_0)$,即 $py - py_0 = xx_0 - x_0^2 \Rightarrow xx_0 = p(y + y_0)$.

同理,在抛物线 $y^2 = 2px$ 上任意一点 $A(x_0, y_0)$ 的切线方程为:$yy_0 = p(x + x_0)$.

【证明】 点 $A(x_0, y_0)$ 在抛物线上,所以 $y_0^2 = 2px_0$;又因为 $y^2 = 2px$,所以 $x = \dfrac{y^2}{2p}$,对 y 求导得 $k = x' = \dfrac{2y}{2p} = \dfrac{y}{p}$.

故在点 $A(x_0, y_0)$ 的切线方程为:$x - x_0 = \dfrac{y_0}{p}(y - y_0)$,即 $px - px_0 = yy_0 - y_0^2 \Rightarrow yy_0 = p(x + x_0)$.

2. 在抛物线 $x^2 = 2py$ 上任意一点 $A(x_0, y_0)$ 的切线与 x 轴的交点为 B,则 $FB \perp AB$.

在抛物线 $y^2 = 2px$ 上任意一点 $A(x_0, y_0)$ 的切线与 y 轴的交点为 B,则 $FB \perp AB$.

【证明】 如图1所示,将 $y = 0$ 代入点 A 处的切线方程 $xx_0 = p(y + y_0)$ 得:$xx_0 = py_0 \Rightarrow x = \dfrac{py_0}{x_0} = \dfrac{x_0}{2}$;

故 B 为 AC 的中点,又 $|FC| = \dfrac{p}{2} + y_0 = |AF|$,故 $\triangle AFC$ 为等腰三角形,故 $FB \perp AB$.

同理可证,在图2中 $\triangle AFC$ 为等腰三角形,$FB \perp AB$.

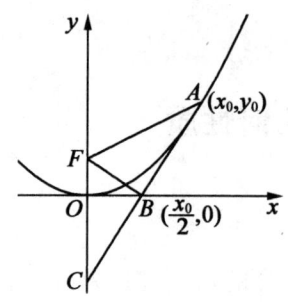

图1   图2

二、典型例题

【例1】 已知椭圆 $\dfrac{x^2}{25}+\dfrac{y^2}{16}=1$，$F_1,F_2$ 为焦点，点 P 为椭圆上一点，$\angle F_1PF_2=30°$，求 $S_{\triangle PF_1F_2}$.

【解析】 解法1：设 $PF_1=m,PF_2=n$.

$$\begin{cases} m+n=10 & ① \\ 6^2=m^2+n^2-2mn\cos 30° & ② \\ S_{\triangle F_1PF_2}=\dfrac{1}{2}mn\sin 30° & ③ \end{cases}$$

$mn=\dfrac{2\times 16}{1+\cos 30°}$，$S_{\triangle F_1PF_2}=32-16\sqrt{3}$.

解法2：$S_{\triangle F_1PF_2}=\dfrac{1}{2}mn\sin 30°=\dfrac{1}{2}\dfrac{[(m+n)^2-6^2]\sin 30°}{2+2\cos 30°}=\dfrac{1}{4}\dfrac{(10^2-6^2)\sin 30°}{1+\cos 30°}=32-16\sqrt{3}$.

【例2】 已知 P 是椭圆 $\dfrac{x^2}{a^2}+\dfrac{y^2}{b^2}=1$ 上一点，F_1,F_2 是椭圆的两个焦点，若 $\angle PF_1F_2=60°$，$\angle PF_2F_1=30°$，则该椭圆的离心率为 (　　)

A. $\sqrt{3}-1$ B. $\dfrac{\sqrt{3}}{2}$ C. $2(\sqrt{3}-1)$ D. $\dfrac{\sqrt{3}+1}{2}$

【解析】 $\angle PF_1F_2=60°$，$\angle PF_2F_1=30°$. 可知：$e=\dfrac{c}{a}=\dfrac{2c}{2a}=\dfrac{|F_1F_2|}{|F_1F_2|\sin 30°+|F_1F_2|\sin 60°}=\sqrt{3}-1$.

【例3】 已知 P 是椭圆 $\dfrac{x^2}{4}+\dfrac{y^2}{3}=1$ 上的一点，F_1,F_2 是该椭圆的两个焦点，若 $\triangle PF_1F_2$ 的内切圆半径为 $\dfrac{1}{2}$，则 $\overrightarrow{PF_1}\cdot\overrightarrow{PF_2}$ 的值为 (　　)

圆锥曲线的奥秘

A. $\dfrac{3}{2}$ B. $\dfrac{9}{4}$ C. $-\dfrac{9}{4}$ D. 0

【解析】 利用等面积法

$$S_{\triangle F_1PF_2}=b^2\tan\dfrac{\theta}{2}=\dfrac{1}{2}\overrightarrow{PF_1}\cdot\overrightarrow{PF_2}\tan\theta=(a+c)r\Rightarrow$$

$$3\tan\dfrac{\theta}{2}=(2+1)\times\dfrac{1}{2}\Rightarrow\tan\dfrac{\theta}{2}=\dfrac{1}{2}$$

$$\tan\theta=\dfrac{2\tan\dfrac{\theta}{2}}{1-\tan^2\dfrac{\theta}{2}}=\dfrac{4}{3}$$

$$S_{\triangle F_1PF_2}=\dfrac{3}{2}=\dfrac{1}{2}\overrightarrow{PF_1}\cdot\overrightarrow{PF_2}\cdot\dfrac{4}{3}\Rightarrow\overrightarrow{PF_1}\cdot\overrightarrow{PF_2}=\dfrac{9}{4}$$

【例4】 椭圆$\dfrac{x^2}{25}+\dfrac{y^2}{9}=1$的焦点分别为$F_1,F_2$,$P$是椭圆上位于第一象限的点,若$\triangle PF_1F_2$的内切圆半径为$\dfrac{4}{3}$,则点$P$的纵坐标为 (　　)

A. 2   B. 3   C. 4   D. $2\sqrt{3}$

【解析】 利用等面积法:$S_{\triangle PF_1F_2}=c|y_P|=(a+c)r\Rightarrow|y_P|=3$.

【例5】 若椭圆$\dfrac{x^2}{4}+\dfrac{y^2}{3}=1$的两个焦点$F_1,F_2$,试问:椭圆上是否存在点$P$,使$\angle F_1PF_2=90°$? 存在,求出点$P$的纵坐标;否则说明理由.

【分析】 当点P从右至左运动时,$\angle F_1PF_2$由锐角变成直角,又变成钝角,过了y轴之后,对称地由钝角变成直角再变成锐角,并且发现当点P与短轴端点重合时,$\angle F_1PF_2$达到最大.

【解析】 $c^2<b^2,\tan\dfrac{\theta}{2}=\dfrac{c}{b}<1$,则$\dfrac{\theta}{2}<45°,PF_1\perp PF_2$,无点$P$存在.

【例6】 椭圆$\dfrac{x^2}{9}+\dfrac{y^2}{4}=1$的焦点为$F_1,F_2$,点$P$为其上动点,当$\angle F_1PF_2$为钝角时,点$P$横坐标的取值范围是_____.

【解析】 如图3所示,根据上题的性质,当$PF_1\perp PF_2$时,有$S_{\triangle F_1PF_2}=b^2=\dfrac{2c|y_P|}{2}\Rightarrow|y_P|=\dfrac{b^2}{c}$,$|y_P|>\dfrac{b^2}{c}=\dfrac{4}{\sqrt{5}}$时,$\angle F_1PF_2$为钝角,故$x\in$

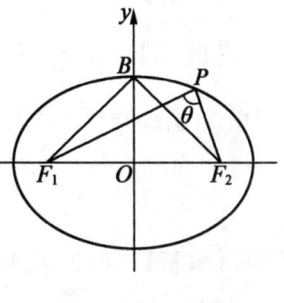

图3

$\left(-\dfrac{3\sqrt{5}}{5}, \dfrac{3\sqrt{5}}{5}\right)$.

【例7】 已知 F_1, F_2 是椭圆 $\dfrac{x^2}{a^2}+\dfrac{y^2}{b^2}=1(a>b>0)$ 的两个焦点,椭圆上一点 P 使 $\angle F_1PF_2=90°$,求椭圆离心率 e 的取值范围.

【解析】 利用焦点三角形性质,设短轴一端点为 B,则 $S_{\triangle F_1PF_2}=b^2\tan 45°=b^2 \leqslant S_{\triangle F_1BF_2}=\dfrac{1}{2}\times 2c\times b=bc \Rightarrow b\leqslant c \Rightarrow b^2\leqslant c^2 \Rightarrow a^2-c^2\leqslant c^2 \Rightarrow e^2=\dfrac{c^2}{a^2}\geqslant \dfrac{1}{2}$,故 $\dfrac{\sqrt{2}}{2}\leqslant e<1$.

【例8】 已知椭圆 $\dfrac{x^2}{4}+\dfrac{y^2}{9}=1$ 的两个焦点分别为 F_1, F_2,点 P 在椭圆上,若 P, F_1, F_2 是一个直角三角形的三个顶点,$|PF_1|>|PF_2|$,则 $\dfrac{|PF_1|}{|PF_2|}$ 的值是_____.

【解析】 若 F_1 或 F_2 是直角顶点,则点 P 到 x 轴的距离为半通径的长 $\dfrac{b^2}{a}=\dfrac{4}{3}$,$|PF_1|=2a-|PF_2|=\dfrac{14}{3}$,$\dfrac{|PF_1|}{|PF_2|}=\dfrac{7}{2}$;$\tan\dfrac{\theta}{2}_{\max}=\dfrac{c}{b}>1$,则 $\dfrac{\theta}{2}_{\max}>45°$,则当 P 是直角顶点时,则 $S_{\triangle F_1PF_2}=b^2\tan\dfrac{\theta}{2}=4\tan 45°=4=\dfrac{|PF_1||PF_2|}{2}$,又 $|PF_1|+|PF_2|=2a=6$,故 $|PF_1|=4$;$|PF_2|=2$;$\dfrac{|PF_1|}{|PF_2|}=2$.

【例9】 已知 P 是双曲线 $\dfrac{x^2}{4}-y^2=1$ 上的一点,F_1, F_2 是两焦点,且 $\overrightarrow{PF_1}\cdot\overrightarrow{PF_2}=0$,则 $\triangle PF_1F_2$ 的面积为 （　　）

A. 6 　　　　B. 4 　　　　C. 2 　　　　D. 1

【解析】 $S_{\triangle F_1PF_2}=b^2=1$.

【例10】 设 F_1, F_2 分别是双曲线 $\dfrac{x^2}{a^2}-\dfrac{y^2}{b^2}=1$ 的左、右焦点,若双曲线上存在点 A,使 $\angle F_1AF_2=90°$,且 $|AF_1|=3|AF_2|$,则双曲线离心率为 （　　）

A. $\dfrac{\sqrt{5}}{2}$ 　　B. $\dfrac{\sqrt{10}}{2}$ 　　C. $\dfrac{\sqrt{15}}{2}$ 　　D. $\sqrt{5}$

【解析】 因为 $F_1AF_2=90°$,且 $|AF_1|=3|AF_2|$,所以 $\cos\angle AF_1F_2=\dfrac{3}{\sqrt{10}}$;$\sin\angle AF_1F_2=\dfrac{1}{\sqrt{10}}$.

故 $e = \dfrac{2c}{2a} = \dfrac{|F_1F_2|}{||AF_1|-|AF_2||} = \dfrac{|F_1F_2|}{||F_1F_2|\cos\angle PF_1F_2 - |PF_2|\sin\angle PF_1F_2|}$

$= \dfrac{\sqrt{10}}{2}$

【例 11】 双曲线 $\dfrac{x^2}{8} - y^2 = 1$ 的焦点为 F_1, F_2,点 P 为双曲线上的动点,当 $\overrightarrow{PF_2} \cdot \overrightarrow{PF_1} < 0$ 时,点 P 的横坐标的取值范围是   (   )

A. $(-\dfrac{4\sqrt{5}}{3}, \dfrac{4\sqrt{5}}{3})$

B. $(-\dfrac{4\sqrt{5}}{3}, -2\sqrt{2}] \cup [2\sqrt{2}, \dfrac{4\sqrt{5}}{3})$

C. $(-\dfrac{4\sqrt{35}}{7}, \dfrac{4\sqrt{35}}{7})$

D. $(-\dfrac{4\sqrt{35}}{7}, -2\sqrt{2}] \cup [2\sqrt{2}, \dfrac{4\sqrt{35}}{7})$

【解析】 因为 $\overrightarrow{PF_2} \cdot \overrightarrow{PF_1} < 0$,所以 $\angle F_1AF_2 > 90°$. 故 $a \leqslant |x_P| < \dfrac{4\sqrt{5}}{3}$,选 B.

【例 12】 已知椭圆 $\dfrac{x^2}{6} + \dfrac{y^2}{2} = 1$ 与双曲线 $\dfrac{x^2}{3} - y^2 = 1$ 共焦点,两个公共焦点分别为 F_1, F_2,点 P 为两曲线的一个交点,那么 $\cos\angle F_1PF_2 = $ _____;$|PF_1| \cdot |PF_2| = $ _____.

【解析】 $S_{\triangle F_1PF_2} = 2 \cdot \dfrac{\sin\alpha}{1+\cos\alpha} = 1 \cdot \dfrac{\sin\alpha}{1-\cos\alpha} \Rightarrow \dfrac{2}{1+\cos\alpha} = \dfrac{1}{1-\cos\alpha}$

$\Rightarrow \cos\alpha = \dfrac{2-1}{2+1} = \dfrac{1}{3}$

$|PF_1| \cdot |PF_2| = \dfrac{2b_{椭}^2}{1+\cos\alpha} = \dfrac{2\times 2}{1+\dfrac{1}{3}} = 3$

(或 $|PF_1| \cdot |PF_2| = \dfrac{2b_{双}^2}{1-\cos\alpha} = \dfrac{2\times 1}{1-\dfrac{1}{3}} = 3$)

【例 13】 已知 F_1, F_2 是椭圆和双曲线的公共焦点,P 是它们的一个公共点,且 $\angle F_1PF_2 = 30°$,则椭圆和双曲线的离心率的平方和的最小值为   (   )

A. 2   B. 1   C. $\dfrac{3}{2}$ D. $\dfrac{4}{3}$

【解析】 根据 $S_{\triangle PF_1F_2} = b_{椭}^2 \tan\dfrac{\alpha}{2} = \dfrac{b_{双}^2}{\tan\dfrac{\alpha}{2}} \Rightarrow \left(\dfrac{1}{e_{椭}^2}-1\right)\tan^2\dfrac{\alpha}{2} = 1-\dfrac{1}{e_{双}^2} \Rightarrow$

$\dfrac{\sin^2\dfrac{\alpha}{2}}{e_{椭}^2} + \dfrac{\cos^2\dfrac{\alpha}{2}}{e_{双}^2} = 1$,故根据柯西不等式,$(e_{椭}^2+e_{双}^2)\left(\dfrac{\sin^2\dfrac{\alpha}{2}}{e_{椭}^2} + \dfrac{\cos^2\dfrac{\alpha}{2}}{e_{双}^2}\right) \geq$

$\left(\sin\dfrac{\alpha}{2}+\cos\dfrac{\alpha}{2}\right)^2 = (\sqrt{2}\sin(15°+45°))^2 = \dfrac{3}{2}$.

【例14】 若双曲线 $\dfrac{x^2}{a^2} - \dfrac{y^2}{b^2} = 1(a>0,b>0)$ 的焦点到渐近线的距离等于实轴长,则双曲线的离心率为_____.

【解析】 焦点到渐近线的距离等于实轴长,故 $b=2a$,$e^2 = \dfrac{c^2}{a^2} = 1+\dfrac{b^2}{a^2} = 5$,所以 $e=\sqrt{5}$.

【例15】 已知双曲线 $\dfrac{x^2}{a^2} - \dfrac{y^2}{b^2} = 1(a>0,b>0)$ 的右焦点为 F,若过点 F 且倾斜角为 $60°$ 的直线与双曲线的右支有且只有一个交点,则此双曲线离心率的取值范围是_____.

【解析】 双曲线 $\dfrac{x^2}{a^2} - \dfrac{y^2}{b^2} = 1(a>0,b>0)$ 的右焦点为 F,若过点 F 且倾斜角为 $60°$ 的直线与双曲线的右支有一个交点,则该直线的斜率的绝对值小于等于渐近线的斜率 $\dfrac{b}{a}$,$\dfrac{b}{a} \geq \sqrt{3}$,离心率 $e^2 = \dfrac{c^2}{a^2} = \dfrac{a^2+b^2}{a^2} \geq 4$,故 $e \geq 2$.

【例16】 已知双曲线 $C:\dfrac{x^2}{4} - y^2 = 1$,$P$ 是双曲线 C 上的任意点. 求证:点 P 到双曲线 C 的两条渐近线的距离的乘积是一个常数.

【证明】 设 $P(x_1,y_1)$ 是双曲线上任意一点,该双曲线的两条渐近线方程分别是 $x-2y=0$ 和 $x+2y=0$,点 $P(x_1,y_1)$ 到两条渐近线的距离分别是 $\dfrac{|x_1-2y_1|}{\sqrt{5}}$ 和 $\dfrac{|x_1+2y_1|}{\sqrt{5}}$. 它们的乘积为 $\dfrac{|x_1-2y_1|}{\sqrt{5}} \cdot \dfrac{|x_1+2y_1|}{\sqrt{5}} = \dfrac{|x_1^2-4y_1^2|}{5} = \dfrac{4}{5}$.

所以点 P 到双曲线 C 的两条渐近线的距离的乘积是一个常数.

【例17】 点 $M(2,1)$ 是抛物线 $x^2=2py$ 上的点,则以点 M 为切点的抛物线的切线方程为_____.

【解析】 将点 $M(2,1)$ 代入抛物线得:$p=2$,故以点 M 为切点的切线方程为 $2x=2(y+1)$,即 $x-y-1=0$.

第四章 圆锥曲线中的数形结合

【例18】 过点 $A(0,2)$ 且和抛物线 $C:y^2=6x$ 相切的直线 l 方程为_____.

【解析】 设直线与抛物线切于点 $P(x_0,y_0)$,故有 $yy_0=3(x+x_0)$ 代入点 $A(0,2)$ 得:$2y_0=3x_0$,与抛物线方程联立得:$\left(\dfrac{3}{2}x_0\right)^2=6x_0\Rightarrow\begin{cases}x_0=\dfrac{8}{3}\\y_0=4\end{cases}$ 或 $\begin{cases}x_0=0\\y_0=0\end{cases}$.

故切线方程为 $3x-4y+8=0$ 或 $x=0$.

【例19】 直线 l 经过点 $(0,2)$ 且与抛物线 $y^2=8x$ 只有一个公共点,满足这样条件的直线 l 有_____条.

【解析】 设直线与抛物线切于点 $P(x_0,y_0)$,故有 $yy_0=4(x+x_0)$ 代入点 $(0,2)$ 得:$y_0=2x_0$,与抛物线方程联立得:$(2x_0)^2=8x_0\Rightarrow\begin{cases}x_0=0\\y_0=0\end{cases}$ 或 $\begin{cases}x_0=2\\y_0=4\end{cases}$,故存在两条切线,还有一条直线 $y=2$ 与抛物线只有一个公共点,故答案为 3 条.

【例20】 如图 4 所示,过抛物线 $x^2=4y$ 上两点 A,B 分别作抛物线切线,相交于点 P,且 $\overrightarrow{PA}\cdot\overrightarrow{PB}=0$.

(1) 求点 P 的轨迹方程;

(2) 已知点 $F(0,1)$,是否存在 λ,使得 $\overrightarrow{FA}\cdot\overrightarrow{FB}+\lambda(\overrightarrow{FP})^2=0$.

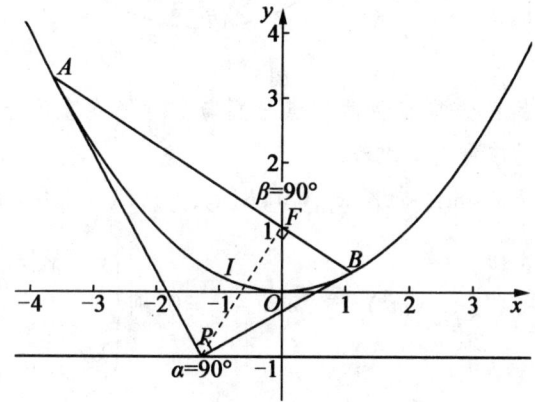

图 4

【分析】 椭圆中以焦点弦为直径的圆必与准线相离;双曲线中以焦点弦为直径的圆必与准线相交;抛物线中以焦点弦为直径的圆必与准线相切.

【解析】 记 $A\left(x_1,\dfrac{x_1^2}{4}\right),B\left(x_2,\dfrac{x_2^2}{4}\right)$,过 A,B 的切线斜率分别为 $\dfrac{x_1}{2},\dfrac{x_2}{2}$,且 $\dfrac{x_1}{2}\cdot\dfrac{x_2}{2}=-1$,则过 A,B 的切线分别为 $l_A:y=\dfrac{x_1}{2}x-\dfrac{x_1^2}{4},l_B:y=\dfrac{x_2}{2}x-\dfrac{x_2^2}{4}$,交点

$P(\dfrac{x_1+x_2}{2}, -1)$.

即点 P 轨迹方程为 $y=-1$；由 $\overrightarrow{FA}\cdot\overrightarrow{FB}=x_1x_2+(1-\dfrac{x_1^2}{4})(1-\dfrac{x_2^2}{4})=-\dfrac{x_1^2+x_2^2}{4}-2$ 和 $(\overrightarrow{FP})^2=(\dfrac{x_1+x_2}{2})^2+4=\dfrac{x_1^2+x_2^2}{4}+2$ 可知存在 $\lambda=1$.

【例21】 如图5所示，过椭圆 $\dfrac{x^2}{a^2}+\dfrac{y^2}{b^2}=1$ 左焦点 F_1 的直线 l 交椭圆于 A，B 两点，C,D 分别为椭圆左、右顶点，动点 P 满足：$\overrightarrow{PA}=\lambda\overrightarrow{AD},\overrightarrow{PC}=\mu\overrightarrow{CB}$，求点 P 的轨迹.

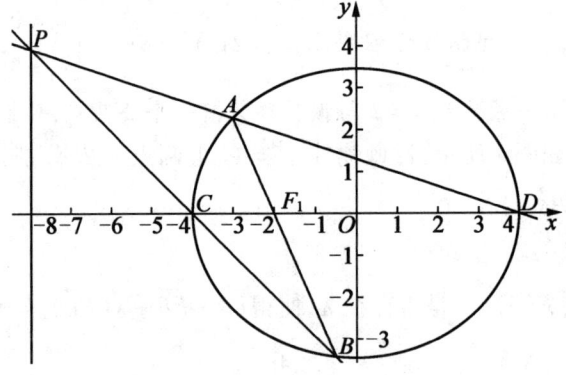

图5

【分析】 圆锥曲线焦点弦两端点分别与焦点所在直线上的两顶点连线，其交点的轨迹为对应焦点的准线.

【解析】 记 $l:x=my-c, A(x_1,y_1), B(x_2,y_2), C(-a,0), D(a,0)$.

由 $\begin{cases} x=my-c \\ \dfrac{x^2}{a^2}+\dfrac{y^2}{b^2}=1 \end{cases}$ 得 $(\dfrac{a^2}{b^2}+m^2)y^2-2mcy-b^2=0$，则 $\begin{cases} y_1+y_2=\dfrac{2mb^2c}{a^2+m^2b^2} \\ y_1y_2=\dfrac{-b^4}{a^2+m^2b^2} \end{cases}$.

故 $l_{AD}:y=\dfrac{y_1}{x_1-a}(x-a), l_{BC}:y=\dfrac{y_2}{x_2+a}(x+a)$.

从而 $x_P=\dfrac{a[2my_1y_2-c(y_1+y_2)+a(y_1-y_2)]}{a(y_1+y_2)-c(y_1-y_2)}=-\dfrac{a^2}{c}$.

即点 P 轨迹为椭圆左准线.

评注 焦点弦与准线关系：三点共线.

【例22】 如图6所示，椭圆 $\dfrac{x^2}{a^2}+\dfrac{y^2}{b^2}=1$ 的左、右顶点分别为 A_1,A_2，直线 l：

$x = x_0$ 交椭圆于 M, N 两点,求直线 A_1M 与 A_2N 交点 P 的轨迹.

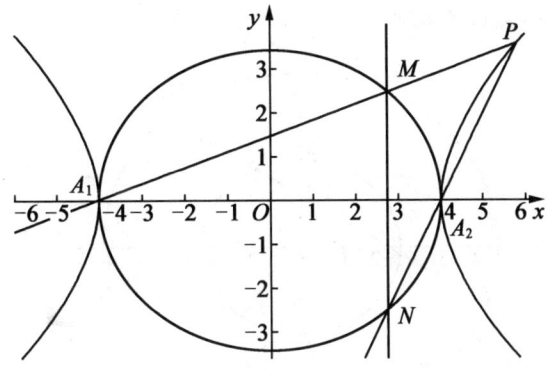

图 6

【分析】 圆锥曲线的顶点对垂直弦连线交点轨迹对偶,其中 $\dfrac{x^2}{a^2} + \dfrac{y^2}{b^2} = 1$ 与 $\dfrac{x^2}{a^2} - \dfrac{y^2}{b^2} = 1$ 对偶,$y^2 = 2px$ 与 $y^2 = -2px$ 对偶.

【解析】 记 $M(x_0, y_0), N(x_0, -y_0), A_1(-a, 0), A_2(a, 0)$,则 $l_{A_1M}: y = \dfrac{y_0}{x_0 + a}(x + a)$,$l_{A_2N}: y = \dfrac{-y_0}{x_0 - a}(x - a)$(两直线方程相乘).

从而点 P 满足:$y^2 = \dfrac{-y_0^2}{x_0^2 - a^2}(x^2 - a^2)$,其中 $x_0^2 - a^2 = -\dfrac{a^2}{b^2} y_0^2$.

(当点 M 在上、点 N 在下时,点 P 轨迹为双曲线的左下右上部分.)

(当点 M 在下、点 N 在上时,点 P 轨迹为双曲线的左上右下部分.)

点 P 的轨迹方程为 $\dfrac{x^2}{a^2} - \dfrac{y^2}{b^2} = 1, y \neq 0$.

评注 顶点对垂直弦连线交点轨迹对偶.

【例 23】 如图 7 所示,已知 $C_1: \dfrac{x^2}{a^2} + \dfrac{y^2}{b^2} = 1$ 和 $C_2: \dfrac{x^2}{a^2} + \dfrac{y^2}{b^2} = \lambda, (\lambda > 0, \lambda \neq 1)$,一条直线顺次与它们相交于点 M, P, Q, N,证明:$|MP| = |QN|$.

【分析】 离心率相同的椭圆或双曲线截得直线弦长相等.

【解析】 记 $l: Ax + By + C = 0$,代入 $C_1: \dfrac{x^2}{a^2} + \dfrac{y^2}{b^2} = 1$ 得到 $(A^2 a^2 + B^2 b^2) x^2 + 2Aa^2 Cx + a^2 C^2 - a^2 b^2 B^2 = 0$.

从而 $x_P + x_Q = \dfrac{-2Aa^2 C}{A^2 a^2 + B^2 b^2}$,同理 $x_M + x_N = \dfrac{-2Aa^2 C}{A^2 a^2 + B^2 b^2}$.

因此 $|x_M - x_P| - |x_N - x_Q| = x_M + x_N - (x_P + x_Q) = 0$(其中 $x_M - x_P$,,$x_N - x_Q$

的符号相反),即 $|MP|=|NQ|$,得证.

评注 相似的椭圆或双曲线截得直线弦长相等.

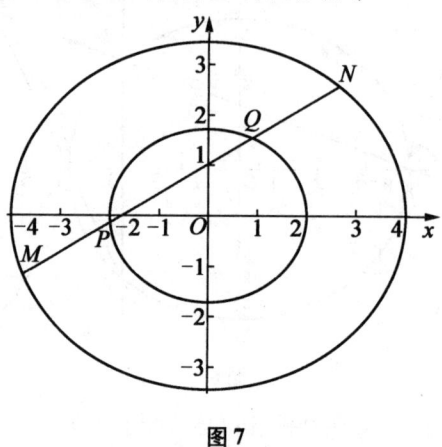

图7

达标训练题

1. 已知焦点在 x 轴上的椭圆 $\dfrac{x^2}{4}+\dfrac{y^2}{b^2}=1(b>0)$,$F_1$,$F_2$ 是它的两个焦点,若椭圆上存在点 P,使得 $\overrightarrow{PF_1}\cdot\overrightarrow{PF_2}=0$,求 b 的取值范围.

2. 已知椭圆 $\dfrac{x^2}{9}+\dfrac{y^2}{4}=1$,$F_1$,$F_2$ 是它的两个焦点,点 P 为其上的动点,当 $\angle F_1PF_2$ 为钝角时,求点 P 横坐标的取值范围.

3. 已知椭圆 $C:\dfrac{x^2}{a^2}+\dfrac{y^2}{b^2}=1(a>b>0)$ 的离心率为 $\dfrac{\sqrt{2}}{2}$,且过点 $P(2,1)$.

(1)求椭圆 C 的方程;

(2)若 A,B 是椭圆 C 上的两个动点,且 $\angle APB$ 的角平分线总垂直于 x 轴,求证:直线 AB 的斜率为定值.

4. 一个圆经过点 $F(2,0)$,且和直线 $x+2=0$ 相切.

(1)求动圆圆心的轨迹 C 的方程;

(2)已知点 $B(-1,0)$,设不垂直于 x 轴的直线 l 与轨迹 C 交于不同的两点 P,Q,若 x 轴是 $\angle PBQ$ 的角平分线,证明:直线 l 过定点.

达标训练题解析

1.**【解析】** 由288页椭圆中的两个最大张角原理中的结论1知,当点 P 为椭圆短轴的端点时,$\angle F_1PF_2$ 最大,若此时 $\overrightarrow{PF_1}\cdot\overrightarrow{PF_2}=0$,则有:$b=c$,又 $a=$

2,所以 $b=\sqrt{2}$,因为椭圆越扁,这样的点一定存在,所以 b 的取值范围为:$0 < b \leq \sqrt{2}$.

2.【解析】 由288页椭圆中两个最大张角原理中的结论1知,当点 P 越接近短轴的端点时,$\angle F_1PF_2$ 越大,所以只要求 $\angle F_1PF_2$ 为直角时点 P 的横坐标的值,因为 $c=\sqrt{5}$,所以当 $\angle F_1PF_2$ 为直角时,点 P 在圆 $x^2+y^2=5$ 上,解方程组:$\begin{cases} \dfrac{x^2}{9}+\dfrac{y^2}{4}=1 \\ x^2+y^2=5 \end{cases}$,得 $x=\pm\dfrac{3\sqrt{5}}{5}$,所以点 P 横坐标的取值范围是 $-\dfrac{3\sqrt{5}}{5}<x<\dfrac{3\sqrt{5}}{5}$.

3.【解析】 (1)由题意得 $\begin{cases} \dfrac{c}{a}=\dfrac{\sqrt{2}}{2} \\ \dfrac{4}{a^2}+\dfrac{1}{b^2}=1 \\ a^2=b^2+c^2 \end{cases}$,解得 $a^2=6, b^2=3$,所以椭圆 C 的方程是 $\dfrac{x^2}{6}+\dfrac{y^2}{3}=1$.

(2)设直线 AP 的斜率为 k,由题意知,直线 BP 的斜率为 $-k$,设 $A(x_1,y_1)$,$B(x_2,y_2)$,直线 AP 的方程为 $y-1=k(x-2)$,即 $y=kx+1-2k$.联立方程组 $\begin{cases} y=kx+1-2k \\ \dfrac{x^2}{6}+\dfrac{y^2}{3}=1 \end{cases}$.

消去 y 得 $(2k^2+1)x^2+4k(1-2k)x+8k^2-8k-4=0$,因为 P,A 为直线 AP 与椭圆的交点,所以 $2x_1=\dfrac{8k^2-8k-4}{2k^2+1}$,即 $x_1=\dfrac{4k^2-4k-2}{2k^2+1}$.把 k 换为 $-k$ 得,$x_2=\dfrac{4k^2+4k-2}{2k^2+1}$,所以 $x_2-x_1=\dfrac{8k}{2k^2+1}$,所以 $y_2-y_1=(-kx_2+1+2k)-(kx_1+1-2k)=k[4-(x_1+x_2)]=\dfrac{8k}{2k^2+1}$.

所以直线 AB 的斜率 $k_{AB}=\dfrac{y_2-y_1}{x_2-x_1}=1$,故直线 AB 的斜率为定值.

4.【解析】 (1)由题意,圆心到定点 $F(2,0)$ 与到定直线 $x=-2$ 的距离相等,根据抛物线的定义可知,圆心的轨迹是以点 F 为焦点的抛物线,其方程为 $y^2=8x$.

(2)由题可知,直线 l 与轨迹 C 有两个交点且不垂直于 x 轴,所以直线 l 斜率存在且不为零,设直线 $l:my=x+n(m\neq 0)$,$P(x_1,y_1)$,$Q(x_2,y_2)$,联立

$\begin{cases} my = x+n \\ y^2 = 8x \end{cases}$,可得 $y^2 - 8my + 8n = 0$,则 $\Delta = 64m^2 - 32n > 0$,且 $y_1 + y_2 = 8m \neq 0$,

$y_1 y_2 = 8n$,又 $y_1^2 = 8x_1, y_2^2 = 8x_2, x$ 轴是 $\angle PBQ$ 的角平分线,所以 $\dfrac{y_1}{x_1+1} = \dfrac{-y_2}{x_2+1} \Rightarrow$

$\dfrac{y_1}{y_1^2+8} = \dfrac{-y_2}{y_2^2+8}$,整理可得 $y_1 y_2 = -8$,所以 $y_1 y_2 = 8n = -8$,即 $n = -1$,此时满足 $\Delta > 0$,故 $l: my = x - 1$,所以直线 l 过定点 $(1, 0)$.

第4节 圆锥曲线几何条件的转化策略

著名数学家华罗庚说过:"数与形本是两相倚,焉能分作两边飞.数缺形时少直观,形少数时难入微."在圆锥曲线的一些问题中,许多对应的长度、数式等都具有一定的几何意义,挖掘题目中隐含的几何意义,利用数形结合的思想方法,可以解决一些相应问题.

学习数学,就是要学会翻译,把文字语言、符号语言、图形语言相互转换,我们要学会对解析几何问题中涉及的所有对象逐个理解、表示、整理,在理解题意的同时,牢记解析几何的核心方法是"用代数方法研究几何问题",核心思想是"数形结合",牢固树立"转化"意识,那么就能顺利破解解析几何的有关问题.

1. 解析几何主要有两大任务:

(1)根据曲线的几何条件,把它的代数形式表示出来;

(2)通过曲线的方程来讨论它的几何性质.

首先,在学习中,要能主动地去理解几何对象的本质特征.这是实现几何问题代数化的基础,其次,要完成好"几何问题"向"代数问题"的转化,还要善于将"几何性质"通过"代数形式"表达出来.

2. 几何问题"代数化"是实现解析几何基本思想的基础和出发点.

(1)所研究的几何对象具有什么样的几何特征,要在审题上下功夫.

(2)如何写出它们的代数形式.常见的典型的"代数化"要非常熟练,要会选择恰当的代数化的形式.

思维主线:几何特征——代数形式——代数结论——几何结论.

解题思路:①条件图形化;②条件坐标化;③结论代数化;④条件、结论融合化.

3. 圆锥曲线几何条件的转化策略——总结规律·熟练转化

(1)平行四边形条件的转化

表1

几何性质	代数实现
对边平行	斜率相等,或向量平行
对边相等	长度相等,横(纵)坐标差相等
对角线互相平分	中点重合

【例1】 (2015·新课标2理科20)已知椭圆 $C:9x^2+y^2=m^2(m>0)$,直线 l 不过原点 O 且不平行于坐标轴,l 与椭圆 C 有两个交点 A,B,线段 AB 的中点为 M.

(1)证明:直线 OM 的斜率与 l 的斜率的乘积为定值;

(2)若 l 过点 $(\dfrac{m}{3},m)$,延长线段 OM 与椭圆 C 交于点 P,四边形 $OAPB$ 能否为平行四边形? 若能,求此时 l 的斜率,若不能,说明理由.

【分析】 题(1)中涉及弦的中点坐标问题,故可以采取"点差法"或"韦达定理"两种方法求解:设端点 A,B 的坐标,代入椭圆方程并作差,出现弦 AB 的中点和直线 l 的斜率;设直线 l 的方程同时和椭圆方程联立,利用韦达定理求弦 AB 的中点,并寻找两条直线斜率关系;(2)根据(1)中结论,设直线 OM 方程并与椭圆方程联立,求得 M 坐标,利用 $x_P=2x_M$ 以及直线 l 过点 $(\dfrac{m}{3},m)$ 列方程求 k 的值.

【解析】 (1)设直线 $l:y=kx+b(k\neq 0,b\neq 0)$,$A(x_1,y_1)$,$B(x_2,y_2)$,$M(x_M,y_M)$.

将 $y=kx+b$ 代入 $9x^2+y^2=m^2$ 得 $(k^2+9)x^2+2kbx+b^2-m^2=0$,故

$$x_M=\dfrac{x_1+x_2}{2}=-\dfrac{kb}{k^2+9} \qquad ①$$

$y_M=kx_M+b=\dfrac{9b}{k^2+9}$. 于是直线 OM 的斜率 $k_{OM}=\dfrac{y_M}{x_M}=-\dfrac{9}{k}$,即 $k_{OM}\cdot k=-9$. 所以直线 OM 的斜率与 l 的斜率的乘积为定值.

(2)四边形 $OAPB$ 能为平行四边形.

因为直线 l 过点 $(\dfrac{m}{3},m)$,所以 l 不过原点且与 C 有两个交点的充要条件是 $k>0,k\neq 3$.

由(1)得 OM 的方程为 $y = -\dfrac{9}{k}x$. 设点 P 的横坐标为 x_P. 由 $\begin{cases} y = -\dfrac{9}{k}x \\ 9x^2 + y^2 = m^2 \end{cases}$ 得 $x_P^2 = \dfrac{k^2 m^2}{9k^2 + 81}$, 即 $x_P = \dfrac{\pm km}{3\sqrt{k^2 + 9}}$. 将点 $(\dfrac{m}{3}, m)$ 的坐标代入直线 l 的方程得 $b = \dfrac{m(3-k)}{3}$, 因此由(1)得 $x_M = \dfrac{mk(k-3)}{3(k^2+9)}$. 四边形 $OAPB$ 为平行四边形, 当且仅当线段 AB 与线段 OP 互相平分, 即 $x_P = 2x_M$. 于是 $\dfrac{\pm km}{3\sqrt{k^2+9}} = 2 \times \dfrac{mk(k-3)}{3(k^2+9)}$. 解得 $k_1 = 4 - \sqrt{7}, k_2 = 4 + \sqrt{7}$. 因为 $k_i > 0, k_i \neq 3, i = 1, 2$, 所以当 l 的斜率为 $4 - \sqrt{7}$ 或 $4 + \sqrt{7}$ 时, 四边形 $OAPB$ 为平行四边形.

考点: (1)弦的中点问题; (2)直线和椭圆的位置关系.

2. 直角三角形条件的转化(表2).

表2

几何性质	代数实现
两边垂直	斜率乘积为 -1, 或向量数量积为 0
勾股定理	两点的距离公式
斜边中线性质(中线等于斜边一半)	两点的距离公式

【例2】 椭圆 $\dfrac{x^2}{a^2} + \dfrac{y^2}{b^2} = 1(a > b > 0)$ 的离心率为 $\dfrac{\sqrt{3}}{2}$, 长轴端点与短轴端点间的距离为 $\sqrt{5}$.

(1)求椭圆的方程;

(2)过点 $D(0, 4)$ 的直线 l 与椭圆 C 交于两点 E, F, O 为坐标原点, 若 $\triangle OEF$ 为直角三角形, 求直线 l 的斜率.

【解析】 (1)易得椭圆的方程为 $\dfrac{x^2}{4} + y^2 = 1$.

(2)根据题意, 过点 $D(0,4)$ 满足题意的直线斜率存在, 设 $l: y = kx + 4$, 联立 $\begin{cases} y = kx + 4 \\ \dfrac{x^2}{4} + y^2 = 1 \end{cases}$ 消去 y 得 $(1 + 4k^2)x^2 + 32kx + 60 = 0, \Delta = (32k)^2 - 240(1 + 4k^2) = 64k^2 - 240$, 令 $\Delta > 0$, 解得 $k^2 > \dfrac{15}{4}$.

设 E,F 两点的坐标分别为 $(x_1,y_1),(x_2,y_2)$，则 $x_1+x_2=-\dfrac{32k}{1+4k^2}$，$x_1x_2=\dfrac{60}{1+4k^2}$.

①当 $\angle EOF$ 为直角时，所以 $\overrightarrow{OE}\cdot\overrightarrow{OF}=0$，即 $x_1x_2+y_1y_2=0$，所以
$$(1+k^2)x_1x_2+4k(x_1+x_2)+16=0$$
所以 $\dfrac{15(1+k^2)}{1+4k^2}-\dfrac{32k^2}{1+4k^2}+4=0$，解得 $k=\pm\sqrt{19}$.

②当 $\angle OEF$ 或 $\angle OFE$ 为直角时，不妨设 $\angle OEF$ 为直角，此时 $k_{OE}\cdot k=-1$，所以 $\dfrac{y_1}{x_1}\cdot\dfrac{y_1-4}{x_1}=-1$ 即
$$x_1^2=4y_1-y_1^2 \qquad (*)$$
又
$$\dfrac{x_1^2}{4}+y_1^2=1 \qquad (**)$$

将 $(*)$ 代入 $(**)$，消去 x_1 得 $3y_1^2+4y_1-4=0$，解得 $y_1=\dfrac{2}{3}$ 或 $y_2=-2$（舍去），将 $y_1=\dfrac{2}{3}$ 代入 $(*)$ 得 $x_1=\pm\dfrac{2}{3}\sqrt{5}$，所以 $k=\dfrac{y_1-4}{x_1}=\pm\sqrt{5}$，经检验所得 k 值均符合题意，综上，k 的值为 $k=\pm\sqrt{19}$ 和 $k=\pm\sqrt{5}$.

3. 等腰三角形条件的转化(表3).

表3

几何性质	代数实现
两边相等	两点的距离公式
两角相等	底边水平或竖直时，两腰斜率相反
三线合一(垂直且平分)	垂直：斜率或向量 平分：中点坐标公式

【例3】 在直角坐标系 xOy 中，已知点 $A(-\sqrt{2},0)$，$B(\sqrt{2},0)$，E 为动点，且直线 EA 与直线 EB 斜率之积为 $-\dfrac{1}{2}$.

(1) 求动点 E 的轨迹 C 方程；

(2) 如图1所示，设过点 $F(1,0)$ 的直线 l 与椭

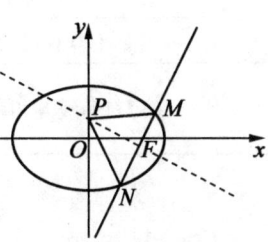

图1

圆 C 交于两点 M,N,若点 P 在 y 轴上,且 $|PM|=|PN|$,求点 P 的纵坐标的范围.

【解析】 (1)设动点 E 的坐标为 (x,y),依题意可知 $\dfrac{y}{x+\sqrt{2}}\cdot\dfrac{y}{x-\sqrt{2}}=-\dfrac{1}{2}$,整理得 $\dfrac{x^2}{2}+y^2=1(x\neq\pm\sqrt{2})$,所以动点 E 的轨迹 C 的方程为 $\dfrac{x^2}{2}+y^2=1(x\neq\pm\sqrt{2})$.

(2)当直线 l 的斜率不存在时,满足条件的点 P 的纵坐标为 0.

当直线 l 的斜率存在时,设直线 l 的方程为 $y=k(x-1)$,将 $y=k(x-1)$ 代入 $\dfrac{x^2}{2}+y^2=1$,并整理得 $(2k^2+1)x^2-4k^2x+2k^2-2=0,\Delta=8k^2+8>0$.

设 $M(x_1,y_1),N(x_2,y_2)$,则 $x_1+x_2=\dfrac{4k^2}{2k^2+1}$,设 MN 的中点为 Q,则 $x_Q=\dfrac{2k^2}{2k^2+1}$,$y_Q=k(x_Q-1)=-\dfrac{k}{2k^2+1}$,所以 $Q\left(\dfrac{2k^2}{2k^2+1},-\dfrac{k}{2k^2+1}\right)$.

由题意可知 $k\neq 0$,又直线 MN 的垂直平分线的方程为 $y+\dfrac{k}{2k^2+1}=-\dfrac{1}{k}\left(x-\dfrac{2k^2}{2k^2+1}\right)$,令 $x=0$ 解得 $y_P=\dfrac{k}{2k^2+1}=\dfrac{1}{2k+\dfrac{1}{k}}$,当 $k>0$ 时,因为 $2k+\dfrac{1}{k}\geq 2\sqrt{2}$,所以 $0<y_P\leq\dfrac{1}{2\sqrt{2}}=\dfrac{\sqrt{2}}{4}$.当 $k<0$ 时,因为 $2k+\dfrac{1}{k}\leq-2\sqrt{2}$,所以 $0>y_P\geq-\dfrac{1}{2\sqrt{2}}=-\dfrac{\sqrt{2}}{4}$,综上所述,点 P 的纵坐标的范围是 $\left[-\dfrac{\sqrt{2}}{4},\dfrac{\sqrt{2}}{4}\right]$.

4.菱形条件的转化(表4).

表4

几何性质	代数实现
(1)对边平行	斜率相等,或向量平行
(2)对边相等	长度相等,横(纵)坐标差相等
(3)对角线互相垂直平分	垂直:斜率或向量 平分:中点坐标公式、中点重合

【例4】 已知 A,B,C 是椭圆 $W:\dfrac{x^2}{4}+y^2=1$ 上的三个点,O 是坐标原点.

(1)当点 B 是 W 的右顶点,且四边形 $OABC$ 为菱形时,求此菱形的面积;

(2)当点 B 不是 W 的顶点时,判断四边形 $OABC$ 是否可能为菱形,并说明理由.

【分析】 (1)根据题意设出点 A 的坐标代入椭圆方程求解,利用菱形面积公式求面积;

(2)设出直线 AC 的方程,代入椭圆方程求出 AC 的中点坐标(即 OB 的中点坐标),判断 AC 与 OB 的斜率乘积是否为 -1.

【解析】 (1)椭圆 $W: \dfrac{x^2}{4}+y^2=1$ 的右顶点 B 的坐标为 $(2,0)$,因为四边形 $OABC$ 为菱形,所以 AC 与 OB 相互垂直平分,所以可设 $A(1,m)$,代入椭圆方程得 $\dfrac{1}{4}+m^2=1$,即 $m=\pm\dfrac{\sqrt{3}}{2}$,所以菱形 $OABC$ 的面积是 $\dfrac{1}{2}|OB||AC|=\dfrac{1}{2}\times 2\times 2|m|=\sqrt{3}$.

(2)四边形 $OABC$ 不可能为菱形.理由如下:

假设四边形 $OABC$ 为菱形,因为点 B 不是 W 的顶点,且直线 AC 不过原点,所以可设 AC 的方程为 $y=kx+m(k\neq 0, m\neq 0)$.由 $\begin{cases} y=kx+m \\ x^2+4y^2=4 \end{cases}$,消去 y 并整理得 $(1+4k^2)x^2+8kmx+4m^2-4=0$,设 $A(x_1,y_1)$,$B(x_2,y_2)$,则 $\dfrac{x_1+x_2}{2}=-\dfrac{4km}{1+4k^2}$,$\dfrac{y_1+y_2}{2}=k\dfrac{x_1+x_2}{2}+m=\dfrac{m}{1+4k^2}$,所以 AC 中点为 $M\left(-\dfrac{4km}{1+4k^2},\dfrac{m}{1+4k^2}\right)$.因为 M 为 AC 和 OB 的交点,所以直线 OB 的斜率为 $-\dfrac{1}{4k}$,因为 $k\left(-\dfrac{1}{4k}\right)\neq -1$,所以 AC 和 OB 不垂直.所以四边形 $OABC$ 不是菱形,与假设矛盾,所以当点 B 不是 W 的顶点时,四边形 $OABC$ 不可能为菱形.

评注 利用中点弦结论知 $k_{OB}\cdot k_{AC}=-\dfrac{b^2}{a^2}=-\dfrac{1}{4}\neq -1$,因此四边形 $OABC$ 不可能为菱形.

5. 圆条件的转化

表5

几何性质	代数实现
点在圆上	点与直径端点向量数量积为零
点在圆外	点与直径端点向量数量积为正数
点在圆内	点与直径端点向量数量积为负数

【例5】 已知椭圆 $M: \dfrac{x^2}{4} + \dfrac{y^2}{3} = 1$，点 F_1，C 分别是椭圆 M 的左焦点、左顶点，过点 F_1 的直线 l（不与 x 轴重合）交 M 于 A，B 两点．

(1)求 M 的离心率及短轴长；

(2)是否存在直线 l，使得点 B 在以线段 AC 为直径的圆上，若存在，求出直线 l 的方程；若不存在，说明理由．

【解析】 (1)由 $\dfrac{x^2}{4} + \dfrac{y^2}{3} = 1$，得 $a=2$，$b=\sqrt{3}$，所以 M 的离心率为 $\dfrac{1}{2}$，短轴长为 $2\sqrt{3}$．

(2)解法1：由题意知 $C(-2,0)$，$F_1(-1,0)$，设 $B(x_0,y_0)$（$-2<x_0<2$），则 $\dfrac{x_0^2}{4} + \dfrac{y_0^2}{3} = 1$．

因为 $\overrightarrow{BF_1} \cdot \overrightarrow{BC} = (-1-x_0, -y_0) \cdot (-2-x_0, -y_0) = 2 + 3x_0 + x_0^2 + y_0^2 = \dfrac{1}{4}x_0^2 + 3x_0 + 5 > 0$．

所以 $\angle B \in \left(0, \dfrac{\pi}{2}\right)$，所以点 B 不在以 AC 为直径的圆上，即不存在直线 l，使得点 B 在以线段 AC 为直径的圆上．

解法2：由题意可设直线的方程为 $x = my - 1$，$A(x_1, y_1)$，$B(x_2, y_2)$．

由 $\begin{cases} \dfrac{x^2}{4} + \dfrac{y^2}{3} = 1 \\ x = my - 1 \end{cases}$，可得 $(3m^2+4)y^2 - 6my - 9 = 0$，所以 $y_1 + y_2 = \dfrac{6m}{3m^2+4}$，$y_1 y_2 = \dfrac{-9}{3m^2+4}$，所以 $\overrightarrow{CA} \cdot \overrightarrow{CB} = (x_1+2, y_1) \cdot (x_2+2, y_2) = (m^2+1)y_1 y_2 + m(y_1+y_2) + 1 = (m^2+1)\dfrac{-9}{3m^2+4} + m\dfrac{6m}{3m^2+4} + 1 = \dfrac{-5}{3m^2+4} < 0$，因为 $\cos C = \dfrac{\overrightarrow{CA} \cdot \overrightarrow{CB}}{|\overrightarrow{CA} \cdot \overrightarrow{CB}|} \in (-1, 0)$ 所以 $\angle C \in \left(\dfrac{\pi}{2}, \pi\right)$，所以 $\angle B \in \left(0, \dfrac{\pi}{2}\right)$，所以点 B 不在以 AC 为直径的圆上，即不存在直线 l，使得点 B 在以线段 AC 为直径的圆上．

6.角条件的转化(表6)．

表6

几何性质	代数实现
锐角,直角,钝角	角的余弦(向量数量积)的符号
倍角,半角,平分角	角平分线性质,定理(夹角,到角公式)
等角(相等或相似)	比例线段或斜率

圆锥曲线的奥秘

【例6】 (2013·山东理科22)椭圆 $C: \dfrac{x^2}{a^2}+\dfrac{y^2}{b^2}=1(a>b>0)$ 的左、右焦点分别是 F_1, F_2,离心率为 $\dfrac{\sqrt{3}}{2}$,过 F_1 且垂直于 x 轴的直线被椭圆 C 截得的线段长为1.

(1)求椭圆 C 的方程;

(2)点 P 是椭圆 C 上除长轴端点外的任一点,联结 PF_1, PF_2,设 $\angle F_1PF_2$ 的角平分线 PM 交 C 的长轴于点 $M(m, 0)$,求 m 的取值范围;

【解析】 (1)易得椭圆的方程为 $\dfrac{x^2}{4}+y^2=1$.

(2)解法1:由(1)知 $F_1(-\sqrt{3}, 0), F_2(\sqrt{3}, 0)$ 则 $|MF_1|=\sqrt{3}+m, |MF_2|=\sqrt{3}-m$,由椭圆定义得 $|PF_1|+|PF_2|=4, 2-\sqrt{3}<|PF_1|<2+\sqrt{3}$. 因为 PM 平分 $\angle F_1PF_2$,所以 $\dfrac{|PF_1|}{|PF_2|}=\dfrac{|MF_1|}{|MF_2|}=\dfrac{\sqrt{3}+m}{\sqrt{3}-m}$,则 $\dfrac{|PF_1|}{|PF_1|+|PF_2|}=\dfrac{\sqrt{3}+m}{\sqrt{3}+m+\sqrt{3}-m}$,所以 $|PF_1|=\dfrac{\sqrt{3}+m}{2\sqrt{3}}\times 4=\dfrac{2(\sqrt{3}+m)}{\sqrt{3}}$ 所以 $2-\sqrt{3}<\dfrac{2(\sqrt{3}+m)}{\sqrt{3}}<2+\sqrt{3}$,即 $-\dfrac{3}{2}<m<\dfrac{3}{2}$.

解法2:由题意可知,$\dfrac{\overrightarrow{PF_1}\cdot\overrightarrow{PM}}{|\overrightarrow{PF_1}||\overrightarrow{PM}|}=\dfrac{\overrightarrow{PF_2}\cdot\overrightarrow{PM}}{|\overrightarrow{PF_2}||\overrightarrow{PM}|}$,即 $\dfrac{\overrightarrow{PF_1}\cdot\overrightarrow{PM}}{|\overrightarrow{PF_1}|}=\dfrac{\overrightarrow{PF_2}\cdot\overrightarrow{PM}}{|\overrightarrow{PF_2}|}$.

设 $P(x_0, y_0)$,其中 $x_0^2\neq 4$,将向量坐标代入并化简得 $m(4x_0^2-16)=3x_0^3-12x_0$,因为 $x_0^2\neq 4$,所以 $m=\dfrac{3}{4}x_0$,而 $x_0\in(-2,2)$,所以 $m\in\left(-\dfrac{3}{2}, \dfrac{3}{2}\right)$.

评注 只有不断深入地领悟这种思维方法,努力尝试应用这种思维模式去解决问题,才有可能使得解析几何课落到实处,有所收获.

达标训练题

1. 如图2所示,已知椭圆 $\dfrac{x^2}{2}+y^2=1$ 上两个不同的点 A, B 关于直线 $y=mx+\dfrac{1}{2}(m\neq 0)$ 对称.

(1)若已知 $C\left(0, \dfrac{1}{2}\right), M$ 为椭圆上动点,证

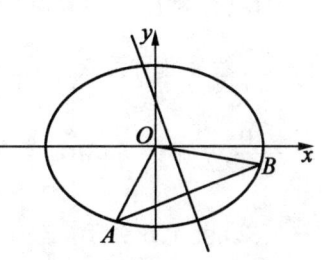

图2

明:$|MC| \leqslant \dfrac{\sqrt{10}}{2}$;

(2)求实数 m 的取值范围;

(3)求 $\triangle AOB$ 面积的最大值(O 为坐标原点).

2. 已知椭圆 $C: \dfrac{x^2}{a^2} + \dfrac{y^2}{b^2} = 1(a > b > 0)$ 的离心率为 $\dfrac{\sqrt{2}}{2}$,且过点 $P(2,1)$.

(1)求椭圆 C 的方程;

(2)若 A,B 是椭圆 C 上的两个动点,且 $\angle APB$ 的角平分线总垂直于 x 轴,求证:直线 AB 的斜率为定值.

3. 在平面直角坐标系中,已知点 $A(-2,0)$,$B(2,0)$,动点 $P(x,y)$ 满足直线 AP 与 BP 的斜率之积为 $-\dfrac{3}{4}$. 记点 P 的轨迹为曲线 C.

(1)求 C 的方程,并说明轨迹 C 是什么曲线;

(2)若 M,N 是曲线 C 上的动点,且直线 MN 过点 $D\left(0, \dfrac{1}{2}\right)$,问在 y 轴上是否存在定点 Q,使得 $\angle MQO = \angle NQO$? 若存在,请求出定点 Q 的坐标;若不存在,请说明理由.

4. 已知椭圆 $C: \dfrac{x^2}{a^2} + \dfrac{y^2}{b^2} = 1(a > b > 0)$ 的离心率 $e = \dfrac{\sqrt{2}}{2}$,左、右焦点分别为 F_1,F_2,点 $P(2,\sqrt{3})$ 满足:F_2 在线段 PF_1 的中垂线上.

(1)求椭圆 C 的方程;

(2)若斜率为 $k(k \neq 0)$ 的直线 l 与 x 轴、椭圆 C 顺次相交于点 $A(2,0)$,M,N,且 $\angle NF_2F_1 = \angle MF_2A$,求 k 的取值范围.

达标训练题解析

1.【分析】 (1)设点 $M(x,y)$,则有 $-1 \leqslant y \leqslant 1$,代入椭圆的方程得出 $y^2 = 1 - \dfrac{x^2}{2}$,然后利用两点间的距离公式和二次函数的基本性质可求出 $|MC|$ 的最大值 $\dfrac{\sqrt{10}}{2}$,从而证明 $|MC| \leqslant \dfrac{\sqrt{10}}{2}$;

(2)由 A,B 关于直线 $y = mx + \dfrac{1}{2}(m \neq 0)$ 对称,可得出直线 AB 与直线 $y = mx + \dfrac{1}{2}$,从而可得出直线 AB 的斜率为 $-\dfrac{1}{m}$,设直线 AB 的方程为 $y = -\dfrac{1}{m}x + b$,

设点 $A(x_1,y_1)$, $B(x_2,y_2)$, 将直线 AB 的方程与椭圆方程联立, 得出 $\Delta > 0$, 并列出韦达定理, 求出线段 AB 的中点 M, 再由点 M 在直线上列出不等式, 结合 $\Delta > 0$ 可求出 m 的取值范围;

(3) 令 $-\dfrac{1}{m} = t$, 可得出直线 AB 的方程为 $y = tx + b$, 利用韦达定理结合弦长公式计算出 $|AB|$, 利用点到直线的距离公式计算出 $\triangle AOB$ 的高 d 的表达式, 然后利用三角形的面积公式得出 $\triangle AOB$ 面积的表达式, 利用基本不等式可求出 $\triangle AOB$ 面积的最大值.

【解析】 (1) 设 $M(x,y)$, 则 $\dfrac{x^2}{2} + y^2 = 1$, 得 $x^2 = 2 - 2y^2$, 于是

$$|MC| = \sqrt{x^2 + \left(y - \dfrac{1}{2}\right)^2} = \sqrt{2 - 2y^2 + \left(y - \dfrac{1}{2}\right)^2}$$

$$= \sqrt{-y^2 - y + \dfrac{9}{4}} = \sqrt{-\left(y + \dfrac{1}{2}\right)^2 + \dfrac{5}{2}}$$

因 $-1 \leqslant y \leqslant 1$, 所以当 $y = -\dfrac{1}{2}$ 时, $|MC|_{\max} = \dfrac{\sqrt{10}}{2}$, 即 $|MC| \leqslant \dfrac{\sqrt{10}}{2}$.

(2) 由题意知 $m \neq 0$, 可设直线 AB 的方程为 $y = -\dfrac{1}{m}x + b$. 由

$$\begin{cases} \dfrac{x^2}{2} + y^2 = 1 \\ y = -\dfrac{1}{m}x + b \end{cases}$$

消去 y, 得 $\dfrac{2 + m^2}{2m^2}x^2 - \dfrac{2b}{m}x + b^2 - 1 = 0$. 因为直线 $y = -\dfrac{1}{m}x + b$ 与椭圆 $\dfrac{x^2}{2} + y^2 = 1$ 有两个不同的交点, 所以 $\Delta = -2b^2 + 2 + \dfrac{4}{m^2} > 0$, 即

$$b^2 < 1 + \dfrac{2}{m^2} \qquad ①$$

由韦达定理得 $x_1 + x_2 = \dfrac{4bm}{m^2 + 2}$, $x_1 x_2 = \dfrac{2(b^2 - 1)m^2}{m^2 + 2}$, 因为 $\dfrac{y_1 + y_2}{2} = -\dfrac{1}{m} \cdot \dfrac{2bm}{m^2 + 2} + b = \dfrac{bm^2}{m^2 + 2}$, 所以线段 AB 的中点 $M\left(\dfrac{2mb}{m^2 + 2}, \dfrac{bm^2}{m^2 + 2}\right)$. 将 AB 中点 $M\left(\dfrac{2mb}{m^2 + 2}, \dfrac{m^2 b}{m^2 + 2}\right)$ 代入直线方程 $y = mx + \dfrac{1}{2}$, 解得

$$b = -\dfrac{m^2 + 2}{2m^2} \qquad ②$$

将②代入①得 $\left(-\dfrac{m^2 + 2}{2m^2}\right)^2 < \dfrac{m^2 + 2}{m^2}$, 化简得 $m^2 > \dfrac{2}{3}$.

解得 $m < -\dfrac{\sqrt{6}}{3}$ 或 $m > \dfrac{\sqrt{6}}{3}$，因此，实数 m 的取值范围是 $\left(-\infty, -\dfrac{\sqrt{6}}{3}\right) \cup \left(\dfrac{\sqrt{6}}{3}, +\infty\right)$.

(3) 令 $t = -\dfrac{1}{m} \in \left(-\dfrac{\sqrt{6}}{2}, 0\right) \cup \left(0, \dfrac{\sqrt{6}}{2}\right)$，即 $t^2 \in \left(0, \dfrac{3}{2}\right)$，且 $b = -\dfrac{2t^2+1}{2}$.

故 $x_1 + x_2 = -\dfrac{4tb}{2t^2+1}$，$x_1 x_2 = \dfrac{2b^2-2}{2t^2+1}$，则

$$|AB| = \sqrt{1+t^2} \cdot |x_1 - x_2| = \sqrt{1+t^2} \cdot \sqrt{(x_1+x_2)^2 - 4x_1 x_2}$$

$$= \sqrt{1+t^2} \cdot \sqrt{\left(-\dfrac{4tb}{2t^2+1}\right)^2 - \dfrac{8(b^2-1)}{2t^2+1}}$$

$$= \dfrac{2\sqrt{2} \cdot \sqrt{2t^2+1-b^2} \cdot \sqrt{1+t^2}}{2t^2+1}$$

$$= \dfrac{2\sqrt{2} \cdot \sqrt{2t^2+1-\left(-\dfrac{2t^2+1}{2}\right)^2} \cdot \sqrt{1+t^2}}{2t^2+1}$$

$$= \dfrac{\sqrt{2} \cdot \sqrt{(2t^2+1)(3-2t^2)} \cdot \sqrt{1+t^2}}{2t^2+1}$$

且 O 到直线 AB 的距离为 $d = \dfrac{2t^2+1}{2\sqrt{t^2+1}}$，设 $\triangle AOB$ 的面积为 $S(t)$，所以

$$S(t) = \dfrac{1}{2}|AB| \cdot d = \dfrac{\sqrt{2}}{4} \cdot \sqrt{(2t^2+1)(3-2t^2)}$$

$$\leqslant \dfrac{\sqrt{2}}{4} \cdot \dfrac{(2t^2+1)+(3-2t^2)}{2} = \dfrac{\sqrt{2}}{2}$$

当且仅当 $t^2 = \dfrac{1}{2}$ 时，等号成立，故 $\triangle AOB$ 面积的最大值为 $\dfrac{\sqrt{2}}{2}$.

2.【解析】(1) 由题意得 $\dfrac{c}{a} = \dfrac{\sqrt{2}}{2}$，$a^2 = b^2 + c^2$，$\dfrac{4}{a^2} + \dfrac{1}{b^2} = 1$，解得 $a^2 = 6$，$b^2 = 3$，所以椭圆 C 的方程是 $\dfrac{x^2}{6} + \dfrac{y^2}{3} = 1$.

(2) 设直线 AP 的斜率为 k，由题意知，直线 BP 的斜率为 $-k$.

设 $A(x_1, y_1)$，$B(x_2, y_2)$，直线 AP 的方程为 $y - 1 = k(x-2)$，即

$$y = kx + 1 - 2k$$

圆锥曲线的奥秘

联立方程组 $\begin{cases} y = kx + 1 - 2k \\ \dfrac{x^2}{6} + \dfrac{y^2}{3} = 1 \end{cases}$,消去 y 得

$$(2k^2 + 1)x^2 + 4k(1-2k)x + 8k^2 - 8k - 4 = 0$$

因为 P,A 为直线 AP 与椭圆的交点,所以 $2x_1 = \dfrac{8k^2 - 8k - 4}{2k^2 + 1}$,即

$$x_1 = \dfrac{4k^2 - 4k - 2}{2k^2 + 1}.$$

把 k 换为 $-k$ 得,$x_2 = \dfrac{4k^2 + 4k - 2}{2k^2 + 1}$,所以 $x_2 - x_1 = \dfrac{8k}{2k^2 + 1}$,所以 $y_2 - y_1 =$
$(-kx_2 + 1 + 2k) - (kx_1 + 1 - 2k) = k[4 - (x_1 + x_2)] = \dfrac{8k}{2k^2 + 1}$.

所以直线 AB 的斜率 $k_{AB} = \dfrac{y_2 - y_1}{x_2 - x_1} = 1$,故直线 AB 的斜率为定值.

3.【解析】(1)设 $P(x,y)$,则 $k_{AP} \cdot k_{BP} = \dfrac{y}{x+2} \cdot \dfrac{y}{x-2} = -\dfrac{3}{4}$,$y \neq 0$,整理可得 $\dfrac{x^2}{4} + \dfrac{y^2}{3} = 1$,$y \neq 0$,故 C 的方程 $\dfrac{x^2}{4} + \dfrac{y^2}{3} = 1$,$y \neq 0$,说明曲线 C 是椭圆,但不包含 $y = 0$ 时的情况.

(2)假设存在满足题意的定点 Q,设 $Q(0,m)$,设直线 l 的方程为 $y = kx + \dfrac{1}{2}$,$M(x_1,y_1)$,$N(x_2,y_2)$.由 $\begin{cases} \dfrac{x^2}{4} + \dfrac{y^2}{3} = 1 \\ y = kx + \dfrac{1}{2} \end{cases}$ 消去 y,得 $(3+4k^2)x^2 + 4kx - 11 = 0$.由直线 l 过椭圆内一点 $(0,\dfrac{1}{2})$ 作直线,故 $\Delta > 0$,由求根公式得:$x_1 + x_2 = \dfrac{-4k}{3+4k^2}$,$x_1 x_2 = \dfrac{-11}{3+4k^2}$,由 $\angle MQO = \angle NQO$,得直线 MQ 与 NQ 斜率和为零.故 $\dfrac{y_1 - m}{x_1} + \dfrac{y_2 - m}{x_2} = \dfrac{kx_1 + \dfrac{1}{2} - m}{x_1} + \dfrac{kx_2 + \dfrac{1}{2} - m}{x_2} = 2k + (\dfrac{1}{2} - m) \cdot \dfrac{x_1 + x_2}{x_1 x_2} = 2k + (\dfrac{1}{2} - m) \cdot \dfrac{4k}{11} = \dfrac{4k(6-m)}{11} = 0$.所以 $m = 6$,存在定点 $(0,6)$,当斜率不存在时定点 $(0,6)$ 也符合题意.

4.【解析】(1)解法1:椭圆 C 的离心率 $e = \dfrac{\sqrt{2}}{2}$,得 $\dfrac{c}{a} = \dfrac{\sqrt{2}}{2}$,其中 $c =$

$\sqrt{a^2-b^2}$.

椭圆 C 的左、右焦点分别为 $F_1(-c,0), F_2(c,0)$.

又点 F_2 在线段 PF_1 的中垂线上,所以 $F_1F_2 = PF_2$, $(2c)^2 = (\sqrt{3})^2 + (2-c)^2$.

解得 $c=1, a^2=2, b^2=1$,故椭圆 C 的方程为 $\dfrac{x^2}{2} + y^2 = 1$.

解法 2:椭圆 C 的离心率 $e = \dfrac{\sqrt{2}}{2}$,得 $\dfrac{c}{a} = \dfrac{\sqrt{2}}{2}$,其中 $c = \sqrt{a^2-b^2}$.

椭圆 C 的左、右焦点分别为 $F_1(-c,0), F_2(c,0)$.

设线段 PF_1 的中点为 D,因为 $F_1(-c,0), P(2,\sqrt{3})$,所以 $D\left(\dfrac{2-c}{2}, \dfrac{\sqrt{3}}{2}\right)$.

又线段 PF_1 的中垂线过点 F_2,所以 $k_{PF_1} \cdot k_{DF_2} = -1$,即 $\dfrac{\sqrt{3}}{2+c} \cdot \dfrac{\frac{\sqrt{3}}{2}}{\frac{2-c}{2} - c} = -1 \Rightarrow c=1, a^2=2, b^2=1$.

故椭圆方程为 $\dfrac{x^2}{2} + y^2 = 1$.

(2) 由题意,直线 l 的方程为 $y = k(x-2)$,且 $k \neq 0$.

联立 $\begin{cases} y = k(x-2) \\ \dfrac{x^2}{2} + y^2 = 1 \end{cases}$,得 $(1+2k^2)x^2 - 8k^2 x + 8k^2 - 2 = 0$.

由 $\Delta = 8(1-2k^2) > 0$,得 $-\dfrac{\sqrt{2}}{2} < k < \dfrac{\sqrt{2}}{2}$,且 $k \neq 0$.

设 $M(x_1, y_1), N(x_2, y_2)$,则有

$$x_1 + x_2 = \dfrac{8k^2}{1+2k^2}$$

$$x_1 x_2 = \dfrac{8k^2 - 2}{1+2k^2} \quad (*)$$

因为 $\angle NF_2F_1 = \angle MF_2A$,且由题意 $\angle NF_2A \neq 90°$,所以 $k_{MF_2} + k_{NF_2} = 0$,又 $F_2(1,0)$,$\dfrac{y_1}{x_1-1} + \dfrac{y_2}{x_2-1} = 0$,即 $\dfrac{k(x_1-2)}{x_1-1} + \dfrac{k(x_2-2)}{x_2-1} = 0$,

故 $2 - \left(\dfrac{1}{x_1-1} + \dfrac{1}{x_2-1}\right) = 0$,整理得 $2x_1 x_2 - 3(x_1 + x_2) + 4 = 0$,将 $(*)$ 代入

得 $\dfrac{16k^2-4}{1+2k^2}-\dfrac{24k^2}{1+2k^2}+4=0$，知上式恒成立，故直线 l 的斜率 k 的取值范围是 $(-\dfrac{\sqrt{2}}{2},0)\cup(0,\dfrac{\sqrt{2}}{2})$.

第5节 圆锥曲线内接图形(三角形、四边形)面积计算

1. 三角形面积问题.

如图1所示，直线 AB 方程
$y=kx+m$
$d=|PH|=\dfrac{|kx_0-y_0+m|}{\sqrt{1+k^2}}$

$S_{\triangle ABP}=\dfrac{1}{2}|AB|\cdot d$

$=\dfrac{1}{2}\sqrt{1+k^2}\dfrac{\sqrt{\Delta_x}}{|a|}\cdot\dfrac{|kx_0-y_0+m|}{\sqrt{1+k^2}}$

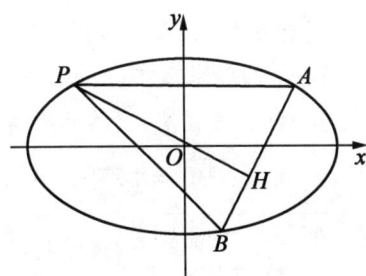

图1

2. 焦点三角形的面积.

如图2所示，直线 AB 过焦点 F_2，$\triangle ABF_1$ 的面积为

$S_{\triangle ABF_1}=\dfrac{1}{2}|F_1F_2|\cdot|y_1-y_2|$

$=c|y_1-y_2|=\dfrac{c\sqrt{\Delta_y}}{|a|}$

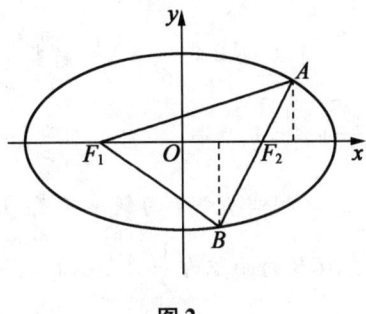

图2

3. 平行四边形的面积.

直线 AB 为 $y=kx+m_1$，直线 CD 为
$$y=kx+m_2$$
$$d=|CH|=\dfrac{|m_1-m_2|}{\sqrt{1+k^2}}$$
$$|AB|=\sqrt{1+k^2}|x_1-x_2|$$
$$=\sqrt{1+k^2}\sqrt{(x_1+x_2)^2-4x_1x_2}$$
$$=\sqrt{1+k^2}\dfrac{\sqrt{\Delta_x}}{|a|}$$

$$S_{\square ABCD} = |AB| \cdot d = \sqrt{1+k^2} \frac{\sqrt{\Delta_x}}{|a|} \cdot \frac{|m_1 - m_2|}{\sqrt{1+k^2}} = \frac{\sqrt{\Delta_x}|m_1 - m_2|}{|a|}$$

4. 典型例题.

【例1】 已知椭圆 $C: \dfrac{x^2}{a^2} + \dfrac{y^2}{b^2} = 1(a > b > 0)$ 的长轴长为4，离心率为 $\dfrac{\sqrt{3}}{2}$.

(1) 求椭圆 C 的方程；

(2) 直线 l 与椭圆 C 交于 A,B 两点，O 为坐标原点，$\overrightarrow{OA} + \overrightarrow{OB} = 2\overrightarrow{OM}$，若 $|\overrightarrow{OM}| = 1$，求 $\triangle ABC$ 面积的最大值.

【分析】 问题(2)中分直线 l 的斜率不存在、直线 l 的斜率存在两种情况：当直线 l 的斜率存在时，设 l 的方程为 $y = kx + m$，$A(x_1, y_1), B(x_2, y_2)$，联立直线与椭圆的方程消元，然后韦达定理表示出 $x_1 + x_2, x_1 x_2$，然后表示出点 M 的坐标，然后由 $|\overrightarrow{OM}| = 1$，可得 $m^2(16k^2+1) = (4k^2+1)^2$，然后表示出 $S_{\triangle AOB} = \dfrac{2\sqrt{m^2(4k^2 - m^2 + 1)}}{4k^2+1}$，然后利用基本不等式可求出其最值.

【解析】 (1) 因为椭圆 $C: \dfrac{x^2}{a^2} + \dfrac{y^2}{b^2} = 1(a > b > 0)$ 的长轴长为4，离心率为 $\dfrac{\sqrt{3}}{2}$，所以 $2a = 4, \dfrac{c}{a} = \dfrac{\sqrt{3}}{2}$，解得 $a = 2, c = \sqrt{3}$，所以 $b = 1$，所以椭圆 C 的方程为 $\dfrac{x^2}{4} + y^2 = 1$.

(2) 当直线 l 的斜率不存在时，可得 l 的方程为 $x = \pm 1$，易得 $|AB| = \sqrt{3}$，$\triangle AOB$ 的面积为 $\dfrac{1}{2} \times \sqrt{3} \times 1 = \sqrt{3}$.

当直线 l 的斜率存在时，设 l 的方程为 $y = kx + m$，$A(x_1, y_1), B(x_2, y_2)$.

联立 $\begin{cases} \dfrac{x^2}{4} + y^2 = 1 \\ y = kx + m \end{cases}$，可得 $(4k^2+1)x^2 + 8kmx + 4m^2 - 4 = 0$. 所以

$x_1 + x_2 = \dfrac{-8km}{4k^2+1}, x_1 x_2 = \dfrac{4m^2 - 4}{4k^2+1}, y_1 + y_2 = k(x_1 + x_2) + 2m = \dfrac{2m}{4k^2+1}$.

所以 $M\left(\dfrac{-4km}{4k^2+1}, \dfrac{m}{4k^2+1}\right)$，因为 $|\overrightarrow{OM}| = 1$，所以 $\sqrt{\left(\dfrac{-4km}{4k^2+1}\right)^2 + \left(\dfrac{m}{4k^2+1}\right)^2} = 1$.

化简可得 $m^2(16k^2+1) = (4k^2+1)^2$. 因为原点到直线 l 的距离为 $\dfrac{|m|}{\sqrt{1+k^2}}$.

圆锥曲线的奥秘

$$|AB| = \sqrt{1+k^2} \cdot \sqrt{(x_1+x_2)^2 - 4x_1x_2}$$

$$= \sqrt{1+k^2} \cdot \sqrt{\left(\frac{-8km}{4k^2+1}\right)^2 - \frac{16m^2-16}{4k^2+1}}$$

$$= \sqrt{1+k^2} \cdot \frac{\sqrt{64k^2 - 16m^2 + 16}}{4k^2+1}$$

所以 $S_{\triangle AOB} = \frac{1}{2} \times \sqrt{1+k^2} \cdot \frac{\sqrt{64k^2 - 16m^2 + 16}}{4k^2+1} \times \frac{|m|}{\sqrt{1+k^2}}$

$$= \frac{2\sqrt{m^2(4k^2 - m^2 + 1)}}{4k^2+1}$$

因为 $\sqrt{m^2(4k^2-m^2+1)} \leqslant \frac{m^2+4k^2-m^2+1}{2} = \frac{4k^2+1}{2}$,当且仅当 $m^2 = 4k^2 - m^2 + 1$ 时,等号成立,此时由 $\begin{cases} m^2 = 4k^2 - m^2 + 1 \\ m^2(16k^2+1) = (4k^2+1)^2 \end{cases}$,可解得 $k = \pm\frac{\sqrt{2}}{4}, m = \pm\frac{\sqrt{3}}{2}$,此时也满足 $\Delta > 0$,所以 $S_{\triangle AOB} \leqslant 1$.

综上可得:$\triangle AOB$ 面积的最大值为 1.

评注 涉及椭圆的弦长、中点、距离等相关问题时,一般利用根与系数的关系采用"设而不求""整体带入"等解法.

【**例2**】 如图3,$N(1,0)$ 是圆 $M:(x+1)^2 + y^2 = 16$ 内一个定点,P 是圆上任意一点,线段 NP 的垂直平分线和半径 MP 相交于点 Q.

(1)当点 P 在圆上运动时,点 Q 的轨迹 E 是什么曲线,并求出其轨迹方程;

(2)过点 $G(0,1)$ 作直线 l 与曲线 E 交于 A,B 两点,点 A 关于原点 O 的对称点为 D,求 $\triangle ABD$ 的面积 S 的最大值.

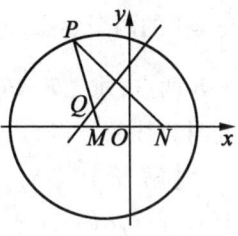

图3

【**解析**】 (1)由题意得 $|QM| + |QN| = |QM| + |QP| = |MP| = 4 > 2 = |MN|$.

根据椭圆的定义得点 Q 的轨迹 E 是以 M,N 为焦点的椭圆,所以 $a=2, c=\sqrt{3}, b=1$,故轨迹方程为 $\frac{x^2}{4} + \frac{y^2}{3} = 1$.

(2)由题意知 $S_{\triangle ABD} = 2S_{\triangle ABO} = 2 \times \frac{1}{2} \times |AB| \cdot d = d|AB|$($d$ 为点 O 到直线

l 的距离).

设 l 的方程为 $y = kx + 1$,联立方程得 $\begin{cases} y = kx + 1 \\ \dfrac{x^2}{4} + \dfrac{y^2}{3} = 1 \end{cases}$,消去 y 得 $(3 + 4k^2)x^2 + 8kx - 8 = 0$.

设 $A(x_1, y_1)$, $B(x_2, y_2)$,则 $x_1 + x_2 = \dfrac{-8k}{3 + 4k^2}$, $x_1 x_2 = \dfrac{-8}{3 + 4k^2}$,故 $|AB| = \sqrt{1 + k^2} \cdot \sqrt{(x_1 + x_2)^2 - 4x_1 x_2} = \dfrac{4\sqrt{6} \cdot \sqrt{1 + 2k^2} \cdot \sqrt{1 + k^2}}{3 + 4k^2}$.

又 $d = \dfrac{1}{\sqrt{1 + k^2}}$,所以 $S_{\triangle ABD} = d|AB| = \dfrac{4\sqrt{6} \cdot \sqrt{1 + 2k^2}}{3 + 4k^2}$,令 $\sqrt{1 + 2k^2} = t$,由 $k^2 \geq 0$,得 $t \geq 1$.

故 $S_{\triangle ABD} = \dfrac{4\sqrt{6} t}{2t^2 + 1} = \dfrac{4\sqrt{6}}{2t + \dfrac{1}{t}}$, $t \geq 1$,易证 $y = 2t + \dfrac{1}{t}$ 在 $(1, +\infty)$ 递增. 所以 $2t + \dfrac{1}{t} \geq 3$, $S_{\triangle ABD} \leq \dfrac{4\sqrt{6}}{3}$,故 $\triangle ABD$ 面积 S 的最大值 $\dfrac{4\sqrt{6}}{3}$.

【例3】 如图4所示,设点 F_1, F_2 是 $\dfrac{x^2}{3} + \dfrac{y^2}{2} = 1$ 的两个焦点,过 F_2 的直线与椭圆相交于 A, B 两点,求 $\triangle F_1 AB$ 的面积的最大值,并求出此时直线的方程.

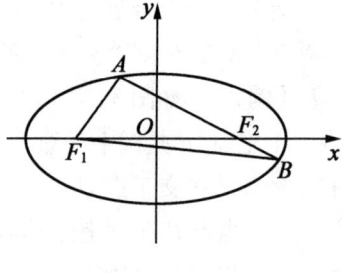

图4

【解析】 $S_{\triangle F_1 AB} = S_{\triangle F_1 F_2 A} + S_{\triangle F_1 F_2 B}$,设 $A(x_1, y_1)$, $B(x_2, y_2)$,则

$$S_{\triangle F_1 AB} = \dfrac{1}{2} |F_1 F_2| \cdot |y_1 - y_2|$$
$$= |y_1 - y_2| \; (c = 1)$$

设直线 AB 的方程为 $x = ky + 1$ 代入椭圆方程得 $(2k^2 + 3)y^2 + 4ky - 4 = 0 \Rightarrow y_1 + y_2 = \dfrac{-4k}{2k^2 + 3}$, $y_1 y_2 = \dfrac{-4}{2k^2 + 3}$,即

$$|y_1 - y_2| = \dfrac{4\sqrt{3(k^2 + 1)}}{2k^2 + 3} = \dfrac{4\sqrt{3}}{2\sqrt{k^2 + 1} + \dfrac{1}{\sqrt{k^2 + 1}}}$$

令 $t = \sqrt{k^2+1} \geq 1$,所以 $S_{\triangle F_1 AB} = \dfrac{4\sqrt{3}}{2t+\dfrac{1}{t}}$,$2t+\dfrac{1}{t}(t\geq 1)$,利用均值不等式不能取等号,所以利用 $f(t)=2t+\dfrac{1}{t}(t\geq 1)$ 的单调性,易得在 $t=1$ 时取最小值.

$S_{\triangle F_1 AB}$ 在 $t=1$ 即 $k=0$ 时取最大值为 $\dfrac{4\sqrt{3}}{3}$,此时直线 AB 的方程为 $x=1$.

评注 本题是椭圆中过焦点的弦的两个端点与原点构成的三角形的面积的最值问题.

【例4】 (2014·新课标Ⅰ)已知点 $A(0,-2)$,椭圆 $E:\dfrac{x^2}{a^2}+\dfrac{y^2}{b^2}=1(a>b>0)$ 的离心率为 $\dfrac{\sqrt{3}}{2}$,F 是椭圆的焦点,直线 AF 的斜率为 $\dfrac{2\sqrt{3}}{3}$,O 为坐标原点.

(1)求 E 的方程;

(2)设过点 A 的直线 l 与 E 相交于 P,Q 两点,当 $\triangle OPQ$ 的面积最大时,求 l 的方程.

【解析】 (1)设 $F(c,0)$,由条件知 $\dfrac{2}{c}=\dfrac{2\sqrt{3}}{3}$,得 $c=\sqrt{3}$,又 $\dfrac{c}{a}=\dfrac{\sqrt{3}}{2}$,所以 $a=2,b^2=a^2-c^2=1$,故 E 的方程 $\dfrac{x^2}{4}+y^2=1$.

(2)依题意当 $l\perp x$ 轴不合题意,故设直线 $l:y=kx-2$,设 $P(x_1,y_1),Q(x_2,y_2)$.

将 $y=kx-2$ 代入 $\dfrac{x^2}{4}+y^2=1$,得 $(1+4k^2)x^2-16kx+12=0$.

当 $\Delta=16(4k^2-3)>0$,即 $k^2>\dfrac{3}{4}$ 时,$x_{1,2}=\dfrac{8k\pm 2\sqrt{4k^2-3}}{1+4k^2}$.

从而 $|PQ|=\sqrt{k^2+1}|x_1-x_2|=\dfrac{4\sqrt{k^2+1}\cdot\sqrt{4k^2-3}}{1+4k^2}$.

又点 O 到直线 PQ 的距离 $d=\dfrac{2}{\sqrt{k^2+1}}$,所以 $\triangle OPQ$ 的面积

$$S_{\triangle OPQ}=\dfrac{1}{2}d|PQ|=\dfrac{4\sqrt{4k^2-3}}{1+4k^2}$$

设 $\sqrt{4k^2-3}=t$,则 $t>0$,$S_{\triangle OPQ}=\dfrac{4t}{t^2+4}=\dfrac{4}{t+\dfrac{4}{t}}\leq 1$,当且仅当 $t=2,k=\pm\dfrac{\sqrt{7}}{2}$ 等

号成立,且满足 $\Delta > 0$,所以当 $\triangle OPQ$ 的面积最大时,l 的方程为:$y = \frac{\sqrt{7}}{2}x - 2$ 或 $y = -\frac{\sqrt{7}}{2}x - 2$.

【例5】 如图5,过椭圆 $\frac{x^2}{2} + y^2 = 1$ 的左、右焦点 F_1, F_2 分别作直线 AB,CD,交椭圆于 A, B, C, D 四点,设直线 AB 的斜率为 $k(k \neq 0)$.

(1)求 $|AB|$(用 k 表示);

(2)若直线 AB, CD 的斜率之积为 $-\frac{1}{2}$,求四边形 $ACBD$ 面积的取值范围.

【分析】 (1)求出焦点坐标,写出直线 AB 的方程与椭圆的方程联立,利用韦达定理求出 $x_1 + x_2, x_1 x_2$,利用弦长公式即可求解;

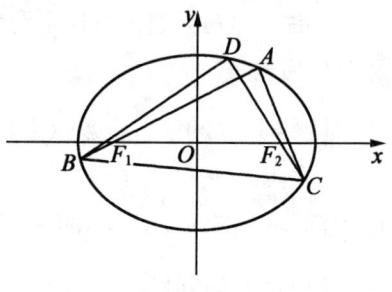

图5

(2)设 $C(x_3, y_3), D(x_4, y_4)$,直线 CD 的方程为 $y = -\frac{1}{2k}(x-1)$,利用点到直线的距离公式分别求 C, D 到直线 AB 的距离 d_1, d_2,利用 $S_{四边形ACBD} = S_{\triangle CAB} + S_{\triangle DAB} = \frac{1}{2}|AB|(d_1 + d_2)$,再利用换元法和二次函数的性质即可求解.

【解析】 (1)由 $\frac{x^2}{2} + y^2 = 1$ 可得:$a^2 = 2, b^2 = 1$,所以 $c = 1$,所以 $F_1(-1,0), F_2(1,0)$.

设 $A(x_1, y_1), B(x_2, y_2)$. 由已知得:直线 AB 的方程为 $y = k(x+1)$.

由 $\begin{cases} y = k(x+1) \\ \frac{x^2}{2} + y^2 = 1 \end{cases}$,得 $x^2 + 2k^2(x+1)^2 - 2 = 0$,即 $(1 + 2k^2)x^2 + 4k^2 x + 2k^2 - 2 = 0$,

所以 $x_1 + x_2 = -\frac{4k^2}{1 + 2k^2}, x_1 x_2 = \frac{2k^2 - 2}{1 + 2k^2}$.

故 $|AB| = \sqrt{1 + k^2}|x_1 - x_2| = \sqrt{1 + k^2}\sqrt{(x_1 + x_2)^2 - 4x_1 x_2} = \frac{2\sqrt{2}(k^2 + 1)}{2k^2 + 1}$.

(2)设 $C(x_3, y_3), D(x_4, y_4)$. 由已知得,$k_{CD} = -\frac{1}{2k}$,故直线 CD 的方程为 $y = -\frac{1}{2k}(x-1)$,即 $x = -2ky + 1$. 设 d_1, d_2 分别为点 C, D 到直线 AB 的距离,则

$$S_{ACBD} = S_{\triangle CAB} + S_{\triangle DAB} = \frac{1}{2}|AB|(d_1 + d_2)$$

又 C,D 到直线 AB 在异侧，则

$$d_1 + d_2 = \frac{|k(x_3+1) - y_3|}{\sqrt{1+k^2}} + \frac{|k(x_4+1) - y_4|}{\sqrt{1+k^2}} = \frac{|k(x_3-x_4) - (y_3-y_4)|}{\sqrt{1+k^2}}$$

$$= \frac{(1+2k^2)|y_3 - y_4|}{\sqrt{1+k^2}}$$

由 $\begin{cases} x = -2ky + 1 \\ \dfrac{x^2}{2} + y^2 = 1 \end{cases}$，得 $(1-2ky)^2 + 2y^2 - 2 = 0$，即 $(4k^2+2)y^2 - 4ky - 1 = 0$，故

$y_3 + y_4 = \dfrac{4k}{4k^2+2}, y_3 y_4 = -\dfrac{1}{4k^2+2}$.

所以 $d_1 + d_2 = \dfrac{(1+2k^2)\sqrt{(y_3+y_4)^2 - 4y_3 y_4}}{\sqrt{1+k^2}} = \dfrac{\sqrt{2}\sqrt{4k^2+1}}{\sqrt{1+k^2}}$.

从而 $S_{ACBD} = \dfrac{1}{2} \cdot \dfrac{2\sqrt{2}(k^2+1)}{2k^2+1} \cdot \dfrac{\sqrt{2}\sqrt{4k^2+1}}{\sqrt{1+k^2}} = \dfrac{2\sqrt{k^2+1}\sqrt{4k^2+1}}{2k^2+1}$.

因为 $k_{AB} \cdot k_{CD} = -\dfrac{1}{2}$，不妨令 $k > 0$，令 $2k^2 + 1 = t > 1$，可得 $k^2 = \dfrac{1}{2}(t-1)$，有

$$S_{ACBD} = 2\sqrt{\dfrac{4k^4 + 5k^2 + 1}{(2k^2+1)^2}} = 2\sqrt{\dfrac{4 \times \frac{1}{4}(t-1)^2 + 5 \times \frac{1}{2}(t-1) + 1}{t^2}}$$

$$= 2\sqrt{\dfrac{t^2 + \frac{1}{2}t - \frac{1}{2}}{t^2}} = 2\sqrt{-\dfrac{1}{2t^2} + \dfrac{1}{2t} + 1}$$

$m = \dfrac{1}{2t}$. 因为 $t \in (1, +\infty)$，所以 $m \in \left(0, \dfrac{1}{2}\right)$.

所以 $S_{ACBD} = 2\sqrt{-\dfrac{1}{2t^2} + \dfrac{1}{2t} + 1} = 2\sqrt{-2m^2 + m + 1}$，二次函数 $y = -2m^2 + m + 1$ 对称轴为 $m = -\dfrac{1}{2 \times (-2)} = \dfrac{1}{4}$，开口向下；当 $m \in \left(0, \dfrac{1}{4}\right)$ 时，$y = -2m^2 + m + 1$ 单调递增；$m \in \left(\dfrac{1}{4}, \dfrac{1}{2}\right)$ 时，$y = -2m^2 + m + 1$ 单调递减；所以 $m = 0$ 时，$y = 1$；当 $m = \dfrac{1}{4}$ 时，$y = -2\left(\dfrac{1}{4}\right)^2 + \dfrac{1}{4} + 1 = \dfrac{9}{8}$；当 $m = \dfrac{1}{2}$ 时，$y = -2\left(\dfrac{1}{2}\right)^2 + \dfrac{1}{2} + $

$1=1$,所以 $y=-2m^2+m+1 \in \left(1, \dfrac{9}{8}\right]$,故 $\sqrt{-2m^2+m+1} \in \left(1, \dfrac{3\sqrt{2}}{4}\right]$,$2\sqrt{-2m^2+m+1} \in \left(2, \dfrac{3\sqrt{2}}{2}\right]$,因此,$S_{ACBD} \in \left(2, \dfrac{3}{2}\sqrt{2}\right]$.

【评注】 解决圆锥曲线中的范围或最值问题时,若题目的条件和结论能体现出明确的函数关系,则可先建立目标函数,再求这个函数的最值.在利用代数法解决最值与范围问题时常从以下几个方面考虑:

(1)利用判别式构造不等关系,从而确定参数的取值范围;

(2)利用已知参数的范围,求出新参数的范围,解题的关键是建立两个参数之间的等量关系;

(3)利用基本不等式求出参数的取值范围;

(4)利用函数值域的求法,确定参数的取值范围.

【例6】 (2007·浙江)如图6,直线 $y=kx+b$ 与椭圆 $\dfrac{x^2}{4}+y^2=1$ 交于 A,B 两点,记 $\triangle AOB$ 的面积为 S.

(1)求在 $k=0, 0<b<1$ 的条件下,S 的最大值;

(2)当 $|AB|=2, S=1$ 时,求直线 AB 的方程.

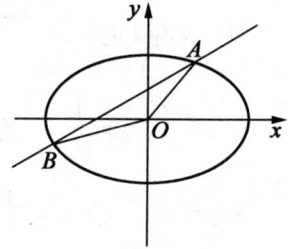

图6

【解析】 (1)设点 A 的坐标为 (x_1, b),点 B 的坐标为 (x_2, b).

由 $\dfrac{x^2}{4}+y^2=1$,解得 $x_{1,2}=\pm 2\sqrt{1-b^2}$,所以 $S=\dfrac{1}{2}b|x_1-x_2|=2b\sqrt{1-b^2} \leq b^2+1-b^2=1$.当且仅当 $b=\dfrac{\sqrt{2}}{2}$ 时,S 取到最大值1.

(2)由 $\begin{cases} y=kx+b \\ \dfrac{x^2}{4}+y^2=1 \end{cases}$ 得 $(4k^2+1)x^2+8kbx+4b^2-4=0$

$$\Delta = 16(4k^2-b^2+1) \qquad ①$$

$$|AB|=\sqrt{1+k^2}|x_1-x_2|=\sqrt{1+k^2}\dfrac{\sqrt{16(4k^2-b^2+1)}}{4k^2+1}=2 \qquad ②$$

又因为 O 到 AB 的距离 $d=\dfrac{|b|}{\sqrt{1+k^2}}=\dfrac{2S}{|AB|}=1$,所以

$$b^2=k^2+1 \qquad ③$$

③代入②并整理,得 $4k^4-4k^2+1=0$,解得 $k^2=\dfrac{1}{2}, b^2=\dfrac{3}{2}$,代入式①检验,

$\Delta > 0$,故直线 AB 的方程是

$$y = \frac{\sqrt{2}}{2}x + \frac{\sqrt{6}}{2} \text{ 或 } y = \frac{\sqrt{2}}{2}x - \frac{\sqrt{6}}{2} \text{ 或 } y = -\frac{\sqrt{2}}{2}x + \frac{\sqrt{6}}{2} \text{ 或 } y = -\frac{\sqrt{2}}{2}x - \frac{\sqrt{6}}{2}$$

【例7】 (2007·陕西)已知椭圆 $C: \frac{x^2}{a^2} + \frac{y^2}{b^2} = 1 (a > b > 0)$ 的离心率为 $\frac{\sqrt{6}}{3}$,短轴一个端点到右焦点的距离为 $\sqrt{3}$.

(1)求椭圆 C 的方程;

(2)设直线 l 与椭圆 C 交于 A, B 两点,坐标原点 A, B 到直线 l 的距离为 $\frac{\sqrt{3}}{2}$,求 $\triangle AOB$ 面积的最大值.

【解析】 (1)设椭圆的半焦距为 c,依题意 $\begin{cases} \frac{c}{a} = \frac{\sqrt{6}}{3} \\ a = \sqrt{3} \end{cases}$,所以 $b = 1$,故所求椭圆方程为 $\frac{x^2}{3} + y^2 = 1$.

设 $A(x_1, y_1), B(x_2, y_2)$.

①当 $AB \perp x$ 轴时,$|AB| = \sqrt{3}$.

②当 AB 与 x 轴不垂直时,设直线 AB 的方程为 $y = kx + m$. 由已知 $\frac{|m|}{\sqrt{1+k^2}} = \frac{\sqrt{3}}{2}$,得 $m^2 = \frac{3}{4}(k^2 + 1)$. 把 $y = kx + m$ 代入椭圆方程,整理得

$$(3k^2 + 1)x^2 + 6kmx + 3m^2 - 3 = 0$$

所以 $x_1 + x_2 = \frac{-6km}{3k^2+1}, x_1 x_2 = \frac{3(m^2-1)}{3k^2+1}$.

故 $|AB|^2 = (1+k^2)(x_2-x_1)^2 = (1+k^2)\left[\frac{36k^2m^2}{(3k^2+1)^2} - \frac{12(m^2-1)}{3k^2+1}\right]$

$= \frac{12(k^2+1)(3k^2+1-m^2)}{(3k^2+1)^2} = \frac{3(k^2+1)(9k^2+1)}{(3k^2+1)^2}$

$= 3 + \frac{12k^2}{9k^4+6k^2+1} = 3 + \frac{12}{9k^2 + \frac{1}{k^2} + 6} \ (k \neq 0)$

$\leq 3 + \frac{12}{2 \times 3 + 6} = 4$

当且仅当 $9k^2 = \frac{1}{k^2}$,即 $k = \pm\frac{\sqrt{3}}{3}$ 时等号成立. 当 $k = 0$ 时,$|AB| = \sqrt{3}$.

综上所述 $|AB|_{\max}=2$. 所以当 $|AB|$ 最大时, $\triangle AOB$ 面积取最大值 $S=\dfrac{1}{2}\times |AB|_{\max}\times \dfrac{\sqrt{3}}{2}=\dfrac{\sqrt{3}}{2}$.

【例8】 椭圆的中心为原点 O, 焦点在 y 轴上, 离心率 $e=\dfrac{\sqrt{6}}{3}$, 过 $P(0,1)$ 的直线 l 与椭圆交于 A,B 两点, 且 $\overrightarrow{AP}=2\overrightarrow{PB}$, 求 $\triangle AOB$ 面积的最大值及取得最大值时椭圆的方程.

【解析】 设椭圆的方程为 $\dfrac{y^2}{a^2}+\dfrac{x^2}{b^2}=1(a>b>0)$, 直线 l 的方程为 $y=kx+1$, $A(x_1,y_1)$, $B(x_2,y_2)$. 因为 $e^2=\dfrac{y^2}{3b^2}$, 所以 $c^2=\dfrac{2}{3}a^2$, $b^2=\dfrac{1}{3}a^2$, 则椭圆方程可化为 $\dfrac{y^2}{3b^2}+\dfrac{x^2}{b^2}=1$, 即 $3x^2+y^2=3b^2$, 联立 $\begin{cases}3x^2+y^2=3b^2\\y=kx+1\end{cases}$ 得

$$(3+k^2)x^2+2kx+1-3b^2=0 \quad (*)$$

有 $x_1+x_2=-\dfrac{2k}{3+k^2}$, 而由已知 $\overrightarrow{AP}=2\overrightarrow{PB}$, 有 $x_1=-2x_2$, 代入得 $x_2=\dfrac{2k}{3+k^2}$,

所以 $S_{\triangle AOB}=\dfrac{1}{2}\times |OP|\times |x_1-x_2|=\dfrac{3}{2}|x_2|=\dfrac{3|k|}{3+k^2}\leq \dfrac{3|k|}{2\sqrt{3}|k|}=\dfrac{\sqrt{3}}{2}$, 当且仅当 $k=\pm\sqrt{3}$ 时取等号.

由 $x_2=\dfrac{2k}{3+k^2}$ 得 $x_2=\pm\dfrac{\sqrt{3}}{2}$, 将 $\begin{cases}k=\sqrt{3}\\x=\dfrac{\sqrt{3}}{3}\end{cases}$, $\begin{cases}k=-\sqrt{3}\\x=-\dfrac{\sqrt{3}}{3}\end{cases}$, 代入式 $(*)$ 得 $b^2=\dfrac{5}{3}$.

所以 $\triangle AOB$ 面积的最大值为 $\dfrac{\sqrt{3}}{2}$, 取得最大值时椭圆的方程为 $\dfrac{y^2}{5}+\dfrac{x^2}{\dfrac{5}{3}}=1$.

【例9】 椭圆 $\dfrac{x^2}{a^2}+\dfrac{y^2}{b^2}=1(a>b>0)$ 的长轴为短轴的 $\sqrt{3}$ 倍, 直线 $y=x$ 与椭圆交于 A,B 两点, C 为椭圆的右顶点, $\overrightarrow{OA}\cdot \overrightarrow{OC}=\dfrac{3}{2}$.

(1) 求椭圆的方程;

(2) 若椭圆上两点 E,F 使 $\overrightarrow{OE}+\overrightarrow{OF}=\lambda \overrightarrow{OA}$, $\lambda \in (0,2)$, 求 $\triangle OEF$ 面积的最大值.

【解析】 (1) 根据题意, $a=\sqrt{3}b$, $C(a,0)$, 设 $A(t,t)$, 则 $t>0$, $\dfrac{t^2}{a^2}+\dfrac{t^2}{b^2}=1$.

解得 $t^2 = \dfrac{a^2 b^2}{a^2 + b^2} = \dfrac{3}{4} b^2$，即 $t = \dfrac{\sqrt{3}}{2} b$，所以 $\overrightarrow{OA} = (\dfrac{\sqrt{3}}{2} b, \dfrac{\sqrt{3}}{2})$，$\overrightarrow{OC} = (a, 0)$，$\overrightarrow{OA} \cdot \overrightarrow{OC} = \dfrac{\sqrt{3}}{2} ab = \dfrac{\sqrt{3}}{2} \sqrt{3} b^2 = \dfrac{3}{2}$，所以 $b = 1, a = \sqrt{3}$，故椭圆方程为 $\dfrac{x^2}{3} + y^2 = 1$。

(2) 设 $E(x_1, y_1), F(x_2, y_2)$，EF 的中点为 $M(x_0, y_0)$，因为 $\overrightarrow{OE} + \overrightarrow{OF} = \lambda \overrightarrow{OA}$，所以

$$\begin{cases} 2x_0 = x_1 + x_2 = \dfrac{\sqrt{3}}{2} \lambda \\ 2y_0 = y_1 + y_2 = \dfrac{\sqrt{3}}{2} \lambda \end{cases}$$

因为 E, F 在椭圆上，则

$$\begin{cases} \dfrac{x_1^2}{3} + y_1^2 = 1 & \text{①} \\ \dfrac{x_2^2}{3} + y_2^2 = 1 & \text{②} \end{cases}$$

由 ① $-$ ② 得 $\dfrac{x_1^2 - x_2^2}{3} + y_1^2 - y_2^2 = 0$，所以 $k_{EF} = \dfrac{y_1 - y_2}{x_1 - x_2} = -\dfrac{1}{3} \times \dfrac{x_1 + x_2}{y_1 + y_2} = \dfrac{1}{3}$，所以直线 EF 的方程为 $y - \dfrac{\sqrt{3}}{4} \lambda = -\dfrac{1}{3} (x - \dfrac{\sqrt{3}}{4} \lambda)$，即 $x = -3y + \sqrt{3} \lambda$，代入 $\dfrac{x^2}{3} + y^2 = 1$，并整理得 $4y^2 - 2\sqrt{3} \lambda y + \lambda^2 - 1 = 0$，故 $y_1 + y_2 = \dfrac{\sqrt{3}}{2} \lambda, y_1 y_2 = \dfrac{\lambda^2 - 1}{4}$

$$|EF| = \sqrt{(x_1 - x_2)^2 + (y_1 - y_2)^2} = \sqrt{10} |y_1 - y_2|$$
$$= \sqrt{10} \cdot \dfrac{\sqrt{3\lambda^2 - 4(\lambda^2 - 1)}}{2} = \sqrt{10} \cdot \dfrac{\sqrt{4 - \lambda^2}}{2}$$

又因为原点 $O(0,0)$ 到直线 EF 的距离为 $h = \dfrac{\sqrt{3} \lambda}{\sqrt{10}}$，所以 $S_{\triangle OEF} = \dfrac{1}{2} |EF| h = \dfrac{\sqrt{3} \lambda}{4} \dfrac{\sqrt{4 - \lambda^2}}{} = \dfrac{\sqrt{3}}{4} \sqrt{\lambda^2 (4 - \lambda^2)} \leq \dfrac{\sqrt{3}}{4} \times \dfrac{\lambda^2 + 4 - \lambda^2}{2} = \dfrac{\sqrt{3}}{2}$，当 $\lambda = \sqrt{2}$ 时等号成立，所以 $\triangle OEF$ 面积的最大值为 $\dfrac{\sqrt{3}}{2}$。

【例10】（2007·全国1卷）已知椭圆 $\dfrac{x^2}{3} + \dfrac{y^2}{2} = 1$ 的左、右焦点分别为 F_1，F_2。过 F_1 的直线交椭圆于 B, D 两点，过 F_2 的直线交椭圆于 A, C 两点，且 $AC \perp BD$，垂足为 P。

(1) 设点 P 的坐标为 (x_0, y_0),证明:$\dfrac{x_0^2}{3} + \dfrac{y_0^2}{2} < 1$;

(2) 求四边形 $ABCD$ 的面积的最小值.

【解析】 (1) 椭圆的半焦距 $c = \sqrt{3-2} = 1$.

由 $AC \perp BD$ 知点 P 在以线段 F_1F_2 为直径的圆上,故 $x_0^2 + y_0^2 = 1$,所以 $\dfrac{x_0^2}{3} + \dfrac{y_0^2}{2} \leq \dfrac{x_0^2}{2} + \dfrac{y_0^2}{2} = \dfrac{1}{2} < 1$.

(2) ①当 BD 的斜率 k 存在且 $k \neq 0$ 时,BD 的方程为 $y = k(x+1)$,代入椭圆方程 $\dfrac{x^2}{3} + \dfrac{y^2}{2} = 1$,并化简得

$$(3k^2+2)x^2 + 6k^2x + 3k^2 - 6 = 0$$

设 $B(x_1, y_1), D(x_2, y_2)$,则 $x_1 + x_2 = -\dfrac{6k^2}{3k^2+2}, x_1x_2 = \dfrac{3k^2-6}{3k^2+2}$.

$|BD| = \sqrt{1+k^2} \cdot |x_2 - x_2| = \sqrt{(1+k^2) \cdot [(x_1+x_2)^2 - 4x_1x_2]}$

$= \dfrac{4\sqrt{3}(k^2+1)}{3k^2+2}$

因为 AC 与 BC 相交于点 P,且 AC 的斜率为 $-\dfrac{1}{k}$,所以 $|AC| = \dfrac{4\sqrt{3}\left(\dfrac{1}{k^2}+1\right)}{3 \times \dfrac{1}{k^2}+2} = \dfrac{4\sqrt{3}(k^2+1)}{2k^2+3}$. 四边形 $ABCD$ 的面积

$$S = \dfrac{1}{2} \cdot |BD||AC| = \dfrac{24(k^2+1)^2}{(3k^2+2)(2k^2+3)} \geq \dfrac{24(k^2+1)^2}{\left[\dfrac{(3k^2+2)+(2k^2+3)}{2}\right]^2} = \dfrac{96}{25}$$

当 $k^2 = 1$ 时,上式取等号.

②当 BD 的斜率 $k = 0$ 或斜率不存在时,四边形 $ABCD$ 的面积 $S = 4$.

综上,四边形 $ABCD$ 的面积的最小值为 $\dfrac{96}{25}$.

【例 11】 如图 7 所示,已知椭圆 $\dfrac{x^2}{2} + \dfrac{y^2}{4} = 1$ 两焦点分别为 F_1, F_2,P 是椭圆在第一象限弧上一点,并满足 $\overrightarrow{PF_1} \cdot \overrightarrow{PF_2} = 1$,过 P 作倾斜角互补的两条直线 PA, PB 分别交椭圆于 A, B 两点.

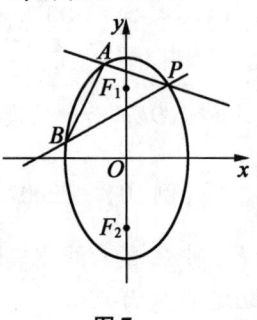

图 7

(1)求点 P 的坐标;

(2)求证:直线 AB 的斜率为定值;

(3)求 $\triangle PAB$ 面积的最大值.

【解析】 (1)由题可得 $F_1(0,\sqrt{2}), F_2(0,-\sqrt{2})$,设 $P_0(x_0,y_0)(x_0>0, y_0>0)$,则 $\overrightarrow{PF_1}=(-x_0,\sqrt{2}-y_0)$,$\overrightarrow{PF_2}=(-x_0,-\sqrt{2}-y_0)$,

所以 $\overrightarrow{PF_1}\cdot\overrightarrow{PF_2}=x_0^2-(2-y_0^2)=1$,因为点 $P(x_0,y_0)$ 在曲线上,则 $\dfrac{x_0^2}{2}+\dfrac{y_0^2}{4}=1$.

故 $x_0^2=\dfrac{4-y_0^2}{2}$,从而 $\dfrac{4-y_0^2}{2}-(2-y_0^2)=1$,得 $y_0=\sqrt{2}$.则点 P 的坐标为 $(1,\sqrt{2})$.

(2)由题意知,两直线 PA,PB 的斜率必存在,设 PB 的斜率为 $k(k>0)$,则 BP 的直线方程为:$y-\sqrt{2}=k(x-1)$.由 $\begin{cases}y-\sqrt{2}=k(x-1)\\\dfrac{x^2}{2}+\dfrac{y^2}{4}=1\end{cases}$,得 $(2+k^2)x^2+2k(\sqrt{2}-k)x+(\sqrt{2}-k)^2-4=0$,设 $B(x_B,y_B)$,则 $1+x_B=\dfrac{2k(k-\sqrt{2})}{2+k^2}$,$x_B=\dfrac{2k(k-\sqrt{2})}{2+k^2}-1=\dfrac{k^2-2\sqrt{2}k-2}{2+k^2}$.

同理可得 $x_A=\dfrac{k^2+2\sqrt{2}k-2}{2+k^2}$,则

$$x_A-x_B=\dfrac{4\sqrt{2}k}{2+k^2}$$

$$y_A-y_B=-k(x_A-1)-k(x_B-1)=\dfrac{8k}{2+k^2}$$

所以 AB 的斜率 $k_{AB}=\dfrac{y_A-y_B}{x_A-x_B}=\sqrt{2}$ 为定值.

(3)设 AB 的直线方程:$y=\sqrt{2}x+m$.

由 $\begin{cases}y=\sqrt{2}x+m\\\dfrac{x^2}{2}+\dfrac{y^2}{4}=1\end{cases}$,得 $4x^2+2\sqrt{2}mx+m^2-4=0$,由 $\Delta=(2\sqrt{2}m)^2-16(m^2-4)>0$,得 $-2\sqrt{2}<m<2\sqrt{2}$,P 到 AB 的距离为 $d=\dfrac{|m|}{\sqrt{3}}$,则

$$S_{\triangle PAB}=\dfrac{1}{2}|AB|\cdot d=\dfrac{1}{2}\sqrt{(4-\dfrac{1}{2}m^2)\cdot 3}\cdot\dfrac{|m|}{\sqrt{3}}$$

$$= \sqrt{\frac{1}{8}m^2(-m^2+8)} \le \sqrt{\frac{1}{8}(\frac{m^2-m^2+8}{2})^2} = \sqrt{2}$$

当且仅当 $m = \pm 2 \in (-2\sqrt{2}, 2\sqrt{2})$ 取等号,所以 $\triangle PAB$ 面积的最大值为 $\sqrt{2}$.

【例12】 设 F 是抛物线 $G: x^2 = 4y$ 的焦点.

(1) 过点 $P(0, -4)$ 作抛物线 G 的切线,求切线方程;

(2) 设 A, B 为抛物线 G 上异于原点的两点,且满足 $\vec{FA} \cdot \vec{FB} = 0$, 延长 AF, BF 分别交抛物线 G 于点 C, D, 求四边形 $ABCD$ 面积的最小值.

【解析】 (1) 设切点 $Q\left(x_0, \frac{x_0^2}{4}\right)$. 由 $y' = \frac{x}{2}$, 知抛物线在点 Q 处的切线斜率为 $\frac{x_0}{2}$, 故所求切线方程为 $y - \frac{x_0^2}{4} = \frac{x_0}{2}(x - x_0)$, 即 $y = \frac{x_0}{2}x - \frac{x_0^2}{4}$.

因为点 $P(0, -4)$ 在切线上,所以 $-4 = -\frac{x_0^2}{4}, x_0^2 = 16, x_0 = \pm 4$.

所求切线方程为 $y = \pm 2x - 4$.

(2) 设 $A(x_1, y_1), C(x_2, y_2)$. 由题意知,直线 AC 的斜率 k 存在,由对称性,不妨设 $k > 0$.

因直线 AC 过焦点 $F(0, 1)$, 所以直线 AC 的方程为 $y = kx + 1$.

点 A, C 的坐标满足方程组 $\begin{cases} y = kx + 1 \\ x^2 = 4y \end{cases}$, 得 $x^2 - 4kx - 4 = 0$.

由根与系数的关系知 $\begin{cases} x_1 + x_2 = 4k \\ x_1 x_2 = -4 \end{cases}$, 故有

$$|AC| = \sqrt{(x_1-x_2)^2 + (y_1-y_2)^2} = \sqrt{1+k^2}\sqrt{(x_1+x_2)^2 - 4x_1x_2}$$
$$= 4(1+k^2)$$

因为 $AC \perp BD$, 所以 BD 的斜率为 $-\frac{1}{k}$, 从而 BD 的方程为 $y = -\frac{1}{k}x + 1$.

同理可求得 $|BD| = 4\left(1 + \left(-\frac{1}{k}\right)^2\right) = \frac{4(1+k^2)}{k^2}$.

$$S_{ABCD} = \frac{1}{2}|AC||BD| = \frac{8(1+k^2)^2}{k^2} = 8\left(k^2 + 2 + \frac{1}{k^2}\right) \ge 32$$

当 $k = 1$ 时,等号成立. 所以四边形 $ABCD$ 面积的最小值为 32.

【例13】 (2005·全国Ⅱ卷) P, Q, M, N 四点都在椭圆 $x^2 + \frac{y^2}{2} = 1$ 上, F 为椭圆在 y 轴正半轴上的焦点. 已知 $\vec{PF}$ 与 $\vec{FQ}$ 共线, $\vec{MF}$ 与 $\vec{FN}$ 共线, 且 $\vec{PF} \cdot \vec{MF} = 0$.

圆锥曲线的奥秘

求四边形 $PMQN$ 的面积的最小值和最大值.

【分析】 显然,我们只要把面积表示为一个变量的函数,然后求函数的最值即可.

【解析】 如图 8,由条件知 MN 和 PQ 是椭圆的两条弦,相交于焦点 $F(0,1)$,且 $PQ \perp MN$,直线 PQ,MN 中至少有一条存在斜率,不妨设 PQ 的斜率为 k,又 PQ 过点 $F(0,1)$,故 PQ 方程为 $y = kx + 1$. 代入椭圆方程得 $(2+k^2)x^2 + 2kx - 1 = 0$.

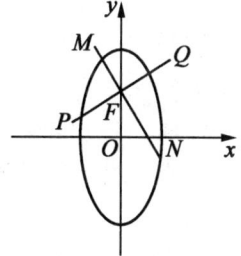

图 8

设 P,Q 两点的坐标分别为 $(x_1, y_1), (x_2, y_2)$,则

$$x_1 = \frac{-k - \sqrt{2k^2+2}}{2+k^2}, x_2 = \frac{-k + \sqrt{2k^2+2}}{2+k^2}$$

从而 $|PQ|^2 = (x_1 - x_2)^2 + (y_1 - y_2)^2 = \frac{8(1+k^2)^2}{(2+k^2)^2}, |PQ| = \frac{2\sqrt{2}(1+k^2)}{2+k^2}$.

① 当 $k \neq 0$ 时,MN 的斜率为 $-\frac{1}{k}$,同上可推得 $|MN| = \frac{2\sqrt{2}\left[1+\left(-\frac{1}{k}\right)^2\right]}{2+\left(-\frac{1}{k}\right)^2}$.

故四边形面积

$$S = \frac{1}{2}|PQ||MN| = \frac{4(1+k^2)\left(1+\frac{1}{k^2}\right)}{(2+k^2)\left(2+\frac{1}{k^2}\right)} = \frac{4\left(2+k^2+\frac{1}{k^2}\right)}{5+2k^2+\frac{2}{k^2}}$$

令 $u = k^2 + \frac{1}{k^2}$,得

$$S = \frac{4(2+u)}{5+2u} = 2\left(1 - \frac{1}{5+2u}\right)$$

因为 $u = k^2 + \frac{1}{k^2} \geq 2$,此时 $k = \pm 1, u = 2, S = \frac{16}{9}$,且 S 是以 u 为自变量的增函数,所以 $\frac{16}{9} \leq S < 2$.

② 当 $k = 0$ 时,MN 为椭圆长轴,$|MN| = 2\sqrt{2}, |PQ| = \sqrt{2}$

$$S = \frac{1}{2}|PQ||MN|| = 2$$

综合①②知,四边形 $PMQN$ 面积的最大值为 2,最小值为 $\frac{16}{9}$.

评注 求范围问题首选均值不等式或对勾函数,其实用二次函数配方法,

最后选导数思想.

均值不等式:$a^2+b^2 \geq 2ab(a,b \in \mathbf{R})$.

变式 $a+b \geq 2\sqrt{ab}(a,b \in \mathbf{R}^*)$;$ab \leq (\frac{a+b}{2})^2(a,b \in \mathbf{R}^*)$.

【分析】 当两个正数的积为定值时求出这两个正数的和的最小值;当两个正数的和为定值时求出这两个正数的积的最大值.

评注 应用均值不等式求解最值时,应注意"一"正"二"定"三"相等.

圆锥曲线经常用到的均值不等式形式:

(1) $S = \dfrac{2t}{t^2+64} = \dfrac{2}{t+\dfrac{64}{t}}$(注意分 $t=0,t>0,t<0$ 三种情况讨论).

(2) $|AB|^2 = 3 + \dfrac{12k^2}{9t^4+6k^2+1} = 3 + \dfrac{12}{9k^2+\dfrac{1}{k^2}+6} \leq 3 + \dfrac{12}{2 \times 3 + 6}$

当且仅当 $9k^2 = \dfrac{1}{k^2}$ 时,等号成立.

(3) $|PQ|^2 = 34 + 25 \cdot \dfrac{25y_0^2}{9x_0^2} + 9 \cdot \dfrac{9x_0^2}{25y_0^2} \geq 34 + 2\sqrt{25 \cdot \dfrac{25y_0^2}{9x_0^2} \times 9 \cdot \dfrac{9x_0^2}{25y_0^2}} = 64$

当且仅当 $25 \cdot \dfrac{25y_0^2}{9x_0^2} = 9 \cdot \dfrac{9x_0^2}{25y_0^2}$ 时等号成立.

(4) $S = \dfrac{1}{2}\sqrt{12-\dfrac{3}{2}m^2} \cdot \dfrac{|m|}{\sqrt{3}} = \dfrac{1}{2}\sqrt{\dfrac{1}{2}m^2(-m^2+8)}$

$\leq \dfrac{1}{2}\sqrt{\dfrac{1}{2}} \times \dfrac{m^2-m^2+8}{2} = \sqrt{2}$

当且仅当 $m^2 = -m^2+8$ 时,等号成立.

$S = 2\sqrt{2}\sqrt{1+k^2}\dfrac{\sqrt{2k^2-m_1^2+1}}{1+2k^2} \cdot \dfrac{|2m_1|}{\sqrt{1+k^2}} = 4\sqrt{2}\dfrac{\sqrt{(2k^2-m_1^2+1)m_1^2}}{1+2k^2}$

$\leq 4\sqrt{2}\dfrac{\dfrac{2k^2-m_1^2+1+m_1^2}{2}}{1+2k^2} = 2\sqrt{2}$

当且仅当 $2k^2+1 = 2m_1^2$ 时等号成立.

【例14】 设椭圆的中心在坐标原点,$A(2,0),B(0,1)$ 是它的两个顶点,直线 $y=kx(k>0)$ 与椭圆交于 E,F 两点,求四边形 $AEBF$ 的面积的最大值.

圆锥曲线的奥秘

【解析】 解法1:如图9所示,依题意得椭圆的方程为 $\dfrac{x^2}{4}+y^2=1$,直线 AB,EF 的方程分别为 $x+2y=2, y=kx(k>0)$.

设点 $E(x_1,kx_1), F(x_2,kx_2)$,其中 $x_1<x_2$,且 x_1,x_2 满足方程 $(1+4k^2)x^2=4$,故

$$x_2=-x_1=\dfrac{2}{\sqrt{1+4k^2}} \qquad ①$$

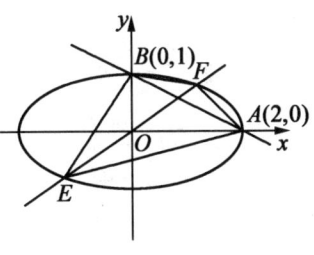

图9

根据点到直线的距离公式和式①,得点 E,F 到直线 AB 的距离分别为

$$h_1=\dfrac{|x_1+2kx_1-2|}{\sqrt{5}}=\dfrac{2\sqrt{1+2k+\sqrt{1+4k^2}}}{\sqrt{5(1+4k^2)}}$$

$$h_2=\dfrac{|x_2+2kx_2-2|}{\sqrt{5}}=\dfrac{2\sqrt{1+2k-\sqrt{1+4k^2}}}{\sqrt{5(1+4k^2)}}$$

又 $|AB|=\sqrt{2^2+1^2}=\sqrt{5}$,

所以四边形 $AEBF$ 的面积为

$$S=\dfrac{1}{2}|AB|\cdot(h_1+h_2)=\dfrac{1}{2}\cdot\sqrt{5}\cdot\dfrac{4(1+2k)}{\sqrt{5(1+4k^2)}}=\dfrac{2(1+2k)}{\sqrt{1+4k^2}}$$

$$=2\sqrt{\dfrac{1+4k^2+4k}{1+4k^2}}=2\sqrt{1+\dfrac{4k}{1+4k^2}}=2\sqrt{1+\dfrac{4}{\dfrac{1}{k}+4k}}\leqslant 2\sqrt{2}$$

当且仅当 $\dfrac{1}{k}=4k$,即 $k=\dfrac{1}{2}$ 时取等号.

因此四边形 $AEBF$ 的面积的最大值为 $2\sqrt{2}$.

解法2:依题意得椭圆的方程为 $\dfrac{x^2}{4}+y^2=1$.

直线 EF 的方程为 $y=kx(k>0)$. 设点 $E(x_1,kx_1), F(x_2,kx_2)$,其中 $x_1<x_2$.

联立 $\begin{cases} y=kx \\ \dfrac{x^2}{4}+y^2=1 \end{cases}$,消去 y 得 $(1+4k^2)x^2=4$. 故 $x_1=\dfrac{-2}{\sqrt{1+4k^2}}, x_2=\dfrac{2}{\sqrt{1+4k^2}}, |EF|=\sqrt{1+k^2}\cdot|x_1-x_2|=\dfrac{4\sqrt{1+k^2}}{\sqrt{1+4k^2}}$.

根据点到直线的距离公式,得点 A,B 到直线 EF 的距离分别为 $d_1=\dfrac{|2k|}{\sqrt{1+k^2}}=\dfrac{2k}{\sqrt{1+k^2}}, d_2=\dfrac{1}{\sqrt{1+k^2}}$. 因此四边形 $AEBF$ 的面积为

$$S = \frac{1}{2}|EF| \cdot (d_1 + d_2) = \frac{1}{2} \cdot \frac{4\sqrt{1+k^2}}{\sqrt{1+4k^2}} \cdot \frac{1+2k}{\sqrt{1+k^2}} = \frac{2(1+2k)}{\sqrt{1+4k^2}}$$

$$= 2\sqrt{\frac{4k^2+4k+1}{1+4k^2}} = 2\sqrt{1+\frac{4k}{1+4k^2}} = 2\sqrt{1+\frac{4}{\frac{1}{k}+4k}} \leq 2\sqrt{2}$$

当且仅当 $\frac{1}{k} = 4k$,即 $k = \frac{1}{2}$ 时取等号.

因此四边形 $AEBF$ 的面积的最大值为 $2\sqrt{2}$.

评注 如果利用常规方法理解为 $S_{四边形AEBF} = S_{\triangle AEF} + S_{\triangle BEF} = \frac{1}{2}|EF| \cdot (d_1 + d_2)$(其中 d_1, d_2 分别表示点 A, B 到直线 EF 的距离),则需要通过联立直线与椭圆的方程,先由根与系数的关系求出 EF 的弦长,再表示出两个点线距,其过程很复杂. 而通过分析,若把四边形 $AEBF$ 的面积拆成两个小三角形——$\triangle ABE$ 和 $\triangle ABF$ 的面积之和,则更为简单. 因为直线 AB 的方程及其长度易求出,故只需表示出点 E 与点 F 到直线 AB 的距离即可.

【例 15】 已知椭圆 $C: \frac{y^2}{a^2} + \frac{x^2}{b^2} = 1 (a > b > 0)$ 的离心率为 $\frac{\sqrt{2}}{2}$,且椭圆上一点到两个焦点的距离之和为 $2\sqrt{2}$. 斜率为 $k(k \neq 0)$ 的直线 l 过椭圆的上焦点且与椭圆相交于 P, Q 两点,线段 PQ 的垂直平分线与 y 轴相交于点 $M(0, m)$.

(1) 求椭圆的标准方程;

(2) 求 m 的取值范围.

(3) 试用 m 表示 $\triangle MPQ$ 的面积 S,并求面积 S 的最大值.

【解析】 (1) 依题意可得 $\begin{cases} a+c = \sqrt{2}+1 \\ a-c = \sqrt{2}-1 \end{cases}$,解得 $a = \sqrt{2}, c = 1$. 从而 $a^2 = 2$, $b^2 = a^2 - c^2 = 1$. 所求椭圆方程为 $\frac{y^2}{2} + x^2 = 1$.

(2) 直线 l 的方程为 $y = kx + 1$.

由 $\begin{cases} y = kx + 1 \\ \frac{y^2}{2} + x^2 = 1 \end{cases}$,可得 $(k^2 + 2)x^2 + 2kx - 1 = 0$.

该方程的判别式 $\Delta = 4k^2 + 4(2+k^2) = 8 + 8k^2 > 0$ 恒成立. 设 $P(x_1, y_1)$, $Q(x_2, y_2)$,则 $x_1 + x_2 = \frac{-2k}{k^2+2}$, $x_1 x_2 = -\frac{1}{k^2+2}$,可得 $y_1 + y_2 = k(x_1 + x_2) + 2 =$

$\dfrac{4}{k^2+2}$.

设线段 PQ 中点为 N,则点 N 的坐标为 $\left(\dfrac{-k}{k^2+2},\dfrac{2}{k^2+2}\right)$. 线段 PQ 的垂直平分线方程为 $y=\dfrac{2}{k^2+2}-\dfrac{1}{k}\left(x+\dfrac{k}{k^2+2}\right)$. 令 $x=0$,由题意 $m=\dfrac{1}{k^2+2}$. 又 $k\ne 0$,所以 $0<m<\dfrac{1}{2}$.

(3) 点 $M(0,m)$ 到直线 $l:y=kx+1$ 的距离
$$d=\dfrac{|m-1|}{\sqrt{1+k^2}}=\dfrac{1-m}{\sqrt{1+k^2}}$$
$$|PQ|=\sqrt{1+k^2}|x_1-x_2|=\sqrt{1+k^2}\cdot\sqrt{(x_1+x_2)^2-4x_1x_2}$$
$$=\sqrt{1+k^2}\cdot\sqrt{\left(\dfrac{-2k}{k^2+2}\right)^2+\dfrac{4}{k^2+2}}=\sqrt{1+k^2}\cdot\dfrac{\sqrt{8k^2+8}}{k^2+2}$$

于是 $S_{\triangle MPQ}=\dfrac{1}{2}\cdot d\cdot|PQ|=\dfrac{1}{2}\cdot\dfrac{1-m}{\sqrt{1+k^2}}\cdot\sqrt{1+k^2}\cdot\dfrac{\sqrt{8k^2+8}}{k^2+2}=\dfrac{1-m}{2}\cdot\dfrac{\sqrt{8k^2+8}}{k^2+2}$.

由 $m=\dfrac{1}{k^2+2}$,可得 $k^2=\dfrac{1}{m}-2$. 代入上式,得 $S_{\triangle MPQ}=\sqrt{2m(1-m)^3}$.

即 $S=\sqrt{2m(1-m)^3}\left(0<m<\dfrac{1}{2}\right)$. 设 $f(m)=m(1-m)^3$,则
$$f'(m)=(1-m)^2(1-4m)$$

而 $f'(m)>0\Leftrightarrow 0<m<\dfrac{1}{4}$,$f'(m)<0\Leftrightarrow\dfrac{1}{4}<m<\dfrac{1}{2}$,所以 $f(m)$ 在 $\left(0,\dfrac{1}{4}\right)$ 上单调递增,在 $\left(\dfrac{1}{4},\dfrac{1}{2}\right)$ 上单调递减. 所以当 $m=\dfrac{1}{4}$ 时,$f(m)$ 有最大值 $f\left(\dfrac{1}{4}\right)=\dfrac{27}{256}$. 所以当 $m=\dfrac{1}{4}$ 时,$\triangle MPQ$ 的面积 S 有最大值 $\dfrac{3\sqrt{6}}{16}$.

【例 16】 已知椭圆 C 的中心在原点 O,焦点在 x 轴上,左、右焦点分别为 F_1,F_2,离心率为 $\dfrac{1}{2}$,右焦点到右顶点的距离为 1.

(1) 求椭圆 C 的方程;

(2) 过 F_2 的直线 l 与椭圆 C 交于不同的两点 A,B,则 $\triangle F_1AB$ 的面积是否存在最大值? 若存在,求出这个最大值及直线 l 的方程;若不存在,请说明理由.

【解析】（1）设椭圆 $C:\dfrac{x^2}{a^2}+\dfrac{y^2}{b^2}=1(a>b>0)$，因为 $e=\dfrac{c}{a}=\dfrac{1}{2}$，$a-c=1$，

所以 $a=2,c=1$ 即椭圆 $C:\dfrac{x^2}{4}+\dfrac{y^2}{3}=1$.

（2）设 $A(x_1,y_1),B(x_2,y_2)$，不妨设 $y_1>0,y_2<0$.

由题意知，直线 l 的斜率不为零，可设直线 l 的方程为 $x=my+1$，由 $\begin{cases}x=my+1\\\dfrac{x^2}{4}+\dfrac{y^2}{3}=1\end{cases}$，得 $(3m^2+4)y^2+6my-9=0$，则 $y_1+y_2=\dfrac{-6m}{3m^2+4}$，$y_1y_2=\dfrac{-9}{3m^2+4}$.

所以 $S_{\triangle F_1AB}=\dfrac{1}{2}|F_1F_2|(y_1-y_2)=\dfrac{12\sqrt{m^2+1}}{3m^2+4}$，令 $\sqrt{m^2+1}=t$，可知 $t\geq 1$，

则 $m^2=t^2-1$，所以 $S_{\triangle F_1AB}=\dfrac{12t}{3t^2+1}=\dfrac{12}{3t+\dfrac{1}{t}}$. 令 $f(t)=3t+\dfrac{1}{t}$，则 $f'(t)=3-\dfrac{1}{t^2}$，

当 $t\geq 1$ 时，$f'(t)>0$，即 $f(t)$ 在区间 $[1,+\infty)$ 上单调递增，故 $f(t)\geq f(1)=4$，$S_{\triangle F_1AB}\leq 3$，即当 $t=1,m=0$ 时，$\triangle F_1AB$ 的面积取得最大值3，此时直线 l 的方程为 $x=1$.

达标训练题

1. 已知椭圆 $\dfrac{x^2}{a^2}+\dfrac{y^2}{b^2}=1(a>b>0)$ 的左、右焦点分别为 F_1,F_2，离心率为 $\dfrac{\sqrt{2}}{2}$，P 是椭圆 C 上的动点，当 $\angle F_1PF_2=60°$ 时，$\triangle PF_1F_2$ 的面积为 $\dfrac{\sqrt{3}}{3}$.

（1）求椭圆 C 的标准方程；

（2）若过点 $H(-2,0)$ 的直线交椭圆 C 于 A,B 两点，求 $\triangle ABF_1$ 面积的最大值.

2. 已知椭圆 $\dfrac{x^2}{a^2}+\dfrac{y^2}{b^2}=1(a>b>0)$ 的左、右焦点分别为 F_1,F_2，由 4 个点 $M(-a,b),N(a,b),F_2$ 和 F_1 组成了一个高为 $\sqrt{3}$、面积为 $3\sqrt{3}$ 的等腰梯形.

（1）求椭圆的方程；

（2）过点 F_1 的直线和椭圆交于两点 A,B，求 $\triangle F_2AB$ 面积的最大值.

3. 已知动点 Q 与两定点 $(-\sqrt{2},0),(\sqrt{2},0)$ 连线的斜率的乘积为 $-\dfrac{1}{2}$，点 Q 形成的轨迹为 M.

（1）求轨迹 M 的方程；

(2)过点 $P(-2,0)$ 的直线 l 交 M 于 A,B 两点,且 $\vec{PB}=3\vec{PA}$,平行于 AB 的直线与 M 位于 x 轴上方的部分交于 C,D 两点,过 C,D 两点分别作 CE,DF 垂直 x 轴于 E,F 两点,求四边形 $CEFD$ 面积的最大值.

4. (2016·全国乙卷)设圆 $x^2+y^2+2x-15=0$ 的圆心为 A,直线 l 过点 $B(1,0)$ 且与 x 轴不重合,l 交圆 A 于 C,D 两点,过 B 作 AC 的平行线交 AD 于点 E.

(1)证明:$|EA|+|EB|$ 为定值,并写出点 E 的轨迹方程;

(2)设点 E 的轨迹为曲线 C_1,直线 l 交 C_1 于 M,N 两点,过 B 且与 l 垂直的直线与圆 A 交于 P,Q 两点,求四边形 $MPNQ$ 面积的取值范围.

5. 已知椭圆 $E:\dfrac{x^2}{a^2}+\dfrac{y^2}{b^2}=1(a>b>0)$ 的离心率为 $\dfrac{\sqrt{2}}{2}$,其长轴长为 $2\sqrt{2}$.

(1)求椭圆 E 的方程;

(2)直线 $l_1:y=k_1x$ 交 E 于 A,C 两点,直线 $l_2:y=k_2x$ 交 E 于 B,D 两点,若 $k_1\cdot k_2=-\dfrac{1}{2}$,求四边形 $ABCD$ 的面积.

6. 已知椭圆 $\dfrac{x^2}{a^2}+\dfrac{y^2}{b^2}=1(a>b>0)$ 的离心率为 $e=\dfrac{\sqrt{3}}{2}$,且过点 $(\sqrt{3},\dfrac{1}{2})$.

(1)求椭圆的方程;

(2)设直线 $l:y=kx+m(k\neq 0,m>0)$ 与椭圆交于 P,Q 两点,且以 PQ 为对角线的菱形的一顶点为 $(-1,0)$,求 $\triangle OPQ$ 面积的最大值及此时直线 l 的方程.

7. 在平面直角坐标系中,椭圆 $\dfrac{x^2}{a^2}+\dfrac{y^2}{b^2}=1(a>b>0)C$ 的离心率为 $\dfrac{1}{2}$,点 $M(1,\dfrac{3}{2})$ 在椭圆 C 上.

(1)求椭圆 C 的方程;

(2)已知 $P(-2,0)$ 与 $Q(2,0)$,过点 $(1,0)$ 的直线 l 与椭圆 C 交于 A,B 两点,求四边形 $APBQ$ 面积的最大值.

达标训练题解析

1.【解析】(1)解法1:椭圆 $\dfrac{x^2}{a^2}+\dfrac{y^2}{b^2}=1(a>b>0)$ 的左、右焦点分别为 F_1,F_2,离心率为 $\dfrac{\sqrt{2}}{2}$,即

$$\frac{c}{a} = \frac{\sqrt{2}}{2} \qquad ①$$

在 $\triangle PF_1F_2$ 中, $\angle F_1PF_2 = 60°$, 由余弦定理, 得

$$\cos \angle F_1PF_2 = \frac{|PF_1|^2 + |PF_2|^2 - |F_1F_2|^2}{2|PF_1||PF_2|} = \frac{1}{2}$$

得 $\qquad |PF_1|^2 + |PF_2|^2 - |F_1F_2|^2 = |PF_1||PF_2|$

得 $\qquad (|PF_1| + |PF_2|)^2 - |F_1F_2|^2 = 3|PF_1||PF_2|$

即 $(2a)^2 - (2c)^2 = 3|PF_1||PF_2|$, 所以 $|PF_1||PF_2| = \frac{4}{3}b^2$. 因为 $\triangle PF_1F_2$ 的面积 $S = \frac{1}{2}|PF_1||PF_2|\sin \angle F_1PF_2 = \frac{\sqrt{3}}{3}b^2 = \frac{\sqrt{3}}{3}$, 所以 $b^2 = 1$, 即

$$b = 1 \qquad ②$$

又

$$a^2 = b^2 + c^2 \qquad ③$$

由①②③, 解得 $a = \sqrt{2}, b = 1, c = 1$. 所以椭圆 C 的标准方程为 $\frac{x^2}{2} + y^2 = 1$.

解法 2: $\triangle PF_1F_2$ 的面积 $S = b^2 \tan \frac{\angle F_1PF_2}{2} = \frac{\sqrt{3}}{3}b^2 = \frac{\sqrt{3}}{3}$, 所以 $b^2 = 1$, 即 $b = 1, \frac{c}{a} = \frac{\sqrt{2}}{2}$. 又 $a^2 = b^2 + c^2$, 由上解得 $a = \sqrt{2}, b = 1, c = 1$. 所以椭圆 C 的标准方程为 $\frac{x^2}{2} + y^2 = 1$.

(2) 设直线 AB 的方程为 $y = k(x+2), A(x_1, y_1), B(x_2, y_2)$, 联立 $\begin{cases} y = k(x+2) \\ \frac{x^2}{2} + y^2 = 1 \end{cases}$, 得 $(1+2k^2)x^2 + 8k^2x + 8k^2 - 2 = 0$, 由 $\Delta = 8 - 16k^2 > 0$, 得 $k^2 < \frac{1}{2}$.

则

$$x_1 + x_2 = -\frac{8k^2}{1+2k^2}$$

$$x_1 x_2 = \frac{8k^2 - 2}{1+2k^2}$$

$$|AB| = \sqrt{1+k^2}|x_1 - x_2| = \sqrt{1+k^2} \cdot \sqrt{(x_1+x_2)^2 - 4x_1x_2}$$

$$= \sqrt{1+k^2}\sqrt{\frac{8(1-2k^2)}{(1+2k^2)^2}}$$

又点 F_1 到直线 AB 的距离为 $d = \dfrac{|k|}{\sqrt{1+k^2}}$，所以

$$S_{\triangle ABF_1} = \dfrac{1}{2} \cdot d \cdot |AB| = \dfrac{1}{2} \cdot \dfrac{|k|}{\sqrt{1+k^2}} \cdot \sqrt{1+k^2} \cdot \sqrt{\dfrac{8(1-2k^2)}{(1+2k^2)^2}}$$

$$= \sqrt{2}\sqrt{\dfrac{-2k^4+k^2}{4k^4+4k^2+1}} = \sqrt{2}\sqrt{-\dfrac{1}{2}+\dfrac{1}{2}\cdot\dfrac{6k^2+1}{1k^4+4k^2+1}}$$

令 $t = 6k^2+1 \in (1,4)$，则 $k^2 = \dfrac{t-1}{6}$.

$$S_{\triangle ABF_1} = \sqrt{2}\sqrt{-\dfrac{1}{2}+\dfrac{9}{2}\cdot\dfrac{t}{t^2+4t+4}} = \sqrt{2}\sqrt{-\dfrac{1}{2}+\dfrac{9}{2}\cdot\dfrac{1}{t+\dfrac{4}{t}+4}}$$

$$\leqslant \sqrt{2}\sqrt{-\dfrac{1}{2}+\dfrac{9}{2}\cdot\dfrac{1}{4+4}} = \dfrac{\sqrt{2}}{4}$$

当且仅当 $t = \dfrac{4}{t}$，即 $t = 2, k = \pm\dfrac{\sqrt{6}}{6}$ 时取等号，所以 $\triangle ABF_1$ 面积的最大值为 $\dfrac{\sqrt{2}}{4}$.

2.【解析】(1) 由题意知 $b = \sqrt{3}, \dfrac{1}{2}(2a+2c)b = 3\sqrt{3}$，所以

$$a + c = 3 \qquad ①$$

又 $a^2 = b^2 + c^2$，即

$$a^2 = 3 + c^2 \qquad ②$$

联立①②解得 $a = 2, c = 1$，所以椭圆方程为：$\dfrac{x^2}{4} + \dfrac{y^2}{3} = 1$.

(2) 由(1)知 $F_1(-1,0)$，设 $A(x_1,y_1), B(x_2,y_2)$，过点 F_1 的直线方程为 $x = ky-1$，由 $\begin{cases} x = ky-1 \\ \dfrac{x^2}{4}+\dfrac{y^2}{3}=1 \end{cases}$，得 $(3k^2+4)y^2 - 6ky - 9 = 0, \Delta > 0$ 成立，且 $y_1+y_2 = \dfrac{6k}{4+3k^2}, y_1 y_2 = \dfrac{-9}{4+3k^2}$，则 $\triangle F_2AB$ 的面积

$$S = \dfrac{1}{2}\cdot|F_1F_2|(|y_1|+|y_2|) = |y_1-y_2| = \sqrt{(y_1+y_2)^2-4y_1y_2}$$

$$= \sqrt{\dfrac{36k^2}{(3k^2+4)^2}+\dfrac{36}{3k^2+4}}$$

$$= 12\sqrt{\frac{k^2+1}{(3k^2+4)^2}}$$

$$= \frac{12}{\sqrt{9(k^2+1)+\frac{1}{k^2+1}+6}}$$

又 $k^2 \geq 0$,所以 $9(k^2+1)+\frac{1}{k^2+1}+6$ 的图像呈递增趋势,所以 $9(k^2+1)+\frac{1}{k^2+1}+6 \geq 9+1+6=16$,所以 $\frac{12}{\sqrt{9(k^2+1)+\frac{1}{k^2+1}+6}} \leq \frac{12}{\sqrt{16}}=3$. 当且仅当 $k=0$ 时取得等号,所以 $\triangle F_2AB$ 面积的最大值为3.

3.【解析】(1)设 $Q(x,y)$,则 $\frac{y}{x+\sqrt{2}} \cdot \frac{y}{x-\sqrt{2}} = -\frac{1}{2}(x \neq \pm\sqrt{2})$,化简得轨迹 M 的方程为 $\frac{x^2}{2}+y^2=1(x \neq \pm\sqrt{2})$.

(2)由(1)知直线 l 的斜率不为0,设直线 l 的方程为 $x=my-2$,代入椭圆方程得 $(m^2+2)y^2-4my+2=0$, $\Delta=8(m^2-2)$. 设 $A(x_1,y_1)$, $B(x_2,y_2)$,则

$$y_1+y_2=\frac{4m}{m^2+2} \qquad ①$$

$$y_1 y_2=\frac{2}{m^2+2} \qquad ②$$

由 $\overrightarrow{PB}=3\overrightarrow{PA}$ 得

$$y_2=3y_1 \qquad ③$$

由①②③可得 $m^2=4$. 经检验,满足 $\Delta>0$. 不妨取 $m=2$,设直线 CD 的方程为 $x=2y+n$,代入椭圆方程得 $6y^2+4ny+n^2-2=0$, $\Delta=8(6-n^2)$, 设 $C(x_3,y_3)$, $D(x_4,y_4)$,则 $y_3+y_4=-\frac{2}{3}n$, $y_3 y_4=\frac{2\sqrt{12-2n^2}}{3}$.

又由已知及 $\Delta>0$,可得 $2<n^2<6$. 又 $|x_3-x_4|=2|y_3-y_4|=\frac{2\sqrt{12-2n^2}}{3}$,则 $S_{四边形CEFD}=\frac{1}{2}|y_3+y_4||x_3-x_4|=\frac{2\sqrt{2}}{9}\sqrt{n^2(6-n^2)} \leq \frac{2\sqrt{2}}{9} \times \frac{6}{2}=\frac{2\sqrt{2}}{3}$.

当且仅当 $n^2=3$ 时等号成立. 所以四边形 $CEFD$ 面积的最大值为 $\frac{2\sqrt{2}}{3}$.

4.【解析】(1)因为 $|AD|=|AC|$, $EB \parallel AC$,故 $\angle EBD=\angle ACD=\angle ADC$,所以 $|EB|=|ED|$,故 $|EA|+|EB|=|EA|+|ED|=|AD|$.

又圆 A 的标准方程为 $(x+1)^2+y^2=16$,从而 $|AD|=4$,所以 $|EA|+|EB|=4$.

由题设得 $A(-1,0),B(1,0),|AB|=2$,由椭圆定义可得点 E 的轨迹方程为 $\dfrac{x^2}{4}+\dfrac{y^2}{3}=1(y\neq 0)$.

(2)当 l 与 x 轴不垂直时,设 l 的方程为 $y=k(x-1)(k\neq 0)$,$M(x_1,y_1)$,$N(x_2,y_2)$.

由 $\begin{cases} y=k(x-1) \\ \dfrac{x^2}{4}+\dfrac{y^2}{3}=1 \end{cases}$,得 $(4k^2+3)x^2-8k^2x+4k^2-12=0$. 则 $x_1+x_2=\dfrac{8k^2}{4k^2+3}$,$x_1x_2=\dfrac{4k^2-12}{4k^2+3}$,所以

$$|MN|=\sqrt{1+k^2}\,|x_1-x_2|=\dfrac{12k^2+1}{4k^2+3}$$

过点 $B(1,0)$ 且与 l 垂直的直线 $m:y=-\dfrac{1}{k}(x-1)$,点 A 到 m 的距离为 $\dfrac{2}{\sqrt{k^2+1}}$,所以 $|PQ|=2\sqrt{4^2-\left(\dfrac{2}{\sqrt{k^2+1}}\right)^2}=4\sqrt{\dfrac{4k^2+3}{k^2+1}}$.

故四边形 $MPNQ$ 的面积 $S=\dfrac{1}{2}|MN||PQ|=12\sqrt{1+\dfrac{1}{4k^2+3}}$.

可得当 l 与 x 轴不垂直时,四边形 $MPNQ$ 面积的取值范围为 $(12,8\sqrt{3})$.

当 l 与 x 轴垂直时,其方程为 $x=1$,$|MN|=3$,$|PQ|=8$,四边形 $MPNQ$ 的面积为 12.

综上,四边形 $MPNQ$ 面积的取值范围为 $[12,8\sqrt{3})$.

评注 求定点及定值问题常见的方法有两种:

(1)从特殊入手,求出定值,再证明这个值与变量无关.

(2)直接推理、计算,并在计算推理的过程中消去变量,从而得到定值.

5.【解析】 (1)易得椭圆 E 的方程为 $\dfrac{x^2}{2}+y^2=1$.

(2)设 $A(x_1,y_1),B(x_2,y_2)$,则 $C(-x_1,-y_1),D(-x_2,-y_2)$.

联立 $\begin{cases} y=k_1x \\ x^2+2y^2=2 \end{cases} \Rightarrow x^2+2k_1^2x^2=2$,则 $x_1^2=\dfrac{2}{1+2k_1^2}$,所以 $|AC|=\sqrt{1+k_1^2}\cdot$

$|x_1-(-x_1)|=2\sqrt{1+k_1^2}\cdot|x_1|=\dfrac{2\sqrt{2}\sqrt{1+k_1^2}}{\sqrt{1+2k_1^2}}$,同理可得 $x_2^2=\dfrac{2}{1+2k_2^2}$,且 B 到

直线 l_1 的距离 $d = \dfrac{|k_1 x_2 - y_2|}{\sqrt{1+k_1^2}} = \dfrac{|x_2|\cdot|k_1-k_2|}{\sqrt{1+k_1^2}} = \dfrac{\sqrt{2}|k_1-k_2|}{\sqrt{1+k_1^2}\cdot\sqrt{1+2k_2^2}}$,所以

$S_{\text{四边形}ABCD} = 2S_{\triangle ABC} = |AC|\cdot d = \dfrac{4|k_1-k_2|}{\sqrt{1+2k_1^2}\sqrt{1+2k_2^2}} = \dfrac{4|k_1-k_2|}{\sqrt{1+2k_1^2+2k_2^2+4k_1^2 k_2^2}}$.

又 $k_1 k_2 = -\dfrac{1}{2} \Rightarrow k_2 = -\dfrac{1}{2k_1}$,所以 $S_{\text{四边形}ABCD} = \dfrac{4\left|k_1+\dfrac{1}{2k_1}\right|}{\sqrt{2k_1^2+2+\dfrac{1}{2k_1^2}}} = \dfrac{4\left|k_1+\dfrac{1}{2k_1}\right|}{\left|\sqrt{2}k_1+\dfrac{1}{\sqrt{2}k_1}\right|} =$

$\dfrac{4\left|k_1+\dfrac{1}{2k_1}\right|}{\sqrt{2}\left|k_1+\dfrac{1}{2k_1}\right|} = \dfrac{4}{\sqrt{2}} = 2\sqrt{2}$.

6.【解析】(1) 因为 $e = \dfrac{\sqrt{3}}{2}$,所以 $c = \dfrac{\sqrt{3}}{2}a$,所以 $b^2 = a^2 - c^2 = \dfrac{1}{4}a^2$,故所求椭圆为:$\dfrac{x^2}{a^2} + \dfrac{4y^2}{a^2} = 1$. 又椭圆过点 $(\sqrt{3}, \dfrac{1}{2})$,所以 $\dfrac{3}{a^2} + \dfrac{1}{a^2} = 1$,所以 $a^2 = 4, b^2 = 1$,所以 $\dfrac{x^2}{4} + y^2 = 1$.

(2) 设 $P(x_1, y_1), Q(x_2, y_2), PQ$ 的中点为 (x_0, y_0). 将直线 $y = kx + m$ 与 $\dfrac{x^2}{4} + y^2 = 1$,联立得 $(1+4k^2)x^2 + 8kmx + 4m^2 - 4 = 0, \Delta = 16(4k^2+1-m^2) > 0$,即

$$4k^2 + 1 > m^2 \qquad ①$$

又 $x_0 = \dfrac{x_1+x_2}{2} = \dfrac{-4km}{1+4k^2}, y_0 = \dfrac{y_1+y_2}{2} = \dfrac{m}{1+4k^2}$,又点 $[-1, 0)$ 不在椭圆 OE 上,依题意有 $\dfrac{y_0 - 0}{x_0 - (-1)} = -\dfrac{1}{k}$ 整理得

$$3km = 4k^2 + 1 \qquad ②$$

由①②可得 $k^2 > \dfrac{1}{5}$,因为 $m > 0$,所以 $k > 0, k > \dfrac{\sqrt{5}}{5}$,设 O 到直线 l 的距离为 d,则

$S_{\triangle OPQ} = \dfrac{1}{2}d \cdot |PQ| = \dfrac{1}{2} \cdot \dfrac{m}{\sqrt{1+k^2}} \cdot \dfrac{\sqrt{1+k^2}\sqrt{16(4k^2+1-m^2)}}{1+4k^2}$

$= \dfrac{2\sqrt{(4k^2+1)(5k^2-1)}}{9k^2} = \dfrac{2}{9}\sqrt{20 + \dfrac{1}{k^2} - \dfrac{1}{k^4}}$

圆锥曲线的奥秘

当 $\dfrac{1}{k^2} = \dfrac{1}{2}$ 时, $\triangle OPQ$ 的面积取最大值 1, 此时 $k = \sqrt{2}, m = \dfrac{3\sqrt{2}}{2}$, 所以直线方程为 $y = \sqrt{2}x + \dfrac{3\sqrt{2}}{2}$.

7.【解析】 (1) 因为 $\dfrac{c}{a} = \dfrac{1}{2}$, 所以 $a = 2c$, 因为 $b^2 + c^2 = a^2$, 所以 $b^2 = 3c^2$, 则椭圆 C 的方程为 $\dfrac{x^2}{4c^2} + \dfrac{y^2}{3c^2} = 1$, 将 $(1, \dfrac{3}{2})$ 代入椭圆 C 的方程得 $\dfrac{1}{4c^2} + \dfrac{3}{4c^2} = 1$, 所以 $c^2 = 1$, 故椭圆 C 的方程为 $\dfrac{x^2}{4} + \dfrac{y^2}{3} = 1$.

(2) 易知直线 l 的斜率不为 0, 设直线 l 的方程为 $x = my + 1$, 联立方程, 得
$$\begin{cases} \dfrac{x^2}{4} + \dfrac{y^2}{3} = 1 \\ x = my + 1 \end{cases}.$$
消去 x 得 $(3m^2 + 4)y^2 + 6my - 9 = 0$, 设 $A(x_1, y_1), B(x_2, y_2)$, 则 $y_1 + y_2 = \dfrac{-6m}{3m^2 + 4}, y_1 y_2 = \dfrac{-9}{3m^2 + 4}$, $|AB| = \sqrt{1 + m^2}\sqrt{y_1^2 + y_2^2 - 4y_1 y_2} = \sqrt{1 + m^2} \dfrac{12(1 + m^2)}{3m^2 + 4} = \dfrac{12(1 + m^2)}{3m^2 + 4}$. 点 $P(-2, 0)$ 到直线 l 的距离为 $\dfrac{3}{\sqrt{1 + m^2}}$, 点 $Q(2, 0)$ 到直线 l 的距离为 $\dfrac{1}{\sqrt{1 + m^2}}$, 从而四边形 $APBQ$ 的面积 $S = \dfrac{1}{2} \times \dfrac{12(1 + m^2)}{3m^2 + 4} \times \dfrac{4}{\sqrt{1 + m^2}} = \dfrac{24\sqrt{1 + m^2}}{3m^2 + 4}$, 令 $t = \sqrt{1 + m^2}, t \geq 1$, 则 $S = \dfrac{24t}{3t^2 + 1} = \dfrac{24}{3t + \dfrac{1}{t}}$, 设函数 $f(t) = 3t + \dfrac{1}{t} (t \geq 1)$, 则 $f'(t) = 3 - \dfrac{1}{t^2} > 0$, 所以 $f(t)$ 在 $[1, +\infty)$ 上单调递增, 所以 $3t + \dfrac{1}{t} \geq 4$, 故 $S = \dfrac{24}{3t + \dfrac{1}{t}} \leq 6$, 当且仅当 $t = 1$ 时取等号, 故当 $t = 1$, 即 $m = 0$ 时, 四边形 $APBQ$ 面积的最大值为 6.

定值与最值

第1节　定值与定点问题——动中有静,静中有定

解析几何中的定点、定值问题一直是高考中值得关注的问题.它的基本形式是在若干个相关个几何量中转化,某些量却是恒定不变的.解答途径是用部分量去表示要求的量,即建立适当的函数(或方程)关系,最后证明函数值是定值或某个定点坐标适合方程.

圆锥曲线三大考点:定点、定值、存在性问题.圆锥曲线中的定点定值问题是高考命题的一个热点,也是圆锥曲线问题中的一个难点.解这个难点的基本思想是函数思想,可以用变量表示问题中的直线方程、数量积等,这些不受变量说影响的一个值就是定值.具体要求就是将要证明或要求解的量表示为某个合适变量的函数,化简消去变量得到定值.

一、圆锥曲线中的"定"问题的题型

题型1:定值问题——解析几何中的定值问题是指某些几何量(线段的长度、图形的面积、角的度数、直线的斜率等)的大小或某些代数表达式的值等和题目中的参数无关,不依参数的变化而变化,而始终是一个确定的值.

定值问题的解法:选好参数,求出题目所需的代数表达式,然后对表达式进行直接推理、计算,并在推理计算的过程中消去变量,从而得到定值.这种方法可简记为:一选(选好参变量)、二求(对运算能力要求颇高)、三定值(确定定值).

第五章

题型2:定点问题——解析几何中直线过定点或曲线过定点问题是指不论直线和曲线(中的参数)如何变化,直线和曲线都经过某一个定点.

定点问题的两种解法:一是从特殊入手,求出定点,再进行一般性的证明.二是把直线或曲线方程中的变量 x,y 当作常数看待,把相关的参数整理在一起,同时方程一端化为零. 既然是过定点,那么这个方程就要对任意参数都成立,这时参数的系数就要全部等于零,这样就得到一个关于 x,y 的方程组,这个方程组的解所确定的点就是直线或曲线所过的定点.

满足一定条件的曲线上两点联结所得的直线过定点或满足一定条件的曲线过定点,这构成了过定点问题.

(1)直线过定点,由对称性知定点一般在坐标轴上,如直线 $y=kx+b$,若 b 为常量,则直线恒过点 $(0,b)$;若 $\dfrac{b}{k}$ 为常量,则直线恒过 $\left(-\dfrac{b}{k},0\right)$.

(2)一般曲线过定点,把曲线方程变为 $f_1(x,y)+\lambda f_2(x,y)=0$($\lambda$ 为参数),解方程组 $\begin{cases} f_1(x,y)=0 \\ f_2(x,y)=0 \end{cases}$ 即得定点.

题型3:定直线问题——对于求证某个点不管如何变化,始终在某条直线上的题目,其本质就是求动点的轨迹方程.

二、定值、定点模型

1. 共轭点距离乘积为定值.

(1)已知点 P 是椭圆 $\dfrac{x^2}{a^2}+\dfrac{y^2}{b^2}=1(a>b>0)$ 上的点,A,B 是椭圆上关于长轴对称的两点,直线 PA,PB 分别交 x 轴于 M,N 两点,则 $x_M \cdot x_N = a^2$.

【证明】 设点 $M(m,0)$,直线 PA 方程为 $x=ky+m$,点 $A(x_1,y_1)$,$P(x_2,y_2)$,则点 $B(x_1,-y_1)$;则直线 PB 方程为 $\dfrac{y+y_1}{y_2+y_1}=\dfrac{x-x_1}{x_2-x_1}$,令 $y=0$ 得

$$x_N = \dfrac{x_1 y_2 + x_2 y_1}{y_1+y_2} = \dfrac{(ky_1+m)y_2+(ky_2+m)y_1}{y_1+y_2} = \dfrac{2ky_1y_2}{y_1+y_2}+m \qquad ①$$

由 $\begin{cases} ky=x-m \\ \dfrac{x^2}{a^2}+\dfrac{y^2}{b^2}=1 \end{cases}$,得 $(a^2+k^2b^2)y^2+2b^2kmy+b^2m^2-a^2b^2=0$,所以

$$\begin{cases} y_1+y_2 = \dfrac{-2b^2km}{a^2+k^2b^2} \\ y_1 \cdot y_2 = \dfrac{b^2(m^2-a^2)}{a^2+k^2b^2} \end{cases} \qquad ②$$

将②代入①得:$x_N = \dfrac{a^2}{m}$,所以 $x_M \cdot x_N = a^2$.

(2)已知点 P 是双曲线 $\dfrac{x^2}{a^2} - \dfrac{y^2}{b^2} = 1(a>0, b>0)$ 上的点,A,B 是双曲线上关于实轴对称的两点,直线 PA, PB 分别交 x 轴于 M,N 两点,则 $x_M \cdot x_N = a^2$.

2.圆锥曲线对称轴为角平分线性质(直线两点式破解法).

性质一:已知点 P,Q 是椭圆 $\dfrac{x^2}{a^2} + \dfrac{y^2}{b^2} = 1(a>b>0)$ 上的点,过点 P,Q 的直线交 x 轴于 $M(m,0)(|m|>a)$(如图1),则在 x 轴必存在一定点 $N\left(\dfrac{a^2}{m}, 0\right)$,使得 $\angle MNP + \angle MNQ = 180°$.

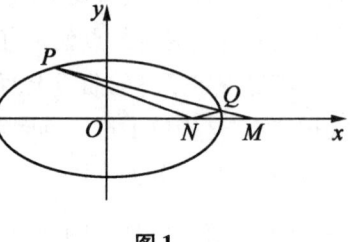

图1

性质二:焦点与准线的等角性质.

如图2所示,过椭圆 $\dfrac{x^2}{a^2} + \dfrac{y^2}{b^2} = 1$ 左焦点 F_1 的直线 l 交椭圆于 A,B 两点,存在点 $P(x_P, 0)$,使得 $\angle APF_1 = \angle BPF_1$ 恒成立.

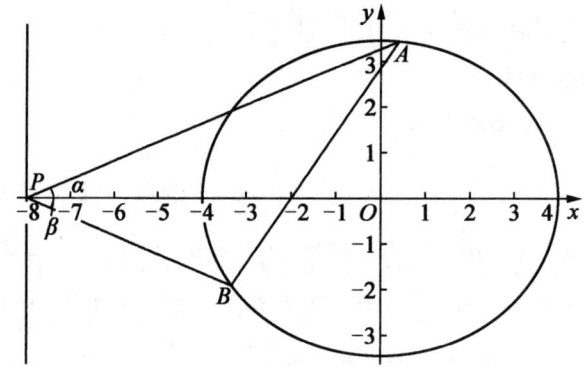

图2

【分析】 圆锥曲线准线与对称轴的交点与焦点弦端点连线成角被对称轴平分.

【解析】 (1)当 l_{AB} 斜率为零时,显然 $\angle APF_1 = \angle BPF_1 = 0$.

(2)当 l_{AB} 斜率不为零时,将 $l_{AB}: x = my - c$ 代入 $\dfrac{x^2}{a^2} + \dfrac{y^2}{b^2} = 1$,得到 $(a^2 + b^2 m^2)y^2 - 2mb^2 cy - b^4 = 0$,从而 $y_A + y_B = \dfrac{2mb^2 c}{a^2 + b^2 m^2}, y_A y_B = \dfrac{-b^4}{a^2 + b^2 m^2}$.

由 $k_{PA} + k_{PB} = \dfrac{y_A}{my_A - c - x_P} + \dfrac{y_B}{my_B - c - x_P} = \dfrac{2my_A y_B - (c + x_P)(y_A + y_B)}{(my_A - c - x_P)(my_B - c - x_P)} = $

0,得到 $2m\dfrac{-b^4}{a^2+b^2m^2} - (c+x_P)\dfrac{2mb^2c}{a^2+b^2m^2} = 0$,即 $x_P = -\dfrac{a^2}{c}$,从而存在 $P\left(-\dfrac{a^2}{c},0\right)$,使得 $\angle APF_1 = \angle BPF_1$ 恒成立.

拓展 焦点与准线的等角性质.

如图 3 所示,过椭圆 $\dfrac{x^2}{a^2}+\dfrac{y^2}{b^2}=1$ 内一点 $N(t,0)$ 的直线 l 交椭圆于 A,B 两点,存在点 $P(x_P,0)$,使得 $\angle APN = \angle BPN$ 恒成立.

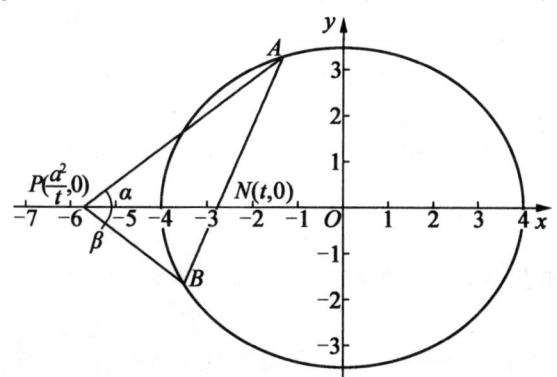

图 3

【解析】 (1)当 l_{AB} 斜率不存在时,显然任意点 $P(x_P,0)$ 均成立.

(2)当 l_{AB} 斜率存在时,将 $l_{AB}:x=my+t$ 代入 $\dfrac{x^2}{a^2}+\dfrac{y^2}{b^2}=1$,得到 $(a^2+b^2m^2)y^2+2mb^2ty+t^2-a^2=0$,从而 $y_A+y_B=\dfrac{-2mb^2t}{a^2+b^2m^2}, y_Ay_B=\dfrac{t^2-a^2}{a^2+b^2m^2}$.

由

$$k_{PA}+k_{PB}=\dfrac{y_A}{my_A+t-x_P}+\dfrac{y_B}{my_B+t-x_P}=\dfrac{2my_Ay_B+(t-x_P)(y_A+y_B)}{(my_A+t-x_P)(my_B+t-x_P)}=0$$

得到 $2m\dfrac{t^2-a^2}{a^2+b^2m^2}-(t-x_P)\dfrac{2mb^2t}{a^2+b^2m^2}=0$,即 $x_P=\dfrac{a^2}{t}$,从而存在 $P\left(\dfrac{a^2}{t},0\right)$,使得 $\angle APN=\angle BPN$ 恒成立.

性质一的证明参考图 4 和图 5 的变化:

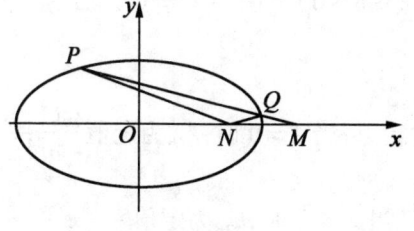

图 4

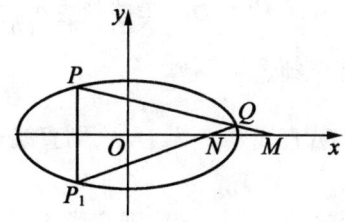

图 5

性质二的证明参考图 6 和图 7 的变化:

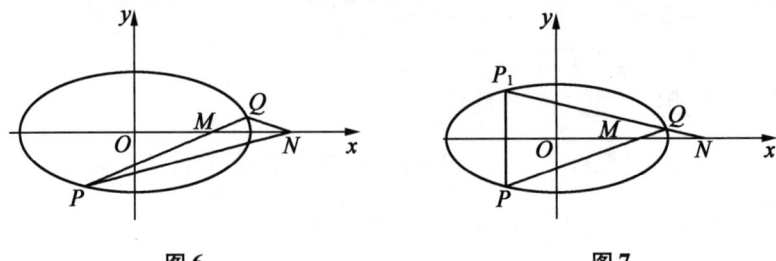

图 6　　　　　　　　　　图 7

性质三:已知点 P,Q 是双曲线 $\dfrac{x^2}{a^2}-\dfrac{y^2}{b^2}=1(a>0,b>0)$ 一支上的点,过点 P,Q 的直线交 x 轴于 $M(m,0)(0<|m|<a)$,则在 x 轴必存在一定点 $N\left(\dfrac{a^2}{m},0\right)$,使得 $\angle MNP+\angle MNQ=180°$.

性质四:已知点 P,Q 是双曲线 $\dfrac{x^2}{a^2}-\dfrac{y^2}{b^2}=1(a>0,b>0)$ 一支上的点,过点 P,Q 的直线交 x 轴于 $M(m,0)(|m|>a)$,则在 x 轴必存在一定点 $N\left(\dfrac{a^2}{m},0\right)$,使得 $\angle MNP=\angle MNQ$.

已知点 P 是抛物线 $y^2=2px(p>0)$ 上的点,A,B 是抛物线上关于 x 轴对称的两点,直线 PA,PB 分别交 x 轴于 M,N 两点,若 $x_M=m$,则 $x_N=-m$.

性质五:已知点 P,Q 是抛物线 $y^2=2px(p>0)$ 上的点,过点 P,Q 的直线交 x 轴于 $M(m,0)(m<0)$,则在 x 轴必存在一定点 $N(-m,0)$,使得 $\angle MNP+\angle MNQ=180°$.

性质六:已知点 P,Q 是抛物线 $y^2=2px(p>0)$ 上的点,过点 P,Q 的直线交 x 轴于 $M(m,0)(m>0)$,则在 x 轴必存在一定点 $N(-m,0)$,使得 $\angle MNP=\angle MNQ$.

3. 圆锥曲线斜率和与积问题(平移构造齐次式).

(1)椭圆斜率和与积问题.

已知点 $P(x_0,y_0)$ 是椭圆 $\dfrac{x^2}{a^2}+\dfrac{y^2}{b^2}=1(a>b>0)$ 上的一个定点,A,B 是椭圆上的两个动点.

①若直线 $k_{PA}+k_{PB}=\lambda$,则直线 AB 过定点;当 $\lambda=0$ 时,k_{AB} 为定值 $\dfrac{x_0 b^2}{y_0 a^2}$;

②若 $k_{PA}\cdot k_{PB}=\lambda$,则直线 AB 过定点;当 $\lambda=\dfrac{b^2}{a^2}$ 时,k_{AB} 为定值 $-\dfrac{y_0}{x_0}$;

第五章 定值与最值

【证明】 将椭圆 C 按向量 $\overrightarrow{PO}=(-x_0,-y_0)$ 平移,得椭圆

$$C':\frac{(x+x_0)^2}{a^2}+\frac{(y+y_0)^2}{b^2}=1$$

又点 $P(x_0,y_0)$ 在椭圆 $\frac{x^2}{a^2}+\frac{y^2}{b^2}=1$ 上,所以 $\frac{x_0^2}{a^2}+\frac{y_0^2}{b^2}=1$,代入上式得

$$\frac{x^2}{a^2}+\frac{y^2}{b^2}+\frac{2x_0}{a^2}x+\frac{2y_0}{b^2}y=0 \qquad (*)$$

椭圆 C 上的定点 $P(x_0,y_0)$ 和动点 A,B 分别对应椭圆 C' 上的定点 O 和动点 A',B',设直线 $A'B'$ 的方程为 $mx+ny=1$,代入 $(*)$ 得 $\frac{x^2}{a^2}+\frac{y^2}{b^2}+(\frac{2x_0}{a^2}x+\frac{2y_0}{b^2}y)\cdot(mx+ny)=0$. 当 $x\neq 0$ 时,两边除以 x^2 得

$$\frac{1+2y_0n}{b^2}\cdot\frac{y^2}{x^2}+(\frac{2x_0n}{a^2}+\frac{2y_0m}{b^2})\frac{y}{x}+\frac{1+2x_0m}{a^2}=0$$

因为点 A',B' 的坐标满足这个方程,所以 $k_{OA'},k_{OB'}$ 是这个关于 $\frac{y}{x}$ 的方程的两个根.

① 若 $k_{PA}+k_{PB}=\lambda$,由平移性质知 $k_{OA'}+k_{OB'}=\lambda$,所以 $k_{OA'}+k_{OB'}=\frac{-2b^2x_0n-2a^2y_0m}{a^2(1+2y_0n)}=\lambda$,当 $\lambda=0$ 时,所以 $-2b^2x_0n-2a^2y_0m=0$,由此得 $k_{A'B'}=-\frac{m}{n}=\frac{x_0b^2}{y_0a^2}$. 所以 AB 的斜率为定值 $\frac{x_0b^2}{y_0a^2}$,k_{AB} 为定值 $\frac{x_0b^2}{y_0a^2}$,即 $-2b^2x_0n-2a^2y_0m=\lambda a^2+2a^2\lambda y_0n$,所以 $-\frac{2y_0}{\lambda}m-(\frac{2b^2x_0}{\lambda a^2}-2y_0)n=1$,由此知点 $(-\frac{2y_0}{\lambda},-\frac{2b^2x_0}{\lambda a^2}-2y_0)$ 在直线 $A'B':mx+ny=1$ 上,从而直线 AB 过定点 $(x_0-\frac{2y_0}{\lambda},-\frac{2b^2x_0}{\lambda a^2}-y_0)$.

② 若 $k_{PA}\cdot k_{PB}=\lambda$,由平移性质知 $k_{OA'}\cdot k_{OB'}=\lambda$,所以 $k_{OA'}\cdot k_{OB'}=\frac{b^2(1+2x_0m)}{a^2(1+2y_0n)}=\lambda$,若 $\lambda=\frac{b^2}{a^2}$,则 $\frac{1+2x_0m}{1+2y_0n}=1\Rightarrow k=-\frac{m}{n}=-\frac{y_0}{x_0}$;当 $\lambda\neq\frac{b^2}{a^2}$ 时,即 $b^2+2b^2x_0m=\lambda a^2+2a^2\lambda y_0n$,所以 $\frac{2b^2x_0}{\lambda a^2-b^2}m+\frac{-2a^2y_0\lambda}{\lambda a^2-b^2}n=1$,由此知点 $(\frac{2b^2x_0}{\lambda a^2-b^2},\frac{-2a^2y_0\lambda}{\lambda a^2-b^2})$ 在直线 $A'B':mx+ny=1$ 上,从而直线 AB 过定点

$$\left(\frac{\lambda a^2+b^2}{\lambda a^2-b^2}x_0, -\frac{\lambda a^2+b^2}{\lambda a^2-b^2}y_0\right).$$

(2) 双曲线斜率和与积问题(知道即可,方法和椭圆一样).

已知点 $P(x_0, y_0)$ 是双曲线 $\frac{x^2}{a^2} - \frac{y^2}{b^2} = 1$ ($a>0, b>0$) 上的一个定点,A, B 是椭圆上的两个动点.

①若 $k_{PA} + k_{PB} = \lambda$,则直线 AB 过定点 $\left(x_0 - \frac{2y_0}{\lambda}, -y_0 + \frac{2x_0 b^2}{\lambda a^2}\right)$;当 $\lambda = 0$ 时,k_{AB} 为定值 $-\frac{x_0 b^2}{y_0 a^2}$.

②若 $k_{PA} \cdot k_{PB} = \lambda$,则直线 AB 过定点 $\left(\frac{\lambda a^2 - b^2}{\lambda a^2 + b^2}x_0, -\frac{\lambda a^2 - b^2}{\lambda a^2 + b^2}y_0\right)$;当 $\lambda = -\frac{b^2}{a^2}$ 时,k_{AB} 为定值 $-\frac{y_0}{x_0}$.

(3) 抛物线斜率和与积的问题.

已知点 $P(x_0, y_0)$ 是抛物线 $y^2 = 2px$ 上的一个定点,A, B 是抛物线上的两个动点.

①若 $k_{PA} + k_{PB} = \lambda$,则直线 AB 过定点 $\left(x_0 - \frac{2y_0}{\lambda}, -y_0 + \frac{2p}{\lambda}\right)$;当 $\lambda = 0$ 时,k_{AB} 为定值 $-\frac{p}{y_0}$;

②若 $k_{PA} \cdot k_{PB} = \lambda$,则直线 AB 过定点 $\left(x_0 - \frac{2p}{\lambda}, -y_0\right)$.

三、例题分析

1. 直周之角,弦过定点.

【例1】 已知抛物线 $y^2 = 2px(p>0)$ 上异于顶点的两动点 A, B 满足以 AB 为直径的圆过顶点. 求证:AB 所在的直线过定点,并求出该定点的坐标.

【分析】 要证明 l_{AB} 过定点,必须先求得其方程.

【解析】 由题意知 l_{AB} 的斜率不为 0(否则只有一个交点),故可设 $l_{AB}: x = ty + m$,设 $A(x_1, y_1), B(x_2, y_2)$,由 $\begin{cases} y^2 = 2px \\ x = ty + m \end{cases}$,消去 x 得 $y^2 - 2pty - 2pm = 0$,从而 $\Delta = (-2pt)^2 - 4(-2pm) = 4p^2t^2 + 8pm > 0$,即 $pt^2 + 2m > 0$,且

$$\begin{cases} y_1 + y_2 = 2pt \\ y_1 y_2 = -2pm \end{cases} \quad ①$$

因为以 AB 为直径的圆过顶点 $O(0,0)$,所以 $\overrightarrow{OA} \cdot \overrightarrow{OB} = 0$,即 $x_1x_2 + y_1y_2 = 0$,也即 $\dfrac{y_1^2}{2p} \cdot \dfrac{y_2^2}{2p} + y_1y_2 = 0$,把式①代入化简得 $m(m-2p) = 0$,得 $m = 0$ 或 $m = 2p$.

当 $m = 0$ 时,$x = ty$,l_{AB} 过顶点 $O(0,0)$,与题意不符,故舍去;

当 $m = 2p$ 时,$x = ty + 2p$,令 $y = 0$,得 $x = 2p$,所以 l_{AB} 过定点 $(2p, 0)$,此时 $m = 2p$ 满足 $pt^2 + 2m > 0$. 综上,l_{AB} 过定点 $(2p, 0)$.

评注 (1)①将斜率存在的直线的方程设为 $y = kx + b$,将斜率不为 0 的直线的方程设为 $x = ty + m$;②抛物线 $y^2 = 2px$ 中,$x_1x_2 + y_1y_2 = \dfrac{y_1^2 y_2^2}{4p^2} + y_1y_2$;③对于过定点问题,必须引入参数,最后令参数的系数为 0. 如本题,先引入参数 t, m 之后,就剩下参数 t,直线 $x = ty + 2p$ 中令参数 t 的系数 y 为 0,则直线过定点 $(2p, 0)$.

(2)抛物线中的过定点模型:抛物线 $x^2 = 2py (p > 0)$ 上两异于原点 O 的动点 A, B 满足 $\overrightarrow{OA} \perp \overrightarrow{OB}$,则 AB 所在的直线过定点 $(0, 2p)$.

抛物线 $y^2 = 2px (p > 0)$ 上两异于原点 O 的动点 A, B 满足 $\overrightarrow{OA} \perp \overrightarrow{OB}$,则 AB 所在的直线过定点 $(2p, 0)$. 即 $OA \perp OB \Leftrightarrow k_{OA} \cdot k_{OB} = -1 \Leftrightarrow |\alpha - \beta| = \dfrac{\pi}{2} \Leftrightarrow$ 直线 AB 恒过定点 $(2p, 0)$,其中 α, β 分别为 OA, OB 的倾斜角.

【例2】 设点 M 为圆 $C: x^2 + y^2 = 4$ 上的动点,点 M 在 x 轴上的投影为 N. 动点 P 满足 $2\overrightarrow{PN} = \sqrt{3}\overrightarrow{MN}$,动点 P 的轨迹为 E.

(1)求 E 的方程;

(2)设 E 的左顶点为 D,若直线 $l: y = kx + m$ 与曲线 E 交于两点 A, B(A, B 不是左、右顶点),且满足 $|\overrightarrow{DA} + \overrightarrow{DB}| = |\overrightarrow{DA} - \overrightarrow{DB}|$,求证:直线 l 恒过定点,并求出该定点的坐标.

【解析】 (1)设 $P(x, y), M(x_0, y_0)$,则 $N(x_0, 0)$,所以 $\overrightarrow{PN} = (x_0 - x, -y)$,$\overrightarrow{MN} = (0, -y_0)$,因为 $2\overrightarrow{PN} = \sqrt{3}\overrightarrow{MN}$,所以 $x_0 = x, y_0 = \dfrac{2\sqrt{3}}{3}y$,代入圆的方程得 $x^2 + \dfrac{4}{3}y^2 = 4$,故动点 P 的轨迹为 E 的方程为:$\dfrac{x^2}{4} + \dfrac{y^2}{3} = 1$.

(2)由(1)知,$D(-2, 0)$,因为 $|\overrightarrow{DA} + \overrightarrow{DB}| = |\overrightarrow{DA} - \overrightarrow{DB}|$,所以 $DA \perp DB$,将椭圆 C 按照向量 $\boldsymbol{a}(2, 0)$ 平移,则得到方程 $\dfrac{(x-2)^2}{4} + \dfrac{y^2}{3} = 1 \Rightarrow \dfrac{x^2}{4} + \dfrac{y^2}{3} - x = 0$,平移

后 $A \to A', B \to B'$,设 $A'B'$ 方程为 $mx+ny=1$,即 $\frac{x^2}{4}+\frac{y^2}{3}-x = \frac{x^2}{4}+\frac{y^2}{3}-x(mx+ny)=0$(构造齐次式),同除以 x^2 得 $\frac{1}{3} \cdot \frac{y^2}{x^2}-n\frac{y}{x}+\frac{1}{4}-m=0$,因为点 A',B' 的坐标满足这个方程,所以 $k_{OA'},k_{OB'}$ 是这个关于 $\frac{y}{x}$ 的方程的两个根.故 $k_{OA'}k_{OB'}=k_{DA}k_{DB}=\dfrac{\frac{1}{4}-m}{\frac{1}{3}}=-1 \Rightarrow m=\frac{7}{12}$,故 $A'B'$ 过定点 $\left(\frac{12}{7},0\right)$,故 AB 过定点 $\left(-\frac{2}{7},0\right)$.

【例3】 (2007·山东理)已知椭圆 C 的中心在坐标原点,焦点在 x 轴上,椭圆 C 上的点到焦点距离的最大值为3,最小值为1.

(1)求椭圆 C 的标准方程;

(2)若直线 $l:y=kx+m$ 与椭圆 C 相交于 A,B 两点(A,B 不是左、右顶点),且以 AB 为直径的圆过椭圆 C 的右顶点.求证:直线 l 过定点,并求出该定点的坐标.

【分析】 要求直线过定点,必须知道直线 $l:y=kx+m$ 中 k 与 m 的关系.

【解析】 (1)由题意设椭圆的标准方程为 $\frac{x^2}{a^2}+\frac{y^2}{b^2}=1(a>b>0)$,$a+c=3$,$a-c=1$,$a=2$,$c=1$,$b^2=3$,所以 $\frac{x^2}{4}+\frac{y^2}{3}=1$.

(2)设 $A(x_1,y_1),B(x_2,y_2)$,由 $\begin{cases}y=kx+m\\3x^2+4y^2=12\end{cases}$ 得

$$(3+4k^2)x^2+8mkx+4(m^2-3)=0$$
$$\Delta=64m^2k^2-16(3+4k^2)(m^2-3)>0$$
$$3+4k^2-m^2>0$$
$$x_1+x_2=-\frac{8mk}{3+4k^2}$$
$$x_1 \cdot x_2=\frac{4(m^2-3)}{3+4k^2}$$

(注意:这一步是同类坐标变换)

$$y_1 \cdot y_2=(kx_1+m) \cdot (kx_2+m)=k^2x_1x_2+mk(x_1+x_2)+m^2=\frac{3(m^2-4k^2)}{3+4k^2}$$

(注意:这一步叫同点纵、横坐标间的变换)

因为以 AB 为直径的圆过椭圆的右顶点 $D(2,0)$,所以 $k_{AD} \cdot k_{BD}=-1$,

圆锥曲线的奥秘

故 $\dfrac{y_1}{x_1-2} \cdot \dfrac{y_2}{x_2-2} = -1$, $y_1 y_2 + x_1 x_2 - 2(x_1+x_2) + 4 = 0$, $\dfrac{3(m^2-4k^2)}{3+4k^2} + \dfrac{4(m^2-3)}{3+4k^2} +$ $\dfrac{16mk}{3+4k^2} + 4 = 0$, $7m^2 + 16mk + 4k^2 = 0$, 解得 $m_1 = -2k$, $m_2 = -\dfrac{2k}{7}$, 且满足

$$3 + 4k^2 - m^2 > 0$$

当 $m = -2k$ 时, $l: y = k(x-2)$, 直线过定点 $(2,0)$, 与已知矛盾; 当 $m = -\dfrac{2k}{7}$ 时, $l: y = k\left(x - \dfrac{2}{7}\right)$, 直线过定点 $\left(\dfrac{2}{7}, 0\right)$. 综上可知, 直线 l 过定点, 定点坐标为 $\left(\dfrac{2}{7}, 0\right)$.

椭圆中的过定点模型: A, B 是椭圆 $\dfrac{x^2}{a^2} + \dfrac{y^2}{b^2} = 1 (a > b > 0)$ 上异于右顶点 D 的两动点, 其中 α, β 分别为 DA, DB 的倾斜角, 则可以得到下面几个重要的结论:

$$DA \perp DB \Leftrightarrow k_{DA} \cdot k_{DB} = -1 \Leftrightarrow |\alpha - \beta| = \dfrac{\pi}{2} \Leftrightarrow 直线 AB 恒过定点 \left(\dfrac{ac^2}{a^2+b^2}, 0\right)$$

拓展 直周之角, 弦过定点一般形式: 圆锥曲线 (椭圆、双曲线、抛物线) 中的顶点直角三角形的斜边所在的直线过定点.

已知椭圆 $\dfrac{x^2}{a^2} + \dfrac{y^2}{b^2} = 1 (a > b > 0)$, 直线 $l: y = kx + m$ 与椭圆交于 A, B 两点, 且以 AB 为直径的圆过椭圆的右顶点 $(a, 0)$, 则 $l: y = kx + m$ 过定点 $\left(\dfrac{a(a^2-b^2)}{a^2+b^2}, 0\right)$.

若 AB 为直径的圆过左顶点 $(-a, 0)$, 则 l 过定点 $\left(\dfrac{-a(a^2-b^2)}{a^2+b^2}, 0\right)$;

过上顶点 $(0, b)$ 时, l 过定点 $\left(0, \dfrac{b(b^2-a^2)}{a^2+b^2}\right)$;

过下顶点 $(0, -b)$ 时, l 过定点 $\left(0, \dfrac{-b(b^2-a^2)}{a^2+b^2}\right)$.

类比椭圆, 对于双曲线 $\dfrac{x^2}{a^2} - \dfrac{y^2}{b^2} = 1 (a > 0, b > 0)$ 上异于右顶点的两动点 A, B, 若 AB 为直径的圆过右顶点 $(a, 0)$, 则 l_{AB} 过定点 $\left(\dfrac{a(a^2+b^2)}{a^2-b^2}, 0\right)$; 同理, 若该圆过左顶点 $(-a, 0)$, 则 l_{AB} 过定点 $\left(\dfrac{-a(a^2+b^2)}{a^2-b^2}, 0\right)$; 具体证明参考垂心弦问题.

方法归纳：

(1)参数无关法：把直线或者曲线方程中的变量 x, y 当作常数看待，把方程一端化为零，既然是过定点，那么这个方程就要对任意参数都成立，这时参数的系数就要全部为零，这样就得到一个关于 x, y 的方程组，这个方程组的解所确定的点就是直线或曲线所过的定点.

(2)特殊到一般法：根据动点或动直线、动曲线的特殊情况探索出定点，再证明该定点与变量无关.

(3)关系法：对满足一定条件曲线上的两点联结所得的直线过定点或满足一定条件的曲线过定点问题，可设直线(或曲线)上两点的坐标，利用坐标在直线(或曲线)上，建立点的坐标满足方程(组)，求出相应的直线(或曲线)，然后再利用直线(或曲线)过定点的知识求解.

2.焦弦张角，内积定值.

圆锥曲线(椭圆、双曲线、抛物线)中，若过焦点的弦为 AB，则焦点所在坐标轴上存在唯一定点 N，使得 $\overrightarrow{NA} \cdot \overrightarrow{NB}$ 为定值.

【例4】 已知点 F_1, F_2 分别为椭圆 $C: \dfrac{x^2}{a^2} + \dfrac{y^2}{b^2} = 1 (a > b > 0)$ 的左、右焦点，点 P 为椭圆上任意一点，P 到焦点 F_2 的距离的最大值为 $\sqrt{2} + 1$，且 $\triangle PF_1F_2$ 的最大面积为 1.

(1)求椭圆 C 的方程.

(2)点 M 的坐标为 $\left(\dfrac{5}{4}, 0\right)$，过点 F_2 且斜率为 k 的直线 l 与椭圆 C 相交于 A, B 两点.

对于任意的 $k \in \mathbf{R}$，$\overrightarrow{MA} \cdot \overrightarrow{MB}$ 是否为定值？若是，求出这个定值；若不是，说明理由.

【解析】 (1)由题意可知：$a + c = \sqrt{2} + 1$，$\dfrac{1}{2} \times 2c \times b = 1$，有 $a^2 = b^2 + c^2$，所以 $a^2 = 2$，$b^2 = 1$，$c^2 = 1$，故所求椭圆的方程为：$\dfrac{x^2}{2} + y^2 = 1$.

(2)设直线 l 的方程为：$y = k(x - 1)$，$A(x_1, y_1)$，$B(x_2, y_2)$，$M\left(\dfrac{5}{4}, 0\right)$. 联立 $\begin{cases} \dfrac{x^2}{2} + y^2 = 1 \\ y = k(x-1) \end{cases}$，消去 y 得

$$(1 + 2k^2)x^2 - 4k^2x + 2k^2 - 2 = 0$$

则 $\begin{cases} x_1+x_2=\dfrac{4k^2}{1+2k^2} \\ x_1x_2=\dfrac{2k^2-2}{1+2k^2} \\ \Delta>0 \end{cases}$, $\overrightarrow{MA}=(x_1-\dfrac{5}{4},y_1)$, $\overrightarrow{MB}=(x_2-\dfrac{5}{4},y_2)$.

$\overrightarrow{MA}\cdot\overrightarrow{MB}=(x_1-\dfrac{5}{4})(x_2-\dfrac{5}{4})+y_1y_2=-\dfrac{5}{4}(x_1+x_2)+x_1x_2+\dfrac{25}{16}y_1y_2=-\dfrac{7}{16}$

故对任意 $x\in\mathbf{R}$, 有 $\overrightarrow{MA}\cdot\overrightarrow{MB}=-\dfrac{7}{16}$ 为定值.

【例5】 在平面直角坐标系 xOy 中,过椭圆 $C:\dfrac{x^2}{a^2}+\dfrac{y^2}{b^2}=1(a>b>0)$ 右焦点 F 的直线 $x+y-2=0$ 交椭圆 C 于 A,B 两点,P 为 AB 的中点,且 OP 的斜率为 $\dfrac{1}{3}$.

(1)求椭圆 C 的标准方程;

(2)设过点 F 的直线 l(不与坐标轴垂直)与椭圆 C 交于 D,E 两点,问:在 x 轴上是否存在定点 M,使得 $\overrightarrow{MD}\cdot\overrightarrow{ME}$ 为定值?若存在,求出点 M 的坐标;若不存在,请说明理由.

【解析】 (1)设 $A(x_1,y_1),B(x_2,y_2),P(x_0,y_0)$, 则 $\dfrac{x_1^2}{a^2}+\dfrac{y_1^2}{b^2}=1,\dfrac{x_2^2}{a^2}+\dfrac{y_2^2}{b^2}=1$.

两式相减得, $\dfrac{(x_1-x_2)(x_1+x_2)}{a^2}+\dfrac{(y_1-y_2)(y_1+y_2)}{b^2}=0$.

又 $\dfrac{y_1-y_2}{x_1-x_2}=-1$, P 为 AB 的中点,且 OP 的斜率为 $\dfrac{1}{3}$, 所以 $y_0=\dfrac{1}{3}x_0$.

即 $y_1+y_2=\dfrac{1}{3}(x_1+x_2)$, 所以可以解得 $a^2=3b^2$, 即 $a^2=3(a^2-c^2)$.

即 $a^2=\dfrac{3}{2}c^2$, 又因为 $c=2$, 所以 $a^2=6$, 所以椭圆 C 的方程为 $\dfrac{x^2}{6}+\dfrac{y^2}{2}=1$.

(2)设直线 l 的方程为 $y=k(x-2)$, 代入椭圆 C 的方程为 $\dfrac{x^2}{6}+\dfrac{y^2}{2}=1$, 得

$(3k^2+1)x^2-12k^2x+12k^2-6=0$, 设 $D(x_3,y_3),E(x_4,y_4)$, 则 $x_1+x_2=\dfrac{12k^2}{1+3k^2}$,

$x_1\cdot x_2=\dfrac{12k^2-6}{1+3k^2}$. 根据题意,假设 x 轴上存在定点 $M(t,0)$, 使得 $\overrightarrow{MD}\cdot\overrightarrow{ME}$ 为定值,则有

$$\vec{MD} \cdot \vec{ME} = (x_3-t, y_3) \cdot (x_4-t, y_4) = (x_3-t) \cdot (x_4-t) + y_3 y_4$$
$$= (x_3-t) \cdot (x_4-t) + k^2(x_3-2) \cdot (x_4-2)$$
$$= (k^2+1)x_3 x_4 - (2k^2+t)(x_3+x_4) + 4k^2 + t^2$$
$$= (k^2+1)\frac{12k^2-6}{1+3k^2} - (2k^2+t)\frac{12k^2}{1+3k^2} + 4k^2 + t^2$$
$$= \frac{(3t^2-12t+10)k^2 + t^2 - 6}{1+3k^2}$$

要使上式为定值,即与 k 无关,则应 $3t^2 - 12t + 10 = 3(t^2-6)$,即 $t = \frac{7}{3}$,故当点 M 的坐标为 $\left(\frac{7}{3}, 0\right)$ 时,$\vec{MD} \cdot \vec{ME}$ 为定值.

评注 可总结过定点模型:A,B 是圆锥曲线上的两动点,M 是一定点,其中 α, β 分别为 MA, MB 的倾斜角,则有下面的结论:

① $\vec{MA} \cdot \vec{MB}$ 为定值 $\Leftrightarrow$ 直线 AB 恒过定点;
② $k_{MA} \cdot k_{MB}$ 为定值 $\Leftrightarrow$ 直线 AB 恒过定点;
③ $\alpha + \beta = \theta (0 < \theta < \pi) \Leftrightarrow$ 直线 AB 恒过定点.

拓展 (焦弦张角,内积定值)一般形式:焦点弦张角向量内积为定值.

如图 8 所示,过 $\frac{x^2}{a^2} + \frac{y^2}{b^2} = 1$ 右焦点 F_2 的直线交椭圆于 A, B 两点,探究是否存在点 $P(x_P, y_P)$,使得 $\vec{PA} \cdot \vec{PB}$ 为定值.

【分析】 椭圆、双曲线的焦点所在的对称轴上存在一点 $P(\frac{c(3-e^2)}{2}, 0)$ 与焦点弦张角向量内积为定值 $\frac{a^2}{4}(e^2-4)(1-e^2)^2$;抛物线的顶点与焦点弦张角向量内积为定值 $-\frac{3p^2}{4}$.

【解析】 记 $l_{AB}: x = my + c$,代入 $\frac{x^2}{a^2} + \frac{y^2}{b^2} = 1$ 得到 $(\frac{a^2}{b^2} + m^2)y^2 + 2mcy - b^2 = 0$,从而

$$y_A + y_B = \frac{-2mb^2 c}{a^2 + b^2 m^2}$$
$$y_A y_B = \frac{-b^4}{a^2 + b^2 m^2}$$

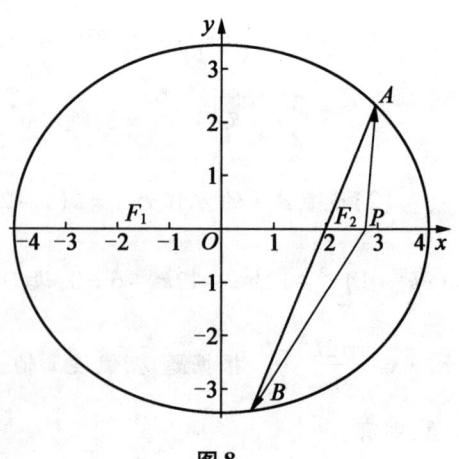

图 8

$$\begin{aligned}
\vec{PA} \cdot \vec{PB} &= (x_A - x_P)(x_B - x_P) + (y_A - y_P)(y_B - y_P) \\
&= (my_A + c - x_P)(my_B + c - x_P) + (y_A - y_P)(y_B - y_P) \\
&= (m^2+1)y_A y_B + (mc - mx_P - y_P)(y_A + y_B) + (c - x_P)^2 + y_P^2 \\
&= \frac{-b^4(m^2+1)}{a^2 + b^2 m^2} + \frac{-2mb^2 c(mc - mx_P - y_P)}{a^2 + b^2 m^2} + (c - x_P)^2 + y_P^2 \\
&= -b^2 \frac{(b^2 + 2c^2 - 2cx_P)m^2 - 2cy_P m + b^2}{a^2 + b^2 m^2} + (c - x_P)^2 + y_P^2
\end{aligned}$$

从而当 $\dfrac{b^2 + 2c^2 - 2cx_P}{b^2} = \dfrac{b^2}{a^2}$，且 $-2cy_P = 0$ 时，$\vec{PA} \cdot \vec{PB}$ 为定值.

即存在点 $P(\dfrac{c(3-e^2)}{2}, 0)$，使得 $\vec{PA} \cdot \vec{PB} = \dfrac{a^2}{4}(e^2-4)(1-e^2)^2$.

3. 存在定点，内积定值(定点弦张角向量内积为定值).

【例6】 已知椭圆 E 的长轴的一个端点是抛物线 $y^2 = 4\sqrt{5}x$ 的焦点，离心率是 $\dfrac{\sqrt{6}}{3}$.

(1) 求椭圆 E 的方程；

(2) 过点 $C(-1, 0)$，斜率为 k 的动直线与椭圆 E 相交于 A, B 两点，请问 x 轴上是否存在点 M，使 $\vec{MA} \cdot \vec{MB}$ 为常数？若存在，求出点 M 的坐标；若不存在，请说明理由.

【解析】 (1) 根据条件可知椭圆的焦点在 x 轴，且 $a = \sqrt{5}$，又 $c = ea = \dfrac{\sqrt{6}}{3} \times \sqrt{5} = \dfrac{\sqrt{30}}{3}$，故 $b = \sqrt{a^2 - c^2} = \sqrt{5 - \dfrac{10}{3}} = \sqrt{\dfrac{5}{3}}$，故所求方程为 $\dfrac{x^2}{5} + \dfrac{y^2}{\frac{5}{3}} = 1$，即 $x^2 + 3y^2 = 5$.

(2) 假设存在点 M 符合题意，设 $AB: y = k(x+1)$，代入 $E: x^2 + 3y^2 = 5$ 得
$$(3k^2 + 1)x^2 + 6k^2 x + 3k^2 - 5 = 0$$

设 $A(x_1, y_1), B(x_2, y_2), M(m, 0)$，则
$$x_1 + x_2 = -\frac{6k^2}{3k^2 + 1}, \quad x_1 x_2 = \frac{3k^2 - 5}{3k^2 + 1}$$

$$\begin{aligned}
\vec{MA} \cdot \vec{MB} &= (k^2 + 1)x_1 x_2 + (k^2 - m)(x_1 + x_2) + k^2 + m^2 \\
&= m^2 + 2m - \frac{1}{3} - \frac{6m + 14}{3(3k^2 + 1)}
\end{aligned}$$

要使上式与 k 无关,则有 $6m+14=0$,,解得 $m=-\dfrac{7}{3}$,存在点 $M(-\dfrac{7}{3},0)$ 满足题意.

【例7】 已知动点 C 到点 $F(1,0)$ 的距离比到直线 $x=-2$ 的距离小1,动点 C 的轨迹为 E.

(1)求曲线 E 的方程;

(2)若直线 $l:y=kx+m(km<0)$ 与曲线 E 相交于 A,B 两个不同点,且 $\overrightarrow{OA}\cdot\overrightarrow{OB}=5$,证明:直线 l 经过一个定点.

【解析】 (1)由题意可得动点 C 到点 $F(1,0)$ 的距离等于到直线 $x=-1$ 的距离,所以曲线 E 是以点 $(1,0)$ 为焦点,直线 $x=-1$ 为准线的抛物线.

设其方程为 $y^2=2px(p>0)$,所以 $\dfrac{p}{2}=1$,$p=2$,故动点 C 的轨迹 E 的方程为 $y^2=4x$.

(2)设 $A(x_1,y_1),B(x_2,y_2)$,由 $\begin{cases}y=kx+m\\y^2=4x\end{cases}$ 得 $k^2x^2+(2km-4)x+m^2=0$.

所以 $x_1+x_2=\dfrac{4-2km}{k^2}$,$x_1\cdot x_2=\dfrac{m^2}{k^2}$.

因为 $\overrightarrow{OA}\cdot\overrightarrow{OB}=5$,所以 $x_1x_2+y_1y_2=(1+k^2)x_1x_2+km(x_1+x_2)+m^2=\dfrac{m^2+4km}{k^2}=5$.

所以 $m^2+4km-5k^2=0$,所以 $m=k$ 或 $m=-5k$.

因为 $km<0$,$m=k$(舍去),所以 $m=-5k$,满足 $\Delta=16(1-km)>0$.

故直线 l 的方程为 $y=k(x-5)$,直线 l 必经过定点 $(5,0)$.

拓展 存在定点,内积定值一般形式:定点弦张角向量内积为定值.

如图9所示,过点 $N(t,0)$ 的直线交 $\dfrac{x^2}{a^2}+\dfrac{y^2}{b^2}=1$ 于 A,B 两点,试探究是否存在点 $P(x_P,y_P)$,使得 $\overrightarrow{PA}\cdot\overrightarrow{PB}$ 为定值.

【分析】 椭圆、双曲线的焦点所在的对称轴上存在一点 $P(\dfrac{t(2-e^2)}{2}+$

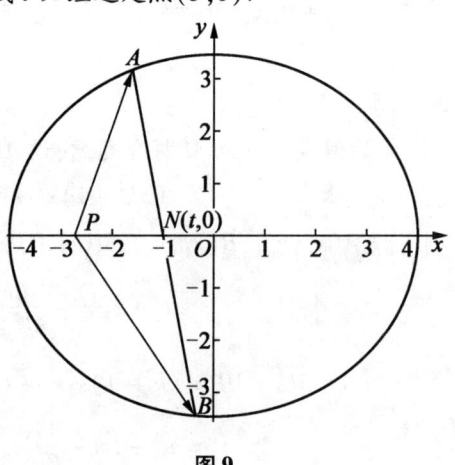

图9

$\frac{c^2}{2t}$,0)与定点 $N(t,0)$ 的弦张角向量内积为定值 $(1-e^2)(t^2-a^2)+\frac{(t^2e^2-c^2)^2}{4t^t}$.

【解析】记 $l_{AB}:x=my+t$,代入 $\frac{x^2}{a^2}+\frac{y^2}{b^2}=1$ 得到 $(\frac{a^2}{b^2}+m^2)y^2+2mty+t^2-a^2=0$,从而

$$y_A+y_B=\frac{-2mb^2t}{a^2+b^2m^2}$$

$$y_Ay_B=\frac{b^2(t^2-a^2)}{a^2+b^2m^2}$$

$$\begin{aligned}\overrightarrow{PA}\cdot\overrightarrow{PB}&=(x_A-x_P)(x_B-x_P)+(y_A-y_P)(y_B-y_P)\\&=(my_A+t-x_P)(my_B+t-x_P)+(y_A-y_P)(y_B-y_P)\\&=(m^2+1)y_Ay_B+(mt-mx_P-y_P)(y_A+y_B)+(t-x_P)^2+y_P^2\\&=(m^2+1)\frac{b^2(t^2-a^2)}{a^2+b^2m^2}+(mt-mx_P-y_P)\frac{-2mb^2t}{a^2+b^2m^2}+(t-x_P)^2+y_P^2\\&=b^2\frac{(2tx_P-t^2-a^2)m^2+2ty_Pm+(t^2-a^2)}{a^2+b^2m^2}+(t-x_P)^2+y_P^2\end{aligned}$$

从而当 $\frac{2tx_P-t^2-a^2}{b^2}=\frac{t^2-a^2}{a^2}$ 且 $2ty_P=0$ 时,$\overrightarrow{PA}\cdot\overrightarrow{PB}$ 为定值.

即存在点 $P(\frac{t(2-e^2)}{2}+\frac{c^2}{2t},0)$,使得

$$\overrightarrow{PA}\cdot\overrightarrow{PB}=(1-e^2)(t^2-a^2)+\frac{(t^2e^2-c^2)^2}{4t^t}$$

评注 圆锥曲线中定值问题的特点及两大解法:
(1)特点:待证几何量不受动点或动线的影响而有固定的值.
(2)两大解法:
①从特殊入手,求出定值,再证明这个值与变量无关;
②引进参数法:引进动点的坐标或动线中系数为参数表示变化量,再研究变化的量与参数何时没有关系,找到定点. 其解题流程为:

变量 —— 选择适当的动点坐标或动线中系数为变量
　↓
函数 —— 把要证明为定值的量表示成上述变量的函数
　↓
定值 —— 把得到的函数化简,消去变量得到定值

4.倾角互补,连线定角.
【例8】 抛物线 $y^2=4x$ 上两点 A,B 满足 $k_{PA}+k_{PB}=0$,其中 $P(1,2)$,求证:

k_{AB} 为定值.

【证明】 $y_1^2 = 4x_1$；$y_2^2 = 4x_2$ 作差得 $\dfrac{y_1 - y_2}{x_1 - x_2} = \dfrac{4}{y_1 + y_2}$.

由 $k_{PA} + k_{PB} = 0$ 得 $\dfrac{4}{y_1 + 2} + \dfrac{4}{y_2 + 2} = 0$，所以 $k_{AB} = \dfrac{y_1 - y_2}{x_1 - x_2} = \dfrac{4}{y_1 + y_2} = -1$.

拓展 过抛物线 $y^2 = 2px(p > 0)$ 上一定点 $P(x_0, y_0)(y_0 > 0)$，作两条直线分别交抛物线于 $A(x_1, y_1)$，$B(x_2, y_2)$，求证：PA 与 PB 的斜率存在且倾斜角互补时，直线 AB 的斜率为非零常数.

【证明】 如图10所示，因为 PA 与 PB 的斜率存在且倾斜角互补，所以 $k_{PA} = -k_{PB}$.

由 $\begin{cases} y_1^2 = 2px_1 \\ y_0^2 = 2px_0 \end{cases}$ 相减得

$(y_1 - y_0)(y_1 + y_0) = 2p(x_1 - x_0)$

故 $k_{PA} = \dfrac{y_1 - y_0}{x_1 - x_0} = \dfrac{2p}{y_1 + y_0}(x_1 \neq x_0)$.

同理可得，$k_{PB} = \dfrac{y_2 - y_0}{x_2 - x_0} = \dfrac{2p}{y_2 + y_0}(x_2 \neq x_0)$，所以

$\dfrac{2p}{y_1 + y_0} = -\dfrac{2p}{y_2 + y_0}$，$y_1 + y_2 = -2y_0$

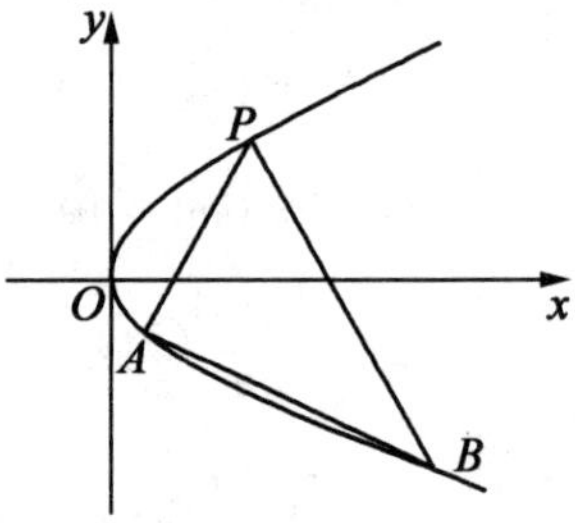

图10

由 $\begin{cases} y_1^2 = 2px_1 \\ y_2^2 = 2px_2 \end{cases}$ 相减得 $(y_2 - y_1)(y_2 + y_1) = 2p(x_2 - x_1)$，所以 $k_{AB} = \dfrac{y_2 - y_1}{x_2 - x_1} = \dfrac{2p}{y_1 + y_2} = \dfrac{2p}{-2y_0} = -\dfrac{p}{y_0}$.

故直线 AB 的斜率为非零常数 $-\dfrac{p}{y_0}$.

【例9】 已知椭圆 $C_1: \dfrac{x^2}{a^2} + \dfrac{y^2}{b^2} = 1(a > b > 0)$ 与椭圆 $C_2: \dfrac{x^2}{4} + y^2 = 1$ 有相同的离心率，且经过点 $P(2, -1)$.

(1) 求椭圆 C_1 的标准方程；

(2) 设点 Q 为椭圆 C_2 的下顶点，过点 P 作两条直线分别交椭圆 C_1 于 A, B 两点，若直线 PQ 平分 $\angle APB$，求证：直线 AB 的斜率为定值，并且求出这个定值.

【解析】 (1) 椭圆 $C_1: \dfrac{x^2}{8} + \dfrac{y^2}{2} = 1$.

(2) 由直线 PQ 平分 $\angle APB$ 和 $Q(0,-1), P(2,-1) \Rightarrow k_{PQ}=0 \Rightarrow k_{PA}+k_{PB}=0$, 而由直线 $AB: y=kx+m$ 与 $\dfrac{x^2}{8}+\dfrac{y^2}{2}=1 \Rightarrow (1+4k^2)x^2+8kmx+4m^2-8=0$.

设 $A(x_1,y_1), B(x_2,y_2)$, 则 $x_1+x_2=-\dfrac{8km}{1+4k^2}, x_1x_2=\dfrac{4m^2-8}{1+4k^2}$, 由 $k_{PA}+k_{PB}=0 \Rightarrow \dfrac{y_1+1}{x_1-2}+\dfrac{y_2+1}{x_2-2}=0 \Rightarrow \dfrac{kx_1+m+1}{x_1-2}+\dfrac{kx_2+m+1}{x_2-2}=0 \Rightarrow 2kx_1x_2+(m+1-2k)(x_1+x_2)-4(m+1)=0 \Rightarrow m(2k+1)+4k^2+4k+1=0$ 恒成立 $\Rightarrow k=-\dfrac{1}{2} \Rightarrow$ 直线 AB 的斜率为定值 $-\dfrac{1}{2}$.

评注 转化为与 A,B 两点相关的斜率 $\Leftrightarrow k_1$ 与 $k_2 \Leftrightarrow x_1+x_2, x_1x_2$ 的关系式.

拓展 倾角互补, 连线定角(两交点边线的倾斜角为定值).

过椭圆 $\dfrac{x^2}{a^2}+\dfrac{y^2}{b^2}=1$ 上一定点 $P(x_P,y_P)$ 作倾斜角互补的两条直线与椭圆分别交于点 A,B, 证明: l_{AB} 的倾斜角为定值.

【分析】 圆锥曲线内接三角形, 两弦倾斜角互补第三弦倾斜角为定值.

【解析】 如图 11 所示, 若点 $P(x_P,y_P)$ 为顶点, 结论显然成立.

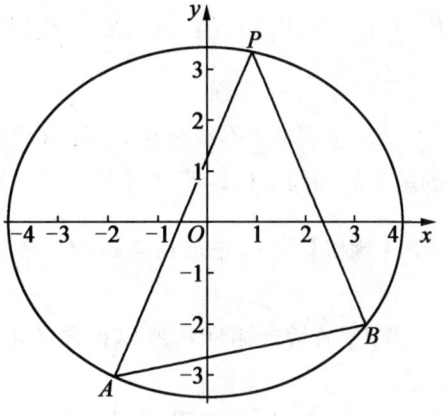

图 11

当点 $P(x_P,y_P)$ 不为顶点时, 记
$$l_{PA}: y=k(x-x_P)+y_P$$

代入 $\dfrac{x^2}{a^2}+\dfrac{y^2}{b^2}=1$ 得到
$$\left(\dfrac{b^2}{a^2}+k^2\right)x^2+2k(y_P-kx_P)x+(kx_P-y_P)^2-b^2=0$$

从而 $x_A=\dfrac{-2ky_P+\left(k^2-\dfrac{b^2}{a^2}\right)x_P}{\dfrac{b^2}{a^2}+k^2}=\dfrac{-2ka^2y_P+(a^2k^2-b^2)x_P}{a^2k^2+b^2}$

$$y_A = k(x_A - x_P) + y_P = \frac{(b^2 - k^2 a^2)y_P - 2kb^2 x_P}{a^2 k^2 + b^2}$$

同理 $$x_B = \frac{2ky_P + (k^2 - \frac{b^2}{a^2})x_P}{\frac{b^2}{a^2} + k^2} = \frac{2ka^2 y_P + (a^2 k^2 - b^2)x_P}{a^2 k^2 + b^2}$$

$$y_B = -k(x_B - x_P) + y_P = \frac{(b^2 - k^2 a^2)y_P + 2kb^2 x_P}{a^2 k^2 + b^2}$$

从而 $k_{AB} = \frac{b^2 x_P}{a^2 y_P}$，结论得证.

5. 斜率定和，连线过定.

【例10】 （2017·新课标Ⅰ）已知椭圆 $C: \frac{x^2}{a^2} + \frac{y^2}{b^2} = 1 (a > b > 0)$，四点 $P_1(1,1), P_2(0,1), P_3(-1, \frac{\sqrt{3}}{2}), P_4(1, \frac{\sqrt{3}}{2})$ 中恰有三点在椭圆 C 上.

（1）求 C 的方程；

（2）设直线 l 不经过点 P_2 且与 C 相交于 A, B 两点. 若直线 $P_2 A$ 与直线 $P_2 B$ 的斜率的和为 -1，证明：l 过定点.

【解析】 （1）根据椭圆的对称性，$P_3(-1, \frac{\sqrt{3}}{2}), P_4(1, \frac{\sqrt{3}}{2})$ 两点必在椭圆 C 上，又 P_4 的横坐标为1，所以椭圆必不过 $P_1(1,1)$，故 $P_2(0,1), P_3(-1, \frac{\sqrt{3}}{2}), P_4(1, \frac{\sqrt{3}}{2})$ 三点在椭圆 C 上. 把 $P_2(0,1), P_3(-1, \frac{\sqrt{3}}{2})$ 代入椭圆 C，得：

$\begin{cases} \frac{1}{b^2} = 1 \\ \frac{1}{a^2} + \frac{3}{4b^2} = 1 \end{cases}$，解得 $a^2 = 4, b^2 = 1$，故椭圆 C 的方程为 $\frac{x^2}{4} + y^2 = 1$.

（2）证法1：设直线 $P_2 A$ 与直线 $P_2 B$ 的斜率分别为 k_1, k_2，如果 l 与 x 轴垂直，设 $l: x = t$，由题设知 $t \neq 0$，且 $|t| < 2$，可得 A, B 的坐标分别为 $(t, \frac{\sqrt{4-t^2}}{2})$，$(t, -\frac{\sqrt{4-t^2}}{2})$，则 $k_1 + k_2 = \frac{\frac{\sqrt{4-t^2}}{2} - 2}{2t} - \frac{\frac{\sqrt{4-t^2}}{2} + 2}{2t} = -1$，得 $t = 2$，不符合题设. 从而可设 $l: y = kx + m (m \neq 1)$. 将 $y = kx + m$ 代入 $\frac{x^2}{4} + y^2 = 1$ 得

$$(4k^2+1)x^2+8kmx+4m^2-4=0$$

由题设可知 $\Delta = 16(4k^2-m^2+1) > 0$.

设 $A(x_1,y_1), B(x_2,y_2)$,则 $x_1+x_2 = -\dfrac{8km}{4k^2+1}, x_1x_2 = \dfrac{4m^2-4}{4k^2+1}$. 而

$$k_1+k_2 = \frac{y_1-1}{x_1}+\frac{y_2-1}{x_2} = \frac{kx_1+m-1}{x_1}+\frac{kx_2+m-1}{x_2}$$

$$= \frac{2kx_1x_2+(m-1)(x_1+x_2)}{x_1x_2}$$

由题设 $k_1+k_2 = -1$,故 $(2k+1)x_1x_2+(m-1)(x_1+x_2) = 0$.

即 $(2k+1)\cdot\dfrac{4m^2-4}{4k^2+1}+(m-1)\cdot\dfrac{-8km}{4k^2+1} = 0$,解得 $k = -\dfrac{m+1}{2}$.

满足 $\Delta > 0$,所以 $l:y = -\dfrac{m+1}{2}x+m$,即 $y+1 = -\dfrac{m+1}{2}(x-2)$,所以 l 过定点 $(2,-1)$.

证法2:将椭圆 C 按照向量 $(0,-1)$ 平移,则得到方程 $\dfrac{x^2}{4}+(y+1)^2 = 1 \Rightarrow \dfrac{x^2}{4}+y^2+2y = 0$,平移后 $A \to A', B \to B'$,设 $A'B'$ 方程为 $mx+ny = 1$,即 $\dfrac{x^2}{4}+y^2+2y = \dfrac{x^2}{4}+y^2+2y(mx+ny) = 0$(构造齐次式),同除以 x^2 得 $(1+2n)\dfrac{y^2}{x^2}+2m\dfrac{y}{x}+\dfrac{1}{4} = 0$,因为点 A', B' 的坐标满足这个方程,所以 $k_{OA'}, k_{OB'}$ 是这个关于 $\dfrac{y}{x}$ 的方程的两个根. 所以 $k_{OA'}+k_{OB'} = k_{PA}+k_{PB} = -\dfrac{2m}{1+2n} = -1 \Rightarrow 2m-2n = 1$,故 $A'B'$ 过定点 $(2,-2)$,平移回去可得 AB 过定点 $(2,-1)$,故 l 过定点 $(2,-1)$.

评注 此类问题的解题步骤:

第一步:设直线 AB 的方程为 $y = kx+m$,联立曲线方程得根与系数的关系,用 $\Delta > 0$ 求出参数的取值范围;

第二步:由 AP 与 BP 的关系,得到一次函数 $k = f(m)$ 或者 $m = f(k)$;

第三步:将 $k = f(m)$ 或者 $m = f(k)$ 代入 $y = kx+m$,得 $y = k(x-x_{定})+y_{定}$.

拓展 斜率定和,连线过定(两弦的斜率的和为定值,则连线过定点)

已知点 $P(x_0,y_0)$ 是椭圆 $\dfrac{x^2}{a^2}+\dfrac{y^2}{b^2} = 1(a > b > 0)$ 上的一个定点,A,B 是椭圆上的两个动点.

若直线 $k_{PA}+k_{PB} = \lambda$,则直线 AB 过定点 $\left(x_0-\dfrac{2y_0}{\lambda}, -\dfrac{2b^2x_0}{\lambda a^2}-y_0\right)$.

当 $\lambda = 0$ 时,k_{AB} 为定值 $\dfrac{x_0 b^2}{y_0 a^2}$(证明见前面性质的证明).

6. 斜率定积,连线过定.

【例11】 已知抛物线 $C:y^2 = 2px(p>0)$ 的焦点为 $F(1,0)$,O 为坐标原点,A,B 是抛物线 C 上异于 O 的两点.

(1)求抛物线 C 的方程;

(2)若直线 OA,OB 的斜率之积为 $-\dfrac{1}{2}$,求证:直线 AB 过 x 轴上一定点.

【解析】 (1)因为抛物线 $C:y^2 = 2px(p>0)$ 的焦点坐标为 $(1,0)$,所以 $\dfrac{p}{2}=1$,所以 $p=2$.

所以抛物线 C 的方程为 $y^2 = 4x$.

(2)①当直线 AB 的斜率不存在时,设 $A\left(\dfrac{t^2}{4},t\right)$,$B\left(\dfrac{t^2}{4},-t\right)$. 因为直线 OA,OB 的斜率之积为 $-\dfrac{1}{2}$,所以 $\dfrac{t}{\frac{t^2}{4}} \cdot \dfrac{-t}{\frac{t^2}{4}} = -\dfrac{1}{2}$,化简得 $t^2 = 32$. 所以 $A(8,t)$,$B(8,-t)$,此时直线 AB 的方程为 $x=8$.

②当直线 AB 的斜率存在时,设其方程为 $y = kx + b$,$A(x_1,y_1)$,$B(x_2,y_2)$,联立 $\begin{cases} y^2 = 4x \\ y = kx + b \end{cases}$,化简得 $ky^2 - 4y + 4b = 0$. 根据根与系数的关系得 $y_1 y_2 = \dfrac{4b}{k}$,因为直线 OA,OB 的斜率之积为 $-\dfrac{1}{2}$,所以 $\dfrac{y_1}{x_1} \cdot \dfrac{y_2}{x_2} = -\dfrac{1}{2}$,即 $x_1 x_2 + 2y_1 y_2 = 0$,即 $\dfrac{y_1^2}{4} \cdot \dfrac{y_2^2}{4} + 2y_1 y_2 = 0$,解得 $y_1 y_2 = -32$ 或 $y_1 y_2 = 0$(舍去),所以 $y_1 y_2 = \dfrac{4b}{k} = -32$,即 $b = -8k$,所以 $y = kx - 8k$,即 $y = k(x-8)$.

综上所述,直线 AB 过 x 轴上一定点 $(8,0)$.

【例12】 已知抛物线 $y^2 = 4x$,过点 $M(1,2)$ 作两直线 l_1,l_2 分别与抛物线交于 A,B 两点,且 l_1,l_2 的斜率 k_1,k_2 满足 $k_1 k_2 = 2$. 求证:直线 AB 过定点,并求出此定点的坐标.

【分析】 定点问题必须先求出直线方程.

【解析】 设 $A\left(\dfrac{y_1^2}{4},y_1\right)$,$B\left(\dfrac{y_2^2}{4},y_2\right)$,由 $k_1 k_2 = 2$,得 $\dfrac{y_1-2}{\frac{y_1^2}{4}-1} \cdot \dfrac{y_2-2}{\frac{y_2^2}{4}-1} = 2$,即

$$y_1 y_2 + 2(y_1 + y_2) - 4 = 0 \qquad ①$$

圆锥曲线的奥秘

$l_{AB}: y - y_1 = \dfrac{y_2 - y_1}{\dfrac{y_2^2}{4} - \dfrac{y_1^2}{4}}\left(x - \dfrac{y_1^2}{4}\right)$,化简为

$$y_1 y_2 - y(y_1 + y_2) + 4x = 0 \qquad ②$$

把式①中 $y_1 y_2 = 4 - 2(y_1 + y_2)$ 代入式②得 $l_{AB}: 4x - (y_1 + y_2)(y + 2) + 4 = 0$,令参数 $y_1 + y_2$ 的系数 $y + 2$ 为 0,即令 $y = -2$,得 $x = -1$,从而 l_{AB} 过定点 $(-1, -2)$.

评注 过定点问题,必须先引入参数,再令含参数的系数为 0. 本题还可对比式①②的系数得 $x = -1, y = -2$.

点评 定值问题必然是在变化中所表示出来的不变的量,常表现为求一些直线方程、数量积、比例关系等的定值. 解决此类问题常从特征入手,求出定值,如有必要,再证明这个值与变量无关.

拓展 斜率定积,连线过定.

设 $P(x_0, y_0)$ 是抛物线 $y^2 = 2px(p > 0)$ 上一定点,若过 P 的两条弦 PA, PB 的斜率积为定值 $k_{PA} k_{BP} = m$,则直线 AB 必过点 $\left(x_0 - \dfrac{2p}{m}, -y_0\right)$.

7. 焦点之弦,张角相等(焦点与准线等角性质).

【例 13】 (2018·新课标Ⅰ)设椭圆 $C: \dfrac{x^2}{2} + y^2 = 1$ 的右焦点为 F,过 F 的直线 l 与 C 交于 A, B 两点,点 M 的坐标为 $(2, 0)$.

(1) 当 l 与 x 轴垂直时,求直线 AM 的方程;

(2) 如图 12 所示,设 O 为坐标原点,证明:$\angle OMA = \angle OMB$.

【解析】 (1) 因为 $c = \sqrt{2 - 1} = 1$,所以 $F(1, 0)$,因为 l 与 x 轴垂直,所以 $x = 1$,由 $\begin{cases} x = 1 \\ \dfrac{x^2}{2} + y^2 = 1 \end{cases}$,解得 $\begin{cases} x = 1 \\ y = \dfrac{\sqrt{2}}{2} \end{cases}$ 或 $\begin{cases} x = 1 \\ y = -\dfrac{\sqrt{2}}{2} \end{cases}$,故 $A\left(1, \dfrac{\sqrt{2}}{2}\right)$ 或 $\left(1, -\dfrac{\sqrt{2}}{2}\right)$. 所以直线 AM 的方程为 $y = -\dfrac{\sqrt{2}}{2} x + \sqrt{2}, y = \dfrac{\sqrt{2}}{2} x - \sqrt{2}$.

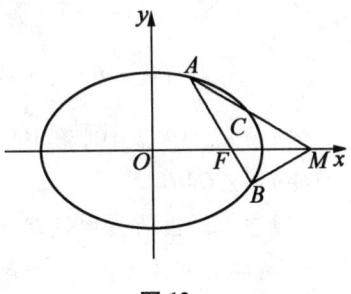

图 12

(2) 证法 1:当 l 与 x 轴重合时,$\angle OMA = \angle OMB = 0°$.

当 l 与 x 轴垂直时,OM 为 AB 的垂直平分线,所以 $\angle OMA = \angle OMB$.

当 l 与 x 轴不重合也不垂直时,设 l 的方程为 $x = ky + 1, A(x_1, y_1), B(x_2,$

$y_2), C(x_2, -y_2)$, AC 直线方程为 $\dfrac{y-y_1}{-y_2-y_1} = \dfrac{x-x_1}{x_2-x_1}$，令 $y=0$ 得 $x = \dfrac{x_1 y_2 + x_2 y_1}{y_1 + y_2} =$

$\dfrac{(ky_1+1)y_2 + (ky_2+1)y_1}{y_1+y_2} = \dfrac{2ky_1y_2}{y_1+y_2} + 1$. 由 $\begin{cases} x = ky+1 \\ \dfrac{x^2}{2} + y^2 = 1 \end{cases}$，得 $(2+k^2)y^2 + 2ky - 1 =$

0，所以 $\begin{cases} y_1 + y_2 = \dfrac{-2k}{2+k^2} \\ y_1 \cdot y_2 = \dfrac{-1}{2+k^2} \end{cases}$，故直线 AC 与 x 轴的交点 $x = \dfrac{2ky_1y_2}{y_1+y_2} + 1 = 2$，即为点 M，

故 MA, MB 的倾斜角互补，所以 $\angle OMA = \angle OMB$，综上 $\angle OMA = \angle OMB$。

证法2：当 l 与 x 轴重合时，$\angle OMA = \angle OMB = 0°$.

当 l 与 x 轴垂直时，OM 为 AB 的垂直平分线，所以 $\angle OMA = \angle OMB$.

当 l 与 x 轴不重合也不垂直时，设 l 的方程为 $y = k(x-1)(k \neq 0)$, $A(x_1,$

$y_1), B(x_2, y_2)$，则 $x_1 < \sqrt{2}, x_2 < \sqrt{2}$，直线 MA, MB 的斜率之和为 $k_{MA} + k_{MB} = \dfrac{y_1}{x_1-2} +$

$\dfrac{y_2}{x_2-2}$.

由 $y_1 = kx_1 - k, y_2 = kx_2 - k$ 得 $k_{MA} + k_{MB} = \dfrac{2kx_1x_2 - 3k(x_1+x_2) + 4k}{(x_1-2)(x_2-2)}$.

将 $y = k(x-1)$ 代入 $\dfrac{x^2}{2} + y^2 = 1$ 得 $(2k^2+1)x^2 - 4k^2 x + 2k^2 - 2 = 0$.

所以 $x_1 + x_2 = \dfrac{4k^2}{2k^2+1}, x_1 x_2 = \dfrac{2k^2-2}{2k^2+1}$，则

$2kx_1x_2 - 3k(x_1+x_2) + 4k = \dfrac{4k^3 - 4k - 12k^3 + 8k^3 + 4k}{2k^2+1} = 0$

从而 $k_{MA} + k_{MB} = 0$，故 MA, MB 的倾斜角互补，所以 $\angle OMA = \angle OMB$. 综上，$\angle OMA = \angle OMB$.

评注 圆锥曲线中证明问题，常见位置关系方面的，如证明相切、垂直、过定点等；数量关系方面的，如存在定值、恒成立等。

拓展 椭圆、双曲线、抛物线准线与对称轴的交点与焦半径端点连线所成角被对称轴平分。如过椭圆 $\dfrac{x^2}{a^2} + \dfrac{y^2}{b^2} = 1$ 左焦点 F_1 的直线 l 交椭圆于 A, B 两点，存在点 $P(x_P, 0)$，使得 $\angle APF_1 = \angle BPF_1$ 恒成立。（证明见前面性质二）

8. 定点之弦，张角相等（角平分线条件的转化）.

【例14】（2015·高考新课标1，理20）在直角坐标系 xOy 中，曲线 $C: y =$

$\dfrac{x^2}{4}$ 与直线 $y=kx+a(a>0)$ 交于 M,N 两点.

(1)当 $k=0$ 时,分别求 C 在点 M 和 N 处的切线方程;

(2)y 轴上是否存在点 P,使得当 k 变动时,总有 $\angle OPM=\angle OPN$?说明理由.

【解析】 (1)由题设可得 $M(2\sqrt{a},a),N(-2\sqrt{a},a)$ 或 $M(-2\sqrt{a},a),N(2\sqrt{a},a)$.

因为 $y'=\dfrac{1}{2}x$,故 $y=\dfrac{x^2}{4}$ 在 $x=2\sqrt{a}$ 处的导数值为 $\sqrt{a}$,C 在 $(2\sqrt{a},a)$ 处的切线方程为 $y-a=\sqrt{a}(x-2\sqrt{a})$,即 $\sqrt{a}x-y-a=0$.

故 $y=\dfrac{x^2}{4}$ 在 $x=-2\sqrt{a}$ 处的导数值为 $-\sqrt{a}$,C 在 $(-2\sqrt{a},a)$ 处的切线方程为 $y-a=-\sqrt{a}(x+2\sqrt{a})$,即 $\sqrt{a}x+y+a=0$.

故所求切线方程为 $\sqrt{a}x-y-a=0$ 或 $\sqrt{a}x+y+a=0$.

(2)存在符合题意的点,证明如下:

设 $P(0,b)$ 为符合题意的点,$M(x_1,y_1),N(x_2,y_2)$,直线 PM,PN 的斜率分别为 k_1,k_2.

将 $y=kx+a$ 代入 C 得方程整理的 $x^2-4kx-4a=0$. 所以 $x_1+x_2=4k,x_1x_2=-4a$.

故 $k_1+k_2=\dfrac{y_1-b}{x_1}+\dfrac{y_2-b}{x_2}=\dfrac{2kx_1x_2+(a-b)(x_1+x_2)}{x_1x_2}=\dfrac{k(a+b)}{a}$.

当 $b=-a$ 时,有 $k_1+k_2=0$,则直线 PM 的倾斜角与直线 PN 的倾斜角互补,故 $\angle OPM=\angle OPN$,所以 $P(0,-a)$ 符合题意.

【例15】 (2013·高考陕西卷)已知动圆过定点 $A(4,0)$,且在 y 轴上截得的弦 MN 的长为 8.

(1)求动圆圆心的轨迹 C 的方程;

(2)已知点 $B(-1,0)$,设不垂直于 x 轴的直线 l 与轨迹 C 交于不同的两点 P,Q,若 x 轴是 $\angle PBQ$ 的角平分线,证明直线 l 过定点.

【解析】 (1)设动圆圆心为点 $P(x,y)$,则由勾股定理得 $x^2+4^2=(x-4)^2+y^2$,化简即得圆心的轨迹 C 的方程为 $y^2=8x$.

(2)解法1:由题意可设直线 l 的方程为 $y=kx+b(k\neq 0)$.

联立 $\begin{cases} y^2=8x \\ y=kx+b \end{cases}$,得 $k^2x^2+2(kb-4)x+b^2=0$.

由 $\Delta = 4(kb-4)^2 - 4k^2b^2 > 0$，得 $kb < 2$. 设点 $P(x_1, y_1), Q(x_2, y_2)$，则 $x_1 + x_2 = -\dfrac{2(kb-4)}{k^2}, x_1 x_2 = \dfrac{b^2}{k^2}$. 因为 x 轴是 $\angle PBQ$ 的角平分线，所以 $k_{PB} + k_{QB} = 0$，

即 $k_{PB} + k_{QB} = \dfrac{y_1}{x_1+1} + \dfrac{y_2}{x_2+1} = \dfrac{2kx_1x_2 + (k+b)(x_1+x_2) + 2b}{(x_1+1)(x_2+1)}$

$= \dfrac{8(k+b)}{(x_1+1)(x_2+1) \cdot k^2} = 0$.

所以 $k + b = 0$，即 $b = -k$，所以 l 的方程为 $y = k(x-1)$.

故直线 l 恒过定点 $(1, 0)$.

解法2：设直线 PB 的方程为 $x = my - 1$，它与抛物线 C 的另一个交点为 Q'，设点 $P(x_1, y_1), Q'(x_2, y_2)$，由条件可得，$Q$ 与 Q' 关于 x 轴对称，故 $Q(x_2, -y_2)$.

联立 $\begin{cases} x = my - 1 \\ y^2 = 8x \end{cases}$ 消去 x 得 $y^2 - 8my + 8 = 0$，其中 $\Delta = 64m^2 - 32 > 0, y_1 + y_2 = 8m, y_1 y_2 = 8$.

所以 $k_{PQ} = \dfrac{y_1 + y_2}{x_1 - x_2} = \dfrac{8}{y_1 - y_2}$，因而直线 PQ 的方程为 $y - y_1 = \dfrac{8}{y_1 - y_2}(x - x_1)$.

又 $y_1 y_2 = 8, y_1^2 = 8x_1$，将 PQ 的方程化简得 $(y_1 - y_2) \cdot y = 8(x-1)$，故直线 l 过定点 $(1, 0)$.

解法3：由抛物线的对称性可知，如果定点存在，则它一定在 x 轴上，所以设定点坐标为 $(a, 0)$，直线 PQ 的方程为 $x = my + a$. 联立 $\begin{cases} x = my + a \\ y^2 = 8x \end{cases}$ 消去 x，整理得 $y^2 - 8my - 8a = 0, \Delta > 0$.

设点 $P(x_1, y_1), Q(x_2, y_2)$，则 $y_1 + y_2 = 8m, y_1 y_2 = -8a$. 由条件可知 $k_{PB} + k_{QB} = 0$，即 $k_{PB} + k_{QB} = \dfrac{y_1}{x_1+1} + \dfrac{y_2}{x_2+1} = \dfrac{2my_1 y_2 + (a+1)(y_1 + y_2)}{(x_1+1)(x_2+1)} = 0$，所以 $-8ma + 8m = 0$.

由 m 的任意性可知 $a = 1$，所以直线 l 恒过定点 $(1, 0)$.

解法4：设 $P\left(\dfrac{y_1^2}{8}, y_1\right), Q\left(\dfrac{y_2^2}{8}, y_2\right)$，因为 x 轴是 $\angle PBQ$ 的角平分线，所以 $k_{PB} + k_{QB} = \dfrac{y_1}{\dfrac{y_1^2}{8}+1} + \dfrac{y_2}{\dfrac{y_2^2}{8}+1} = 0$，整理得 $(y_1 + y_2)\left(\dfrac{y_1 y_2}{8} + 1\right) = 0$. 因为直线 l 不垂直于 x 轴，所以 $y_1 + y_2 \neq 0$，可得 $y_1 y_2 = -8$. 因为 $k_{PB} = \dfrac{y_1 - y_2}{\dfrac{y_1^2}{8} - \dfrac{y_2^2}{8}} = \dfrac{8}{y_1 + y_2}$，所以直线 PQ

的方程为 $y-y_1=\dfrac{8}{y_1+y_2}\left(x-\dfrac{y_1^2}{8}\right)$,即 $y=\dfrac{8}{y_1+y_2}(x-1)$.故直线 l 恒过定点 $(1,0)$.

评注 本题前面的 3 种解法属于比较常规的解法,主要是设点,设直线方程,联立方程,并借助判别式、根与系数的关系等知识解题,计算量较大. 解法 4 巧妙地运用了抛物线的参数方程进行设点,避免了联立方程组,计算相对简单,但是解法 2 和解法 4 中含有两个参数 y_1,y_2,因此判定直线过定点时,要注意将直线的方程变为特殊的形式.

拓展 定点之弦,张角相等.

过椭圆 $\dfrac{x^2}{a^2}+\dfrac{y^2}{b^2}=1$ 内一点 $N(t,0)$ 的直线 l 交椭圆于 A,B 两点,存在点 $P(x_P,0)$,使得 $\angle APN=\angle BPN$ 恒成立.(证明见前面性质二)

9.对称之点,交线定点.

【例 16】 已知抛物线 $E:y^2=4x$ 的准线为 l,焦点为 F,O 为坐标原点.

(1)求过点 O,F,且与 l 相切的圆的方程;

(2)过 F 的直线交抛物线 E 于 A,B 两点,A 关于 x 轴的对称点为 A',求证:直线 $A'B$ 过定点.

【解析】 (1)抛物线 $E:y^2=4x$ 的准线 l 的方程为:$x=-1$,焦点坐标为 $F(1,0)$,设所求圆的圆心 $C(a,b)$,半径为 r,因为圆 C 过 O,F,所以 $a=\dfrac{1}{2}$,因为圆 C 与直线 $l:x=-1$ 相切,所以 $r=\dfrac{1}{2}-(-1)=\dfrac{3}{2}$.由 $r=|CO|=\sqrt{\left(\dfrac{1}{2}\right)^2+b^2}=\dfrac{3}{2}$,得 $b=\pm\sqrt{2}$.

故过 O,F,且与直线 l 相切的圆的方程为 $\left(x-\dfrac{1}{2}\right)^2+(y\pm\sqrt{2})^2=\dfrac{9}{4}$.

(2)解法 1:依题意知直线 AB 的斜率存在,设直线 AB 方程为 $y=k(x-1)$,$A(x_1,y_1)$,$B(x_2,y_2)(x_1\neq x_2)$,$A'(x_1,-y_1)$,联立 $\begin{cases}y=k(x-1)\\y^2=4x\end{cases}$,消去 y 得 $k^2x^2-(2k^2+4)x+k^2=0$.所以 $x_1+x_2=\dfrac{2k^2+4}{k^2}$,$x_1\cdot x_2=1$.

因为直线 BA' 的方程为 $y-y_2=\dfrac{y_2+y_1}{x_2-x_1}(x-x_2)$,所以令 $y=0$,得 $x=\dfrac{x_2y_1+x_1y_2}{y_1+y_2}=\dfrac{x_2k(x_2-1)+x_1k(x_2-1)}{k(x_1-1)+k(x_2-1)}=\dfrac{2x_1x_2-(x_1+x_2)}{-2+(x_1+x_2)}=-1$,故直线 BA' 过

定点$(-1,0)$.

解法2:设直线AB的方程:$x=my+1$,$A(x_1,y_1)$,$B(x_2,y_2)$,则$A'(x_1,-y_1)$.

由$\begin{cases} y=k(x-1) \\ y^2=4x \end{cases}$得$y^2-4my-4=0$,所以$y_1+y_2=4m$,$y_1\cdot y_2=-4$.

因为$k_{BA'}=\dfrac{y_2+y_1}{x_2-x_1}=\dfrac{y_2+y_1}{\dfrac{y_2^2}{4}-\dfrac{y_1^2}{4}}=\dfrac{4}{y_2-y_1}$,所以直线$BA'$的方程为$y-y_2=\dfrac{y_2+y_1}{x_2-x_1}(x-x_2)$.

故$y=\dfrac{4}{y_2-y_1}(x-x_2)+y_2=\dfrac{4}{y_2-y_1}x+y_2-\dfrac{4x_2}{y_2-y_1}=\dfrac{4}{y_2-y_1}x+\dfrac{y_2^2-y_1y_2-4x_2}{y_2-y_1}=\dfrac{4}{y_2-y_1}x+\dfrac{4}{y_2-y_1}=\dfrac{4}{y_2-y_1}(x+1)$,所以直线$BA'$过定点$(-1,0)$.

【例17】 已知椭圆$C:\dfrac{x^2}{a^2}+\dfrac{y^2}{b^2}=1(a>b>0)$的离心率为$\dfrac{1}{2}$,以原点为圆心,椭圆的短半轴为半径的圆与直线$x-y+\sqrt{6}=0$相切.

(1)求椭圆C的方程;

(2)设$P(4,0)$,A,B是椭圆C上关于x轴对称的任意两个不同的点,联结PB交椭圆C于另一点E,证明:直线AE与x轴相交于定点Q.

【解析】 (1)因为$e=\dfrac{c}{a}=\dfrac{1}{2}$,所以$e^2=\dfrac{c^2}{a^2}=\dfrac{a^2-b^2}{a^2}=\dfrac{1}{4}$,即$a^2=\dfrac{4}{3}b^2$,又因为$b=\dfrac{\sqrt{6}}{\sqrt{1+1}}=\sqrt{3}$,即$b^2=3$,$a^2=4$.故椭圆$C$的方程为$\dfrac{x^2}{4}+\dfrac{y^2}{3}=1$.

(2)由题意知,直线PB的斜率存在,设其为k,则直线PB的方程为$y=k(x-4)$.

由$\begin{cases} 3x^2+4y^2-12=0 \\ y=k(x-4) \end{cases}$,可得$(4k+3)x^2-32k^2x+64k^2-12=0$.

设点$B(x_1,y_1)$,$E(x_2,y_2)$,则$A(x_1,-y_1)$

$$x_1+x_2=\dfrac{32k^2}{4k^2+3} \qquad ①$$

$$x_1x_2=\dfrac{64k^2-12}{4k^2+3} \qquad ②$$

由于直线AE的方程为$y-y_2=\dfrac{y_2+y_1}{x_2-x_1}(x-x_2)$,所以令$y=0$,可得

$$x = x_2 - \frac{y_2(x_2-x_1)}{y_2+y_1} = x_2 - \frac{k(x_2-4)(x_2-x_1)}{k(x_2-4)+k(x_1-4)} = \frac{2x_1x_2 - 4(x_1+x_2)}{x_1+x_2-8}$$

①②代入到上式即可解得 $x=1$,所以直线 AE 与 x 轴相交于定点 $Q(1,0)$.

拓展 对称之点,交线定点.

A,B 是椭圆 $C:\dfrac{x^2}{a^2}+\dfrac{y^2}{b^2}=1(a>b>0)$ 上关于 x 轴对称的任意两个不同的点,点 $P(m,0)$ 是 x 轴上的定点,直线 PB 交椭圆 C 于另一点 E,则直线 AE 恒过 x 轴上的定点,且定点为 $Q\left(\dfrac{a^2}{m},0\right)$.

【证明】 令 $B(x_1,y_1)$,$E(x_2,y_2)$,则 $A(x_1,-y_1)$,设 PB 的直线方程为 $x=ky+m$,并与椭圆方程联立可得 $(b^2k^2+a^2)y^2+2kmb^2y+(m^2-a^2)b^2=0 \Rightarrow y_1+y_2=-\dfrac{2kmb^2}{b^2k^2+a^2}$,$y_1y_2=\dfrac{(m^2-a^2)b^2}{b^2k^2+a^2}$. 又直线 AE 的方程为 $y-y_2=\dfrac{-y_1-y_2}{x_1-x_2}(x-x_2)$,令 $y=0$ 得到 $x=\dfrac{(x_1-x_2)y_2}{y_1+y_2}+x_2=\dfrac{x_1y_2+x_2y_1}{y_1+y_2}=\dfrac{(ky_1+m)y_2+(ky_2+m)y_1}{y_1+y_2}=\dfrac{2k(y_1y_2)}{y_1+y_2}+m=\dfrac{a^2}{m}$. 结论成立.

11. 直径端点,斜率定积.

【例18】 在平面直角坐标系 xOy 中,如图13,已知椭圆 $C:\dfrac{x^2}{4}+y^2=1$ 的上、下顶点分别为 A,B,点 P 在椭圆 C 上且异于点 A,B,设直线 AP,BP 的斜率分别为 k_1,k_2. 求证:$k_1 \cdot k_2$ 为定值.

【证明】 由题设 $\dfrac{x^2}{4}+y^2=1$ 可知,点 $A(0,1),B(0,-1)$.

令 $P(x_0,y_0)$,则由题设可知 $x_0 \neq 0$.

所以直线 AP 的斜率 $k_1=\dfrac{y_0-1}{x_0}$,PB 的斜率为 $k_2=\dfrac{y_0+1}{x_0}$.

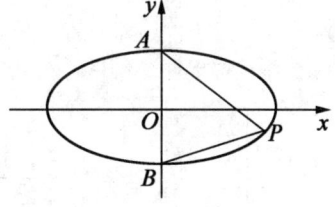

图13

又点 P 在椭圆上,所以 $\dfrac{x_0^2}{4}+y_0^2=1(x_0 \neq 0)$,

从而有 $k_1 \cdot k_2 = \dfrac{y_0-1}{x_0} \cdot \dfrac{y_0+1}{x_0} = \dfrac{y_0^2-1}{x_0^2} = -\dfrac{1}{4}$.

【例19】 如图14,若 D 为椭圆 $\dfrac{x^2}{4}+\dfrac{y^2}{2}=1$ 的右顶点,过坐标原点的直线交椭圆于 P,A 两点,直线 AD,PD 交直线 $x=3$ 于 E,F 两点,求 $|EF|$ 的最小值.

【解析】 设 $P(x_0, y_0)$，则 $A(-x_0, -y_0)$，$D(2,0)$. 所以

$$k_{DP} \cdot k_{DA} = \frac{y_0}{x_0 - 2} \cdot \frac{-y_0}{-x_0 - 2}$$

$$= \frac{-y_0^2}{4 - x_0^2}$$

又 $\frac{x_0^2}{4} + \frac{y_0^2}{2} = 1$，所以

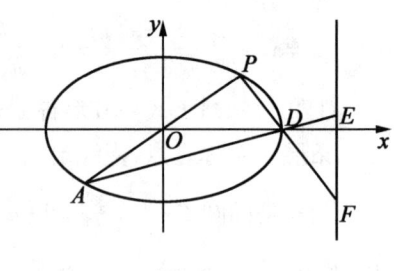

图 14

$$k_{DP} \cdot k_{DA} = \frac{-(2 - \frac{x_0^2}{2})}{4 - x_0^2} = -\frac{1}{2}（定值）$$

设直线 DP 的斜率为 k，则直线 DA 的斜率为 $-\frac{1}{2k}$，所以直线 DP 的方程为：$y = k(x - 2)$.

直线 DA 的方程为：$y = -\frac{1}{2k}(x - 2)$. 令 $x = 3$ 得 $E(3, -\frac{1}{2k})$，$F(3, k)$.

所以 $|EF| = |k + \frac{1}{2k}| = |k| + |\frac{1}{2k}| \geq \sqrt{2}$，当且仅当 $k = \pm\frac{\sqrt{2}}{2}$ 时取等号，所以 $|EF|$ 的最小值为 $\sqrt{2}$.

拓展 直径端点，斜率定积一般形式.

已知椭圆 C 的方程为：$\frac{x^2}{a^2} + \frac{y^2}{b^2} = 1(a > b > 0)$，过原点的直线 l 交椭圆 C 于 P, Q 两点，M 为椭圆上异于 P, Q 的任一点. 求证：$k_{MP} \cdot k_{MQ}$ 为定值.

【证明】 设 $P(x_1, y_1)$，$M(x_0, y_0)$，则 $Q(-x_1, -y_1)$，所以 $k_{MP} \cdot k_{MQ} = \frac{y_0 - y_1}{x_0 - x_1} \cdot \frac{y_0 + y_1}{x_0 + x_1} = \frac{y_0^2 - y_1^2}{x_0^2 - x_1^2}$.

由 $\begin{cases} \frac{x_1^2}{a^2} + \frac{y_1^2}{b^2} = 1 \\ \frac{x_0^2}{a^2} + \frac{y_0^2}{b^2} = 1 \end{cases}$ 得 $\frac{y_0^2 - y_1^2}{x_0^2 - x_1^2} = -\frac{b^2}{a^2}$，所以 $k_{MP} \cdot k_{MQ} = -\frac{b^2}{a^2}$ 为定值.

12. 对偶焦弦，比和定值.

【例20】 如图15，A 为椭圆 $\frac{x^2}{a^2} + \frac{y^2}{b^2} = 1(a > b > 0)$ 上的一个动点，弦 AB, AC 分别过焦点 F_1, F_2，当 AC 垂直于 x 轴时，恰好有 $AF_1 : AF_2 = 3 : 1$.

(1)求椭圆的离心率;

(2)设 $\overrightarrow{AF_1} = \lambda_1 \overrightarrow{F_1B}, \overrightarrow{AF_2} = \lambda_2 \overrightarrow{F_2C}$.

①当点 A 恰为椭圆短轴的一个端点时,求 $\lambda_1 + \lambda_2$ 的值;

②当点 A 为该椭圆上的一个动点时,试判断是否 $\lambda_1 + \lambda_2$ 为定值? 若是,请证明;若不是,请说明理由.

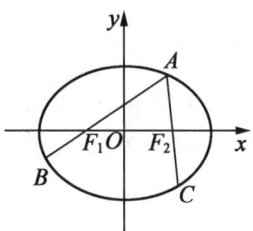

图 15

【解析】 (1)设 $|AF_2| = m$,则 $|AF_2| = 3m$. 由题设及椭圆定义得 $\begin{cases} (3m)^2 - m^2 = (2c)^2 \\ 3m + m = 2a \end{cases}$,消去 m 得 $a^2 = 2c^2$,所以离心率 $e = \dfrac{\sqrt{2}}{2}$.

(2)解法 1:由(1)知,$b^2 = c^2 = \dfrac{1}{2}a^2$,所以椭圆方程可化为 $x^2 + 2y^2 = 2c^2$.

①当点 A 恰为椭圆短轴的一个端点时,$\lambda_1 = \lambda_2$,直线 AF_1 的方程为 $y = x + c$.

由 $\begin{cases} y = x + c \\ x^2 + 2y^2 = a^2 \end{cases}$ 得 $3x^2 + 4cx = 0$,解得 $x_1 = 0, x_2 = -\dfrac{4}{3}c$,所以点 B 的坐标为 $\left(-\dfrac{4}{3}c, -\dfrac{1}{3}a\right)$. 又 $F_1(-c, 0)$,所以 $|F_1B| = \dfrac{\sqrt{2}}{3}c$,$|AF_1| = \sqrt{2}c$,所以 $\lambda_1 = 3$,$\lambda_1 + \lambda_2 = 6$.

②当点 A 为该椭圆上的一个动点时,$\lambda_1 + \lambda_2$ 为定值 6.

设 $A(x_0, y_0), B(x_1, y_1), C(x_2, y_2)$,则 $x_0^2 + 2y_0^2 = a^2$.

若 A 为椭圆的长轴端点,则 $\lambda_1 = \dfrac{a+c}{a-c}, \lambda_2 = \dfrac{a-c}{a+c}$,或 $\lambda_1 = \dfrac{a-c}{a+c}, \lambda_2 = \dfrac{a+c}{a-c}$,所以 $\lambda_1 + \lambda_2 = \dfrac{2(a^2 + c^2)}{a^2 - c^2} = 6$.

若 A 为椭圆上异于长轴端点的任意一点,则由 $\overrightarrow{AF_1} = \lambda_1 \overrightarrow{F_1B}, \overrightarrow{AF_2} = \lambda_2 \overrightarrow{F_2C}$ 得,$\lambda_1 = -\dfrac{y_0}{y_1}, \lambda_2 = -\dfrac{y_0}{y_2}$,所以 $\lambda_1 + \lambda_2 = -y_0\left(\dfrac{1}{y_1} + \dfrac{1}{y_2}\right)$.

又直线 AF_1 的方程为 $x + c = \dfrac{x_0 + c}{y_0}y$,所以由 $\begin{cases} x + c = \dfrac{x_0 + c}{y_0}y \\ x^2 + 2y^2 = 2c^2 \end{cases}$ 得

$[2y_0^2 + (x_0 + c)^2]y^2 - 2cy_0(x_0 + c)y - c^2 y_0^2 = 0$

因为 $x_0^2 + 2y_0^2 = 2c^2$,所以 $(3c + 2x_0)y^2 - 2y_0(x_0 + c)y - cy_0^2 = 0$.

由韦达定理得 $y_0 y_1 = -\dfrac{cy_0^2}{3c + 2x_0}$,所以 $y_1 = -\dfrac{cy_0}{3c + 2x_0}$. 同理 $y_2 = \dfrac{cy_0}{-3c + 2x_0}$,

所以 $\lambda_1 + \lambda_2 = -y_0(\dfrac{1}{y_1} + \dfrac{1}{y_2}) = -y_0(-\dfrac{3c+2x_0}{cy_0} + \dfrac{-3c+2x_0}{cy_0}) = 6.$

综上证得,当点 A 为该椭圆上的一个动点时,$\lambda_1 + \lambda_2$ 为定值 6.

解法 2:设 $A(x_0, y_0), B(x_1, y_1), C(x_2, y_2)$,则
$$\overrightarrow{AF_1} = (-c - x_0, -y_0), \overrightarrow{FB_1} = (x_1 + c, y_1)$$

因为 $\overrightarrow{AF_1} = \lambda_1 \overrightarrow{FB_1}$,所以 $x_1 = -\dfrac{c+x_0}{\lambda_1} - c, y_1 = -\dfrac{y_0}{\lambda_1}$;又
$$x_0^2 + 2y_0^2 = 2c^2 \quad (\ast)$$
$$x_1^2 + 2y_1^2 = 2c^2 \quad (\ast\ast)$$

将 x_1, y_1 代入 $(\ast\ast)$ 得:$(\dfrac{c+x_0}{\lambda_1} + c)^2 + 2(\dfrac{y_0}{\lambda_1})^2 = 2c^2$,即
$$(c + x_0 + c\lambda_1)^2 + 2y_0^2 = 2\lambda_1^2 c^2 \quad (\ast\ast\ast)$$

$(\ast\ast\ast) - (\ast)$ 得:$2x_0 = c\lambda_1 - 3c$;同理,由 $\overrightarrow{AF_2} = \lambda_2 \overrightarrow{FB_2}$ 得 $2x_0 = -c\lambda_2 + 3c$,所以 $c\lambda_1 - 3c = -c\lambda_2 + 3c$,故 $\lambda_1 + \lambda_2 = 6.$

拓展 对偶焦弦,比和定值一般形式:焦半径比之和为定值.

过椭圆 $\dfrac{x^2}{a^2} + \dfrac{y^2}{b^2} = 1$ 上一点 P,联结焦点 F_1, F_2 与椭圆分别交于点 Q, R,且满足:$\overrightarrow{PF_1} = \lambda \overrightarrow{F_1Q}, \overrightarrow{PF_2} = \mu \overrightarrow{F_2R}$,证明:$\lambda + \mu$ 为定值.

【分析】 圆锥曲线的焦半径比之和为定值.

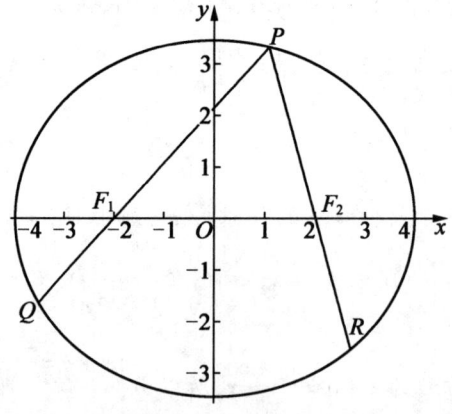

图 16

【解析】 记 $P(x_0, y_0), Q(x_1, y_1), R(x_2, y_2)$,则 $l_{PQ}: x = \dfrac{x_0 + c}{y_0} y - c, l_{PR}: x = \dfrac{x_0 - c}{y_0} y + c$,代入 $\dfrac{x^2}{a^2} + \dfrac{y^2}{b^2} = 1$ 得 $\left(\dfrac{b^2(x_0+c)^2}{y_0^2} + a^2\right) y^2 - \dfrac{2(x_0+c)cb^2}{y_0} y - b^4 = 0$,从而

$$y_0 y_1 = \frac{-b^4}{\frac{b^2(x_0+c)^2}{y_0^2}+a^2}; 代入 \frac{x^2}{a^2}+\frac{y^2}{b^2}=1 \ 得$$

$$\left(\frac{b^2(x_0-c)^2}{y_0^2}+a^2\right)y^2 - \frac{2(x_0-c)cb^2}{y_0}y - b^4 = 0$$

从而 $y_0 y_2 = \dfrac{-b^4}{\dfrac{b^2(x_0-c)^2}{y_0^2}+a^2}$.

故 $\lambda+\mu = \dfrac{|y_0|}{|y_1|} + \dfrac{|y_0|}{|y_2|} = -y_0\left(\dfrac{1}{y_1}+\dfrac{1}{y_2}\right) = -y_0^2\left(\dfrac{1}{y_0 y_1}+\dfrac{1}{y_0 y_2}\right) = 2\left(\dfrac{1+e^2}{1-e^2}\right)$.

13. 焦弦直线, 中轴分比.

【例21】 已知点 A,B 的坐标分别为 $(-\sqrt{2},0),(\sqrt{2},0)$, 直线 AM,BM 相交于点 M, 且它们的斜率之积是 $-\dfrac{1}{2}$, 点 M 的轨迹为曲线 E.

(1) 求 E 的方程;

(2) 过点 $F(1,0)$ 作直线 l 交曲线 E 于 P,Q 两点, 交 y 轴于点 R, 若 $\overrightarrow{RP}=\lambda_1\overrightarrow{PF}$, $\overrightarrow{RQ}=\lambda_2\overrightarrow{QF}$, 证明: $\lambda_1+\lambda_2$ 为定值.

【解析】 (1) 设点 $M(x,y)$, 由已知得 $\dfrac{y}{x+\sqrt{2}} \cdot \dfrac{y}{x-\sqrt{2}} = -\dfrac{1}{2}(x\neq\pm\sqrt{2})$.

化简得点 M 的轨迹 E 的方程: $\dfrac{x^2}{2}+y^2=1(x\neq\pm\sqrt{2})$.

(2) 设点 P,Q,R 的坐标分别为 $P(x_1,y_1),Q(x_2,y_2),R(0,y_0)$.

由 $\overrightarrow{RP}=\lambda_1\overrightarrow{PF}$, 所以 $(x_1,y_1-y_0)=\lambda_1(1-x_1,-y_1)$, 所以 $x_1=\dfrac{\lambda_1}{1+\lambda_1}, y_1=\dfrac{y_0}{1+\lambda_1}$.

因为点 P 在曲线 E 上, 所以 $\dfrac{1}{2}\left(\dfrac{\lambda_1}{1+\lambda_1}\right)^2 + \left(\dfrac{y_0}{1+\lambda_1}\right)^2 = 1$, 化简得

$$\lambda_1^2 + 4\lambda_1 + 2 - 2y_0^2 = 0 \qquad ①$$

同理, 由 $\overrightarrow{RQ}=\lambda_2\overrightarrow{QF}$ 可得: $x_2=\dfrac{\lambda_2}{1+\lambda_2}, y_2=\dfrac{y_0}{1+\lambda_2}$, 代入曲线 E 的方程得

$$\lambda_2^2 + 4\lambda_2 + 2 - 2y_0^2 = 0 \qquad ②$$

由①②得 λ_1,λ_2 是方程 $x^2+4x+2-2y_0^2=0$ 的两个实数根 $(\Delta>0)$, 所以 $\lambda_1+\lambda_2=-4$.

拓展 焦弦直线,中轴分比一般形式:焦点弦直线被曲线及对称轴所分比之和为定值

如图 17 所示,过椭圆 $\dfrac{x^2}{a^2}+\dfrac{y^2}{b^2}=1$ 左焦点 F_1 的直线 l 交椭圆于 A,B 两点,交 y 轴于点 M,$\overrightarrow{MA}=\lambda\overrightarrow{AF_1}$,$\overrightarrow{MB}=\mu\overrightarrow{BF_1}$,求 $\lambda+\mu$ 的值.

【分析】 圆锥曲线焦点弦直线被曲线及对称轴所分比之和为定值.

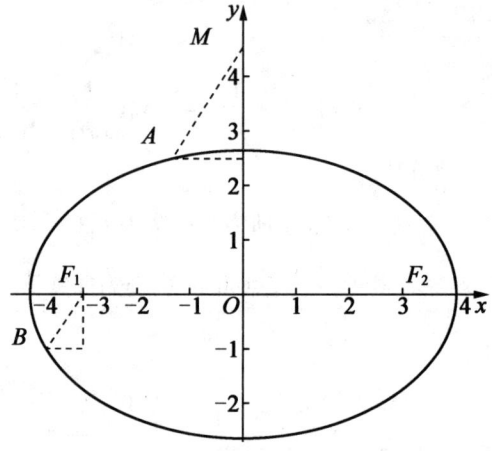

图 17

【解析】 解法1:直线 l 斜率显然存在,记 $l:y=k(x+c)$,$A(x_1,y_1)$,$B(x_2,y_2)$.

由 $\begin{cases} y=k(x+c) \\ \dfrac{x^2}{a^2}+\dfrac{y^2}{b^2}=1 \end{cases}$ 得

$$(\dfrac{b^2}{a^2}+k^2)x^2+2k^2cx+k^2c^2-b^2=0$$

则

$$\begin{cases} x_1+x_2=-\dfrac{2k^2a^2c}{k^2a^2+b^2} \\ x_1x_2=\dfrac{a^2(k^2c^2-b^2)}{k^2a^2+b^2} \end{cases}$$

故

$$\lambda+\mu=\dfrac{-x_1}{x_1+c}+\dfrac{-x_2}{x_2+c}=-\dfrac{c(x_1+x_2)+2x_1x_2}{x_1x_2+c(x_1+x_2)+c^2}=-\dfrac{2a^2}{b^2}$$

解法2:直线 l 斜率显然存在,记 $l:x=my-c$,$A(x_1,y_1)$,$B(x_2,y_2)$,$M(0,t)$,把直线方程代入曲线方程得

$$(b^2m^2+a^2)y^2-2b^2mcy-b^4=0$$

$$y_1+y_2=\frac{2b^2cm}{b^2m^2+a^2}$$

$$y_1y_2=-\frac{b^4}{b^2m^2+a^2}$$

$$\overrightarrow{MA}=\lambda\overrightarrow{AF_1}$$

得 $\qquad t-y_1=\lambda y_1, \overrightarrow{MB}=\mu\overrightarrow{BF_1}$

得 $\qquad t-y_2=\mu y_2$

$$\lambda+\mu=\frac{t}{y_1}+\frac{t}{y_2}-2=\frac{t(y_1+y_2)}{y_1y_2}-2=\frac{t\dfrac{2b^2cm}{b^2m^2+a^2}}{-\dfrac{b^4}{b^2m^2+a^2}}-2=\frac{2cmt}{-b^2}-2$$

另一方面,由于 B,F_1,A,M 四点共线,所以 $mt=c$,所以

$$\lambda+\mu=\frac{2cmt}{-b^2}-2=\frac{2c^2}{-b^2}-2=-\frac{2a^2}{b^2}$$

解法3:(构造齐次式)

设 $A(x_1,y_1),B(x_2,y_2),M(0,t)$. 由 $\overrightarrow{MA}=\lambda\overrightarrow{AF_1}$,得

$$x_1=\frac{-\lambda c}{1+\lambda},y_1=\frac{t}{1+\lambda}$$

由 $\overrightarrow{MB}=\mu\overrightarrow{BF_1}$ 得 $x_2=\dfrac{-\mu c}{1+\mu},y_2=\dfrac{t}{1+\mu}$. 因为 AB 在椭圆上,所以 $\dfrac{1}{a^2}(-\dfrac{\lambda c}{1+\lambda})^2+\dfrac{1}{b^2}(\dfrac{t}{1+\lambda})^2=1$,即

$$\lambda^2(c^2b^2-a^2b^2)-2a^2b^2\lambda-a^2b^2+a^2t^2=0$$

同理可得

$$\mu^2(c^2b^2-a^2b^2)-2a^2b^2\mu-a^2b^2+a^2t^2=0$$

所以 λ 和 μ 为 $x^2(c^2b^2-a^2b^2)-2a^2b^2x-a^2b^2+a^2t^2=0$ 的两个根,所以

$$\lambda+\mu=\frac{2a^2b^2}{c^2b^2-a^2b^2}=-\frac{2a^2}{b^2}$$

焦弦直线,中轴分比模型

模型1:过椭圆 $\dfrac{x^2}{a^2}+\dfrac{y^2}{b^2}=1(a>b>0)$ 的焦点 F 作一条直线与椭圆相交于 M,N,与 y 轴相交于 P,若 $\overrightarrow{PM}=\lambda\overrightarrow{MF},\overrightarrow{PN}=\mu\overrightarrow{NF}$,则 $\lambda+\mu$ 为定值,且 $\lambda+\mu=-\dfrac{2a^2}{b^2}$.

模型2:过双曲线 $\dfrac{x^2}{a^2} - \dfrac{y^2}{b^2} = 1 (a>0, b>0)$ 的焦点 F 作一条直线与双曲线相交于 M, N,与 y 轴相交于 P,若 $\overrightarrow{PM} = \lambda \overrightarrow{MF}, \overrightarrow{PN} = \mu \overrightarrow{NF}$,则 $\lambda + \mu$ 为定值,且 $\lambda + \mu = \dfrac{2a^2}{b^2}$.

模型3:过抛物线 $y^2 = 2px(p>0)$ 的焦点 F 作一条直线与抛物线相交于 M, N,与 y 轴相交于 P,若 $\overrightarrow{PM} = \lambda \overrightarrow{MF}, \overrightarrow{PN} = \mu \overrightarrow{NF}$,则 $\lambda + \mu$ 为定值,且 $\lambda + \mu = -1$.

14. 一定二动斜率定值.

对于有类似条件:A 是圆锥曲线 C 上的定点,E, F 是圆锥曲线 C 上的两个动点,求证直线 EF 的斜率为定值. 我们把这类问题简称"一定二动斜率定值"问题,这类问题的命题者利用了导数法研究曲线的切线斜率,也就是利用了导数产生的几何背景,也可以利用极限与导数这一高等数学的方法先探求这个定值,然后利用初等方法给出证明.

【例22】 如图18,已知 E, F 是椭圆 $\dfrac{x^2}{4} + \dfrac{y^2}{3} = 1$ 上的两个动点,$A\left(1, \dfrac{3}{2}\right)$ 是椭圆上的定点,如果直线 AE 与 AF 关于直线 $x = 1$ 对称,证明:直线 EF 的斜率为定值,并求出这个定值.

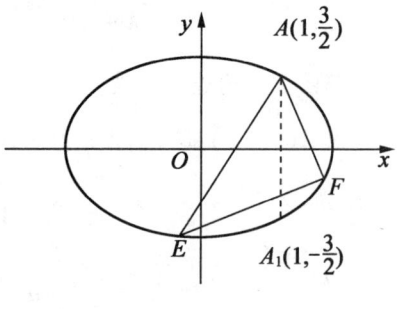

图18

【解析】 解法1:(高等背景)当 AE 与 AF 的倾斜角都趋近于 $90°$ 时,直线 EF 的斜率就趋向于过 $A_1\left(1, -\dfrac{3}{2}\right)$ 的切线斜率. 在 $\dfrac{x^2}{4} + \dfrac{y^2}{3} = 1$ 中,两边对 x 求导有:$\dfrac{2x}{4} + \dfrac{2yy'}{3} = 0$,把 $A_1\left(1, -\dfrac{3}{2}\right)$ 代入有:$\dfrac{2 \times 1}{4} + \dfrac{2 \times \left(-\dfrac{3}{2}\right)y'}{3} = 0$,解得 $y' = \dfrac{1}{2}$. 因此,可以确定所求的定值为 $\dfrac{1}{2}$.

解法2:(初等解法)因为直线 AE 与 AF 关于直线 $x = 1$ 对称,所以直线 AE 的斜率与 AF 的斜率互为相反数. 设直线 AE 的方程为 $y = k(x-1) + \dfrac{3}{2}$,则直线 AF 的方程为 $y = -k(x-1) + \dfrac{3}{2}$. 把 $y = k(x-1) + \dfrac{3}{2}$ 代入 $\dfrac{x^2}{4} + \dfrac{y^2}{3} = 1$ 得

$$(3 + 4k^2)x^2 + 4k(3 - 2k)x + 4\left(\dfrac{3}{2} - k\right)^2 - 12 = 0 \qquad ①$$

设 $E(x_1,y_1), F(x_2,y_2)$,注意到 $x=1$ 是方程①的一个根,由根与系数关系得 $x_1 = \dfrac{4\left(\dfrac{3}{2}-k\right)^2 - 12}{3+4k^2}$,同理可求 $x_2 = \dfrac{4\left(\dfrac{3}{2}+k\right)^2 - 12}{3+4k^2}$,$k_{EF} = \dfrac{y_1-y_2}{x_1-x_2} = \dfrac{k(x_1-1)+\dfrac{3}{2}-\left[-k(x_2-1)-\dfrac{3}{2}\right]}{x_1-x_2} = \dfrac{k(x_1+x_2)-2k}{x_1-x_2}$,把 x_1, x_2 代入上式得 $k_{EF} = \dfrac{1}{2}$.

【例 23】 如图 19,已知 E,F 是椭圆 $\dfrac{x^2}{12} + \dfrac{y^2}{4} = 1$ 上的两个动点,$A(\sqrt{3},\sqrt{3})$ 是椭圆上的定点,如果直线 AE 与 AF 关于直线 $y=\sqrt{3}$ 对称,证明:直线 EF 的斜率为定值,并求出这个定值.

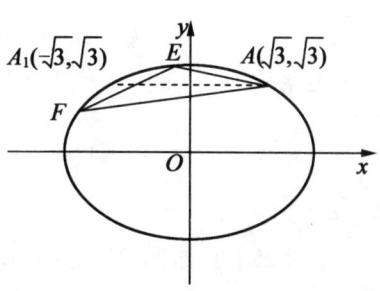

图 19

【解析】 解法 1:(高等背景)当 AE 与 AF 的倾斜角一个趋近于 $180°$ 时,另一个趋近于 $0°$ 时,直线 EF 的斜率就趋向于过 $A_1(-\sqrt{3},\sqrt{3})$ 的切线斜率.在 $\dfrac{x^2}{12} + \dfrac{y^2}{4} = 1$ 中,两边对 x 求导有 $\dfrac{x}{6} + \dfrac{yy'}{2} = 0$,把 $A_1(-\sqrt{3},\sqrt{3})$ 代入有:$\dfrac{-\sqrt{3}}{6} + \dfrac{\sqrt{3}y'}{2} = 0$,解得 $y' = \dfrac{1}{3}$.因此,可以确定所求的定值为 $\dfrac{1}{3}$.

解法 2:(初等解法)设直线 AE 的方程为 $y = k(x-\sqrt{3}) + \sqrt{3}$,代入 $\dfrac{x^2}{12} + \dfrac{y^2}{4} = 1$ 得

$$(1+3k^2)x^2 + 6\sqrt{3}k(1-k)x + 9k^2 - 18k - 3 = 0 \qquad ①$$

设 $E(x_1,y_1), F(x_2,y_2)$,注意到 $x = \sqrt{3}$ 是方程①的一个根,所以 $x_1 = \dfrac{9k^2-18k-3}{\sqrt{3}(1+3k^2)}$,同理可求 $x_2 = \dfrac{9k^2+18k-3}{\sqrt{3}(1+3k^2)}$,$k_{EF} = \dfrac{y_1-y_2}{x_1-x_2} = \dfrac{k(x_1+x_2)-2\sqrt{3}k}{x_1-x_2}$,把 x_1, x_2 代入得 $k_{EF} = \dfrac{1}{3}$.

【例 24】 如图 20,已知 E,F 是抛物线 $y=x^2$ 上的两个动点,$A(1,1)$ 是抛物线上的定点,如果直线 AE 的斜率与 AF 的斜率互为相反数,证明:直线 EF 的

斜率为定值,并求出这个定值.

【解析】 解法1:(高等背景)当 AE 与 AF 的倾斜角一个趋近于 $0°$ 时,另一个趋近于 $180°$ 时,直线 EF 的斜率就趋向于过 $A_1(-1,1)$ 的切线斜率. 而 $y' = 2x$,所以 $y'|_{x=-1} = -2$,因此,可以确定所求的定值为 -2.

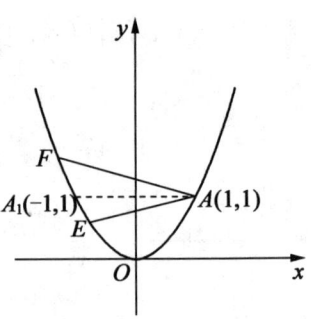

图20

解法2:(初等解法)设直线 AE 的方程为 $y = k(x-1)+1$,代入 $y = x^2$ 得
$$x^2 - kx + k - 1 = 0 \qquad ①$$

设 $E(x_1, y_1)$,$F(x_2, y_2)$,注意到 $x=1$ 是方程①的一个根,所以 $x_1 = k-1$,同理可求 $x_2 = -k-1$,所以 $k_{EF} = \dfrac{y_1 - y_2}{x_1 - x_2} = \dfrac{x_1^2 - x_2^2}{x_1 - x_2} = x_1 + x_2$,把 x_1, x_2 代入上式得 $k_{EF} = -2$.

【例25】 如图21,已知 E,F 是抛物线 $y^2 = x$ 上的两个动点,$A(1,1)$ 是抛物线上的定点,如果直线 AE 的斜率与 AF 的斜率互为相反数,证明直线 EF 的斜率为定值,并求出这个定值.

【解析】 解法1:当 AE 与 AF 的倾斜角都趋近于 $90°$ 时,直线 EF 的斜率就趋向于过 $A_1(1,-1)$ 的切线斜率.由 $y^2 = x$ 解得 $y = \pm\sqrt{x}$,而在 $A_1(1,-1)$ 附近导数 $y' = -\dfrac{1}{2\sqrt{x}}$,所以 $y'|_{x=1} = -\dfrac{1}{2}$,因此,可以确定所求的定值为 $-\dfrac{1}{2}$.

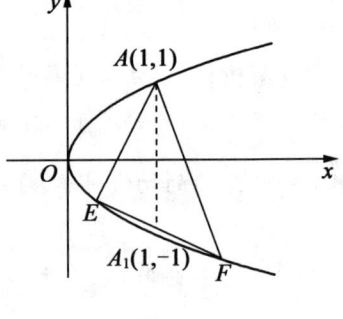

图21

解法2:(初等解法)设直线 AE 的方程为 $y = k(x-1)+1$,显然 $k \neq 0$,$x = \dfrac{y-1}{k}+1$,代入 $y^2 = x$ 得

$$y^2 - \dfrac{y}{k} + \dfrac{1}{k} - 1 = 0 \qquad (1)$$

设 $E(x_1, y_1)$,$F(x_2, y_2)$,注意到 $y=1$ 是方程(1)的一个根,所以

$$y_1 = \dfrac{1}{k} - 1 = 0 \qquad (2)$$

同理可求 $y_2 = -\dfrac{1}{k} - 1$. 而 $k_{EF} = \dfrac{y_1-y_2}{y_1^2-y_2^2} = \dfrac{1}{y_1+y_2}$，把 y_1, y_2 代入得 $k_{EF} = -\dfrac{1}{2}$.

评注 解题规律总结：

(1) 注意利用导数法探求定值，作为选择题或者填空题时要利用导数法，作为解答题时注意利用导数法进行检验；

(2) 题目条件的变化："直线 AE 的斜率与 AF 的斜率互为相反数"，等价于"直线 AE 与 AF 的倾斜角互补"，或者"直线 AE 与 AF 关于直线 $x = x_A$ 对称"，或者"直线 AE 与 AF 关于直线 $y = y_A$ 对称".

(3) 直线方程与圆锥曲线方程组成的方程组的一个解为 (x_A, y_A)，消元后所得方程有一个根为 x_A 或 y_A，此时一定要利用根与系数的关系求另一个根.

(4) 注意以 $-k$ 替换 k 由 E 点坐标直接求得点 F 坐标.

(5) 对于直线与椭圆或者双曲线，$k_{EF} = \dfrac{y_1-y_2}{x_1-x_2}$ 的进一步化简要利用直线方程，对于直线与抛物线，$k_{EF} = \dfrac{y_1-y_2}{x_1-x_2}$ 的进一步化简利用抛物线方程比利用直线方程更加简单.

圆锥曲线的定值问题，考查的是运算的基本功，考验的是化简消元的耐心及目标意识. 在平常的学习中，应当多总结概括一些常见的限制条件的处理方式，减少考试时的思维量，提高解题效率.

达标训练题

1. 设 A, B 是轨迹 $C: y^2 = 2px(p>0)$ 上异于原点 O 的两个不同点，直线 OA 和 OB 的倾斜角分别为 α 和 β，当 α, β 变化且 $\alpha + \beta = \dfrac{\pi}{4}$ 时，证明：直线 AB 恒过定点，并求出该定点的坐标.

2. 已知椭圆 $C: \dfrac{x^2}{a^2} + \dfrac{y^2}{b^2} = 1(a>b>0)$ 的右焦点 $F(\sqrt{3}, 0)$，长半轴长与短半轴长的比值为 2.

(1) 求椭圆 C 的标准方程；

(2) 设不经过点 $B(0,1)$ 的直线 l 与椭圆 C 相交于不同的两点 M, N，若点 B 在以线段 MN 为直径的圆上，证明直线 l 过定点，并求出该定点的坐标.

3. 设抛物线 $y^2 = 2px(p>0)$ 的焦点为 F，其准线与 x 轴的交点为 Q，过点 Q 的直线 l 交抛物线于 A, B 两点.

(1)若直线 l 的斜率为 $\frac{\sqrt{2}}{2}$,求证:$\vec{FA} \cdot \vec{FB} = 0$;

(2)设直线 FA,FB 的斜率分别为 k_1,k_2,求 $k_1 + k_2$ 的值.

4.椭圆 $C:\frac{x^2}{a^2} + \frac{y^2}{b^2} = 1(a > b > 0)$ 经过点 $(\sqrt{2},0)$,左、右焦点分别是 F_1,F_2,点 P 在椭圆上,且满足 $\angle F_1PF_2 = 90°$ 的点 P 只有两个.

(1)求椭圆 C 的方程;

(2)过 F_2 且不垂直于坐标轴的直线 l 交椭圆 C 于 A,B 两点,在 x 轴上是否存在一点 $N(n,0)$,使得 $\angle ANB$ 的角平分线是 x 轴?若存在,求出 n;若不存在,说明理由.

5.椭圆 $\frac{x^2}{a^2} + \frac{y^2}{b^2} = 1(a > b > 0)$,的中心为原点 O,离心率 $e = \frac{\sqrt{2}}{2}$,左焦点到右顶点的距离为 $2 + \sqrt{2}$.

(1)求该椭圆的标准方程;

(2)设动点 P 满足 $\vec{OP} = \vec{OM} + 2\vec{ON}$,其中 M,N 是椭圆上的点,直线 OM 与 ON 的斜率之积为 $-\frac{1}{2}$,证明:存在两个定点 F_1,F_2,使得 $|PF_1| + |PF_2|$ 为定值.

6.若椭圆 C 的方程为 $\frac{x^2}{a^2} + \frac{y^2}{b^2} = 1(a > b > 0)$,$F_1,F_2$ 是它的左、右焦点,椭圆 C 过点 $(0,1)$,且离心率为 $e = \frac{2\sqrt{2}}{3}$.

(1)求椭圆的方程;

(2)设椭圆的左、右顶点为 A,B,直线 l 的方程为 $x = 4$,P 是椭圆上任一点,直线 PA,PB 分别交直线 l 于 G,H 两点,求 $\vec{GF_1} \cdot \vec{HF_2}$ 的值;

(3)过点 $Q(1,0)$ 任意作直线 m(与 x 轴不垂直)与椭圆 C 交于 M,N 两点,与 y 轴交于点 R,且 $\vec{RM} = \lambda \vec{MQ}$,$\vec{RN} = \mu \vec{NQ}$,证明:$\lambda + \mu$ 为定值.

7.已知双曲线 $x^2 - y^2 = 2$ 的左、右焦点分别为 F_1,F_2,过点 F_2 的动直线与双曲线相交于 A,B 两点.在 x 轴上是否存在定点 C,使得 $\vec{CA} \cdot \vec{CB}$ 为常数?若存在,求出点 C 的坐标;若不存在,请说明理由.

8.设抛物线 $C:y^2 = 2x$,点 $A(2,0),B(-2,0)$,过点 A 的直线 l 与 C 交于 M,N 两点.

(1)当 l 与 x 轴垂直时,求直线 BM 的方程;

(2)证明:∠ABM = ∠ABN.

9.设抛物线 $C:y^2=2x$,点 $A(2,0),B(-2,0)$,过点 A 的直线 l 与 C 交于 M,N 两点.

(1)当 l 与 x 轴垂直时,求直线 BM 的方程;

(2)证明:∠ABM = ∠ABN.

10.在直角坐标系 xOy 中,抛物线 $C:x^2=6y$ 与直线 $l:y=kx+3$ 交于 M,N 两点.

(1)设 M,N 到 y 轴的距离分别为 d_1,d_2,证明:d_1 与 d_2 的乘积为定值;

(2)y 轴上是否存在点 P,当 k 变化时,总有∠OPM = ∠OPN? 若存在,求点 P 的坐标;若不存在,请说明理由.

达标训练题解析

1.【解析】 设 $A(x_1,y_1),B(x_2,y_2)$,由题意得 $x_1,x_2\neq 0$,又直线 OA,OB 的倾斜角 α,β 满足 $\alpha+\beta=\dfrac{\pi}{4}$,故 $0<\alpha,\beta<\dfrac{\pi}{4}$,所以直线 AB 的斜率存在,从而设 AB 方程为 $y=kx+b$,显然 $x_1=\dfrac{y_1^2}{2p},x_2=\dfrac{y_2^2}{2p}$,将 $y=kx+b$ 与 $y^2=2px(p>0)$ 联立消去 x,得 $ky^2-2py+2pb=0$,由韦达定理知

$$y_1+y_2=\dfrac{2p}{k}$$

$$y_1\cdot y_2=\dfrac{2pb}{k}$$ ①

由 $\alpha+\beta=\dfrac{\pi}{4}$,得

$$1=\tan\dfrac{\pi}{4}=\tan(\alpha+\beta)=\dfrac{\tan\alpha+\tan\beta}{1-\tan\alpha\tan\beta}=\dfrac{2p(y_1+y_2)}{y_1y_2-4p^2}$$

将式①代入上式整理化简可得:$\dfrac{2p}{b-2pk}=1$,所以 $b=2p+2pk$,此时,直线 AB 的方程可表示为 $y=kx+2p+2pk$ 即 $k(x+2p)-(y-2p)=0$,所以直线 AB 恒过定点 $(-2p,2p)$.

点评 设 AB 直线 $y=kx+m$,联立曲线方程得根与系数关系,得一次函数 $k=f(m)$ 或者 $m=f(k)$ 将 $k=f(m)$ 或者 $m=f(k)$ 代入 $y=kx+m$,得 $y=k(x-x_{定})+y_{定}$.

2.【解析】 (1)由题意得,$c=\sqrt{3},\dfrac{a}{b}=2,a^2=b^2+c^2$,所以 $a=2,b=1$,故椭

圆 C 的标准方程为 $\dfrac{x^2}{4}+y^2=1$.

(2)当直线 l 的斜率存在时,设直线 l 的方程为 $y=kx+m(m\neq 1)$,$M(x_1,y_1)$,$N(x_2,y_2)$. 由 $\begin{cases}y=kx+m\\\dfrac{x^2}{4}+y^2=1\end{cases}$,消去 y 可得 $(4k^2+1)x^2+8kmx+4m^2-4=0$,所以 $\Delta=16(4k^2+1-m^2)>0$,$x_1+x_2=\dfrac{-8km}{4k^2+1}$,$x_1x_2=\dfrac{4m^2-4}{4k^2+1}$. 因为点 B 在以线段 MN 为直径的圆上,所以 $\overrightarrow{BM}\cdot\overrightarrow{BN}=0$. 因为 $\overrightarrow{BM}\cdot\overrightarrow{BN}=(x_1,kx_1+m-1)\cdot(x_2,kx_2+m-1)=(k^2+1)x_1x_2+k(m-1)(x_1+x_2)+(m-1)^2=0$,所以 $(k^2+1)\dfrac{4m^2-4}{4k^2+1}+k(m-1)\dfrac{-8km}{4k^2+1}+(m-1)^2=0$,整理得 $5m^2-2m-3=0$,解得 $m=-\dfrac{3}{5}$ 或 $m=1$(舍去). 故直线 l 的方程为 $y=kx-\dfrac{3}{5}$. 易知当直线 l 的斜率不存在时,不符合题意. 故直线 l 过定点,且该定点的坐标为 $\left(0,-\dfrac{3}{5}\right)$.

3.【解析】 (1)由题意可得 $l:y=\dfrac{\sqrt{2}}{2}\left(x+\dfrac{p}{2}\right)$,联立 $\begin{cases}y=\dfrac{\sqrt{2}}{2}\left(x+\dfrac{p}{2}\right)\\y^2=2px\end{cases}$,得 $x^2-3px+\dfrac{p^2}{4}=0$. 设 $A(x_1,y_1)$,$B(x_2,y_2)$,$x_1+x_2=3p$,$x_1x_2=\dfrac{p^2}{4}$. 则 $\overrightarrow{FA}=\left(x_1-\dfrac{p}{2},y_1\right)$,$\overrightarrow{FB}=\left(x_2-\dfrac{p}{2},y_2\right)$.

所以 $\overrightarrow{FA}\cdot\overrightarrow{FB}=\left(x_1-\dfrac{p}{2}\right)\left(x_2-\dfrac{p}{2}\right)+y_1y_2=\dfrac{3}{2}x_1x_2-\dfrac{p}{4}(x_1+x_2)+\dfrac{3}{8}p^2=0$.

(2)设直线 $l:x=ky-\dfrac{p}{2}$,与抛物线联立得 $y^2-2pky+p^2=0$.

所以 $y_1+y_2=2p$,$y_1y_2=p^2$,则 $k_1+k_2=\dfrac{y_1}{x_1-\dfrac{p}{2}}+\dfrac{y_2}{x_2-\dfrac{p}{2}}=\dfrac{y_1}{ky_1-p}+\dfrac{y_2}{ky_2-p}=\dfrac{2ky_1y_2-p(y_1+y_2)}{(ky_1-p)(ky_2-p)}=\dfrac{2kp^2-p\cdot 2pk}{(ky_1-p)(ky_2-p)}=0$.

4.【解析】 (1)由题设知点 P 为椭圆的上下顶点,所以 $a=\sqrt{2}$,$b=c$,$b^2+c^2=a^2$,故 $a=\sqrt{2}$,$b=1$,故椭圆 C 方程为 $\dfrac{x^2}{2}+y^2=1$.

(2)如图22所示,设直线 l 的方程为 $x = my + 1(m \neq 0)$,联立 $\begin{cases} x^2 + 2y^2 - 2 = 0 \\ x = my + 1 \end{cases}$,消 x 得 $(m^2 + 2)y^2 + 2my - 1 = 0$,设 A, B 坐标为 $A(x_1, y_1), B(x_2, y_2)$,则有 $y_1 + y_2 = -\dfrac{2m}{m^2 + 2}, y_1 \cdot y_2 = -\dfrac{1}{m^2 + 2}$,又 $x_1 = my_1 + 1$,$x_2 = my_2 + 1$,假设在 x 轴上存在这样的点 $N(n, 0)$,使得 x 轴是 $\angle ANB$ 的平分线,则有 $k_{AN} + k_{BN} = 0$,而

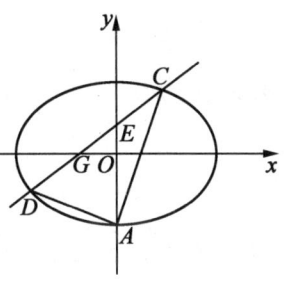

图22

$$k_{AN} + k_{BN} = \dfrac{y_1 - 0}{x_1 - n} + \dfrac{y_2 - 0}{x_2 - n} = \dfrac{y_1(x_2 - n) + y_2(x_1 + n)}{(x_1 - n)(x_2 - n)}$$

$$= \dfrac{y_1(my_2 + 1 - n) + y_2(my_1 + 1 - n)}{(x_1 - n)(x_2 - n)}$$

$$= \dfrac{2my_1 y_2 + (1 - n)(y_1 + y_2)}{(x_1 - n)(x_2 - n)} = 0$$

将 $y_1 + y_2 = -\dfrac{2m}{m^2 + 2}, y_1 \cdot y_2 = -\dfrac{1}{m^2 + 2}$,代入 $2my_1 y_2 + (1 - n)(y_1 + y_2) = 0$,有 $2m \dfrac{-1}{m^2 + 2} + (1 - n) \dfrac{-2m}{m^2 + 2} = \dfrac{-2m(2 - n)}{m^2 + 2} = 0$,即 $2m(n - 2) = 0$.因为 $m \neq 0$,故 $n = 2$.所以存在点 $N(2, 0)$,使得 $\angle ANB$ 的平分线是 x 轴.

5.【解析】 (1)由 $e = \dfrac{c}{a} = \dfrac{\sqrt{2}}{2}, a + c = 2 + \sqrt{2}$,解得 $a = 2, c = \sqrt{2}$,所以 $b^2 = a^2 - c^2 = 2$,椭圆的标准方程为 $\dfrac{x^2}{4} + \dfrac{y^2}{2} = 1$.

(2)设 $P(x, y), M(x_1, y_1), N(x_2, y_2)$,则由 $\overrightarrow{OP} = \overrightarrow{OM} + 2\overrightarrow{ON}$ 可得 $(x, y) = (x_1, y_1) + 2(x_2, y_2) = (x_1 + 2x_2, y_1 + 2y_2)$,即 $x = x_1 + 2x_2, y = y_1 + 2y_2$.因为点 M, N 在椭圆 $x^2 + 2y^2 = 4$ 上,所以 $x_1^2 + 2y_1^2 = 4, x_2^2 + 2y_2^2 = 4$,于是 $x^2 + 2y^2 = (x_1^2 + 4x_2^2 + 4x_1 x_2) + 2(y_1^2 + 4y_2^2 + 4y_1 y_2) = 20 + 4(x_1 x_2 + 2y_1 y_2)$.由题设条件知 $k_{OM} \cdot k_{ON} = \dfrac{y_1 y_2}{x_1 x_2} = -\dfrac{1}{2}$,因此 $x_1 x_2 + 2y_1 y_2 = 0$,所以 $x^2 + 2y^2 = 20$,所以点 P 是椭圆 $\dfrac{x^2}{20} + \dfrac{y^2}{10} = 1$ 上的点,其左焦点为 $F_1(-\sqrt{10}, 0)$,右焦点为 $F_2(\sqrt{10}, 0)$,$|PF_1| + |PF_2|$ 为定值 $4\sqrt{5}$.

6.【解析】 (1)$b = 1, e = \dfrac{c}{a} = \dfrac{2\sqrt{2}}{3}$,解得 $a = 3$,所以椭圆的方程为 $\dfrac{x^2}{9} + y^2 = 1$.

(2) $A(-3,0), B(3,0)$, 设 $P(x_0, y_0), G(4, y_1), H(4, y_2)$. 因为 A, P, G 三点共线, 所以 $\dfrac{y_0}{x_0+3} = \dfrac{y_1}{7}$, 即 $y_1 = \dfrac{7y_0}{x_0+3}$, 同理, $y_2 = \dfrac{y_0}{x_0-3}$. 于是 $\overrightarrow{GF_1} = \left(-2\sqrt{2}-4, -\dfrac{7y_0}{x_0+3}\right), \overrightarrow{HF_2} = \left(2\sqrt{2}-4, -\dfrac{y_0}{x_0-3}\right)$, 所以 $\overrightarrow{GF_1} \cdot \overrightarrow{HF_2} = (-2\sqrt{2}-4)(2\sqrt{2}-4) + \dfrac{7y_0}{x_0+3} \cdot \dfrac{y_0}{x_0-3} = 8 + \dfrac{7y_0^2}{x_0^2-9} = \dfrac{65}{9}$.

(3) 设 $M(x_3, y_3), N(x_4, y_4), R(0, t)$, 由 $\overrightarrow{RM} = \lambda \overrightarrow{MQ}$ 可得 $(x_3, y_3-t) = \lambda(1-x_3, -y_3)$, 即 $\begin{cases} x_3 = \dfrac{\lambda}{1+\lambda} \\ y_3 = \dfrac{t}{1+\lambda} \end{cases}$ $(\lambda \neq -1)$, 代入椭圆方程, 可得 $\lambda^2 + 9t^2 = 9(1+\lambda)^2$, 同理, 由 $\overrightarrow{RN} = \mu \overrightarrow{NQ}$ 可得 $\mu^2 + 9t^2 = 9(1+\mu)^2$. 两式相减, 可得 $\lambda + \mu = -\dfrac{9}{4}$.

7. 【解析】 假设在 x 轴上存在定点 $C(m, 0)$, 使 $\overrightarrow{CA} \cdot \overrightarrow{CB}$ 为常数. 当 AB 不与 x 轴垂直时, 设直线 AB 的方程是 $y = k(x-2)(k \neq \pm 1)$, 代入 $x^2 - y^2 = 2$ 有 $(1-k^2)x^2 + 4k^2 x - (4k^2+2) = 0$. 设 $A(x_1, y_1), B(x_2, y_2)$, 显然 $\Delta > 0$, 所以 $x_1 + x_2 = \dfrac{4k^2}{k^2-1}, x_1 x_2 = \dfrac{4k^2+2}{k^2-1}$, 于是 $\overrightarrow{AC} \cdot \overrightarrow{CB} = (x_1-m, y_1) \cdot (x_2-m, y_2) = (x_1-m) \cdot (x_2-m) + k^2(x_1-2)(x_2-2) = (k^2+1)x_1 x_2 - (2k^2+m)(x_1+x_2) + 4k^2 + m^2 = \dfrac{(k^2+1)(4k^2+2)}{k^2-1} - \dfrac{4k^2(2k^2+m)}{k^2-1} + 4k^2 + m^2 = 2(1-2m) + \dfrac{4-4m}{k^2-1} + m^2$, 因为 $\overrightarrow{CA} \cdot \overrightarrow{CB}$ 是与 k 无关的常数, 所以 $4-4m = 0$, 即 $m = 1$, 此时 $\overrightarrow{CA} \cdot \overrightarrow{CB} = -1$, 当 AB 与 x 轴垂直时, 点 A, B 的坐标可分别设为 $(2, \sqrt{2}), (2, -\sqrt{2})$, 此时 $\overrightarrow{CA} \cdot \overrightarrow{CB} = (1, \sqrt{2}) \cdot (1, -\sqrt{2}) = -1$, 故在 x 轴上存在定点 $C(1, 0)$, 使 $\overrightarrow{CA} \cdot \overrightarrow{CB}$ 为常数.

8. 【解析】 (1) 当 l 与 x 轴垂直时, l 的方程为 $x = 2$, 可得点 M 的坐标为 $(2, 2)$ 或 $(2, -2)$. 所以直线 BM 的方程为 $y = \dfrac{1}{2}x + 1$ 或 $y = -\dfrac{1}{2}x - 1$.

(2) 当 l 与 x 轴垂直时, AB 为 MN 的垂直平分线, 所以 $\angle ABM = \angle ABN$. 当 l 与 x 轴不垂直时, 设 l 的方程为 $y = k(x-2)(k \neq 0), M(x_1, y_1), N(x_2, y_2)$, 则 $x_1 > 0, x_2 > 0$. 由 $\begin{cases} y = k(x-2) \\ y^2 = 2x \end{cases}$, 得 $ky^2 - 2y - 4k = 0$, 可知 $y_1 + y_2 = \dfrac{2}{k}, y_1 y_2 = -4$. 直线 BM, BN 的斜率之和为

390

圆锥曲线的奥秘

$$k_{BM}+k_{BN}=\frac{y_1}{x_1+2}+\frac{y_2}{x_2+2}=\frac{x_2y_1+x_1y_2+2(y_1+y_2)}{(x_1+2)(x_2+2)}\qquad ①$$

将 $x_1=\frac{y_1}{k}+2, x_2=\frac{y_2}{k}+2$ 及 y_1+y_2, y_1y_2 的表达式代入式①的分子,可得 $x_2y_1+x_1y_2+2(y_1+y_2)=\frac{2y_1y_2+4k(y_1+y_2)}{k}=\frac{-8+8}{k}=0$. 所以 $k_{BM}+k_{BN}=0$,可知 BM, BN 的倾斜角互补,所以 $\angle ABM=\angle ABN$. 综上, $\angle ABM=\angle ABN$.

9.【解析】 (1) 当 l 与 x 轴垂直时, l 的方程为 $x=2$, 代入 $y^2=2x$, 所以 $M(2,-2), N(2,2)$ 或 $M(2,2), N(2,-2)$, 故 BM 的方程为: $2y+x+2=0$ 或 $2y-x-2=0$.

(2)设 MN 的方程为 $x=my+2$, 设 $M(x_1,y_1), N(x_2,y_2)$, 联立方程 $\begin{cases}x=my+2\\y^2=2x\end{cases}$, 得 $y^2-2my-4=0$.

所以 $y_1+y_2=2m, y_1y_2=-4, x_1=my_1+2, x_2=my_2+2$, 所以 $k_{BM}+k_{BN}=\frac{y_1}{x_1+2}+\frac{y_2}{x_2+2}=\frac{y_1}{my_1+4}+\frac{y_2}{my_2+4}=\frac{2my_1y_2+4(y_1+y_2)}{(my_1+4)(my_2+4)}=0$, 故 $k_{BM}=-k_{BN}$, 所以 $\angle ABM=\angle ABN$.

10.【解析】 (1)将 $y=kx+3$ 代入 $x^2=6y$, 得 $x^2-6kx-18=0$. 设 $M(x_1,y_1), N(x_2,y_2)$, 则 $x_1x_2=-18$, 从而 $d_1d_2=|x_1|\cdot|x_2|=|x_1x_2|=18$ 为定值.

(2)存在符合题意的点,证明如下:

设 $P(0,b)$ 为符合题意的点,直线 PM, PN 的斜率分别为 k_1, k_2.

从而 $k_1+k_2=\frac{y_1-b}{x_1}+\frac{y_2-b}{x_2}=\frac{2kx_1x_2+(3-b)(x_1+x_2)}{x_1x_2}=\frac{-36k+6k(3-b)}{x_1x_2}$.

当 $b=-3$ 时,有 $k_1+k_2=0$ 对任意 k 恒成立,则直线 PM 的倾斜角与直线 PN 的倾斜角互补,故 $\angle OPM=\angle OPN$, 所以点 $P(0,-3)$ 符合题意.

第 2 节　圆锥曲线中的最值与范围

对学生能力的考察离不开思想方法的考察,在圆锥曲线的背景下讨论最值或范围问题,能系统的将函数与方程的思想、数形结合思想等多种数学思想结合在一起,更利于综合考察学生的能力. 圆锥曲线中的最值与范围问题的类型较多,解法灵活多变,但总体上主要有以下 3 种方法:

方法 1:几何法. 若题目的条件或结论能明显体现几何特征及意义,则考虑利用曲线的定义、几何性质以及平面几何中的定理、性质等进行求解.

方法2:代数法. 把所求的量表示为某个(某些)参数的函数解析式,然后利用函数方法、不等式方法等进行求解. 对于大多数题目来说,主要是选择一个参数去表示所求的量,从而把问题转化为求函数的值域问题. 由于引进的参数往往不止一个,所以解题时通常涉及消参问题. 如果用两个参数去表示所求的量(不能通过消参留下一个未知数),则往往考虑使用均值不等式.

方法3:不等式(组)法. 由题目所给的条件寻找所求量满足的不等式(组),通过该不等式(组)的求解得到所求量的最值或取值范围.

上述三种方法中,方法1主要在小题中体现,解答题中以方法2最为常见.

最值(含范围)问题是解析几何中常见的问题之一,其基本解题方法是把所求量表示成某个变量的函数,利用二次函数或函数单调性求最值或范围,也可以利用基本不等式,有时也会利用几何量的有界性确定范围.

一、声东击西求最值(数形结合 + 定义)

椭圆最值问题:求 $|PQ| - |PF_1|$ 最值,则构造 $|PQ| + 2a - |PF_1| - 2a = |PQ| + |PF_2| - 2a$,利用三点共线求最值(如图1所示),此类型的题目叫作声东击西,即问左焦点,则联结右焦点,问右焦点则联结左焦点,三点共线是关键.

双曲线最值问题:求 $|PQ| + |PF_1|$ 最值,则构造 $|PQ| + 2a + |PF_2| = |PQ| + |PF_2| + 2a$,利用三点共线求最值(如图2所示).

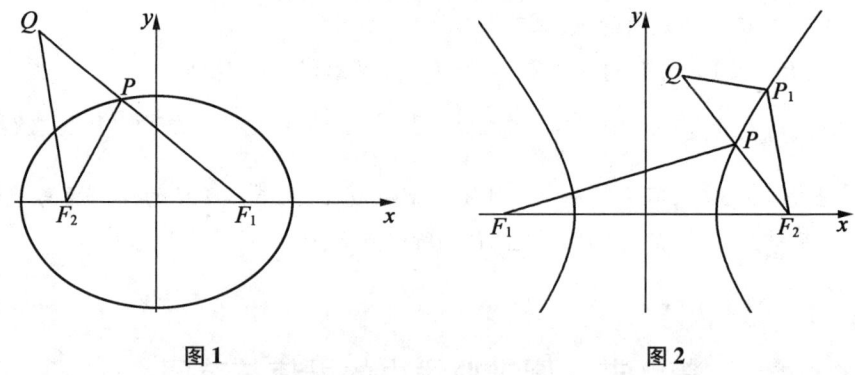

图1　　　　　　　图2

抛物线最值问题:根据两点之间线段最短定理,可以知道:P 为抛物线上一点:

(1)当 $Q(x_0, y_0)$ 为抛物线内任意一点,则存在 $|PF| + |PQ|$ 的最小值,当 P, Q 两点的纵坐标相等时,即 $|PF| + |PQ|_{\min} = |EQ| = x_0 + \dfrac{p}{2}$(参考图3,内部连准线).

(2) 当 $Q(x_Q, y_Q)$ 为抛物线外任意一点,存在 $d+|PQ|$ 最小值,当 Q,P,F 三点共线时,$(d+|PQ|)_{\min}=|FQ|=\sqrt{\left(x_Q-\dfrac{p}{2}\right)^2+y_Q^2}$(参考图4,外部联结焦点).

由此类比抛物线 $x^2=2py$ 的最值问题,把握内连准线,外找焦点.

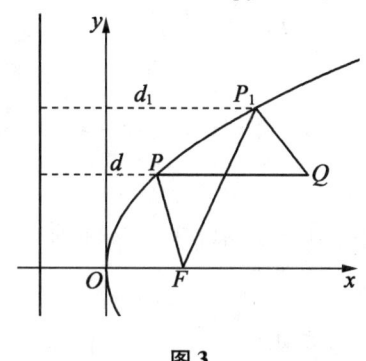

图3　　　　图4

【例1】 已知点 P 在抛物线 $y^2=4x$ 上,那么点 P 到点 $Q(2,-1)$ 的距离与点 P 到抛物线焦点距离之和的最小值为_____.

【解析】 过点 P 作准线的垂线 l 交准线于点 R,由抛物线的定义知,$PQ+PF=PQ+PR$,当点 P 为抛物线与垂线 l 的交点时,$PQ+PR$ 取得最小值,最小值为点 Q 到准线的距离,因准线方程为 $x=-1$,故最小值为3.

【例2】 已知点 P 是抛物线 $y^2=2x$ 上的动点,点 P 在 y 轴上的射影是 M,点 A 的坐标是 $A\left(\dfrac{7}{2},4\right)$,则 $|PA|+|PM|$ 的最小值是 (　　)

A. $\dfrac{7}{2}$　　　B. 4　　　C. $\dfrac{9}{2}$　　　D. 5

【解析】 $(|PM|+|PA|)_{\min}=\left(d-\dfrac{p}{2}+|PA|\right)_{\min}=|AF|-\dfrac{P}{2}=\sqrt{\left(x_A-\dfrac{p}{2}\right)^2+y_A^2}-\dfrac{1}{2}=\dfrac{9}{2}$,选 C.

【例3】 点 P 在椭圆 $C_1:\dfrac{x^2}{4}+\dfrac{y^2}{3}=1$ 上,C_1 的右焦点为 F,点 Q 在圆 $C_2:x^2+y^2+6x-8y+21=0$ 上,则 $|PQ|-|PF|$ 的最小值为 (　　)

A. $4\sqrt{2}-4$

B. $4-4\sqrt{2}$

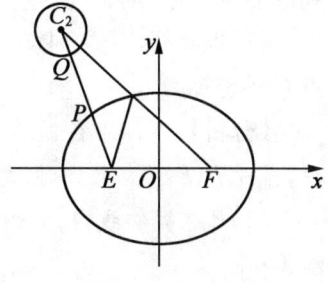

图5

C. $6-2\sqrt{5}$

D. $2\sqrt{5}-6$

【解析】 点 P 在椭圆 $C_1: \dfrac{x^2}{4}+\dfrac{y^2}{3}=1$ 上,如图:圆 $C_2: x^2+y^2+6x-8y+21=0$ 上,可得: $(x+3)^2+(y-4)^2=4$,圆心坐标 $(-3,4)$,半径为 2. 由椭圆的定义可得: $|PE|+|PF|=2a=4$, $|PF|=4-|PE|$,则 $|PQ|-|PF|=|PQ|+|PE|-4$.

由题意可得: $|PQ|-|PF|=|PQ|+|PE|-4=|C_2E|-2-4=2\sqrt{5}-6$,故选 D.

【例4】 已知点 F 是椭圆 $\dfrac{x^2}{25}+\dfrac{y^2}{9}=1$ 的右焦点, M 使这椭圆上的动点, $A(2,2)$ 是一个定点,求 $|MA|+|MF|$ 的最小值.

【解析】 如图6所示,设 F' 为椭圆的左焦点,则 $|MF|+|MF'|=2a=10$,要使 $|MA|+|MF|$ 最小,当 A 在椭圆外时,可为 A,F 的联结与椭圆的交点,而使 $|MA|+|MF|$ 的最小值等于 $|AF|$,当 A 在椭圆内部时(见图),所以 $|MA|+|MF|=|MA|+(2a-|MF'|)=2a-(|MF'|-|MA|)$,因为 $|MF'|-|MA|\leq|AF'|=\sqrt{(2+4)^2+(2-0)^2}=2\sqrt{10}$,即 $|MF'|-|MA|$ 的最大值为 $2\sqrt{10}$(M 在 M_0 处取得),所以 $|MA|+|MF|$ 的最小值为 $2a-2\sqrt{10}=10-2\sqrt{10}$.

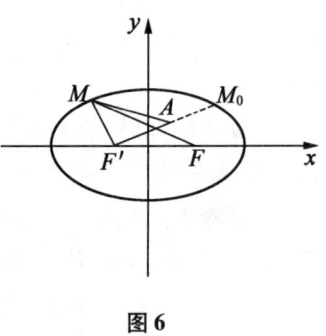

图6

评注 这个问题是用椭圆第一定义中的数量关系进行转换,使问题化归为几何中求最大(小)值的基本模式,主要是利用三角形中两边之和大于第三边,两边之差小于第三边等结论.

【例5】 (1)抛物线 $C: y^2=4x$ 上一点 P 到点 $A(3,4\sqrt{2})$ 与到准线的距离和最小,则点 P 的坐标为_____.

(2)抛物线 $C: y^2=4x$ 上一点 Q 到点 $B(4,1)$ 与到焦点 F 的距离和最小,则点 Q 的坐标为_____.

【分析】 (1) A 在抛物线外,如图6,联结 PF,则 $|PH|=|PF|$,因而易发现,当 A,P,F 三点共线时,距离和最小.

(2) B 在抛物线内,如图7,作 $QR\perp l$ 交于 R,则当 B,Q,R 三点共线时,距离和最小.

【解析】 (1)联结PF,当A,P,F三点共线时,$|AP|+|PH|=|AP|+|PF|$最小,此时AF的方程为$y=\dfrac{4\sqrt{2}-0}{3-1}(x-1)$,即$y=2\sqrt{2}(x-1)$,代入$y^2=4x$得$P(2,2\sqrt{2})$(另一交点为$(\dfrac{1}{2},-\sqrt{2})$,它为直线$AF$与抛物线的另一交点,故舍去).

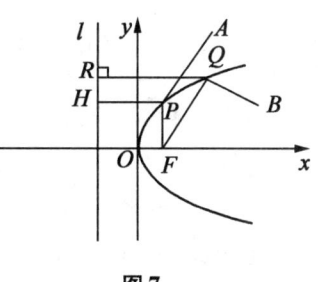

图7

(2)过Q作$QR\perp l$交于R,当B,Q,R三点共线时,$|BQ|+|QF|=|BQ|+|QR|$最小,此时点Q的纵坐标为1,代入$y^2=4x$得$x=\dfrac{1}{4}$,故$Q(\dfrac{1}{4},1)$.

评注 这是利用定义将"点点距离"与"点线距离"互相转化的一个典型例题,请仔细体会.

二、最值与范围典型例题

【例6】 已知点$P(x,y)$是圆$x^2+y^2-6x-4y+12=0$上一动点,求$\dfrac{y}{x}$的最值.

【解析】 设$O(0,0)$,则$\dfrac{y}{x}$表示直线OP的斜率,由图8可知,当直线OP与圆相切时,$\dfrac{y}{x}$取得最值,设最值为k,则切线:$y=kx$,即$kx-y=0$.

圆$(x-3)^2+(y-2)^2=1$,由圆心$(3,2)$到直线$kx-y=0$的距离为1得$\dfrac{|3k-2|}{\sqrt{k^2+1}}=1$.

所以$k=\dfrac{3\pm\sqrt{3}}{4}$.故$\left(\dfrac{y}{x}\right)_{\min}=\dfrac{3-\sqrt{3}}{4}$,$\left(\dfrac{y}{x}\right)_{\max}=\dfrac{3+\sqrt{3}}{4}$.

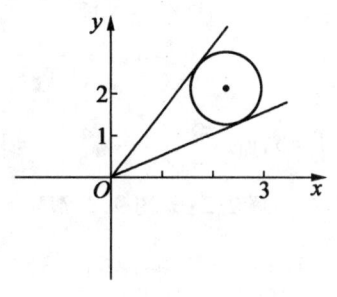

图8

【例7】 若点O和点F分别为椭圆$\dfrac{x^2}{4}+\dfrac{y^2}{3}=1$的中心和左焦点,点$P$为椭圆上的任意一点,则$\overrightarrow{OP}\cdot\overrightarrow{FP}$的最大值为　　　(　　)

A.2　　　　B.3　　　　C.6　　　　D.8

【解析】 设$P(x_0,y_0)$,则$\dfrac{x_0^2}{4}+\dfrac{y_0^2}{3}=1$,即$y_0^2=3-\dfrac{3x_0^2}{4}$,又因为$F(-1,0)$,所

以 $\overrightarrow{OP} \cdot \overrightarrow{FP} = x_0 \cdot (x_0 + 1) + y_0^2 = \frac{1}{4}x_0^2 + x_0 + 3 = \frac{1}{4}(x_0 + 2)^2 + 2$,又 $x_0 \in [-2, 2]$,即 $\overrightarrow{OP} \cdot \overrightarrow{FP} \in [2, 6]$,所以 $(\overrightarrow{OP} \cdot \overrightarrow{FP})_{max} = 6$.

【例8】 定长为3的线段 AB 的两个端点在 $y = x^2$ 上移动,AB 中点为 M,求点 M 到 x 轴的最短距离.

【分析】 (1)可直接利用抛物线设点,如设 $A(x_1, x_1^2)$,$B(x_2, x_2^2)$,又设 AB 中点为 $M(x_0, y_0)$ 用弦长公式及中点公式得出 y_0 关于 x_0 的函数表达式,再用函数思想求出最短距离.

(2)M 到 x 轴的距离是一种"点线距离",可先考虑 M 到准线的距离,想到用定义法.

【解析】 解法1:设 $A(x_1, x_1^2)$,$B(x_2, x_2^2)$,AB 中点 $M(x_0, y_0)$,则

$$\begin{cases} (x_1 - x_2)^2 + (x_1^2 - x_2^2)^2 = 9 & \text{①} \\ x_1 + x_2 = 2x_0 & \text{②} \\ x_1^2 + x_2^2 = 2y_0 & \text{③} \end{cases}$$

由①得 $(x_1 - x_2)^2 [1 + (x_1 + x_2)^2] = 9$,即

$$[(x_1 + x_2)^2 - 4x_1 x_2] \cdot [1 + (x_1 + x_2)^2] = 9 \quad \text{④}$$

由②③得

$$2x_1 x_2 = (2x_0)^2 - 2y_0 = 4x_0^2 - 2y_0$$

代入④得

$$[(2x_0)^2 - (8x_0^2 - 4y_0)] \cdot [1 + (2x_0)^2] = 9$$

所以 $4y_0 - 4x_0^2 = \dfrac{9}{1 + 4x_0^2}$,$4y_0 = 4x_0^2 + \dfrac{9}{4x_0^2} = (4x_0^2 + 1) + \dfrac{9}{4x_0^2 + 1} - 1 \geq 2\sqrt{9} - 1 = 5$,$y_0 \geq \dfrac{5}{4}$,当 $4x_0^2 + 1 = 3$,即 $x_0 = \pm\dfrac{\sqrt{2}}{2}$ 时,$(y_0)_{min} = \dfrac{5}{4}$,此时 $M\left(\pm\dfrac{\sqrt{2}}{2}, \dfrac{5}{4}\right)$.

解法2:如图9,$2|MM_2| = |AA_2| + |BB_2| = |AF| + |BF| \geq |AB| = 3$,所以 $|MM_2| \geq \dfrac{3}{2}$,即 $|MM_1| + \dfrac{1}{4} \geq \dfrac{3}{2}$,所以 $|MM_1| \geq \dfrac{5}{4}$,当 AB 经过焦点 F 时取得最小值. 故 M 到 x 轴的最短距离为 $\dfrac{5}{4}$.

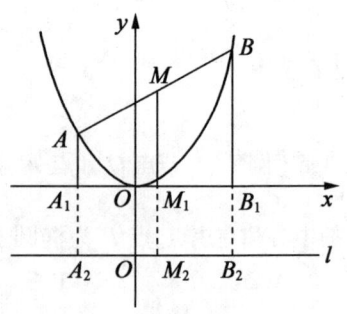

图9

评注 定义法. 解法1是列出方程组,利用

整体消元思想消 x_1, x_2,从而形成 y_0 关于 x_0 的函数,这是一种"设而不求"的方法. 而解法 2 充分利用了抛物线的定义,巧妙地将中点 M 到 x 轴的距离转化为它到准线的距离,再利用梯形的中位线,转化为 A,B 到准线的距离和,结合定义与三角形中两边之和大于第三边(当三角形"压扁"时,两边之和等于第三边)的属性,简捷地求解出结果的,但此解法中有缺点,即没有验证 AB 是否能经过焦点 F,而且点 M 的坐标也不能直接得出.

【例9】 求定点 $A(a,0)$ 到椭圆 $\dfrac{x^2}{a^2}+\dfrac{y^2}{b^2}=1$ 上的点之间的最短距离.

【分析】 在椭圆上任取一点,由两点间距离公式表示 $|PA|$,转化为 x,y 的函数,求最小值.

【解析】 设 $P(x,y)$ 为椭圆上任意一点,$|PA|^2=(x-a)^2+y^2=(x-a)^2+1-\dfrac{1}{2}x^2=\dfrac{1}{2}(x-2a)^2+1-a^2$. 由椭圆方程知 x 的取值范围是 $[-\sqrt{2},\sqrt{2}]$. 若 $|a|\leqslant\dfrac{\sqrt{2}}{2}$,则 $x=2a$ 时 $|PA|_{\min}=\sqrt{1-a^2}$.

若 $a>\dfrac{\sqrt{2}}{2}$,则 $x=\sqrt{2}$ 时,$|PA|_{\min}=|a-\sqrt{2}|$. 若 $a<-\dfrac{\sqrt{2}}{2}$,则 $|PA|_{\min}=|a+\sqrt{2}|$.

【例10】 椭圆 $\dfrac{x^2}{4^2}+y^2=1$ 上的点 $M(x,y)$ 到直线 $l:x+2y=4$ 的距离记为 d,求 d 的最值.

【分析】 若按例 3 那样 $d=\dfrac{|x+2y-4|}{\sqrt{5}}$ 转化为 x 或 y 的函数就太麻烦了,为了统一变量,可以用椭圆的参数方程,即三角换元.

【解析】 $d=\dfrac{|x+2y-4|}{\sqrt{5}}$. 因为 $\dfrac{x^2}{4^2}+y^2=1$,所以令 $\begin{cases}x=2\cos\theta\\y=\sin\theta\end{cases}(\theta\in\mathbf{R})$,则 $d=\dfrac{|2\cos\theta+2\sin\theta-4|}{\sqrt{5}}=\dfrac{2}{\sqrt{5}}\left|\sqrt{2}\sin\left(\theta+\dfrac{\pi}{4}\right)-2\right|$,当 $\sin\left(\theta+\dfrac{\pi}{4}\right)=1$ 时,$d_{\min}=\dfrac{4\sqrt{5}-2\sqrt{10}}{5}$,当 $\sin\left(\theta+\dfrac{\pi}{4}\right)=-1$ 时,$d_{\max}=\dfrac{4\sqrt{5}+2\sqrt{10}}{5}$.

评注 利用三角函数的有界性.

【例11】 椭圆上 $\dfrac{x^2}{25}+\dfrac{y^2}{9}=1$ 上一点 P 到两焦点距离之积为 m,则 m 取最大值时,点 P 的坐标是 ( )

A. $(5,0)$ 或 $(-5,0)$ 　　　　B. $\left(\dfrac{5}{2},\dfrac{3\sqrt{3}}{2}\right)$ 或 $\left(\dfrac{5}{2},-\dfrac{3\sqrt{3}}{2}\right)$

C. $(0,3)$ 或 $(0,-3)$ D. $(\frac{5\sqrt{3}}{2}, \frac{3}{2})$ 或 $(-\frac{5\sqrt{3}}{2}, \frac{3}{2})$

【解析】 因为椭圆第一定义为 $|PF_1|+|PF_2|=2a$,$2a$ 为定值,这正符合均值不等式和一定时,积有最大值这个结论. 因而由 $|PF_1|+|PF_2|=10$,所以 $|PF_1|+|PF_2| \geq 2\sqrt{|PF_1| \cdot |PF_2|}$,所以当 $|PF_1|=|PF_2|$ 时,$|PF_1| \cdot |PF_2|=m$ 取最大值,故 P 是短轴的端点时,m 最大. 选 C.

评注 利用均值不等式法.

【例12】 已知椭圆 $C: \dfrac{x^2}{a^2}+\dfrac{y^2}{b^2}=1(a>b>0)$ 两个焦点为 F_1,F_2,如果曲线 C 上存在一点 Q,使 $F_1Q \perp F_2Q$,求椭圆离心率的最小值.

【分析】 根据条件可采用多种方法求解,如例1中所提的方法均可. 本题如借用三角函数的有界性求解,也会有不错的效果.

【解析】 根据三角形的正弦定理及合分比定理可得

$$\frac{2c}{\sin 90°} = \frac{PF_1}{\sin \alpha} = \frac{PF_2}{\sin \beta} = \frac{PF_1+PF_2}{\sin \alpha + \cos \beta} = \frac{2a}{\sin \alpha + \cos \alpha}$$

故 $e = \dfrac{1}{\sqrt{2}\sin(\alpha+45°)} \geq \dfrac{\sqrt{2}}{2}$,故椭圆离心率的最小值为 $\dfrac{\sqrt{2}}{2}$.

评注 对于此法求最值问题关键是掌握边角的关系,并利用三角函数的有界性解题,真是"柳暗花明又一村".

【例13】 椭圆 $M: \dfrac{x^2}{a^2}+\dfrac{y^2}{b^2}=1(a>b>0)$ 的离心率为 $\dfrac{\sqrt{3}}{2}$,直线 $x=\pm a$ 和 $y=\pm b$ 所围成的矩形 $ABCD$ 的面积为 8.

(1) 求椭圆 M 的标准方程;

(2) 设直线 $l: y=x+m(m \in \mathbf{R})$ 与椭圆 M 有两个不同的交点 P,Q,l 与矩形 $ABCD$ 有两个不同的交点 S,T,求 $\dfrac{|PQ|}{|ST|}$ 的最大值及取得最大值时 m 的值.

【解析】 (1) $e = \dfrac{c}{a} = \dfrac{\sqrt{3}}{2}$,所以

$$\frac{a^2-b^2}{a^2} = \frac{3}{4} \qquad ①$$

因为矩形 $ABCD$ 面积为 8,所以

$$2a \cdot 2b = 8 \qquad ②$$

由①②解得 $a=2,b=1$,所以椭圆 M 的标准方程是 $\dfrac{x^2}{4}+y^2=1$.

(2)联立 $\begin{cases} x^2+4y^2=4 \\ y=x+m \end{cases}$,消去 y 可得 $5x^2+8mx+4m^2-4=0$. 设 $P(x_1,y_1)$, $Q(x_2,y_2)$,由 $\Delta=64m^2-20(4m^2-4)=80-16m^2>0$ 得参数 m 的取值范围是 $-\sqrt{5}<m<\sqrt{5}$.

由弦长公式可得 $|PQ|=\sqrt{1+1^2}\cdot|x_1-x_2|=\dfrac{\sqrt{2}\sqrt{80-16m^2}}{5}=\dfrac{4\sqrt{2}}{5}\sqrt{5-m^2}$.

当 l 过点 $(-2,-1)$ 时,$m=1$;当 l 过点 $(2,1)$ 时,$m=-1$.

①当 $-\sqrt{5}<m<-1$ 时,有 $S(-m-1,-1),T(2,2+m)$,所以 $|ST|=\sqrt{2}(3+m)$,于是 $\dfrac{|PQ|}{|ST|}=\dfrac{4}{5}\sqrt{\dfrac{5-m^2}{(3+m)^2}}$. 令 $t=m+3$,则 $\dfrac{|PQ|}{|ST|}=\dfrac{4}{5}\sqrt{-\dfrac{4}{t^2}+\dfrac{6}{t}-1}$. 当 $\dfrac{1}{t}=\dfrac{3}{4}$,即 $t=\dfrac{4}{3}$ 时(此时 $m=-\dfrac{5}{3}\in(-\sqrt{5},-1)$),$\dfrac{|PQ|}{|ST|}$ 取得最大值 $\dfrac{2\sqrt{5}}{5}$.

②由对称性可知,当 $1<m<\sqrt{5}$ 时,则当 $m=\dfrac{5}{3}$ 时,$\dfrac{|PQ|}{|ST|}$ 取得最大值 $\dfrac{2\sqrt{5}}{5}$.

③当 $-1\leq m\leq 1$ 时,$|ST|=2\sqrt{2}$,$\dfrac{|PQ|}{|ST|}=\dfrac{2}{5}\sqrt{5-m^2}$,所以当 $m=0$ 时,$\dfrac{|PQ|}{|ST|}$ 取得最大值 $\dfrac{2\sqrt{5}}{5}$. 综上所述,$\dfrac{|PQ|}{|ST|}$ 的最大值为 $\dfrac{2\sqrt{5}}{5}$,此时 m 的值为 $\pm\dfrac{5}{3}$ 和 0.

【例 14】已知椭圆以坐标原点为中心,坐标轴为对称轴,且该椭圆以抛物线 $y^2=16x$ 的焦点 P 为其一个焦点,以双曲线 $\dfrac{x^2}{16}-\dfrac{y^2}{9}=1$ 的焦点 Q 为顶点.

(1)求椭圆的标准方程;

(2)已知点 $A(-1,0),B(1,0)$,且 C,D 分别为椭圆的上顶点和右顶点,点 M 是线段 CD 上的动点,求 $\overrightarrow{AM}\cdot\overrightarrow{BM}$ 的取值范围.

【解析】(1)抛物线 $y^2=16x$ 的焦点 P 为 $(4,0)$,双曲线 $\dfrac{x^2}{16}-\dfrac{y^2}{9}=1$ 的焦点 Q 为 $(5,0)$,所以可设椭圆的标准方程为 $\dfrac{x^2}{a^2}+\dfrac{y^2}{b^2}=1$,由已知有 $a>b>0$,且 $a=5,c=4$,故 $b^2=25-16=9$,所以椭圆的标准方程为 $\dfrac{x^2}{25}+\dfrac{y^2}{9}=1$.

(2)设 $M(x_0,y_0)$,线段 CD 方程为 $\dfrac{x}{5}+\dfrac{y}{3}=1$,即 $y=-\dfrac{3}{5}x+3(0\leq x\leq 5)$.

点 M 是线段 CD 上,所以 $y_0 = -\frac{3}{5}x_0 + 3(0 \leqslant x_0 \leqslant 5)$.

因为 $\overrightarrow{AM} = (x_0 + 1, y_0), \overrightarrow{BM} = (x_0 - 1, y_0)$,所以 $\overrightarrow{AM} \cdot \overrightarrow{BM} = x_0^2 + y_0^2 - 1$,将 $y_0 = -\frac{3}{5}x_0 + 3(0 \leqslant x_0 \leqslant 5)$ 代入得

$$\overrightarrow{AM} \cdot \overrightarrow{BM} = x_0^2 + (-\frac{3}{5}x_0 + 3)^2 - 1$$

$$\Rightarrow \overrightarrow{AM} \cdot \overrightarrow{BM} = \frac{34}{25}x_0^2 - \frac{18}{5}x_0 + 8 = \frac{34}{25}(x_0 - \frac{45}{34})^2 + \frac{191}{34}$$

因为 $0 \leqslant x_0 \leqslant 5$,所以 $\overrightarrow{AM} \cdot \overrightarrow{BM}$ 的最大值为 24,$\overrightarrow{AM} \cdot \overrightarrow{BM}$ 的最小值为 $\frac{191}{34}$.

故 $\overrightarrow{AM} \cdot \overrightarrow{BM}$ 的取值范围是 $\left[\frac{191}{34}, 24\right]$.

【例15】 设 O 为坐标原点,椭圆 $C: \frac{x^2}{4} + \frac{y^2}{2} = 1$,动直线 l(l 不经过 O)与 C 交于 P, Q 两点,M 为线段 PQ 的中点.

(1)设直线 l 的斜率为 k,直线 OM 的斜率为 k_1,求 $k_1 k$ 的值;

(2)若 $\triangle OPQ$ 的面积等于 $\sqrt{2}$,求 M 的轨迹方程,并计算出 $|OM||PQ|$ 的最大值.

【解析】 (1)设 $l: y = kx + m$,代入椭圆方程整理得:$(2k^2 + 1)x^2 + 4kmx + 2m^2 - 4 = 0$ 则设 $M(x, y)$,则 $x = \frac{x_1 + x_2}{2} = \frac{-2km}{2k^2 + 1}$,$y = \frac{m}{2k^2 + 1}$,故 $k_1 = \frac{y}{x} = \frac{1}{-2k}$,于是 $k_1 k = -\frac{1}{2}$ 为常数.(也可用点差法)

(2)当 l 不与 y 轴平行时,同(1)可得

$$(2k^2 + 1)x^2 + 4kmx + 2m^2 - 4 = 0$$

$$\Delta = 8(4k^2 - m^2 + 2)$$

$$|PQ| = \frac{\sqrt{8(k^2 + 1)(4k^2 - m^2 + 2)}}{2k^2 + 1}$$

$$d_{O-l} = \frac{|m|}{\sqrt{k^2 + 1}}$$

$$S = \frac{1}{2} \times |PQ| \times d_{O-l} = \frac{\sqrt{2m^2(4k^2 - m^2 + 2)}}{2k^2 + 1} = \sqrt{2}$$

化简得

$$m^2 = 2k^2 + 1$$

①

代入

$$\Delta = 8(4k^2 - m^2 + 2) = 8(2k^2 + 1) > 0$$

设 $M(x,y)$,则

$$x = \frac{x_1 + x_2}{2} = \frac{-2km}{2k^2 + 1} = \frac{-2k}{m} \qquad ②$$

$$y = \frac{m}{2k^2 + 1} = \frac{1}{m} \qquad ③$$

式①②③消去 m,k 可得 $\frac{x^2}{2} + y^2 = 1$. 当 l 与 y 轴平行时,设 $l:x = m$,可解得:$|PQ| = 2\sqrt{2(1-\frac{m^2}{4})}$,$S = |m|\sqrt{2(1-\frac{m^2}{4})}$,由 $S = \sqrt{2}$,解得 $m = \pm\sqrt{2}$,此时 $M(\pm\sqrt{2}, 0)$ 也满足

$$\frac{x^2}{2} + y^2 = 1$$

$$|OM||PQ| = \sqrt{\frac{8(4k^2+1)(k^2+1)}{(2k^2+1)^2}} = \sqrt{8(1+\frac{1}{4k^2+\frac{1}{k^2}+4})} \leq 3$$

当 $k = \pm\frac{1}{2}$ 时等号成立,故最大值为 3.

【例16】 已知椭圆 C 的中心在原点,其中一个焦点与抛物线 $y^2 = 4x$ 的焦点重合,点 $(1, \frac{3}{2})$ 在椭圆 C 上.

(1)求椭圆 C 的标准方程;

(2)若直线 $l: y = kx + m(k \neq 0)$ 与椭圆 C 交于不同的两点 M,N,且线段 MN 的垂直平分线过定点 $G(\frac{1}{8}, 0)$,求实数 k 的取值范围.

【解析】 (1)抛物线 $y^2 = 4x$ 的焦点为 $(1,0)$,故 $(1,0)$ 为椭圆的右焦点.

设椭圆方程为 $\frac{x^2}{a^2} + \frac{y^2}{b^2} = 1(a > b > 0)$,则 $\begin{cases} a^2 - b^2 = 1 \\ \frac{b^2}{a} = \frac{3}{2} \end{cases}$,所以 $a = 2, b = \sqrt{3}$.

故椭圆 C 的标准方程为 $\frac{x^2}{4} + \frac{y^2}{3} = 1$.

(2)线段 MN 的垂直平分线方程为:$y = -\frac{1}{k}(x - \frac{1}{8})$,设 $M(x_1, y_1), N(x_2, y_2)$,联立方程组 $\begin{cases} y = kx + m \\ \frac{x^2}{4} + \frac{y^2}{3} = 1 \end{cases}$,消去 y 得:$(3 + 4k^2)x^2 + 8kmx + 4m^2 - 12 = 0$.

所以 $\Delta = 64k^2m^2 - 4(3+4k^2)(4m^2-12) > 0$,即 $m^2 < 4k^2+3$. 由根与系数的关系可得:$x_1 + x_2 = -\dfrac{8km}{3+4k^2}$,所以 $y_1 + y_2 = k(x_1+x_2) + 2m = \dfrac{6m}{3+4k^2}$,设线段 MN 的中点为 P,则 $P\left(-\dfrac{4km}{3+4k^2}, \dfrac{3m}{3+4k^2}\right)$.

代入 $y = -\dfrac{1}{k}\left(x - \dfrac{1}{8}\right)$ 得:$4k^2 + 8km + 3 = 0$,即 $m = -\dfrac{1}{8k}(4k^2+3)$,所以 $\dfrac{(4k^2+3)^2}{64k^2} < 4k^2+3$,即 $k^2 > \dfrac{1}{20}$,解得 $k < -\dfrac{\sqrt{5}}{10}$ 或 $k > \dfrac{\sqrt{5}}{10}$. 故 k 的取值范围是 $\left(-\infty, -\dfrac{\sqrt{5}}{10}\right) \cup \left(\dfrac{\sqrt{5}}{10}, +\infty\right)$.

【例17】 如图10,已知椭圆 $E: \dfrac{x^2}{a^2} + \dfrac{y^2}{b^2} = 1 (a > b > 0)$ 的离心率为 $\dfrac{\sqrt{2}}{2}$,且过点 $(2, \sqrt{2})$,四边形 $ABCD$ 的顶点在椭圆 E 上,且对角线 AC, BD 过原点 O,$k_{AC} \cdot k_{BD} = -\dfrac{b^2}{a^2}$.

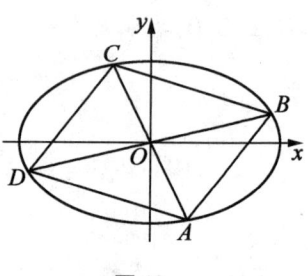

图10

(1)求 $\overrightarrow{OA} \cdot \overrightarrow{OB}$ 的取值范围;

(2)求证:四边形 $ABCD$ 的面积为定值.

【解析】 (1)因为椭圆 $E: \dfrac{x^2}{a^2} + \dfrac{y^2}{b^2} = 1 (a > b > 0)$ 的离心率为 $\dfrac{\sqrt{2}}{2}$,且过点 $(2, \sqrt{2})$,所以由题意可得 $\begin{cases} \dfrac{c}{a} = \dfrac{\sqrt{2}}{2} \\ \dfrac{4}{a^2} + \dfrac{2}{b^2} = 1 \\ a^2 = b^2 + c^2 \end{cases}$,解得 $\begin{cases} a^2 = 8 \\ b^2 = c^2 = 4 \end{cases}$,故椭圆的标准方程为 $\dfrac{x^2}{8} + \dfrac{y^2}{4} = 1$. 设直线 AB 的方程为 $y = kx + m$,设 $A(x_1, y_1), B(x_2, y_2)$,联立 $\begin{cases} y = kx + m \\ x^2 + 2y^2 = 8 \end{cases}$,得

$$(1+2k^2)x^2 + 4kmx + 2m^2 - 8 = 0$$

$$\Delta = (4km)^2 - 4(1+2k^2)(2m^2-8) = 8(8k^2 - m^2 + 4) > 0$$

$$x_1 + x_2 = -\dfrac{4km}{1+2k^2}$$

$$x_1 x_2 = \frac{2m^2 - 8}{1 + 2k^2}$$

因为 $k_{OA} \cdot k_{OB} = -\frac{b^2}{a^2} = -\frac{1}{2}$，所以 $\frac{y_1 y_2}{x_1 x_2} = -\frac{1}{2}$，所以 $y_1 y_2 = -\frac{1}{2} x_1 x_2 = -\frac{1}{2}$

$\cdot \frac{2m^2 - 8}{1 + 2k^2} = -\frac{m^2 - 4}{1 + 2k^2}, y_1 y_2 = (kx_1 + m)(kx_2 + m) = k^2 x_1 x_2 + km(x_1 + x_2) + m^2 =$

$k^2 \cdot \frac{2m^2 - 8}{1 + 2k^2} + km \cdot \frac{-4km}{1 + 2k^2} + m^2 = \frac{m^2 - 8k^2}{1 + 2k^2}$，所以 $-\frac{m^2 - 4}{1 + 2k^2} = \frac{m^2 - 8k^2}{1 + 2k^2}$，所以

$-(m^2 - 4) = m^2 - 8k^2, 4k^2 + 2 = m^2. \overrightarrow{OA} \cdot \overrightarrow{OB} = x_1 x_2 + y_1 y_2 = \frac{2m^2 - 8}{1 + 2k^2} - \frac{m^2 - 4}{1 + 2k^2} =$

$\frac{m^2 - 4}{1 + 2k^2} = \frac{4k^2 + 2 - 4}{1 + 2k^2} = 2 - \frac{4}{1 + 2k^2}$，故 $-2 \leqslant \overrightarrow{OA} \cdot \overrightarrow{OB} < 2$. 当 $k = 0$，即直线 AB 平行于 x 轴时，$\overrightarrow{OA} \cdot \overrightarrow{OB}$ 取最小值为 -2. 又直线 AB 的斜率不存在时 $\overrightarrow{OA} \cdot \overrightarrow{OB}$ 取最大值为 2，故 $\overrightarrow{OA} \cdot \overrightarrow{OB}$ 的取值范围是 $[-2, 2]$.

(2) 设 $A(x_1, y_1), B(x_2, y_2)$，不妨设 $x_1 > 0, x_2 > 0$. 设 $k_{AC} = k$.

因为 $k_{AC} \cdot k_{BD} = -\frac{b^2}{a^2} = -\frac{1}{2}$，所以 $k_{BD} = -\frac{1}{2k}$.

可得直线 AC, BD 的方程分别为 $y = kx, y = -\frac{1}{2k} x$.

联立 $\begin{cases} y = kx \\ \frac{x^2}{8} + \frac{y^2}{4} = 1 \end{cases}$，$\begin{cases} y = -\frac{1}{2k} x \\ \frac{x^2}{8} + \frac{y^2}{4} = 1 \end{cases}$，解得 $x_1 = \frac{2\sqrt{2}}{\sqrt{1 + 2k^2}}, x_2 = \frac{4|k|}{\sqrt{1 + 2k^2}}$.

所以 $\overrightarrow{OA} \cdot \overrightarrow{OB} = x_1 x_2 + y_1 y_2 = \frac{1}{2} x_1 x_2 = \frac{4\sqrt{2}|k|}{1 + 2k^2} \leqslant \frac{4\sqrt{2}|k|}{2\sqrt{2}|k|} = 2.$

当且仅当 $|k| = \frac{\sqrt{2}}{2}$ 时取等号. 由椭圆的对称性可知

$$S_{四边形ABCD} = 4 \times S_{\triangle AOB} = 2|OA||OB| \sin \angle AOB$$

$$S^2_{四边形ABCD} = 4[|OA|^2 |OB|^2 - (\overrightarrow{OA} \cdot \overrightarrow{OB})^2]$$

$$= 4[(x_1^2 + y_1^2)(x_2^2 + y_2^2) - (x_1 x_2 + y_1 y_2)^2]$$

$$= 4(x_1 y_2 - x_2 y_1)^2 = 4(-\frac{1}{2k} x_1 x_2 - k x_1 x_2)^2$$

$$= 4(k + \frac{1}{2k})^2 (\frac{8\sqrt{2} k}{1 + 2k^2})^2 = 128$$

故四边形 $ABCD$ 的面积 $=8\sqrt{2}$ 为定值.

【例18】 已知椭圆 $C:\dfrac{x^2}{a^2}+\dfrac{y^2}{b^2}=1(a>b>0)$ 的中心在原点,焦点在 x 轴上,离心率为 $\dfrac{\sqrt{2}}{2}$,点 F_1,F_2 分别是椭圆的左、右焦点,在直线 $x=2$ 上的点 $P(2,\sqrt{3})$ 满足 $|PF_2|=|F_1F_2|$,直线 $l:y=kx+m$ 与椭圆 C 交于不同的两点 A,B.

(1) 求椭圆 C 的方程;

(2) 若在椭圆 C 上存在点 Q,满足 $\overrightarrow{OA}+\overrightarrow{OB}=\lambda\overrightarrow{OQ}$ (O 为坐标原点),求实数 λ 的取值范围.

【解析】 (1) 依题意有 $\begin{cases}\dfrac{c}{a}=\dfrac{\sqrt{2}}{2}\\(2c)^2=(2-c)^2+3\end{cases}$,得 $\begin{cases}c=1,\\a=\sqrt{2}.\end{cases}$,所以 $b=1$. 所以方程 $\dfrac{x^2}{2}+y^2=1$.

(2) 由 $\begin{cases}y=kx+m\\x^2+2y^2=2\end{cases}$ 得 $(1+2k^2)x^2+4kmx+2m^2-2=0$.

设点 A,B 的坐标分别为 $A(x_1,y_1),B(x_2,y_2)$,则

$$\begin{cases}x_1+x_2=-\dfrac{4km}{1+2k^2}\\x_1x_2=\dfrac{2m^2-2}{1+2k^2}\end{cases}$$

$$y_1+y_2=k(x_1+x_2)+2m=\dfrac{2m}{1+2k^2}$$

① 当 $m=0$ 时,点 A,B 关于原点对称,则 $\lambda=0$.

② 当 $m\neq 0$ 时,点 A,B 不关于原点对称,则 $\lambda\neq 0$.

由 $\overrightarrow{OA}+\overrightarrow{OB}=\lambda\overrightarrow{OQ}$,得 $\begin{cases}x_Q=\dfrac{1}{\lambda}(x_1+x_2)\\y_Q=\dfrac{1}{\lambda}(y_1+y_2)\end{cases}$,即 $\begin{cases}x_Q=\dfrac{-4km}{\lambda(1+2k^2)}\\y_Q=\dfrac{2m}{\lambda(1+2k^2)}\end{cases}$.

因为点 Q 在椭圆上,所以有 $\left[\dfrac{-4km}{\lambda(1+2k^2)}\right]^2+2\left[\dfrac{2m}{\lambda(1+2k^2)}\right]^2=2$.

化简,得 $4m^2(1+2k^2)=\lambda^2(1+2k^2)^2$. 因为 $1+2k^2\neq 0$,所以有

$$4m^2=\lambda^2(1+2k^2) \qquad (*)$$

因为 $\Delta=16k^2m^2-4(1+2k^2)(2m^2-2)=8(1+2k^2-m^2)$,所以由 $\Delta>0$,得

$$1+2k^2 > m^2 \qquad (**)$$

由(*)(**)两式得 $4m^2 > \lambda^2 m^2$. 因为 $m \neq 0$，所以 $\lambda^2 < 4$，则 $-2 < \lambda < 2$ 且 $\lambda \neq 0$.

综合①②两种情况，得实数 λ 的取值范围是 $-2 < \lambda < 2$.

【例19】 椭圆 C 的中心为坐标原点 O，焦点在 y 轴上，离心率 $e = \frac{\sqrt{2}}{2}$，椭圆上的点到焦点的最短距离为 $1-e$，直线 l 与 y 轴交于点 $P(0,m)$，与椭圆 C 交于相异两点 A, B，且 $\overrightarrow{AP} = \lambda \overrightarrow{PB}$.

(1) 求椭圆方程；

(2) 若 $\overrightarrow{OA} + \lambda \overrightarrow{OB} = 4 \overrightarrow{OP}$，求 m 的取值范围.

【解析】 (1) 设 $C: \frac{y^2}{a^2} + \frac{x^2}{b^2} = 1 (a > b > 0)$，设 $c > 0, c^2 = a^2 - b^2$，由条件知 $a - c = 1 - \frac{\sqrt{2}}{2}, \frac{c}{a} = \frac{\sqrt{2}}{2}$，所以 $a = 1, b = c = \frac{\sqrt{2}}{2}$，故 C 的方程为：$y^2 + \frac{x^2}{\frac{1}{2}} = 1$.

(2) 由 $\overrightarrow{AP} = \lambda \overrightarrow{PB}$，得 $\overrightarrow{OP} - \overrightarrow{OA} = \lambda(\overrightarrow{OB} - \overrightarrow{OP})$，$(1+\lambda)\overrightarrow{OP} = \overrightarrow{OA} + \lambda \overrightarrow{OB}$，所以 $\lambda + 1 = 4, \lambda = 3$. 设 l 与椭圆 C 交点为 $A(x_1, y_1), B(x_2, y_2)$，联立 $\begin{cases} y = kx + m \\ 2x^2 + y^2 = 1 \end{cases}$ 得

$$(k^2 + 2)x^2 + 2kmx + (m^2 + 2) = 0$$
$$\Delta = (2km)^2 - 4(k^2 + 2)(m^2 - 1) = 4(k^2 - 2m^2 - 1) > 0 \qquad (*)$$
$$x_1 + x_2 = \frac{-2km}{k^2 + 2}, x_1 x_2 = \frac{m^2 - 1}{k^2 + 2}$$

因为 $\overrightarrow{AP} = 3\overrightarrow{PB}$，所以 $-x_1 = 3x_2$，所以 $\begin{cases} x_1 + x_2 = -2x_2 \\ x_1 x_2 = -3x_2^2 \end{cases}$，消去 x_2，得 $3(x_1 + x_2)^2 + 4x_1 x_2 = 0$，故 $3\left(\frac{-2km}{k^2+2}\right)^2 + 4 \cdot \frac{m^2 - 1}{k^2 + 2} = 0$

整理得
$$4k^2 m^2 + 2m^2 - k^2 - 2 = 0.$$

$m^2 = \frac{1}{4}$ 时，上式不成立；$m^2 \neq \frac{1}{4}$ 时，$k^2 = \frac{2 - 2m^2}{4m^2 - 1}$，因为 $\lambda = 3$，所以 $k \neq 0$.

故 $k^2 = \frac{2 - 2m^2}{4m^2 - 1} > 0$，所以 $-1 < m < -\frac{1}{2}$ 或 $\frac{1}{2} < m < 1$.

容易验证 $k^2 > 2m^2 - 2$ 成立，所以 (*) 成立. 即所求 m 的取值范围为 $(-1,$

$-\frac{1}{2}) \cup (\frac{1}{2}, 1)$.

【例20】 已知椭圆 C 的中心在原点,其中一个焦点与抛物线 $y^2 = 4x$ 的焦点重合,点 $(1, \frac{3}{2})$ 在椭圆 C 上.

(1)求椭圆 C 的标准方程;

(2)若直线 $l: y = kx + m (k \neq 0)$ 与椭圆 C 交于不同的两点 M, N,且线段 MN 的垂直平分线过定点 $G(\frac{1}{8}, 0)$,求实数 k 的取值范围.

【解析】 (1)抛物线 $y^2 = 4x$ 的焦点为 $(1,0)$,故 $(1,0)$ 为椭圆的右焦点.

设椭圆方程为 $\frac{x^2}{a^2} + \frac{y^2}{b^2} = 1 (a > b > 0)$,则 $\begin{cases} a^2 - b^2 = 1 \\ \frac{b^2}{a} = \frac{3}{2} \end{cases}$,所以 $a = 2, b = \sqrt{3}$,故

椭圆 C 的标准方程为 $\frac{x^2}{4} + \frac{y^2}{3} = 1$.

(2)线段 MN 的垂直平分线方程为:$y = -\frac{1}{k}(x - \frac{1}{8})$,设 $M(x_1, y_1), N(x_2, y_2)$,联立方程组 $\begin{cases} y = kx + m \\ \frac{x^2}{4} + \frac{y^2}{3} = 1 \end{cases}$,消去 y 得 $(3 + 4k^2)x^2 + 8kmx + 4m^2 - 12 = 0$,所以 $\Delta = 64k^2m^2 - 4(3 + 4k^2)(4m^2 - 12) > 0$,即 $m^2 < 4k^2 + 3$.由根与系数的关系可得:$x_1 + x_2 = -\frac{8km}{3 + 4k^2}$,所以 $y_1 + y_2 = k(x_1 + x_2) + 2m = \frac{6m}{3 + 4k^2}$,设线段 MN 的中点为 P,则 $P(-\frac{4km}{3 + 4k^2}, \frac{3m}{3 + 4k^2})$,代入 $y = -\frac{1}{k}(x - \frac{1}{8})$ 得:$4k^2 + 8km + 3 = 0$,即 $m = -\frac{1}{8k}(4k^2 + 3)$,所以 $\frac{(4k^2 + 3)^2}{64k^2} < 4k^2 + 3$,即 $k^2 > \frac{1}{20}$,解得 $k < -\frac{\sqrt{5}}{10}$ 或 $k > \frac{\sqrt{5}}{10}$.所以 k 的取值范围是 $(-\infty, -\frac{\sqrt{5}}{10}) \cup (\frac{\sqrt{5}}{10}, +\infty)$.

达标训练题

1. 设抛物线 $y^2 = 2px (p > 0)$ 的焦点为 F,抛物线上的点 A 到 y 轴的距离等于 $|AF| - 1$.

(1)求 p 的值;

(2)若直线 AF 交抛物线于另一点 B,过 B 与 x 轴平行的直线和过 F 与 AB

垂直的直线交于点 N, AN 与 x 轴交于点 M, 求 M 的横坐标的取值范围.

2. 已知椭圆 $M: \dfrac{x^2}{a^2} + \dfrac{y^2}{b^2} = 1 (a > b > 0)$ 的离心率为 $\dfrac{\sqrt{6}}{3}$, 焦距为 $2\sqrt{2}$. 斜率为 k 的直线 l 与椭圆 M 有两个不同的交点 A,B.

(1) 求椭圆 M 的方程;

(2) 若 $k = 1$, 求 $|AB|$ 的最大值;

3. 已知点 $M(4,0), N(1,0)$, 若动点 P 满足 $\overrightarrow{MN} \cdot \overrightarrow{MP} = 6|\overrightarrow{NP}|$.

(1) 求动点 P 的轨迹 C;

(2) 在曲线 C 上求一点 Q, 使点 Q 到直线 $l: x + 2y - 12 = 0$ 的距离最小.

4. 求实数 m 的取值范围, 使抛物线 $y^2 = x$ 上存在两点关于直线 $y = m(x - 3)$ 对称.

5. 设 F_1, F_2 分别是椭圆 $\dfrac{x^2}{4} + y^2 = 1$ 的左、右焦点.

(1) 若 P 是该椭圆上的一个动点, 求 $\overrightarrow{PF_1} \cdot \overrightarrow{PF_2}$ 的最大值和最小值;

(2) 设过定点 $M(0,2)$ 的直线 l 与椭圆交于不同的两点 A,B, 且 $\angle AOB$ 为锐角 (其中 O 为坐标原点), 求直线 l 的斜率 k 的取值范围.

6. 已知椭圆中心在原点, 焦点在 x 轴上, 一个顶点为 $A(0,-1)$. 若右焦点到直线 $x - y + 2\sqrt{2} = 0$ 的距离为 3.

(1) 求椭圆的方程;

(2) 设椭圆与直线 $y = kx + m (k \neq 0)$ 相交于不同的两点 M, N. 当 $|AM| = |AN|$ 时, 求 m 的取值范围.

7. 已知椭圆 $C: \dfrac{x^2}{a^2} + \dfrac{y^2}{b^2} = 1 (a > b > 0)$ 的离心率为 $\dfrac{\sqrt{3}}{2}$, 以原点为圆心、椭圆的短半轴为半径的圆与直线 $x - y + \sqrt{2} = 0$ 相切.

(1) 求椭圆 C 的方程;

(2) 设 $P(4,0), M, N$ 是椭圆 C 上关于 x 轴对称的任意两个不同的点, 联结 PN 交椭圆 C 于另一点 E, 求直线 PN 的斜率的取值范围.

8. (2007·全国 2 理) 在直角坐标系 xOy 中, 以 O 为圆心的圆与直线 $x - \sqrt{3}y = 4$ 相切.

(1) 求圆 O 的方程;

(2) 圆 O 与 x 轴相交于 A, B 两点, 圆内的动点 P 使 $|PA|, |PO|, |PB|$ 成等比数列, 求 $\overrightarrow{PA} \cdot \overrightarrow{PB}$ 的取值范围.

9. 已知 $C: \dfrac{x^2}{a^2} - \dfrac{y^2}{b^2} = 1(a>0,b>0)$ 的右顶点为 A，x 轴上存在一点 $Q(2a,0)$，若 C 上存在一点 P 使 $AP \perp PQ$，求离心率的取值范围.

10. 设 F_1, F_2 分别是椭圆 $\dfrac{x^2}{5} + \dfrac{y^2}{4} = 1$ 的左、右焦点.

(1) 若 P 是该椭圆上的一个动点，求 $\overrightarrow{PF_1} \cdot \overrightarrow{PF_2}$ 的最大值和最小值；

(2) 是否存在过点 $A(5,0)$ 的直线 l 与椭圆交于不同的两点 C,D，使得 $|F_2C| = |F_2D|$？若存在，求直线 l 的方程；若不存在，请说明理由.

达标训练题解析

1.【解析】 (1) 依题意，抛物线上的点 A 到 $x = -1$ 的距离等于点 A 到焦点 F 的距离，由抛物线的定义可得 $p = 2$.

(2) 由(1)可知抛物线的方程为 $y^2 = 4x$，$F(1,0)$. 设点 $A(x_1, y_1)(y_1 \neq 0, y_1 \neq \pm 2)$，$B(x_2, y_2)$，$M(x_3, 0)$，因为直线 AF 不垂直于 x 轴，所以可设直线 AF 的方程为 $y = k(x-1)(k \neq 0)$，其中 $k = \dfrac{y_2 - y_1}{x_2 - x_1} = \dfrac{4}{y_1 + y_2}$. 联立 $\begin{cases} y = k(x-1) \\ y^2 = 4x \end{cases}$，消去 x 可得 $y^2 - \dfrac{4}{k}y - 4 = 0$，所以 $y_1 y_2 = -4$，$k = \dfrac{4y_1}{y_1^2 - 4}$. 直线 FN 的方程为 $y = -\dfrac{1}{k}(x-1)$，直线 BN 的方程为 $y = y_2$，所以点 N 的坐标为 $(1 - ky_2, y_2)$. 因为 A, M, N 三点共线，而 $\overrightarrow{AM} = (x_3 - x_1, -y_1)$，$\overrightarrow{AN} = (1 - ky_2 - x_1, y_2 - y_1)$，所以 $(x_3 - x_1)(y_2 - y_1) = -y_1(1 - ky_2 - x_1)$，解得 $x_3 = x_1 - \dfrac{y_1(1 - ky_2 - x_1)}{y_2 - y_1} = \dfrac{2y_1^2}{y_1^2 - 4} = \dfrac{2}{1 - \dfrac{4}{y_1^2}}$. 因为 $y_1^2 \in (0,4) \cup (4, +\infty)$，所以 M 的横坐标的取值范围是 $(-\infty, 0) \cup (2, +\infty)$.

2.【解析】 (1) 由题意可知：$2c = 2\sqrt{2}$，则 $c = \sqrt{2}$，椭圆的离心率 $e = \dfrac{c}{a} = \dfrac{\sqrt{6}}{3}$，则 $a = \sqrt{3}$，$b^2 = a^2 - c^2 = 1$，所以椭圆的标准方程：$\dfrac{x^2}{3} + y^2 = 1$.

(2) 设直线 AB 的方程为：$y = x + m$，$A(x_1, y_1)$，$B(x_2, y_2)$，联立 $\begin{cases} y = x + m \\ \dfrac{x^2}{3} + y^2 = 1 \end{cases}$，

整理得:$4x^2+6mx+3m^2-3=0$,$\Delta=(6m)^2-4\times4\times3(m^2-1)>0$,整理得:$m^2<4$, $x_1+x_2=-\dfrac{3m}{2}$,$x_1x_2=\dfrac{3(m^2-1)}{4}$,所以$|AB|=\sqrt{1+k^2}\sqrt{(x_1+x_2)^2-4x_1x_2}=\dfrac{\sqrt{6}}{2}\sqrt{4-m^2}$,故当$m=0$时,$|AB|$取最大值,最大值为$\sqrt{6}$.

3.【解析】 (1)设动点$P(x,y)$,又点$M(4,0),N(1,0)$,所以$\overrightarrow{MP}=(x-4,y)$,$\overrightarrow{MN}=(-3,0)$,$\overrightarrow{NP}=(x-1,y)$. 由$\overrightarrow{MN}\cdot\overrightarrow{MP}=6|\overrightarrow{NP}|$,得$-3(x-4)=6\sqrt{(1-x)^2+(-y)^2}$,所以$(x^2-8x+16)=4(x^2-2x+1)+4y^2$,故$3x^2+4y^2=12$,即$\dfrac{x^2}{4}+\dfrac{y^2}{3}=1$,即轨迹$C$是焦点为$(\pm1,0)$、长轴长$2a=4$的椭圆.

(2)椭圆C上的点Q到直线l的距离的最值等于平行于直线$l:x+2y-12=0$且与椭圆C相切的直线l_1与直线l的距离. 设直线l_1的方程为$x+2y+m=0(m\neq-12)$. 由$\begin{cases}3x^2+4y^2=12\\x+2y+m=0\end{cases}$,消去$y$得

$$4x^2+2mx+m^2-12=0 \quad (*)$$

依题意得$\Delta=0$,即$4m^2-16(m^2-12)=0$,故$m^2=16$,解得$m=\pm4$. 当$m=4$时,直线$l_1:x+2y+4=0$,直线l与l_1的距离$d=\dfrac{|4+12|}{\sqrt{1+4}}=\dfrac{16\sqrt{5}}{5}$. 当$m=-4$时,直线$l_1:x+2y-4=0$,直线$l$与$l_1$的距离$d=\dfrac{|-4+12|}{\sqrt{1+4}}=\dfrac{8\sqrt{5}}{5}$. 由于$\dfrac{8\sqrt{5}}{5}<\dfrac{16\sqrt{5}}{5}$,故曲线$C$上的点$Q$到直线$l$的距离的最小值为$\dfrac{8\sqrt{5}}{5}$. 当$m=-4$时,方程$(*)$化为$4x^2-8x+4=0$,即$(x-1)^2=0$,解得$x=1$. 由$1+2y-4=0$,得$y=\dfrac{3}{2}$,故$Q\left(1,\dfrac{3}{2}\right)$. 故曲线$C$上的点$Q\left(1,\dfrac{3}{2}\right)$到直线$l$的距离最小.

4.【解析】 解法1:设抛物线上两点$A(x_1,y_1),B(x_2,y_2)$关于直线$y=m(x-3)$对称,A,B中点$M(x,y)$,则当$m=0$时,有直线$y=0$,显然存在点关于它对称.

当$m\neq0$时,$\begin{cases}y_1^2=x_1\\y_2^2=x_2\end{cases}\Rightarrow\dfrac{y_1-y_2}{x_1-x_2}=\dfrac{1}{y_1+y_2}=\dfrac{1}{2y}=-\dfrac{1}{m}$. 所以$y=-\dfrac{m}{2}$,所以$M$的坐标为$\left(\dfrac{5}{2},-\dfrac{m}{2}\right)$,因为$M$在抛物线内,则有$\dfrac{5}{2}>\left(-\dfrac{m}{2}\right)^2$,得$-\sqrt{10}<m<\sqrt{10}$且$m\neq0$,综上所述,$m\in(-\sqrt{10},\sqrt{10})$.

解法2：设两点为 $A(x_1,y_1)$，$B(x_2,y_2)$，它们的中点为 $M(x,y)$，两个对称点连线的方程为 $x=-my+b$，与方程 $y^2=x$ 联立，得
$$y^2+my-b=0 \qquad (*)$$

所以 $y_1+y_2=-m$，即 $y=-\dfrac{m}{2}$，又因为中点 M 在直线 $y=m(x-3)$ 上，所以得 M 的坐标为 $\left(\dfrac{5}{2},-\dfrac{m}{2}\right)$。又因为中点 M 在直线 $x=-my+b$ 上，$b=\dfrac{5}{2}-\dfrac{m^2}{2}$，对于 $(*)$，有 $\Delta=m^2+4b=10-m^2>0$，所以 $-\sqrt{10}<m<\sqrt{10}$。

5.【解析】(1) 解法1：易知 $a=2,b=1,c=\sqrt{3}$，所以 $F_1(-\sqrt{3},0)$，$F_2(\sqrt{3},0)$，设 $P(x,y)$，则
$$\overrightarrow{PF_1}\cdot\overrightarrow{PF_2}=(-\sqrt{3}-x,-y)$$
$$(\sqrt{3}-x,-y)=x^2+y^2-3=x^2+1-\dfrac{x^2}{4}-3=\dfrac{1}{4}(3x^2-8)$$

因为 $x\in[-2,2]$，故当 $x=0$，即点 P 为椭圆短轴端点时，$\overrightarrow{PF_1}\cdot\overrightarrow{PF_2}$ 有最小值 -2。

当 $x=\pm2$，即点 P 为椭圆长轴端点时，$\overrightarrow{PF_1}\cdot\overrightarrow{PF_2}$ 有最大值 1。

解法2：易知 $a=2,b=1,c=\sqrt{3}$，所以 $F_1(-\sqrt{3},0)$，$F_2(\sqrt{3},0)$，设 $P(x,y)$，则
$$\overrightarrow{PF_1}\cdot\overrightarrow{PF_2}=|\overrightarrow{PF_1}|\cdot|\overrightarrow{PF_2}|\cdot\cos\angle F_1PF_2$$
$$=|\overrightarrow{PF_1}|\cdot|\overrightarrow{PF_2}|\cdot\dfrac{|\overrightarrow{PF_1}|^2+|\overrightarrow{PF_2}|^2-|\overrightarrow{F_1F_2}|^2}{2|\overrightarrow{PF_1}|\cdot|\overrightarrow{PF_2}|}$$
$$=\dfrac{1}{2}[(x+\sqrt{3})^2+y^2+(x-\sqrt{3})^2+y^2-12]$$
$$=x^2+y^2-3$$

(以下同解法1)

(2) 显然直线 $x=0$ 不满足题设条件，可设直线 $l:y=kx-2$，$A(x_1,y_1)$，$B(x_2,y_2)$，联立 $\begin{cases}y=kx-2\\\dfrac{x^2}{4}+y^2=1\end{cases}$，消去 y，整理得：$\left(k^2+\dfrac{1}{4}\right)x^2+4kx+3=0$。

所以 $x_1+x_2=-\dfrac{4k}{k^2+\dfrac{1}{4}}$，$x_1\cdot x_2=\dfrac{3}{k^2+\dfrac{1}{4}}$。由 $\Delta=(4k)^2-4\left(k^2+\dfrac{1}{4}\right)\times 3=4k^2-$

$3 > 0$,得 $k < \frac{\sqrt{3}}{2}$ 或 $k > -\frac{\sqrt{3}}{2}$. 又 $0° < \angle AOB < 90° \Leftrightarrow \cos \angle AOB > 0 \Leftrightarrow \overrightarrow{OA} \cdot \overrightarrow{OB} > 0$,

故 $\overrightarrow{OA} \cdot \overrightarrow{OB} = x_1 x_2 + y_1 y_2 > 0$. 又

$$y_1 y_2 = (kx_1 + 2)(kx_2 + 2) = k^2 x_1 x_2 + 2k(x_1 + x_2) + 4$$

$$= \frac{3k^2}{k^2 + \frac{1}{4}} + \frac{-8k^2}{k^2 + \frac{1}{4}} + 4 = \frac{-k^2 + 1}{k^2 + \frac{1}{4}}$$

因为 $\frac{3}{k^2 + \frac{1}{4}} + \frac{-k^2 + 1}{k^2 + \frac{1}{4}} > 0$,即 $k^2 < 4$,所以 $-2 < k < 2$. 故由上述得 $-2 < k <$

$-\frac{\sqrt{3}}{2}$ 或 $\frac{\sqrt{3}}{2} < k < 2$.

6.【解析】 (1)依题意可设椭圆方程为 $\frac{x^2}{a^2} + y^2 = 1$,则右焦点 $F(\sqrt{a^2 - 1}, 0)$.

由题设 $\frac{|\sqrt{a^2 - 1} + 2\sqrt{2}|}{\sqrt{2}} = 3$,解得 $a^2 = 3$,故所求椭圆的方程为 $\frac{x^2}{3} + y^2 = 1$.

(2)设 P 为弦 MN 的中点,由 $\begin{cases} y = kx + m \\ \frac{x^2}{3} + y^2 = 1 \end{cases}$,得

$$(3k^2 + 1)x^2 + 6mkx + 3(m^2 - 1) = 0$$

由于直线与椭圆有两个交点,所以 $\Delta > 0$,即

$$m^2 < 3k^2 + 1 \qquad \qquad ①$$

所以 $x_P = \frac{x_M + x_N}{2} = -\frac{3mk}{3k^2 + 1}$,从而 $y_P = kx_P + m = \frac{m}{3k^2 + 1}$,故 $k_{AP} = \frac{y_P + 1}{x_P} =$

$-\frac{m + 3k^2 + 1}{3mk}$,又 $|AM| = |AN|$,所以 $AP \perp MN$,则 $-\frac{m + 3k^2 + 1}{3mk} = -\frac{1}{k}$,即

$$2m = 3k^2 + 1 \qquad \qquad ②$$

把②代入①得 $2m > m^2$,解得 $0 < m < 2$. 又由②得 $k^2 = \frac{2m - 1}{3} > 0$,解得 $m > \frac{1}{2}$. 故所求 m 的取值范围是 $\left(\frac{1}{2}, 2\right)$.

7.【解析】 (1)由题意知 $e = \frac{c}{a} = \frac{\sqrt{3}}{2}$,所以 $e^2 = \frac{c^2}{a^2} = \frac{a^2 - b^2}{a^2} = \frac{3}{4}$,即 $a^2 =$

$4b^2$,所以 $a = 2b$. 又因为 $b = \frac{\sqrt{2}}{\sqrt{1 + 1}} = 1$,所以 $a = 2$. 故椭圆 C 的方程为 $C: \frac{x^2}{4} +$

$y^2 = 1$.

(2)由题意知直线 PN 的斜率存在,设直线 PN 的方程为 $y = k(x-4)$.

由 $\begin{cases} y = k(x-4) \\ \dfrac{x^2}{4} + y^2 = 1 \end{cases}$,得

$$(4k^2+1)x^2 - 32k^2x + 64k^2 - 4 = 0 \qquad ①$$

由 $\Delta = (-32k^2)^2 - 4(4k^2+1)(64k^2-4) > 0$,得 $12k^2 - 1 < 0$,所以 $-\dfrac{\sqrt{3}}{6} < k < \dfrac{\sqrt{3}}{6}$.

又 $k = 0$ 不合题意,所以直线 PN 的斜率的取值范围是:$\left(-\dfrac{\sqrt{3}}{6}, 0\right) \cup \left(0, \dfrac{\sqrt{3}}{6}\right)$.

8.【解析】 (1) $x^2 + y^2 = 4$.

(2)不妨设 $A(x_1, 0), B(x_2, 0), x_1 < x_2$. 由 $x^2 = 4$,得 $A(-2, 0), B(2, 0)$. 设 $P(x, y)$,由 $|PA|, |PO|, |PB|$ 成等比数列,得 $\sqrt{(x+2)^2 + y^2} \cdot \sqrt{(x-2)^2 + y^2} = x^2 + y^2$,即

$$x^2 - y^2 = 2$$

$\overrightarrow{PA} \cdot \overrightarrow{PB} = (-2-x, -y)(2-x, -y) = x^2 - 4 + y^2 = 2(y^2 - 1)$

由于点 P 在圆 O 内,故 $\begin{cases} x^2 + y^2 < 4 \\ x^2 - y^2 = 2 \end{cases}$ 由此得 $y^2 < 1$. 所以 $\overrightarrow{PA} \cdot \overrightarrow{PB}$ 的取值范围为 $[-2, 0)$.

9.【解析】 因为 $PA \perp PQ$,所以点 P 的轨迹方程为 $\left(x - \dfrac{3}{2}a\right)^2 + y^2 = \dfrac{a^2}{4}$,即 $y^2 = -x^2 + 3ax - 2a^2 (x \neq a$ 且 $x \neq 2a)$. 由 $\begin{cases} b^2x^2 - a^2y^2 = a^2b^2 \\ y^2 = -x^2 + 3ax - 2a^2 \end{cases}$,消去 y 得 $b^2x^2 - a^2(-x^2 + 3ax - 2a^2) - a^2b^2 = 0$,即 $(a^2+b^2)x^2 - 3a^3x + 2a^4 - a^2b^2 = 0$.

所以 $(x-a)[(a^2+b^2)x - a(2a^2-b^2)] = 0$.

因为 $x \neq a$,所以 $x = \dfrac{a(2a^2-b^2)}{a^2+b^2} = \dfrac{a(3a^2-c^2)}{c^2} = a\left(\dfrac{3}{e^2} - 1\right)$.

因为 P 在双曲线 $\dfrac{x^2}{a^2} - \dfrac{y^2}{b^2} = 1$ 的右支上,所以 $x > a, a\left(\dfrac{3}{e^2} - 1\right) > a$,解得 $1 < e <$

$\dfrac{\sqrt{6}}{2}$.

10.【解析】 (1) 易知 $a=\sqrt{5}, b=2, c=1$, 所以 $F_1=(-1,0), F_2(1,0)$, 设 $P(x,y)$, 则 $\overrightarrow{PF_1}\cdot\overrightarrow{PF_2}=(-1-x,-y)\cdot(1-x,-y)=x^2+y^2-1, x^2+4-\dfrac{4}{5}x^2-1=\dfrac{1}{5}x^2+3$. 因为 $x\in[-\sqrt{5},\sqrt{5}]$, 所以当 $x=0$, 即点 P 为椭圆短轴端点时, $\overrightarrow{PF_1}\cdot\overrightarrow{PF_2}$ 有最小值 3.

当 $x=\pm\sqrt{5}$, 即点 P 为椭圆长轴端点时, $\overrightarrow{PF_1}\cdot\overrightarrow{PF_2}$ 有最大值 4.

(2) 假设存在满足条件的直线 l 易知点 $A(5,0)$ 在椭圆的外部, 当直线 l 的斜率不存在时, 直线 l 与椭圆无交点, 所在直线 l 斜率存在, 设为 k, 直线 l 的方程为 $y=k(x-5)$.

由方程组 $\begin{cases}\dfrac{x^2}{5}+\dfrac{y^2}{4}=1\\ y=k(x-5)\end{cases}$, 得 $(5k^2+4)x^2-50k^2x+125k^2-20=0$.

依题意 $\Delta=20(16-80k^2)>0$, 得 $-\dfrac{\sqrt{5}}{5}<k<\dfrac{\sqrt{5}}{5}$. 当 $-\dfrac{\sqrt{5}}{5}<k<\dfrac{\sqrt{5}}{5}$ 时, 设交点 $C(x_1,y_1), D(x_2,y_2), CD$ 的中点为 $R(x_0,y_0)$, 则 $x_1+x_2=\dfrac{50k^2}{5k^2+4}, x_0=\dfrac{x_1+x_2}{2}=\dfrac{25k^2}{5k^2+4}$, 所以 $y_0=k(x_0-5)=k(\dfrac{25k^2}{5k^2+4}-5)=\dfrac{-20k}{5k^2+4}$. 又 $|F_2C|=|F_2D|\Leftrightarrow F_2R\perp l\Leftrightarrow k\cdot k_{F_2R}=-1$, 故 $k\cdot k_{F_2R}=k\cdot\dfrac{0-(-\dfrac{20k}{5k^2+4})}{1-\dfrac{25k^2}{5k^2+4}}=\dfrac{20k^2}{4-20k^2}=-1$, 所以 $20k^2=20k^2-4$, 而 $20k^2=20k^2-4$ 不成立, 所以不存在直线 l, 使得 $|F_2C|=|F_2D|$. 综上所述, 不存在直线 l, 使得 $|F_2C|=|F_2D|$.

第 3 节　圆锥曲线中的存在性问题

圆锥曲线中的存在性问题具有开放性和发散性, 此类问题的条件和结论不完备, 要求考生结合已知条件或假设新的条件进行探究、观察、分析、比较、抽象、概括等, 是高考中的常考题型, 作为解答题的压轴题出现, 难度一般较大, 常和不等式、函数、直线、圆及圆锥曲线等知识结合在一起,对数学能力和数学思想有较高的要求.

解析几何中的存在性问题通常是设其存在,然后依据题设条件进行推理,有时通过直接计算就能得到结论,有时要根据要求确定存在的条件,如果得到矛盾则说明不存在.

本专题思维导图如图1,解题预设其存在推理论证求出来如若前后有矛盾那就说明不存在圆锥曲线的存在性问题主要体现在以下几个方面:

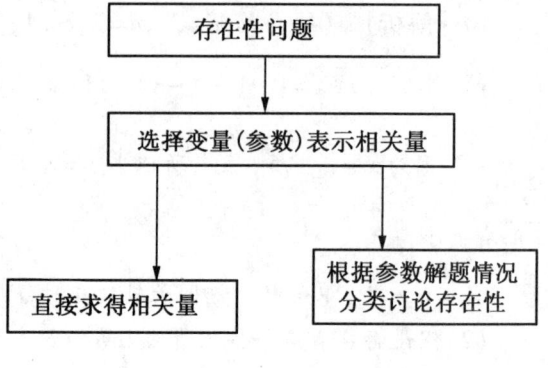

图1

(1)点的存在性.

(2)曲线的存在性.

(3)探索命题.

是否成立等,涉及此类问题的求解主要是研究直线与圆锥曲线的位置关系.

1. 探究是否存在常数的问题.

【例1】 已知椭圆 $\dfrac{x^2}{b^2}+\dfrac{y^2}{a^2}=1(a>b>0)$ 的离心率为 $\dfrac{\sqrt{2}}{2}$,且 $a^2=2b$.

(1)求椭圆的方程;

(2)直线 $l:x-y+m=0$ 与椭圆交于 A,B 两点,是否存在实数 m,使线段 AB 的中点在圆 $x^2+y^2=5$ 上,若存在,求出 m 的值;若不存在,说明理由.

【解析】 (1)由题意得 $e=\dfrac{\sqrt{2}}{2},a^2=2b,a^2-b^2=c^2$,解得 $a=\sqrt{2},b=c=1$.

故椭圆的方程为 $x^2+\dfrac{y^2}{2}=1$.

(2)设 $A(x_1,y_1),B(x_2,y_2)$,线段 AB 的中点为 $M(x_0,y_0)$.

联立直线 $y=x+m$ 与椭圆的方程,得

$$3x^2+2mx+m^2-2=0$$

$$\Delta=(2m)^2-4\times3\times(m^2-2)>0$$

即 $m^2<3,x_1+x_2=-\dfrac{2m}{3}$.

所以 $x_0 = \dfrac{x_1+x_2}{2} = -\dfrac{m}{3}$,$y_0 = x_0 + m = \dfrac{2m}{3}$,即 $M(-\dfrac{m}{3},\dfrac{2m}{3})$. 又因为点 M 在圆 $x^2 + y^2 = 5$ 上,可得 $\left(-\dfrac{m}{3}\right)^2 + \left(\dfrac{2m}{3}\right)^2 = 5$,解得 $m = \pm 3$ 与 $m^2 < 3$ 矛盾.

故实数 m 不存在.

【例2】 如图2,椭圆 $E:\dfrac{x^2}{a^2} + \dfrac{y^2}{b^2} = 1(a > b > 0)$ 的离心率是 $\dfrac{\sqrt{2}}{2}$,点 $P(0,1)$ 在短轴 CD 上,且 $\overrightarrow{PC} \cdot \overrightarrow{PD} = -1$.

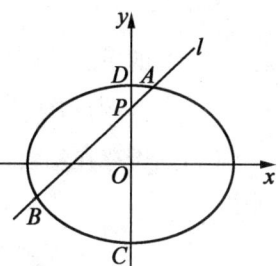

图2

(1)求椭圆 E 的标准方程;

(2)设 O 为坐标原点,过点 P 的动直线与椭圆交于 A,B 两点. 是否存在常数 λ,使得 $\overrightarrow{OA} \cdot \overrightarrow{OB} + \lambda \overrightarrow{PA} \cdot \overrightarrow{PB}$ 为定值?若存在,求 λ 的值;若不存在,请说明理由.

【解析】 (1)由已知,点 C,D 的坐标分别为 $(0,-b),(0,b)$.

又点 P 的坐标为 $(0,1)$,且 $\overrightarrow{PC} \cdot \overrightarrow{PD} = -1$,于是 $\begin{cases} 1 - b^2 = -1 \\ \dfrac{c}{a} = \dfrac{\sqrt{2}}{2} \\ a^2 - b^2 = c^2 \end{cases}$.

解得 $a = 2, b = \sqrt{2}$. 所以椭圆 E 的方程为 $\dfrac{x^2}{4} + \dfrac{y^2}{2} = 1$.

(2)当直线 AB 的斜率存在时,设直线 AB 的方程为 $y = kx + 1$,A,B 的坐标分别为 $(x_1,y_1),(x_2,y_2)$.

联立 $\begin{cases} \dfrac{x^2}{4} + \dfrac{y^2}{2} = 1 \\ y = kx + 1 \end{cases}$,得 $(2k^2 + 1)x^2 + 4kx - 2 = 0$. 其判别式 $\Delta = (4k)^2 + 8(2k^2 + 1) > 0$.

所以 $x_1 + x_2 = -\dfrac{4k}{2k^2 + 1}$,$x_1 x_2 = -\dfrac{2}{2k^2 + 1}$. 从而 $\overrightarrow{OA} \cdot \overrightarrow{OB} + \lambda \overrightarrow{PA} \cdot \overrightarrow{PB} = x_1 x_2 + y_1 y_2 + \lambda [x_1 x_2 + (y_1 - 1)(y_2 - 1)] = (1 + \lambda)(1 + k^2) x_1 x_2 + k(x_1 + x_2) + 1 = \dfrac{-2(\lambda - 4)k^2 + (-2\lambda - 1)}{2k^2 + 1} = -\dfrac{\lambda - 1}{2k^2 + 1} - \lambda - 2$. 所以,当 $\lambda = 1$ 时,$-\dfrac{\lambda - 1}{2k^2 + 1} - \lambda - 2 = -3$. 此时 $\overrightarrow{OA} \cdot \overrightarrow{OB} + \lambda \overrightarrow{PA} \cdot \overrightarrow{PB} = -3$ 为定值. 当直线 AB 斜率不存在时,直线 AB 即为直线 CD.

此时,$\overrightarrow{OA}\cdot\overrightarrow{OB}+\lambda\overrightarrow{PA}\cdot\overrightarrow{PB}=\overrightarrow{OC}\cdot\overrightarrow{OD}+\lambda\overrightarrow{PC}\cdot\overrightarrow{PD}=-2-\lambda$. 当 $\lambda=1$ 时,$\overrightarrow{OA}\cdot\overrightarrow{OB}+\overrightarrow{PA}\cdot\overrightarrow{PB}=-3$ 为定值.

综上,存在常数 $\lambda=1$,使得 $\overrightarrow{OA}\cdot\overrightarrow{OB}+\lambda\overrightarrow{PA}\cdot\overrightarrow{PB}$ 为定值 -3.

【例3】 已知直线 $y=k(x-2)$ 与抛物线 $\Gamma:y^2=\dfrac{1}{2}x$ 相交于 A,B 两点,M 是线段 AB 的中点,过 M 作 y 轴的垂线交 Γ 于点 N.

(1)证明:抛物线 Γ 在点 N 处的切线与直线 AB 平行;

(2)是否存在实数 k 使 $\overrightarrow{NA}\cdot\overrightarrow{NB}=0$?若存在,求 k 的值;若不存在,请说明理由.

【解析】 (1)由 $\begin{cases}y=k(x-2)\\y^2=\dfrac{1}{2}x\end{cases}$,消去 y 并整理,得 $2k^2x^2-(8k^2+1)x+8k^2=0$.

设 $A(x_1,y_1),B(x_2,y_2)$,则 $x_1+x_2=\dfrac{8k^2+1}{2k^2},x_1x_2=4$,所以 $x_M=\dfrac{x_1+x_2}{2}=\dfrac{8k^2+1}{4k^2},y_M=k(x_M-2)=k\left(\dfrac{8k^2+1}{4k^2}-2\right)=\dfrac{1}{4k}$. 由题设条件可知,$y_N=y_M=\dfrac{1}{4k}$,$x_N=2y_N^2=\dfrac{1}{8k^2}$,所以 $N\left(\dfrac{1}{8k^2},\dfrac{1}{4k}\right)$.

设抛物线 Γ 在点 N 处的切线 l 的方程为 $y-\dfrac{1}{4k}=m\left(x-\dfrac{1}{8k^2}\right)$,将 $x=2y^2$ 代入上式,得 $2my^2-y+\dfrac{1}{4k}-\dfrac{m}{8k^2}=0$.

因为直线 l 与抛物线 Γ 相切,所以 $\Delta=1^2-4\times 2m\times\left(\dfrac{1}{4k}-\dfrac{m}{8k^2}\right)=\dfrac{m-k^2}{k^2}=0$.

故 $m=k$,即 $l // AB$.

(2)假设存在实数 k,使 $\overrightarrow{NA}\cdot\overrightarrow{NB}=0$,则 $NA\perp NB$.

因为 M 是 AB 的中点,所以 $|MN|=\dfrac{1}{2}|AB|$.

由(1),得 $|AB|=\sqrt{1+k^2}\,|x_1-x_2|=\sqrt{1+k^2}\cdot\sqrt{(x_1+x_2)^2-4x_1x_2}=\sqrt{1+k^2}\cdot\sqrt{\left(\dfrac{8k^2+1}{2k^2}\right)^2-4\times 4}=\sqrt{1+k^2}\cdot\dfrac{\sqrt{16k^2+1}}{2k^2}$. 因为 $MN\perp y$ 轴,所以 $|MN|=|x_M-x_N|=\dfrac{8k^2+1}{4k^2}-\dfrac{1}{8k^2}=\dfrac{16k^2+1}{8k^2}$. 所以 $\dfrac{16k^2+1}{8k^2}=\dfrac{1}{2}\sqrt{1+k^2}\cdot$

$\dfrac{\sqrt{16k^2+1}}{2k^2}$,解得 $k=\pm\dfrac{1}{2}$. 故存在 $k=\pm\dfrac{1}{2}$,使 $\overrightarrow{NA}\cdot\overrightarrow{NB}=0$.

点评 解决是否存在常数的问题时,应首先假设存在,看是否能求出符合条件的参数值,如果推出矛盾就不存在,否则就存在.

2. 探究是否存在点的问题.

【例4】 已知点 P 是圆 $F_1:(x-1)^2+y^2=8$ 上任意一点,点 F_2 与点 F_1 关于原点对称,线段 PF_2 的垂直平分线分别与 PF_1,PF_2 交于 M,N 两点.

(1) 求点 M 的轨迹 C 的方程;

(2) 过点 $G(0,\dfrac{1}{3})$ 的动直线 l 与点 M 的轨迹 C 交于 A,B 两点,在 y 轴上是否存在定点 Q,使以 AB 为直径的圆恒过这个点? 若存在,求出点 Q 的坐标;若不存在,请说明理由.

【解析】 (1) 由题意得

$$|MF_1|+|MF_2|=|MF_1|+|MP|=|F_1P|=2\sqrt{2}>|F_1F_2|=2$$

所以点 M 的轨迹 C 是以 $F_1(1,0)$,$F_2(-1,0)$ 为焦点的椭圆. 设椭圆的方程为 $\dfrac{x^2}{a^2}+\dfrac{y^2}{b^2}=1(a>b>0)$,则 $2a=2\sqrt{2}$,$2c=2$,又 $a^2=b^2+c^2$,所以 $a=\sqrt{2}$,$b=1$,所以点 M 的轨迹 C 的方程为 $\dfrac{x^2}{2}+y^2=1$.

(2) 当直线 l 的斜率存在时,设直线 l 的方程为

$$y=kx+\dfrac{1}{3},A(x_1,y_1),B(x_2,y_2)$$

联立 $\begin{cases} y=kx+\dfrac{1}{3} \\ \dfrac{x^2}{2}+y^2=1 \end{cases}$,消去 y,得 $9(1+2k^2)x^2+12kx-16=0$. $\Delta=(12k)^2+576(1+2k^2)>0$ 恒成立,故 $x_1+x_2=-\dfrac{4k}{3\sqrt{1+2k^2}}$,$x_1x_2=-\dfrac{16}{9\sqrt{1+2k^2}}$.

假设在 y 轴上存在定点 $Q(0,m)$,使以 AB 为直径的圆恒过这个点,联立 AQ,BQ,则 $\overrightarrow{AQ}\perp\overrightarrow{BQ}$,即 $\overrightarrow{AQ}\cdot\overrightarrow{BQ}=0$. 因为 $\overrightarrow{AQ}=(-x_1,m-y_1)$,$\overrightarrow{BQ}=(-x_2,m-y_2)$

$$\overrightarrow{AQ} \cdot \overrightarrow{BQ} = x_1 x_2 + (m - y_1)(m - y_2)$$

$$= x_1 x_2 + \left(m - kx_1 - \frac{1}{3}\right)\left(m - kx_2 - \frac{1}{3}\right)$$

$$= (1 + k^2) x_1 x_2 + k\left(\frac{1}{3} - m\right)(x_1 + x_2) + m^2 - \frac{2m}{3} + \frac{1}{9}$$

$$= -\frac{16\sqrt{1+k^2}}{9\sqrt{1+2k^2}} - \frac{12k^2\left(\frac{1}{3} - m\right)}{9\sqrt{1+2k^2}} + m^2 - \frac{2m}{3} + \frac{1}{9}$$

$$= \frac{18m^2 - 18k^2 + 9m^2 - 6m - 15}{9\sqrt{1+2k^2}} = 0$$

所以 $\begin{cases} 18m^2 - 18 = 0 \\ 9m^2 - 6m - 15 = 0 \end{cases}$,解得 $m = -1$.

当直线 l 的斜率不存在时,AB 为椭圆 $\frac{x^2}{2} + y^2 = 1$ 的短轴,不妨设 $A(0,1)$,$B(0,-1)$,所以以 AB 为直径的圆的方程为 $x^2 + y^2 = 1$,圆过点 $(0, -1)$.

综上,在 y 轴上存在定点 $Q(0, -1)$,使以 AB 为直径的圆恒过这个点.

【例5】 已知椭圆 $\frac{x^2}{a^2} + \frac{y^2}{b^2} = 1 (a > b > 0)$ 的右焦点为 F,A 为短轴的一个端点,且 $|OA| = |OF| = \sqrt{2}$(其中 O 为坐标原点).

(1)求椭圆的方程;

(2)若 C,D 分别是椭圆长轴的左、右端点,动点 M 满足 $MD \perp CD$,联结 CM,交椭圆于点 P,试问 x 轴上是否存在异于点 C 的定点 Q,使得以 MP 为直径的圆恒过直线 DP, MQ 的交点?若存在,求出点 Q 的坐标;若不存在,请说明理由.

【解析】 (1)由已知得 $b = c = \sqrt{2}$,所以 $a^2 = b^2 + c^2 = 4$,故椭圆的方程为 $\frac{x^2}{4} + \frac{y^2}{2} = 1$.

(2)由(1)知,$C(-2, 0), D(2, 0)$.由题意可设直线 $CM: y = k(x + 2)$,$P(x_1, y_1)$.

因为 $MD \perp CD$,所以 $M(2, 4k)$.

由 $\begin{cases} \frac{x^2}{4} + \frac{y^2}{2} = 1 \\ y = k(x+2) \end{cases}$,消去 y,整理得 $(1 + 2k^2)x^2 + 8k^2 x + 8k^2 - 4 = 0$.

所以 $\Delta = (8k^2)^2 - 4(1 + 2k^2)(8k^2 - 4) > 0$.由根与系数的关系得 $-2x_1 =$

$\dfrac{8k^2-4}{1+2k^2}$,即 $x_1=\dfrac{2-4k^2}{1+2k^2}$.

故 $y_1=k(x_1+2)=\dfrac{4k}{1+2k^2}$,所以 $P\left(\dfrac{2-4k^2}{1+2k^2},\dfrac{4k}{1+2k^2}\right)$.设 $Q(x_0,0)$,且 $x_0\ne -2$.

若以 MP 为直径的圆恒过 DP,MQ 的交点,则 $MQ\perp DP$,所以 $\overrightarrow{QM}\cdot\overrightarrow{DP}=0$ 恒成立.

$\overrightarrow{QM}=(2-x_0,4k)$,$\overrightarrow{DP}=\left(\dfrac{-8k^2}{1+2k^2},\dfrac{4k}{1+2k^2}\right)$.所以 $\overrightarrow{QM}\cdot\overrightarrow{DP}=(2-x_0)\cdot\dfrac{-8k^2}{1+2k^2}+4k\cdot\dfrac{4k}{1+2k^2}=0$,即 $\dfrac{8k^2 x_0}{1+2k^2}=0$ 恒成立,所以 $x_0=0$.故存在点 $Q(0,0)$,使得以 MP 为直径的圆恒过直线 DP,MQ 的交点.

【例6】 (2015·全国卷Ⅰ)在直角坐标系 xOy 中,曲线 $C:y=\dfrac{x^2}{4}$ 与直线 $l:y=kx+a(a>0)$ 交于 M,N 两点.

(1)当 $k=0$ 时,分别求 C 在点 M 和 N 处的切线方程;

(2)y 轴上是否存在点 P,使得当 k 变动时,总有 $\angle OPM=\angle OPN$? 说明理由.

【解析】 (1)由题设可得 $M(2\sqrt{a},a),N(-2\sqrt{a},a)$,或 $M(-2\sqrt{a},a),N(2\sqrt{a},a)$.

又 $y'=\dfrac{x}{2}$,故 $y=\dfrac{x^2}{4}$ 在 $x=2\sqrt{a}$ 处的导数值为 $\sqrt{a}$,所以 C 在点 $(2\sqrt{a},a)$ 处的切线方程为 $y-a=\sqrt{a}(x-2\sqrt{a})$,即 $\sqrt{a}x-y-a=0$.$y=\dfrac{x^2}{4}$ 在 $x=-2\sqrt{a}$ 处的导数值为 $-\sqrt{a}$,所以 C 在点 $(-2\sqrt{a},a)$ 处的切线方程为 $y-a=-\sqrt{a}(x+2\sqrt{a})$,即 $\sqrt{a}x+y+a=0$.故所求切线方程为 $\sqrt{a}x-y-a=0$ 和 $\sqrt{a}x+y+a=0$.

(2)存在符合题意的点.证明如下:

设 $P(0,b)$ 为符合题意的点,$M(x_1,y_1),N(x_2,y_2)$,直线 PM,PN 的斜率分别为 k_1,k_2.

将 $y=kx+a$ 代入 C 的方程,得 $x^2-4kx-4a=0$.

故 $x_1+x_2=4k,x_1 x_2=-4a$.

从而 $k_1+k_2=\dfrac{y_1-b}{x_1}+\dfrac{y_2-b}{x_2}=\dfrac{2kx_1 x_2+(a-b)x_1+x_2}{x_1 x_2}=\dfrac{k(a+b)}{a}$.

当 $b=-a$ 时,有 $k_1+k_2=0$,则直线 PM 的倾斜角与直线 PN 的倾斜角互补,故 $\angle OPM = \angle OPN$,所以点 $P(0,-a)$ 符合题意.

3. 探究是否存在直线的问题.

【例7】 如图3,椭圆长轴的端点为 A,B,O 为椭圆的中心,F 为椭圆的右焦点,且 $\vec{AF}\cdot\vec{FB}=1, |\vec{OF}|=1$.

(1)求椭圆的标准方程;

(2)记椭圆的上顶点为 M,直线 l 交椭圆于 P,Q 两点,问:是否存在直线 l,使点 F 恰为 $\triangle PQM$ 的垂心,若存在,求出直线 l 的方程;若不存在,请说明理由.

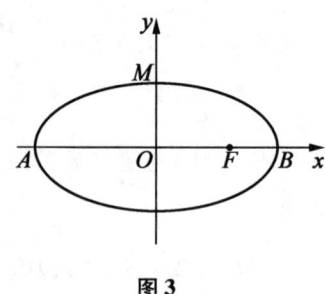

图3

【解析】 (1)设椭圆方程为 $\dfrac{x^2}{a^2}+\dfrac{y^2}{b^2}=1(a>b>0)$,则 $c=1$.

又因为 $\vec{AF}\cdot\vec{FB}=(a+c)\cdot(a-c)=a^2-c^2=1$. 所以 $a^2=2, b^2=1$,故椭圆的方程为 $\dfrac{x^2}{2}+y^2=1$.

(2)假设存在直线 l 交椭圆于 P,Q 两点,且 F 恰为 $\triangle PQM$ 的垂心,设 $P(x_1,y_1), Q(x_2,y_2)$.

因为 $M(0,1), F(1,0)$,所以直线 l 的斜率 $k=1$. 于是设直线 l 为 $y=x+m$,由 $\begin{cases} y=x+m \\ \dfrac{x^2}{2}+y^2=1 \end{cases}$,得 $3x^2+4mx+2m^2-2=0, x_1+x_2=-\dfrac{4}{3}m, x_1x_2=\dfrac{2m^2-2}{3}$.

因为 $\vec{MP}\cdot\vec{FQ}=x_1(x_2-1)+y_2(y_1-1)=0$. 又 $y_i=x_i+m(i=1,2)$,所以 $x_1(x_2-1)+(x_2+m)(x_1+m-1)=0$,即 $2x_1x_2+(x_1+x_2)(m-1)+m^2-m=0$. 即 $2\cdot\dfrac{2m^2-2}{3}-\dfrac{4m}{3}(m-1)+m^2-m=0$,解得 $m=-\dfrac{4}{3}$ 或 $m=1$,当 $m=1$ 时,M,P,Q 三点不能构成三角形,不符合条件,故存在直线 l,使点 F 恰为 $\triangle PQM$ 的垂心,直线 l 的方程为 $y=x-\dfrac{4}{3}$.

点评 解决是否存在直线的问题时,可依据条件寻找适合条件的直线方程,联立方程消元得出一元二次方程,利用判别式得出是否有解.

【例8】 已知中心在坐标原点 O 的椭圆 C 经过点 $A(2,3)$,且点 $F(2,0)$ 为其右焦点.

(1)求椭圆 C 的方程;

(2)是否存在平行于 OA 的直线 l,使得直线 l 与椭圆 C 有公共点,且直线 OA 与 l 的距离等于4?若存在,求出直线 l 的方程;若不存在,请说明理由.

【解析】 (1)依题意,可设椭圆 C 的方程为 $\dfrac{x^2}{a^2}+\dfrac{y^2}{b^2}=1(a>b>0)$,且可知其左焦点为 $F'(-2,0)$.

从而有 $\begin{cases}c=2\\2a=|AF|+|AF'|=8\end{cases}$,解得 $\begin{cases}c=2\\a=4\end{cases}$. 又 $a^2=b^2+c^2$,所以 $b^2=12$.

故椭圆 C 的方程为 $\dfrac{x^2}{16}+\dfrac{y^2}{12}=1$.

(2)假设存在符合题意的直线 l,设其方程为 $y=\dfrac{3}{2}x+t$. 由 $\begin{cases}y=\dfrac{3}{2}x+t\\ \dfrac{x^2}{16}+\dfrac{y^2}{12}=1\end{cases}$,得 $3x^2+3tx+t^2-12=0$.

因为直线 l 与椭圆 C 有公共点,所以 $\Delta=(3t)^2-4\times 3(t^2-12)=144-3t^2\geqslant 0$,解得 $-4\sqrt{3}\leqslant t\leqslant 4\sqrt{3}$. 另一方面,由直线 OA 与 l 的距离等于4,可得 $\dfrac{|t|}{\sqrt{\dfrac{9}{4}+1}}=4$,从而 $t=\pm 2\sqrt{13}$.

由于 $\pm 2\sqrt{13}\notin[-4\sqrt{3},4\sqrt{3}]$,所以符合题意的直线 l 不存在.

【例9】 已知椭圆 $C:\dfrac{x^2}{a^2}+\dfrac{y^2}{b^2}=1(a>b>0)$ 的左、右焦点分别为 $F_1(-1,0)$,$F_2(1,0)$,点 $A(1,\dfrac{\sqrt{2}}{2})$ 在椭圆 C 上.

(1)求椭圆 C 的标准方程;

(2)是否存在斜率为2的直线,使得当直线与椭圆 C 有两个不同交点 M,N 时,能在直线 $y=\dfrac{5}{3}$ 上找到一点 P,在椭圆 C 上找到一点 Q,满足 $\overrightarrow{PM}=\overrightarrow{NQ}$?若存在,求出直线的方程;若不存在,说明理由.

【解析】 (1)设椭圆 C 的焦距为 $2c$,则 $c=1$,因为 $A(1,\dfrac{\sqrt{2}}{2})$ 在椭圆 C 上,所以 $2a=|AF_1|+|AF_2|=2\sqrt{2}$,因此 $a=\sqrt{2}$,$b^2=a^2-c^2=1$,故椭圆 C 的方程为 $\dfrac{x^2}{2}+y^2=1$.

(2)不存在满足条件的直线,证明如下:设直线的方程为 $y=2x+t$,设

$M(x_1,y_1)$, $N(x_2,y_2)$, $P(x_3,\frac{5}{3})$, $Q(x_4,y_4)$, MN 的中点为 $D(x_0,y_0)(x_3,\frac{5}{3})$.

由 $\begin{cases} y=2x+t \\ \frac{x^2}{2}+y^2=1 \end{cases}$, 消去 x 得 $9y^2-2ty+t^2-8=0$, 所以 $y_1+y_2=\frac{2t}{9}$, 且 $\Delta = 4t^2-36(t^2-8)>0$, 故 $y_0=\frac{y_1+y_2}{2}=\frac{t}{9}$, 且 $-3<t<3$. 由 $\overrightarrow{PM}=\overrightarrow{NQ}$, 得 $(x_1-x_3, y_1-\frac{5}{3})=(x_4-x_2, y_4-y_2)$.

所以有 $y_1-\frac{5}{3}=y_4-y_2$, $y_4=y_1+y_2-\frac{5}{3}=\frac{2}{9}t-\frac{5}{3}$. 又 $-3<t<3$, 所以 $-\frac{7}{3}<y_4<-1$, 与椭圆上点的纵坐标的取值范围是 $[-1,1]$ 矛盾. 因此不存在满足条件的直线.

【例10】 已知椭圆 $C: \frac{x^2}{a^2}+\frac{y^2}{b^2}=1(a>b>0)$ 的离心率为 $\frac{\sqrt{2}}{2}$, 椭圆经过点 $A(-1,\frac{\sqrt{2}}{2})$.

(1) 求椭圆 C 的方程;

(2) 过点 $(1,0)$ 作直线 l 交 C 于 M,N 两点, 试问: 在 x 轴上是否存在一个定点 P, 使 $\overrightarrow{PM} \cdot \overrightarrow{PN}$ 为定值? 若存在, 求出这个定点 P 的坐标; 若不存在, 请说明理由.

【解析】 (1) 椭圆 C 的方程为 $\frac{x^2}{2}+y^2=1$.

(2) 当 l 的斜率存在时, 设 $l: y=k(x-1)$, $M(x_1,y_1)$, $N(x_2,y_2)$, $P(t,0)$, 则联立方程组 $\begin{cases} y=kx-k \\ x^2+2y^2=2 \end{cases}$ 消去 y 得 $(2k^2+1)x^2-4k^2x+2k^2-2=0$.

所以 $x_1+x_2=\frac{4k^2}{2k^2+1}$, $x_1x_2=\frac{2k^2-2}{2k^2+1}$.

$$\overrightarrow{PM}\cdot\overrightarrow{PN}=(x_1-t,y_1)\cdot(x_2-t,y_2)=(x_1-t)(x_2-t)+y_1y_2$$
$$=(x_1-t)(x_2-t)+k^2(x_1-1)(x_2-1)$$
$$=(k^2+1)x_1x_2-(k^2+t)(x_1+x_2)+k^2+t^2$$
$$=(k^2+1)\frac{2k^2-2}{2k^2+1}-(k^2+t)\frac{4k^2}{2k^2+1}+k^2+t^2$$
$$=\frac{k^2(2t^2-4t+1)+(t^2-2)}{2k^2+1}$$

因为对于任意的 k 值,上式为定值.

$\dfrac{2t^2-4t+1}{t^2-2}=\dfrac{2}{1}$,解得 $t=\dfrac{5}{4}$.此时 $\overrightarrow{PM}\cdot\overrightarrow{PN}$ 的值为 $-\dfrac{7}{16}$.

当 l 的斜率不存在时,l 的方程为 $x=1$,解得 $M\left(1,\dfrac{\sqrt{2}}{2}\right),N\left(1,-\dfrac{\sqrt{2}}{2}\right)$.又 $t=\dfrac{5}{4}$,则 $P\left(\dfrac{5}{4},0\right)$.所以 $\overrightarrow{PM}\cdot\overrightarrow{PN}=\left(-\dfrac{1}{4},\dfrac{\sqrt{2}}{2}\right)\cdot\left(-\dfrac{1}{4},-\dfrac{\sqrt{2}}{2}\right)=-\dfrac{7}{16}$,此时也满足条件.综上所述,在 x 轴上存在定点 $P\left(\dfrac{5}{4},0\right)$,使 $\overrightarrow{PM}\cdot\overrightarrow{PN}$ 为定值.

达标训练题

1. 已知动圆 M 恒过点 $(0,1)$,且与直线 $y=-1$ 相切.

(1)求圆心 M 的轨迹方程;

(2)动直线 l 过点 $P(0,-2)$,且与点 M 的轨迹交于 A,B 两点,点 C 与点 B 关于 y 轴对称,求证:直线 AC 恒过定点.

2. 在平面直角坐标系 xOy 中,已知点 $A(x_1,y_1),B(x_2,y_2)$ 是椭圆 $E:\dfrac{x^2}{4}+y^2=1$ 上的非坐标轴上的点,且 $4k_{OA}\cdot k_{OB}+1=0$(k_{OA},k_{OB} 分别为直线 OA,OB 的斜率).

(1)证明:$x_1^2+x_2^2,y_1^2+y_2^2$ 均为定值;

(2)判断 $\triangle OAB$ 的面积是否为定值,若是,求出该定值;若不是,请说明理由.

3. 已知椭圆 $C:\dfrac{x^2}{a^2}+\dfrac{y^2}{b^2}=1(a>b>0)$ 的离心率为 $\dfrac{\sqrt{3}}{2}$,$A(a,0),B(0,b),O(0,0)$,$\triangle OAB$ 的面积为 1.设 P 是椭圆 C 上一点,直线 PA 与 y 轴交于点 M,直线 PB 与 x 轴交于点 N.求证:$|AN|\cdot|BM|$ 为定值.

4. 如图 4,已知椭圆 $C:\dfrac{x^2}{a^2}+\dfrac{y^2}{b^2}=1(a>b>0)$ 的右焦点为 $F(1,0)$,右顶点为 A,且 $|AF|=1$.

(1)椭圆 C 的标准方程;

(2)若动直线 $l:y=kx+m$ 与椭圆 C 有且只有一个交点 P,且与直线 $x=4$ 交于点 Q,问,是否存在一个定点 $M(t,0)$,使得 $\overrightarrow{MP}\cdot\overrightarrow{MQ}=0$.若存在,求出点 M 的坐标;若不存在,说明理由.

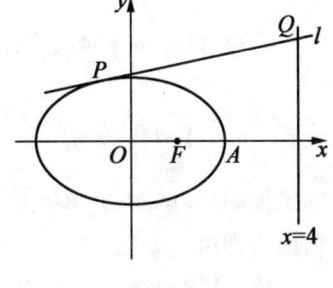

图 4

5. 已知椭圆 $E: \frac{x^2}{a^2} + \frac{y^2}{b^2} = 1$ 的右焦点为 $F(c,0)$，且 $a > b > c > 0$，设短轴的一个端点为 D，原点 O 到直线 DF 的距离为 $\frac{\sqrt{3}}{2}$，过原点和 x 轴不重合的直线与椭圆 E 相交于 C, G 两点，且 $|GF| + |CF| = 4$.

(1) 求椭圆 E 的方程；

(2) 是否存在过点 $P(2,1)$ 的直线 l 与椭圆 E 相交于不同的两点 A, B 且使得 $\overrightarrow{OP}^2 = 4\overrightarrow{PA} \cdot \overrightarrow{PB}$ 成立？若存在，试求出直线 l 的方程；若不存在，请说明理由.

6. 已知椭圆 $D: x^2 + \frac{y^2}{b^2} = 1$ 的左焦点为 F，其左、右顶点为 A, C，椭圆与 y 轴正半轴的交点为 B，$\triangle FBC$ 的外接圆的圆心 $P(m,n)$ 在直线 $x + y = 0$ 上.

(1) 求椭圆 D 的方程；

(2) 已知直线 $l: x = -\sqrt{2}$，N 是椭圆 D 上的动点，$MN \perp l$，垂足为 M，问：是否存在点 N，使得 $\triangle FMN$ 为等腰三角形？若存在，求出点 N 的坐标；若不存在，请说明理由.

7. 已知椭圆 $C: \frac{x^2}{a^2} + \frac{y^2}{b^2} = 1 (a > b > 0)$ 的离心率为 $\frac{2\sqrt{2}}{3}$，左、右焦点分别为 F_1, F_2，过 F_1 的直线交椭圆于 A, B 两点.

(1) 若以 AF_1 为直径的动圆内切于圆 $x^2 + y^2 = 9$，求椭圆的长轴的长；

(2) 当 $b = 1$ 时，问在 x 轴上是否存在定点 T，使得 $\overrightarrow{TA} \cdot \overrightarrow{TB}$ 为定值？并说明理由.

8. 椭圆 $C: \frac{x^2}{4} + \frac{y^2}{3} = 1$ 上有两个不同的点 A, B，已知弦 AB 的中点 T 在直线 $x = 1$ 上，试在 x 轴上找一点 P，使得 $|AP| = |BP|$.

9. 设 $A(x_1, y_1), B(x_2, y_2)$ 是椭圆 $\frac{x^2}{a^2} + \frac{y^2}{b^2} = 1 (a > b > 0)$ 上的两点，已知向量 $\boldsymbol{m} = (\frac{x_1}{b}, \frac{y_1}{a}), \boldsymbol{n} = (\frac{x_2}{b}, \frac{y_2}{a})$，若 $\boldsymbol{m} \cdot \boldsymbol{n} = 0$ 且椭圆的离心率 $e = \frac{\sqrt{3}}{2}$，短轴长为 2，O 为坐标原点. 试问：$\triangle AOB$ 的面积是否为定值？如果是，请给予证明；如果不是，请说明理由.

10. 已知动圆 C 过点 $Q(1,0)$，且在 y 轴上截得的弦长为 2.

(1) 求圆心 C 的轨迹方程；

(2)过点 $Q(1,0)$ 的直线 l 交轨迹 C 于 $A(x_1,y_1)$, $B(x_2,y_2)$ 两点,证明: $\dfrac{1}{|QA|^2}+\dfrac{1}{|QB|^2}$ 为定值,并求出这个定值.

达标训练题解析

1.【解析】(1)由题意得,点 M 与点 $(0,1)$ 的距离始终等于点 M 到直线 $y=-1$ 的距离,由抛物线的定义知圆心 M 的轨迹是以点 $(0,1)$ 为焦点、直线 $y=-1$ 为准线的抛物线,则 $\dfrac{p}{2}=1$, $p=2$. 所以圆心 M 的轨迹方程为 $x^2=4y$.

(2)设直线 $l: y=kx-2$, $A(x_1,y_1)$, $B(x_2,y_2)$,则 $C(-x_2,y_2)$,联立 $\begin{cases} x^2=4y \\ y=kx-2 \end{cases}$,消去 y 整理得 $x^2-4kx+8=0$,所以 $x_1+x_2=4k$, $x_1x_2=8$. $k_{AC}=\dfrac{y_1-y_2}{x_1+x_2}=\dfrac{\frac{x_1^2}{4}-\frac{x_2^2}{4}}{x_1+x_2}$,直线 AC 的方程为 $y-y_1=\dfrac{x_1-x_2}{4}(x-x_1)$. 即 $y=y_1+\dfrac{x_1-x_2}{4}(x-x_1)=\dfrac{x_1-x_2}{4}x-\dfrac{x_1(x_1-x_2)}{4}+\dfrac{x_1^2}{4}=\dfrac{x_1-x_2}{4}x+\dfrac{x_1x_2}{4}$,因为 $x_1x_2=8$,所以 $y=\dfrac{x_1-x_2}{4}x+\dfrac{x_1x_2}{4}=\dfrac{x_1-x_2}{4}x+2$,即直线 AC 恒过定点 $(0,2)$.

2.【解析】(1)依题意,x_1,x_2,y_1,y_2 均不为 0,则由 $4k_{OA}\cdot k_{OB}+1=0$,得 $\dfrac{4y_1y_2}{x_1x_2}+1=0$,化简得 $y_2=-\dfrac{x_1x_2}{4y_1}$,因为点 A,B 在椭圆上,所以

$$x_1^2+4y_1^2=4 \qquad\qquad ①$$
$$x_2^2+4y_2^2=4 \qquad\qquad ②$$

把 $y_2=-\dfrac{x_1x_2}{4y_1}$ 代入②,整理得 $(x_1^2+4y_1^2)x_2^2=16y_1^2$. 结合①得 $x_2^2=4y_1^2$,同理可得 $x_1^2=4y_2^2$,从而 $x_1^2+x_2^2=4y_2^2+x_2^2=4$ 为定值,$y_1^2+y_2^2=y_1^2+\dfrac{x_1^2}{4}=1$ 为定值.

(2) $S_{\triangle OAB}=\dfrac{1}{2}|OA|\cdot|OB|\sin\angle AOB$

$=\dfrac{1}{2}\sqrt{x_1^2+y_1^2}\cdot\sqrt{x_2^2+y_2^2}\cdot\sqrt{1-\cos^2\angle AOB}$

$=\dfrac{1}{2}\sqrt{x_1^2+y_1^2}\cdot\sqrt{x_2^2+y_2^2}\cdot\sqrt{1-\dfrac{(x_1x_2+y_1y_2)^2}{(x_1^2+y_1^2)(x_2^2+y_2^2)}}$

$$= \frac{1}{2}\sqrt{(x_1^2+y_1^2)(x_2^2+y_2^2)-(x_1x_2+y_1y_2)^2}$$

$$= \frac{1}{2}|x_1y_2-x_2y_1|$$

由(1)知 $x_2^2=4y_1^2, x_1^2=4y_2^2$,易知 $y_2=-\frac{x_1}{2}, y_1=\frac{x_2}{2}$ 或 $y_2=\frac{x_1}{2}, y_1=-\frac{x_2}{2}$.

$S_{\triangle OAB}=\frac{1}{2}|x_1y_2-x_2y_1|=\frac{1}{2}\left|\frac{1}{2}x_1^2+2y_1^2\right|=\frac{x_1^2+4y_1^2}{4}=1$,因此 $\triangle OAB$ 的面积为定值 1.

3.【解析】 由已知 $\begin{cases}\frac{c}{a}=\frac{\sqrt{3}}{2}\\ \frac{1}{2}ab=1\\ a^2=b^2+c^2\end{cases}$ 得 $\begin{cases}a=2\\ b=1\\ c=\sqrt{3}\end{cases}$.

故椭圆方程为 $\frac{x^2}{4}+y^2=1$,所以 $A(2,0), B(0,1)$.

设椭圆上一点 $P(x_0,y_0)$,则 $\frac{x_0^2}{4}+y_0^2=1$. 当 $x_0\neq 0$ 时,直线 PA 的方程为 $y=\frac{y_0}{x_0-2}(x-2)$,令 $x=0$ 得 $y_M=\frac{-2y_0}{x_0-2}$. 从而 $|BM|=|1-y_M|=\left|1+\frac{2y_0}{x_0-2}\right|$. 直线 PB 的方程为 $y=\frac{y_0-1}{x_0}x+1$.

令 $y=0$ 得 $x_N=-\frac{x_0}{y_0-1}$,所以 $|AN|=|2-x_N|=\left|2+\frac{x_0}{y_0-1}\right|$.

所以 $|AN|\cdot|BM|=\left|2+\frac{x_0}{y_0-1}\right|\cdot\left|1+\frac{2y_0}{x_0-2}\right|$

$$=\left|\frac{x_0^2+4y_0^2+4x_0y_0-4x_0-8y_0+4}{x_0y_0-x_0-2y_0+2}\right|$$

$$=\left|\frac{4x_0y_0-4x_0-8y_0+8}{x_0y_0-x_0-2y_0+2}\right|=4$$

当 $x_0=0$ 时,$y_0=-1, |BM|=2, |AN|=2$,所以 $|AN|\cdot|BM|=4$. 综上所述:$|AN|\cdot|BM|=4$ 为定值.

4.【解析】 (1)由 $c=1, a-c=1$,得 $a=2$,所以 $b=\sqrt{3}$,故椭圆 C 的标准方程为 $\frac{x^2}{4}+\frac{y^2}{3}=1$.

(2) 由 $\begin{cases} y = kx + m \\ 3x^2 + 4y^2 = 12 \end{cases}$，消去 y 得 $(3+4k^2)x^2 + 8kmx + 4m^2 - 12 = 0$.

所以 $\Delta = 64k^2m^2 - 4(3+4k^2)(4m^2 - 12) = 0$，即 $m^2 = 3 + 4k^2$.

设 $P(x_P, y_P)$，则 $x_P = -\dfrac{4km}{3+4k^2} = -\dfrac{4k}{m}$，$y_P = kx_P + m = -\dfrac{4k^2}{m} + m = \dfrac{3}{m}$，即 $P\left(-\dfrac{4k}{m}, \dfrac{3}{m}\right)$.

因为 $M(t, 0)$，$Q(4, 4k+m)$，所以 $\overrightarrow{MP} = \left(-\dfrac{4k}{m} - t, \dfrac{3}{m}\right)$，$\overrightarrow{MQ} = (4-t, 4k+m)$.

因为 $\overrightarrow{MP} \cdot \overrightarrow{MQ} = \left(-\dfrac{4k}{m} - t\right) \cdot (4-t) + \dfrac{3}{m} \cdot (4k+m) = t^2 - 4t + 3 + \dfrac{4k}{m}(t-1) = 0$ 恒成立，故 $\begin{cases} t - 1 = 0 \\ t^2 - 4t + 3 = 0 \end{cases}$，解得 $t = 1$，故存在点 $M(1, 0)$ 符合题意.

5.【解析】（1）由椭圆的对称性知 $|GF| + |CF| = 2a = 4$，所以 $a = 2$. 又原点 O 到直线 DF 的距离为 $\dfrac{\sqrt{3}}{2}$，所以 $\dfrac{bc}{a} = \dfrac{\sqrt{3}}{2}$，所以 $bc = \sqrt{3}$. 又 $a^2 = b^2 + c^2 = 4, a > b > c > 0$，所以 $b = \sqrt{3}, c = 1$. 故椭圆 E 的方程为 $\dfrac{x^2}{4} + \dfrac{y^2}{3} = 1$.

（2）当直线 l 与 x 轴垂直时不满足条件. 故可设 $A(x_1, y_1), B(x_2, y_2)$，直线 l 的方程为 $y = k(x-2) + 1$，代入椭圆方程得 $(3+4k^2)x^2 - 8k(2k-1)x + 16k^2 - 16k - 8 = 0$，所以 $\Delta = 32(6k+3) > 0$，所以 $k > -\dfrac{1}{2}$. $x_1 + x_2 = \dfrac{8k(2k-1)}{3+4k^2}$，$x_1 x_2 = \dfrac{16k^2 - 16k - 8}{3+4k^2}$，因为 $\overrightarrow{OP}^2 = 4\overrightarrow{PA} \cdot \overrightarrow{PB}$，即 $4[(x_1-2)(x_2-2) + (y_1-1)(y_2-1)] = 5$，所以 $4(x_1-2)(x_2-2)(1+k^2) = 5$，即 $4[x_1 x_2 - 2(x_1+x_2) + 4](1+k^2) = 5$.

所以 $4\left[\dfrac{16k^2 - 16k - 8}{3+4k^2} - 2 \times \dfrac{8k(2k-1)}{3+4k^2} + 4\right](1+k^2) = 4 \times \dfrac{4+4k^2}{3+4k^2} = 5$，解得 $k = \pm\dfrac{1}{2}$，$k = -\dfrac{1}{2}$ 不符合题意，舍去. 故存在满足条件的直线 l，其方程为 $y = \dfrac{1}{2}x$.

6.【解析】（1）由题意知，圆心 P 既在边 FC 的垂直平分线上，也在边 BC 的垂直平分线上，$F(-c, 0)$，则边 FC 的垂直平分线方程为

$$x = \frac{1-c}{2} \qquad ①$$

因为边 BC 的中点坐标为 $\left(\frac{1}{2}, \frac{b}{2}\right)$，直线 BC 的斜率为 $-b$，所以边 BC 的垂直平分线的方程为

$$y - \frac{b}{2} = \frac{1}{b}\left(x - \frac{1}{2}\right) \qquad ②$$

联立①②，解得 $m = \frac{1-c}{2}, n = \frac{b^2-c}{2b}$，因为 $P(m,n)$ 在直线 $x+y=0$ 上.

所以 $\frac{1-c}{2} + \frac{b^2-c}{2b} = 0$，即 $(1+b)(b-c) = 0$，因为 $1+b>0$，所以 $b=c$. 由 $b^2 = 1-c^2$，得 $b^2 = c^2 = \frac{1}{2}$，所以椭圆 D 的方程为 $x^2 + 2y^2 = 1$.

(2) 由(1)，知 $F\left(-\frac{\sqrt{2}}{2}, 0\right)$，椭圆上的点的横坐标满足 $-1 \leq x \leq 1$，设 $N(x, y)$，由题意得 $M(-\sqrt{2}, y)$，则 $|MN| = |x+\sqrt{2}|$，$|FN| = \sqrt{\left(x+\frac{\sqrt{2}}{2}\right)^2 + y^2}$，$|MF| = \sqrt{\frac{1}{2} + y^2}$.

①若 $|MN| = |FN|$，即 $|x+\sqrt{2}| = \sqrt{\left(x+\frac{\sqrt{2}}{3}\right)^2 + y^2}$，与 $x^2 + 2y^2 = 1$ 联立，解得 $x = -\sqrt{2} < -1$，显然不符合条件；

②若 $|MN| = |MF|$，即 $|x+\sqrt{2}| = \sqrt{\frac{1}{2} + y^2}$，与 $x^2 + 2y^2 = 1$ 联立，解得 $x = -\frac{\sqrt{2}}{3}$ 或 $x = -\sqrt{2} < -1$（显然不符合条件，舍去），所以满足条件的点 N 的坐标为 $\left(-\frac{\sqrt{2}}{3}, \pm\frac{\sqrt{14}}{6}\right)$；

③若 $|FN| = |MF|$，即 $\sqrt{\left(x+\frac{\sqrt{2}}{2}\right)^2 + y^2} = \sqrt{\frac{1}{2} + y^2}$，与 $x^2 + 2y^2 = 1$ 联立，解得 $x = 0$ 或 $x = -\sqrt{2} < -1$（显然不符合条件，舍去），所以满足条件的点 N 的坐标为 $\left(0, \pm\frac{\sqrt{2}}{2}\right)$. 综上，存在点 $N\left(-\frac{\sqrt{2}}{3}, \pm\frac{\sqrt{14}}{6}\right)$ 或 $\left(0, \pm\frac{\sqrt{2}}{2}\right)$，使得 $\triangle FMN$ 为等腰三角形.

7.【解析】（1）设 AF_1 的中点为 M，联结 OM，AF_2（O 为坐标原点），在 $\triangle AF_1F_2$ 中，O 为 F_1F_2 的中点，所以 $|OM|=\dfrac{1}{2}|AF_2|=\dfrac{1}{2}(2a-|AF_1|)=a-\dfrac{1}{2}|AF_1|$. 由题意得 $|OM|=3-\dfrac{1}{2}|AF_1|$，所以 $a=3$，故椭圆的长轴的长为 6.

（2）由 $b=1$，$\dfrac{c}{a}=\dfrac{2\sqrt{2}}{3}$，$a^2=b^2+c^2$，得 $c=2\sqrt{2}$，$a=3$，所以椭圆 C 的方程为 $\dfrac{x^2}{9}+y^2=1$. 当直线 AB 的斜率存在时，设直线 AB 的方程为 $y=k(x+2\sqrt{2})$，由 $\begin{cases}x^2+9y^2=9\\y=k(x+2\sqrt{2})\end{cases}$，得 $(9k^2+1)x^2+36\sqrt{2}k^2x+72k^2-9=0$，设 $A(x_1,y_1)$，$B(x_2,y_2)$，则 $x_1+x_2=-\dfrac{36\sqrt{2}k^2}{9k^2+1}$，$x_1x_2=\dfrac{72k^2-9}{9k^2+1}$，$y_1y_2=k^2(x_1+2\sqrt{2})(x_2+2\sqrt{2})=\dfrac{-k^2}{9k^2+1}$. 设 $T(x_0,0)$，则 $\overrightarrow{TA}\cdot\overrightarrow{TB}=x_1x_2-(x_1+x_2)x_0+x_0^2+y_1y_2=\dfrac{9x_0^2+36\sqrt{2}x_0+71(k^2+x_0^2-9)}{9k^2+1}$，当 $9x_0^2+36\sqrt{2}x_0+71=9(x_0^2-9)$，则 $x_0=-\dfrac{19\sqrt{2}}{9}$ 时，$\overrightarrow{TA}\cdot\overrightarrow{TB}$ 为定值，定值为 $x_0^2-9=-\dfrac{7}{81}$. 当直线 AB 的斜率不存在时，不妨设 $A\left(-2\sqrt{2},\dfrac{1}{3}\right)$，$B\left(-2\sqrt{2},-\dfrac{1}{3}\right)$，当 $T\left(-\dfrac{19\sqrt{2}}{9},0\right)$ 时，$\overrightarrow{TA}\cdot\overrightarrow{TB}=\left(\dfrac{\sqrt{2}}{9},\dfrac{1}{3}\right)\cdot\left(\dfrac{\sqrt{2}}{9},-\dfrac{1}{3}\right)=-\dfrac{7}{81}$. 综上，在 x 轴上存在定点 $T\left(-\dfrac{19\sqrt{2}}{9},0\right)$，使得 $\overrightarrow{TA}\cdot\overrightarrow{TB}$ 为定值.

8.【解析】 $A(x_1,y_1)$，$B(x_2,y_2)$，$P(x_0,0)$，$T(1,t)$. $\dfrac{x_1^2}{4}+\dfrac{y_1^2}{3}=1$；$\dfrac{x_2^2}{4}+\dfrac{y_2^2}{3}=1$；$x_1+x_2=2$；$y_1+y_2=2t$. $|AP|=|BP|\Leftrightarrow AB\perp PT\Leftrightarrow k_{AB}\cdot k_{PT}=-1=\dfrac{y_1-y_2}{x_1-x_2}\cdot\dfrac{t}{1-x_0}$. 由 $\dfrac{(x_1-x_2)(x_1+x_2)}{4}+\dfrac{(y_1-y_2)(y_1+y_2)}{3}=0$，所以 $x_0=\dfrac{1}{4}$.

9.【解析】 $\triangle AOB$ 的面积为定值，证明如下：

由题意知 $\begin{cases}2b=2\\e=\dfrac{c}{a}=\dfrac{\sqrt{3}}{2}\\a^2=b^2+c^2\end{cases}$，解得 $\begin{cases}a=2\\b=1\\c=\sqrt{3}\end{cases}$，所以椭圆的方程为 $\dfrac{y^2}{4}+x^2=1$.

(1)当直线 AB 斜率不存在时,即 $x_1 = x_2, y_1 = -y_2$,由 $\boldsymbol{m} \cdot \boldsymbol{n} = 0$ 得 $x_1^2 - \frac{y_1^2}{4} = 0$.

又 $\frac{y_1^2}{4} + x_1^2 = 1$,所以 $|x_1| = \frac{\sqrt{2}}{2}, |y_1| = \sqrt{2}$,所以 $S_{\triangle AOB} = \frac{1}{2}|x_1| \cdot |y_1 - y_2| = \frac{1}{2}|x_1| \cdot 2|y_1| = 1$ 所以 $\triangle AOB$ 的面积为定值.

(2)当直线 AB 斜率存在时:设 AB 的方程为 $y = kx + b$.

由 $\begin{cases} y = kx + b \\ \frac{y^2}{4} + x^2 = 1 \end{cases}$ 得 $(k^2 + 4)x^2 + 2kbx + b^2 - 4 = 0$.

所以 $x_1 + x_2 = -\frac{2kb}{k^2 + 4}, x_1 x_2 = \frac{b^2 - 4}{k^2 + 4}$. 由 $\boldsymbol{m} \cdot \boldsymbol{n} = 0$,得 $x_1 x_2 + \frac{y_1 y_2}{4} = 0$.

即 $x_1 x_2 + \frac{(kx_1 + b)(kx_2 + b)}{4} = 0$ 代入整理得: $2b^2 - k^2 = 4$

所以 $S_{\triangle AOB} = \frac{1}{2} \cdot \frac{|b|}{\sqrt{1 + k^2}} |AB| = \frac{1}{2}|b|\sqrt{(x_1 + x_2)^2 - 4x_1 x_2}$

$= \frac{|b|\sqrt{4k^2 - 4b^2 + 16}}{k^2 + 4} = \frac{\sqrt{4b^2}}{2|b|} = 1$

所以 $\triangle AOB$ 的面积为定值 1.

10.【解析】 (1)设动圆圆心 C 坐标为 (x, y),由题意得:动圆半径 $r = \sqrt{(x-1)^2 + y^2}$.

圆心到 y 轴的距离为 $|x|$,依题意有 $|x|^2 + 1^2 = (\sqrt{(x-1)^2 + y^2})^2$,化简得 $y^2 = 2x$,即动圆圆心 C 的轨迹方程为: $y^2 = 2x$.

(2)①当直线 l 的斜率不存在,则直线 l 的方程为: $x = 1$.

$\begin{cases} x = 1 \\ y^2 = 2x \end{cases}$ 得 $A = (1, \sqrt{2}), B(1, -\sqrt{2})$,所以 $|QA| = |QB| = \sqrt{2}$,故 $\frac{1}{|QA|^2} + \frac{1}{|QB|^2} = 1$ 为定值.

②当直线 l 的斜率存在,则设直线 l 的方程为: $y = k(x - 1)(k \neq 0)$.

联立 $\begin{cases} y = k(x-1) \\ y^2 = 2x \end{cases}$ 得 $k^2 x^2 - (2k^2 + 2)x + k^2 = 0$,所以 $x_1 + x_2 = \frac{2k^2 + 2}{k^2}, x_1 \cdot x_2 = 1$.

即 $\dfrac{1}{|QA|^2} + \dfrac{1}{|QB|^2} = \dfrac{1}{(x_1-1)^2 + y_1^2} + \dfrac{1}{(x_2-1)^2 + y_2^2}$,又点 $A(x_1, y_1)$,$B(x_2, y_2)$ 在抛物线 $y^2 = 2x$ 上,所以 $y_1^2 = 2x_1$,$y_2^2 = 2x_2$,于是

$$\dfrac{1}{|QA|^2} + \dfrac{1}{|QB|^2} = \dfrac{1}{(x_1-1)^2 + 2x_1} + \dfrac{1}{(x_2-1)^2 + 2x_2} = \dfrac{1}{x_1^2 + 1} + \dfrac{1}{x_2^2 + 1}$$

$$= \dfrac{x_1^2 + x_2^2 + 2}{x_1^2 \cdot x_2^2 + (x_1^2 + x_2^2) + 1} = \dfrac{x_1^2 + x_2^2 + 2}{x_1^2 + x_2^2 + 2} = 1$$

综合①②,$\dfrac{1}{|QA|^2} + \dfrac{1}{|QB|^2}$ 为定值,且定值为 1.

名题恒久远,经典永流传

第六章

第1节 阿基米德三角形蕴题根

一、阿基米德三角形定义

抛物线的弦与过弦的端点的两条切线所围的三角形,这个三角形又常被称为阿基米德三角形.

阿基米德三角形的得名,是因为阿基米德本人最早利用逼近的思想证明如下结论:抛物线的弦与抛物线所围成的封闭图形的面积,等于抛物线的弦与过弦的端点的两条切线所围成的三角形面积的三分之二.历经千年,阿基米德三角形犹如一颗闪烁的明珠,以其深刻的背景、丰富的内涵产生了无穷的魅力,在数学发展的历史长河中不断地闪烁着真理的光辉.阿基米德三角形一直是高考命题者所青睐的图形,阿基米德三角形的性质自然是命题专家的热点素材.因此,熟练掌握阿基米德三角形的基本性质,可以快速地解决相应问题,有利于帮助学生总结规律、拓展思维、提高能力.

二、阿基米德三角形的性质

1. 基本思路:导——差——代——联.

如图1,已知Q是抛物线$x^2=2py$准线上任意一点,过Q作抛物线的切线QA,QB分别交抛物线于A,B两点,$M(x_0,y_0)$为AB中点,则:

(1) $x_Q=x_0$;

(2) AB过抛物线的焦点;

(3)$AQ \perp BQ$(以AB为直径的圆与准线相切).

【证明】 (1)因为点$A(x_1,y_1),B(x_2,y_2)$在抛物线上,所以$x_1^2=2py_1;x_2^2=2py_2$.

求导得$y'=\dfrac{2x}{2p}=\dfrac{x}{p}$.

所以点$A(x_1,y_1),B(x_2,y_2)$的切线方程为

$$\begin{cases} y-y_1=\dfrac{x_1}{p}(x-x_1) \\ y-y_2=\dfrac{x_2}{p}(x-x_2) \end{cases}$$

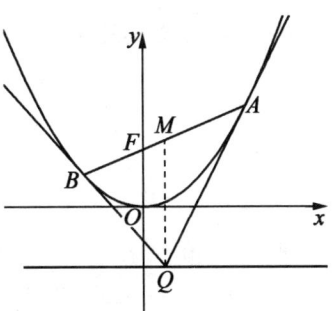

图1

即 $\begin{cases} xx_1=p(y+y_1) & ① \\ xx_2=p(y+y_2) & ② \end{cases}$

②-①得:$x(x_2-x_1)=p(y_2-y_1)$.

即$x(x_2-x_1)=p\left(\dfrac{x_2^2}{2p}-\dfrac{x_1^2}{2p}\right)\Rightarrow x=\dfrac{x_2+x_1}{2}$,所以$x_Q=\dfrac{x_2+x_1}{2}=x_0$.

(2)将点$Q\left(\dfrac{x_2+x_1}{2},-\dfrac{p}{2}\right)$代入切线方程得

$$\dfrac{x_2+x_1}{2}x_1=p\left(-\dfrac{p}{2}+y_1\right)\Rightarrow x_1x_2=-p^2$$

令AB方程为$y=kx+m$,代入$x^2=2py$得

$$x^2-2pkx-2pm=0,\begin{cases} x_1+x_2=2pk & ③ \\ x_1\cdot x_2=-2pm & ④ \end{cases}$$

所以$x_1x_2=-p^2=-2pm\Rightarrow m=\dfrac{p}{2}$,所以直线$AB$过定点$\left(0,\dfrac{p}{2}\right)$,即抛物线焦点(过定点).

同理,此性质在抛物线$y^2=2px$依然成立.

在抛物线的切线问题中,上述证明过程即解答题思路,即:导——差——代——联.

2.主要性质:以$y^2=2px(p>0)$为例.

性质1 阿基米德三角形底边上的中线平行于抛物线上的轴.

【证明】 如图2所示,设$A(x_1,y_1),B(x_2,y_2),M$为弦AB中点,则过A的切线方程为y_1y

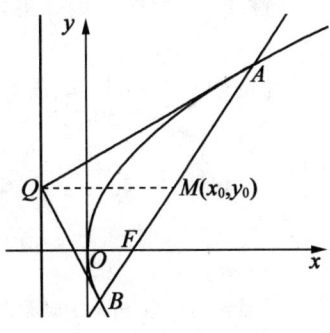

图2

$= p(x+x_1)$，过 B 的切线方程为：$y_2 y = p(x+x_2)$，联立方程组得

$$\begin{cases} y_1 y = p(x+x_1) \\ y_2 y = p(x+x_2) \\ y_1^2 = 2px_1 \\ y_2^2 = 2px_2 \end{cases}$$

解得两切线交点 $Q\left(\dfrac{y_1 y_2}{2p}, \dfrac{y_1+y_2}{2}\right)$，进而可知 $QM // x$ 轴.

性质 2 若阿基米德三角形的底边即弦 AB 过抛物线内定点 C，则另一顶点 Q 的轨迹为一条直线.

【证明】 设 $Q(x,y)$，设 $C(x_0, y_0)$ 由性质 1，$x=\dfrac{y_1 y_2}{2p}$，$y=\dfrac{y_1+y_2}{2}$，所以有 $y_1 y_2 = 2px$. 由 A,B,C 三点共线知 $\dfrac{y_1-y_2}{\dfrac{y_1^2}{2p}-\dfrac{y_2^2}{2p}} = \dfrac{y_1-y_0}{\dfrac{y_1^2}{2p}-x_0}$，即

$$y_1^2 + y_1 y_2 - y_1 y_0 - y_2 y_0 = y_1^2 - 2px_0$$

将 $y=\dfrac{y_1+y_2}{2}$，$y_1 y_2 = 2px$ 代入得 $y_0 y = p(x+x_0)$，即为点 Q 的轨迹方程.

性质 3 若直线 l 与抛物线没有公共点，以 l 上的点为顶点的阿基米德三角形的底边过定点.

【证明】 设 l 方程为 $ax+by+c=0$，且 $A(x_1, y_1)$，$B(x_2, y_2)$，弦 AB 过点 $C(x_0, y_0)$，由性质 2 可知 Q 点的轨迹方程为 $y_0 y = p(x+x_0)$，该方程与 $ax+by+c=0$ 表示同一条直线，对照可得 $x_0 = \dfrac{c}{a}$，$y_0 = -\dfrac{bp}{a}$，即弦 AB 过定点 $C\left(\dfrac{c}{a}, -\dfrac{bp}{a}\right)$.

性质 4 底边长为 a 的阿基米德三角形的面积的最大值为 $\dfrac{a^3}{8p}$.

【证明】 $|AB|=a$，设 Q 到 AB 的距离为 d，由性质 1 知 $d \leqslant |QM| = \dfrac{x_1+x_2}{2} - \dfrac{y_1 y_2}{2p} = \dfrac{y_1^2 + y_2^2}{4p} - \dfrac{2y_1 y_2}{4p} = \dfrac{(y_1-y_2)^2}{4p}$，设直线 AB 的方程为 $x=my+n$，则 $a = \sqrt{(1+m^2)(y_2-y_1)^2}$，所以 $(y_1-y_2)^2 \leqslant a^2 \Rightarrow d \leqslant \dfrac{a^2}{4p} \Rightarrow s = \dfrac{1}{2}ad \leqslant \dfrac{a^3}{8p}$.

（放缩法：当 $m=0$ 时取"$=$"号）

性质 5 若阿基米德三角形的底边过焦点，则 $QA \perp QB$ 且顶点 Q 的轨迹为

准线,并且阿基米德三角形的面积的最小值为 p^2.

【证明】 由性质 2,若底边过焦点,则 $x_0 = \dfrac{p}{2}, y_0 = 0$,点 Q 的轨迹方程是 $x = -\dfrac{p}{2}$,即为准线;易验证 $k_{QA} \cdot k_{QB} = -1$,即 $QA \perp QB$,故阿基米德三角形为直角三角形,且 Q 为直角顶点.所以 $|QM| = \dfrac{x_1 + x_2}{2} + \dfrac{p}{2} = \dfrac{y_1^2 + y_2^2}{4p} + \dfrac{p}{2} \geqslant \dfrac{2|y_1 y_2|}{4p} + \dfrac{p}{2} = p$(因为过焦点,所以 $y_1 y_2 = -p^2$).

而 $S_{\triangle QAB} = \dfrac{1}{2}|QM|(y_1 - y_2) = \dfrac{1}{2}|QM|(|y_1| + |y_2|)$

$\geqslant |QM| \cdot \sqrt{|y_1 y_2|} \geqslant p^2$

性质 6 在阿基米德三角形中,$QF \perp AB$.

【证明】 因为由点差法得 $k_{AB} = \dfrac{p}{y_0}$,又因为 $Q\left(-\dfrac{p}{2}, y_0\right), F\left(\dfrac{p}{2}, 0\right)$,所以 $k_{QF} = -\dfrac{y_0}{p}$,故 $k_{AB} \cdot k_{QF} = -1$,所以 $QF \perp AB$.

性质 7 $|AF| \cdot |BF| = |QF|^2$.

【证明】 $|AF| \cdot |BF| = \left(x_1 + \dfrac{p}{2}\right) \cdot \left(x_2 + \dfrac{p}{2}\right) = x_1 x_2 + \dfrac{p}{2}(x_1 + x_2) + \dfrac{p^2}{4} = \left(\dfrac{y_1 y_2}{2p}\right)^2 + \dfrac{y_1^2 + y_2^2}{4} + \dfrac{p^2}{4}$.

而

$|QF|^2 = \left(\dfrac{y_1 y_2}{2p} - \dfrac{p}{2}\right)^2 + \left(\dfrac{y_1 + y_2}{2}\right)^2 = \left(\dfrac{y_1 y_2}{2p}\right)^2 + \dfrac{y_1^2 + y_2^2}{4} + \dfrac{p^2}{4} = |AF| \cdot |BF|$

性质 8 QM 的中点 P 在抛物线上,且点 P 处的切线与 AB 平行.

【证明】 由性质 1 知

$$Q\left(\dfrac{y_1 y_2}{2p}, \dfrac{y_1 + y_2}{2p}\right), M\left(\dfrac{x_1 + x_2}{2}, \dfrac{y_1 + y_2}{2}\right)$$

可得 P 点坐标为

$$\left(\dfrac{(y_1 + y_2)^2}{8p}, \dfrac{y_1 + y_2}{2}\right)$$

此点显然在抛物线上;过点 P 的切线斜率为 $\dfrac{p}{\dfrac{y_1 + y_2}{2}} = \dfrac{2p}{y_1 + y_2} = k_{AB}$,结论得证.

性质 9 过准线上任一点作抛物线的切线,则切点的连线必过焦点.

【证明】 设 $Q(-\frac{p}{2}, y_0)$,过点 Q 的切线分别为 $y_1 y = p(x + x_1)$,$y_2 y = p(x + x_2)$. 所以 $y_1 y_0 = p(-\frac{p}{2} + x_1)$,$y_2 y_0 = p(-\frac{p}{2} + x_2)$,故直线 AB 的方程为 $y y_0 = p(-\frac{p}{2} + x)$,所以直线 AB 恒过定点 $F(\frac{p}{2}, 0)$.

性质 10 若点 $P(x_0, y_0)$ 是抛物线 $y^2 = 2px$ 上任一点,则抛物线过该点的切线方程是 $y_0 y = p(x + x_0)$.

【证明】 由 $y^2 = 2px$,对 x 求导得:$2yy' = 2p \Rightarrow k = y'|_{x=x_0} = \frac{p}{y_0}$.

当 $y_0 \neq 0$ 时,切线方程为 $y - y_0 = \frac{p}{y_0}(x - x_0)$,即 $y_0 y - y_0^2 = px - px_0$,而
$$y_0^2 = 2px_0 \Rightarrow y_0 y = p(x + x_0) \quad ①$$

而当 $y_0 = 0$,$x_0 = 0$ 时,切线方程为 $x_0 = 0$,也满足式①.

故抛物线在该点的切线方程是 $y_0 y = p(x + x_0)$.

性质 11 在阿基米德三角形中,$\angle PFA = \angle PFB$.

【证明】 如图 3,过点 A, B 分别作抛物线准线的垂线 AA', BB',垂足为 A', B'. 联结 $A'P, B'P, PF, AF, BF, FA'$,则 $k_{FA'} = -\frac{p}{x_1}$,$k_{PA} = \frac{x_1}{p}$. 易得 $k_{FA'} \cdot k_{PA} = -1$. 所以 $FA' \perp PA$. 由抛物线定义得 $|AA'| = |AF|$. 可知 AP 是线段 $A'F$ 的中垂线,得到 $|PA'| = |PF|$,$\angle PA'A = \angle PFA$.

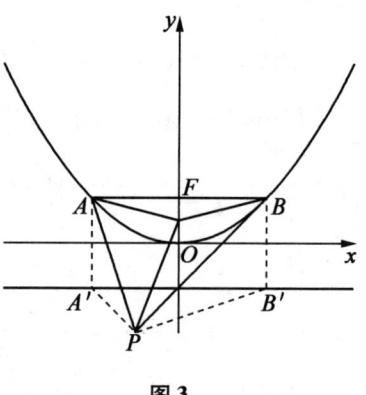

图 3

同理可证 $|PB'| = |PF|$,$\angle PB'B = \angle PFB$.

所以 $|PA'| = |PB'| = |PF|$,即 $\angle PA'B' = \angle PB'A'$.

所以 $\angle PA'A = \angle PA'B' + 90° = \angle PB'A' + 90° = \angle PB'B$,即 $\angle PFA = \angle PFB$.

三、往年高考试题链接

1. 阿基米德三角形的面积问题.

在阿基米德 $\triangle PAB$ 中,根据之前所叙述的观点可知:点 P 的坐标为 $(\frac{x_1 + x_2}{2}, \frac{x_1 x_2}{2p})$;底边 AB 所在的直线方程为 $(x_1 + x_2)x - 2py - x_1 x_2 = 0$;那么一

定有△PAB 的面积 $S_{\triangle PAB} = \dfrac{|x_1 - x_2|^3}{8p}$.

【证明】 点 P 到直线 AB 的距离为

$$d = \dfrac{\left|(x_1 + x_2) \cdot \dfrac{x_1 + x_2}{2} - 2p \cdot \dfrac{x_1 x_2}{2p} - x_1 x_2\right|}{\sqrt{(x_1 + x_2)^2 + 4p^2}} = \dfrac{(x_1 - x_2)^2}{2\sqrt{(x_1 + x_2)^2 + 4p^2}}$$

$$|AB| = \sqrt{1 + \left(\dfrac{x_1 + x_2}{2p}\right)^2} \cdot |x_1 - x_2| = \dfrac{\sqrt{(x_1 + x_2)^2 + 4p^2}}{2p} \cdot |x_1 - x_2|$$

故得△PAB 的面积

$$S_{\triangle PAB} = \dfrac{1}{2}|AB| \cdot d$$

$$= \dfrac{1}{2} \cdot \dfrac{\sqrt{(x_1 + x_2)^2 + 4p^2}}{2p} \cdot |x_1 - x_2| \cdot \dfrac{(x_1 - x_2)^2}{2\sqrt{(x_1 + x_2)^2 + 4p^2}}$$

$$= \dfrac{|x_1 - x_2|^3}{8p}$$

推论1：如图4，若 E 为抛物线弧 AB 上的动点，点 E 处的切线与 PA, PB 分别交于点 C, D，则有 $\dfrac{|AC|}{|CP|} = \dfrac{|CE|}{|ED|} = \dfrac{|PD|}{|DB|}$.

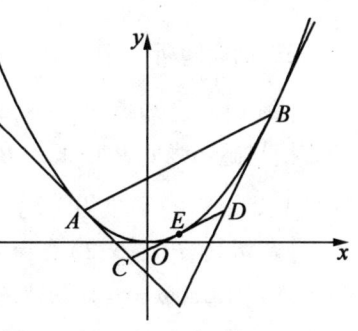

图 4

【证明】 由以上知识知点 P, C, D 的横坐标分别为

$$x_P = \dfrac{x_1 + x_2}{2}, x_C = \dfrac{x_1 + x_E}{2}, x_D = \dfrac{x_2 + x_E}{2}$$

所以 $\dfrac{|AC|}{|CP|} = \dfrac{|x_C - x_1|}{|x_P - x_C|}$

$$= \dfrac{\left|\dfrac{x_1 + x_E}{2} - x_1\right|}{\left|\dfrac{x_1 + x_2}{2} - \dfrac{x_1 + x_E}{2}\right|} = \dfrac{|x_E - x_1|}{|x_2 - x_E|}$$

$$\dfrac{|CE|}{|ED|} = \dfrac{|x_E - x_C|}{|x_D - x_E|} = \dfrac{\left|x_E - \dfrac{x_1 + x_E}{2}\right|}{\left|\dfrac{x_E + x_2}{2} - x_E\right|} = \dfrac{|x_E - x_1|}{|x_2 - x_E|}$$

所以 $\dfrac{|AC|}{|CP|} = \dfrac{|CE|}{|ED|}$，同理 $\dfrac{|PD|}{|DB|} = \dfrac{|CE|}{|ED|}$，故得 $\dfrac{|AC|}{|CP|} = \dfrac{|CE|}{|ED|} = \dfrac{|PD|}{|DB|}$.

推论2：若E为抛物线AB上的动点，抛物线在点E处的切线与阿基米德$\triangle PAB$的边PA,PB分别交于点C,D，则有$\dfrac{S_{\triangle EAB}}{S_{\triangle PCD}}=2$.

【证明】设$\dfrac{|AC|}{|CP|}=\dfrac{|CE|}{|ED|}=\dfrac{|PD|}{|DB|}=\lambda$，记作$S_{\triangle PCE}=S$，则$\dfrac{S_{\triangle ACE}}{S}=\dfrac{|AC|}{|CP|}=\lambda$，

即$S_{\triangle CAE}=\lambda S$，同理$S_{\triangle PED}=\dfrac{S}{\lambda}$，$S_{\triangle DEB}=\dfrac{S}{\lambda^2}$. 因为$\dfrac{S_{\triangle PAB}}{S_{\triangle PCD}}=\dfrac{|PA|\cdot|PB|}{|PC|\cdot|PD|}=\dfrac{\lambda+1}{1}\cdot$

$\dfrac{1+\lambda}{\lambda}=\dfrac{(\lambda+1)^2}{\lambda}$，于是$S_{\triangle PAB}=\dfrac{(\lambda+1)^2}{\lambda}(S+\dfrac{S}{\lambda})=\dfrac{(\lambda+1)^3}{\lambda^2}S$

所以 $S_{\triangle EAB}=S_{\triangle PAB}-S_{\triangle PCD}-S_{\triangle CAE}-S_{\triangle DBE}$

$=\dfrac{(\lambda+1)^3}{\lambda^2}S-(S+\dfrac{S}{\lambda})-\lambda S-\dfrac{S}{\lambda^2}=\dfrac{2(\lambda+1)}{\lambda}S$

$S_{\triangle PCD}=S+\dfrac{S}{\lambda}=\dfrac{\lambda+1}{\lambda}S$

所以$\dfrac{S_{\triangle EAB}}{S_{\triangle PCD}}=2$.

三、例题解析

【例1】 已知点$P(-3,2)$在抛物线$C:y^2=2px(p>0)$的准线上，过点P的直线与抛物线C相切于A,B两点，则直线AB的斜率为 （　　）

A. 1　　　　　B. $\sqrt{2}$　　　　　C. $\sqrt{3}$　　　　　D. 3

【解析】 $P(-3,2)$在抛物线$C:y^2=2px(p>0)$的准线上，故$p=6$，抛物线$C:y^2=12x$，根据抛物线中的性质(1)可知，AB中点的纵坐标与点P的纵坐标相等（如图5），即$y_0=2$，且AB过抛物线的焦点；设AB方程为$x=ky+3$，代入抛物线方程得：$y^2-12ky-36=0$，$y_1+y_2=12k\Rightarrow y_0=\dfrac{y_1+y_2}{2}=6k=2\Rightarrow k=\dfrac{1}{3}$，故直线$AB$的斜率为$3$.

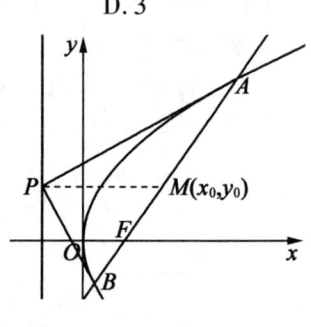

图5

【例2】 已知抛物线$P:x^2=2py(p>0)$.

(1)若抛物线上点$M(m,2)$到焦点F的距离为3，求抛物线P的方程；

(2)设抛物线P的准线与y轴的交点为E，过E作抛物线P的切线，求此切线方程.

【解析】 (1) $|MF| = y_M + \dfrac{p}{2} = 2 + \dfrac{p}{2} = 3 \Rightarrow p = 2$,故抛物线的方程为 $x^2 = 4y$.

(2)点 E 的坐标为 $(0,-1)$,设抛物线的切点为 $Q(x_0,y_0)$,求导得 $y' = \dfrac{2x}{4} = \dfrac{x}{2}$,故切线方程为 $y - y_0 = \dfrac{x_0}{2}(x - x_0)$,将点 E 代入切线方程得:$-1 - y_0 = \dfrac{x_0}{2}(0 - x_0) \Rightarrow x_0^2 = 2 + 2y_0 \Rightarrow 2 + 2y_0 = 4y_0 \Rightarrow y_0 = 1$,故 $x_0 = \pm 2$,由此可得切线方程为 $x - y - 1 = 0$ 或 $x + y + 1 = 0$.

【例3】 已知抛物线 $x^2 = 4y$ 的焦点为 F,准线为 l,经过 l 上任意一点 P 作抛物线 $x^2 = 4y$ 的两条切线,切点分别为 A,B.

(1)求证:以 AB 为直径的圆经过点 P;

(2)比较 $\overrightarrow{AF} \cdot \overrightarrow{FB}$ 与 $\overrightarrow{PF}^2$ 的大小.

【分析】 (1)l 的方程为 $y = -1$. 设 $P(a,-1),A(x_1,y_1),B(x_2,y_2)$,通过 $y_1 = \dfrac{1}{4}x_1^2, y_2 = \dfrac{1}{4}x_2^2$. 求出导数,得到 $k_{PA} = \dfrac{1}{2}x_1$,结合 $k_{PA} = \dfrac{y_1 + 1}{x_1 - a}$,推出 $x_1^2 - 2ax_1 - 4 = 0$. 说明 x_1, x_2 为方程 $x^2 - 2ax - 4 = 0$ 的根. 利用 $x_1 + x_2, x_1 x_2$,化简 $\overrightarrow{PA} \cdot \overrightarrow{PB} = (x_1 - a, y_1 + 1) \cdot (x_2 - a, y_2 + 1)$,推出 $PA \perp PB$,得到以 AB 为直径的圆经过点 P.

(2)求出 $F(0,1)$. 利用(1)计算 $\overrightarrow{AF} \cdot \overrightarrow{FB}$,求出 $\overrightarrow{PF}^2$ 的值,即可得到结果.

【解析】 (1)根据已知得 l 的方程为 $y = -1$. 设 $P(a,-1), A(x_1,y_1)$,$B(x_2,y_2)$,且 $y_1 = \dfrac{1}{4}x_1^2, y_2 = \dfrac{1}{4}x_2^2$. 由 $y = \dfrac{1}{4}x^2$ 得 $y' = \dfrac{x}{2}$,从而 $k_{PA} = \dfrac{1}{2}x_1$.

因为 $k_{PA} = \dfrac{y_1 + 1}{x_1 - a}$,所以 $\dfrac{1}{2}x_1 = \dfrac{y_1 + 1}{x_1 - a}, y_1 = \dfrac{1}{4}x_1^2$,化简得 $x_1^2 - 2ax_1 - 4 = 0$.

同理可得 $x_2^2 - 2ax_2 - 4 = 0$.

所以 x_1, x_2 为方程 $x^2 - 2ax - 4 = 0$ 的根. 故 $x_1 + x_2 = 2a, x_1 x_2 = -4$.

$$\overrightarrow{PA} \cdot \overrightarrow{PB} = (x_1 - a, y_1 + 1) \cdot (x_2 - a, y_2 + 1)$$
$$= (x_1 - a)(x_2 - a) + (y_1 + 1)(y_2 + 1)$$
$$= x_1 x_2 - a(x_1 + x_2) + a^2 + \dfrac{(x_1 x_2)^2}{16} + \dfrac{x_1^2}{4} + \dfrac{x_2^2}{4} + 1$$
$$= -4 - 2a^2 + a^2 + 1 + \dfrac{1}{4}(4a^2 + 8) + 1 = 0$$

所以 $\overrightarrow{PA} \perp \overrightarrow{PB}$,即 $PA \perp PB$,所以以 AB 为直径的圆经过点 P.

(2)根据已知得 $F(0,1)$.

因为 $\overrightarrow{AF} \cdot \overrightarrow{FB} = (-x_1, 1-y_1) \cdot (x_2, y_2-1) = -x_1x_2 - y_1y_2 + (y_1+y_2) - 1$

$$= -x_1x_2 - \frac{(x_1x_2)^2}{16} + \frac{(x_1+x_2)^2 - 2x_1x_2}{4} - 1$$

又由(1)知:$x_1+x_2 = 2a, x_1x_2 = -4$,所以 $\overrightarrow{AF} \cdot \overrightarrow{FB} = 4 + a^2$,因为 $\overrightarrow{PF}^2 = a^2 + 4$,所以 $\overrightarrow{AF} \cdot \overrightarrow{FB} = \overrightarrow{PF}^2$.

【例4】(2008·山东卷理科第22题)

如图6,设抛物线方程为 $x^2 = 2py(p>0)$,M 为直线 $y = -2p$ 上任意一点,过 M 引抛物线的切线,切点分别为 A, B.

(1)求证:A, M, B 三点的横坐标成等差数列;

(2)已知当点 M 的坐标为 $(2, -2p)$ 时,$|AB| = 4\sqrt{10}$.求此时抛物线的方程;

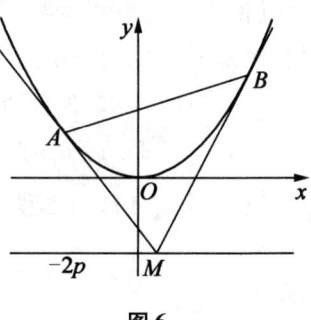

图6

(3)是否存在点 M,使得点 C 关于直线 AB 的对称点 D 在抛物线 $x^2 = 2py(p>0)$ 上,其中,点 C 满足 $\overrightarrow{OC} = \overrightarrow{OA} + \overrightarrow{OB}$($O$ 为坐标原点).若存在,求出所有适合题意的点 M 的坐标;若不存在,请说明理由.

【解析】(1)由题意设 $A\left(x_1, \frac{x_1^2}{2p}\right), B\left(x_2, \frac{x_2^2}{2p}\right), x_1 < x_2, M(x_0, -2p)$.

由 $x^2 = 2py$ 得 $y = \frac{x^2}{2p}$,得 $y' = \frac{x}{p}$,所以 $k_{MA} = \frac{x_1}{p}, k_{MB} = \frac{x_2}{p}$.

因此直线 MA 的方程为 $y + 2p = \frac{x_1}{p}(x - x_0)$,直线 MB 的方程为 $y + 2p = \frac{x_2}{p}(x - x_0)$.所以

$$\frac{x_1^2}{2p} + 2p = \frac{x_1}{p}(x_1 - x_0) \quad \text{①}$$

$$\frac{x_2^2}{2p} + 2p = \frac{x_2}{p}(x_2 - x_0) \quad \text{②}$$

由①②得 $\frac{x_1+x_2}{2} = x_1 + x_2 - x_0$,因此 $x_0 = \frac{x_1+x_2}{2}$,即 $2x_0 = x_1 + x_2$.

所以 A, M, B 三点的横坐标成等差数列.

(2) 由(1)知,当 $x_0=2$ 时,将其代入①②并整理得:$x_1^2-4x_1-4p^2=0$,$x_2^2-4x_2-4p^2=0$,所以 x_1,x_2 是方程 $x^2-4x-4p^2=0$ 的两根,因此 $x_1+x_2=4$,$x_1x_2=-4p^2$,又 $k_{AB}=\dfrac{\dfrac{x_2^2}{2p}-\dfrac{x_1^2}{2p}}{x_2-x_1}=\dfrac{x_1+x_2}{2p}=\dfrac{x_0}{p}$,所以 $k_{AB}=\dfrac{2}{p}$.

由弦长公式得 $|AB|=\sqrt{1+k^2}\sqrt{(x_1+x_2)^2-4x_1x_2}=\sqrt{1+\dfrac{4}{p^2}}\sqrt{16+16p^2}$.

又 $|AB|=4\sqrt{10}$,所以 $p=1$ 或 $p=2$,因此所求抛物线方程为 $x^2=2y$ 或 $x^2=4y$.

(3) 设 $D(x_3,y_3)$,由题意得 $C(x_1+x_2,y_1+y_2)$,则 CD 的中点坐标为 $Q\left(\dfrac{x_1+x_2+x_3}{2},\dfrac{y_1+y_2+y_3}{2}\right)$,设直线 AB 的方程为 $y-y_1=\dfrac{x_0}{p}(x-x_1)$,由点 Q 在直线 AB 上,并注意到点 $\left(\dfrac{x_1+x_2}{2},\dfrac{y_1+y_2}{2}\right)$ 也在直线 AB 上,代入得 $y_3=\dfrac{x_0}{p}x_3$. 若 $D(x_3,y_3)$ 在抛物线上,则 $x_3^2=2py_3=2x_0x_3$,因此 $x_3=0$ 或 $x_3=2x_0$. 即 $D(0,0)$ 或 $D\left(2x_0,\dfrac{2x_0^2}{p}\right)$.

①当 $x_0=0$ 时,则 $x_1+x_2=2x_0=0$,此时,点 $M(0,-2p)$ 适合题意.

②当 $x_0\neq 0$,对于 $D(0,0)$,此时 $C\left(2x_0,\dfrac{x_1^2+x_2^2}{2p}\right)$,$k_{CD}=\dfrac{\dfrac{x_1^2+x_2^2}{2p}}{2x_0}=\dfrac{x_1^2+x_2^2}{4px_0}$,又 $k_{AB}=\dfrac{x_0}{p}$,$AB\perp CD$,所以 $k_{AB}\cdot k_{CD}=\dfrac{x_0}{p}\cdot\dfrac{x_1^2+x_2^2}{4px_0}=\dfrac{x_1^2+x_2^2}{4p^2}=-1$,即 $x_1^2+x_2^2=-4p^2$,矛盾.

对于 $D\left(2x_0,\dfrac{2x_0^2}{p}\right)$,因为 $C\left(2x_0,\dfrac{x_1^2+x_2^2}{2p}\right)$,此时直线 CD 平行于 y 轴,又 $k_{AB}=\dfrac{x_0}{p}\neq 0$,所以直线 AB 与直线 CD 不垂直,与题设矛盾,所以 $x_0\neq 0$ 时,不存在符合题意的点 M.

综上所述,仅存在一点 $M(0,-2p)$ 适合题意.

【例5】 (2007·江苏卷理科19题)在平面直角坐标系 xOy 中,过 y 轴正方向上一点 $C(0,c)$ 任作一直线,与抛物线 $y=x^2$ 相交于 A,B 两点,一条垂直于 x 轴的直线,分别与线段 AB 和直线 $l:y=-c$ 交于 P,Q.

(1) 若 $\overrightarrow{OA}\cdot\overrightarrow{OB}=2$,求 c 的值;

(2)若 P 为线段 AB 的中点,求证: QA 为此抛物线的切线;

(3)试问(2)的逆命题是否成立?说明理由.

【解析】 (1)设过点 C 的直线为 $y=kx+c$,所以 $x^2=kx+c(c>0)$,即 $x^2-kx-c=0$,设 $A(x_1,y_1),B(x_2,y_2),\overrightarrow{OA}=(x_1,y_1),\overrightarrow{OB}=(x_2,y_2)$,因为 $\overrightarrow{OA}\cdot\overrightarrow{OB}=2$,所以

$$x_1x_2+y_1y_2=2$$

即 $x_1x_2+(kx_1+c)(kx_2+c)=2, x_1x_2+k^2x_1x_2+kc(x_1+x_2)+c^2=2$.

所以 $-c-k^2c+kc\cdot k+c^2=2$,即 $c^2-c-2=0$,所以 $c=2$(舍去 $c=-1$).

(2)设过 Q 的切线为 $y-y_1=k_1(x-x_1),y'=2x$,所以 $k_1=2x_1$,即 $y=2x_1x-2x_1^2+y_1=2x_1x-x_1^2$,它与 $y=-c$ 的交点为 $M\left(\dfrac{x_1}{2}-\dfrac{c}{2x_1},-c\right)$,又 $P\left(\dfrac{x_1+x_2}{2},\dfrac{y_1+y_2}{2}\right)=\left(\dfrac{k}{2},\dfrac{k^2}{2}+c\right)$,所以 $Q\left(\dfrac{k}{2},-c\right)$,因为 $x_1x_2=-c$,所以 $-\dfrac{c}{x_1}=x_2$,所以 $M\left(\dfrac{x_1}{2}+\dfrac{x_2}{2},-c\right)=\left(\dfrac{k}{2},-c\right)$,所以点 M 和点 Q 重合,也就是 QA 为此抛物线的切线.

(3)(2)的逆命题是成立,由(2)可知 $Q\left(\dfrac{k}{2},-c\right)$,因为 $PQ\perp x$ 轴,所以 $P\left(\dfrac{k}{2},y_P\right)$,因为 $\dfrac{x_1+x_2}{2}=\dfrac{k}{2}$,所以 P 为 AB 的中点.

【例6】 (2005·江西卷理科22题)设抛物线 $C:y=x^2$ 的焦点为 F,动点 P 在直线 $l:x-y-2=0$ 上运动,过 P 作抛物线 C 的两条切线 PA,PB,且与抛物线 C 分别相切于 A,B 两点.

(1)求 $\triangle APB$ 的重心 G 的轨迹方程;

(2)证明: $\angle PFA=\angle PFB$.

【解析】 (1)设切点 A,B 坐标分别为 (x_0,x_0^2) 和 $(x_1,x_1^2)(x_1\ne x_0)$,所以切线 AP 的方程为: $2x_0x-y-x_0^2=0$;切线 BP 的方程为: $2x_1x-y-x_1^2=0$.

解得点 P 的坐标为: $x_P=\dfrac{x_0+x_1}{2},y_P=x_0x_1$,所以 $\triangle APB$ 的重心 G 的坐标为

$$x_G=\dfrac{x_0+x_1+x_P}{3}=x_P$$

$$y_G=\dfrac{y_0+y_1+y_P}{3}=\dfrac{x_0^2+x_1^2+x_0x_1}{3}=\dfrac{(x_0+x_1)^2-x_0x_1}{3}=\dfrac{4x_P^2-y_P}{3}$$

所以 $y_P=-3y_G+4x_G^2$,由点 P 在直线 l 上运动,从而得到重心 G 的轨迹方

程为:$x-(-3y+4x^2)-2=0$,即 $y=\dfrac{1}{3}(4x^2-x+2)$.

(2)解法1:因为 $\overrightarrow{FA}=(x_0,x_0^2-\dfrac{1}{4})$,$\overrightarrow{FP}=(\dfrac{x_0+x_1}{2},x_0x_1-\dfrac{1}{4})$,$\overrightarrow{FB}=(x_1,x_1^2-\dfrac{1}{4})$.

由于点 P 在抛物线外,则 $|\overrightarrow{FP}|\neq 0$.

所以 $\cos\angle AFP=\dfrac{\overrightarrow{FP}\cdot\overrightarrow{FA}}{|\overrightarrow{FP}||\overrightarrow{FA}|}=\dfrac{\dfrac{x_0+x_1}{2}\cdot x_0+(x_0x_1-\dfrac{1}{4})(x_0^2-\dfrac{1}{4})}{|\overrightarrow{FP}|\sqrt{x_0^2+(x_0^2-\dfrac{1}{4})^2}}$

$=\dfrac{x_0x_1+\dfrac{1}{4}}{|\overrightarrow{FP}|}$

同理有 $\cos\angle BFP=\dfrac{\overrightarrow{FP}\cdot\overrightarrow{FB}}{|\overrightarrow{FP}||\overrightarrow{FB}|}=\dfrac{\dfrac{x_0+x_1}{2}\cdot x_1+(x_0x_1-\dfrac{1}{4})(x_1^2-\dfrac{1}{4})}{|\overrightarrow{FP}|\sqrt{x_1^2+(x_1^2-\dfrac{1}{4})^2}}$

$=\dfrac{x_0x_1+\dfrac{1}{4}}{|\overrightarrow{FP}|}$

所以 $\angle AFP=\angle PFB$.

解法2:①当 $x_1x_0=0$ 时,由于 $x_1\neq x_0$,不妨设 $x_0=0$,则 $y_0=0$,所以点 P 的坐标为 $(\dfrac{x_1}{2},0)$,则点 P 到直线 AF 的距离为:$d_1=\dfrac{|x_1|}{2}$;而直线 BF 的方程

$$y-\dfrac{1}{4}=\dfrac{x_1^2-\dfrac{1}{4}}{x_1}x$$

即 $(x_1^2-\dfrac{1}{4})x-x_1y+\dfrac{1}{4}x_1=0$. 所以点 P 到直线 BF 的距离为

$$d_2=\dfrac{|(x_1^2-\dfrac{1}{4})\dfrac{x_1}{2}+\dfrac{x_1}{4}|}{\sqrt{(x_1^2-\dfrac{1}{4})^2+(x_1)^2}}=\dfrac{(x_1^2+\dfrac{1}{4})\dfrac{|x_1|}{2}}{x_1^2+\dfrac{1}{4}}=\dfrac{|x_1|}{2}$$

所以 $d_1=d_2$,即得 $\angle AFP=\angle PFB$.

②当 $x_1x_0\neq 0$ 时,直线 AF 的方程:$y-\dfrac{1}{4}=\dfrac{x_0^2-\dfrac{1}{4}}{x_0-0}(x-0)$,即 $(x_0^2-\dfrac{1}{4})x-$

$x_0 y + \dfrac{1}{4} x_0 = 0.$

直线 BF 的方程: $y - \dfrac{1}{4} = \dfrac{x_1^2 - \dfrac{1}{4}}{x_1 - 0}(x - 0)$, 即 $\left(x_1^2 - \dfrac{1}{4}\right)x - x_1 y + \dfrac{1}{4} x_1 = 0$, 所以点 P 到直线 AF 的距离为

$$d_1 = \dfrac{\left|\left(x_0^2 - \dfrac{1}{4}\right)\left(\dfrac{x_0 + x_1}{2}\right) - x_0^2 x_1 + \dfrac{1}{4} x_0\right|}{\sqrt{\left(x_0^2 - \dfrac{1}{4}\right)^2 + x_0^2}} = \dfrac{\left|\left(\dfrac{x_0 - x_1}{2}\right)\left(x_0^2 + \dfrac{1}{4}\right)\right|}{x_0^2 + \dfrac{1}{4}} = \dfrac{|x_0 - x_1|}{2}$$

同理可得到点 P 到直线 BF 的距离 $d_2 = \dfrac{|x_1 - x_0|}{2}$, 因此由 $d_1 = d_2$, 可得到 $\angle AFP = \angle PFB$.

【例7】 (2006·全国卷2理科第21题)已知抛物线 $x^2 = 4y$ 的焦点为 F, A, B 是抛物线上的两动点, 且 $\overrightarrow{AF} = \lambda \overrightarrow{FB}(\lambda > 0)$. 过 A, B 两点分别作抛物线的切线,设其交点为 M.

(1)证明: $\overrightarrow{FM} \cdot \overrightarrow{AB}$ 为定值;

(2)设 $\triangle ABM$ 的面积为 S, 写出 $S = f(\lambda)$ 的表达式, 并求 S 的最小值.

【解析】 (1)由已知条件, 得 $F(0,1), \lambda > 0$. 设 $A(x_1, y_1), B(x_2, y_2)$. 由 $\overrightarrow{AF} = \lambda \overrightarrow{FB}$, 即得

$$(-x_1, 1 - y_1) = \lambda(x_2, y_2 - 1)$$

$$\begin{cases} -x_1 = \lambda x_2 & ① \\ 1 - y_1 = \lambda(y_2 - 1) & ② \end{cases}$$

将式①两边平方并把 $y_1 = \dfrac{1}{4} x_1^2, y_2 = \dfrac{1}{4} x_2^2$ 代入得

$$y_1 = \lambda^2 y_2 \qquad ③$$

解式②③得 $y_1 = \lambda, y_2 = \dfrac{1}{\lambda}$, 且有 $x_1 x_2 = -\lambda x_2^2 = -4 \lambda y_2 = -4$, 抛物线方程为 $y = \dfrac{1}{4} x^2$, 求导得 $y' = \dfrac{1}{2} x$. 所以过抛物线上 A, B 两点的切线方程分别是 $y = \dfrac{1}{2} x_1 (x - x_1) + y_1, y = \dfrac{1}{2} x_2 (x - x_2) + y_2$, 即 $y = \dfrac{1}{2} x_1 x - \dfrac{1}{4} x_1^2, y = \dfrac{1}{2} x_2 x - \dfrac{1}{4} x_2^2$. 解出两条切线的交点 M 的坐标为 $\left(\dfrac{x_1 + x_2}{2}, \dfrac{x_1 x_2}{4}\right) = \left(\dfrac{x_1 + x_2}{2}, -1\right)$. 所以 $\overrightarrow{FM} \cdot \overrightarrow{AB}$

$= (\dfrac{x_1+x_2}{2}, -2) \cdot (x_2-x_1, y_2-y_1) = \dfrac{1}{2}(x_2^2 - x_1^2) - 2(\dfrac{1}{4}x_2^2 - \dfrac{1}{4}x_1^2) = 0$,所以 $\overrightarrow{FM} \cdot \overrightarrow{AB}$ 为定值,其值为 0.

(2)由(1)知在 $\triangle ABM$ 中,$FM \perp AB$,因而 $S = \dfrac{1}{2}|AB||FM|$.

$$|FM| = \sqrt{(\dfrac{x_1+x_2}{2})^2 + (-2)^2}$$

$$= \sqrt{\dfrac{1}{4}x_1^2 + \dfrac{1}{4}x_2^2 + \dfrac{1}{2}x_1x_2 + 4}$$

$$= \sqrt{y_1 + y_2 + \dfrac{1}{2}\times(-4) + 4}$$

$$= \sqrt{\lambda + \dfrac{1}{\lambda} + 2} = \sqrt{\lambda} + \dfrac{1}{\sqrt{\lambda}}$$

因为 $|AF|,|BF|$ 分别等于 A,B 到抛物线准线 $y = -1$ 的距离,所以 $|AB| = |AF| + |BF| = y_1 + y_2 + 2 = \lambda + \dfrac{1}{\lambda} + 2 = (\sqrt{\lambda} + \dfrac{1}{\sqrt{\lambda}})^2$.

于是 $S = \dfrac{1}{2}|AB||FM| = \dfrac{1}{2}(\sqrt{\lambda} + \dfrac{1}{\sqrt{\lambda}})^3$,由 $\sqrt{\lambda} + \dfrac{1}{\sqrt{\lambda}} \geq 2$ 知 $S \geq 4$,且当 $\lambda = 1$ 时,S 取得最小值 4.

【例 8】 已知动圆过定点 $N(0,2)$,且与定直线 $l: y = -2$ 相切.

(1)求动圆圆心的轨迹 C 的方程;

(2)若 A,B 是轨迹 C 上的两不同动点,且 $\overrightarrow{AN} = \lambda \overrightarrow{NB}$. 分别以 A,B 为切点作轨迹 C 的切线,设其交点 Q,证明:$\overrightarrow{NQ} \cdot \overrightarrow{AB}$ 为定值.

【解析】 (1)依题意,圆心的轨迹是以 $N(0,2)$ 为焦点,$l: y = -2$ 为准线的抛物线上,因为抛物线焦点到准线距离等于 4,所以圆心的轨迹是 $x^2 = 8y$.

(2)解法 1:由已知 $N(0,2)$,设 $A(x_1, y_1)$,$B(x_2, y_2)$. 由 $\overrightarrow{AN} = \lambda \overrightarrow{NB}$,即得 $(-x_1, 2-y_1) = \lambda(x_2, y_2-2)$,故

$$\begin{cases} -x_1 = \lambda x_2 & \text{①} \\ 2 - y_1 = \lambda(y_2 - 2) & \text{②} \end{cases}$$

将式①两边平方并把 $x_1^2 = 8y_1$,$x_2^2 = 8y_2$ 代入得

$$y_1 = \lambda^2 y_2 \qquad \text{③}$$

解式②③得 $y_1 = 2\lambda$,$y_2 = \dfrac{2}{\lambda}$,且有 $x_1 x_2 = -\lambda x_2^2 = -8\lambda y_2 = -16$.

抛物线方程为 $y=\frac{1}{8}x^2$,求导得 $y'=\frac{1}{4}x$.所以过抛物线上 A,B 两点的切线方程分别是

$$y=\frac{1}{4}x_1(x-x_1)+y_1, y=\frac{1}{4}x_2(x-x_2)+y_2$$

即 $y=\frac{1}{4}x_1x-\frac{1}{8}x_1^2, y=\frac{1}{4}x_2x-\frac{1}{8}x_2^2$.解出两条切线的交点 Q 的坐标为 $(\frac{x_1+x_2}{2},\frac{x_1x_2}{8})=(\frac{x_1+x_2}{2},-2)$.

所以 $\overrightarrow{NQ}\cdot\overrightarrow{AB}=(\frac{x_1+x_2}{2},-4)\cdot(x_2-x_1,y_1-y_2)$

$$=\frac{1}{2}(x_2^2-x_1^2)-4(\frac{1}{8}x_2^2-\frac{1}{8}x_1^2)=0$$

所以 $\overrightarrow{NQ}\cdot\overrightarrow{AB}$ 为定值,其值为 0.

解法 2:由已知 $N(0,2)$,设 $A(x_1,y_1), B(x_2,y_2)$.由 $\overrightarrow{AN}=\lambda\overrightarrow{NB}$,知 A,N,B 三点共线,因为直线 AB 与 x 轴不垂直,设 $AB:y=kx+2$.由 $\begin{cases}y=kx+2\\y=\frac{1}{8}x^2\end{cases}$,可得 $x^2-8kx-16=0, x_1x_2=-16$.后面解法和解法 1 相同.

【例 9】 已知抛物线的方程为 $C:x^2=4y$,过点 $Q(0,2)$ 的一条直线与抛物线 C 交于 A,B 两点,若抛物线在 A,B 两点的切线交于点 P.

(1)求点 P 的轨迹方程;

(2)设直线 PQ 的斜率存在,取为 k_{PQ},取直线 AB 的斜率为 k_{AB},请验证 $k_{PQ}\cdot k_{AB}$ 是否为定值?若是,计算出该值;若不是,请说明理由.

【解析】 (1)由直线 AB 与抛物线交于两点可知,直线 AB 不与 x 轴垂直,故可设 $l_{AB}:y=kx+2$,代入 $x^2=4y$,整理得

$$x^2-4ky-8=0 \qquad ①$$

方程①的判别式 $\Delta=16k^2+32>0$,故 $k\in\mathbf{R}$ 时均满足题目要求.记交点坐标为 $A\left(x_1,\frac{x_1^2}{4}\right), B\left(x_2,\frac{x_2^2}{4}\right)$,则 x_1,x_2 为方程①的两根.

故由韦达定理可知,$x_1+x_2=4k, x_1x_2=-8$.

将抛物线方程转化为 $y=\frac{1}{4}x^2$,则 $y'=\frac{1}{2}x$,故点 A 处的切线方程为 $y-\frac{x_1^2}{4}=\frac{x_1}{2}(x-x_1)$,整理得 $y=\frac{x_1}{2}x-\frac{x_1^2}{4}$.

同理可得,点 B 处的切线方程为 $y = \dfrac{x_2}{2}x - \dfrac{x_2^2}{4}$,记两条切线的交点 $P(x_P,$ $y_P)$,联立两条切线的方程,解得点 P 坐标为 $x_P = \dfrac{x_1+x_2}{2} = 2k, y_P = kx_1 - \dfrac{x_1^2}{4} = kx_1 - (kx_1 + 2) = -2$.

故点 P 的轨迹方程为 $y = -2, x \in \mathbf{R}$.

(2)当 $k = 0$ 时,$x_P = 0, y_P = -2$,此时直线 PQ 即为 y 轴,与直线 AB 的夹角为 $\dfrac{\pi}{2}$.

当 $k \neq 0$ 时,记直线 PQ 的斜率 $k_{PQ} = \dfrac{-2-2}{2k-0} = -\dfrac{2}{k}$,又由于直线 AB 的斜率为 k,所以 $k_{PQ} \cdot k_{AB} = -\dfrac{2}{k} \cdot k = -2$ 为定值.

【例 10】 (2019·新课标Ⅲ)已知曲线 $C: y = \dfrac{x^2}{2}$,D 为直线 $y = -\dfrac{1}{2}$ 上的动点,过 D 作 C 的两条切线,切点分别为 A, B.

(1)证明:直线 AB 过定点;

(2)若以 $E\left(0, \dfrac{5}{2}\right)$ 为圆心的圆与直线 AB 相切,且切点为线段 AB 的中点,求四边形 $ADBE$ 的面积.

【解析】 (1)$y = \dfrac{x^2}{2}$ 的导数为 $y' = x$,设切点 $A(x_1, y_1), B(x_2, y_2)$,即有 $y_1 = \dfrac{x_1^2}{2}, y_2 = \dfrac{x_2^2}{2}$.切线 DA 的方程为 $y - y_1 = x_1(x - x_1)$.

即为 $y = x_1 x - \dfrac{x_1^2}{2}$,切线 DB 的方程为 $y = x_2 x - \dfrac{x_2^2}{2}$,

联立两切线方程可得 $x = \dfrac{1}{2}(x_1 + x_2)$,可得 $y = \dfrac{1}{2}x_1 x_2 = -\dfrac{1}{2}$,即 $x_1 x_2 = -1$,直线 AB 的方程为 $y - \dfrac{x_1^2}{2} = \dfrac{y_1 - y_2}{x_1 - x_2}(x - x_1)$,即为 $y - \dfrac{x_1^2}{2} = \dfrac{1}{2}(x_1 + x_2)(x - x_1)$.

可化为 $y = \dfrac{1}{2}(x_1 + x_2)x + \dfrac{1}{2}$,可得 AB 恒过定点 $\left(0, \dfrac{1}{2}\right)$;

(2)设直线 AB 的方程为 $y = kx + \dfrac{1}{2}$,由(1)可得 $x_1 + x_2 = 2k, x_1 x_2 = -1$,$AB$

中点 $H(k, k^2 + \dfrac{1}{2})$,由 H 为切点可得 E 到直线 AB 的距离即为 $|EH|$,可得

$\dfrac{\left|\dfrac{1}{2} - \dfrac{5}{2}\right|}{\sqrt{1+k^2}} = \sqrt{k^2 + (k^2-2)^2}$,解得 $k = 0$ 或 $k = \pm 1$.

即有直线 AB 的方程为 $y = \dfrac{1}{2}$ 或 $y = \pm x + \dfrac{1}{2}$,由 $y = \dfrac{1}{2}$ 可得 $|AB| = 2$,四边形 $ADBE$ 的面积为 $S_{\triangle ABE} + S_{\triangle ABD} = \dfrac{1}{2} \times 2 \times (1+2) = 3$;由 $y = \pm x + \dfrac{1}{2}$,可得 $|AB| = \sqrt{1+1} \cdot \sqrt{4+4} = 4\sqrt{2}$.

此时 $D(\pm 1, -\dfrac{1}{2})$ 到直线 AB 的距离为 $\dfrac{\left|1 + \dfrac{1}{2} + \dfrac{1}{2}\right|}{\sqrt{2}} = \sqrt{2}$;$E(0, \dfrac{5}{2})$ 到直线 AB 的距离为 $\dfrac{\left|\dfrac{1}{2} - \dfrac{5}{2}\right|}{\sqrt{2}} = \sqrt{2}$.

则四边形 $ADBE$ 的面积为 $S_{\triangle ABE} + S_{\triangle ABD} = \dfrac{1}{2} \times 4\sqrt{2} \times (\sqrt{2} + \sqrt{2}) = 8$;综上可得四边形 $ADBE$ 的面积为 3 或 8.

【例11】 (2012·江西卷)已知三点 $O(0,0), A(-2,1), B(2,1)$,曲线 C 上任意一点 $M(x,y)$ 满足 $|\overrightarrow{MA} + \overrightarrow{MB}| = \overrightarrow{OM} \cdot (\overrightarrow{OA} + \overrightarrow{OB}) + 2$.

(1)求曲线 C 的方程;

(2)动点 $Q(x_0, y_0)(-2 < x_0 < 2)$ 在曲线 C 上,曲线 C 在点 Q 处的切线为直线 l,是否存在定点 $P(0,t)(t<0)$,使得 l 与 PA, PB 都相交,交点分别为 D, E,且 $\triangle QAB$ 与 $\triangle PDE$ 的面积之比是常数?若存在,求 t 的值;若不存在,说明理由.

【解析】 (1)由 $\overrightarrow{MA} = (-2-x, 1-y), \overrightarrow{MB} = (2-x, 1-y)$ 可得
$$\overrightarrow{MA} + \overrightarrow{MB} = (-2x, 2-2y)$$
所以 $|\overrightarrow{MA} + \overrightarrow{MB}| = \sqrt{4x^2 + (2-2y)^2}, \overrightarrow{OM} \cdot (\overrightarrow{OA} + \overrightarrow{OB}) + 2 = (x,y) \cdot (0,2) + 2 = 2y + 2$.

由题意可得 $\sqrt{4x^2 + (2-2y)^2} = 2y + 2$,化简可得 $x^2 = 4y$.

(2)假设存在点 $P(0,t)(t<0)$,满足条件,则直线 PA 的方程是 $y = \dfrac{t-1}{2}x + t$,直线 PB 的方程是 $y = \dfrac{1-t}{2}x + t$. 因为 $-2 < x_0 < 2$,所以 $-1 < \dfrac{x_0}{2} < 1$.

①当 $-1 < t < 0$ 时，$-1 < \frac{t-1}{2} < -\frac{1}{2}$，存在 $x_0 \in (-2,2)$，使得 $\frac{x_0}{2} = \frac{t-1}{2}$ 所以 $l // PA$，故当 $-1 < t < 0$ 时，不符合题意；

②当 $t \leq -1$ 时，$\frac{t-1}{2} \leq -1 < \frac{x_0}{2}$，$\frac{1-t}{2} \geq 1 > \frac{x_0}{2}$.

故 l 与直线 PA，PB 一定相交，分别联立方程组 $\begin{cases} y = \frac{t-1}{2}x + t \\ y = \frac{x_0}{2}x - \frac{x_0^2}{4} \end{cases}$，

$\begin{cases} y = \frac{1-t}{2}x + t \\ y = \frac{x_0}{2}x - \frac{x_0^2}{4} \end{cases}$，解得 D, E 的横坐标分别是 $x_D = \frac{x_0^2 + 4t}{2(x_0 + 1 - t)}$，$x_E = \frac{x_0^2 + 4t}{2(x_0 + t - 1)}$.

所以 $x_E - x_D = (1-t)\frac{x_0^2 + 4t}{x_0^2 - (t-1)^2}$.

因为 $|FP| = -\frac{x_0^2}{4} - t$，所以 $S_{\triangle PDE} = \frac{1}{2}|FP||x_E - x_D| = \frac{t-1}{8} \times \frac{(x_0^2 + 4t)^2}{x_0^2 - (t-1)^2}$.

因为 $S_{\triangle QAB} = \frac{4 - x_0^2}{2}$，所以 $\frac{S_{\triangle QAB}}{S_{\triangle PDE}} = \frac{4}{1-t} \times \frac{x_0^4 - [4 + (t-1)^2]x_0^2 + 4(t-1)^2}{x_0^4 + 8tx_0^2 + 16t^2}$.

因为 $x_0 \in (-2,2)$，$\triangle QAB$ 与 $\triangle PDE$ 的面积之比是常数，所以

$\begin{cases} -4 - (t-1)^2 = 8t \\ 4(t-1)^2 = 16t^2 \end{cases}$，解得 $t = -1$，故 $\triangle QAB$ 与 $\triangle PDE$ 的面积之比是 2.

【例12】（2021·全国乙卷理科数学试卷第21题）已知抛物线 $C: x^2 = 2py$（$p > 0$）的焦点为 F，且 F 与圆 $M: x^2 + (y+4)^2 = 1$ 上的点的距离的最小值为 4.

(1) 求 p；

(2) 若点 P 在圆 M 上，PA，PB 是 C 的两条切线，A，B 是切点，求 $\triangle PAB$ 面积的最大值.

【分析】（1）根据圆的几何性质可得出关于 p 的等式，即可解出 p 的值；

（2）设点 $A(x_1, y_1)$，$B(x_2, y_2)$，$P(x_0, y_0)$，利用导数求出直线 PA，PB，进一步可求得直线 AB 的方程，将直线 AB 的方程与抛物线的方程联立，求出 $|AB|$ 以及点 P 到直线 AB 的距离，利用三角形的面积公式，结合二次函数的基本性质可求得 $\triangle PAB$ 面积的最大值.

【解析】（1）抛物线 C 的焦点为 $F\left(0, \frac{p}{2}\right)$，$|FM| = \frac{p}{2} + 4$，所以 F 与圆 M：

$x^2 + (y+4)^2 = 1$ 上点的距离的最小值为 $\frac{p}{2} + 3 = 4$,解得 $p = 2$.

(2)解法1:(利用函数思想转化为二次函数的最值问题)抛物线 C 的方程为 $x^2 = 4y$,即 $y = \frac{x^2}{4}$,对该函数求导得 $y' = \frac{x}{2}$,设点 $A(x_1, y_1)$,$B(x_2, y_2)$,$P(x_0, y_0)$,直线 PA 的方程为 $y - y_1 = \frac{x_1}{2}(x - x_1)$,即 $x_1 x - 2y_1 - 2y = 0$. 同理可知,直线 PB 的方程为 $x_2 x - 2y_2 - 2y = 0$. 由于点 P 为这两条直线的公共点,则
$$\begin{cases} x_1 x_0 - 2y_1 - 2y_0 = 0 \\ x_2 x_0 - 2y_2 - 2y_0 = 0 \end{cases}.$$

所以,点 A, B 的坐标满足方程 $x_0 x - 2y - 2y_0 = 0$,所以,直线 AB 的方程为 $x_0 x - 2y - 2y_0 = 0$.

联立 $\begin{cases} x_0 x - 2y - 2y_0 = 0 \\ y = \frac{x^2}{4} \end{cases}$,可得 $x^2 - 2x_0 x + 4y_0 = 0$,由韦达定理可得 $x_1 + x_2 = 2x_0$,$x_1 x_2 = 4y_0$,所以

$$|AB| = \sqrt{1 + \left(\frac{x_0}{2}\right)^2} \cdot \sqrt{(x_1 + x_2)^2 - 4x_1 x_2} = \sqrt{1 + \left(\frac{x_0}{2}\right)^2} \cdot \sqrt{4x_0^2 - 16y_0}$$
$$= \sqrt{(x_0^2 + 4)(x_0^2 - 4y_0)}$$

点 P 到直线 AB 的距离为 $d = \frac{|x_0^2 - 4y_0|}{\sqrt{x_0^2 + 4}}$,所以

$$S_{\triangle PAB} = \frac{1}{2}|AB| \cdot d = \frac{1}{2}\sqrt{(x_0^2 + 4)(x_0^2 - 4y_0)} \cdot \frac{|x_0^2 - 4y_0|}{\sqrt{x_0^2 + 4}}$$
$$= \frac{1}{2}(x_0^2 - 4y_0)^{\frac{3}{2}} x_0^2 - 4y_0$$
$$= 1 - (y_0 + 4)^2 - 4y_0$$
$$= -y_0^2 - 12y_0 - 15$$
$$= -(y_0 + 6)^2 + 21$$

由已知可得 $-5 \leq y_0 \leq -3$,所以当 $y_0 = -5$ 时,$\triangle PAB$ 的面积取最大值 $\frac{1}{2} \times 20^{\frac{3}{2}} = 20\sqrt{5}$.

解法2:(割补法.利用化归思想,利用中线对面积进行转化,把 $\triangle PAB$ 面积转化为两个小三角形的面积之和)计算面积用到了 $S = \frac{1}{2}$(水平宽×铅垂高).

同解法1得直线 PA 的方程为 $x_1 x - 2y_1 - 2y = 0$,直线 PB 的方程为 $x_2 x - 2y_2 - 2y = 0$,联立可得 $P(\dfrac{x_1+x_2}{2}, \dfrac{x_1 x_2}{4})$,所以 $x_0 = \dfrac{x_1+x_2}{2}, y_0 = \dfrac{x_1 x_2}{4}$. 又线段 AB 中点 $Q(\dfrac{x_1+x_2}{2}, \dfrac{y_1+y_2}{2})$. 所以

$$S_{\triangle PAB} = \dfrac{1}{2}|PQ| \cdot |x_1 - x_2| = \dfrac{1}{2}\left|\dfrac{y_1+y_2}{2} - y_0\right| \cdot |x_1 - x_2|$$

$$= \dfrac{1}{4}\left|\dfrac{x_1^2 + x_2^2}{4} - 2y_0\right| \cdot |x_1 - x_2| = \dfrac{1}{16} \cdot |x_1 - x_2|^3$$

$$= \dfrac{1}{16} \cdot (\sqrt{(x_1-x_2)^2})^3 = \dfrac{1}{16} \cdot (\sqrt{(x_1+x_2)^2 - 4x_1 x_2})^3$$

$$= \dfrac{1}{16} \cdot (\sqrt{4x_0^2 - 16 y_0})^3 = \dfrac{1}{2} \cdot (\sqrt{x_0^2 - 4y_0})^3$$

又点 $P(x_0, y_0)$ 在圆 $M: x^2 + (y+4)^2 = 1$ 上,故 $x_0^2 = 1 - (y_0+4)^2$ 代入上式得 $S_{\triangle PAB} = \dfrac{1}{2}(-y_0^2 - 12y_0 - 15)^{\frac{3}{2}}$. 由已知可得 $-5 \le y_0 \le -3$,所以,当 $y_0 = -5$ 时,$\triangle PAB$ 的面积取最大值 $\dfrac{1}{2} \times 20^{\frac{3}{2}} = 20\sqrt{5}$.

解法3:("算两次"思想)从不同角度分别计算点 P 的坐标.

同解法2得 $P(\dfrac{x_1+x_2}{2}, \dfrac{x_1 x_2}{4})$. 设直线 AB 的方程为 $y = kx + b$ 与抛物线 $x^2 = 4y$ 联立消去 y 得 $x^2 - 4kx - 4b = 0$,所以 $\Delta = 16k^2 + 16b > 0$,即 $k^2 + b > 0$. 且 $x_1 + x_2 = 4k, x_1 x_2 = -4b$. 所以 $P(2k, -b)$. 因为

$$|AB| = \sqrt{1+k^2} \cdot \sqrt{(x_1+x_2)^2 - 4x_1 x_2} = \sqrt{1+k^2} \cdot \sqrt{16k^2 + 16b}$$

又点 P 到直线 AB 的距离为 $d = \dfrac{|2k^2 + 2b|}{\sqrt{k^2+1}}$,所以

$$S_{\triangle PAB} = \dfrac{1}{2}|AB| \cdot d = \dfrac{1}{2}\sqrt{16k^2+16b}|2k^2+2b| = 4(k^2+b)^{\frac{3}{2}}$$

又点 $P(2k, -b)$ 在圆 $M: x^2 + (y+4)^2 = 1$ 上,所以 $k^2 = \dfrac{1-(b-4)^2}{4}$ 代入上式得

$$S_{\triangle PAB} = 4\left(\dfrac{-b^2 + 12b - 15}{4}\right)^{\frac{3}{2}}$$

而 $y_P = -b \in [-5, -3]$ 故 $b \in [3, 5]$,所以当 $b = 5$ 时,$\triangle PAB$ 的面积取最大值 $20\sqrt{5}$.

评注 此题起点低、深入难、立意深.第(1)问较简单,第(2)问考察了阿基米德三角形的面积问题,命题背景正是阿基米德三角形及其性质,△PAB 的面积 $S_{\triangle PAB} = \dfrac{|x_1-x_2|^3}{8p}$,或者 $S_{\triangle PAB} = \dfrac{\sqrt{(x_0{}^2-2py_0)^3}}{p}$.具有思维密度强、解题方法灵活、综合性强的特点,试题充分体现了"低起点、多层次、高落差"的命题理念.

达标训练题

1.在平面直角坐标系 xOy 中,动点 P 到定点 $F(0,\dfrac{1}{4})$ 的距离比点 P 到 x 轴的距离大 $\dfrac{1}{4}$,设动点 P 的轨迹为曲线 C,直线 $l:y=kx+1$ 交曲线 C 于 A,B 两点,M 是线段 AB 的中点,过点 M 作 x 轴的垂线交曲线 C 于点 N.

(1)求曲线 C 的方程;

(2)证明:曲线 C 在点 N 处的切线与 AB 平行;

(3)若曲线 C 上存在关于直线 l 对称的两点,求 k 的取值范围.

2.已知抛物线 $E:x^2=4y$.

(1)A,B 是抛物线 E 上不同于顶点 O 的两点,若以 AB 为直径的圆经过抛物线的顶点,试证明:直线 AB 必过定点,并求出该定点的坐标;

(2)在(1)的条件下,抛物线在 A,B 处的切线相交于点 D,求 $\triangle ABD$ 面积的取值范围.

达标训练题解析

1.**【解析】** (1) $\sqrt{x^2+\left(y-\dfrac{1}{4}\right)^2} - |y| = \dfrac{1}{4} \Rightarrow x^2 = y$.

(2)此问明显是定理1的结论,话不多说直接上套路:

因为点 $A(x_1,y_1),B(x_2,y_2)$ 在抛物线上,所以 $x_1^2=y_1;x_2^2=y_2$ 求导得 $y'=2x$;在点 $A(x_1,y_1)B(x_2,y_2)$ 的切线方程为:$\begin{cases} y-y_1=2x_1(x-x_1) \\ y-y_2=2x_2(x-x_2) \end{cases}$,即

$$\begin{cases} 2xx_1 = y+y_1 & ① \\ 2xx_2 = y+y_2 & ② \end{cases}$$

②-①得:$2x(x_2-x_1)=y_2-y_1$,即 $2x=\dfrac{x_2{}^2-x_1{}^2}{x_2-x_1}$,所以 $x=\dfrac{x_2+x_1}{2}$,故 $x_M=$

$\frac{x_2+x_1}{2}=x_N$. 令 AB 方程为 $y=kx+1$,代入 $x^2=y$ 得: $x^2-kx-1=0 \Rightarrow \frac{x_2+x_1}{2}=\frac{k}{2} \Rightarrow k=2x_N$,点 N 坐标为 (x_N, x_N^2),以点 N 为切点的切线斜率为 $y'=2x_N$,故 AB 平行过 N 的切线;

(3)若存在两点 P,Q 关于直线 $l: y=kx+1$ 对称,则 $k_{PQ}=-\frac{1}{k}$,令 PQ 中点 $E(x_0,y_0)$,令 PQ 方程为 $y=-\frac{1}{k}x+m$,由于 E 在直线 $l: y=kx+1$ 上,固有 $y_0=kx_0+1$,根据(2)结论可知 $-\frac{1}{k}=2x_0$,即 $y_0=k\frac{1}{-2k}+1=\frac{1}{2}$,故 $\frac{1}{2}=\left(-\frac{1}{k}\right)\left(-\frac{1}{2k}\right)+m \Rightarrow m=\frac{1}{2}-\frac{1}{2k^2}$,将直线 $PQ: y=-\frac{1}{k}x+\left(\frac{1}{2}-\frac{1}{2k^2}\right)$ 与抛物线 $x^2=y$ 联立得: $x^2+\frac{1}{k}x-\left(\frac{1}{2}-\frac{1}{2k^2}\right)=0, \Delta>0 \Rightarrow \frac{1}{k^2}<2 \Rightarrow k<-\frac{\sqrt{2}}{2}$ 或 $k>\frac{\sqrt{2}}{2}$.

2.【解析】(1)设直线 AB 的方程为: $y=kx+m$,所以 $\vec{OA}\cdot\vec{OB}=x_1x_2+y_1y_2=0, x_1x_2+\frac{1}{16}x_1^2x_2^2=0$,所以 $x_1x_2=-16=-2pm$,所以 $m=4$,直线 AB 过定点 $(4,0)$.

(2)联立由 $x_1+x_2=2pk, x_1\cdot x_2=-16$,由
$$S_{\triangle PAB}=\frac{1}{2}|AB|\cdot d=\frac{|x_1-x_2|^3}{8p}=\frac{(\sqrt{4k^2+64})^3}{16}\geq 32$$

第 2 节 阿波罗尼圆情结深

一、阿波罗尼圆

阿波罗尼是古希腊著名数学家,与欧几里得、阿基米德被称为亚历山大时期数学三巨匠,他对圆锥曲线有深刻而系统的研究,主要研究成果集中在他的代表作《圆锥曲线》一书,阿波罗尼圆是他的研究成果之一,指的是:已知动点 P 与两定点 $A, M(x,y)$ 的距离之比为 $O(0,0), A(3,0)\left(\frac{1}{2}, M\right)$,那么点 P 的轨迹就是阿波罗尼圆.

1. 如图1,点 A,B 为两定点,动点 P 满足 $PA = \lambda PB$,则 $\lambda = 1$ 时,动点 P 的轨迹为直线;当 $\lambda \neq 1$ 时,动点 P 的轨迹为圆,后世称之为阿波罗尼圆.

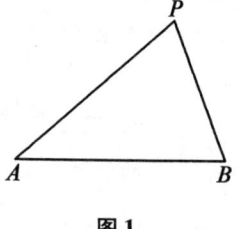

图1

【证明】 设 $AB = 2m(m > 0)$,$PA = \lambda PB$. 以 AB 中点为原点,直线 AB 为 x 轴建立平面直角坐标系,则 $A(-m, 0), B(m, 0)$.

又设 $P(x, y)$,则由 $PA = \lambda PB$,得 $\sqrt{(x+m)^2 + y^2} = \lambda \sqrt{(x-m)^2 + y^2}$,两边平方并化简整理得

$$(\lambda^2 - 1)x^2 - 2m(\lambda^2 + 1)x + (\lambda^2 - 1)y^2 = m^2(1 - \lambda^2)$$

当 $\lambda = 1$ 时,$x = 0$,轨迹为线段 AB 的垂直平分线,即阿波罗直线;

当 $\lambda > 1$ 时,$(x - \dfrac{\lambda^2 + 1}{\lambda^2 - 1}m)^2 + y^2 = \dfrac{4\lambda^2 m^2}{(\lambda^2 - 1)^2}$,所以点 P 轨迹为以点 $(\dfrac{\lambda^2 + 1}{\lambda^2 - 1}m, 0)$ 为圆心,$\left|\dfrac{2\lambda m}{\lambda^2 - 1}\right|$ 长为半径的圆.

2. 阿波罗尼圆的性质.

(1) 阿波罗尼圆上的任意一点 P 满足 $\dfrac{|PA|}{|PB|} = \lambda (\lambda > 0$ 且 $\lambda \neq 1)$.

(2) 阿波罗尼圆的圆心在直线 AB 上,半径为 $\left|\dfrac{\lambda}{\lambda^2 - 1}\right| \cdot |AB|$.

(3) 如图2所示,阿波罗尼圆的直径两端点分别为 T, D,则 T, D 分别是线段 AB 的内分点和外分点,且 $\dfrac{|AT|}{|BT|} = \dfrac{|AD|}{|DB|} = \lambda (\lambda > 0$ 且 $\lambda \neq 1)$,CT, CD 分别是 $\angle ACB$ 及其外角的平分线,且 $CT \perp CD$,线段 TD 是阿波罗尼圆的直径.

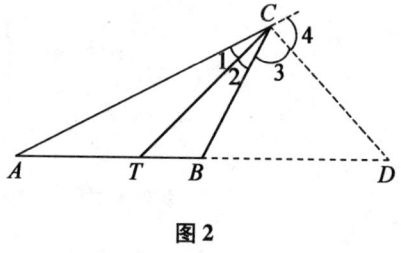

图2

3. 背景展现.

必修2第124页习题4.1的B组第3题:

已知点 $M(x, y)$ 与两定点 $O(0, 0), A(3, 0)$ 的距离之比为 $\dfrac{1}{2}$,求点 M 的轨迹方程.

必修2第139 - 140页探究:

已知点 $P(2, 0), Q(8, 0)$,点 M 与点 P 的距离是它与点 Q 的距离的 $\dfrac{1}{5}$,探

究点 M 的轨迹方程.

必修 2 第 144 页复习参考题 B 组第 2 题:

已知点 $M(x,y)$ 与两定点 M_1,M_2 的距离之比是一个正数 m,求点 M 的轨迹方程,并说明轨迹是什么图形(考虑 $m=1$ 和 $m\neq 1$ 两种情形).

上述课本习题的一般化情形就是阿波罗尼定理.

【和谐之美】 阿波罗尼圆(线)有四美:

(1)直线与圆的统一美;

(2)量变质变的运动美;

(3)两族曲线的对应美;

(4)解几图形的完整美.

二、"阿波罗尼圆"的应用

【例1】 (2006·四川卷)已知两定点 $A(-2,0),B(1,0)$,如果动点 P 满足条件 $|PA|=2|PB|$,则点 P 的轨迹所包围的图形的面积等于_____.

【解析】 设点 P 的坐标为 (x,y),则 $(x+2)^2+y^2=4[(x-1)^2+y^2]$,即 $(x-2)^2+y^2=4$,所以点的轨迹是以 $(2,0)$ 为圆心、2 为半径的圆,所以点 P 的轨迹所包围的图形的面积等于 4π.

【例2】 (2008·江苏卷)满足条件 $AB=2,AC=\sqrt{2}BC$ 的 $\triangle ABC$ 的面积的最大值是.

【解析】 解法 1:以 AB 中点为原点,直线 AB 为 x 轴建立平面直角坐标系,则 $A(-1,0),B(1,0)$,设 $C(x,y)$,由 $AC=\sqrt{2}BC$ 得

$$\sqrt{(x+1)^2+y^2}=\sqrt{2}\cdot\sqrt{(x-1)^2+y^2}$$

平方化简整理得 $y^2=-x^2+6x-1=-(x-3)^2+8\leq 8$,所以 $|y|\leq 2\sqrt{2}$,则

$$S_{\triangle ABC}=\frac{1}{2}\cdot 2|y|\leq 2\sqrt{2}$$

所以 $S_{\triangle ABC}$ 的最大值是 $2\sqrt{2}$.

解法 2:易得点 C 的轨迹方程为 $(x-3)^2+y^2=8$,因为 $R=2\sqrt{2}$,所以 $\triangle ABC$ 的高的最大值为 $R=2\sqrt{2}$.

故 $S_{\triangle ABC}$ 的最大值是 $2\sqrt{2}$.

【例3】 在平面直角坐标系 xOy 中,设点 $A(1,0),B(3,0),C(0,a),D(0,a+2)$,若存在点 P,使得 $PA=\sqrt{2}PB,PC=PD$,则实数 a 的取值范围是.

【解析】 设 $P(x,y)$,则 $\sqrt{(x-1)^2+y^2}=\sqrt{2}\cdot\sqrt{(x-3)^2+y^2}$,整理得

$(x-5)^2+y^2=8$,即动点P在以$(5,0)$为圆心、$2\sqrt{2}$为半径的圆上运动. 另一方面,由$PC=PD$知动点P在线段CD的垂直平分线$y=a+1$上运动,因而问题就转化为直线$y=a+1$与圆$(x-5)^2+y^2=8$有交点,所以$|a+1|\leqslant 2\sqrt{2}$,故实数a的取值范围是$[-2\sqrt{2}-1,2\sqrt{2}-1]$.

【例4】(2014·湖北卷)已知圆$O:x^2+y^2=1$和点$A(-2,0)$,若定点$B(b,0)(b\neq -2)$和常数λ满足:对圆O上任意一点M,都有$|MB|=\lambda|MA|$,则
(1)$b=$ _____ ;(2)$\lambda=$ _____ .

【解析】设点$M(\cos\theta,\sin\theta)$,则由$|MB|=\lambda|MA|$得
$$(\cos\theta-b)^2+\sin^2\theta=\lambda^2[(\cos\theta+2)^2+\sin^2\theta]$$
即$-2b\cos\theta+b^2+1=4\lambda^2\cos\theta+5\lambda^2$对任意的$\theta$都成立,所以$\begin{cases}-2b=4\lambda^2\\b^2+1=5\lambda^2\end{cases}$又由$|MB|=\lambda|MA|$,得$\lambda>0$,且$b\neq -2$,解得$b=-\dfrac{1}{2},\lambda=\dfrac{1}{2}$.

【例5】(2013·江苏卷)在平面直角坐标系xOy中,点$A(0,3)$,直线$l:y=2x-4$. 设圆C的半径为1,圆心在l上.
(1)若圆心C也在直线$y=x-1$上,过点A作圆C的切线,求切线的方程;
(2)若圆C上存在点M,使$MA=2MO$,求圆心C的横坐标a的取值范围.

【解析】(1)联立$\begin{cases}y=x-1\\y=2x-4\end{cases}$,得圆心为:$C(3,2)$. 设切线为:$y=kx+3$,
$d=\dfrac{|3k+3-2|}{\sqrt{1+k^2}}=r=1$,得:$k=0$或$k=-\dfrac{3}{4}$.

故所求切线为:$y=3$或$y=-\dfrac{3}{4}x+3$,即$y=3$或$3x+4y-12=0$.

(2)设点$M(x,y)$,由$MA=2MO$,知:$\sqrt{x^2+(y-3)^2}=2\sqrt{x^2+y^2}$,化简得:$x^2+(y+1)^2=4$,即点$M$的轨迹为以$(0,-1)$为圆心、2为半径的圆,可记为圆$D$. 又因为点$M$在圆$C$上,故圆$C$与圆$D$的关系为相交或相切. 故$1\leqslant|CD|\leqslant 3$,其中$|CD|=\sqrt{a^2+(2a-3)^2}$,解之得$0\leqslant a\leqslant\dfrac{12}{5}$,即$a$的取值范围是$\left[0,\dfrac{12}{5}\right]$.

【例6】已知圆:$x^2+y^2=1$和点$A\left(-\dfrac{1}{2},0\right)$,点$B(1,1)$,$M$为圆$O$上动点,则$2|MA|+|MB|$的最小值为 ( )
A. $\sqrt{6}$ B. $\sqrt{7}$ C. $\sqrt{10}$ D. $\sqrt{11}$

【解析】令$2|MA|=|MC|$,则$\dfrac{|MA|}{|MC|}=\dfrac{1}{2}$.

由题意可得圆 $x^2+y^2=1$ 是关于点 A,C 的阿波罗尼圆,且 $\lambda=\dfrac{1}{2}$. 设点 C 坐标为 $C(m,n)$,则 $\dfrac{|MA|}{|MC|}=\dfrac{\sqrt{\left(x+\dfrac{1}{2}\right)^2+y^2}}{\sqrt{(x-m)^2+(y-n)^2}}=\dfrac{1}{2}$. 整理得 $x^2+y^2+\dfrac{2m+4}{3}x+\dfrac{2n}{3}y=\dfrac{m^2+n^2-1}{3}$. 由题意得该圆的方程为 $x^2+y^2=1$.

所以 $\begin{cases}2m+4=0\\2n=0\\\dfrac{m^2+n^2-1}{3}=1\end{cases}$,解得 $\begin{cases}m=-2\\n=0\end{cases}$,故点 C 的坐标为 $(-2,0)$. 所以 $2|MA|+|MB|=|MC|+|MB|$,因此当点 M 位于图3中的 M_1,M_2 的位置时,$2|MA|+|MB|=|MC|+|MB|$ 的值最小,且为 $\sqrt{10}$,故选C.

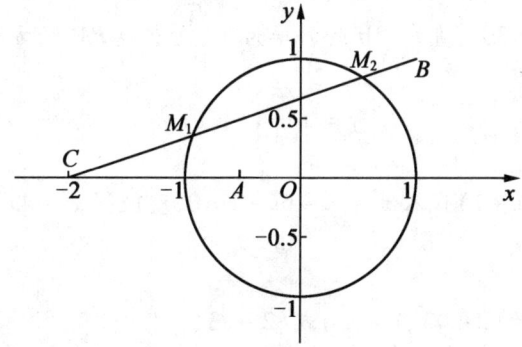

图3

【例7】 (1994·全国卷)已知直角坐标平面上点 $Q(2,0)$ 和圆 $C:x^2+y^2=1$,动点 M 到圆 C 的切线长与 $|MQ|$ 的比等于常数 $\lambda(\lambda>0)$. 求动点 M 的轨迹方程,说明它表示什么曲线.

【解析】 设 MN 切圆于 N,则动点 M 组成的集合是 $P=\{M\mid|MN|=\lambda|MQ|\}$,式中常数 $\lambda>0$.

因为圆的半径 $|ON|=1$,所以 $|MN|^2=|MO|^2-|ON|^2=|MO|^2-1$. 设点 M 的坐标为 (x,y),则 $\sqrt{x^2+y^2-1}=\lambda\sqrt{(x-2)^2+y^2}$. 整理得
$$(\lambda^2-1)(x^2+y^2)-4\lambda^2x+(1+4\lambda^2)=0$$

经检验,坐标适合这个方程的点都属于集合 P,故这个方程为所求的轨迹方程. 当 $\lambda=1$ 时,方程化为 $x=\dfrac{5}{4}$,它表示一条直线,该直线与 x 轴垂直且交 x

轴于点 $(\frac{5}{4}, 0)$,当 $\lambda \neq 1$ 时,方程化为 $(x - \frac{2\lambda^2}{\lambda^2-1})^2 + y^2 = \frac{1+3\lambda^2}{(\lambda^2-1)^2}$,它表示圆,该圆圆心的坐标为 $(\frac{2\lambda^2}{\lambda^2-1}, 0)$,半径为 $\frac{\sqrt{1+3\lambda^2}}{|\lambda^2-1|}$.

评注 本小题考查曲线与方程的关系,轨迹概念等解析几何的基本思想以及综合运用知识的能力.

【例8】 (2002·全国卷)已知点 P 到两定点 $M(-1,0), N(1,0)$ 距离的比为 $\sqrt{2}$,点 N 到直线 PM 的距离为 1,求直线 PN 的方程.

【解析】 设 P 的坐标为 (x,y),由题意有 $\frac{|PM|}{|PN|} = \sqrt{2}$,即

$$\sqrt{(x+1)^2 + y^2} = \sqrt{2} \cdot \sqrt{(x-1)^2 + y^2}$$

整理得 $x^2 + y^2 - 6x + 1 = 0$.

因为点 N 到 PM 的距离为 $1, |MN| = 2$.

所以 $\angle PMN = 30°$,直线 PM 的斜率为 $\pm\frac{\sqrt{3}}{3}$,直线 PM 的方程为

$$y = \pm\frac{\sqrt{3}}{3}(x+1)$$

将 $y = \pm\frac{\sqrt{3}}{3}(x+1)$ 代入 $x^2 + y^2 - 6x + 1 = 0$,整理得 $x^2 - 4x + 1 = 0$. 解得 $x = 2 + \sqrt{3}, x = 2 - \sqrt{3}$.

则点 P 坐标为 $(2+\sqrt{3}, 1+\sqrt{3})$ 或 $(2-\sqrt{3}, -1+\sqrt{3}), (2+\sqrt{3}, -1-\sqrt{3})$ 或 $(2-\sqrt{3}, 1-\sqrt{3})$,直线 PN 的方程为

$$y = x - 1 \text{ 或 } y = -x + 1$$

【例9】 (2003·北京卷文)设 $A(-c, 0), B(c, 0)(c > 0)$ 为两定点,动点 P 到点 A 的距离与到点 B 的距离的比为定值 $a(a > 0)$,求点 P 的轨迹.

【解析】 设动点 P 的坐标为 (x, y),由 $\frac{|PA|}{|PB|} = a(a > 0)$,得 $\frac{\sqrt{(x+c)^2 + y^2}}{\sqrt{(x-c)^2 + y^2}} = a$.

化简得 $(1-a^2)x^2 + 2c(1+a^2)x + c^2(1-a^2) + (1-a^2)y^2 = 0$.

当 $a \neq 1$ 时,得 $x^2 + \frac{2c(1+a^2)}{1-a^2}x + c^2 + y^2 = 0$,整理得

$$(x - \frac{1+a^2}{a^2-1}c)^2 + y^2 = (\frac{2ac}{a^2-1})^2$$

当 $a = 1$ 时,化简得 $x = 0$. 所以当 $a \neq 1$ 时,点 P 的轨迹是以 $(\frac{a^2+1}{a^2-1}c, 0)$ 为

圆心、$\left|\dfrac{2ac}{a^2-1}\right|$为半径的圆;当$a=1$时,点$P$的轨迹为$y$轴.

评注 本小题主要考查直线、圆、曲线和方程等基本知识,考查运用解析几何的方法解决问题的能力.高考数学试卷中,我们可以见到阿波罗尼圆的一般形式,阿波罗尼圆是一个重要的题根,在历次高考中频频出现.

达标训练题

1. 满足条件$AB=2, AC=\sqrt{2}BC$的$\triangle ABC$的面积最大值是_____.

2. 已知点P到两个顶点$M(-1,0), N(1,0)$距离的比为$\sqrt{2}$.
(1)求动点P的轨迹C的方程;
(2)过点M的直线l与曲线C交于不同的两点A,B,设点A关于x轴的对称点为$Q(A,Q$两点不重合$)$,证明:点B,N,Q在同一条直线上.

3. 已知平面内的动点P到两定点$M(-2,0), N(1,0)$的距离之比为$2:1$.
(1)求点P的轨迹方程;
(2)过点M作直线,与点P的轨迹交于不同两点A,B,O为坐标原点,求$\triangle OAB$的面积的最大值.

达标训练题解析

1.【解析】 设$BC=x$,则$AC=\sqrt{2}x$,由余弦定理可得$\cos B=\dfrac{x^2+4-4x^2}{4x}=\dfrac{4-3x^2}{4x}$.

由于$\triangle ABC$的面积为

$$\dfrac{1}{2}\cdot 2\cdot x\cdot \sin B = x\sqrt{1-\cos^2 B}=\sqrt{x^2[1-(\dfrac{4-3x^2}{4x})^2]}$$

$$=\sqrt{\dfrac{-9x^4+40x^2-16}{16}}=\dfrac{\sqrt{-9x^4+40x^2+16}}{4}$$

再由三角形任意两边之和大于第三边,可得$\begin{cases}x+2x>2\\x+2>2x\end{cases}$,解得$\dfrac{2}{3}<x<2$,故$\dfrac{4}{9}<x^2<4$.再利用二次函数的性质,可得当$x^2=\dfrac{20}{9}$时,函数$-9x^4+40x^2+16$取得最大值为$\dfrac{256}{9}$,故$\dfrac{\sqrt{-9x^4+40x^2+16}}{4}$的最大值为$\dfrac{4}{3}$,故答案为$\dfrac{4}{3}$.

2.【解析】 (1)设$P(x,y)$,则因为点P到两个顶点$M(-1,0), N(1,0)$距

离的比为 $\sqrt{2}$,所以 $\sqrt{(x+1)^2+y^2}=\sqrt{2}\cdot\sqrt{(x-1)^2+y^2}$,整理得 $x^2+y^2-6x+1=0$,所以动点 P 的轨迹 C 的方程是 $x^2+y^2-6x+1=0$.

(2)由题意,直线 l 存在斜率,设为 $k(k\neq 0)$,直线 l 的方程为
$$y=k(x+1)$$
代入 $x^2+y^2-6x+1=0$,化简得 $(1+k^2)x^2+(2k^2-6)x+k^2+1=0$,$\Delta>0$,可得 $-1<k<1$.

设 $A(x_1,y_1)$,$B(x_2,y_2)$,则 $Q(x_1,-y_1)$,且 $x_1x_2=1$,所以 $k_{BN}-k_{QN}=\dfrac{y_2}{x_2-1}-\dfrac{-y_1}{x_1-1}=\dfrac{2k(x_1x_2-1)}{(x_1-1)(x_2-1)}=0$,所以 B,N,Q 在同一条直线上.

3.【解析】(1)设 $P(x,y)$,因为动点 P 到两定点 $M(-2,0)$、$N(1,0)$ 的距离之比为 2:1,所以 $|PM|=2|PN|$,所以 $\sqrt{(x+2)^2+y^2}=2\sqrt{(x-1)^2+y^2}$,化简得 $(x-2)^2+y^2=4$,所马所求的点 P 的轨迹方程为 $(x-2)^2+y^2=4$.

(2)由题设知直线 AB 斜率存在且不为零,设直线 AB 方程为 $y=k(x+2)$ $(k\neq 0)$,由 $\begin{cases}y=k(x+2)\\(x-2)^2+y^2=4\end{cases}$,消去 y 得 $(1+k^2)x^2+4(k^2-1)x+4k^2=0$.

由 $\Delta=16(k^2-1)^2-16k^2(1+k^2)=16(1-3k^2)>0$,解得 $k^2<\dfrac{1}{3}$.

故 $0<k^2<\dfrac{1}{3}$,$\begin{cases}x_1+x_2=\dfrac{4(1-k^2)}{1+k^2}\\x_1x_2=\dfrac{4k^2}{1+k^2}\end{cases}$.

$S_{\triangle OAB}=S_{\triangle OMB}-S_{\triangle OMA}=\dfrac{1}{2}\times 2|y_1-y_2|=|k||x_1-x_2|$

$=|k|\sqrt{(x_1+x_2)^2-4x_1x_2}=4\sqrt{\dfrac{k^2(1-3k^2)}{(1+k^2)^2}}$

$=4\sqrt{\dfrac{-3(k^2+1)^2+7(k^2+1)-4}{(1+k^2)^2}}$

令 $t=\dfrac{1}{t^2+1}$,函数 $f(t)=-4t^2+7t-3$,$t\in\left(\dfrac{3}{4},1\right)$,$f(t)=-4t^2+7t-3=-4\left(t-\dfrac{7}{8}\right)^2+\dfrac{1}{16}\leqslant\dfrac{1}{16}$,当 $t=\dfrac{7}{8}$,即 $t=\pm\dfrac{\sqrt{7}}{7}$ 时取等号,此时 $S_{\max}=1$,即 $\triangle OAB$ 的面积的最大值为 1.

第3节 米勒定理显风采——视角最大问题

1471年,德国数学家米勒向诺德尔教授提出了十分有趣的问题:在地球表面的什么部位,一根垂直的悬杆呈现最长?即在什么部位,视角最大?最大视角问题是数学史上100个著名的极值问题中第一个极值问题而引人注目,因为德国数学家米勒曾提出这类问题,所以最大视角问题又称之为"米勒问题".

1. 米勒定理.

已知点 M,N 是 $\angle AOB$ 的边 OA 上的两个定点,点 P 是边 OB 上的一动点,则当且仅当 $\triangle MNP$ 的外接圆与边 OB 相切于点 P 时,$\angle MPN$ 最大,且此时有 $|OP|^2 = |OM| \cdot |ON|$.

【证明】 如图1所示,$\triangle MNP$ 的外接圆与边 OB 相切于点 P,设 P' 是边 OB 上不同于点 P 的任意一点,联结 MP',NP',因为 $\angle MP'N$ 是圆外角,$\angle MPN$ 是圆周角,易知 $\angle MP'N < \angle MPN$,故 $\angle MPN$ 最大.

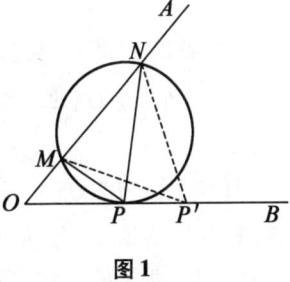

图1

根据切割线定理得:$|OP|^2 = |OM| \cdot |ON|$,据此我们也可以确定点 P 的位置.

评注 (1)在大题中,若是想要使用米勒定理,需要把上述的证明的过程照着搬一遍;不过,个人还是建议利用"夹角公式+均值不等式"的套路.

(2)米勒定理,实际上也是圆幂定理之切割线定理的应用.

2. 米勒定理在解题中的应用.

最大视角问题在数学竞赛、历届高考和模拟考试中频频亮相,常常以解析几何、平面几何和实际应用为背景进行考查.若能从题设中挖出隐含其中的米勒问题模型,并能直接运用米勒定理解题,这将会突破思维瓶颈、大大减少运算量、降低思维难度、缩短解题长度,从而使问题顺利解决.否则这类问题将成为考生的一道难题甚至一筹莫展,即使解出也费时费力.下面举例说明米勒定理在解决最大角问题中的应用.

【例1】 (1986•全国卷理)如图2,在平面直角坐标系中,在 y 轴的正半轴(坐标原点除外)上给定两点 A,B. 试在 x 轴的正半轴(坐标原点除外)上求点 C,使 $\angle ACB$ 取得最大值.

【解析】 解法1:常规方法,利用夹角公式和均值不等式

设 $A(0,a),B(0,b)$,且 $0<b<a$,设 $C(x,0)$,记 $\angle BCA=\alpha$, $\angle OCB=\beta$,则 $\angle OCA=\alpha+\beta$,显然 $0<\alpha<\dfrac{\pi}{2}$,故

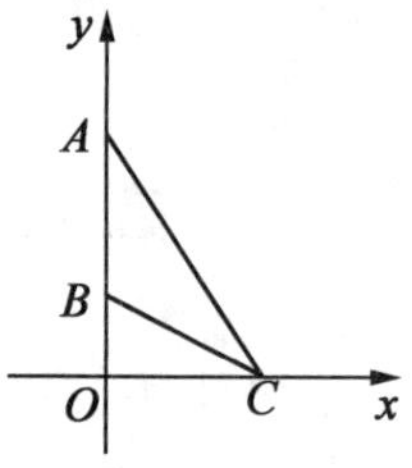

$$\tan\alpha=\tan[(\alpha+\beta)-\beta]=\dfrac{\tan(\alpha+\beta)-\tan\beta}{1+\tan(\alpha+\beta)\tan\beta}=\dfrac{\dfrac{a}{x}-\dfrac{b}{x}}{1+\dfrac{ab}{x^2}}$$

$$=\dfrac{a-b}{x+\dfrac{ab}{x}}=\dfrac{a-b}{\sqrt{ab}\left(\dfrac{x}{\sqrt{ab}}+\dfrac{\sqrt{ab}}{x}\right)}\leqslant\dfrac{a-b}{2\sqrt{ab}}.$$

图 2

当且仅当 $\dfrac{x}{\sqrt{ab}}=\dfrac{\sqrt{ab}}{x}$,即 $x=\sqrt{ab}$ 时,$\tan\alpha$ 取得最大值 $\dfrac{a-b}{2\sqrt{ab}}$,因此,当点 C 为 $(\sqrt{ab},0)$ 时,$\angle ACB$ 取得最大值 $\arctan\dfrac{a-b}{2\sqrt{ab}}$.

解法 2:利用米勒定理,显然,过点 A,B 的圆和 x 轴相切于点 C 时,$\angle ACB$ 取得最大值,设 $OA=a,OB=b$,此时 $OC^2=OA\cdot OB$,即点 C 的坐标为 $(\sqrt{ab},0)$.

【例2】 (2005·天津文、理)某人在一山坡 P 处观看对面山顶上的一座铁塔,如图 3 所示,塔高 $BC=80(\mathrm{m})$,塔所在的山高 $OB=220(\mathrm{m})$,$OA=200(\mathrm{m})$,图中所示的山坡可视为直线 l 且点 P 在直线 l 上,l 与水平地面的夹角为 α,$\tan\alpha=\dfrac{1}{2}$.试问此人距水平地面多高时,观看塔的视角 $\angle BPC$ 最大(不计此人的身高).

【解析】 如图 4 所示,延长 PA 交 CO 的延长线于点 D,过点 P 作 $PE\perp OA$ 于点 E.

易得 $OD=OA\cdot\tan\alpha=100,AD=100\sqrt{5}$.欲使得观看塔的视角 $\angle BPC$ 最大,则必有 $\triangle PBC$ 的外接圆与直线 l 相切于点 P,根据切割线定理:$DP^2=DB\cdot DC$,即 $DP=\sqrt{320\times400}=160\sqrt{5}$,从而 $PA=60\sqrt{5}$.因此,$PE=PA\cdot\sin\alpha=60\sqrt{5}\times\dfrac{1}{\sqrt{5}}=60$,所以当此人距水平地面 60 m 高时,观看塔的视角 $\angle BPC$ 最大.

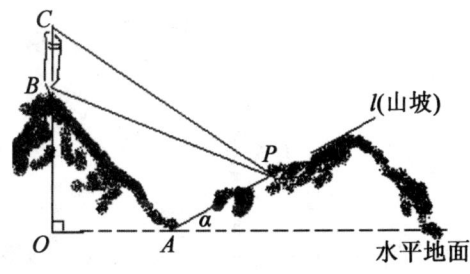
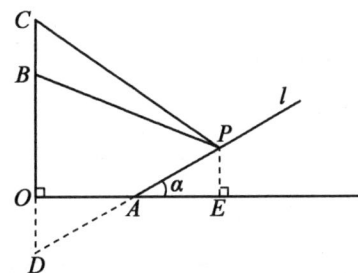

图 3　　　　　　　　图 4

【例 3】 (2005·浙江理)如图 5,已知椭圆的中心在坐标原点,焦点 F_1,F_2 在 x 轴上,长轴 A_1A_2 的长为 4,左准线 l 与 x 轴的交点为 M,$|MA_1|:|A_1F_1|=2:1$.

(1)求椭圆的方程;

(2)若直线 $l_1:x=m(|m|>1)$,P 为 l_1 上的动点,使 $\angle F_1PF_2$ 最大的点 P 记为 Q,求点 Q 的坐标(用 m 表示).

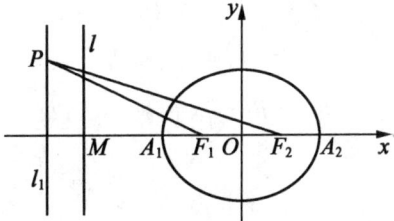

【解析】 (1) $\dfrac{x^2}{4}+\dfrac{y^2}{3}=1$.

(2)设直线 l_1 与 x 轴的交点为 H,则点 $Q(m,y_0)$,$|m|>1$,则 $|HQ|^2=|HF_1||HF_2|$,即 $y_Q^2=(-1-m)(1-m)$,即 $y_Q=\pm\sqrt{m^2-1}$,即点 Q 的坐标为 $(m,\pm\sqrt{m^2-1})$,$|m|>1$.

图 5

【例 4】 (2010·江苏)某兴趣小组要测量电视塔 AE 的高度 H(单位:m).如图 6,垂直放置的标杆 BC 的高度 $h=4$ m,仰角 $\angle ABE=\alpha$,$\angle ADE=\beta$.

(1)该小组已测得一组 α,β 的值,算出了 $\tan\alpha=1.24$,$\tan\beta=1.20$,请据此算出 H 的值;

(2)该小组分析若干测得的数据后,认为适当调整标杆到电视塔的距离 d(单位:m),使 α 与 β 之差较大,可以提高测量精度.若电视塔的实际高度为 125 m,试问 d 为多少时,$\alpha-\beta$ 最大?

【解析】 (1)由 $\begin{cases}\tan\alpha=\dfrac{H}{d}\\ \tan\beta=\dfrac{h}{BD}=\dfrac{H}{AD}=\dfrac{H-h}{d}\end{cases}$ 得:$\dfrac{\tan\alpha}{\tan\beta}=\dfrac{H}{H-h}$,即 $H=\dfrac{h\tan\alpha}{\tan\alpha-\tan\beta}=124$ m;

(2) $\tan(\alpha-\beta)=\dfrac{\tan\alpha-\tan\beta}{1+\tan\alpha\cdot\tan\beta}=\dfrac{\dfrac{H}{d}-\dfrac{H-h}{d}}{1+\dfrac{H}{d}\cdot\dfrac{H-h}{d}}=\dfrac{hd}{d^2+H(H-h)}=$

$$\dfrac{h}{d+\dfrac{H(H-h)}{d}} \leqslant \dfrac{h}{2\sqrt{H(H-h)}}, \text{当且仅当} \ d=\sqrt{H(H-h)}=\sqrt{125\times121}=55\sqrt{5}$$

时, $\tan(\alpha-\beta)$ 取得最大值. 又 $0<\beta<\alpha<\dfrac{\pi}{2}$, 则 $0<\alpha-\beta<\dfrac{\pi}{2}$, 因此, 当 $d=55\sqrt{5}$ m 时, $\alpha-\beta$ 最大.

评注 本题实际上也是米勒定理的应用, 不过稍微有点特殊, 如果选择线段 BD 对应的视角 $\angle BED$ 进行分析, 会发现 BD 是运动的, E 是固定的, 无法利用米勒定理, 需要另寻他径进行转化.

由于视角的对边是定值, 注意到 BC 刚好为定值, 因此, 不妨选择 BC 为对边, 同时延长 CP, 使得 $BP=AE$, 如图 7 所示, 根据相对运动可知: 点 E 刚好在直线 PQ 上运动, 此时, 即可利用米勒定理, 当且仅当过 B, C 的圆且与 PQ 相切于点 E 时, $\angle BEC$ 取得最大值, 故 $d=PE=\sqrt{PC\cdot PB}=\sqrt{121\times125}=55\sqrt{5}$.

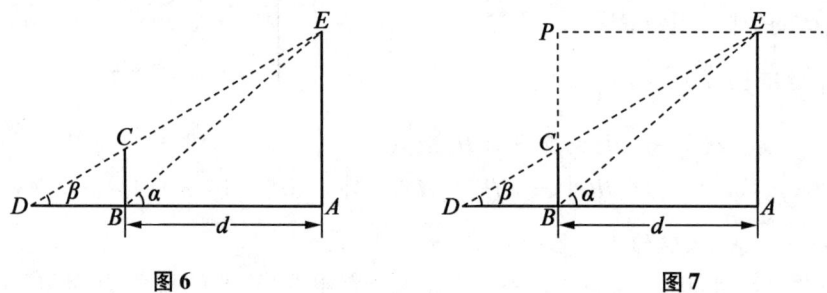

图 6   图 7

【例 5】 (1) 在 $\triangle ABC$ 中, $AB=2\sqrt{2}$, $CA^2-CB^2=16$, 则 $\angle C$ 的最大值为 _____.

(2) 在 $\triangle ABC$ 中, $\angle C=90°$, 点 M 满足 $\overrightarrow{BM}=3\overrightarrow{MC}$, 则 $\sin\angle BAM$ 的最大值是 _____.

【解析】 (1) 解法 1: 设 $\angle A$, $\angle B$, $\angle C$ 对应的边分别为 a, b, c, 则 $c=2\sqrt{2}$, $b^2-a^2=16=2c^2$, 故 $\cos C=\dfrac{a^2+b^2-c^2}{2ab}=\dfrac{a^2+b^2-\dfrac{b^2-a^2}{2}}{2ab}=\dfrac{1}{4}\left(\dfrac{3a}{b}+\dfrac{b}{a}\right)\geqslant\dfrac{\sqrt{3}}{2}$,

所以 $C\leqslant\dfrac{\pi}{6}$, 即 $\angle C$ 的最大值为 $\dfrac{\pi}{6}$.

解法 2: 联想到"等差幂线", 易知点 C 的轨迹在一条直线上.

如图 8 所示, 不妨设 $A(-\sqrt{2},0)$, $B(\sqrt{2},0)$, $C(x,y)$, 代入 $CA^2-CB^2=16$, 整理得: $x=2\sqrt{2}$, 因此, 当过点 A, B 的圆 E 与 $x=2\sqrt{2}$ 相切于点 C 时, 角 C 最大.

设 $x=2\sqrt{2}$ 与 x 轴的交点为 D, 则 $DB\cdot DA=DC^2$, 即 $DC=OE=\sqrt{6}$, 故

圆锥曲线的奥秘

△AEB 为正三角形,角 C 的最大值为 $\dfrac{\pi}{6}$.

(2)如图 9 所示,当过点 B,M 的圆 O 与 AC 相切于点 A 时,∠BAM 最大,设 $BC=4$,BM 的中点为 P,则 $CA^2 = CM \cdot CB$,即 $OP = AC = 2$,故 $\sin \angle BAM = \sin \angle POM = \dfrac{PM}{OM} = \dfrac{3}{5}$.

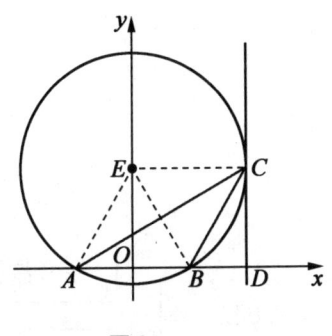

图 8

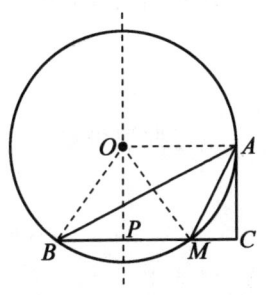

图 9

【例 6】 如图 10 所示,已知点 F,A 分别为椭圆 $C: \dfrac{x^2}{a^2} + \dfrac{y^2}{b^2} = 1(a > b > 0)$ 的右焦点和上顶点,点 B 为椭圆右准线 l 上的一动点,且 △ABF 的外接圆面积的最小值是 4π,则当椭圆的短轴最长时,椭圆的离心率为_____.

【解析】 设 △ABF 的外接圆半径 r,则 $2r = \dfrac{AF}{\sin \angle ABF} = \dfrac{a}{\sin \angle ABF}$,根据米勒定理可知:当 △ABF 的外接圆与右准线相切时,张角 ∠ABF 取得最大值,此时,r 取得最小值,亦即 △ABF 的外接圆面积取得最小值. 又 $2r \geq \dfrac{a^2}{c}$,亦即 $\pi r^2 \geq \pi \left(\dfrac{a^2}{2c}\right)^2$,当且仅当直线 AB 与准线 l 垂直时取得

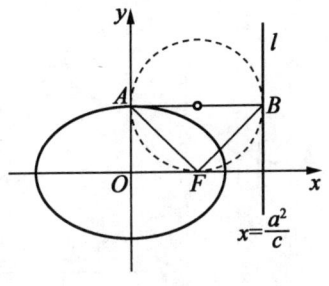

图 10

等号,故 $\pi\left(\dfrac{a^2}{2c}\right)^2 = 4\pi$,即 $a^2 = 4c$,进而 $b^2 = 4c - c^2 = -(c-2)^2 + 4$,因此,当 $c = 2$ 时,椭圆的短轴取得最大值为 4,椭圆的离心率为 $\dfrac{\sqrt{2}}{2}$.

极坐标与参数方程

【知识导图】（见图1）

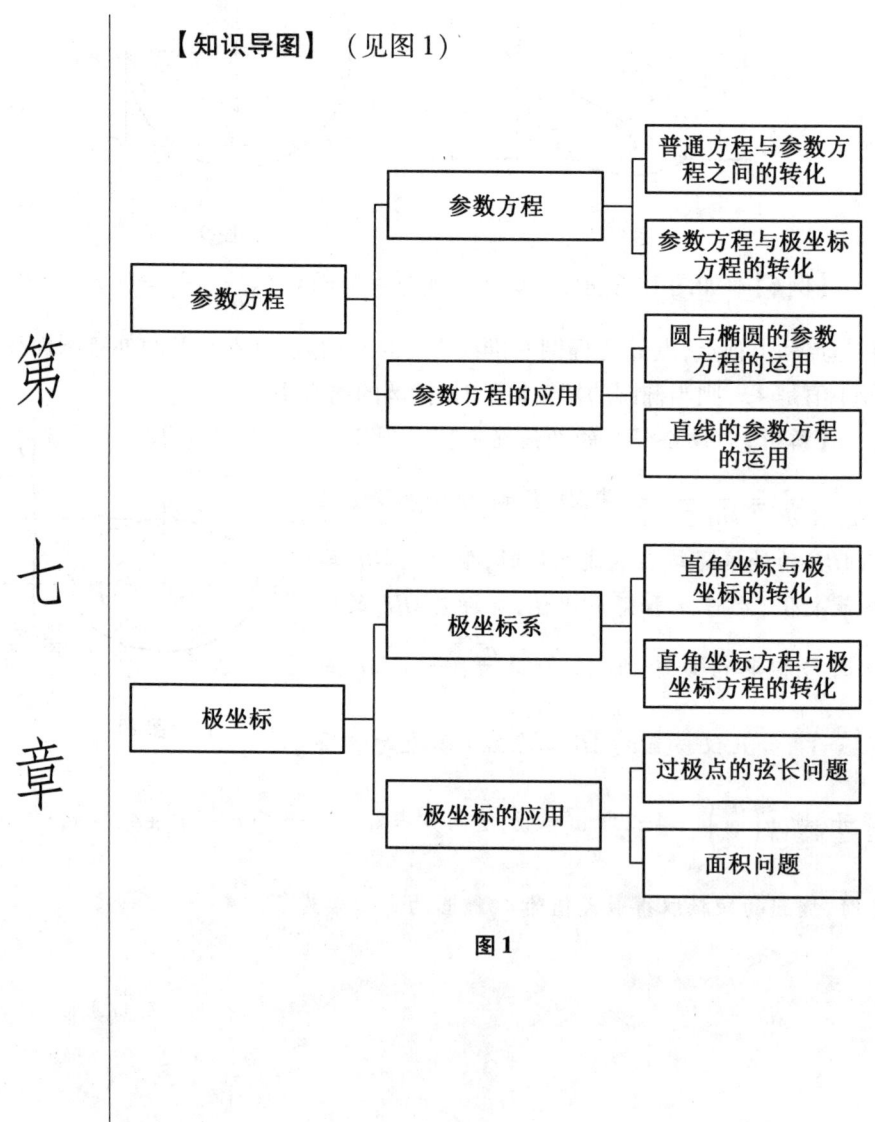

图1

第七章

在平面直角坐标系 xOy 中,以坐标原点为极点,x 轴正半轴为极轴,建立极坐标系,如图 2 所示.

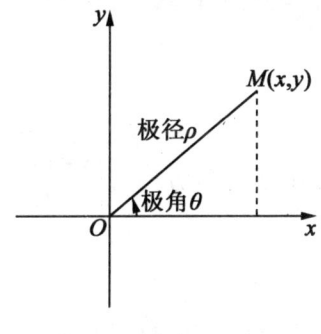

图 2

参数方程 $\xrightarrow[\text{三角消元}]{\text{加减消元}}$ 直角坐标方程(普通方程)$M(x,y) \xrightleftharpoons[\rho\cos\theta=x,\rho\sin\theta=y]{\rho=\sqrt{x^2+y^2},\tan\theta=\frac{y}{x}}$ 极坐标方程 $M(\rho,\theta)$.

一、几种常见曲线的参数方程

1. 直线的参数方程.

(1)过点 $P_0(x_0, y_0)$,且倾斜角为 α 的直线的参数方程的标准形式为 $\begin{cases} x = x_0 + t\cos\alpha \\ y = y_0 + t\sin\alpha \end{cases}$ (t 为参数).

(2)参数 t 的几何意义是:直线上定点 $M_0(x_0, y_0)$ 到直线上动点 $M(x,y)$ 的有向线段 $\overrightarrow{M_0M}$ 的数量,即 $|M_0M| = |t|$.

(3)直线与圆锥曲线相交于两点 A, B,交点对应的参数分别为 t_1, t_2,则弦长 $|AB| = |t_1 - t_2|$.

(4)定点 M_0 是弦 AB 的中点 $\Leftrightarrow t_1 + t_2 = 0$.

(5)设弦 AB 中点为点 M,则点 M 相对应的参数 $t_M = \dfrac{t_1 + t_2}{2}$,则 $|M_0M| = |t_M| = \left|\dfrac{t_1 + t_2}{2}\right|$.

(6)直线的参数方程的一般形式:$\begin{cases} x = x_0 + at \\ y = y_0 + bt \end{cases}$ (t 为参数)($a, b \in \mathbf{R}$ 且 $a^2 + b^2 \neq 1$),转化为标准形式:$\begin{cases} x = x_0 + \dfrac{a}{\sqrt{a^2+b^2}}t \\ y = y_0 + \dfrac{b}{\sqrt{a^2+b^2}}t \end{cases}$ (t 为参数)($a, b \in \mathbf{R}$).

2. 圆的参数方程.

若圆心在点 $M_0(x_0, y_0)$，半径为 r，则圆的参数方程为 $\begin{cases} x = x_0 + r\cos\theta \\ y = y_0 + r\sin\theta \end{cases}$ (θ 为参数).

3. 椭圆的参数方程.

椭圆 $\dfrac{x^2}{a^2} + \dfrac{y^2}{b^2} = 1 (a > b > 0)$ 的参数方程为 $\begin{cases} x = a\cos\theta \\ y = b\sin\theta \end{cases}$ (θ 为参数).

4. 双曲线的参数方程.

双曲线 $\dfrac{x^2}{a^2} - \dfrac{y^2}{b^2} = 1 (a > 0, b > 0)$ 的参数方程为 $\begin{cases} x = \dfrac{a}{\cos\theta} \\ y = b\tan\theta \end{cases}$ (θ 为参数).

5. 抛物线的参数方程.

抛物线 $y^2 = 2px (p > 0)$ 的参数方程为 $\begin{cases} x = 2pt^2 \\ y = 2pt \end{cases}$ (t 为参数).

二、极坐标

1. 直角坐标与极坐标之间的相互转化：

（1） $\begin{cases} x = \rho\cos\theta \\ y = \rho\sin\theta \end{cases}$；

（2） $\begin{cases} \rho = \sqrt{x^2 + y^2} \\ \tan\theta = \dfrac{y}{x}(x \neq 0) \end{cases}$.

2. 极坐标的简单运用：

（1）过极点的直线 $\theta = \alpha (\rho \in \mathbf{R})$ 与曲线 C_1, C_2 交于 $A(\rho_1, \theta), B(\rho_2, \theta)$，则 $|AB| = |\rho_1 - \rho_2|$.

（2）在极坐标系中，$A(\rho_1, \theta_1), B(\rho_2, \theta_2)$，则 $\triangle AOB$ 的面积 $S = \dfrac{1}{2}|\rho_1\rho_2\sin(\theta_1 - \theta_2)|$（其中 O 为极点）.

三、常用简单曲线的极坐标方程

表 1 为各种曲线相关的极坐标方程的总结.

表1

曲线	图像	极坐标方程
圆心在极点，半径为 r 的圆		$\rho = r$
圆心为 $(r,0)$，半径为 r 的圆		$\rho = 2r\cos\theta$
圆心为 $\left(r, \dfrac{\pi}{2}\right)$，半径为 r 的圆		$\rho = 2r\sin\theta$ $(0 \leqslant \theta < \pi)$
过极点，倾斜角为 α 的直线		$\theta = \alpha\,(\rho \in \mathbf{R})$ 或 $\theta = \pi + \alpha\,(\rho \in \mathbf{R})$
过点 $(a,0)$，与极轴垂直的直线		$\rho\cos\theta = a$
过点 $\left(a, \dfrac{\pi}{2}\right)$，与极轴平行的直线		$\rho\sin\theta = a$

四、典型例题

【例1】 已知曲线 C_1 的参数方程为 $\begin{cases} x = 2 + 2\cos\alpha \\ y = 2\sin\alpha \end{cases}$（$\alpha$ 为参数），曲线 C_2 的

参数方程为 $\begin{cases} x = 8 + t\cos\dfrac{3\pi}{4} \\ y = t\sin\dfrac{3\pi}{4} \end{cases}$（$t$ 为参数）.

(1) 求 C_1 和 C_2 的普通方程；

(2) 过坐标原点 O 作直线交曲线 C_1 于点 M（M 异于 O），交曲线 C_2 于点 N，求 $\dfrac{|ON|}{|OM|}$ 的最小值.

【解析】 (1) 由 $\begin{cases} x = 2 + 2\cos\alpha \\ y = 2\sin\alpha \end{cases}$（$\alpha$ 为参数），消去参数 α，可得 C_1 的参数方程为 $(x-2)^2 + y^2 = 4$.

由 $\begin{cases} x = 8 + t\cos\dfrac{3\pi}{4} \\ y = t\sin\dfrac{3\pi}{4} \end{cases}$（$t$ 为参数），得 $\begin{cases} x = 8 - \dfrac{\sqrt{2}}{2}t \\ y = \dfrac{\sqrt{2}}{2}t \end{cases}$，消去参数 t，可得 C_2 的普通方程为 $x + y = 8$.

(2) 如图3，圆 C_1 的极坐标方程为 $\rho = 4\cos\theta$，直线 C_2 的极坐标方程为 $\rho\cos\theta + \rho\sin\theta = 8$，即 $\rho = \dfrac{8}{\cos\theta + \sin\theta}$，设过坐标原点且与两曲线相交的直线方程为 $\theta = \alpha$ $\left(-\dfrac{\pi}{4} < \alpha < \dfrac{\pi}{2}\right)$，则

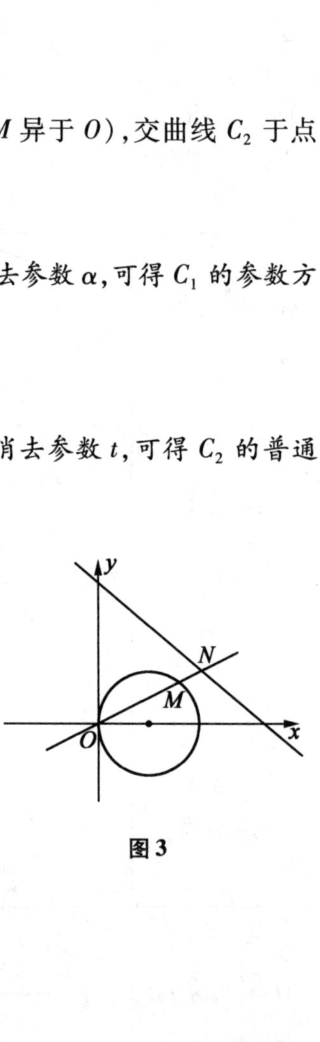

图3

$\dfrac{|ON|}{|OM|} = \dfrac{\dfrac{8}{|\cos\alpha + \sin\alpha|}}{4|\cos\alpha|} = \dfrac{2}{|\cos^2\alpha + \sin\alpha\cos\alpha|}$

$= \dfrac{4}{|\sin 2\alpha + \cos 2\alpha + 1|}$

$= \dfrac{4}{\left|\sqrt{2}\sin\left(2\alpha + \dfrac{\pi}{4}\right) + 1\right|}$

因为 $-\dfrac{\pi}{4} < \alpha < \dfrac{\pi}{2}$，所以 $-\dfrac{\pi}{4} < 2\alpha + \dfrac{\pi}{4} < \dfrac{5\pi}{4}$.

圆锥曲线的奥秘

故 $|\sqrt{2}\sin(2\alpha+\dfrac{\pi}{4})+1| \in [1,1+\sqrt{2}]$，则 $\dfrac{|ON|}{|OM|}$ 的最小值为 $\dfrac{4}{\sqrt{2}+1}=4(\sqrt{2}-1)$.

【例2】 已知曲线 C 的参数方程为 $\begin{cases}x=2\cos\alpha\\y=\sin\alpha\end{cases}$（$\alpha$ 为参数），P 是曲线 C 上的点且对应的参数为 $\beta,0<\beta<\dfrac{\pi}{2}$. 直线 l 过点 P 且倾斜角为 $\pi-\beta$.

(1)求曲线 C 的普通方程和直线 l 的参数方程.

(2)已知直线 l 与 x 轴，y 轴分别交于 A,B，求证：$|PA|\cdot|PB|$ 为定值.

【解析】 (1)曲线 C 的参数方程为 $\begin{cases}x=2\cos\alpha,\\y=\sin\alpha,\end{cases}$（$\alpha$ 为参数），转换为直角坐标方程为 $\dfrac{x^2}{4}+y^2=1$，P 是曲线 C 上的点且对应的参数为 $\beta,0<\beta<\dfrac{\pi}{2}$. 直线 l 过点 P 且倾斜角为 $\pi-\beta$.

所以直线的参数方程为 $\begin{cases}x=2\cos\beta-t\cos\beta\\y=\sin\beta+t\sin\beta\end{cases}$（$t$ 为参数）.

(2)由于 $0<\beta<\dfrac{\pi}{2}$，所以 $\sin\beta\neq 0,\cos\beta\neq 0$，由 $y=\sin\beta+t\sin\beta=0$，解得 $t=-1$.

即点 A 对应的参数 $t_A=-1$，由 $x=2\cos\beta-t\cos\beta=0$，解得 B 对应的参数 $t_B=2$，所以 $|PA|\cdot|PB|=|t_A t_B|=2$ 为定值.

【例3】 在直角坐标系 xOy 中，曲线 C 的参数方程为 $\begin{cases}x=2\cos\theta\\y=2\sin\theta\end{cases}$（$\theta$ 为参数），直线 l 的参数方程为 $\begin{cases}x=\sqrt{2}+t\cos\alpha\\y=1+t\sin\alpha\end{cases}$（$t$ 为参数）.

(1)求 C 的普通方程，并判断直线 l 与曲线 C 的公共点的个数；

(2)若曲线 C 截直线 l 所得弦长为 $2\sqrt{3}$，求 $\tan\alpha$ 的值.

【解析】 (1)$C:x^2+y^2=4$，因为 l 经过点 $P(\sqrt{2},1)$，而点 P 在圆 C 的内部，所以 l 与 C 有两个交点.

(2)$l:y=k(x-\sqrt{2})+1$，设 O 到 l 的距离为 d，l 与 C 交于点 A,B，AB 中点为 M，因为 $AM^2+d^2=4$，所以 $d=1$，所以 $d=\dfrac{|1-\sqrt{2}k|}{\sqrt{1+k^2}}=1 \Rightarrow k=0$ 或 $2\sqrt{2}$，故 $\tan\alpha=0$ 或 $2\sqrt{2}$.

【例4】 在直角坐标系 xOy 中，曲线 C_1 的参数方程为 $\begin{cases}x=3\cos\theta\\y=\sin\theta\end{cases}$（$\theta$ 为参

数,$\theta \in [0, 2\pi))$,曲线 C_2 的参数方程为 $\begin{cases} x = a + \frac{\sqrt{3}}{2}t \\ y = \frac{1}{2}t \end{cases}$ (t 为参数).

(1)求曲线 C_1,C_2 的普通方程;

(2)若曲线 C_1 上一点 P 到曲线 C_2 的距离的最大值为 $2\sqrt{3}$,求 a.

【解析】 (1)曲线 C_1 的参数方程为 $\begin{cases} x = 3\cos\theta \\ y = \sin\theta \end{cases}$($\theta$ 为参数,$\theta \in [0, 2\pi))$,

利用平方关系可得曲线 C_1:$\frac{x^2}{9} + y^2 = 1$.由曲线 C_2 的参数方程为 $\begin{cases} x = a + \frac{\sqrt{3}}{2}t \\ y = \frac{1}{2}t \end{cases}$ (t 为参数),消去参数可得曲线 C_2:$x - \sqrt{3}y - a = 0$.

(2)设点 $P(3\cos\theta, \sin\theta)$,点 P 到 C_2 的距离

$$d = \frac{|3\cos\theta - \sqrt{3}\sin\theta - a|}{2} = \frac{\left|-2\sqrt{3}\sin\left(\theta - \frac{\pi}{3}\right) - a\right|}{2}$$

当 $a \geq 0$ 时,有 $\sin\left(\theta - \frac{\pi}{3}\right) = 1$ 时,$d_{\max} = \frac{2\sqrt{3} + a}{2} = 2\sqrt{3}$,所以 $a = 2\sqrt{3}$.

当 $a < 0$ 时,有 $\sin\left(\theta - \frac{\pi}{3}\right) = -1$ 时,$d_{\max} = \frac{2\sqrt{3} - a}{2} = 2\sqrt{3}$,所以 $a = -2\sqrt{3}$.

综上,$a = 2\sqrt{3}$ 或 $a = -2\sqrt{3}$.

【例5】 在直角坐标系 xOy 中,直线 l 的参数方程为 $\begin{cases} x = 4t + a^2 \\ y = 3t - 1 \end{cases}$ (t 为参数),圆 C 的参数方程为 $\begin{cases} x = 1 + |a|\cos\theta \\ y = -2a^2 + \sin\theta \end{cases}$($\theta$ 为参数).

(1)求 l 和 C 的普通方程;

(2)将 l 向左平移 $m(m>0)$ 后,得到直线 l',若圆 C 上只有一个点到 l' 的距离为 1,求 m.

【解析】 (1)由题意可得 $|a| = 1$,故 l 的参数方程为 $\begin{cases} x = 4t + a^2 \\ y = 3t - 1 \end{cases}$ (t 为参数),转换为 $\begin{cases} x = 4t + 1 \\ y = 3t - 1 \end{cases}$ (t 为参数),圆 C 的参数方程为 $\begin{cases} x = 1 + \cos\theta \\ y = -2 + \sin\theta \end{cases}$($\theta$ 为参数),消去参数 t,得 l 的普通方程为 $3x - 4y - 7 = 0$.

圆锥曲线的奥秘

消去参数 θ,得 C 的普通方程为 $(x-1)^2 + (y+2)^2 = 1$.

(2)将 l 向左平移 $m(m>0)$ 后,得到直线 l',即 $y = \dfrac{3}{4}(x+m) - \dfrac{7}{4}$,即 $3x - 4y + 3m - 7 = 0$.

因为圆 C 上只有一个点到 l' 的距离为 1,圆 C 的半径为 1,所以 $C(1,-2)$ 到 l' 的距离为 2,

即 $\dfrac{|3+8+3m-7|}{5} = 2$,解得 $m = 2$($m = -\dfrac{14}{3} < 0$ 舍去).

【例6】 在直角坐标系 xOy 中,曲线 C 的参数方程为 $\begin{cases} x = 4m^2 \\ y = 4m \end{cases}$ (m 为参数).

(1)写出曲线 C 的普通方程,并说明它表示什么曲线;

(2)已知倾斜角互补的两条直线 l_1, l_2,其中 l_1 与曲线 C 交于 A, B 两点,l_2 与 C 交于 M, N 两点,l_1 与 l_2 交于点 $P(x_0, y_0)$,求证:$|PA| \cdot |PB| = |PM| \cdot |PN|$.

【解析】 (1)由 $y = 4m$,得 $m = \dfrac{y}{4}$,代入 $x = 4m^2$,得 $y^2 = 4x$,所以曲线 C 的普通方程为 $y^2 = 4x$,故 C 的普通方程为 $y^2 = 4x$,表示开口向右,焦点为 $F(1,0)$ 的抛物线.

(2)设直线 l_1 的倾斜角为 α,直线 l_2 的倾斜角为 $\pi - \alpha$,所以直线 l_1 的参数方程为 $\begin{cases} x = x_0 + t\cos\alpha \\ y = y_0 + t\sin\alpha \end{cases}$ (t 为参数),与 $y^2 = 4x$ 联立,得 $t^2\sin^2\alpha + (2y_0\sin\alpha - 4\cos\alpha)t + y_0^2 - 4x_0 = 0$,设方程的两个解为 t_1, t_2,则 $t_1 t_2 = \dfrac{y_0^2 - 4x_0}{\sin^2\alpha}$,所以 $|PA| \cdot |PB| = |t_1| \cdot |t_2| = |\dfrac{y_0^2 - 4x_0}{\sin^2\alpha}|$,$|PM| \cdot |PN| = |\dfrac{y_0^2 - 4x_0}{\sin^2(\pi-\alpha)}| = |\dfrac{y_0^2 - 4x_0}{\sin^2\alpha}|$,所以 $|PA| \cdot |PB| = |PM| \cdot |PN|$.

【例7】 在直角坐标系 xOy 中,直线 $l: \begin{cases} x = \sqrt{3} + t\cos\alpha \\ y = t\sin\alpha \end{cases}$ (t 为参数)与曲线 $C: \begin{cases} x = 2m^2 \\ y = 2m \end{cases}$ (m 为参数)相交于不同的两点 A, B.

(1)当 $\alpha = \dfrac{\pi}{4}$ 时,求直线 l 与曲线 C 的普通方程;

(2)若 $|MA||MB| = 2||MA| - |MB||$,其中 $M(\sqrt{3}, 0)$,求直线 l 的倾斜角.

【解析】 （1）当 $\alpha = \dfrac{\pi}{4}$ 时,直线 l: $\begin{cases} x = \sqrt{3} + t\cos\alpha \\ y = t\sin\alpha \end{cases}$ (t 为参数)化为

$\begin{cases} x = \sqrt{3} + \dfrac{\sqrt{2}}{2}t \\ y = \dfrac{\sqrt{2}}{2}t \end{cases}$,消去参数 t,可得直线 l 的普通方程为 $y = x - \sqrt{3}$;由曲线 C:

$\begin{cases} x = 2m^2 \\ y = 2m \end{cases}$ (m 为参数),消去参数 m,可得曲线 C 的普通方程为 $y^2 = 2x$.

(2)将直线 l: $\begin{cases} x = \sqrt{3} + t\cos\alpha \\ y = t\sin\alpha \end{cases}$ (t 为参数)代入 $y^2 = 2x$,得

$$\sin^2\alpha \cdot t^2 - 2\cos\alpha \cdot t - 2\sqrt{3} = 0$$

$$t_1 + t_2 = \dfrac{2\cos\alpha}{\sin^2\alpha}$$

$$t_1 t_2 = \dfrac{-2\sqrt{3}}{\sin^2\alpha}$$

由 $|MA||MB| = 2||MA| - |MB||$,得 $|t_1 t_2| = 2|t_1 + t_2|$.

即 $|\dfrac{-2\sqrt{3}}{\sin^2\alpha}| = 2|\dfrac{2\cos\alpha}{\sin^2\alpha}|$,解得 $|\cos\alpha| = \dfrac{\sqrt{3}}{2}$.故直线 l 的倾斜角为 $\dfrac{\pi}{6}$ 或 $\dfrac{5\pi}{6}$.

【例8】 在平面直角坐标系 xOy 中,已知曲线 C_1 的参数方程为 $\begin{cases} x = 5 + \sqrt{10}\cos\varphi \\ y = \sqrt{10}\sin\varphi \end{cases}$ (φ 为参数),以坐标原点 O 为极点,x 轴正半轴为极轴建立极坐标系,曲线 C_2 的极坐标方程为 $\rho = 4\cos\theta$.

(1)求曲线 C_1 与曲线 C_2 两交点所在直线的极坐标方程;

(2)若直线 l 的极坐标方程为 $\rho\sin(\theta + \dfrac{\pi}{4}) = 2\sqrt{2}$,直线 l 与 y 轴的交点为 M,与曲线 C_1 相交于 A,B 两点,求 $|MA| + |MB|$ 的值.

【解析】 (1)由 $\begin{cases} x = 5 + \sqrt{10}\cos\varphi \\ y = \sqrt{10}\sin\varphi \end{cases}$ (φ 为参数),消去参数 φ,得曲线 C_1 的普通方程为:$(x-5)^2 + y^2 = 10$.

由 $\rho = 4\cos\theta$,得 $\rho^2 = 4\rho\cos\theta$,得曲线 C_2 的普通方程为:$x^2 + y^2 = 4x$,即 $(x-2)^2 + y^2 = 4$.

由两圆心的距离 $d = 3 \in (\sqrt{10} - 2, \sqrt{10} + 2)$,得两圆相交,故两方程相减

可得交线为 $-6x+20=5$,即 $x=\dfrac{5}{2}$.

所以直线的极坐标方程为 $\rho\cos\theta=\dfrac{5}{2}$.

(2)由 $\rho\sin(\theta+\dfrac{\pi}{4})=2\sqrt{2}$,得 $\dfrac{\sqrt{2}}{2}\rho\sin\theta+\dfrac{\sqrt{2}}{2}\rho\cos\theta=2\sqrt{2}$,所以直线 l 的直角坐标方程:$x+y=4$,

则与 y 轴的交点为 $M(0,4)$.

直线 l 的参数方程为 $\begin{cases}x=-\dfrac{\sqrt{2}}{2}t\\ y=4+\dfrac{\sqrt{2}}{2}t\end{cases}$,代入曲线 $C_1:(x-5)^2+y^2=10$,得 $t^2+9\sqrt{2}t+31=0$. 设 A,B 两点的参数为 t_1,t_2,所以 $t_1+t_2=-9\sqrt{2}$,$t_1t_2=31$,则 t_1,t_2 同号. 所以 $|MA|+|MB|=|t_1|+|t_2|=|t_1+t_2|=9\sqrt{2}$.

【例9】 在直角坐标系 xOy 中,直线 l 的参数方程为 $\begin{cases}x=1+\dfrac{\sqrt{2}}{2}t\\ y=1-\dfrac{\sqrt{2}}{2}t\end{cases}$($t$ 为参数),在极坐标系(与直角坐标系 xOy 取相同的长度单位,且以原点 O 为极点,以 x 轴正半轴为极轴)中. 圆 C 的极坐标方程为 $\rho^2-6\rho\cos\theta+5=0$,圆 C 与直线 l 交于 A,B 两点,点 P 的直角坐标为 $(1,1)$.

(1)将直线 l 的参数方程化为普通方程,圆 C 的极坐标方程化为直角坐标方程;

(2)求 $|PA|+|PB|$ 的值.

【解析】 (1)由直线 l 的参数方程为 $\begin{cases}x=1+\dfrac{\sqrt{2}}{2}t\\ y=1-\dfrac{\sqrt{2}}{2}t\end{cases}$($t$ 为参数),可得:直线 l 的普通方程为:$x+y=2$,即 $x+y-2=0$,由 $\rho^2-6\rho\cos\theta+5=0$,得 $x^2+y^2-6x+5=0$,即 $(x-3)^2+y^2=4$.

(2)将 l 的参数方程代入圆 C 的直角坐标方程,得 $(1+\dfrac{\sqrt{2}}{2}t-3)^2+(1-\dfrac{\sqrt{2}}{2}t)^2=4$.

即 $t^2-3\sqrt{2}t+1=0$,由于 $\Delta=(-3\sqrt{2})^2-4=14>0$,故可设 t_1,t_2 是上述方

程的两实根,所以 $t_1 + t_2 = 3\sqrt{2}$, $t_1 \cdot t_2 = 1$,又直线 l 过点 $P(1,1)$,故由上式及 t 的几何意义得:$|PA| + |PB| = |t_1| + |t_2| = t_1 + t_2 = 3\sqrt{2}$.

【例10】 已知直线 l: $\begin{cases} x = 1 + \dfrac{1}{2}t \\ y = \dfrac{\sqrt{3}}{6}t \end{cases}$ (t 为参数),曲线 C_1: $\begin{cases} x = \cos\theta \\ y = \sin\theta \end{cases}$ (θ 为参数).

(1)设 l 与 C_1 相交于 A,B 两点,求 $|AB|$;

(2)若把曲线 C_1 上各点的横坐标压缩为原来的 $\dfrac{1}{2}$ 倍,纵坐标压缩为原来的 $\dfrac{\sqrt{3}}{2}$ 倍,得到曲线 C_2,设点 P 是曲线 C_2 上的一个动点,求它到直线 l 的距离的最大时,点 P 的坐标.

【解析】 (1)l 的普通方程 $y = \dfrac{\sqrt{3}}{3}(x-1)$,$C_1$ 的普通方程 $x^2 + y^2 = 1$,联立方程组 $\begin{cases} y = \dfrac{\sqrt{3}}{3}(x-1) \\ x^2 + y^2 = 1 \end{cases}$. 解得 l 与 C_1 的交点为 $A(1,0)$,$B(-\dfrac{1}{2}, -\dfrac{\sqrt{3}}{2})$,则 $|AB| = \sqrt{3}$.

(2)C_2 的参数方程为 $\begin{cases} x = \dfrac{1}{2}\cos\theta \\ y = \dfrac{\sqrt{3}}{2}\sin\theta \end{cases}$ (θ 为参数),故点 P 的坐标是 $(\dfrac{1}{2}\cos\theta, \dfrac{\sqrt{3}}{2}\sin\theta)$,从而点 P 到直线 l 的距离是 $\dfrac{\left|\dfrac{1}{2}\cos\theta - \dfrac{3}{2}\sin\theta - 1\right|}{2} = \dfrac{\left|\dfrac{\sqrt{10}}{2}\sin(\theta - \varphi) + 1\right|}{2}$,由此当 $\sin(\theta - \varphi) = 1$ 时,d 取得最大值,且最大值为 $\dfrac{\sqrt{10}}{4} + \dfrac{1}{2}$. 此时,点 P 坐标为 $(-\dfrac{\sqrt{10}}{20}, \dfrac{3\sqrt{30}}{20})$.

【例11】 在平面直角坐标系 xOy 中,曲线 C_1 的参数方程为 $\begin{cases} x = \sqrt{3} + 2\cos\alpha \\ y = 2 + 2\sin\alpha \end{cases}$ (α 为参数),直线 C_2 的方程为 $y = \dfrac{\sqrt{3}}{3}x$,以 O 为极点,以 x 轴非负半轴为极轴建立极坐标系.

(1)求曲线 C_1 和直线 C_2 的极坐标方程;

(2)若曲线 C_1 与直线 C_2 交于 P,Q 两点,求$|OP|\cdot|OQ|$的值.

【解析】 (1)曲线 C_1 的参数方程为 $\begin{cases}x=\sqrt{3}+2\cos\alpha\\y=2+2\sin\alpha\end{cases}$($\alpha$ 为参数),转化为普通方程:$(x-\sqrt{3})^2+(y-2)^2=4$.

即 $x^2+y^2-2\sqrt{3}x-4y+3=0$,则 C_1 的极坐标方程为 $\rho^2-2\sqrt{3}\rho\cos\theta-4\rho\sin\theta+3=0$,因为直线 C_2 的方程为 $y=\frac{\sqrt{3}}{3}x$,所以直线 C_2 的极坐标方程 $\theta=\frac{\pi}{6}(\rho\in\mathbf{R})$.

(2)设 $P(\rho_1,\theta_1),Q(\rho_2,\theta_2)$,将 $\theta=\frac{\pi}{6}(\rho\in\mathbf{R})$ 代入 $\rho^2-2\sqrt{3}\rho\cos\theta-4\rho\sin\theta+3=0$,得:$\rho^2-5\rho+3=0$,所以 $\rho_1\cdot\rho_2=3$,所以$|OP|\cdot|OQ|=\rho_1\rho_2=3$.

【例 12】 在直角坐标系 xOy 中,圆 C 的参数方程为 $\begin{cases}x=3+2\cos\theta\\y=-4+2\sin\theta\end{cases}$($\theta$ 为参数).

(1)以坐标原点为极点,x 轴正半轴为极轴建立极坐标系,求圆 C 的极坐标方程;

(2)已知 $A(2,0),B(0,2)$,圆 C 上任意一点 $M(x,y)$,求$\triangle ABM$ 面积的最大值.

【解析】 (1)圆 C 的参数方程为 $\begin{cases}x=3+2\cos\theta\\y=-4+2\sin\theta\end{cases}$($\theta$ 为参数).利用平方关系可得:$(x-3)^2+(y+4)^2=4$.

展开可得:$x^2+y^2-6x+8y+21=0$.把 $x=\rho\cos\theta,y=\rho\sin\theta$ 代入可得圆 C 的极坐标方程:$\rho^2-6\rho\cos\theta+8\rho\sin\theta+21=0$.

(2)直线 AB 的方程为:$\frac{x}{2}+\frac{y}{2}=1$,即 $x+y-2=0$.圆心 $C(3,-4)$ 到直线 AB 的距离 $d=\frac{|3-4-2|}{\sqrt{2}}=\frac{3\sqrt{2}}{2}>2$,可得直线 AB 与圆 C 相离.所以圆 C 上任意一点 $M(x,y)$ 直线 AB 的距离的最大值 $=d+r=\frac{3\sqrt{2}}{2}+2$,故$\triangle ABM$ 面积的最大值 $=\frac{1}{2}|AB|(d+r)=\frac{1}{2}\times 2\sqrt{2}\times(\frac{3\sqrt{2}}{2}+2)=3+2\sqrt{2}$.

【例 13】 在平面直角坐标系 xOy 中,直线 l 的参数方程为 $\begin{cases}x=3-\frac{\sqrt{2}}{2}t\\y=\sqrt{5}+\frac{\sqrt{2}}{2}t\end{cases}$($t$ 为

参数).在以原点 O 为极点,x 轴正半轴为极轴的极坐标中,圆 C 的方程为 $\rho = 2\sqrt{5}\sin\theta$.

(1)写出直线 l 的普通方程和圆 C 的直角坐标方程;

(2)若点 P 坐标为 $(3,\sqrt{5})$,圆 C 与直线 l 交于 A,B 两点,求 $|PA|+|PB|$ 的值.

【解析】 (1)由 $\begin{cases} x = 3 - \dfrac{\sqrt{2}}{2}t \\ y = \sqrt{5} + \dfrac{\sqrt{2}}{2}t \end{cases}$ 得直线 l 的普通方程为 $x+y-3-\sqrt{5}=0$,又

由 $\rho = 2\sqrt{5}\sin\theta$ 得 $\rho^2 = 2\sqrt{5}\rho\sin\theta$,化为直角坐标方程为 $x^2 + (y-\sqrt{5})^2 = 5$.

(2)把直线 l 的参数方程代入圆 C 的直角坐标方程,得 $(3-\dfrac{\sqrt{2}}{2}t)^2 + (\dfrac{\sqrt{2}}{2}t)^2 = 5$,即 $t^2 - 3\sqrt{2}t + 4 = 0$.

设 t_1, t_2 是上述方程的两实数根,所以 $t_1 + t_2 = 3\sqrt{2}$. 又直线 l 过点 $P(3, \sqrt{5})$, A, B 两点对应的参数分别为 t_1, t_2,所以 $|PA| + |PB| = |t_1| + |t_2| = t_1 + t_2 = 3\sqrt{2}$.

【例14】 在平面直角坐标系 xOy 中,曲线 C_1 参数方程为 $\begin{cases} x = 6\cos\theta \\ y = 4\sin\theta \end{cases}$ (θ 为参数),将曲线 C_1 上所有点的横坐标变为原来的 $\dfrac{1}{3}$,纵坐标变为原来的 $\dfrac{1}{2}$,得到曲线 C_2.

(1)求曲线 C_2 的普通方程;

(2)过点 $P(1,1)$ 且倾斜角为 α 的直线 l 与曲线 C_2 交于 A,B 两点,求 $|AB|$ 取得最小值时 α 的值.

【解析】 (1)将曲线 C_1 参数方程 $\begin{cases} x = 6\cos\theta \\ y = 4\sin\theta \end{cases}$ (θ 为参数)的参数消去,得到直角坐标方程为 $\dfrac{x^2}{36} + \dfrac{y^2}{16} = 1$.

设 C_1 上任意一点为 (x_0, y_0),经过伸缩变换后的坐标为 (x', y'),由题意得:$\begin{cases} x' = \dfrac{1}{3}x_0 \\ y' = \dfrac{1}{2}y_0 \end{cases} \Rightarrow \begin{cases} x_0 = 3x' \\ y_0 = 2y' \end{cases}$,故 C_2 的直角坐标方程 $x^2 + y^2 = 4$.

圆锥曲线的奥秘

(2)过点$P(1,1)$倾斜角为α的直线l的参数方程为:$\begin{cases}x=1+t\cos\alpha\\y=1+t\sin\alpha\end{cases}$($\alpha$为参数),代入$C_2$的方程$x^2+y^2=4$得:$t^2+2(\cos\alpha+\sin\alpha)t-2=0$,记$A,B$对于的参数分别为$t_1,t_2$,$\begin{cases}t_1+t_2=-2(\cos\alpha+\sin\alpha)\\t_1t_2=-2\end{cases}$,$|AB|=|t_1-t_2|=\sqrt{4(\cos\alpha+\sin\alpha)^2+8}=2\sqrt{3+\sin2\alpha}$,故当$\alpha=\dfrac{3\pi}{4}$时,$|AB|_{\min}=2\sqrt{2}$.

【例15】 在平面直角坐标系xOy中,已知直线$l:\begin{cases}x=1+\dfrac{1}{2}t\\y=\dfrac{\sqrt{3}}{2}t\end{cases}$($t$为参数),曲线$C_1:\begin{cases}x=\sqrt{2}\cos\theta\\y=\sin\theta\end{cases}$($\theta$为参数).

(1)设l与C_1相交于A,B两点,求$|AB|$;

(2)若Q是曲线$C_2:\begin{cases}x=\cos\alpha\\y=3+\sin\alpha\end{cases}$($\alpha$为参数)上的一个动点,设点$P$是曲线$C_1$上的一个动点,求$|PQ|$的最大值.

【解析】 (1)由曲线$C_1:\begin{cases}x=\sqrt{2}\cos\theta\\y=\sin\theta\end{cases}$($\theta$为参数),消去参数$\theta$,可得普通方程为$\dfrac{x^2}{2}+y^2=1$.

把直线l的参数方程代入为$\dfrac{x^2}{2}+y^2=1$,得$7t^2+4t-4=0$,则$t_1+t_2=-\dfrac{4}{7}$,$t_1t_2=-\dfrac{4}{7}$.

所以$|AB|=|t_1-t_2|=\sqrt{(t_1+t_2)^2-4t_1t_2}=\dfrac{8\sqrt{2}}{7}$.

(2)设点$P(x,y)$是曲线C_1上的一个动点,化曲线$C_2:\begin{cases}x=\cos\alpha\\y=3+\sin\alpha\end{cases}$($\alpha$为参数)为$x^2+(y-3)^2=1$.

所以$|PC_2|=\sqrt{x^2+(y-3)^2}=\sqrt{-(y+3)^2+20}$,因为$-1\leqslant y\leqslant1$,所以$|PC_2|$的最大值为4,则$|PQ|$的最大值为5.

【例16】 在直角坐标系xOy中,已知曲线$C_1:x^2+y^2=1$,将曲线C_1经过

伸缩变换 $\begin{cases} x' = 2x \\ y' = y \end{cases}$ 得到曲线 C_2；以直角坐标系原点为极点，x 轴的正半轴为极轴建立极坐标系.

(1) 写出曲线 C_2 的极坐标方程；

(2) 若 A,B 分别是曲线 C_2 上的两点，且 $OA \perp OB$，求证：$\dfrac{1}{|OA|^2} + \dfrac{1}{|OB|^2}$ 为定值.

【解析】 (1) 设曲线 C_2 上任意一点 $p'(x',y')$，将 $\begin{cases} x = \dfrac{x'}{2} \\ y = y' \end{cases}$ 代入 $x^2 + y^2 = 1$ 得 $\dfrac{x'^2}{4} + y'^2 = 1$，即 $\dfrac{x^2}{4} + y^2 = 1$ 为曲线 C_2 的直角坐标方程. 将 $x = \rho\cos\theta, y = \rho\sin\theta$ 代入 $\dfrac{x^2}{4} + y^2 = 1$，得 $\dfrac{(\rho\cos\theta)^2}{4} + (\rho\sin\theta)^2 = 1$，即 $\rho^2 = \dfrac{4}{\cos^2\theta + 4\sin^2\theta}$ 为曲线 C_2 的极坐标方程.

(2) 由于 $OA \perp OB$，可设 $A(\rho_1, \theta), B(\rho_2, \theta + \dfrac{\pi}{2})$，则

$$\rho_1^2 = \dfrac{4}{\cos^2\theta + 4\sin^2\theta}, \rho_2^2 = \dfrac{4}{\sin^2\theta + 4\cos^2\theta}$$

于是 $\dfrac{1}{|OA|^2} + \dfrac{1}{|OB|^2} = \dfrac{1}{\rho_1^2} + \dfrac{1}{\rho_2^2} = \dfrac{\cos^2\theta + 4\sin^2\theta + \sin^2\theta + 4\cos^2\theta}{4} = \dfrac{5}{4}$，故 $\dfrac{1}{|OA|^2} + \dfrac{1}{|OB|^2}$ 为定值 $\dfrac{5}{4}$.

【例17】 在直角坐标系 xOy 中，曲线 $C: \begin{cases} x = \cos\theta + 1 \\ y = \sin\theta \end{cases}$（$\theta$ 为参数），直线 $l: \begin{cases} x = 1 + t \\ y = 2 - t \end{cases}$（$t$ 为参数）.

(1) 判断直线 l 与曲线 C 的位置关系；

(2) 点 P 是曲线 C 上的一个动点，求 P 到直线 l 的距离的最大值.

【解析】 (1) 由曲线 $C: \begin{cases} x = \cos\theta + 1 \\ y = \sin\theta \end{cases}$（$\theta$ 为参数），消去参数 θ，得曲线 C 的普通方程为 $(x-1)^2 + y^2 = 1$.

由直线 $l: \begin{cases} x = 1 + t \\ y = 2 - t \end{cases}$（$t$ 为参数），消去参数 t，得直线 l 的普通方程为 $x + y = 3$.

因为圆心 $(1,0)$ 到直线 $x+y-3=0$ 的距离 $d=\dfrac{|1-3|}{\sqrt{2}}=\sqrt{2}>1$,所以直线 l 与曲线 C 相离.

(2)设点 $P(\cos\theta+1,\sin\theta)$,则 P 到直线 $l:x+y=3$ 的距离为:$d=\dfrac{|\cos\theta+1+\sin\theta-3|}{\sqrt{2}}=\dfrac{|\sin\theta+\cos\theta-2|}{\sqrt{2}}=\dfrac{|\sqrt{2}\sin(\theta+\dfrac{\pi}{4})-2|}{\sqrt{2}}$,所以 P 到直线 l 的距离的最大值为 $\dfrac{2+\sqrt{2}}{\sqrt{2}}=\sqrt{2}+1$.

【例 18】 在直角坐标系 xOy 中,曲线 C_1 的参数方程是 $\begin{cases}x=\sqrt{3}+2\cos\theta\\y=1+2\sin\theta\end{cases}$ (θ 为参数),以坐标原点为极点,x 轴的正半轴为极轴建立极坐标系,曲线 C_2 的极坐标方程为 $\rho=\dfrac{m}{2\sin(\theta-\dfrac{\pi}{3})}$ ($m\in\mathbf{R}$).

(1)求曲线 C_1,C_2 的直角坐标方程;

(2)设 A,B 分别在曲线 C_1,C_2 上运动,若 $|AB|$ 的最小值是 1,求 m 的值.

【解析】 (1)在直角坐标系 xOy 中,曲线 C_1 的参数方程是 $\begin{cases}x=\sqrt{3}+2\cos\theta\\y=1+2\sin\theta\end{cases}$ (θ 为参数),利用平方关系可得:$(x-\sqrt{3})^2+y^2=4$. 曲线 C_2 的极坐标方程为 $\rho=\dfrac{m}{2\sin(\theta-\dfrac{\pi}{3})}$ ($m\in\mathbf{R}$). 所以 $2\rho(\dfrac{1}{2}\sin\theta-\dfrac{\sqrt{3}}{2}\cos\theta)=m$,化为:$\sqrt{3}x-y+m=0$.

(2)设 A,B 分别在曲线 C_1,C_2 上运动,因为 $|AB|$ 的最小值是 1,所以 $\sqrt{2^2-\left(\dfrac{|3+m|}{\sqrt{(\sqrt{3})^2+1^2}}\right)^2}\geqslant\dfrac{1}{2}$,解得 $-\sqrt{15}-3\leqslant m\leqslant\sqrt{15}-3$. 故 m 的取值范围是 $[-\sqrt{15}-3,\sqrt{15}-3]$.

【例 19】 已知直线 $l:\begin{cases}x=-1+t\cos\alpha,\\y=t\sin\alpha\end{cases}$ (t 为参数,α 为 l 的倾斜角,且 $0<\alpha<\pi$) 与曲线 $C:\begin{cases}x=2\cos\theta\\y=\sqrt{3}\sin\theta\end{cases}$ (θ 为参数) 相交于 A,B 两点,点 F 的坐标为 $(1,0)$,点 E 的坐标为 $(-1,0)$.

(1)求曲线 C 的普通方程和 $\triangle ABF$ 的周长;

(2)若点 E 恰为线段 AB 的三等分点,求 $\triangle ABF$ 的面积.

【解析】 (1)把 $\begin{cases} x = 2\cos\theta \\ y = \sqrt{3}\sin\theta \end{cases}$ (θ 为参数)消去参数 θ,可化为 $\dfrac{x^2}{4} + \dfrac{y^2}{3} = 1$,所以 E, F 为椭圆 C 的两个焦点. 又 A, B 在椭圆上,所以 $|AE| + |AF| = |BE| + |BF| = 4$. 又直线 AB 过点 E,所以 $\triangle ABF$ 的周长为 8.

(2)将 $\begin{cases} x = -1 + t\cos\alpha \\ y = t\sin\alpha \end{cases}$ 代入 $\dfrac{x^2}{4} + \dfrac{y^2}{3} = 1$,得 $(3 + \sin^2\alpha)t^2 - 6t\cos\alpha - 9 = 0$.

设点 A, B 对应的参数为 t_1, t_2,其中 $\Delta = 36\cos^2\alpha + 36(3 + \sin^2\alpha) = 144 > 0$,

且 $t_1 + t_2 = \dfrac{6\cos\alpha}{3 + \sin^2\alpha}$, $t_1 t_2 = \dfrac{-9}{3 + \sin^2\alpha}$,所以 $|AB| = |t_1 - t_2| = \sqrt{(t_1 + t_2)^2 - 4t_1 t_2} =$

$\sqrt{(\dfrac{6\cos\alpha}{3 + \sin^2\alpha})^2 + \dfrac{36}{3 + \sin^2\alpha}} = \dfrac{12}{3 + \sin^2\alpha}$.

不妨设 $|AE|:|BE| = 2:1$,则 $t_1 = -2t_2$, $t_1 + t_2 = -t_2$, $t_1 t_2 = -2t_2^2 = -2(t_1 + t_2)^2$,所以 $\dfrac{-9}{3 + \sin^2\alpha} = -2 \cdot (\dfrac{6\cos\alpha}{3 + \sin^2\alpha})^2$.

即 $9(3 + \sin^2\alpha) = 72\cos^2\alpha$,得 $\sin^2\alpha = \dfrac{5}{9}$, $\sin\alpha = \dfrac{\sqrt{5}}{3}$.

所以 $\triangle ABF$ 的面积为 $S = \dfrac{1}{2} \cdot |EF| \cdot |AB| \cdot \sin\alpha = \dfrac{1}{2} \cdot 2 \cdot \dfrac{12}{3 + \sin^2\alpha} \cdot \sin\alpha = \dfrac{9\sqrt{5}}{8}$.

【例20】 在平面直角坐标系 xOy 中,以 O 为极点, x 轴正半轴为极轴建立极坐标系,曲线 C_1 的极坐标方程为 $\rho^2 - 2\rho\cos\theta - 3 = 0 (\theta \in [0, \pi])$,将曲线 C_1 向左平移 1 个单位再经过伸缩变换 $\begin{cases} x' = 2x \\ y' = \dfrac{3}{2}y \end{cases}$ 得到曲线 C_2.

(1)求 C_1 的普通方程与 C_2 的参数方程;

(2)若直线 $l: \begin{cases} x = 1 + t\cos\alpha \\ y = t\sin\alpha \end{cases}$ (t 为参数)与 C_1, C_2 分别相交于 A, B 两点,求当 $|AB| = \sqrt{10} - 2$ 时直线 l 的普通方程.

【解析】 (1)由 $\rho^2 - 2\rho\cos\theta - 3 = 0 (\theta \in [0, \pi])$,得 $x^2 + y^2 - 2x - 3 = 0$,即 $C_1: (x-1)^2 + y^2 = 4 (y \geq 0)$.

向左平移 1 个单位得到 $x^2+y^2=4$，把 $\begin{cases} x=\dfrac{1}{2}x' \\ y=\dfrac{2}{3}y' \end{cases}$ 代入得：$\dfrac{x'^2}{16}+\dfrac{y'^2}{9}=1$，所以

$C_2: \dfrac{x^2}{16}+\dfrac{y^2}{9}=1(y\geqslant 0)$.

则 C_2 的参数方程为：$\begin{cases} x=4\cos\theta \\ y=3\sin\theta \end{cases}(0\leqslant\theta\leqslant\pi)$.

(2) 直线 l 经过圆 C_1 的圆心 $C_1(1,0)$，设 $B(4\cos\theta,3\sin\theta)(0\leqslant\theta\leqslant\pi)$，而 $|AB|=|C_1B|-|C_1A|=|C_1B|-2$，则 $|C_1B|=\sqrt{(4\cos\theta-1)^2+(3\sin\theta)^2}=\sqrt{7\cos^2\theta-8\cos\theta+10}=\sqrt{10}$.

故 $\cos\theta=0$，或 $\cos\theta=\dfrac{8}{7}$（舍），从而 $B(0,3)$，所以 $l:3x+y-3=0$.

【例 21】 已知曲线 $C_1:\begin{cases} x=\dfrac{1}{2}\cos\alpha \\ y=3\sin\alpha \end{cases}$（$\alpha$ 为参数），曲线 $C_2:\rho\sin\left(\theta+\dfrac{\pi}{4}\right)=\sqrt{2}$，将 C_1 的横坐标伸长为原来的 2 倍，纵坐标缩短为原来的 $\dfrac{1}{3}$ 得到曲线 C_3.

(1) 求曲线 C_3 的普通方程，曲线 C_2 的直角坐标方程；

(2) 若点 P 为曲线 C_3 上的任意一点，Q 为曲线 C_2 上的任意一点，求线段 $|PQ|$ 的最小值，并求此时的 Q 的坐标；

(3) 过(2)中求出的点 Q 作一直线 l，交曲线 C_3 于 A,B 两点，求 $\triangle AOB$ 面积的最大值（O 为直角坐标系的坐标原点），并求出此时直线 l 的方程.

【解析】 (1) 将 $C_1:\begin{cases} x=\dfrac{1}{2}\cos\alpha \\ y=3\sin\alpha \end{cases}$ 的横坐标伸长为原来的 2 倍，纵坐标缩短为原来的 $\dfrac{1}{3}$ 得到曲线 $C_3:\begin{cases} x=\cos\alpha \\ y=\sin\alpha \end{cases}$（$\alpha$ 为参数），消去参数 α 得曲线 C_3 的普通方程为 $x^2+y^2=1$；由 $\rho\sin\left(\theta+\dfrac{\pi}{4}\right)=\sqrt{2}$ 得 $\rho\sin\theta\cos\dfrac{\pi}{4}+\rho\cos\theta\sin\dfrac{\pi}{4}=\sqrt{2}$，得 $\rho\sin\theta+\rho\cos\theta=2$，得曲线 C_2 的直角坐标方程为：$x+y-2=0$.

(2) 设 $P(\cos\alpha,\sin\alpha)$，则点 P 到直线 $x+y-2=0$ 的距离 $d=\dfrac{|\cos\alpha+\sin\alpha-2|}{\sqrt{2}}=\dfrac{\left|\sqrt{2}\sin\left(\alpha+\dfrac{\pi}{4}\right)-2\right|}{\sqrt{2}}$，所以 $\sin\left(\alpha+\dfrac{\pi}{4}\right)=1$，取 $\alpha=\dfrac{\pi}{4}$ 时，取

得最小值 $\sqrt{2}-1$,此时 $Q(1,1)$ 所以 $|PQ|_{min} = \frac{|0+0-2|}{\sqrt{1+1}} - 1 = \sqrt{2}-1, Q(1,1)$.

(3)因为 $S_{\triangle AOB} = \frac{1}{2}|OA||OB|\sin\angle AOB \leq \frac{1}{2}\sin\angle AOB$,所以 $\angle AOB = \frac{\pi}{2}$ 时, $\triangle AOB$ 面积有最大值 $\frac{1}{2}$.

此时 O 到 l 距离 $d = \frac{\sqrt{2}}{2}$,所以 $l:y = (2 \pm \sqrt{3})(x-1) + 1$.

【例22】 在平面直角坐标系 xOy 中,已知倾斜角为 α 的直线 l 的参数方程为 $\begin{cases} x = -2 + t\cos\alpha \\ y = t\sin\alpha \end{cases}$ (t 为参数),曲线 C 的参数方程为 $\begin{cases} x = \cos\theta \\ y = \sin\theta \end{cases}$ (θ 为参数),点 P 的坐标为 $(-2,0)$.

(1)当 $\cos\alpha = \frac{12}{13}$ 时,设直线 l 与曲线 C 交于 A,B 两点,求 $|PA|\cdot|PB|$ 的值;

(2)若点 Q 在曲线 C 上运动,点 M 在线段 PQ 上运动,且 $\overrightarrow{PM} = 2\overrightarrow{MQ}$,求动点 M 的轨迹方程.

【解析】 (1)由 $\begin{cases} x = \cos\theta \\ y = \sin\theta \end{cases}$ (θ 为参数),得曲线 C 的普通方程为 $x^2 + y^2 = 1$.

当 $\cos\alpha = \frac{12}{13}$ 时,直线 l 的参数方程为 $\begin{cases} x = -2 + \frac{12}{13}t \\ y = \frac{5}{13}t \end{cases}$,代入为 $x^2 + y^2 = 1$,得 $13t^2 - 48t + 39 = 0$.

故 $|PA|\cdot|PB| = |t_1|\cdot|t_2| = |t_1 t_2| = 3$.

(2)设 $Q(\cos\theta, \sin\theta), M(x,y)$,则由 $\overrightarrow{PM} = 2\overrightarrow{MQ}$,得 $(x+2, y) = 2(\cos\theta - x, \sin\theta - y)$,即 $\begin{cases} 3x + 2 = 3\cos\theta \\ 3y = 2\sin\theta \end{cases}$,消去 θ,得 $(x + \frac{2}{3})^2 + y^2 = \frac{4}{9}$,所以点 M 的轨迹方程为 $(x + \frac{2}{3})^2 + y^2 = \frac{4}{9}$.

【例23】 在直角坐标系 xOy 中,曲线 $C_1: \begin{cases} x = \sqrt{5}\cos\alpha \\ y = 2 + \sqrt{5}\sin\alpha \end{cases}$ (α 为参数).以原点 O 为极点,x 轴的正半轴为极轴建立极坐标系,曲线 $C_2: \rho^2 = 4\rho\cos\theta - 3$.

(1)求 C_1 的普通方程和 C_2 的直角坐标方程;

(2)若曲线 C_1 与 C_2 交于 A,B 两点,A,B 的中点为 M,点 $P(0,-1)$,求 $|PM|\cdot|AB|$ 的值.

【解析】 (1)由 $C_1:\begin{cases}x=\sqrt{5}\cos\alpha\\y=2+\sqrt{5}\sin\alpha\end{cases}$ (α 为参数),消去参数 α,得 $x^2+(y-2)^2=5$.

由 $\rho^2=4\rho\cos\theta-3$,且 $\rho^2=x^2+y^2$,$x=\rho\cos\theta$,得 C_2 的直角坐标方程为 $x^2+y^2-4x+3=0$.

(2)将两圆 $x^2+(y-2)^2=5$ 与 $x^2+y^2-4x+3=0$ 作差,得直线 AB 的方程为:$x-y-1=0$.

点 $P(0,-1)$ 在直线 AB 上,设直线 AB 的参数方程为 $\begin{cases}x=\frac{\sqrt{2}}{2}t\\y=-1+\frac{\sqrt{2}}{2}t\end{cases}$.代入 $x^2+y^2-4x+3=0$,得 $t^2-3\sqrt{2}t+4=0$. 所以 $t_1+t_2=3\sqrt{2}$,$t_1t_2=4$. 因为点 M 对应的参数为 $\frac{t_1+t_2}{2}=\frac{3\sqrt{2}}{2}$.

所以 $|PM|\cdot|AB|=\left|\frac{t_1+t_2}{2}\right|\cdot|t_1-t_2|=\frac{3\sqrt{2}}{2}\cdot\sqrt{(t_1+t_2)^2-4t_1t_2}=\frac{3\sqrt{2}}{2}\cdot\sqrt{18-4\times4}=3$.

【例24】 在直角坐标系 xOy 中,直线 l 的参数方程为 $\begin{cases}x=4+\frac{\sqrt{2}}{2}t\\y=3+\frac{\sqrt{2}}{2}t\end{cases}$ (t 为参数),以坐标原点为极点,x 轴正半轴为极轴建立极坐标系,曲线 C 的极坐标方程为 $\rho^2(3+\sin^2\theta)=12$.

(1)求直线 l 的普通方程与曲线 C 的直角坐标方程;

(2)若直线 l 与曲线 C 交于 A,B 两点,且设定点 $P(2,1)$,求 $\frac{1}{|PA|}+\frac{1}{|PB|}$ 的值.

【解析】 (1)由 $\begin{cases}x=4+\frac{\sqrt{2}}{2}t\\y=3+\frac{\sqrt{2}}{2}t\end{cases}$ 消去 t 得 $x-y-1=0$,由 $\rho^2(3+\sin^2\theta)=12$ 得

$3x^2+3y^2+y^2=12$, 即 $\dfrac{x^2}{4}+\dfrac{y^2}{3}=1$, 故直线 l 的普通方程为 $l:x-y-1=0$; 曲线 C 的直角坐标方程为: $\dfrac{x^2}{4}+\dfrac{y^2}{3}=1$.

(2)因为直线 l 过 $P(2,1)$, 所以可设直线 l 的参数方程为 $\begin{cases} x=2+\dfrac{\sqrt{2}}{2}t \\ y=1+\dfrac{\sqrt{2}}{2}t \end{cases}$, 并

代入圆的方程整理得: $7t^2+20\sqrt{2}t+8=0$, 设 A,B 对应的参数为 t_1,t_2, 则 $t_1+t_2=-\dfrac{20\sqrt{2}}{7}, t_1 t_2=\dfrac{8}{7}$, 且 $t_1<0, t_2<0$.

所以 $\dfrac{1}{|PA|}+\dfrac{1}{|PB|}=\dfrac{|PA|+|PB|}{|PA||PB|}=\dfrac{|t_1|+|t_2|}{|t_1 t_2|}=\dfrac{5\sqrt{2}}{2}$.

【例25】 已知曲线 C 的极坐标方程是 $\rho=4\cos\theta$. 以极点为平面直角坐标系的原点, 极轴为 x 轴的正半轴, 建立平面直角坐标系, 直线 l 的参数方程是 $\begin{cases} x=1+t\cos\alpha \\ y=t\sin\alpha \end{cases}$ (t 是参数).

(1)写出曲线 C 的参数方程;

(2)若直线 l 与曲线 C 相交于 A,B 两点, 且 $|AB|=\sqrt{14}$, 求直线 l 的倾斜角 α 的值.

【解析】 (1)由 $\rho=4\cos\theta$ 得: $\rho^2=4\rho\cos\theta, x^2+y^2=4x$, 即直角坐标方程为 $(x-2)^2+y^2=4$, 参数方程为 $\begin{cases} x=2+2\cos\varphi \\ y=2\sin\varphi \end{cases}$ (φ 为参数).

(2)将 $\begin{cases} x=1+t\cos\alpha \\ y=t\sin\alpha \end{cases}$ 代入圆的方程得 $(t\cos\alpha-1)^2+(t\sin\alpha)^2=4$, 化简得 $t^2-2t\cos\alpha-3=0$. 设 A,B 两点对应的参数分别为 t_1,t_2, 则 $\begin{cases} t_1+t_2=2\cos\alpha \\ t_1 t_2=-3 \end{cases}$, 所以 $|AB|=|t_1-t_2|=\sqrt{(t_1+t_2)^2-4t_1 t_2}=\sqrt{4\cos^2\alpha+12}=\sqrt{14}$.

所以 $4\cos^2\alpha=2, \cos\alpha=\pm\dfrac{\sqrt{2}}{2}, \alpha=\dfrac{\pi}{4}$ 或 $\dfrac{3\pi}{4}$.

【例26】 在直角坐标系 xOy 中, 圆 C 的参数方程为 $\begin{cases} x=1+\cos\alpha \\ y=\sin\alpha \end{cases}$, 其中 α 为参数, 以坐标原点 O 为极点, x 轴正半轴为极轴建立极坐标系.

(1)求圆 C 的极坐标方程;

(2)B 为圆 C 上一点,且点 B 的极坐标为 (ρ_0,θ_0),$\theta_0 \in (-\dfrac{\pi}{2},\dfrac{\pi}{6})$,射线 OB 绕点 O 逆时针旋转 $\dfrac{\pi}{3}$,得射线 OA,其中 A 也在圆 C 上,求 $|OA|+|OB|$ 的最大值.

【解析】(1)$\begin{cases} x=1+\cos\alpha \\ y=\sin\alpha \end{cases} \Rightarrow (x-1)^2+y^2=1 \Rightarrow x^2+y^2-2x=0$,由 $\rho^2=x^2+y^2$,$x=\rho\cos\alpha$,可得圆 C 的极坐标方程 $\rho=2\cos\alpha$.

(2)由题意可知:$A(\rho_1,\theta_0+\dfrac{\pi}{3})$,所以 $|OA|+|OB|=2\cos\theta_0+2\cos(\theta_0+\dfrac{\pi}{3})=2\sqrt{3}\cos(\theta_0+\dfrac{\pi}{6})$,$\theta_0 \in (-\dfrac{\pi}{2},\dfrac{\pi}{6})$,所以 $\theta_0+\dfrac{\pi}{6} \in (-\dfrac{\pi}{3},\dfrac{\pi}{3}) \Rightarrow \cos(\theta_0+\dfrac{\pi}{6}) \in (\dfrac{1}{2},1]$,从而 $|OA|+|OB|$ 最大值为 $2\sqrt{3}$.

【例27】在直角坐标系 xOy 中,直线 l 的参数方程为 $\begin{cases} x=1+\dfrac{\sqrt{2}}{2}t \\ y=2+\dfrac{\sqrt{2}}{2}t \end{cases}$(其中 t 为参数),以直角坐标系的原点为极点,x 轴的正半轴为极轴建立极坐标系,曲线 C 的极坐标方程为 $\rho=\dfrac{8\cos\theta}{\sin^2\theta}$.

(1)求曲线 C 的直角坐标方程;

(2)设直线与曲线 C 交于 A,B 两点,点 $P(1,2)$,求 $||PA|-|PB||$ 的值.

【解析】(1)曲线 C 的极坐标方程可化为 $\rho^2\sin^2\theta=8\rho\cos\theta$,因为 $\begin{cases} x=\rho\cos\theta \\ y=\rho\sin\theta \end{cases}$,所以直角坐标方程为 $y^2=8x$.

(2)设直线 l 上 A,B 两点的参数分别为 t_1,t_2,则 $A(1+\dfrac{\sqrt{2}}{2}t_1,2+\dfrac{\sqrt{2}}{2}t_1)$,$B(1+\dfrac{\sqrt{2}}{2}t_2,2+\dfrac{\sqrt{2}}{2}t_2)$,将 l 的参数方程代入曲线 C 的直角坐标方程得 $(2+\dfrac{\sqrt{2}}{2}t)^2=8(1+\dfrac{\sqrt{2}}{2}t)$,化简得 $t^2-4\sqrt{2}t-8=0$,则 $\begin{cases} t_1+t_2=4\sqrt{2} \\ t_1t_2=-8<0 \end{cases}$,所以 $||PA|-|PB||=||t_1|-|t_2||=|t_1+t_2|=4\sqrt{2}$.

【例28】 在平面直角坐标系 xOy 中,曲线 C 的参数方程为 $\begin{cases} x = 3\cos\alpha \\ y = \sqrt{3}\sin\alpha \end{cases}$($\alpha$ 为参数),在以原点为极点,x 轴正半轴为极轴的坐标系中,直线 l 的极坐标方程为 $\rho\sin(\theta - \dfrac{\pi}{4}) = \dfrac{\sqrt{2}}{2}$.

(1)求曲线 C 的普通方程和直线 l 的直角坐标方程;

(2)设点 $P(-1, 0)$,直线 l 和曲线 C 交于 A, B 两点,求 $|PA| + |PB|$ 的值.

【解析】 (1)由 $\begin{cases} x = 3\cos\alpha \\ y = \sqrt{3}\sin\alpha \end{cases}$ 消去参数 α,得 $\dfrac{x^2}{9} + \dfrac{y^2}{3} = 1$,即曲线 C 的普通方程为: $\dfrac{x^2}{9} + \dfrac{y^2}{3} = 1$.

由 $\rho\sin(\theta - \dfrac{\pi}{4}) = \dfrac{\sqrt{2}}{2}$,得 $\rho\sin\theta - \rho\cos\theta = 1$,化为直角坐标方程为:$x - y + 1 = 0$.

(2)由(1)知,点 $P(-1, 0)$ 在直线 l 上,可设直线 l 的参数方程为 $\begin{cases} x = -1 + t\cos\dfrac{\pi}{4} \\ y = t\sin\dfrac{\pi}{4} \end{cases}$ (t 为参数),即 $\begin{cases} x = -1 + \dfrac{\sqrt{2}}{2}t \\ y = \dfrac{\sqrt{2}}{2}t \end{cases}$ (t 为参数),代入 $\dfrac{x^2}{9} + \dfrac{y^2}{3} = 1$ 并化简得 $2t^2 - \sqrt{2}t - 8 = 0$,$\Delta > 0$,设 A, B 两点对应的参数分别为 t_1, t_2,得 $t_1 + t_2 = \dfrac{\sqrt{2}}{2}$,$t_1 t_2 = -1$,所以 $|PA| + |PB| = |t_1| + |t_2| = |t_1 - t_2| = \sqrt{(t_1 + t_2)^2 - 4t_1 t_2} = \dfrac{\sqrt{66}}{2}$,所以 $|PA| + |PB| = \dfrac{\sqrt{66}}{2}$.

【例29】 在平面直角坐标系 xOy 中,设倾斜角为 α 的直线 l 的参数方程为 $\begin{cases} x = \sqrt{3} + t\cos\alpha \\ y = 2 + t\sin\alpha \end{cases}$($t$ 为参数).在以坐标原点 O 为极点、x 轴正半轴为极轴建立的极坐标系中,曲线 C 的极坐标方程为 $\rho = \dfrac{2}{\sqrt{1 + 3\cos^2\theta}}$,直线 l 与曲线 C 相交于不同的两点 A, B.

(1)若 $\alpha = \dfrac{\pi}{6}$,求直线 l 的普通方程和曲线 C 的直角坐标方程;

(2)若 $|OP|$ 为 $|PA|$ 与 $|PB|$ 的等比中项,其中 $P(\sqrt{3}, 2)$,求直线 l 的斜率.

【解析】 (1) $\alpha = \dfrac{\pi}{6}$,直线 l 的点斜式方程为 $y - 2 = \dfrac{\sqrt{3}}{3}(x - \sqrt{3})$,化简得: $x - \sqrt{3}y + \sqrt{3} = 0$.

由 $\rho = \dfrac{2}{\sqrt{1 + 3\cos^2\theta}}$ 得 $\rho^2 + 3\rho^2\cos^2\theta = 4$,根据互化公式可得曲线 C 的直角坐标方程为 $4x^2 + y^2 = 4$.

(2)将直线 l 的参数方程代入 $4x^2 + y^2 = 4$ 并整理得
$$(4\cos^2\alpha + \sin^2\alpha)t^2 + (8\sqrt{3}\cos\alpha + 4\sin\alpha)t + 12 = 0$$
$$\Delta = (8\sqrt{3}\cos\alpha + 4\sin\alpha)^2 - 4(4\cos^2\alpha + \sin^2\alpha) \times 12 > 0$$

得 $\sin\alpha < 2\sqrt{3}\cos\alpha$,所以 $0 < \tan\alpha < 2\sqrt{3}$.

设 A, B 对应的参数为 t_1, t_2,则 $t_1 t_2 = \dfrac{12}{4\cos^2\alpha + \sin^2\alpha}$,由已知得 $|OP|^2 = |PA| \cdot |PB|$,即 $7 = |t_1 t_2| = \dfrac{12}{4\cos^2\alpha + \sin^2\alpha}$,化简得 $3\cos^2\alpha = \dfrac{5}{7}$,$\cos^2\alpha = \dfrac{5}{21}$,所以 $\sin^2\alpha = \dfrac{16}{21}$,$\tan^2\alpha = \dfrac{16}{5}$,$\tan\alpha = \pm\dfrac{4\sqrt{5}}{5}$,根据判别式舍去负值,所以斜率为 $\tan\alpha = \dfrac{4\sqrt{5}}{5}$.

【例30】 在平面直角坐标系 xOy 中,直线 l 的参数方程为 $\begin{cases} x = 1 - \dfrac{\sqrt{2}}{2}t \\ y = \dfrac{\sqrt{2}}{2}t \end{cases}$ (t 为参数),在以原点 O 为极点,x 轴非负半轴为极轴的极坐标系中,圆 C 的方程为 $\rho = -2\cos\theta$.

(1)写出直线的普通方程和圆 C 的直角坐标方程;

(2)若点 A 的直角坐标为 $(0, -2)$,P 为圆 C 上动点,求 PA 在直线 l 上的投影长的最小值.

【解析】 (1)消去参数 t 得直线 l 的普通方程为: $x + y - 1 = 0$;由 $\rho^2 = -\rho\cos\theta$ 得圆 C 的直角坐标方程为 $(x + 1)^2 + y^2 = 1$.

(2)设点 P 的坐标为 $(-1 + \cos\theta, \sin\theta)$,则 $\overrightarrow{PA} = (1 - \cos\theta, -2 - \sin\theta)$,取直线 l 的一个方向向量 $\boldsymbol{a} = (-1, 1)$,设 $\overrightarrow{PA}$ 在直线 l 上的投影长为 L,则 $L = \left|\dfrac{\overrightarrow{PA} \cdot \boldsymbol{a}}{|\boldsymbol{a}|}\right| = \dfrac{|-3 + \cos\theta - \sin\theta|}{\sqrt{2}} = \dfrac{\sqrt{2}}{2}\left[3 + \sqrt{2}\sin\left(\theta - \dfrac{\pi}{4}\right)\right] \geq \dfrac{3\sqrt{2}}{2} - 1$.

当 $\theta = 2k\pi - \dfrac{\pi}{4}$,$k \in \mathbf{Z}$ 时取等号.故 PA 在直线 l 上的投影长的最小值为 $\dfrac{3\sqrt{2}}{2} - 1$.

高中数学常用公式及常用结论

第八章

1. 包含关系

$$A \cap B = A \Leftrightarrow A \cup B = B \Leftrightarrow A \subseteq B \Leftrightarrow C_U B \subseteq C_U A$$
$$\Leftrightarrow A \cap C_U B = \varnothing \Leftrightarrow C_U A \cup B = \mathbf{R}$$

2. 集合 $\{a_1, a_2, \cdots, a_n\}$ 的子集个数共有 2^n 个;真子集有 $2^n - 1$ 个;非空子集有 $2^n - 1$ 个;非空的真子集有 $2^n - 2$ 个.

3. 充要条件(表1).

表1

若 $p \Rightarrow q$,则 p 是 q 的**充分**条件,q 是 p 的**必要**条件	
p 是 q 的**充分不必要**条件	$p \Rightarrow q$ 且 $q \not\Rightarrow p$
p 是 q 的**必要不充分**条件	$p \not\Rightarrow q$ 且 $q \Rightarrow p$
p 是 q 的**充要**条件	$p \Leftrightarrow q$
p 是 q 的**既不充分也不必要**条件	$p \not\Rightarrow q$ 且 $q \not\Rightarrow p$

4. 全称命题、特称命题及含一个量词的命题的否定(表2).

表2

命题名称	语言表示	符号表示	命题的否定
全称命题	对 M 中任意一个 x,有 $p(x)$ 成立	$\forall x \in M, p(x)$	$\exists x_0 \in M, \neg p(x_0)$
特称命题	存在 M 中的一个 x_0,使 $p(x_0)$ 成立	$\exists x_0 \in M, p(x_0)$	$\forall x \in M, \neg p(x)$

5. 函数的单调性.

(1)设 $x_1, x_2 \in [a, b], x_1 \neq x_2$,那么:

$(x_1-x_2)[f(x_1)-f(x_2)]>0 \Leftrightarrow \dfrac{f(x_1)-f(x_2)}{x_1-x_2}>0 \Leftrightarrow f(x)$ 在 $[a,b]$ 上是增函数;

$(x_1-x_2)[f(x_1)-f(x_2)]<0 \Leftrightarrow \dfrac{f(x_1)-f(x_2)}{x_1-x_2}<0 \Leftrightarrow f(x)$ 在 $[a,b]$ 上是减函数.

(2)设函数 $y=f(x)$ 在某个区间内可导,如果 $f'(x)>0$,则 $f(x)$ 为增函数;如果 $f'(x)<0$,则 $f(x)$ 为减函数.

6.如果函数 $f(x)$ 和 $g(x)$ 都是减函数,则在公共定义域内,和函数 $f(x)+g(x)$ 也是减函数;如果函数 $y=f(u)$ 和 $u=g(x)$ 在其对应的定义域上都是减函数,则复合函数 $y=f[g(x)]$ 是增函数.

7.奇偶函数的图像特征.

奇函数的图像关于原点对称,偶函数的图像关于 y 轴对称;反过来,如果一个函数的图像关于原点对称,那么这个函数是奇函数;如果一个函数的图像关于 y 轴对称,那么这个函数是偶函数.

8.若函数 $y=f(x)$ 是偶函数,则 $f(x+a)=f(-x-a)$;若函数 $y=f(x+a)$ 是偶函数,则 $f(x+a)=f(-x+a)$.

9.对于函数 $y=f(x)(x\in \mathbf{R})$,$f(x+a)=f(b-x)$ 恒成立,则函数 $f(x)$ 的对称轴是函数 $x=\dfrac{a+b}{2}$;两个函数 $y=f(x+a)$ 与 $y=f(b-x)$ 的图像关于直线 $x=\dfrac{b-a}{2}$ 对称.

10.若 $f(x)=-f(-x+a)$,则函数 $y=f(x)$ 的图像关于点 $(\dfrac{a}{2},0)$ 对称;若 $f(x)=-f(x+a)$,则函数 $y=f(x)$ 为周期为 $2a$ 的周期函数.

11.函数 $y=f(x)$ 的图像的对称性.

(1)函数 $y=f(x)$ 的图像关于直线 $x=a$ 对称 $\Leftrightarrow f(a+x)=f(a-x) \Leftrightarrow f(2a-x)=f(x)$.

(2)函数 $y=f(x)$ 的图像关于直线 $x=\dfrac{a+b}{2}$ 对称 $\Leftrightarrow f(a+mx)=f(b-mx) \Leftrightarrow f(a+b-mx)=f(mx)$.

12.几个常见的函数方程.

(1)正比例函数 $f(x)=cx$.

(2)指数函数 $f(x)=a^x$.

(3)对数函数 $f(x) = \log_a x$.

(4)幂函数 $f(x) = x^\alpha$.

(5)余弦函数 $f(x) = \cos x$，正弦函数 $g(x) = \sin x$.

13. 几个函数方程的周期(约定 $a > 0$).

(1) $f(x) = f(x+a)$，则 $f(x)$ 的周期 $T = a$;

(2) $f(x) = -f(x+a)$，或 $f(x+a) = \dfrac{1}{f(x)}(f(x) \neq 0)$，或 $f(x+a) = -\dfrac{1}{f(x)}(f(x) \neq 0)$，则 $f(x)$ 的周期 $T = 2a$;

(3) $f(x) = 1 - \dfrac{1}{f(x+a)}(f(x) \neq 0)$，则 $f(x)$ 的周期 $T = 3a$.

14. 分数指数幂.

(1) $a^{\frac{m}{n}} = \dfrac{1}{\sqrt[n]{a^m}}(a > 0, m, n \in \mathbf{N}^*,$ 且 $n > 1)$.

(2) $a^{-\frac{m}{n}} = \dfrac{1}{a^{\frac{m}{n}}}(a > 0, m, n \in \mathbf{N}^*,$ 且 $n > 1)$.

15. 根式的性质.

(1) $(\sqrt[n]{a})^n = a$.

(2) 当 n 为奇数时，$\sqrt[n]{a^n} = a$；当 n 为偶数时，$\sqrt[n]{a^n} = |a| = \begin{cases} a, & a \geq 0 \\ -a, & a < 0 \end{cases}$.

16. 指数式与对数式的互化式：$\log_a N = b \Leftrightarrow a^b = N(a > 0, a \neq 1, N > 0)$.

17. 对数的换底公式：$\log_a N = \dfrac{\log_m N}{\log_m a}(a > 0,$ 且 $a \neq 1, m > 0,$ 且 $m \neq 1, N > 0)$.

推论：$\log_{a^m} b^n = \dfrac{n}{m} \log_a b(a > 0,$ 且 $a > 1, m, n > 0,$ 且 $m \neq 1, n \neq 1, N > 0)$.

18. 对数的四则运算法则：

若 $a > 0, a \neq 1, M > 0, N > 0$，则：(1) $\log_a(MN) = \log_a M + \log_a N$;

(2) $\log_a \dfrac{M}{N} = \log_a M - \log_a N$;

(3) $\log_a M^n = n \log_a M (n \in \mathbf{R})$.

19. 设函数 $f(x) = \log_m(ax^2 + bx + c)(a \neq 0)$，记 $\Delta = b^2 - 4ac$. 若 $f(x)$ 的定义域为 $\mathbf{R}$，则 $a > 0$，且 $\Delta < 0$；若 $f(x)$ 的值域为 $\mathbf{R}$，则 $a > 0$，且 $\Delta \geq 0$. 对于 $a = 0$ 的情形，需要单独检验.

20. 平均增长率的问题：如果原来产值的基础数为 N，平均增长率为 p，则对

于时间 x 的总产值 y，有 $y = N(1+p)^x$.

21. 数列的同项公式与前 n 项的和的关系：

$$a_n = \begin{cases} s_1, n = 1 \\ s_n - s_{n-1}, n \geq 2 \end{cases}$$ （数列 $\{a_n\}$ 的前 n 项的和为 $s_n = a_1 + a_2 + \cdots + a_n$）

22. 等差数列的通项公式 $a_n = a_1 + (n-1)d = dn + a_1 - d(n \in \mathbf{N}^*)$；其前 n 项和公式为 $s_n = \dfrac{n(a_1 + a_n)}{2} = na_1 + \dfrac{n(n-1)}{2}d$.

23. 等比数列的通项公式 $a_n = a_1 q^{n-1} = \dfrac{a_1}{q} \cdot q^n (n \in \mathbf{N}^*)$；其前 n 项的和公式为 $s_n = \begin{cases} \dfrac{a_1(1-q^n)}{1-q}, q \neq 1 \\ na_1, q = 1 \end{cases}$ 或 $s_n = \begin{cases} \dfrac{a_1 - a_n q}{1-q}, q \neq 1 \\ na_1, q = 1 \end{cases}$.

24. 常见三角不等式：

(1) 若 $x \in \left(0, \dfrac{\pi}{2}\right)$，则 $\sin x < x < \tan x$.

(2) 若 $x \in \left(0, \dfrac{\pi}{2}\right)$，则 $1 < \sin x + \cos x \leq \sqrt{2}$.

25. 同角三角函数的基本关系式：$\sin^2\theta + \cos^2\theta = 1$，$\tan\theta = \dfrac{\sin\theta}{\cos\theta}$.

26. 正弦、余弦的诱导公式

表 3

公式	一	二	三	四	五	六
角	$2k\pi + \alpha (k \in \mathbf{Z})$	$\pi + \alpha$	$-\alpha$	$\pi - \alpha$	$\dfrac{\pi}{2} - \alpha$	$\dfrac{\pi}{2} + \alpha$
正弦	$\sin\alpha$	$-\sin\alpha$	$-\sin\alpha$	$\sin\alpha$	$\cos\alpha$	$\cos\alpha$
余弦	$\cos\alpha$	$-\cos\alpha$	$\cos\alpha$	$-\cos\alpha$	$\sin\alpha$	$-\sin\alpha$
正切	$\tan\alpha$	$\tan\alpha$	$-\tan\alpha$	$-\tan\alpha$		
口诀	函数名不变,符号看象限				函数名改变,符号看象限	

27. 和角与差角公式

$$\sin(\alpha \pm \beta) = \sin\alpha\cos\beta \pm \cos\alpha\sin\beta$$

$$\cos(\alpha \pm \beta) = \cos\alpha\cos\beta \mp \sin\alpha\sin\beta$$

$$\tan(\alpha \pm \beta) = \dfrac{\tan\alpha \pm \tan\beta}{1 \mp \tan\alpha\tan\beta}$$

$$a\sin\alpha + b\cos\alpha = \sqrt{a^2+b^2}\sin(\alpha+\varphi)$$

(辅助角 φ 所在象限由点 (a,b) 的象限决定, $\tan\varphi = \dfrac{b}{a}$)

28. 二倍角公式.

$\sin 2\alpha = 2\sin\alpha\cos\alpha$

$$\cos 2\alpha = \cos^2\alpha - \sin^2\alpha = 2\cos^2\alpha - 1$$
$$= 1 - 2\sin^2\alpha(升幂公式)$$

$$\cos^2\alpha = \dfrac{1+\cos 2\alpha}{2}; \sin^2\alpha = \dfrac{1-\cos 2\alpha}{2}(降幂公式)$$

$$\tan 2\alpha = \dfrac{2\tan\alpha}{1-\tan^2\alpha}$$

29. 三角函数的周期公式.

函数 $y = \sin(\omega x + \varphi), x \in \mathbf{R}$ 及函数 $y = \cos(\omega x + \varphi), x \in \mathbf{R}(A, \omega, \varphi$ 为常数, 且 $A \neq 0, \omega > 0)$ 的周期 $T = \dfrac{2\pi}{\omega}$; 函数 $y = \tan(\omega x + \varphi), x \neq k\pi + \dfrac{\pi}{2}, k \in \mathbf{Z}(A, \omega, \varphi$ 为常数,且 $A \neq 0, \omega > 0)$ 的周期 $T = \dfrac{\pi}{\omega}$.

30. 正弦定理

$$\dfrac{a}{\sin A} = \dfrac{b}{\sin B} = \dfrac{c}{\sin C} = 2R$$

31. 余弦定理

$a^2 = b^2 + c^2 - 2bc\cos A; b^2 = c^2 + a^2 - 2ca\cos B; c^2 = a^2 + b^2 - 2ab\cos C$

32. 面积定理:

(1) $S = \dfrac{1}{2}ah_a = \dfrac{1}{2}bh_b = \dfrac{1}{2}ch_c(h_a, h_b, h_c$ 分别表示 a, b, c 边上的高).

(2) $S = \dfrac{1}{2}ab\sin C = \dfrac{1}{2}bc\sin A = \dfrac{1}{2}ca\sin B$.

33. 三角形内角和定理.

在 $\triangle ABC$ 中, 有 $A + B + C = \pi \Leftrightarrow C = \pi - (A+B) \Leftrightarrow \dfrac{C}{2} = \dfrac{\pi}{2} - \dfrac{A+B}{2} \Leftrightarrow 2C = 2\pi - 2(A+B)$.

34. 平面向量基本定理.

如果 e_1, e_2 是同一平面内的两个不共线向量,那么对于这一平面内的任一向量,有且只有一对实数 λ_1, λ_2,使得 $a = \lambda_1 e_1 + \lambda_2 e_2$. 不共线的向量 e_1, e_2 叫作表示这一平面内所有向量的一组基底.

圆锥曲线的奥秘

35. a 与 b 的数量积(或内积): $a \cdot b = |a||b|\cos\theta$.

36. $a \cdot b$ 的几何意义: 数量积 $a \cdot b$ 等于 a 的长度 $|a|$ 与 b 在 a 的方向上的投影 $|b|\cos\theta$ 的乘积.

37. 平面向量的坐标运算.

(1) 设 $a = (x_1, y_1), b = (x_2, y_2)$, 则 $a + b = (x_1 + x_2, y_1 + y_2)$.

(2) 设 $a = (x_1, y_1), b = (x_2, y_2)$, 则 $a - b = (x_1 - x_2, y_1 - y_2)$.

(3) 设 $A(x_1, y_1), B(x_2, y_2)$, 则 $\overrightarrow{AB} = \overrightarrow{OB} - \overrightarrow{OA} = (x_2 - x_1, y_2 - y_1)$.

(4) 设 $a = (x, y), \lambda \in \mathbf{R}$, 则 $\lambda a = (\lambda x, \lambda y)$.

(5) 设 $a = (x_1, y_1), b = (x_2, y_2)$, 则 $a \cdot b = (x_1 x_2 + y_1 y_2)$.

两向量的夹角公式: $\cos\theta = \dfrac{x_1 x_2 + y_1 y_2}{\sqrt{x_1^2 + y_1^2} \cdot \sqrt{x_2^2 + y_2^2}}$ ($a = (x_1, y_1), b = (x_2, y_2)$).

平面两点间的距离公式

$$d_{A,B} = |\overrightarrow{AB}| = \sqrt{\overrightarrow{AB} \cdot \overrightarrow{AB}}$$
$$= \sqrt{(x_2 - x_1)^2 + (y_2 - y_1)^2} \ (A(x_1, y_1), B(x_2, y_2))$$

向量的平行与垂直: 设 $a = (x_1, y_1), b = (x_2, y_2)$, 且 $b \neq \mathbf{0}$, 则

$$a /\!/ b \Leftrightarrow b = \lambda a \Leftrightarrow x_1 y_2 - x_2 y_1 = 0.$$

$$a \perp b (a \neq \mathbf{0}) \Leftrightarrow a \cdot b = 0 \Leftrightarrow x_1 x_2 + y_1 y_2 = 0$$

38. 三角形的重心坐标公式.

$\triangle ABC$ 三个顶点的坐标分别为 $A(x_1, y_1), B(x_2, y_2), C(x_3, y_3)$, 则 $\triangle ABC$ 的重心的坐标是 $G\left(\dfrac{x_1 + x_2 + x_3}{3}, \dfrac{y_1 + y_2 + y_3}{3}\right)$.

39. 三角形五"心"向量形式的充要条件.

设 O 为 $\triangle ABC$ 所在平面上一点, $\angle A, B, C$ 所对边长分别为 a, b, c, 则

(1) O 为 $\triangle ABC$ 的外心 $\Leftrightarrow \overrightarrow{OA}^2 = \overrightarrow{OB}^2 = \overrightarrow{OC}^2$.

(2) O 为 $\triangle ABC$ 的重心 $\Leftrightarrow \overrightarrow{OA} + \overrightarrow{OB} + \overrightarrow{OC} = \mathbf{0}$.

(3) O 为 $\triangle ABC$ 的垂心 $\Leftrightarrow \overrightarrow{OA} \cdot \overrightarrow{OB} = \overrightarrow{OB} \cdot \overrightarrow{OC} = \overrightarrow{OC} \cdot \overrightarrow{OA}$.

(4) O 为 $\triangle ABC$ 的内心 $\Leftrightarrow a\overrightarrow{OA} + b\overrightarrow{OB} + c\overrightarrow{OC} = \mathbf{0}$.

(5) O 为 $\triangle ABC$ 的 $\angle A$ 的旁心 $\Leftrightarrow a\overrightarrow{OA} = b\overrightarrow{OB} + c\overrightarrow{OC}$.

40. 基本不等式:

(1) $a, b \in \mathbf{R} \Rightarrow a^2 + b^2 \geq 2ab$ (当且仅当 $a = b$ 时取"="号).

(2)$a,b \in \mathbf{R}^* \Rightarrow \dfrac{a+b}{2} \geqslant \sqrt{ab}$(当且仅当 $a = b$ 时取"="号).

注:已知 x,y 都是正数,则有:

(1)若积 xy 是定值 p,则当 $x = y$ 时和 $x + y$ 有最小值 $2\sqrt{p}$;

(2)若和 $x + y$ 是定值 s,则当 $x = y$ 时积 xy 有最大值 $\dfrac{1}{4}s^2$.

41. 含有绝对值的不等式.

当 $a > 0$ 时,有 $|x| < a \Leftrightarrow x^2 < a^2 \Leftrightarrow -a < x < a$. $|x| > a \Leftrightarrow x^2 > a^2 \Leftrightarrow x > a$ 或 $x < -a$.

42. 指数不等式与对数不等式.

(1)当 $a > 1$ 时

$$a^{f(x)} > a^{g(x)} \Leftrightarrow f(x) > g(x)$$

$$\log_a f(x) > \log_a g(x) \Leftrightarrow \begin{cases} f(x) > 0 \\ g(x) > 0 \\ f(x) > g(x) \end{cases}$$

(2)当 $0 < a < 1$ 时

$$a^{f(x)} > a^{g(x)} \Leftrightarrow f(x) < g(x)$$

$$\log_a f(x) > \log_a g(x) \Leftrightarrow \begin{cases} f(x) > 0 \\ g(x) > 0 \\ f(x) < g(x) \end{cases}$$

43. 斜率公式:$k = \dfrac{y_2 - y_1}{x_2 - x_1}(P_1(x_1, y_1), P_2(x_2, y_2))$.

44. 直线的 5 种方程:

(1)点斜式:$y - y_1 = k(x - x_1)$(直线 l 过点 $P_1(x_1, y_1)$,且斜率为 k).

(2)斜截式:$y = kx + b$(b 为直线 l 在 y 轴上的截距).

(3)两点式:$\dfrac{y - y_1}{y_2 - y_1} = \dfrac{x - x_1}{x_2 - x_1}(y_1 \neq y_2)(P_1(x_1, y_1), P_2(x_2, y_2)(x_1 \neq x_2))$.

(4)截距式:$\dfrac{x}{a} + \dfrac{y}{b} = 1(a,b$ 分别为直线的横、纵截距,$a, b \neq 0)$.

(5)一般式:$Ax + By + C = 0$(其中 A, B 不同时为 0).

45. 两条直线的平行和垂直.

(1)若 $l_1 : y = k_1 x + b_1, l_2 : y = k_2 x + b_2$.

① $l_1 \parallel l_2 \Leftrightarrow k_1 = k_2, b_1 \neq b_2$;

② $l_1 \perp l_2 \Leftrightarrow k_1 k_2 = -1$.

(2)若 $l_1: A_1x + B_1y + C_1 = 0, l_2: A_2x + B_2y + C_2 = 0$,且 A_1, A_2, B_1, B_2 都不为零:

① $l_1 // l_2 \Leftrightarrow \dfrac{A_1}{A_2} = \dfrac{B_1}{B_2} \neq \dfrac{C_1}{C_2}$;

② $l_1 \perp l_2 \Leftrightarrow A_1A_2 + B_1B_2 = 0$.

46. 常用直线系方程.

(1)平行直线系方程:直线 $y = kx + b$ 中当斜率 k 一定而 b 变动时,表示平行直线系方程.与直线 $Ax + By + C = 0$ 平行的直线系方程是 $Ax + By + \lambda = 0(\lambda \neq 0)$,$\lambda$ 是参变量.

(2)垂直直线系方程:与直线 $Ax + By + C = 0(A \neq 0, B \neq 0)$ 垂直的直线系方程是 $Bx - Ay + \lambda = 0$,λ 是参变量.

47. 点到直线的距离:$d = \dfrac{|Ax_0 + By_0 + C|}{\sqrt{A^2 + B^2}}$(点 $P(x_0, y_0)$,直线 $l: Ax + By + C = 0$).

48. 圆的方程:

(1)圆的标准方程:$(x - a)^2 + (y - b)^2 = r^2$.

(2)圆的一般方程:$x^2 + y^2 + Dx + Ey + F = 0(D^2 + E^2 - 4F > 0)$.

(3)圆的参数方程:$\begin{cases} x = a + r\cos\theta \\ y = b + r\sin\theta \end{cases}$,即三角换元.

49. 点与圆的位置关系.

点 $P(x_0, y_0)$ 与圆 $(x - a)^2 + (y - b)^2 = r^2$ 的位置关系有三种:

若 $d = \sqrt{(a - x_0)^2 + (b - y_0)^2}$,则 $d > r \Leftrightarrow$ 点 P 在圆外;

$d = r \Leftrightarrow$ 点 P 在圆上;

$d < r \Leftrightarrow$ 点 P 在圆内.

50. 直线与圆的位置关系.

直线 $Ax + By + C = 0$ 与圆 $(x - a)^2 + (y - b)^2 = r^2$ 的位置关系有 3 种:

$d > r \Leftrightarrow$ 相离 $\Leftrightarrow \Delta < 0$;

$d = r \Leftrightarrow$ 相切 $\Leftrightarrow \Delta = 0$;

$d < r \Leftrightarrow$ 相交 $\Leftrightarrow \Delta > 0$.

其中 $d = \dfrac{|Aa + Bb + C|}{\sqrt{A^2 + B^2}}$.

51. 两圆位置关系的判定方法.

设两圆圆心分别为 O_1, O_2,半径分别为 r_1, r_2,$|O_1O_2| = d$.

$d > r_1 + r_2 \Leftrightarrow$ 外离 $\Leftrightarrow 4$ 条公切线;

$d = r_1 + r_2 \Leftrightarrow$ 外切 $\Leftrightarrow 3$ 条公切线;

$|r_1 - r_2| < d < r_1 + r_2 \Leftrightarrow$ 相交 $\Leftrightarrow 2$ 条公切线;

$d = |r_1 - r_2| \Leftrightarrow$ 内切 $\Leftrightarrow 1$ 条公切线;

$0 < d < |r_1 - r_2| \Leftrightarrow$ 内含 $\Leftrightarrow$ 无公切线.

52. 圆的切线方程.

(1) 已知圆 $x^2 + y^2 + Dx + Ey + F = 0$.

①若已知切点 (x_0, y_0) 在圆上, 则切线只有一条, 其方程是

$$x_0 x + y_0 y + \frac{D(x_0 + x)}{2} + \frac{E(y_0 + y)}{2} + F = 0.$$

当 (x_0, y_0) 圆外时, $x_0 x + y_0 y + \frac{D(x_0 + x)}{2} + \frac{E(y_0 + y)}{2} + F = 0$ 表示过两个切点的切点弦方程.

②过圆外一点的切线方程可设为 $y - y_0 = k(x - x_0)$, 再利用相切条件求 k, 这时必有两条切线, 注意不要漏掉平行于 y 轴的切线.

③斜率为 k 的切线方程可设为 $y = kx + b$, 再利用相切条件求 b, 必有两条切线.

(2) 已知圆 $x^2 + y^2 = r^2$.

①过圆上的 $P_0(x_0, y_0)$ 点的切线方程为 $x_0 x + y_0 y = r^2$;

②斜率为 k 的圆的切线方程为 $y = kx \pm r\sqrt{1 + k^2}$.

53. 椭圆的切线方程.

(1) 椭圆 $\frac{x^2}{a^2} + \frac{y^2}{b^2} = 1(a > b > 0)$ 上一点 $P(x_0, y_0)$ 处的切线方程是 $\frac{x_0 x}{a^2} + \frac{y_0 y}{b^2} = 1$.

(2) 过椭圆 $\frac{x^2}{a^2} + \frac{y^2}{b^2} = 1(a > b > 0)$ 外一点 $P(x_0, y_0)$ 所引两条切线的切点弦方程是 $\frac{x_0 x}{a^2} - \frac{y_0 y}{b^2} = 1$.

54. 双曲线的方程与渐近线方程的关系.

(1) 若双曲线方程为 $\frac{x^2}{a^2} - \frac{y^2}{b^2} = 1 \Rightarrow$ 渐近线方程: $\frac{x^2}{a^2} - \frac{y^2}{b^2} = 0 \Leftrightarrow y = \pm \frac{b}{a} x$.

(2) 若渐近线方程为 $y = \pm \frac{b}{a} x \Leftrightarrow \frac{x}{a} \pm \frac{y}{b} = 0 \Rightarrow$ 双曲线可设为 $\frac{x^2}{a^2} - \frac{y^2}{b^2} = \lambda$.

(3) 若双曲线与 $\frac{x^2}{a^2} - \frac{y^2}{b^2} = 1$ 有公共渐近线, 可设为 $\frac{x^2}{a^2} - \frac{y^2}{b^2} = \lambda (\lambda > 0,$ 焦点

在 x 轴上,$\lambda<0$,焦点在 y 轴上).

双曲线的切线方程:

(1)双曲线 $\dfrac{x^2}{a^2}-\dfrac{y^2}{b^2}=1(a>0,b>0)$ 上一点 $P(x_0,y_0)$ 处的切线方程是 $\dfrac{x_0 x}{a^2}-\dfrac{y_0 y}{b^2}=1$.

(2)过双曲线 $\dfrac{x^2}{a^2}-\dfrac{y^2}{b^2}=1(a>0,b>0)$ 外一点 $P(x_0,y_0)$ 所引两条切线的切点弦方程是 $\dfrac{x_0 x}{a^2}-\dfrac{y_0 y}{b^2}=1$.

55. 抛物线 $y^2=2px$ 的焦半径公式.

抛物线 $y^2=2px(p>0)$ 焦半径 $|CF|=x_0+\dfrac{p}{2}$.

过焦点弦长 $|CD|=x_1+\dfrac{p}{2}+x_2+\dfrac{p}{2}=x_1+x_2+p$.

抛物线 $y^2=2px$ 上的动点可设为 $P(\dfrac{y_0^2}{2p},y_0)$ 或 $P(2pt^2,2pt)$ 或 $P(x_0,y_0)$,其中 $y_0^2=2px_0$.

56. 直线与圆锥曲线相交的弦长公式

$$|AB|=\sqrt{(1+k^2)\left[(x_1+x_2)^2-4x_1 x_2\right]}$$
$$=\sqrt{\left(1+\dfrac{1}{k^2}\right)\left[(y_1+y_2)^2-4y_1 y_2\right]}\ (k\text{ 为直线斜率})$$

57. (1)线面平行的判定定理和性质定理(表4).

表4

	文字语言	图形语言	符号语言
判定定理	平面外一条直线与此平面内的一条直线平行,则该直线与此平面平行(简记为"线线平行⇒线面平行")		$\left.\begin{array}{l}l/\!/a\\ a\subset\alpha\\ l\not\subset\alpha\end{array}\right\}\Rightarrow l/\!/\alpha$
性质定理	一条直线与一个平面平行,则过这条直线的任一平面与此平面的交线与该直线平行(简记为"线面平行⇒线线平行")		$\left.\begin{array}{l}l/\!/\alpha\\ l\subset\beta\\ \alpha\cap\beta=b\end{array}\right\}\Rightarrow l/\!/b$

(2)面面平行的判定定理和性质定理(表5).

表5

	文字语言	图形语言	符号语言
判定定理	一个平面内的两条<u>相交直线</u>与另一个平面平行,则这两个平面平行(简记为"线面平行⇒面面平行")		$\left.\begin{array}{l} a/\!/\beta \\ b/\!/\beta \\ a\cap b=P \\ a\subset\alpha \\ b\subset\alpha \end{array}\right\}\Rightarrow\alpha/\!/\beta$
性质定理	如果两个平行平面同时和第三个平面<u>相交</u>,那么它们的<u>交线</u>平行		$\left.\begin{array}{l} \alpha/\!/\beta \\ \alpha\cap\gamma=a \\ \beta\cap\gamma=b \end{array}\right\}\Rightarrow a/\!/b$

(3)直线与平面垂直判定定理与性质定理(表6).

表6

	文字语言	图形语言	符号语言
判定定理	一条直线与一个平面内的两条<u>相交</u>直线都垂直,则该直线与此平面垂直		$\left.\begin{array}{l} a,b\subset\alpha \\ a\cap b=O \\ l\perp a \\ l\perp b \end{array}\right\}\Rightarrow l\perp\alpha$
性质定理	垂直于同一个平面的两条直线<u>平行</u>		$\left.\begin{array}{l} a\perp\alpha \\ b\perp\alpha \end{array}\right\}\Rightarrow a/\!/b$

圆锥曲线的奥秘

(4)平面与平面垂直的判定定理与性质定理(表7).

表7

	文字语言	图形语言	符号语言
判定定理	一个平面过另一个平面的<u>垂线</u>,则这两个平面垂直		$\left. \begin{array}{l} l \perp \alpha \\ l \subset \beta \end{array} \right\} \Rightarrow \alpha \perp \beta$
性质定理	两个平面垂直,则一个平面内垂直于<u>交线</u>的直线与另一个平面垂直		$\left. \begin{array}{l} \alpha \perp \beta \\ l \subset \beta \\ \alpha \cap \beta = a \\ l \perp \beta \end{array} \right\} l \perp \alpha$

58. 共线向量定理.

对空间任意两个向量 $\boldsymbol{a}, \boldsymbol{b}(\boldsymbol{b} \neq \boldsymbol{0}), \boldsymbol{a} // \boldsymbol{b} \Leftrightarrow$ 存在实数 λ 使 $\boldsymbol{a} = \lambda \boldsymbol{b}$.

P, A, B 三点共线 $\Leftrightarrow \overrightarrow{AP} // \overrightarrow{AB} \Leftrightarrow \overrightarrow{AP} = t \overrightarrow{AB} \Leftrightarrow \overrightarrow{OP} = (1-t) \overrightarrow{OA} + t \overrightarrow{OB}$.

$AB // CD \Leftrightarrow \overrightarrow{AB}, \overrightarrow{CD}$ 共线且 AB, CD 不共线 $\Leftrightarrow \overrightarrow{AB} = t \overrightarrow{CD}$ 且 AB, CD 不共线.

59. 共面向量定理.

向量 $\boldsymbol{p}$ 与两个不共线的向量 $\boldsymbol{a}, \boldsymbol{b}$ 共面的 $\Leftrightarrow$ 存在实数对 $x, y,$ 使 $\boldsymbol{p} = \boldsymbol{a}x + \boldsymbol{b}y$.

推论 空间一点 P 位于平面 MAB 内的 $\Leftrightarrow$ 存在有序实数对 $x, y,$ 使 $\overrightarrow{MP} = x \overrightarrow{MA} + y \overrightarrow{MB},$

或对空间任一定点 $O,$ 有序实数对 $x, y,$ 使 $\overrightarrow{OP} = \overrightarrow{OM} + x \overrightarrow{MA} + y \overrightarrow{MB}$.

60. 空间向量基本定理:

如果三个向量 $\boldsymbol{a}, \boldsymbol{b}, \boldsymbol{c}$ 不共面,那么对空间任一向量 $\boldsymbol{p},$ 存在一个唯一的有序实数组 $x, y, z,$ 使 $\boldsymbol{p} = x\boldsymbol{a} + y\boldsymbol{b} + z\boldsymbol{c}.$

推论 设 O, A, B, C 是不共面的四点,则对空间任一点 $P,$ 都存在唯一的三个有序实数 $x, y, z,$ 使 $\overrightarrow{OP} = x \overrightarrow{OA} + y \overrightarrow{OB} + z \overrightarrow{OC}.$

61. 空间向量的直角坐标运算.

设 $\boldsymbol{a} = (a_1, a_2, a_3), \boldsymbol{b} = (b_1, b_2, b_3)$ 则:

(1) $\boldsymbol{a} + \boldsymbol{b} = (a_1 + b_1, a_2 + b_2, a_3 + b_3)$;

(2) $\boldsymbol{a} - \boldsymbol{b} = (a_1 - b_1, a_2 - b_2, a_3 - b_3)$;

(3) $\lambda \boldsymbol{a} = (\lambda a_1, \lambda a_2, \lambda a_3)(\lambda \in \mathbf{R})$;

(4) $\boldsymbol{a} \cdot \boldsymbol{b} = a_1 b_1 + a_2 b_2 + a_3 b_3$;

62. 设 $A(x_1, y_1, z_1), B(x_2, y_2, z_2)$, 则 $\overrightarrow{AB} = \overrightarrow{OB} - \overrightarrow{OA} = (x_2 - x_1, y_2 - y_1, z_2 - z_1)$.

63. 空间的线线平行或垂直.

设 $\boldsymbol{a} = (x_1, y_1, z_1), \boldsymbol{b} = (x_2, y_2, z_2)$, 则

$$\boldsymbol{a} // \boldsymbol{b} \Leftrightarrow \boldsymbol{a} = \lambda \boldsymbol{b} (\boldsymbol{b} \neq \vec{0}) \Leftrightarrow \begin{cases} x_1 = \lambda x_2 \\ y_1 = \lambda y_2 \\ z_1 = \lambda z_2 \end{cases}$$

$$\boldsymbol{a} \perp \boldsymbol{b} \Leftrightarrow \boldsymbol{a} \cdot \boldsymbol{b} = 0 \Leftrightarrow x_1 x_2 + y_1 y_2 + z_1 z_2 = 0$$

64. 夹角公式.

设 $\boldsymbol{a} = (a_1, a_2, a_3), b = (b_1, b_2, b_3)$, 则

$$\cos \langle \boldsymbol{a}, \boldsymbol{b} \rangle = \frac{a_1 b_1 + a_2 b_2 + a_3 b_3}{\sqrt{a_1^2 + a_2^2 + a_3^2} \sqrt{b_1^2 + b_2^2 + b_3^2}}$$

65.（1）异面直线所成角为 $a, b, \cos \theta = |\cos \langle \boldsymbol{a}, \boldsymbol{b} \rangle| = \frac{|\boldsymbol{a} \cdot \boldsymbol{b}|}{|\boldsymbol{a}| \cdot |\boldsymbol{b}|} = \frac{|x_1 x_2 + y_1 y_2 + z_1 z_2|}{\sqrt{x_1^2 + y_1^2 + z_1^2} \cdot \sqrt{x_2^2 + y_2^2 + z_2^2}}$.

(其中 $\theta(0° < \theta \leq 90°)$ 为异面直线 a, b 所成角, a, b 分别表示异面直线 a, b 的方向向量)

（2）直线 AB 与平面所成角.

直线 AB 的方向向量为 $\boldsymbol{a}$, 平面的法向量为 $\boldsymbol{n}$, $\sin \theta = |\cos \langle \boldsymbol{a}, \boldsymbol{n} \rangle|$.

（3）二面角 $\alpha - l - \beta$ 的平面角.

两平面的法向量分别为 $\boldsymbol{n}_1$ 和 $\boldsymbol{n}_2$, 则 $\cos \theta = |\cos \langle \boldsymbol{n}_1, \boldsymbol{n}_2 \rangle|$, 二面角的大小等于 θ 或 $\pi - \theta$.

66.（1）空间两点间的距离公式.

若 $A(x_1, y_1, z_1), B(x_2, y_2, z_2)$, 则

$$d_{A,B} = |\overrightarrow{AB}| = \sqrt{\overrightarrow{AB} \cdot \overrightarrow{AB}} = \sqrt{(x_2 - x_1)^2 + (y_2 - y_1)^2 + (z_2 - z_1)^2}$$

（2）异面直线间的距离

$$d = \frac{|\overrightarrow{CD} \cdot \boldsymbol{n}|}{|\boldsymbol{n}|}$$

（l_1, l_2 是两异面直线, 其公垂向量为 $\boldsymbol{n}, C, D$ 分别是 l_1, l_2 上任一点, d 为 l_1, l_2 间

的距离)

(3)点 B 到平面 α 的距离: $d = \dfrac{|\overrightarrow{AB} \cdot \boldsymbol{n}|}{|\boldsymbol{n}|}$ ($\boldsymbol{n}$ 为平面 α 的法向量,AB 是经过面 α 的一条斜线,$A \in \alpha$).

67. 球的半径是 R,则其体积 $V = \dfrac{4}{3}\pi R^3$,其表面积 $S = 4\pi R^2$.

68. 球的组合体.

(1)球与长方体的组合体:长方体的外接球的直径是长方体的体对角线长.

(2)球与正方体的组合体:正方体的内切球的直径是正方体的棱长,正方体的棱切球的直径是正方体的面对角线长,正方体的外接球的直径是正方体的体对角线长.

69. 柱体、锥体的体积.

$$V_{柱体} = sh \,(S\text{ 是柱体的底面积}、h\text{ 是柱体的高})$$

$$V_{锥体} = \dfrac{1}{3}Sh \,(S\text{ 是锥体的底面积}、h\text{ 是锥体的高})$$

70. 分类计数原理(加法原理)

$$N = m_1 + m_2 + \cdots + m_n$$
$$N = m_1 \times m_2 \times \cdots \times m_n$$

71. 排列数公式

$$A_n^m = n(n-1)\cdots(n-m+1) = \dfrac{n!}{(n-m)!} \,(n,m \in \mathbf{N}^*,\text{且}\ m \leqslant n)$$

注:规定 $0! = 1$.

72. 组合数公式

$$C_n^m = \dfrac{A_n^m}{A_m^m} = \dfrac{n(n-1)\cdots(n-m+1)}{1 \times 2 \times \cdots \times m} = \dfrac{n!}{m! \cdot (n-m)!} \,(n \in \mathbf{N}^*, m \in \mathbf{N},\text{且}\ m \leqslant n)$$

73. 组合数的两个性质

(1) $C_n^m = C_n^{n-m}$;

(2) $C_n^m + C_n^{m-1} = C_{n+1}^m$.

(3) $C_n^0 + C_n^1 + C_n^2 + \cdots + C_n^r + \cdots + C_n^n = 2^n$.

(4) $C_n^1 + C_n^3 + C_n^5 + \cdots = C_n^0 + C_n^2 + C_n^4 + \cdots 2^{n-1}$.

(5) $C_n^1 + 2C_n^2 + 3C_n^3 + \cdots + nC_n^n = n2^{n-1}$.

(6) $C_r^r + C_{r+1}^r + C_{r+2}^r + \cdots + C_n^r = C_{n+1}^{r+1}$.

注:规定 $C_n^0 = 1$.

74. 排列数与组合数的关系：$A_n^m = m! \cdot C_n^m$.

75. 二项式定理 $(a+b)^n = C_n^0 a^n + C_n^1 a^{n-1}b + C_n^2 a^{n-2}b^2 + \cdots + C_n^r a^{n-r}b^r + \cdots + C_n^n b^n$.

二项展开式的通项公式：$T_{r+1} = C_n^r a^{n-r} b^r (r=0,1,2\cdots,n)$.

76. n 次独立重复试验中某事件恰好发生 k 次的概率：$P_n(k) = C_n^k P^k (1-P)^{n-k}$.

77. 离散型随机变量的分布列的两个性质：(1) $P_i \geq 0 (i=1,2,\cdots)$；
(2) $P_1 + P_2 + \cdots = 1$.

78. (1) 数学期望：$E(\xi) = x_1 P_1 + x_2 P_2 + \cdots + x_n P_n + \cdots$.
(2) 数学期望的性质：
① $E(a\xi + b) = aE(\xi) + b$.
② 若 $\xi \sim B(n,p)$，则 $E\xi = np$.
(3) 方差：$D(\xi) = (x_1 - E(\xi))^2 \cdot p_1 + (x_2 - E(\xi))^2 \cdot p_2 + \cdots + (x_n - E(\xi))^2 \cdot p_n + \cdots$.
(4) 标准差：$\sigma(\xi) = \sqrt{D(\xi)}$.
(5) 方差的性质：
① $D(a\xi + b) = a^2 D(\xi)$；
② 若 $\xi \sim B(n,p)$，则 $D(\xi) = np(1-p)$.

79. 正态分布密度函数：$f(x) = \dfrac{1}{\sqrt{2\pi}\delta} e^{-\frac{(x-\mu)^2}{2\delta^2}}$，$x \in (-\infty, +\infty)$，式中的实数 $\mu, \sigma (\sigma > 0)$ 是参数，分别表示个体的平均数与标准差.

80. 回归直线方程
$$\hat{y} = a + bx, \text{其中} \begin{cases} b = \dfrac{\sum\limits_{i=1}^{n}(x_i - \bar{x})(y_i - \bar{y})}{\sum\limits_{i=1}^{n}(x_i - \bar{x})^2} = \dfrac{\sum\limits_{i=1}^{n} x_i y_i - n\bar{x}\bar{y}}{\sum\limits_{i=1}^{n} x_i^2 - n\bar{x}^2} \\ a = \bar{y} - b\bar{x} \end{cases}$$

81. 相关系数：$|r| \leq 1$，且 $|r|$ 越接近于 1，相关关系越强；$|r|$ 越接近于 0，相关关系越弱.

82. $f(x)$ 在 x_0 处的导数（或变化率或微商）：$f'(x_0) = y'|_{x=x_0} = \lim\limits_{\Delta x \to 0} \dfrac{\Delta y}{\Delta x} = \lim\limits_{\Delta x \to 0} \dfrac{f(x_0 + \Delta x) - f(x_0)}{\Delta x}$.

83. 函数 $y=f(x)$ 在点 x_0 处的导数的几何意义.

函数 $y=f(x)$ 在点 x_0 处的导数是曲线 $y=f(x)$ 在 $P(x_0,f(x_0))$ 处的切线的斜率 $f'(x_0)$,相应的切线方程是 $y-y_0=f'(x_0)(x-x_0)$.

84. 几种常见函数的导数:

(1) $C'=0$(C 为常数).

(2) $(x_n)'=nx^{n-1}$($n\in\mathbf{Q}$).

(3) $(\sin x)'=\cos x$.

(4) $(\cos x)'=-\sin x$.

(5) $(\ln x)'=\dfrac{1}{x}$;$(\log_a x)'=\dfrac{1}{x\ln a}$.

(6) $(\mathrm{e}^x)'=\mathrm{e}^x$;$(a^x)'=a^x\ln a$.

85. 导数的运算法则:

(1) $(u\pm v)'=u'\pm v'$.

(2) $(uv)'=u'v+uv'$.

(3) $\left(\dfrac{u}{v}\right)'=\dfrac{u'v-uv'}{v^2}(v\neq 0)$.

86. 复合函数的求导法则:设函数 $u=\varphi(x)$ 在点 x 处有导数 $u'_x=\varphi'(x)$,函数 $y=f(u)$ 在点 x 处的对应点 U 处有导数 $y'_u=f'(u)$,则复合函数 $y=f(\varphi(x))$ 在点 x 处有导数,且 $y'_x=y'_u\cdot u'_x$,或写作 $f'_x(\varphi(x))=f'(u)\varphi'(x)$.

87. 判别 $f(x_0)$ 是极大(小)值的方法.

当函数 $f(x)$ 在点 x_0 处连续时:

(1) 如果在 x_0 附近的左侧 $f'(x)>0$,右侧 $f'(x)<0$,则 $f(x_0)$ 是极大值;

(2) 如果在 x_0 附近的左侧 $f'(x)<0$,右侧 $f'(x)>0$,则 $f(x_0)$ 是极小值.

88. 复数的相等:$a+bi=c+di\Leftrightarrow a=c,b=d$.($a,b,c,d\in\mathbf{R}$).

89. 复数 $z=a+bi$ 的模(或绝对值):$|z|=|a+bi|=\sqrt{a^2+b^2}$.

90. 复数的四则运算法则:

(1) $(a+bi)+(c+di)=(a+c)+(b+d)i$;

(2) $(a+bi)-(c+di)=(a-c)+(b-d)i$;

(3) $(a+bi)(c+di)=(ac-bd)+(bc+ad)i$;

(4) $(a+bi)\div(c+di)=\dfrac{ac+bd}{c^2+d^2}+\dfrac{bc-ad}{c^2+d^2}i(c+di\neq 0)$.

图 5 为本书大致的知识框图.

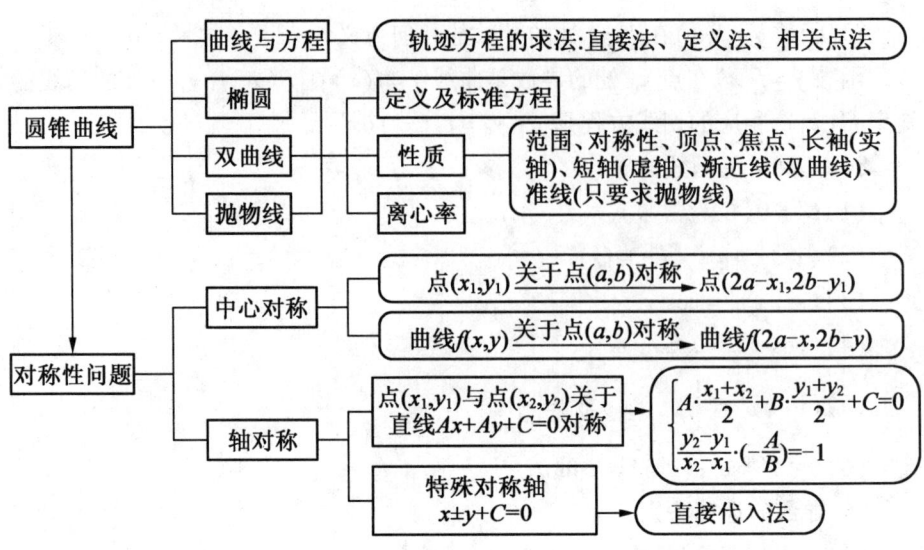

图5 圆锥曲线知识结构图

参考文献

[1] 吕荣春.解析几何的系统性突破[M].成都:电子科技大学出版社,2017.

[2] 闻杰.神奇的圆锥曲线与解题秘诀[M].杭州:浙江大学出版社,2013.

[3] 熊光汉.椭圆焦点三角形的若干性质[J].数学通报,2004(5):24-25.

[4] 徐希扬.双曲线焦点三角形的几个性质[J].数学通报,2002(2):27.

[5] 玉邴图.焦点三角形面积的另类公式[J].数学通讯,2006(15):28.

[6] 唐永金.圆锥曲线焦点三角形的性质探微[J].数学通报,2000(9):24-25.

[7] 王淼生.共焦点的圆锥曲线离心率之间的性质[J].福建中学数学,2013(12):9.

[8] 王淼生.攻克解几试题的策略[J].中小学数学,2014(5):55-58.

[9] 陈熙春.名题恒久远,经典永流传——2021年全国卷乙第21题的源与流[J].中学数学月刊,2021:10.

[10] 刘建国.抛物线中两条垂直的焦点弦的几个优美结论[J].中学数学研究,2021:3.

刘培杰数学工作室
已出版(即将出版)图书目录——初等数学

书 名	出版时间	定 价	编号
新编中学数学解题方法全书(高中版)上卷(第2版)	2018—08	58.00	951
新编中学数学解题方法全书(高中版)中卷(第2版)	2018—08	68.00	952
新编中学数学解题方法全书(高中版)下卷(一)(第2版)	2018—08	58.00	953
新编中学数学解题方法全书(高中版)下卷(二)(第2版)	2018—08	58.00	954
新编中学数学解题方法全书(高中版)下卷(三)(第2版)	2018—08	68.00	955
新编中学数学解题方法全书(初中版)上卷	2008—01	28.00	29
新编中学数学解题方法全书(初中版)中卷	2010—07	38.00	75
新编中学数学解题方法全书(高考复习卷)	2010—01	48.00	67
新编中学数学解题方法全书(高考真题卷)	2010—01	38.00	62
新编中学数学解题方法全书(高考精华卷)	2011—03	68.00	118
新编平面解析几何解题方法全书(专题讲座卷)	2010—01	18.00	61
新编中学数学解题方法全书(自主招生卷)	2013—08	88.00	261
数学奥林匹克与数学文化(第一辑)	2006—05	48.00	4
数学奥林匹克与数学文化(第二辑)(竞赛卷)	2008—01	48.00	19
数学奥林匹克与数学文化(第二辑)(文化卷)	2008—07	58.00	36'
数学奥林匹克与数学文化(第三辑)(竞赛卷)	2010—01	48.00	59
数学奥林匹克与数学文化(第四辑)(竞赛卷)	2011—08	58.00	87
数学奥林匹克与数学文化(第五辑)	2015—06	98.00	370
世界著名平面几何经典著作钩沉——几何作图专题卷(共3卷)	2022—01	198.00	1460
世界著名平面几何经典著作钩沉(民国平面几何老课本)	2011—03	38.00	113
世界著名平面几何经典著作钩沉(建国初期平面三角老课本)	2015—08	38.00	507
世界著名解析几何经典著作钩沉——平面解析几何卷	2014—01	38.00	264
世界著名数论经典著作钩沉(算术卷)	2012—01	28.00	125
世界著名数学经典著作钩沉——立体几何卷	2011—02	28.00	88
世界著名三角学经典著作钩沉(平面三角卷Ⅰ)	2010—06	28.00	69
世界著名三角学经典著作钩沉(平面三角卷Ⅱ)	2011—01	38.00	78
世界著名初等数论经典著作钩沉(理论和实用算术卷)	2011—07	38.00	126
世界著名几何经典著作钩沉(解析几何卷)	2022—10	68.00	1564
发展你的空间想象力(第3版)	2021—01	98.00	1464
空间想象力进阶	2019—05	68.00	1062
走向国际数学奥林匹克的平面几何试题诠释.第1卷	2019—07	88.00	1043
走向国际数学奥林匹克的平面几何试题诠释.第2卷	2019—09	78.00	1044
走向国际数学奥林匹克的平面几何试题诠释.第3卷	2019—03	78.00	1045
走向国际数学奥林匹克的平面几何试题诠释.第4卷	2019—09	98.00	1046
平面几何证明方法全书	2007—08	35.00	1
平面几何证明方法全书习题解答(第2版)	2006—12	18.00	10
平面几何天天练上卷·基础篇(直线型)	2013—01	58.00	208
平面几何天天练中卷·基础篇(涉及圆)	2013—01	28.00	234
平面几何天天练下卷·提高篇	2013—01	58.00	237
平面几何专题研究	2013—07	98.00	258
平面几何解题之道.第1卷	2022—05	38.00	1494
几何学习题集	2020—10	48.00	1217
通过解题学习代数几何	2021—04	88.00	1301
圆锥曲线的奥秘	2022—06	88.00	1541

刘培杰数学工作室
已出版（即将出版）图书目录——初等数学

书　名	出版时间	定　价	编号
最新世界各国数学奥林匹克中的平面几何试题	2007—09	38.00	14
数学竞赛平面几何典型题及新颖解	2010—07	48.00	74
初等数学复习及研究(平面几何)	2008—09	68.00	38
初等数学复习及研究(立体几何)	2010—06	38.00	71
初等数学复习及研究(平面几何)习题解答	2009—01	58.00	42
几何学教程(平面几何卷)	2011—03	68.00	90
几何学教程(立体几何卷)	2011—07	68.00	130
几何变换与几何证题	2010—06	88.00	70
计算方法与几何证题	2011—06	28.00	129
立体几何技巧与方法(第2版)	2022—10	168.00	1572
几何瑰宝——平面几何500名题暨1500条定理(上、下)	2021—07	168.00	1358
三角形的解法与应用	2012—07	18.00	183
近代的三角形几何学	2012—07	48.00	184
一般折线几何学	2015—08	48.00	503
三角形的五心	2009—06	28.00	51
三角形的六心及其应用	2015—10	68.00	542
三角形趣谈	2012—08	28.00	212
解三角形	2014—01	28.00	265
探秘三角形：一次数学旅行	2021—10	68.00	1387
三角学专门教程	2014—09	28.00	387
图天下几何新题试卷.初中(第2版)	2017—11	58.00	855
圆锥曲线习题集(上册)	2013—06	68.00	255
圆锥曲线习题集(中册)	2015—01	78.00	434
圆锥曲线习题集(下册·第1卷)	2016—10	78.00	683
圆锥曲线习题集(下册·第2卷)	2018—01	98.00	853
圆锥曲线习题集(下册·第3卷)	2019—10	128.00	1113
圆锥曲线的思想方法	2021—08	48.00	1379
圆锥曲线的八个主要问题	2021—10	48.00	1415
论九点圆	2015—05	88.00	645
近代欧氏几何学	2012—03	48.00	162
罗巴切夫斯基几何学及几何基础概要	2012—07	28.00	188
罗巴切夫斯基几何学初步	2015—06	28.00	474
用三角、解析几何、复数、向量计算解数学竞赛几何题	2015—03	48.00	455
用解析法研究圆锥曲线的几何理论	2022—05	48.00	1495
美国中学几何教程	2015—04	88.00	458
三线坐标与三角形特征点	2015—04	98.00	460
坐标几何学基础.第1卷,笛卡儿坐标	2021—08	48.00	1398
坐标几何学基础.第2卷,三线坐标	2021—09	28.00	1399
平面解析几何方法与研究(第1卷)	2015—05	18.00	471
平面解析几何方法与研究(第2卷)	2015—06	18.00	472
平面解析几何方法与研究(第3卷)	2015—07	18.00	473
解析几何研究	2015—01	38.00	425
解析几何学教程.上	2016—01	38.00	574
解析几何学教程.下	2016—01	38.00	575
几何学基础	2016—01	58.00	581
初等几何研究	2015—02	58.00	444
十九和二十世纪欧氏几何学中的片段	2017—01	58.00	696
平面几何中考.高考.奥数一本通	2017—07	28.00	820
几何学简史	2017—08	28.00	833
四面体	2018—01	48.00	880
平面几何证明方法思路	2018—12	68.00	913
折纸中的几何练习	2022—09	48.00	1559
中学新几何学(英文)	2022—10	98.00	1562
线性代数与几何	2023—04	68.00	1633
四面体几何学引论	2023—06	68.00	1648

刘培杰数学工作室
已出版(即将出版)图书目录——初等数学

书　名	出版时间	定　价	编号
平面几何图形特性新析.上篇	2019—01	68.00	911
平面几何图形特性新析.下篇	2018—06	88.00	912
平面几何范例多解探究.上篇	2018—04	48.00	910
平面几何范例多解探究.下篇	2018—12	68.00	914
从分析解题过程学解题:竞赛中的几何问题研究	2018—07	68.00	946
从分析解题过程学解题:竞赛中的向量几何与不等式研究(全2册)	2019—06	138.00	1090
从分析解题过程学解题:竞赛中的不等式问题	2021—01	48.00	1249
二维、三维欧氏几何的对偶原理	2018—12	38.00	990
星形大观及闭折线论	2019—03	68.00	1020
立体几何的问题和方法	2019—11	58.00	1127
三角代换论	2021—05	58.00	1313
俄罗斯平面几何问题集	2009—08	88.00	55
俄罗斯立体几何问题集	2014—03	58.00	283
俄罗斯几何大师——沙雷金论数学及其他	2014—01	48.00	271
来自俄罗斯的5000道几何习题及解答	2011—03	58.00	89
俄罗斯初等数学问题集	2012—05	38.00	177
俄罗斯函数问题集	2011—03	38.00	103
俄罗斯组合分析问题集	2011—01	48.00	79
俄罗斯初等数学万题选——三角卷	2012—11	38.00	222
俄罗斯初等数学万题选——代数卷	2013—08	68.00	225
俄罗斯初等数学万题选——几何卷	2014—01	68.00	226
俄罗斯《量子》杂志数学征解问题100题选	2018—08	48.00	969
俄罗斯《量子》杂志数学征解问题又100题选	2018—08	48.00	970
俄罗斯《量子》杂志数学征解问题	2020—05	48.00	1138
463个俄罗斯几何老问题	2012—01	28.00	152
《量子》数学短文精粹	2018—09	38.00	972
用三角、解析几何等计算解来自俄罗斯的几何题	2019—11	88.00	1119
基谢廖夫平面几何	2022—01	48.00	1461
基谢廖夫立体几何	2023—04	48.00	1599
数学:代数、数学分析和几何(10—11年级)	2021—01	48.00	1250
直观几何学:5—6年级	2022—04	58.00	1508
几何学:第2版.7—9年级	2023—08	68.00	1684
平面几何:9—11年级	2022—10	48.00	1571
立体几何.10—11年级	2022—01	58.00	1472

书　名	出版时间	定　价	编号
谈谈素数	2011—03	18.00	91
平方和	2011—03	18.00	92
整数论	2011—05	38.00	120
从整数谈起	2015—10	28.00	538
数与多项式	2016—01	38.00	558
谈谈不定方程	2011—05	28.00	119
质数漫谈	2022—07	68.00	1529

书　名	出版时间	定　价	编号
解析不等式新论	2009—06	68.00	48
建立不等式的方法	2011—03	98.00	104
数学奥林匹克不等式研究(第2版)	2020—07	68.00	1181
不等式研究(第三辑)	2023—08	198.00	1673
不等式的秘密(第一卷)(第2版)	2014—02	38.00	286
不等式的秘密(第二卷)	2014—01	38.00	268
初等不等式的证明方法	2010—06	38.00	123
初等不等式的证明方法(第二版)	2014—11	38.00	407
不等式·理论·方法(基础卷)	2015—07	38.00	496
不等式·理论·方法(经典不等式卷)	2015—07	38.00	497
不等式·理论·方法(特殊类型不等式卷)	2015—07	48.00	498
不等式探究	2016—03	38.00	582
不等式探秘	2017—01	88.00	689
四面体不等式	2017—01	68.00	715
数学奥林匹克中常见重要不等式	2017—09	38.00	845

刘培杰数学工作室
已出版(即将出版)图书目录——初等数学

书　名	出版时间	定　价	编号
三正弦不等式	2018—09	98.00	974
函数方程与不等式:解法与稳定性结果	2019—04	68.00	1058
数学不等式.第1卷,对称多项式不等式	2022—05	78.00	1455
数学不等式.第2卷,对称有理不等式与对称无理不等式	2022—05	88.00	1456
数学不等式.第3卷,循环不等式与非循环不等式	2022—05	88.00	1457
数学不等式.第4卷,Jensen不等式的扩展与加细	2022—05	88.00	1458
数学不等式.第5卷,创建不等式与解不等式的其他方法	2022—05	88.00	1459
不定方程及其应用.上	2018—12	58.00	992
不定方程及其应用.中	2019—01	78.00	993
不定方程及其应用.下	2019—02	98.00	994
Nesbitt不等式加强式的研究	2022—06	128.00	1527
最值定理与分析不等式	2023—02	78.00	1567
一类积分不等式	2023—02	88.00	1579
邦费罗尼不等式及概率应用	2023—05	58.00	1637
同余理论	2012—05	38.00	163
[x]与{x}	2015—04	48.00	476
极值与最值.上卷	2015—06	28.00	486
极值与最值.中卷	2015—06	38.00	487
极值与最值.下卷	2015—06	28.00	488
整数的性质	2012—11	38.00	192
完全平方数及其应用	2015—08	78.00	506
多项式理论	2015—10	88.00	541
奇数、偶数、奇偶分析法	2018—01	98.00	876
历届美国中学生数学竞赛试题及解答(第一卷)1950—1954	2014—07	18.00	277
历届美国中学生数学竞赛试题及解答(第二卷)1955—1959	2014—04	18.00	278
历届美国中学生数学竞赛试题及解答(第三卷)1960—1964	2014—06	18.00	279
历届美国中学生数学竞赛试题及解答(第四卷)1965—1969	2014—04	28.00	280
历届美国中学生数学竞赛试题及解答(第五卷)1970—1972	2014—06	18.00	281
历届美国中学生数学竞赛试题及解答(第六卷)1973—1980	2017—07	18.00	768
历届美国中学生数学竞赛试题及解答(第七卷)1981—1986	2015—01	18.00	424
历届美国中学生数学竞赛试题及解答(第八卷)1987—1990	2017—05	18.00	769
历届国际数学奥林匹克试题集	2023—09	158.00	1701
历届中国数学奥林匹克试题集(第3版)	2021—10	58.00	1440
历届加拿大数学奥林匹克试题集	2012—08	38.00	215
历届美国数学奥林匹克试题集	2023—08	98.00	1681
历届波兰数学竞赛试题集.第1卷,1949~1963	2015—03	18.00	453
历届波兰数学竞赛试题集.第2卷,1964~1976	2015—03	18.00	454
历届巴尔干数学奥林匹克试题集	2015—05	38.00	466
保加利亚数学奥林匹克	2014—10	38.00	393
圣彼得堡数学奥林匹克试题集	2015—01	38.00	429
匈牙利奥林匹克数学竞赛题解.第1卷	2016—05	28.00	593
匈牙利奥林匹克数学竞赛题解.第2卷	2016—05	28.00	594
历届美国数学邀请赛试题集(第2版)	2017—10	78.00	851
普林斯顿大学数学竞赛	2016—06	38.00	669
亚太地区数学奥林匹克竞赛题	2015—07	18.00	492
日本历届(初级)广中杯数学竞赛试题及解答.第1卷(2000~2007)	2016—05	28.00	641
日本历届(初级)广中杯数学竞赛试题及解答.第2卷(2008~2015)	2016—05	38.00	642
越南数学奥林匹克题选:1962—2009	2021—07	48.00	1370
360个数学竞赛问题	2016—08	58.00	677
奥数最佳实战题.上卷	2017—06	38.00	760
奥数最佳实战题.下卷	2017—06	58.00	761
哈尔滨市早期中学数学竞赛试题汇编	2016—07	28.00	672
全国高中数学联赛试题及解答:1981—2019(第4版)	2020—07	138.00	1176
2022年全国高中数学联合竞赛模拟题集	2022—06	30.00	1521

— 4 —

刘培杰数学工作室
已出版(即将出版)图书目录——初等数学

书　名	出版时间	定　价	编号
20世纪50年代全国部分城市数学竞赛试题汇编	2017—07	28.00	797
国内外数学竞赛题及精解:2018～2019	2020—08	45.00	1192
国内外数学竞赛题及精解:2019～2020	2021—11	58.00	1439
许康华竞赛优学精选集.第一辑	2018—08	68.00	949
天问叶班数学问题征解100题.Ⅰ,2016—2018	2019—05	88.00	1075
天问叶班数学问题征解100题.Ⅱ,2017—2019	2020—07	98.00	1177
美国初中数学竞赛:AMC8准备(共6卷)	2019—07	138.00	1089
美国高中数学竞赛:AMC10准备(共6卷)	2019—08	158.00	1105
王连笑教你怎样学数学:高考选择题解题策略与客观题实用训练	2014—01	48.00	262
王连笑教你怎样学数学:高考数学高层次讲座	2015—02	48.00	432
高考数学的理论与实践	2009—08	38.00	53
高考数学核心题型解题方法与技巧	2010—01	28.00	86
高考思维新平台	2014—03	38.00	259
高考数学压轴题解题诀窍(上)(第2版)	2018—01	58.00	874
高考数学压轴题解题诀窍(下)(第2版)	2018—01	48.00	875
北京市五区文科数学三年高考模拟题详解:2013～2015	2015—08	48.00	500
北京市五区理科数学三年高考模拟题详解:2013～2015	2015—09	68.00	505
向量法巧解数学高考题	2009—08	28.00	54
高中数学课堂教学的实践与反思	2021—11	48.00	791
数学高考参考	2016—01	78.00	589
新课程标准高考数学解答题各种题型解法指导	2020—08	78.00	1196
全国及各省市高考数学试题审题要津与解法研究	2015—02	48.00	450
高中数学章节起始课的教学研究与案例设计	2019—05	28.00	1064
新课标高考数学——五年试题分章详解(2007～2011)(上、下)	2011—10	78.00	140,141
全国中考数学压轴题审题要津与解法研究	2013—04	78.00	248
新编全国及各省市中考数学压轴题审题要津与解法研究	2014—05	58.00	342
全国及各省市5年中考数学压轴题审题要津与解法研究(2015版)	2015—04	58.00	462
中考数学专题总复习	2007—04	28.00	6
中考数学较难题常考题型解题方法与技巧	2016—09	48.00	681
中考数学难题常考题型解题方法与技巧	2016—09	48.00	682
中考数学中档题常考题型解题方法与技巧	2017—08	68.00	835
中考数学选择填空压轴好题妙解365	2024—01	80.00	1698
中考数学:三类重点考题的解法例析与习题	2020—04	48.00	1140
中小学数学的历史文化	2019—11	48.00	1124
初中平面几何百题多思创新解	2020—01	58.00	1125
初中数学中考备考	2020—01	58.00	1126
高考数学之九章演义	2019—08	68.00	1044
高考数学之难题谈笑间	2022—06	68.00	1519
化学可以这样学:高中化学知识方法智慧感悟疑难辨析	2019—09	58.00	1103
如何成为学习高手	2019—09	58.00	1107
高考数学:经典真题分类解析	2020—04	78.00	1134
高考数学解答题破解策略	2020—11	58.00	1221
从分析解题过程学解题:高考压轴题与竞赛题之关系探究	2020—08	88.00	1179
教学新思考:单元整体视角下的初中数学教学设计	2021—03	58.00	1278
思维再拓展:2020年经典几何题的多解探究与思考	即将出版		1279
中考数学小压轴汇编初讲	2017—07	48.00	788
中考数学大压轴专题微言	2017—09	48.00	846
怎么解中考平面几何探索题	2019—06	48.00	1093
北京中考数学压轴题解题方法突破(第9版)	2024—01	78.00	1645
助你高考成功的数学解题智慧:知识是智慧的基础	2016—01	58.00	596
助你高考成功的数学解题智慧:错误是智慧的试金石	2016—04	58.00	643
助你高考成功的数学解题智慧:方法是智慧的推手	2016—04	68.00	657
高考数学奇思妙解	2016—04	38.00	610
高考数学解题策略	2016—05	48.00	670
数学解题泄天机(第2版)	2017—10	48.00	850

刘培杰数学工作室
已出版(即将出版)图书目录——初等数学

书　名	出版时间	定　价	编号
高中物理教学讲义	2018—01	48.00	871
高中物理教学讲义：全模块	2022—03	98.00	1492
高中物理答疑解惑65篇	2021—11	48.00	1462
中学物理基础问题解析	2020—08	48.00	1183
初中数学、高中数学脱节知识补缺教材	2017—06	48.00	766
高考数学客观题解题方法和技巧	2017—10	38.00	847
十年高考数学精品试题审题要津与解法研究	2021—10	98.00	1427
中国历届高考数学试题及解答.1949—1979	2018—01	38.00	877
历届中国高考数学试题及解答.第二卷,1980—1989	2018—10	28.00	975
历届中国高考数学试题及解答.第三卷,1990—1999	2018—10	48.00	976
跟我学解高中数学题	2018—07	58.00	926
中学数学研究的方法及案例	2018—05	58.00	869
高考数学抢分技能	2018—07	68.00	934
高一新生常用数学方法和重要数学思想提升教材	2018—06	38.00	921
高考数学全国卷六道解答题常考题型解题诀窍：理科(全2册)	2019—07	78.00	1101
高考数学全国卷16道选择、填空题常考题型解题诀窍.理科	2018—09	88.00	971
高考数学全国卷16道选择、填空题常考题型解题诀窍.文科	2020—01	88.00	1123
高中数学一题多解	2019—06	58.00	1087
历届中国高考数学试题及解答：1917—1999	2021—08	98.00	1371
2000~2003年全国及各省市高考数学试题及解答	2022—05	88.00	1499
2004年全国及各省市高考数学试题及解答	2023—08	78.00	1500
2005年全国及各省市高考数学试题及解答	2023—08	78.00	1501
2006年全国及各省市高考数学试题及解答	2023—08	88.00	1502
2007年全国及各省市高考数学试题及解答	2023—08	98.00	1503
2008年全国及各省市高考数学试题及解答	2023—08	88.00	1504
2009年全国及各省市高考数学试题及解答	2023—08	88.00	1505
2010年全国及各省市高考数学试题及解答	2023—08	98.00	1506
2011~2017年全国及各省市高考数学试题及解答	2024—01	78.00	1507
突破高原：高中数学解题思维探究	2021—08	48.00	1375
高考数学中的"取值范围"	2021—10	48.00	1429
新课程标准高中数学各种题型解法大全.必修一分册	2021—06	58.00	1315
新课程标准高中数学各种题型解法大全.必修二分册	2022—01	68.00	1471
高中数学各种题型解法大全.选择性必修一分册	2022—06	68.00	1525
高中数学各种题型解法大全.选择性必修二分册	2023—01	58.00	1600
高中数学各种题型解法大全.选择性必修三分册	2023—04	48.00	1643
历届全国初中数学竞赛经典试题详解	2023—04	88.00	1624
孟祥礼高考数学精刷精解	2023—06	98.00	1663

新编640个世界著名数学智力趣题	2014—01	88.00	242
500个最新世界著名数学智力趣题	2008—06	48.00	3
400个最新世界著名数学最值问题	2008—09	48.00	36
500个世界著名数学征解问题	2009—06	48.00	52
400个中国最佳初等数学征解老问题	2010—01	48.00	60
500个俄罗斯数学经典老题	2011—01	28.00	81
1000个国外中学物理好题	2012—04	48.00	174
300个日本高考数学题	2012—05	38.00	142
700个早期日本高考数学试题	2017—02	88.00	752
500个前苏联早期高考数学试题及解答	2012—05	28.00	185
546个早期俄罗斯大学生数学竞赛题	2014—03	38.00	285
548个来自美苏的数学好问题	2014—11	28.00	396
20所苏联著名大学早期入学试题	2015—02	18.00	452
161道德国工科大学生必做的微分方程习题	2015—05	28.00	469
500个德国工科大学生必做的高数习题	2015—06	28.00	478
360个数学竞赛问题	2016—08	58.00	677
200个趣味数学故事	2018—02	48.00	857
470个数学奥林匹克中的最值问题	2018—10	88.00	985
德国讲义日本考题.微积分卷	2015—04	48.00	456
德国讲义日本考题.微分方程卷	2015—04	38.00	457
二十世纪中叶中、英、美、日、法、俄高考数学试题精选	2017—06	38.00	783

刘培杰数学工作室
已出版(即将出版)图书目录——初等数学

书　　名	出版时间	定　价	编号
中国初等数学研究　2009卷(第1辑)	2009—05	20.00	45
中国初等数学研究　2010卷(第2辑)	2010—05	30.00	68
中国初等数学研究　2011卷(第3辑)	2011—07	60.00	127
中国初等数学研究　2012卷(第4辑)	2012—07	48.00	190
中国初等数学研究　2014卷(第5辑)	2014—02	48.00	288
中国初等数学研究　2015卷(第6辑)	2015—06	68.00	493
中国初等数学研究　2016卷(第7辑)	2016—04	68.00	609
中国初等数学研究　2017卷(第8辑)	2017—01	98.00	712
初等数学研究在中国.第1辑	2019—03	158.00	1024
初等数学研究在中国.第2辑	2019—10	158.00	1116
初等数学研究在中国.第3辑	2021—05	158.00	1306
初等数学研究在中国.第4辑	2022—06	158.00	1520
初等数学研究在中国.第5辑	2023—07	158.00	1635
几何变换(Ⅰ)	2014—07	28.00	353
几何变换(Ⅱ)	2015—06	28.00	354
几何变换(Ⅲ)	2015—01	38.00	355
几何变换(Ⅳ)	2015—12	38.00	356
初等数论难题集(第一卷)	2009—05	68.00	44
初等数论难题集(第二卷)(上、下)	2011—02	128.00	82,83
数论概貌	2011—03	18.00	93
代数数论(第二版)	2013—08	58.00	94
代数多项式	2014—06	38.00	289
初等数论的知识与问题	2011—02	28.00	95
超越数论基础	2011—03	28.00	96
数论初等教程	2011—03	28.00	97
数论基础	2011—03	18.00	98
数论基础与维诺格拉多夫	2014—03	18.00	292
解析数论基础	2012—08	28.00	216
解析数论基础(第二版)	2014—01	48.00	287
解析数论问题集(第二版)(原版引进)	2014—05	88.00	343
解析数论问题集(第二版)(中译本)	2016—04	88.00	607
解析数论基础(潘承洞,潘承彪著)	2016—07	98.00	673
解析数论导引	2016—07	58.00	674
数论入门	2011—03	38.00	99
代数数论入门	2015—03	38.00	448
数论开篇	2012—07	28.00	194
解析数论引论	2011—03	48.00	100
Barban Davenport Halberstam均值和	2009—01	40.00	33
基础数论	2011—03	28.00	101
初等数论100例	2011—05	18.00	122
初等数论经典例题	2012—07	18.00	204
最新世界各国数学奥林匹克中的初等数论试题(上、下)	2012—01	138.00	144,145
初等数论(Ⅰ)	2012—01	18.00	156
初等数论(Ⅱ)	2012—01	18.00	157
初等数论(Ⅲ)	2012—01	28.00	158

刘培杰数学工作室
已出版(即将出版)图书目录——初等数学

书　名	出版时间	定　价	编号
平面几何与数论中未解决的新老问题	2013—01	68.00	229
代数数论简史	2014—11	28.00	408
代数数论	2015—09	88.00	532
代数、数论及分析习题集	2016—11	98.00	695
数论导引提要及习题解答	2016—01	48.00	559
素数定理的初等证明.第2版	2016—09	48.00	686
数论中的模函数与狄利克雷级数(第二版)	2017—11	78.00	837
数论:数学导引	2018—01	68.00	849
范氏大代数	2019—02	98.00	1016
解析数学讲义.第一卷,导来式及微分、积分、级数	2019—04	88.00	1021
解析数学讲义.第二卷,关于几何的应用	2019—04	68.00	1022
解析数学讲义.第三卷,解析函数论	2019—04	78.00	1023
分析·组合·数论纵横谈	2019—04	58.00	1039
Hall 代数:民国时期的中学数学课本:英文	2019—08	88.00	1106
基谢廖夫初等代数	2022—07	38.00	1531
数学精神巡礼	2019—01	58.00	731
数学眼光透视(第2版)	2017—06	78.00	732
数学思想领悟(第2版)	2018—01	68.00	733
数学方法溯源(第2版)	2018—08	68.00	734
数学解题引论	2017—05	58.00	735
数学史话览胜(第2版)	2017—01	48.00	736
数学应用展观(第2版)	2017—08	68.00	737
数学建模尝试	2018—04	48.00	738
数学竞赛采风	2018—01	68.00	739
数学测评探营	2019—05	58.00	740
数学技能操握	2018—03	48.00	741
数学欣赏拾趣	2018—02	48.00	742
从毕达哥拉斯到怀尔斯	2007—10	48.00	9
从迪利克雷到维斯卡尔迪	2008—01	48.00	21
从哥德巴赫到陈景润	2008—05	98.00	35
从庞加莱到佩雷尔曼	2011—08	138.00	136
博弈论精粹	2008—03	58.00	30
博弈论精粹.第二版(精装)	2015—01	88.00	461
数学 我爱你	2008—01	28.00	20
精神的圣徒 别样的人生——60位中国数学家成长的历程	2008—09	48.00	39
数学史概论	2009—06	78.00	50
数学史概论(精装)	2013—03	158.00	272
数学史选讲	2016—01	48.00	544
斐波那契数列	2010—02	28.00	65
数学拼盘和斐波那契魔方	2010—07	38.00	72
斐波那契数列欣赏(第2版)	2018—08	58.00	948
Fibonacci 数列中的明珠	2018—06	58.00	928
数学的创造	2011—02	48.00	85
数学美与创造力	2016—01	48.00	595
数海拾贝	2016—01	48.00	590
数学中的美(第2版)	2019—04	68.00	1057
数论中的美学	2014—12	38.00	351

刘培杰数学工作室
已出版(即将出版)图书目录——初等数学

书 名	出版时间	定 价	编号
数学王者　科学巨人——高斯	2015—01	28.00	428
振兴祖国数学的圆梦之旅:中国初等数学研究史话	2015—06	98.00	490
二十世纪中国数学史料研究	2015—10	48.00	536
数字谜、数阵图与棋盘覆盖	2016—01	58.00	298
数学概念的进化:一个初步的研究	2023—07	68.00	1683
数学发现的艺术:数学探索中的合情推理	2016—07	58.00	671
活跃在数学中的参数	2016—07	48.00	675
数海趣史	2021—05	98.00	1314
玩转幻中之幻	2023—08	88.00	1682
数学艺术品	2023—09	98.00	1685
数学博弈与游戏	2023—10	68.00	1692
数学解题——靠数学思想给力(上)	2011—07	38.00	131
数学解题——靠数学思想给力(中)	2011—07	48.00	132
数学解题——靠数学思想给力(下)	2011—07	38.00	133
我怎样解题	2013—01	48.00	227
数学解题中的物理方法	2011—06	28.00	114
数学解题的特殊方法	2011—06	48.00	115
中学数学计算技巧(第2版)	2020—10	48.00	1220
中学数学证明方法	2012—01	58.00	117
数学趣题巧解	2012—03	28.00	128
高中数学教学通鉴	2015—05	58.00	479
和高中生漫谈:数学与哲学的故事	2014—08	28.00	369
算术问题集	2017—03	38.00	789
张教授讲数学	2018—07	38.00	933
陈永明实话实说数学教学	2020—04	68.00	1132
中学数学学科知识与教学能力	2020—06	58.00	1155
怎样把课讲好:大罕数学教学随笔	2022—03	58.00	1484
中国高考评价体系下高考数学探秘	2022—03	48.00	1487
数苑漫步	2024—01	58.00	1670
自主招生考试中的参数方程问题	2015—01	28.00	435
自主招生考试中的极坐标问题	2015—04	28.00	463
近年全国重点大学自主招生数学试题全解及研究.华约卷	2015—02	38.00	441
近年全国重点大学自主招生数学试题全解及研究.北约卷	2016—05	38.00	619
自主招生数学解证宝典	2015—09	48.00	535
中国科学技术大学创新班数学真题解析	2022—03	48.00	1488
中国科学技术大学创新班物理真题解析	2022—03	58.00	1489
格点和面积	2012—07	18.00	191
射影几何趣谈	2012—04	28.00	175
斯潘纳尔引理——从一道加拿大数学奥林匹克试题谈起	2014—01	28.00	228
李普希兹条件——从几道近年高考数学试题谈起	2012—10	18.00	221
拉格朗日中值定理——从一道北京高考试题的解法谈起	2015—10	18.00	197
闵科夫斯基定理——从一道清华大学自主招生试题谈起	2014—01	28.00	198
哈尔测度——从一道冬令营试题的背景谈起	2012—08	28.00	202
切比雪夫逼近问题——从一道中国台北数学奥林匹克试题谈起	2013—04	38.00	238
伯恩斯坦多项式与贝齐尔曲面——从一道全国高中数学联赛试题谈起	2013—03	38.00	236
卡塔兰猜想——从一道普特南竞赛试题谈起	2013—06	18.00	256
麦卡锡函数和阿克曼函数——从一道前南斯拉夫数学奥林匹克试题谈起	2012—08	18.00	201
贝蒂定理与拉姆贝克莫斯尔定理——从一个拣石子游戏谈起	2012—08	18.00	217
皮亚诺曲线和豪斯道夫分球定理——从无限集谈起	2012—08	18.00	211
平面凸图形与凸多面体	2012—10	28.00	218
斯坦因豪斯问题——从一道二十五省市自治区中学数学竞赛试题谈起	2012—07	18.00	196

刘培杰数学工作室
已出版（即将出版）图书目录——初等数学

书　名	出版时间	定　价	编号
纽结理论中的亚历山大多项式与琼斯多项式——从一道北京市高一数学竞赛试题谈起	2012—07	28.00	195
原则与策略——从波利亚"解题表"谈起	2013—04	38.00	244
转化与化归——从三大尺规作图不能问题谈起	2012—08	28.00	214
代数几何中的贝祖定理(第一版)——从一道IMO试题的解法谈起	2013—08	18.00	193
成功连贯理论与约当块理论——从一道比利时数学竞赛试题谈起	2012—04	18.00	180
素数判定与大数分解	2014—08	18.00	199
置换多项式及其应用	2012—10	18.00	220
椭圆函数与模函数——从一道美国加州大学洛杉矶分校(UCLA)博士资格考题谈起	2012—10	28.00	219
差分方程的拉格朗日方法——从一道2011年全国高考理科试题的解法谈起	2012—08	28.00	200
力学在几何中的一些应用	2013—01	38.00	240
从根式解到伽罗华理论	2020—01	48.00	1121
康托洛维奇不等式——从一道全国高中联赛试题谈起	2013—03	28.00	337
西格尔引理——从一道第18届IMO试题的解法谈起	即将出版		
罗斯定理——从一道前苏联数学竞赛试题谈起	即将出版		
拉克斯定理和阿廷定理——从一道IMO试题的解法谈起	2014—01	58.00	246
毕卡大定理——从一道美国大学数学竞赛试题谈起	2014—07	18.00	350
贝齐尔曲线——从一道全国高中联赛试题谈起	即将出版		
拉格朗日乘子定理——从一道2005年全国高中联赛试题的高等数学解法谈起	2015—05	28.00	480
雅可比定理——从一道日本数学奥林匹克试题谈起	2013—04	48.00	249
李天岩—约克定理——从一道波兰数学竞赛试题谈起	2014—06	28.00	349
受控理论与初等不等式:从一道IMO试题的解法谈起	2023—03	48.00	1601
布劳维不动点定理——从一道前苏联数学奥林匹克试题谈起	2014—01	38.00	273
伯恩赛德定理——从一道英国数学奥林匹克试题谈起	即将出版		
布查特-莫斯特定理——从一道上海市初中竞赛试题谈起	即将出版		
数论中的同余数问题——从一道普特南竞赛试题谈起	即将出版		
范·德蒙行列式——从一道美国数学奥林匹克试题谈起	即将出版		
中国剩余定理:总数法构建中国历史年表	2015—01	28.00	430
牛顿程序与方程求根——从一道全国高考试题解法谈起	即将出版		
库默尔定理——从一道IMO预选试题谈起	即将出版		
卢丁定理——从一道冬令营试题的解法谈起	即将出版		
沃斯滕霍姆定理——从一道IMO预选试题谈起	即将出版		
卡尔松不等式——从一道莫斯科数学奥林匹克试题谈起	即将出版		
信息论中的香农熵——从一道近年高考压轴题谈起	即将出版		
约当不等式——从一道希望杯竞赛试题谈起	即将出版		
拉比诺维奇定理	即将出版		
刘维尔定理——从一道《美国数学月刊》征解问题的解法谈起	即将出版		
卡塔兰恒等式与级数求和——从一道IMO试题的解法谈起	即将出版		
勒让德猜想与素数分布——从一道爱尔兰竞赛试题谈起	即将出版		
天平称重与信息论——从一道基辅市数学奥林匹克试题谈起	即将出版		
哈密尔顿-凯莱定理:从一道高中数学联赛试题的解法谈起	2014—09	18.00	376
艾思特曼定理——从一道CMO试题的解法谈起	即将出版		

刘培杰数学工作室
已出版(即将出版)图书目录——初等数学

书　名	出版时间	定　价	编号
阿贝尔恒等式与经典不等式及应用	2018—06	98.00	923
迪利克雷除数问题	2018—07	48.00	930
幻方、幻立方与拉丁方	2019—08	48.00	1092
帕斯卡三角形	2014—03	18.00	294
蒲丰投针问题——从2009年清华大学的一道自主招生试题谈起	2014—01	38.00	295
斯图姆定理——从一道"华约"自主招生试题的解法谈起	2014—01	18.00	296
许瓦兹引理——从一道加利福尼亚大学伯克利分校数学系博士生试题谈起	2014—08	18.00	297
拉姆塞定理——从王诗宬院士的一个问题谈起	2016—04	48.00	299
坐标法	2013—12	28.00	332
数论三角形	2014—04	38.00	341
毕克定理	2014—07	18.00	352
数林掠影	2014—09	48.00	389
我们周围的概率	2014—10	38.00	390
凸函数最值定理:从一道华约自主招生题的解法谈起	2014—10	28.00	391
易学与数学奥林匹克	2014—10	38.00	392
生物数学趣谈	2015—01	18.00	409
反演	2015—01	28.00	420
因式分解与圆锥曲线	2015—01	18.00	426
轨迹	2015—01	28.00	427
面积原理:从常庚哲命的一道CMO试题的积分解法谈起	2015—01	48.00	431
形形色色的不动点定理:从一道28届IMO试题谈起	2015—01	38.00	439
柯西函数方程:从一道上海交大自主招生的试题谈起	2015—02	28.00	440
三角恒等式	2015—02	28.00	442
无理性判定:从一道2014年"北约"自主招生试题谈起	2015—01	38.00	443
数学归纳法	2015—03	18.00	451
极端原理与解题	2015—04	28.00	464
法雷级数	2014—08	18.00	367
摆线族	2015—01	38.00	438
函数方程及其解法	2015—05	38.00	470
含参数的方程和不等式	2012—09	28.00	213
希尔伯特第十问题	2016—01	38.00	543
无穷小量的求和	2016—01	28.00	545
切比雪夫多项式:从一道清华大学金秋营试题谈起	2016—01	38.00	583
泽肯多夫定理	2016—03	38.00	599
代数等式证题法	2016—01	28.00	600
三角等式证题法	2016—01	28.00	601
吴大任教授藏书中的一个因式分解公式:从一道美国数学邀请赛试题的解法谈起	2016—06	28.00	656
易卦——类万物的数学模型	2017—08	68.00	838
"不可思议"的数与数系可持续发展	2018—01	38.00	878
最短线	2018—01	38.00	879
数学在天文、地理、光学、机械力学中的一些应用	2023—03	88.00	1576
从阿基米德三角形谈起	2023—01	28.00	1578
幻方和魔方(第一卷)	2012—05	68.00	173
尘封的经典——初等数学经典文献选读(第一卷)	2012—07	48.00	205
尘封的经典——初等数学经典文献选读(第二卷)	2012—07	38.00	206
初级方程式论	2011—03	28.00	106
初等数学研究(Ⅰ)	2008—09	68.00	37
初等数学研究(Ⅱ)(上、下)	2009—05	118.00	46,47
初等数学专题研究	2022—10	68.00	1568

刘培杰数学工作室
已出版(即将出版)图书目录——初等数学

书　名	出版时间	定价	编号
趣味初等方程妙题集锦	2014—09	48.00	388
趣味初等数论选美与欣赏	2015—02	48.00	445
耕读笔记(上卷)：一位农民数学爱好者的初数探索	2015—04	28.00	459
耕读笔记(中卷)：一位农民数学爱好者的初数探索	2015—05	28.00	483
耕读笔记(下卷)：一位农民数学爱好者的初数探索	2015—05	28.00	484
几何不等式研究与欣赏.上卷	2016—01	88.00	547
几何不等式研究与欣赏.下卷	2016—01	48.00	552
初等数列研究与欣赏·上	2016—01	48.00	570
初等数列研究与欣赏·下	2016—01	48.00	571
趣味初等函数研究与欣赏.上	2016—09	48.00	684
趣味初等函数研究与欣赏.下	2018—09	48.00	685
三角不等式研究与欣赏	2020—10	68.00	1197
新编平面解析几何解题方法研究与欣赏	2021—10	78.00	1426
火柴游戏(第2版)	2022—05	38.00	1493
智力解谜.第1卷	2017—07	38.00	613
智力解谜.第2卷	2017—07	38.00	614
故事智力	2016—07	48.00	615
名人们喜欢的智力问题	2020—01	48.00	616
数学大师的发现、创造与失误	2018—01	48.00	617
异曲同工	2018—09	48.00	618
数学的味道(第2版)	2023—10	68.00	1686
数学千字文	2018—10	68.00	977
数贝偶拾——高考数学题研究	2014—04	28.00	274
数贝偶拾——初等数学研究	2014—04	38.00	275
数贝偶拾——奥数题研究	2014—04	48.00	276
钱昌本教你快乐学数学(上)	2011—12	48.00	155
钱昌本教你快乐学数学(下)	2012—03	58.00	171
集合、函数与方程	2014—01	28.00	300
数列与不等式	2014—01	38.00	301
三角与平面向量	2014—01	28.00	302
平面解析几何	2014—01	38.00	303
立体几何与组合	2014—01	28.00	304
极限与导数、数学归纳法	2014—01	38.00	305
趣味数学	2014—03	28.00	306
教材教法	2014—04	68.00	307
自主招生	2014—05	58.00	308
高考压轴题(上)	2015—01	48.00	309
高考压轴题(下)	2014—10	68.00	310
从费马到怀尔斯——费马大定理的历史	2013—10	198.00	I
从庞加莱到佩雷尔曼——庞加莱猜想的历史	2013—10	298.00	II
从切比雪夫到爱尔特希(上)——素数定理的初等证明	2013—07	48.00	III
从切比雪夫到爱尔特希(下)——素数定理100年	2012—12	98.00	III
从高斯到盖尔方特——二次域的高斯猜想	2013—10	198.00	IV
从库默尔到朗兰兹——朗兰兹猜想的历史	2014—01	98.00	V
从比勃巴赫到德布朗斯——比勃巴赫猜想的历史	2014—02	298.00	VI
从麦比乌斯到陈省身——麦比乌斯变换与麦比乌斯带	2014—02	298.00	VII
从布尔到豪斯道夫——布尔方程与格论漫谈	2013—10	198.00	VIII
从开普勒到阿诺德——三体问题的历史	2014—05	298.00	IX
从华林到华罗庚——华林问题的历史	2013—10	298.00	X

刘培杰数学工作室
已出版(即将出版)图书目录——初等数学

书 名	出版时间	定 价	编号
美国高中数学竞赛五十讲.第1卷(英文)	2014—08	28.00	357
美国高中数学竞赛五十讲.第2卷(英文)	2014—08	28.00	358
美国高中数学竞赛五十讲.第3卷(英文)	2014—09	28.00	359
美国高中数学竞赛五十讲.第4卷(英文)	2014—09	28.00	360
美国高中数学竞赛五十讲.第5卷(英文)	2014—10	28.00	361
美国高中数学竞赛五十讲.第6卷(英文)	2014—11	28.00	362
美国高中数学竞赛五十讲.第7卷(英文)	2014—12	28.00	363
美国高中数学竞赛五十讲.第8卷(英文)	2015—01	28.00	364
美国高中数学竞赛五十讲.第9卷(英文)	2015—01	28.00	365
美国高中数学竞赛五十讲.第10卷(英文)	2015—02	38.00	366
三角函数(第2版)	2017—04	38.00	626
不等式	2014—01	38.00	312
数列	2014—01	38.00	313
方程(第2版)	2017—04	38.00	624
排列和组合	2014—01	28.00	315
极限与导数(第2版)	2016—04	38.00	635
向量(第2版)	2018—08	58.00	627
复数及其应用	2014—08	28.00	318
函数	2014—01	38.00	319
集合	2020—01	48.00	320
直线与平面	2014—01	28.00	321
立体几何(第2版)	2016—04	38.00	629
解三角形	即将出版		323
直线与圆(第2版)	2016—11	38.00	631
圆锥曲线(第2版)	2016—09	48.00	632
解题通法(一)	2014—07	38.00	326
解题通法(二)	2014—07	38.00	327
解题通法(三)	2014—05	38.00	328
概率与统计	2014—01	28.00	329
信息迁移与算法	即将出版		330
IMO 50年.第1卷(1959—1963)	2014—11	28.00	377
IMO 50年.第2卷(1964—1968)	2014—11	28.00	378
IMO 50年.第3卷(1969—1973)	2014—09	28.00	379
IMO 50年.第4卷(1974—1978)	2016—04	38.00	380
IMO 50年.第5卷(1979—1984)	2015—04	38.00	381
IMO 50年.第6卷(1985—1989)	2015—04	58.00	382
IMO 50年.第7卷(1990—1994)	2016—01	48.00	383
IMO 50年.第8卷(1995—1999)	2016—06	38.00	384
IMO 50年.第9卷(2000—2004)	2015—04	58.00	385
IMO 50年.第10卷(2005—2009)	2016—01	48.00	386
IMO 50年.第11卷(2010—2015)	2017—03	48.00	646

刘培杰数学工作室
已出版(即将出版)图书目录——初等数学

书　　名	出版时间	定　价	编号
数学反思(2006—2007)	2020—09	88.00	915
数学反思(2008—2009)	2019—01	68.00	917
数学反思(2010—2011)	2018—05	58.00	916
数学反思(2012—2013)	2019—01	58.00	918
数学反思(2014—2015)	2019—03	78.00	919
数学反思(2016—2017)	2021—03	58.00	1286
数学反思(2018—2019)	2023—01	88.00	1593
历届美国大学生数学竞赛试题集.第一卷(1938—1949)	2015—01	28.00	397
历届美国大学生数学竞赛试题集.第二卷(1950—1959)	2015—01	28.00	398
历届美国大学生数学竞赛试题集.第三卷(1960—1969)	2015—01	28.00	399
历届美国大学生数学竞赛试题集.第四卷(1970—1979)	2015—01	18.00	400
历届美国大学生数学竞赛试题集.第五卷(1980—1989)	2015—01	28.00	401
历届美国大学生数学竞赛试题集.第六卷(1990—1999)	2015—01	28.00	402
历届美国大学生数学竞赛试题集.第七卷(2000—2009)	2015—08	18.00	403
历届美国大学生数学竞赛试题集.第八卷(2010—2012)	2015—01	18.00	404
新课标高考数学创新题解题诀窍:总论	2014—09	28.00	372
新课标高考数学创新题解题诀窍:必修1~5分册	2014—08	38.00	373
新课标高考数学创新题解题诀窍:选修2—1,2—2,1—1,1—2分册	2014—09	38.00	374
新课标高考数学创新题解题诀窍:选修2—3,4—4,4—5分册	2014—09	18.00	375
全国重点大学自主招生英文数学试题全攻略:词汇卷	2015—07	48.00	410
全国重点大学自主招生英文数学试题全攻略:概念卷	2015—01	28.00	411
全国重点大学自主招生英文数学试题全攻略:文章选读卷(上)	2016—09	38.00	412
全国重点大学自主招生英文数学试题全攻略:文章选读卷(下)	2017—01	58.00	413
全国重点大学自主招生英文数学试题全攻略:试题卷	2015—07	38.00	414
全国重点大学自主招生英文数学试题全攻略:名著欣赏卷	2017—03	48.00	415
劳埃德数学趣题大全.题目卷.1:英文	2016—01	18.00	516
劳埃德数学趣题大全.题目卷.2:英文	2016—01	18.00	517
劳埃德数学趣题大全.题目卷.3:英文	2016—01	18.00	518
劳埃德数学趣题大全.题目卷.4:英文	2016—01	18.00	519
劳埃德数学趣题大全.题目卷.5:英文	2016—01	18.00	520
劳埃德数学趣题大全.答案卷:英文	2016—01	18.00	521
李成章教练奥数笔记.第1卷	2016—01	48.00	522
李成章教练奥数笔记.第2卷	2016—01	48.00	523
李成章教练奥数笔记.第3卷	2016—01	38.00	524
李成章教练奥数笔记.第4卷	2016—01	38.00	525
李成章教练奥数笔记.第5卷	2016—01	38.00	526
李成章教练奥数笔记.第6卷	2016—01	38.00	527
李成章教练奥数笔记.第7卷	2016—01	38.00	528
李成章教练奥数笔记.第8卷	2016—01	48.00	529
李成章教练奥数笔记.第9卷	2016—01	28.00	530

刘培杰数学工作室
已出版(即将出版)图书目录——初等数学

书　名	出版时间	定　价	编号
第19~23届"希望杯"全国数学邀请赛试题审题要津详细评注(初一版)	2014—03	28.00	333
第19~23届"希望杯"全国数学邀请赛试题审题要津详细评注(初二、初三版)	2014—03	38.00	334
第19~23届"希望杯"全国数学邀请赛试题审题要津详细评注(高一版)	2014—03	28.00	335
第19~23届"希望杯"全国数学邀请赛试题审题要津详细评注(高二版)	2014—03	38.00	336
第19~25届"希望杯"全国数学邀请赛试题审题要津详细评注(初一版)	2015—01	38.00	416
第19~25届"希望杯"全国数学邀请赛试题审题要津详细评注(初二、初三版)	2015—01	58.00	417
第19~25届"希望杯"全国数学邀请赛试题审题要津详细评注(高一版)	2015—01	48.00	418
第19~25届"希望杯"全国数学邀请赛试题审题要津详细评注(高二版)	2015—01	48.00	419
物理奥林匹克竞赛大题典——力学卷	2014—11	48.00	405
物理奥林匹克竞赛大题典——热学卷	2014—04	28.00	339
物理奥林匹克竞赛大题典——电磁学卷	2015—07	48.00	406
物理奥林匹克竞赛大题典——光学与近代物理卷	2014—06	28.00	345
历届中国东南地区数学奥林匹克试题集(2004~2012)	2014—06	18.00	346
历届中国西部地区数学奥林匹克试题集(2001~2012)	2014—07	18.00	347
历届中国女子数学奥林匹克试题集(2002~2012)	2014—08	18.00	348
数学奥林匹克在中国	2014—06	98.00	344
数学奥林匹克问题集	2014—01	38.00	267
数学奥林匹克不等式散论	2010—06	38.00	124
数学奥林匹克不等式欣赏	2011—09	38.00	138
数学奥林匹克超级题库(初中卷上)	2010—01	58.00	66
数学奥林匹克不等式证明方法和技巧(上、下)	2011—08	158.00	134,135
他们学什么:原民主德国中学数学课本	2016—09	38.00	658
他们学什么:英国中学数学课本	2016—09	38.00	659
他们学什么:法国中学数学课本.1	2016—09	38.00	660
他们学什么:法国中学数学课本.2	2016—09	28.00	661
他们学什么:法国中学数学课本.3	2016—09	38.00	662
他们学什么:苏联中学数学课本	2016—09	28.00	679
高中数学题典——集合与简易逻辑·函数	2016—07	48.00	647
高中数学题典——导数	2016—07	48.00	648
高中数学题典——三角函数·平面向量	2016—07	48.00	649
高中数学题典——数列	2016—07	58.00	650
高中数学题典——不等式·推理与证明	2016—07	38.00	651
高中数学题典——立体几何	2016—07	48.00	652
高中数学题典——平面解析几何	2016—07	78.00	653
高中数学题典——计数原理·统计·概率·复数	2016—07	48.00	654
高中数学题典——算法·平面几何·初等数论·组合数学·其他	2016—07	68.00	655

刘培杰数学工作室
已出版(即将出版)图书目录——初等数学

书　名	出版时间	定　价	编号
台湾地区奥林匹克数学竞赛试题.小学一年级	2017－03	38.00	722
台湾地区奥林匹克数学竞赛试题.小学二年级	2017－03	38.00	723
台湾地区奥林匹克数学竞赛试题.小学三年级	2017－03	38.00	724
台湾地区奥林匹克数学竞赛试题.小学四年级	2017－03	38.00	725
台湾地区奥林匹克数学竞赛试题.小学五年级	2017－03	38.00	726
台湾地区奥林匹克数学竞赛试题.小学六年级	2017－03	38.00	727
台湾地区奥林匹克数学竞赛试题.初中一年级	2017－03	38.00	728
台湾地区奥林匹克数学竞赛试题.初中二年级	2017－03	38.00	729
台湾地区奥林匹克数学竞赛试题.初中三年级	2017－03	28.00	730
不等式证题法	2017－04	28.00	747
平面几何培优教程	2019－08	88.00	748
奥数鼎级培优教程.高一分册	2018－09	88.00	749
奥数鼎级培优教程.高二分册.上	2018－04	68.00	750
奥数鼎级培优教程.高二分册.下	2018－04	68.00	751
高中数学竞赛冲刺宝典	2019－04	68.00	883
初中尖子生数学超级题典.实数	2017－07	58.00	792
初中尖子生数学超级题典.式、方程与不等式	2017－08	58.00	793
初中尖子生数学超级题典.圆、面积	2017－08	38.00	794
初中尖子生数学超级题典.函数、逻辑推理	2017－08	48.00	795
初中尖子生数学超级题典.角、线段、三角形与多边形	2017－07	58.00	796
数学王子——高斯	2018－01	48.00	858
坎坷奇星——阿贝尔	2018－01	48.00	859
闪烁奇星——伽罗瓦	2018－01	58.00	860
无穷统帅——康托尔	2018－01	48.00	861
科学公主——柯瓦列夫斯卡娅	2018－01	48.00	862
抽象代数之母——埃米·诺特	2018－01	48.00	863
电脑先驱——图灵	2018－01	58.00	864
昔日神童——维纳	2018－01	48.00	865
数坛怪侠——爱尔特希	2018－01	68.00	866
传奇数学家徐利治	2019－09	88.00	1110
当代世界中的数学.数学思想与数学基础	2019－01	38.00	892
当代世界中的数学.数学问题	2019－01	38.00	893
当代世界中的数学.应用数学与数学应用	2019－01	38.00	894
当代世界中的数学.数学王国的新疆域(一)	2019－01	38.00	895
当代世界中的数学.数学王国的新疆域(二)	2019－01	38.00	896
当代世界中的数学.数林撷英(一)	2019－01	38.00	897
当代世界中的数学.数林撷英(二)	2019－01	48.00	898
当代世界中的数学.数学之路	2019－01	38.00	899

刘培杰数学工作室
已出版(即将出版)图书目录——初等数学

书　名	出版时间	定价	编号
105个代数问题:来自AwesomeMath夏季课程	2019—02	58.00	956
106个几何问题:来自AwesomeMath夏季课程	2020—07	58.00	957
107个几何问题:来自AwesomeMath全年课程	2020—07	58.00	958
108个代数问题:来自AwesomeMath全年课程	2019—01	68.00	959
109个不等式:来自AwesomeMath夏季课程	2019—04	58.00	960
国际数学奥林匹克中的110个几何问题	即将出版		961
111个代数和数论问题	2019—05	58.00	962
112个组合问题:来自AwesomeMath夏季课程	2019—05	58.00	963
113个几何不等式:来自AwesomeMath夏季课程	2020—08	58.00	964
114个指数和对数问题:来自AwesomeMath夏季课程	2019—09	48.00	965
115个三角问题:来自AwesomeMath夏季课程	2019—09	58.00	966
116个代数不等式:来自AwesomeMath全年课程	2019—04	58.00	967
117个多项式问题:来自AwesomeMath夏季课程	2021—09	58.00	1409
118个数学竞赛不等式	2022—08	78.00	1526
紫色彗星国际数学竞赛试题	2019—02	58.00	999
数学竞赛中的数学:为数学爱好者、父母、教师和教练准备的丰富资源.第一部	2020—04	58.00	1141
数学竞赛中的数学:为数学爱好者、父母、教师和教练准备的丰富资源.第二部	2020—07	48.00	1142
和与积	2020—10	38.00	1219
数论:概念和问题	2020—12	68.00	1257
初等数学问题研究	2021—03	48.00	1270
数学奥林匹克中的欧几里得几何	2021—10	68.00	1413
数学奥林匹克题解新编	2022—01	58.00	1430
图论入门	2022—09	58.00	1554
新的、更新的、最新的不等式	2023—07	58.00	1650
数学竞赛中奇妙的多项式	2024—01	78.00	1646
120个奇妙的代数问题及20个奖励问题	2024—04	48.00	1647
澳大利亚中学数学竞赛试题及解答(初级卷)1978～1984	2019—02	28.00	1002
澳大利亚中学数学竞赛试题及解答(初级卷)1985～1991	2019—02	28.00	1003
澳大利亚中学数学竞赛试题及解答(初级卷)1992～1998	2019—02	28.00	1004
澳大利亚中学数学竞赛试题及解答(初级卷)1999～2005	2019—02	28.00	1005
澳大利亚中学数学竞赛试题及解答(中级卷)1978～1984	2019—03	28.00	1006
澳大利亚中学数学竞赛试题及解答(中级卷)1985～1991	2019—03	28.00	1007
澳大利亚中学数学竞赛试题及解答(中级卷)1992～1998	2019—03	28.00	1008
澳大利亚中学数学竞赛试题及解答(中级卷)1999～2005	2019—03	28.00	1009
澳大利亚中学数学竞赛试题及解答(高级卷)1978～1984	2019—05	28.00	1010
澳大利亚中学数学竞赛试题及解答(高级卷)1985～1991	2019—05	28.00	1011
澳大利亚中学数学竞赛试题及解答(高级卷)1992～1998	2019—05	28.00	1012
澳大利亚中学数学竞赛试题及解答(高级卷)1999～2005	2019—05	28.00	1013
天才中小学生智力测验题.第一卷	2019—03	38.00	1026
天才中小学生智力测验题.第二卷	2019—03	38.00	1027
天才中小学生智力测验题.第三卷	2019—03	38.00	1028
天才中小学生智力测验题.第四卷	2019—03	38.00	1029
天才中小学生智力测验题.第五卷	2019—03	38.00	1030
天才中小学生智力测验题.第六卷	2019—03	38.00	1031
天才中小学生智力测验题.第七卷	2019—03	38.00	1032
天才中小学生智力测验题.第八卷	2019—03	38.00	1033
天才中小学生智力测验题.第九卷	2019—03	38.00	1034
天才中小学生智力测验题.第十卷	2019—03	38.00	1035
天才中小学生智力测验题.第十一卷	2019—03	38.00	1036
天才中小学生智力测验题.第十二卷	2019—03	38.00	1037
天才中小学生智力测验题.第十三卷	2019—03	38.00	1038

刘培杰数学工作室
已出版(即将出版)图书目录——初等数学

书　名	出版时间	定　价	编号
重点大学自主招生数学备考全书:函数	2020—05	48.00	1047
重点大学自主招生数学备考全书:导数	2020—08	48.00	1048
重点大学自主招生数学备考全书:数列与不等式	2019—10	78.00	1049
重点大学自主招生数学备考全书:三角函数与平面向量	2020—08	68.00	1050
重点大学自主招生数学备考全书:平面解析几何	2020—07	58.00	1051
重点大学自主招生数学备考全书:立体几何与平面几何	2019—08	48.00	1052
重点大学自主招生数学备考全书:排列组合·概率统计·复数	2019—09	48.00	1053
重点大学自主招生数学备考全书:初等数论与组合数学	2019—08	48.00	1054
重点大学自主招生数学备考全书:重点大学自主招生真题.上	2019—04	68.00	1055
重点大学自主招生数学备考全书:重点大学自主招生真题.下	2019—04	58.00	1056
高中数学竞赛培训教程:平面几何问题的求解方法与策略.上	2018—05	68.00	906
高中数学竞赛培训教程:平面几何问题的求解方法与策略.下	2018—05	78.00	907
高中数学竞赛培训教程:整除与同余以及不定方程	2018—01	88.00	908
高中数学竞赛培训教程:组合计数与组合极值	2018—04	48.00	909
高中数学竞赛培训教程:初等代数	2019—04	78.00	1042
高中数学讲座:数学竞赛基础教程(第一册)	2019—06	48.00	1094
高中数学讲座:数学竞赛基础教程(第二册)	即将出版		1095
高中数学讲座:数学竞赛基础教程(第三册)	即将出版		1096
高中数学讲座:数学竞赛基础教程(第四册)	即将出版		1097
新编中学数学解题方法 1000 招丛书.实数(初中版)	2022—05	58.00	1291
新编中学数学解题方法 1000 招丛书.式(初中版)	2022—05	48.00	1292
新编中学数学解题方法 1000 招丛书.方程与不等式(初中版)	2021—04	58.00	1293
新编中学数学解题方法 1000 招丛书.函数(初中版)	2022—05	38.00	1294
新编中学数学解题方法 1000 招丛书.角(初中版)	2022—05	48.00	1295
新编中学数学解题方法 1000 招丛书.线段(初中版)	2022—05	48.00	1296
新编中学数学解题方法 1000 招丛书.三角形与多边形(初中版)	2021—04	48.00	1297
新编中学数学解题方法 1000 招丛书.圆(初中版)	2022—05	48.00	1298
新编中学数学解题方法 1000 招丛书.面积(初中版)	2021—07	28.00	1299
新编中学数学解题方法 1000 招丛书.逻辑推理(初中版)	2022—06	48.00	1300
高中数学题典精编.第一辑.函数	2022—01	58.00	1444
高中数学题典精编.第一辑.导数	2022—01	68.00	1445
高中数学题典精编.第一辑.三角函数·平面向量	2022—01	68.00	1446
高中数学题典精编.第一辑.数列	2022—01	58.00	1447
高中数学题典精编.第一辑.不等式·推理与证明	2022—01	58.00	1448
高中数学题典精编.第一辑.立体几何	2022—01	58.00	1449
高中数学题典精编.第一辑.平面解析几何	2022—01	68.00	1450
高中数学题典精编.第一辑.统计·概率·平面几何	2022—01	58.00	1451
高中数学题典精编.第一辑.初等数论·组合数学·数学文化·解题方法	2022—01	58.00	1452
历届全国初中数学竞赛试题分类解析.初等代数	2022—09	98.00	1555
历届全国初中数学竞赛试题分类解析.初等数论	2022—09	48.00	1556
历届全国初中数学竞赛试题分类解析.平面几何	2022—09	38.00	1557
历届全国初中数学竞赛试题分类解析.组合	2022—09	38.00	1558

刘培杰数学工作室
已出版(即将出版)图书目录——初等数学

书　名	出版时间	定　价	编号
从三道高三数学模拟题的背景谈起:兼谈傅里叶三角级数	2023—03	48.00	1651
从一道日本东京大学的入学试题谈起:兼谈 π 的方方面面	即将出版		1652
从两道 2021 年福建高三数学测试题谈起:兼谈球面几何学与球面三角学	即将出版		1653
从一道湖南高考数学试题谈起:兼谈有界变差数列	2024—01	48.00	1654
从一道高校自主招生试题谈起:兼谈詹森函数方程	即将出版		1655
从一道上海高考数学试题谈起:兼谈有界变差函数	即将出版		1656
从一道北京大学金秋营数学试题的解法谈起:兼谈伽罗瓦理论	即将出版		1657
从一道北京高考数学试题的解法谈起:兼谈毕克定理	即将出版		1658
从一道北京大学金秋营数学试题的解法谈起:兼谈帕塞瓦尔恒等式	即将出版		1659
从一道高三数学模拟测试题的背景谈起:兼谈等周问题与等周不等式	即将出版		1660
从一道 2020 年全国高考数学试题的解法谈起:兼谈斐波那契数列和纳卡穆拉定理及奥斯图达定理	即将出版		1661
从一道高考数学附加题谈起:兼谈广义斐波那契数列	即将出版		1662
代数学教程.第一卷,集合论	2023—08	58.00	1664
代数学教程.第二卷,抽象代数基础	2023—08	68.00	1665
代数学教程.第三卷,数论原理	2023—08	58.00	1666
代数学教程.第四卷,代数方程式论	2023—08	48.00	1667
代数学教程.第五卷,多项式理论	2023—08	58.00	1668

联系地址：哈尔滨市南岗区复华四道街 10 号　哈尔滨工业大学出版社刘培杰数学工作室
　网　　址：http://lpj.hit.edu.cn/
　邮　　编：150006
联系电话：0451—86281378　　13904613167
E-mail:lpj1378@163.com